新形态教材　　"十二五"普通高等教育本科国家级规划教材

植 物 学

（第 3 版）

主编　马炜梁

编著　马炜梁　王幼芳　李宏庆　田怀珍　王　健

高等教育出版社·北京

内容提要

本书采用纸质教材与数字课程一体化设计的新形态教材模式，集成了更系统更丰富的教学资源。本书按照经典的植物学知识体系介绍了种子植物形态解剖、植物系统、种子植物分类以及植物与环境的关系等内容。书中采用了1 000余幅编者原创彩图，形象直观，把微观的、不易理解的、动态的现象连贯起来，还形态各异、色彩丰富的植物界以本来面目。针对学生鉴别植物的能力薄弱，本书加强了种子植物形态术语的配图和65个代表科的阐述，以期在少量物种的范围内，熟悉形态术语的含义，掌握检索表的运用。各校可根据学时的多少和地域差异选择使用教材中的内容。

本书数字课程分为辅学类、辅教类和扩展类三大部分，内容涵盖学习指导、难点分析、拓展阅读、教学课件、习题及参考答案、拓展实验与实践、视频演示等资源。

本书选材尽量做到符合当前大多数院校的教学实践，兼顾综合性大学、师范院校、农林院校的教学要求，同时减少与后续课程的重复，以求文字简洁，内容精练。

封面图片：两型豆（*Amphicarpaea edgeworthii*）花两型。正常花，有显著的花冠及发育正常的二体雄蕊；闭锁花，花各部多已消失不见，仅剩不开裂的花萼及1~2枚雄蕊，花柱退化（缩短）。请读者思考以下问题：①对该物种来说，闭锁花是否为"可有可无的不稳定的变态花"？②闭锁花在繁殖过程中起什么作用？它和正常花的关系是什么？（详见配套数字课程中第12章的拓展阅读材料"闭锁花——两型豆"）

封底图片："不结实"的麦冬。开花后子房壁不继续发育，而胚珠发育并撑破子房壁，结出蓝黑色的种子（详见第12章第4节）。

图书在版编目（CIP）数据

植物学 / 马炜梁主编；马炜梁等编著. —3版. —
北京：高等教育出版社，2022.5（2023.8重印）
ISBN 978-7-04-058168-3

Ⅰ. ①植… Ⅱ. ①马… Ⅲ. ①植物学—高等学校—教材 Ⅳ. ① Q94

中国版本图书馆CIP数据核字（2022）第026643号

ZHIWUXUE

策划编辑	孟　丽	责任编辑　李　融	封面设计　张　楠
责任印制	田　甜		

出版发行	高等教育出版社	网　　址	http://www.hep.edu.cn
社　　址	北京市西城区德外大街4号		http://www.hep.com.cn
邮政编码	100120	网上订购	http://www.hepmall.com.cn
印　　刷	人卫印务（北京）有限公司		http://www.hepmall.com
开　　本	889mm×1194mm　1/16		http://www.hepmall.cn
印　　张	28	版　　次	2009年7月第1版
字　　数	790千字（附数字课程）		2022年5月第3版
购书热线	010-58581118	印　　次	2023年8月第5次印刷
咨询电话	400-810-0598	定　　价	79.80元

　　科学技术的发展带动了各个领域的日新月异，教材建设也不例外。从第 1 版全彩色教材问世、第 2 版采用纸质教材与数字课程一体化设计出版至今，十多年来，本教材受到越来越广泛的认可，配套建设的数字课程教学资源及辅助教材《植物学实验指导》（第 3 版）也得到了广大读者的认可，较好地满足了不同类型院校和学生的学习需求，在促进教学改革和提升教学效果中发挥了积极的作用。

　　本版教材的修订保持了上一个版本的经典知识编排体系和形态解剖彩图特色，兼顾各校学时安排和所处地域的差异。结合植物学科发展及教学实践中发现的问题，做了如下修订工作：

　　（1）由于蓝藻、原绿藻与细菌、放线菌细胞结构的共性，新增"原核生物"一章；又由于地衣的形态和繁殖主要由真菌体现，因而将"地衣"归入"菌物"一章。

　　（2）为方便学习和使用，数字课程中增加了整套的教学课件，包含教材中的全部图片及文字素材，还补充了一些图解及注释，可供教师备课时选用。

　　（3）基于现代分子系统学新进展，补充了 APG 系统的介绍，并对教材中分类学位置有变化的科及相关属种进行了说明；为体现高等植物各类群间的演化关系，更换了"现生高等植物系统树"。

　　（4）更新了"植物界分门"的排序、"国际藻类、菌物和植物命名法规"相关表述、细胞周期的概念、地质年代表等相关内容，调整或替换了 16 幅图（表），修改了一些错漏及文字表述。

　　在本版的修订过程中，我们征集和采纳了兄弟院校中使用本教材的部分主讲教师的修改建议，在此致谢。

　　本次修订分工与第 2 版时基本一致，数字课程中的教学课件由田怀珍、王健执笔，统稿工作主要由李宏庆、王幼芳完成。限于编者水平，恳请读者和同行在使用过程中提出宝贵的修改建议，以使本教材日臻完善。

编　者

2021 年 11 月 于华东师范大学

历版前言

数字课程（基础版）

植物学（第3版）

主编　马炜梁

编著　马炜梁　王幼芳　李宏庆
　　　田怀珍　王　健

登录方法：

1. 访问http://abook.hep.com.cn/58168，点击页面右侧的"注册"。已注册的用户直接输入用户名和密码，点击"进入课程"。
2. 点击页面右上方"充值"，正确输入教材封底的明码和密码，进行课程充值。
3. 已充值的数字课程会显示在"我的课程"列表中，选择本课程并点击"进入课程"即可进行学习。

自充值之日起一年内为本数字课程的有效期
使用本数字课程如有任何问题
请发邮件至：lifescience@pub.hep.cn

Abook

植物学（第3版）

　　为了给读者提供一个全方位学习植物学的平台，本数字课程针对教材知识体系配备了学习指导、难点分析、拓展阅读、教学课件、习题及参考答案，以及相关拓展实验、实践的方案、方法指导和视频资料等。大量有关植物多样性的介绍和精美图片也收录其中，可供教师和学生根据实际教学需求选择使用，也可供相关科研人员参考。

用户名：　　　　密码：　　　　验证码：　　　　5360　忘记密码？　登录　注册

http://abook.hep.com.cn/58168

扫描二维码，下载Abook应用

目　录

第12章　被子植物（Angiosperm）

索引

参考文献

第 **1** 章

绪　论

⚙ 学习目标

1. 了解生物分界的原则和现状。
2. 掌握《国际藻类、菌物和植物命名法规》和《国际栽培植物命名法规》的意义。
3. 掌握学名的书写规则。
4. 了解植物在自然界的作用以及植物学与今后工作的关系。

⸙ 学习指导 ☞

▯ 关键词

五界系统　双名法　学名　异名　中名　拉丁名　优先律　模式标本　特征集要
基本名　品种名　学习方法

很早以前，人们在生产实践和生活中已初步认识到生物具有生长、发育、繁殖等生命现象，于是就把地球上有生命的物体称之为生物或归入生物界，以区别于没有生命现象的矿物界。200多年前瑞典博物学家林奈（C. Linnaeus）在《自然系统》（Systema Naturae，1735年）一书中明确地将生物分为植物和动物两大类，即植物界（plant kingdom）和动物界（animal kingdom）。这就是通常所说的生物分界的两界系统。这是一件具有重大意义的事件，时至今日许多动物学和植物学的教科书仍沿用该两界系统。他于1753年发表的巨著《植物种志》（Species Plantarum）中将植物分成24纲。之后随着人们的认识不断加深，对生物的分界有

了新的看法，如海克尔（E. Haeckel）1866年提出的三界系统，魏泰克（R. H. Whittaker）1959年提出的六界系统，我国学者胡先骕（1965）、邓叔群（1966）、陈世骧（1979）等也相继提出了各自对生物分界的见解。1969年魏泰克根据生物界的发展水平和发展方向又提出了五界分类系统（图1-1）。他将生物分成五个界：①原核生物界，以蓝藻和细菌为代表，它们的细胞中不形成染色体，无核膜和核仁，但有核的功能，称为拟核，也称原始核，原核生物的名称即由此而来；②原生生物界，以单细胞生物或多细胞的群体生物为代表，它们常有鞭毛，能自由游动，有真正的细胞核；③植物界，以高等的藻类和高等植物为代表，它们依靠光合作用

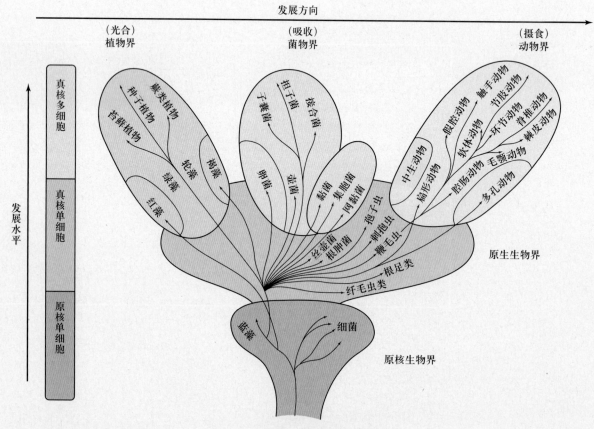

图1-1　魏泰克的五界分类系统图

将无机物转化为有机物，并获得能量；④菌物界，它们有真核细胞但无叶绿素，不能进行光合作用，只能直接从外部环境吸收化学物质进行代谢并获得能量；⑤动物界，是靠捕食其他生物获得能量，并能运动的生物。魏泰克将它们组成一个纵横统一的系统。从纵的方面看，它显示了生命历史的三大阶段：原核单细胞阶段、真核单细胞阶段和真核多细胞阶段。从横的方面看，它显示了进化的三大方向：营光合作用的植物，它们是自然界的生产者；分解和吸收有机物的菌物，它们是自然界的分解者；以摄食有机物的方式获得营养的动物，它们是自然界的消费者（同时又是分解者）。

五界分类系统提出以后流传较广，影响较大。对于生物的分界，有的学者还提出将病毒独立成界，这就成了六界分类系统。有的学者提出了多达19界的多界系统。五界系统或多界系统对于阐述生物在生态系统中的地位，让人们建立起对生物界总的认识是有好处的，然而，也应看到它们对于各界的划分不是依据同一个原则，以至于一类生物，可能分到几个界中去，因而受到不少学者的质疑和反对。我国真菌学家邓叔群指出："所谓的原生生物只不过是各种低等生物的混合。"例如原绿藻属于原核生物界，单细胞的鞭毛绿藻属于原生生物界，其余大部分的绿藻则属于植物界。因此，有学者提出两界分类系统，即把生物分为动物界和植物界，在学校的课程设置、教材编写、资料统计等方面可以避免许多不便与困难。按照两界分类系统的分类原则，植物界大体有23门：

📖 1.1 植物在自然界中的地位和作用

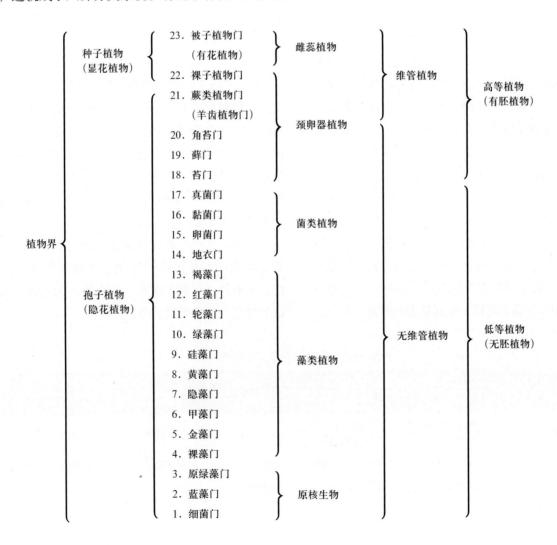

由上一节中知道，植物的种类和类群是极其多样的，当我们研究植物时，首先应了解研究的是哪种植物。给植物一个名称，是人类社会历史之初就自然地开始了的，因为名称具有特定的信号意义，人们用一个公认的、一致的名称交流对植物的认识才不至于发生混乱。"一物多名"和"一名多物"的现象必然造成混乱，阻碍科学的发展。为避免这种混乱，首先要分清几种名称的含义。"学名"（scientific name）是指用拉丁文书写的符合《国际藻类、菌物和植物命名法规》各项原则的科学名称，每种植物只有一个，也只能有一个学名。"中名"是指得到《中国植物志》、《中国孢子植物志》等权威著作认可的正式的中文名称。中名和学名应该是一对一的关系，每种植物只有一个学名、一个中名（中名有时也有例外）。由于植物分布的地域差异、人们对植物的利用和认识不同，它必然还会有多个**别名、地方名**或俗名。值得注意的是，用中文书写的名称，绝对不能称为学名，与学名相对应的正式的中文名称，也不能称为中文的学名，只能称为"中名"，而其他的中文名称则称为"别名"、"地方名"或"俗名"。"**拉丁名**"是指用拉丁文书写的名称，它和中文书写的名称一样，有异名、别名、俗名和地方名，因此，拉丁名也不等于学名。学名的唯一性，保证了植物在全世界范围内实行"一物一名"，而不至于张冠李戴。正式发表的研究文章中，必须使用正确的学名和中名。那么什么样的名称才是符合《国际藻类、菌物和植物命名法规》呢？

1867年，第一届国际植物学会议在巴黎通过了世界上第一部《国际植物命名法规》，其后在每次国际植物学会议上进行不断的修订，使其日臻完善，并于2011年更名为《国际藻类、菌物和植物命名法规》。命名法规是以法律的形式规定植物命名的原则，以使其在国际范围内取得一致，保证以最大的可能使一个名称具有准确性和稳定性，能够长时期使用，避免混乱。

一、《国际藻类、菌物和植物命名法规》要点

（一）给一种植物命名必须明确它的分类位置

植物界共有22个分类等级，每种植物的命名必须明确在这个阶层系统中的位置，并且只占一个位置。表1-1列出全部等级的名称，并以青稞为例说明它的分类位置。在这个系统中，种是最基本的等级。只有一个种的属称为单种属，有多个种的属可分为若干个组和系（也可以不分）。

由表1-1可以看出大麦的分类位置：它属于被子植物门，单子叶植物纲，鸭跖草亚纲，莎草目，禾本科，早熟禾亚科，小麦族，大麦属。大麦这个种有一个变种称青稞。

表 1-1 植物界的分类阶层表

分类阶层（等级）				例：青稞的分类位置	
中文	英文	拉丁文	词尾	中文	拉丁文
植物界	Vegetable Kingdom	Regnum Vegetable		植物界	Regnum Vegetable
门	Division	Divisio, Phylum	*-phyta*	被子植物门	Spermatophyta
亚门	Subdivision	Subdivisio	*-phytina*		
纲	Class	Classis	*-eae* *-opsida*	单子叶植物纲（百合纲）	Monocotyledoneae （Liliopsida）

分类阶层（等级）				例：青稞的分类位置	
中文	英文	拉丁文	词尾	中文	拉丁文
亚纲	Subclass	Subclassis	-idae	鸭跖草亚纲	Commelinidae
目	Order	Ordo	-ales	莎草目	Cyperales
亚目	Suborder	Subordo	-ineae		
科	Family	Familia	-aceae	禾本科	Poaceae
亚科	Subfamily	Subfamilia	-oideae	早熟禾亚科	Pooideae
族	Tribe	Tribus	-eae	小麦族	Triticeae
亚族	Subtribe	Subtribus	-inae		
属	Genus	Genus		大麦属	*Hordeum*
亚属	Subgenus	Subgenus			
组	Section	Sectio			
亚组	Subsection	Subsectio			
系	Series	Series			
亚系	Subseries	Subseries			
种	Species	Species		大麦	*Hordeum vulgare*
亚种	Subspecies	Subspecies			
变种	Variety	Varietas		青稞	*Hordeum vulgare* var. *coelester*
亚变种	Subvariety	Subvarietas			
变型	Form	Forma			
亚变型	Subform	Subforma			

图1-2　阶层系统用"盒中盒"方式的表达

一个科的植物好似放在一个盒内，这个盒子里面有5类大小不一的盒子称为属，属内可能只有一个种称为（单种属），也可能有多个种；有的属内又可以放更小的盒子，这就是组了，组内又可能分出更小的盒子——系。各等级还可分出"亚"等级

这个阶层系统也可以用"盒中盒"的方式比较形象地表示，图1-2列举了科、属、组、系、种5个等级的相互关系（科以上还有6个等级，也可以同样画出），图中黑点表示植物的个体。

（二）优先律原则

植物新种名称的发表有优先权，凡符合法规的最早发表的名称为正确的名称。优先律是指出版上的优先，如果不是在公开出版刊物上发表的名称不受命名法规优先律的保护。严格遵守优先律，目的是保证一物一名，避免混乱。

（三）模式标本

相邻物种间的外貌差异有时很不显著，为了使各种植物的名称与其所指的物种之间具有固定的、可以核查的依据，在给新种命名时，除了要有拉丁文或英文的描述（或特征集要）和图解外，尚需将研究和确立该种时所用的标本赋予特殊的意义，尤加重视，并永久保存，作为今后核查的有效资料。这种用做种名根据的标本称为模式标本（type）。模式标本是物种名称的依附实体，是"名称的携带者"。用做植物属名根据的种，称为模式种。

（四）每一种植物只有一个合法的、正确的名称

若发生同物异名的状况时，应将不符合命名法规的名称视做异名（synonym）加以废弃。

（五）必须采用双名命名法

一个物种的完整的学名必须符合双名命名法（binomial nomenclature），简称双名法。双名法是生物分类之父林奈的《植物种志》中，采用前人的建议创立的。双名法要求1个种的学名必须用2个拉丁词或拉丁化了的词组成。第一个词是属名，是这个种所处的属，属名的第1个字母必须大写；第二个词称为种加词，或种区别词，通常是一个反映该植物特征的拉丁文形容词，种加词的第一个字母一律小写。这2个词共同组成一个种名，所以不能把种加词称为种名。同时，命名法规要求在双名之后还应附加命名人之名，以示负责，便于查证。因此该种名的命名人，对其所命名的植物负有科学责任。少数具亚种或变种的，可具三名。除属名第一字母为大写外，属名以下各级名称之首字母均小写。

例如，著名药材人参的学名为*Panax ginseng* C. A. Mey.。属名*Panax*是古代拉丁人认为可以治百病的一类万能药，它的第一个字母P必须大写。这个属共有5种植物，它们有共同的属名，相异的种

加词；种加词*ginseng*是拉丁化了的中文"人参"的意思；命名人C. A. Mey.是俄罗斯的植物学家，他的全名是Carl Anton Meyer（1795—1855）。学名中凡是缩写的名或姓之后都要加点号"."，并且第一个字母都要大写。C. A.便是该命名人"第一名"（first name）Carl和"中间名"（middle name）Anton的缩写，Mey.是他的"家族名（姓）"（family name）Meyer的缩写。

（六）属的转移

在植物学名中经常见到把某个命名人的名字用括号括起来，后面又跟了另一个命名人名。例如，我国特产的杉木的学名是*Cunninghamia lanceolata*（Lamb.）Hook.。这个名称中间用括号插入了一个人名Lamb.，其意义何在？这涉及将一种植物从一个属转移到另一个属的问题，这种情况在植物学中是常有的，命名法规对此有严格的规定。当你阅读☞1.2时，你可能会觉得"命名法规"太烦琐了，其实通过这个实例，可以让你知道"法规"就是很具体、很细致的，这体现了它的严谨，你试着开动脑筋读下去，如果你真的读懂了，那么你就初步具备了解读学名中最常见问题的能力。

☞1.2　属的转移实例

当你发表专业论文时，每种植物的学名都要力求正确，除了用正确的中名之外，还应该书写学名的全部：属名、种加词、定名人（包括基本名的定名人）。而在科普著作中，甚至教材中由于只是说明该植物的一般形态，常常为了阅读方便、节省篇幅而省略了定名人。《辞海》与本书就是这样处理的，尽管从严格的意义上来讲这样写并非规范。

（七）学名附带的一些缩写字

在查阅文献、参观植物园时常会遇到学名附带有一些缩写字。这里选择最常见的摘录于表1-2。举其中几例作详细说明。

（1）种下级分类群的名称，由种名与种下级名称组合而成的"三名法"构成，种下级名称字前冠以该等级的缩写字。在学名中，ssp.或subsp.（亚

表1-2　学名中常见的一些缩写字

缩写字	拉丁文全拼	中文意译
comb. nov.	combinatio nova	新组合
cult.	cultus	栽培的
cv.	cultivarietas	栽培变种，品种
et	et	和、同、以及
ex	ex, e	从、出自
f.	forma	变型
nom. nud.	nomen nudum	裸名
nov. sp.	nova species	新种
sect.	sectio	组、节
sp. nov.	species nova	新种
spp.	species plurimus	许多种
subsp. 或 ssp.	subspecies	亚种
subgen.	subgenus	亚属
syn.	synonymum	异名
var.	varietas	变种

种）、var.（变种）、f.（变型）等缩写字放在亚种、变种或变型的"加词"前（注意：在印刷时该类缩写字必须为正体），如：狭叶野豌豆的学名是*Vicia sativa* L. var. *angustifolia*（L.）Wahlb.，其中var. *angustifolia*表明这是一个狭叶变种，它的名称便是由三个词构成：属名、种加词、变种加词。

（2）et。如果2名学者联合发表一个新种，那么在两者之间以et相连，如：锣木石楠*Photinia davidsoniae* Rehd. et Wils.。

（3）ex和nom. nud.。如果2名学者之间以ex相连，这表明前一人是发现该种的命名人，他在某本书上、某次会议上、标本上或名录中用了这个名称，表明他已发现这是个新种，但未用拉丁文公开发表，那么他所命名的学名，称为**裸名**（nom. nud.）。裸名是不受命名法规保护的。后一人是著文用拉丁文公开发表这个种的命名人，为了尊重前人的新发现，把前人的名字放在前面。我们后人欲查原始描述，应到后者的著作中查找。例如：前述属的转移实例中R. Br.和Rich.两人在杉木命名中的

关系。

（4）sp.和spp.。在属中不指明是哪一个种，用sp. 表示，如参观植物园时见到的杜鹃花名牌上写着*Rhododendron* sp.这表明该植物是杜鹃花属中的某一种，究竟是哪一种，并没有指出。*Rhododendron* spp.则是泛指杜鹃花属中的几个种。

《国际藻类、菌物和植物命名法规》在植物命名方面具有国际法的效力，有6条原则62条规则和更多的辅则。这里仅选择最重要的内容和常见的事项作了以上的简介。关于法规的更多新变革，体现在2018年颁布的"深圳法规"中。

🖰1.3　《国际藻类、菌物和植物命名法规》

二、《国际栽培植物命名法规》要点

根据《国际栽培植物命名法规》（2013年第8版）的规定，栽培植物品种的学名的书写和应用，应注意以下几点：

（一）品种（cultivar或cv.）

品种是栽培植物的基本分类单位（注意：品种是在植物界的22个分类等级之下），是指栽培植物在人工选择下，获得了一致而稳定的特征，而且能保持下来的一个分类单位。因此，它与野生植物中的变种、变型不是等同的（尽管以前有把它们等同的做法）。

（二）栽培品种

栽培品种加词用正体，它的首字母必须大写，并用一个单引号将品种加词括起来，加词前无须加"cv."来表明它的栽培变种的等级，其后也无须引证它的命名人。例如，桃*Amygdalus persica*的栽培品种有多个，曾放在不同的分类等级中，蟠桃现在应写成*Amygdalus persica* 'Compressa'而在过去曾经作为变种处理写成：*Amygdalus persica* var. *compressa*（Loud.）Yu et Lu。又如，垂枝碧桃应写成*Amygdalus persica* 'Pendula'，不能写成*Amygdalus persica* f. *pendula* Dipp.，也不能写成*Amygdalus* *persica* cv. "*pendula*"。在最后两个名称的书写中出现了4个不规范的错误：f.、cv.不能用于品种名称中；品种加词的首字母P必须大写；品种加词不该用斜体字，应该用正体字；品种加词 pendula 不该用双引号，应该用单引号。这样就确定了栽培植物品种名称的书写规范，使之更简洁明了。

（三）栽培植物的命名与发表

栽培植物的命名与发表同样有一套严格的规定，需要有新品种的详细描述，提供新品种的彩照、插图、该新品种的亲本和栽培历史、该品种建立的日期和地点……并经国际栽培植物品种登录权威机构（ICRA）的登录（我国拥有梅、桂花、荷花、竹和海棠五种花卉品种的国际登录权），方能成为正式的品种名。任何商业名称或商标不能成为品种名。

至于杂交群、嫁接嵌合体、转基因植物集合体的名称等，该法规都有恰当的规定，在此不赘述了。

> 🔖 1.4　栽培植物品种的国际登录

—— 第3节　植物学的内容和学习方法 ——

一、植物学的研究对象和基本任务

植物学（botany）是一门研究植物的科学，它的研究对象是整个植物界，它的基本任务是认识和揭示植物生命活动的规律，从分子、细胞、器官到整体水平的结构与功能，以及与环境相互作用的规律等。由于植物学的内容广泛，产生了许多分支学科，如结构植物学（structural botany）、代谢植物学（metabolism botany）、发育植物学（developmental botany）、植物遗传学（plant genetics）、系统与进化植物学（systematic and evolutionary botany）、资源植物学、植物化学、植物生态学、环境植物学等。

植物学是以上各分支学科的共同的基础，它包括植物学的基本知识、基本理论和基本方法，也是今后学好各分支学科的重要基础。

二、植物学的发展简史

我国是一个文明古国，植物资源丰富，是研究植物最早的国家之一。约在两千年前，《诗经》中就已经提到了200多种植物。在农、林、园艺方面，公元6世纪，北魏贾思勰的《齐民要术》概括了当时农、林、果树和野生植物的利用，提出豆科植物可以肥田，豆谷轮作可以增产，并叙述了接枝技术。明代李时珍以30年的艰苦努力，用《本草纲目》（1578年）总结了我国16世纪以前的本草著作，全书152卷，自第十二卷至三十五卷全属植物，包括藻类、菌类、地衣、苔藓、蕨类和种子植物，共1173种，描述详细，内容极为丰富，为世界学者所推崇，至今仍有重要的参考价值。明代徐光启的《农政全书》（1639年），共60卷，总结了过去的经验，并提到救荒植物，是这方面集大成的著作。清代吴其濬的《植物名实图考》和《植物名实图考长编》（1848年）是我国植物学领域又一巨著，记载野生植物和栽培植物共1714种，图文并茂，为研究我国植物的重要文献。

国外学者对植物学的发展也做出了重大贡献。16世纪末，意大利的西沙尔比诺（A. Cesaopino）的《植物》（De Plants）以植物的生殖器官作为分类基础，他的见解使植物学和实用的本草区别开来，对以后植物学的发展有很大影响。17世纪，英国的胡克（R. Hooke）利用显微镜观察植物材料（1665年），推动了以后显微结构的研究。植物细胞学、植物组织学、植物胚胎学和藻类学、细菌学、真菌学、苔藓学等相继得到发展。18世纪，瑞典的林奈创立了植物分类系统和双名法，为现代植物分类学奠定了基础。19世纪，德国的施莱登（M. Schleiden）和施旺（T. Schwann）首次提出了"细胞学说"，认为动、植物的基本结构单位是细胞。英国的达尔文（C. Darwin）在《物种起源》（Origin of Species）一书中的进化论观点，大大地推动了植物学的研究。

近代中国的植物学主要是由西方引入。19世纪中叶李善兰与外人合作编译《植物学》一书，这是我国第一部植物学的译本，传播了近代植物学在实验观察基础上建立的基本理论，该书所译的细胞、心皮、子房、胎座、胚、胚乳等名词沿用至今。20世纪初至30年代，从西方和日本留学回国的一些植物学家开展了我国植物学的研究和教育工作，成为我国近代植物学的奠基人，如钟观光、钱崇澍、戴芳澜、胡先骕、李继侗、罗宗洛、秦仁昌等。1923年邹秉文、胡先骕、钱崇澍编著了《高等植物学》，1937年陈嵘出版了《中国树木分类学》等。除了当时发展最快的是植物分类学，植物生理学、植物形态学、藻类学、真菌学、生态学和细胞学等也随之发展起来了。至1937年，我国已经成立了中央研究院植物研究所、静生生物调查所、北平研究院植物研究所、中山大学农林植物研究所等科研单位，还建设了中山植物园、庐山植物园等植物园，全国很多高校也设置了"植物学"课程。中华人民共和国成立之后，植物科学发展迅速，出版了《中国植物志》（含80卷，126册）；1988—2013年中美合作编写了英文版的中国植物志（Flora of China）；还出版了7册《中国高等植物图鉴》、13卷《中国高等植物》，《中国孢子植物志》的编写工作也在有计划地进行，包括《中国海藻志》、《中国真菌志》、《中国地衣志》和《中国苔藓志》，现已出版了100余卷（册）。各省市的植物志也已基本完成。同时，出版了《中华人民共和国植被图》（1∶400万）、《新华本草纲要》（3册）、《中国本草图录》

（10卷）和《中国植物红皮书·稀有濒危植物》等。到2018年6月，我国已建立了474个国家级自然保护区，160多个规模较大的植物园、树木园和草药园，这些是植物引种、驯化和保护珍稀濒危植物的基地。

总之，中国的植物科学在近90年来取得了巨大的成就，正在缩小和国际先进水平的差距。某些分支学科已达到国际先进水平，甚至还占有一定的优势。但总的说来研究水平与国际上相比还有差距，有待于迎头赶上。

三、学习植物学的要求和方法

植物学在21世纪人才的知识结构中有着不可取代的地位，问题是如何在有限的时间内学好它，用较少的时间打下坚实的基础。下面就本课程的特点进行分析，从中探寻最佳的学习方法。

植物学是生命科学相关专业的主要基础课之一，它为生理学、生态学、遗传学、资源植物学以及农、林、医等众多专业的课程打基础。可以这么说，凡是要用植物为研究对象的工作都需要植物学的基础知识。本课程的特点是：形象思维多于逻辑思维；植物生长的季节性、地域性和教学顺序性之间存在矛盾；能力的培养易被认识繁多的植物种类所冲击而得不到保证等。鉴于此，在学习本课程时，若能注意以下几个方面，便能学得更好。

（1）注意辩证思维，把握知识间的内在联系：如形态结构与生理功能的关系、形态结构与生态环境的关系、个体发育与系统发育的关系、遗传与变异的关系、个性与共性的关系等。一定要防止死板的、孤立的、片面的思维方式。

（2）依照认识论的客观规律进行学习：为课程服务的教材总是以演绎法编写的，即先写一般的、抽象的特征，然后再演绎出具体的实例；学习时不妨倒过来，以归纳法进行，即先看实例取得感性认识，然后再由个别到一般、由具体到抽象的顺序来掌握它们的共同特征，建立起进化的观念。

（3）加强理论联系实际：大自然是一本活的

教科书，抓住植物界"一岁一枯荣"中的生长、发育、开花和结果的规律，把植物学的知识学活，这是区别于其他课程的行之有效的学习方法。同时要联系生产实际、生活实际，用学到的知识来解释生产和生活中的问题，在教师的指导下开展一些探究性的研究，激发进一步探讨植物科学中未知世界的欲望和兴趣。

（4）加强能力培养：掌握显微镜的使用，徒手切片、临时装片、染色等技术；有条件的院校还应学习透射和扫描电镜、激光扫描共聚焦显微镜的应用和相应的制片技术；在野外工作中要掌握各类植物的标本采集、制作和记录的方法。特别值得注意的是，要努力使自己具备独立鉴定植物的能力，至少要能够确切理解用文字描述的植物各部分的生活状态究竟是什么样的。为此，必须在学习过程中不断地运用检索表，即使对已经认识的植物也可以用倒查的方法来进一步理解名词术语的确切含义。以往的教训就在于对看似简单的术语不求甚解，模棱两可，把检索表的使用看得很容易，似乎只要知道一分为二的基本方法，就等于会用检索表了，殊不知每一次的一分为二都需要你独立地作出判断。如果没有对名词的准确理解，就会走到"岔道"上

去，检索不出你所要鉴定的植物。

例如：有的学生在学术会议上听到关于细胞学、解剖学进展的内容，却不知道它们的正常结构是怎样的，因而对报告一知半解；检验转基因工作是否成功，常常要回到植物的形态、植物的组织切片上来；有的毕业生从事生态学调查，但是他走进山林却两眼一抹黑，地方植物志摆在面前也不会用，这时候他才会感到植物分类的重要，可是毕业后就没那么多的时间去补课了；更多的毕业生无法通过实例给群众讲解本地的植物多样性；如果作为教师带领中学生进行植物野外观察，在好问的学生面前，却一问三不知，那么教师的威望何以建立？因此，每一个未来的生物学工作者都应该学习和掌握这些基础知识。希望同学们把基础知识学好，使自己今后的发展建立在扎实的基础之上。这也是植物学作为基础课的根本任务。

（5）充分利用数字课程等资料：上好"植物学"课程，不能忽视参考资料的作用，除了《植物学》、《植物学实验指导》、《植物学野外实习指导》等教材外，数字课程中还有大量相关的学习和科研材料，充分利用这些资料才能把学习过程变得主动、活泼。

复习思考题

1. 书写植物学名和栽培植物的名称应该注意哪几点？
2. 学好本课程应该注意哪几个方面？

数字课程学习资源

■ 学习要点　　■ 难点分析　　■ 教学课件　　■ 习题　　■ 习题参考答案

■ 拓展阅读
－ 植物分子生物学研究的几个热点方向

■ 名家讲坛
－ 胡适宜教授谈实验技术在结构植物学中的重要作用
－ 胡正海教授谈从事植物学教学50年的体会

第 **2** 章

植物细胞和组织

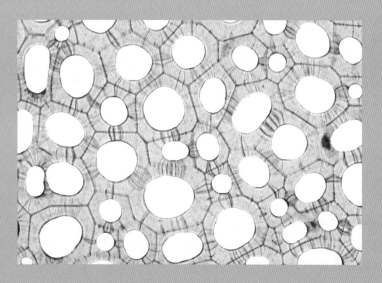

⚙ 学习目标

1. 植物细胞是植物体结构和生命活动的基本单位，了解植物细胞的基本结构和功能。
2. 了解植物细胞中各类细胞器的结构与功能。
3. 了解植物细胞分裂的三种方式及特点。
4. 了解细胞分化的生物学意义。
5. 了解植物细胞全能性的生物学价值。
6. 掌握种子植物组织的类型及特点，各类组织在完成特定生理功能过程中的相互依赖与配合。

⚛ 学习指导 ☝

▤ 关键词

植物细胞　原核细胞　真核细胞　细胞器　原生质体　质体　线粒体　内质网
高尔基体　核糖体　液泡　溶酶体　圆球体　微体　微管　微丝　胞间连丝
具缘纹孔　后含物　有丝分裂　减数分裂　分化　组织　分生组织　成熟组织
输导组织　机械组织

第1节 植物细胞的基本结构和功能

人们对细胞的认识要追溯到1665年，荷兰人列文虎克（A. van Leeuwenhoek）自制了世界上最早的显微镜，这一发明打开了人们认识微观世界的大门。英国皇家科学学会的胡克（R. Hooke）对此很感兴趣，他用列文虎克制作的显微镜观察了软木的薄片，看到软木是由一个个被分隔的小室集合而成，形似蜂窝，他称这些小室为"cell"，中文译为"细胞"。其实当时胡克并未看到完整的生活细胞，他所看到的是失去了生活内容物（即原生质体）、仅留下细胞壁的死细胞。以后，意大利的马尔比基（M. Malpighi）等人通过显微镜观察和对动、植物材料的研究，更丰富了人们对细胞显微结构的认识。

1838年，德国植物学家施莱登首先指出："一切植物，如果它们不是单细胞的话，都是由细胞集合而成的。细胞是植物结构的基本单位"。几乎同时，德国动物学家施旺在研究动物材料的过程中证实了施莱登的结论，并于1839年首次提出了"细胞学说（cell theory）"。他第一次明确地指出了细胞是一切动、植物体的基本组成单位，并从理论上确立了细胞是构成有机体的基本单位。恩格斯将细胞学说、能量转化和守恒定律、达尔文的进化论并列为19世纪自然科学上的三大发现。

20世纪40年代，电子显微镜的发明，用电子束代替光束，大大提高了显微镜的分辨率，从而使人们看到了细胞在光学显微镜下所看不到的更为精细的结构。同时，细胞匀浆、超速离心、同位素示踪等生化技术在细胞学研究上的运用，使人们对细胞的结构及其与功能间的关系以及细胞的发育有了更深入的理解。60年代，生物学家利用组织培养技术，把植物离体细胞培养成完整的植株，这一事实表明了细胞是一个独立的个体，具有遗传上的全能

性，进一步证明了细胞是有机体的结构和功能的基本单位。

对"细胞"这一生命单位的了解，是我们认识生物体结构、代谢和生长发育规律的基础，因此，要了解植物的结构及其形态建成的规律，首先必须认识构成植物体的基本单位——细胞。

🔬 2.1 植物的再生现象和细胞全能性

一、植物细胞的形状和大小

（一）植物细胞的形状

种子植物的细胞具有精细的分工，因此，它们的形状多样（图2-1），例如输送水分和养料的细胞（导管分子和筛管分子）呈长柱形，并连接成相通的"管道"，以利于物质的运输；起支持作用的纤维细胞一般呈长梭形，并聚集成束，加强支持的功能；幼根表皮细胞的主要功能是吸收水分，它们常常向着土壤延伸出细管状突起（根毛），以扩大吸收表面。细胞形态的多样性，反映了细胞功能的多样性。

（二）植物细胞的大小

植物细胞的体积通常很小。在种子植物中，一般的细胞直径为10～100 μm，必须借助于显微镜才能分辨出来。少数植物的细胞较大，如番茄果肉、西瓜瓤的细胞，由于它们储藏了大量水分和营养，直径可达1 mm，肉眼可以分辨出来；棉种子上的表皮毛，可以长达75 mm；苎麻茎中的纤维细胞，最长可达550 mm，但这些细胞在横向直径上仍是很小的。细胞体积的大小受细胞核的控制，体积小，它的相对表面积就大，这对细胞间物质在代谢过程中的迅速交换和转运十分有利。

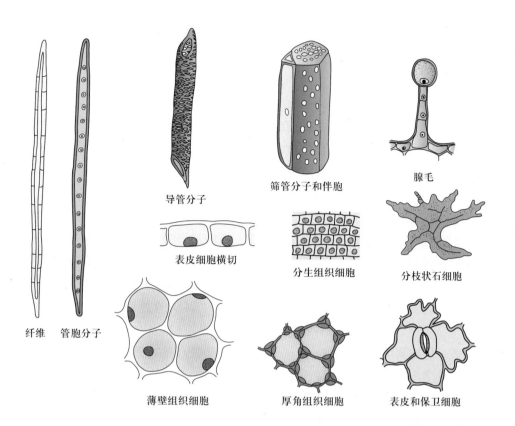

导管分子

筛管分子和伴胞

腺毛

纤维　管胞分子

表皮细胞横切

分生组织细胞

分枝状石细胞

薄壁组织细胞

厚角组织细胞

表皮和保卫细胞

图 2-1　种子植物不同形状的体细胞

二、植物细胞的结构与功能

植物细胞由原生质体（protoplast）和细胞壁（cell wall）两部分组成。原生质体是由细胞中的生命物质——原生质（protoplasm）所构成。细胞壁是包围在原生质体外面的坚韧外壳。长期以来，人们认为它是植物细胞的非生命部分。近年来，越来越多的研究证明，细胞壁和原生质体之间有着结构和机能上的密切联系，尤其是在幼年的细胞中，二者是一个有机的整体。

在光学显微镜下，原生质体可以明显地区分为细胞核（nucleus）和细胞质（cytoplasm）（图2-2）。细胞核是一个折光较强、黏滞性较大的球状体，与细胞质有明显的分界。细胞质是原生质体除了细胞核以外的其余部分。二者都不是匀质的，在内部还分化出一定的结构，其中有的用光学显微镜可以看到，有的必须借助于电子显微镜才能显现出来。人们把在光学显微镜下呈现的细胞结构称为显微结构（microscopic structure），在电子显微镜下看到的

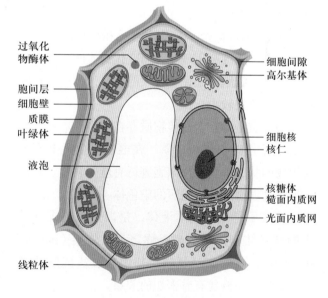

过氧化物酶体

胞间层
细胞壁
质膜
叶绿体

液泡

线粒体

细胞间隙
高尔基体

细胞核
核仁

核糖体
糙面内质网
光面内质网

图 2-2　植物细胞的基本结构

更为精细的结构称为亚显微结构（submicroscopic structure）或超微结构（ultramicroscopic structure）。同样，细胞壁也有精细的构造。下面对植物细胞各部分分别加以介绍。

（一）原生质体

1. 细胞核

细胞核埋于细胞质内，是细胞遗传和代谢的调控中心。通常一个细胞只有一个核，双核或多核现象多见于藻、菌或维管植物的乳汁管和绒毡层等细胞中。细胞核外与细胞质分界的被膜，称为核膜（nuclear membrane）。膜内充满均匀透明的胶状物质，称为核质（nucleoplasm），内含一至几个折光强的球状小体，称为核仁（nucleolus）。当细胞固定染色后，核质中被染成深色的部分，称染色质（chromatin），其余部分称核基质（nuclear matrix）。

核膜是物质进出细胞核的门户，起着控制核与细胞质之间物质交流的作用。电子显微镜下观察到核膜有双层，即由外膜和内膜组成，外层膜可延伸与细胞质中的内质网相连。膜上有许多小孔，称为核孔（nuclear pore）。核孔能随着细胞代谢状态的不同进行启闭。由此可见，细胞核与细胞质之间有着密切的物质交换，这种交换对调节细胞的代谢具有十分重要的作用。

核仁有1至数个，是核内合成和贮藏RNA的场所。其大小随细胞生理状态而变化，代谢旺盛的细胞，如分生细胞，往往有较大的核仁，而代谢较慢的细胞，核仁较小。

染色质是细胞中遗传物质存在的主要形式，其主要成分是DNA和蛋白质。在电子显微镜下可见交织成网状的细丝。当细胞进行有丝分裂时，染色质细丝高度螺旋化成粗短的染色体。

核基质是核内胶质液体，是以蛋白质成分为主的网状结构体系，有人称之为核骨架（nuclear skeleton），它与DNA复制、基因的表达调控及染色体的包装与构建有着密切的关系。

由于细胞内的遗传物质（DNA）主要集中在核内，因此，细胞核的主要功能是储存和传递遗传信息，在细胞遗传中起重要作用。此外，细胞核还能通过控制蛋白质的合成量来调节细胞的生理活动。细胞核生理功能的实现，也脱离不了细胞质对它的影响。细胞质中合成的物质以及来自外界的信号，也不断进入核内，使细胞核的活动做出相应的改变。因此，在细胞中，细胞核总是包埋在细胞质中的。

2. 细胞质

细胞质是细胞核和细胞膜之间的物质，它的外面包被着质膜（plasma membrane），内部包埋着一些称为细胞器（organelle）的微小结构。

（1）质膜　质膜是包围在细胞质表面的一层薄膜，又称原生质膜或细胞膜（cell membrane）。在电子显微镜下，质膜显出暗—明—暗三条带：两侧呈两个暗带，主要成分为蛋白质，中间夹有一个明带，主要成分是脂质。其中两侧暗带各为2 nm，中间明带约3.5 nm，三层的总厚度约7.5 nm。这种在电子显微镜下具三层结构的膜，称为单位膜（unit membrane），质膜只具一层单位膜（图2-3）。除质膜外，细胞核的内膜和外膜，以及其他细胞器表面的包被膜一般都是单位膜，但各自的厚度、结构和性质都有差异。

质膜的主要功能是控制细胞与外界环境的物质交换。这是因为质膜具有"选择透性"，这种特性表现为不同的物质透过能力不同。质膜的选择透性使细胞不但能从周围环境不断地取得所需要的水分、盐类和其他必需的物质，而且能阻止有害物质的进入；同时，细胞也能将代谢的废物排除出去，从而保证了细胞具有一个相对稳定的内环境，这是进行正常生命活动所必需的前提。此外，质膜还有许多其他重要的生理功能，例如，主动运输、接受和传递外界的信号、抵御病菌的感染、参与细胞间

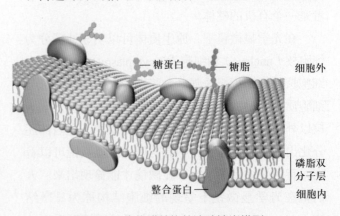

图2-3　生物膜结构的流动镶嵌模型

的相互识别等。

生物膜的选择透性与它的分子结构密切相关。一般认为，磷脂是组成生物膜整体结构的主要成分，两排磷脂分子在细胞质（或细胞器）表面形成一个双分子层。在每一排中，磷脂分子与膜垂直，相互平行排列；两排分子含磷酸的亲水"头部"分别朝向膜的内、外两侧，而疏水的脂肪酸的烃链"尾部"都朝向膜的中间，两排分子尾尾相接，形成了一个包围细胞质的连续脂质双分子层。生物膜就是这种脂质层与蛋白质相结合的产物。有关蛋白质在膜上的分布，科学家提出许多假设的模型。目前较普遍接受的是一种"膜的流动镶嵌模型"学说。该学说认为，在膜上有许多球状蛋白，以各种方式镶嵌在磷脂双分子层中，有的分别结合在膜的内外表面，有的较深地嵌入磷脂层中，再有的横向贯穿于整个双分子层。而且，这样的结构不是一成不变的，构成膜的磷脂和蛋白质都具有一定的流动性，使膜的结构处于不断变动的状态。膜的选择透性主要与膜上蛋白质有关。膜蛋白大多是特异的酶类，在一定的条件下，它们具有"识别"、"捕捉"和"释放"某些物质的能力，从而对物质的透过起主要的控制作用。

（2）细胞器　细胞器是细胞质内具有一定形态结构和特定功能的微结构或微器官，包括质体（plastid）、线粒体（mitochondria）、内质网（endoplasmic reticulum）、高尔基体（dictyosome或Golgi body）、液泡（vacuole）、微管（microtubule）等。现分别介绍如下：

①质体　质体是一类与糖类的合成与贮藏密切相关的细胞器，它是植物细胞特有的结构之一。根据所含色素的不同，可将质体分成三种类型：叶绿体（chloroplast）、有色体或称杂色体（chromoplast）和白色体（leucoplast）。

叶绿体是进行光合作用的质体，只存在于植物的绿色细胞中。有人计算蓖麻的叶片每平方毫米的范围中有403 000颗叶绿体。叶绿体含有叶绿素（chlorophyll）、叶黄素（xanthophyll）和胡萝卜素（carotin），其中叶绿素是主要的光合色素，它能吸

收和利用光能，直接参与光合作用。其他两类色素不能直接参与光合作用，只能将吸收的光能传递给叶绿素，起辅助光合作用的功能。植物叶片的颜色与这三种色素的比例有关。一般情况，叶绿素占绝对优势时，叶片呈绿色；秋天某些植物叶变红色，就是叶片细胞中的花青素和类胡萝卜素（包括叶黄素和胡萝卜素）占了优势的缘故。在农业上，常可根据叶色的变化判断农作物的生长状况，及时采取相应的施肥、灌水等栽培措施。高等植物的叶绿体形状相似，呈球形、卵形或凸透镜形。电子显微镜下观察，叶绿体表面有双层膜包被，内部有膜形成的许多圆盘状的类囊体（thylakoid）相互重叠，形成一个个柱状体单位，称为基粒（granum）。在基粒之间，有基粒间膜（基质片层，fret）相联系（图2-4）。除了这些以外的其余部分是没有一定结构的基质（stroma或matrix）。叶绿体色素位于基粒的膜上，光合作用所需的各种酶分别定位于基粒的膜上或者在基质中。在基粒和基质中分别完成光合作用中不同的化学反应，光反应在基粒上进行，暗反应在基质中进行。

有色体只含有胡萝卜素和叶黄素，由于二者比例不同，可分别呈黄色、橙色或橙红色。它们经常存在于果实、花瓣或植物体的其他部分。有色体的形状多种多样，例如红辣椒果皮中的有色体呈颗粒状，旱金莲花瓣中的有色体呈针状。有色体能聚积淀粉和脂质，在花和果实中具有吸引昆虫和其他动物传粉及传播种子的作用。

白色体不含色素，呈无色颗粒状，普遍存在于植物体各部分的储藏细胞中，是淀粉和脂肪的

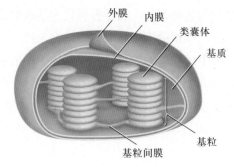

图2-4　叶绿体的亚显微结构

合成中心。当白色体特化成淀粉储藏体时，称为淀粉体（amyloplast）；形成脂肪时，称为造油体（elaioplast）。

在电子显微镜下，可以看到有色体和白色体表面也有双层膜包被，但内部没有发达的膜结构，不形成基粒。

各类质体由幼小细胞中的前质体（proplastid）发育而来。前质体是一种较小的无色体，能进行分裂。在幼小细胞内有一些为双层膜所包被的小泡，其中没有片层结构；之后，小泡内膜向内折叠，内折的膜层与小泡表面平行，这时称为前质体。在光照或黑暗条件下，前质体发育成叶绿体或白色体（图2-5）。一般认为有色体不是由前质体直接发育而来的，它是由白色体或叶绿体转化而成。例如，发育中的番茄果实，最初含有白色体，以后转化成叶绿体，最后叶绿体失去叶绿素而转化成有色体，果实的颜色也随之变化，从白色变成绿色，最后成为红色。相反，有色体也能转化成其他质体，例如，胡萝卜根的有色体暴露于光下，就可转化成叶绿体。

②线粒体 线粒体是一些大小不一的球状、棒状或细丝状颗粒，在光学显微镜下，需用特殊的染色才能辨别。在电子显微镜下可看出，线粒体由双层膜包裹着，其内膜向中心腔内折叠，形成许多隔板状或管状突起，称为嵴（cristae）。在两层被膜之间及中心腔内，是以可溶性蛋白为主的基质（图2-6）。

线粒体是细胞进行呼吸作用的场所，含有100多种酶，分别存在于膜上和基质中，其中绝大部分参与呼吸作用。线粒体呼吸释放的能量能透过膜转运到细胞的其他部位，满足各种代谢活动的需要，因此，线粒体被喻为细胞中的"动力工厂"。

细胞中线粒体的数目以及线粒体中嵴的多少与细胞的生理状态有关。当代谢旺盛、能量消耗多时，细胞就具有较多的线粒体，其内有较密的嵴；反之，代谢较弱的细胞，线粒体较少，内部嵴也较疏。

③内质网 内质网是分布于细胞质中由单层膜构成的网状管道系统，管道以各种形状延伸和扩展，成为各类管、泡、腔交织的状态。在电子显微镜下观察，内质网是两层平行的膜，中间夹有一个窄的空间。

内质网有两种类型：一类在膜的外侧附有许多小颗粒，这种附有颗粒的内质网称为糙面内质网

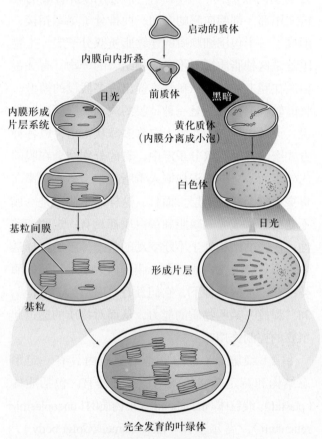

图 2-5 叶绿体的发育

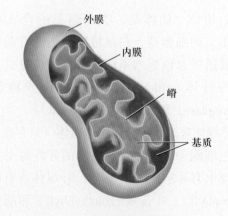

图 2-6 线粒体的立体结构

（图2-7），这些颗粒是核糖体（ribosome），又称核蛋白体或核糖核蛋白体；另一类在膜的外侧不附有颗粒，表面光滑，称光面内质网。

内质网在细胞中担负着多种功能，内质网内与细胞核的外膜相连，外与质膜相连，有的还通过胞间连丝穿越细胞壁，与相邻细胞的内质网发生联系。因此，有人认为内质网构成了一个从细胞核到质膜，以及与相邻细胞直接相通的管道系统，与细胞内和细胞间的物质运输有关。糙面内质网与核糖体紧密结合，而核糖体是合成蛋白质的细胞器，因此，推测糙面内质网与蛋白质（主要是酶）合成有关；膜上核糖体合成的蛋白质进入内质网腔内，并进一步将它转运到细胞其他部位去。光面内质网主要合成和运输脂质和多糖，例如，在分泌脂质的细胞中常常有较多的光面内质网。在细胞壁进行次生增厚的部位内方也可以见到内质网紧靠质膜，反映了内质网可能与加到壁上去的多糖的合成有关。

④ 高尔基体　高尔基体是由一叠扁平的囊（cisterna），也称为泡囊或槽库所组成的结构，每个囊由单层膜包围而成，中央似盘底，边缘或多或少出现穿孔。当穿孔扩大时，囊的边缘便显得像网状的结构。在网状部分的外侧，局部区域膨大，形成小泡（vesicle），通过缢缩断裂，小泡从高尔基体囊上可分离出去（图2-8）。

高尔基体与细胞的分泌功能相联系。分泌物可以在高尔基体中合成，或来源于其他部分（如内质网），经高尔基体进一步加工后，再由高尔基体小泡将它们携带转运到目的地。分泌物主要是多糖和多糖－蛋白质复合体。这些物质用来供给细胞壁的生长，或分泌到细胞外面。当小泡输送物质参与壁的生长时，小泡向质膜移动，先与质膜接触，二者的膜发生融合，然后小泡内容物向壁释放出去，添加到壁上。在有丝分裂形成新细胞壁的过程中，可以看到大量高尔基小泡运送形成新壁所需的多糖，参与新细胞壁的形成。也有实验证明，根冠（root cap）细胞分泌黏液，松树的树脂道（resin canal）上皮细胞分泌树脂等，也都与高尔基体活动有关。一个细胞内的全部高尔基体总称为高尔基器（Golgi apparatus）。

⑤ 核糖体（ribosome）　核糖体为小椭圆形颗粒。它的主要成分是RNA和蛋白质。在细胞质中，它们可以以游离状态存在，也可以附着于糙面内质网的膜上。此外，在线粒体和叶绿体中也有核糖体存在。

核糖体是细胞中蛋白质合成的中心，氨基酸在它上面有规则地组装成蛋白质。蛋白质合成旺盛的细胞，尤其在快速增殖的细胞中，往往含有更多的核糖体。在执行蛋白质合成功能时，单个核糖体经常串联形成一个聚合体，称为多核糖体或多聚核糖体（polysome），它的合成效率比单个的更高。

⑥ 液泡（vacuole）　具有一个大的中央液泡是成熟细胞的显著特征，也是植物细胞与动物细胞在结构上的明显区别之一。

幼小的植物细胞（分生组织细胞）具有许多小

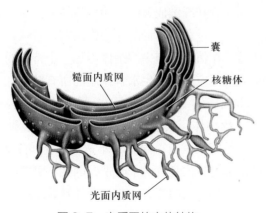

图2-7　内质网的立体结构

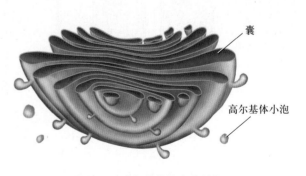

图2-8　高尔基体的立体结构

而分散的液泡，它们在电子显微镜下才能被看到。以后，随着细胞的生长，液泡也长大，相互并合，最后在细胞中央形成一个大的中央液泡，它可占据细胞体积的90%以上。这时，细胞质的其余部分，连同细胞核一起，被挤成为紧贴细胞壁的一个薄层（图2-9）。有些细胞成熟时，也可以同时保留几个较大的液泡，这样，细胞核就被液泡所分割成的细胞质索悬挂于细胞的中央。

液泡外被有一层液泡膜（tonoplast），膜内充满着细胞液（cell sap），它是含有多种有机物和无机物的复杂水溶液。液泡具有对物质再度转化和利用的能力。液泡膜具有特殊的选择透性，能使许多物质大量聚积在液泡中，如糖、鞣质（又称单宁）、植物碱、花青素等。在液泡中还含有很多无机盐，有些盐类因过饱和而成结晶，常见的如草酸钙结晶。细胞液中各类物质的富集，使细胞液保持一定的浓度，这与细胞渗透压和膨压的维持以及水分的吸收有着很大的关系，使细胞能保持一定的形状和进行正常的活动。同时，高浓度的细胞液使细胞在低温时不易冻结，干旱时不易丧失水分，提高了抗寒和抗旱的能力。

在电子显微镜下，常可以看到薄壁细胞的液泡中悬浮有不完整的线粒体、质体或内质网片段等，认为它们是被液泡膜"吞噬"进去的细胞衰老的组成部分，以后在液泡中被分解而消失，这是细胞新陈代谢的一种方式，是细胞分化及衰老、死亡过程中必需的过程。因此，越来越多的学者认为，液泡在细胞的代谢过程中积极地参与细胞的物质循环、细胞分化和细胞衰老等重要的生命过程，是一种具有重要生理功能的细胞器。

液泡中的代谢物是人们开发利用植物的主要资源，如从甘蔗的茎、甜菜的根中提取蔗糖，从罂粟果实中提取鸦片，从盐肤木、化香树中提取鞣质作为烤胶的原料等。近年来，开发新的野生植物资源正在引起人们越来越大的兴趣，如刺梨、酸枣等果实被用做制取新型饮料；从花、果实中提取天然色素，用于轻工、化工，尤其是食品工业的着色。其中，天然色素的开发已成为当前国内外十分重视的一个研究领域。

⑦溶酶体（lysosome） 溶酶体是由单层膜包围的多形小泡，内部主要含有各种不同的水解酶类，能分解所有的生物大分子，因此而得名。溶酶体可以通过膜的内陷，把细胞质的其他组分吞噬进去，在溶酶体内进行消化；也可通过本身膜的解体，把酶释放到细胞质中而起作用。溶酶体在细胞内对贮藏物质的利用起重要作用，同时，在细胞分化过程中对消除不必要的结构组分，以及在细胞衰老过程中破坏原生质体结构都起特定的作用。例如，在导管和纤维成熟时，原生质体最后完全破坏消失，这一过程就与溶酶体的作用密切有关。一些人认为，在植物细胞中溶酶体不是一个特殊的形态学实体，而应指能发生水解作用的所有结构。

⑧圆球体（spherosome） 圆球体是膜包裹着的圆球状小体，染色反应似脂肪。电子显微镜观察，它的膜只具有一层电子不透明层（暗带），而不像正常的单位膜具两个暗带，因此，可能只是单位膜的一半。膜内部有一些细微的颗粒结构。

圆球体是一种储藏细胞器，是脂肪积累的场

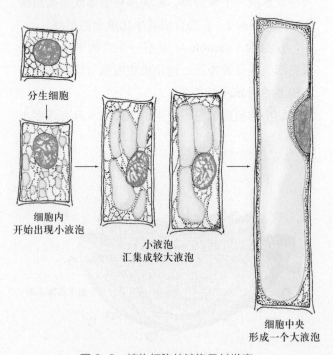

分生细胞

细胞内
开始出现小液泡

小液泡
汇集成较大液泡

细胞中央
形成一个大液泡

图2-9 植物细胞的液泡及其发育

所。当大量脂肪积累后，圆球体便变成透明的油滴，内部颗粒消失。在圆球体中也检测出含有脂肪酶，在一定条件下，酶也能将脂肪水解成甘油和脂肪酸。因此，圆球体具有溶酶体的性质。

⑨微体（microbody或cytosome）　微体是一些由单层膜包围的小体，它的大小、形状与溶酶体相似，二者的区别在于含有不同的酶。微体含有氧化酶和过氧化氢酶类。另外，有些微体中含有小的颗粒、纤丝或晶体等。

现在了解到微体有两种：过氧化物酶体（peroxisome）和乙醛酸循环体（glyoxysome），它们参与植物中乙醛酸转化成己糖和脂肪转化成糖类的反应。

⑩微管（microtubule）、微丝（microfilament）和中间纤维（intermediate filament）　微管、微丝和中间纤维是构成细胞骨架的3种蛋白质，是细胞内呈管状或纤丝状的细胞器，它们在细胞中相互交织，形成一个网状的结构，构成细胞内骨骼状的支架，使细胞具有一定的形状。

微管在电子显微镜下是中空而直的细管。微管的化学组成是微管蛋白，它是一种球蛋白，在细胞中能随着不同的条件迅速地装配成微管，或又很快地解聚，因而，微管是一种不稳定的细胞器。在低温、压力、秋水仙碱（colchicine）、酶等外界条件的作用下，微管也很容易被破坏。

微管的生理功能主要有几个方面。第一，微管与细胞形状的维持有一定的关系，有人研究植物呈纺锤状的精子，发现它具有与细胞长轴平行的微管。当用秋水仙碱处理后，微管被破坏，精子便变成球形。因此，微管可能在细胞中起支架作用，保持细胞一定的形状。第二，微管参与细胞壁的形成和生长。在细胞分裂时，由微管组成的成膜体指导着含有多糖的高尔基体小泡向新细胞壁方向运动，在赤道面集中，融合形成细胞板。其后，微管在质膜下的排列方向，又决定着细胞壁上纤维素微纤丝的沉积方向。并且，在细胞壁进一步增厚时，微管集中的部位与细胞壁增厚的部位是相应的，反映了壁的增厚方式可能也受微管的控制。第三，微管与

细胞的运动及细胞内细胞器的运动有密切关系。植物游动细胞的纤毛和鞭毛，是由微管构成的，在细胞分裂时，染色体的运动受微管构成的纺锤丝的控制。也有实验指出，细胞内细胞器的运动方向，也受微管的控制。

微丝是比微管更细的纤丝，在细胞中呈纵横交织的网状，与微管共同构成细胞内的支架，维持细胞的形状，并支持和连接各类细胞器。例如，"游离"的核糖体颗粒很可能就连接在此网络的交叉点上（图2-10）。

微丝的主要成分是肌动蛋白，因此，它具有像肌肉一样的收缩功能。除了起支架作用外，它的主要功能是与微管配合，控制细胞器的运动。微管的排列为细胞器提供了运动的方向，而微丝的收缩功能，直接导致了运动的实现。另外，微丝与胞质流动（cytoplasmic streaming）有密切的关系。在具有明显的胞质流动的细胞中，可以看到成束的微丝排列在流动带中，并与流动方向相平行，当用专门破坏微丝的药品细胞松弛素处理后，胞质流动便停止。如果去除药物，微丝重新聚合，胞质流动又可恢复。

近年的研究证明，植物细胞中也具有与动物细胞相同的中间纤维，它与微管、微丝共同构成细胞的骨架结构。

植物细胞的骨架与动物细胞的骨架在功能上基

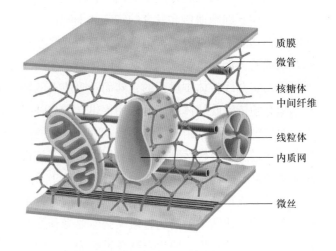

图2-10　微管、微丝和中间纤维的立体图解

质膜
微管
核糖体
中间纤维
线粒体
内质网
微丝

本相同，所不同的是动物细胞的骨架直接决定动物细胞的形状，而植物细胞的骨架是通过微管控制纤维素分子的排列方向，间接地决定植物细胞的形状。

（3）胞基质（cytoplasmic matrix） 具有一定弹性和黏滞性的胶体溶液，细胞器及细胞核都包埋于其中。化学成分很复杂，有水、无机盐、溶解的气体、糖类、氨基酸、核苷酸等小分子和蛋白质、RNA、酶类等大分子物质。

在生活的细胞中，由于微管、微丝和中间纤维的作用，胞基质一直处于不断的运动状态，它能带动其中的细胞器在细胞内作有规律的持续的流动。在具有单个大液泡的细胞中，胞基质常常围绕着液泡朝一个方向作循环流动，而在具有多个液泡的细胞中，不同的细胞质索可以有不同的流动方向。胞基质运动对于细胞内物质的转运具有重要的作用，促进了细胞器之间生理上的相互联系。

胞基质不仅是细胞器之间物质运输和信息传递的介质，而且也是细胞代谢的一个重要场所，许多生化反应，如厌氧呼吸及某些蛋白质的合成等就是在胞基质中进行的。同时，胞基质也不断为各类细胞器提供行使功能必需的原料。

综上所述，植物细胞原生质体是细胞内一团结构上具有复杂分化的原生质单位。在细胞质膜内，具有特定形态和功能的细胞器悬浮于以蛋白质为主的胶状基质中。从细胞器的定义出发，细胞核也可作为一个控制细胞遗传和发育的特殊的细胞器。这些结构在功能上具有分工，但它们又是相互联系、相互依赖的，例如植物细胞最基本的生命活动——呼吸作用是在线粒体中进行的，然而呼吸所需的物质基础必须依赖叶绿体的光合作用提供；参与呼吸作用的各种酶类必须由核糖体合成；呼吸产生的能量必须通过胞基质转运到其他细胞器中，供各类代谢活动的需要，而水和二氧化碳又必须借助于质膜排出体外，或重新用作光合作用的原料。同时，参与以上种种代谢活动的酶的合成又必然要受到细胞核的控制。由此可见，原生质体总是作为一个整体单位而进行生命活动的。

各类细胞器不仅功能上密切联系，而且在结构上和起源上也是相联系的。绝大部分的细胞器都是由膜所围成，各类细胞器的膜在成分上和功能上虽具有各自的特异性，但它们的基本结构是相似的，都是单位膜。核膜的外膜与糙面内质网相联系，光面内质网产生的囊可以转化为高尔基体的囊，内质网和高尔基体又可以发育出液泡和各类小泡，小泡又可进一步发育为溶酶体、圆球体和微体等。因此，许多生物学家认为，细胞内这些细胞器是一个统一的、相互联系的膜系统在局部区域特化的结果，这个膜系统称为细胞的内膜系统。"内膜"是相对于包围在外面的质膜而言的。

在生物进化过程中，内膜系统在原生质体中起分隔化、区域化的作用。被膜分隔的不同小区特化为不同的细胞器，从而实现细胞内的区域分工，使得在"细胞"——这样一个极小的空间中能同时进行多种不同的生化反应。内膜系统巨大的表面，又使各种酶能定位于不同的部位，保证了一系列复杂的生化反应能有顺序地、高效地进行。同时，内膜系统还与质膜相连，相邻细胞的内膜系统通过胞间连丝互相沟通，这就提供了一个细胞内及细胞间的物质和信息的运输系统，从而使多细胞有机体能成为协调的统一整体。

（二）细胞壁

细胞壁是包围在植物细胞原生质体外面的一个坚韧的外壳，其功能是保护原生质体。它是植物细胞特有的结构，与液泡、质体一起构成植物细胞与动物细胞相区别的三大结构特征。

1. 细胞壁的层次

根据形成的时间和化学成分的不同细胞壁分成三层：胞间层（intercellular layer）、初生壁（primary wall）和次生壁（secondary wall）（图2-11）。

（1）胞间层 又称中层，存在于细胞壁的最外层，是与相邻细胞共有的一层。化学成分主要是果胶（pectin），果胶具有很强的亲水性和可塑性，多细胞植物依靠它使相邻细胞彼此粘连在一起。

（2）初生壁 初生壁是在细胞停止生长前原生

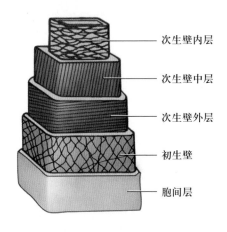

次生壁内层

次生壁中层

次生壁外层

初生壁

胞间层

图2-11 细胞壁的不同层次及微纤丝的排列方向

质体分泌形成的细胞壁层，存在于胞间层内侧。它的主要成分是纤维素、半纤维素和果胶。现已证明，在初生壁中也含有少量结构蛋白，这些蛋白质成分与壁上的多糖紧密结合。初生壁一般较薄，质地较柔软，有较大的可塑性，能随着细胞的生长而延展。许多细胞在形成初生壁后，如不再有新壁层的积累，初生壁便成为它们永久的细胞壁。

（3）次生壁 次生壁是细胞停止生长后，在初生壁内侧继续积累的细胞壁层。它的主要成分是纤维素、少量的半纤维素和木质素（lignin）。次生壁较厚，质地较坚硬，因此，有增强细胞壁机械强度的作用。不是所有的细胞都具有次生壁。大部分具次生壁的细胞在成熟时原生质体死亡，残留的细胞壁起支持和保护植物体的功能。

2. 初生纹孔场、胞间连丝和纹孔

细胞壁生长时并不是均匀增厚的，在初生壁上具有一些明显的凹陷区域，称为初生纹孔场（primary pit field）（图2-12a）。在初生纹孔场上集中分布着许多小孔，细胞的原生质细丝通过这些小孔，与相邻细胞的原生质体相连。这种穿过细胞壁，沟通相邻细胞的原生质细丝称为胞间连丝（plasmodesmata）（图2-12a），它是细胞原生质体之间物质和信息直接联系的桥梁，是多细胞植物体成为一个结构和功能上统一的有机体的重要保证。除初生纹孔场外，在壁的其他部位也分散有少量胞间连丝。

次生壁形成时，初生壁完全不被次生壁覆盖的区域，称为纹孔（pit）。纹孔如在初生纹孔场上形成，一个初生纹孔场上可有几个纹孔。一个纹孔由纹孔腔（pit cavity）和纹孔膜（pit membrane）组成。纹孔腔是指次生壁围成的腔，它的开口（纹孔口）朝向细胞腔，腔底的初生壁和胞间层部分称纹孔膜。根据次生壁增厚情况的不同，纹孔分成单纹孔（simple pit）（图2-12b）和具缘纹孔（bordered pit）（图2-12c）两种类型，它们的区别是具缘纹孔的次生壁向着细胞内拱起，形成一个拱形的边缘，使纹孔腔变大，而单纹孔的次生壁没有这样拱形的边缘。在某些裸子植物管胞壁上的具缘纹孔，它们的纹孔膜中央部位有一个圆盘状的增厚区域，称纹孔塞（torus）。它的直径大于纹孔口，纹孔塞的增厚是初生壁性质的，周围的纹孔膜呈网状，称塞缘（或塞周膜，margo），具多孔，有很好的通透性（图2-12c）。当纹孔膜位于相邻细胞的中央位置时，水分主要通过塞缘透到相邻细胞；而当两侧的细胞内压力不同时，纹孔膜偏向压力小的一侧，纹孔塞堵住了纹孔口，阻止了水流向该侧的流动。由此可见，这种具缘纹孔在一定条件下有控制水流方向和水流量的作用。

相邻两个细胞壁上的纹孔常成对存在，称纹孔对（pit pair），纹孔对中的纹孔膜是由二层初生壁和一层胞间层组成。

细胞壁上初生纹孔场、纹孔和胞间连丝的存在，有利于细胞与环境以及细胞之间的物质交流，尤其是胞间连丝，它把生活细胞的原生质体连接成一个整体，从而使多细胞植物在结构和生理活动上成为统一的有机体。

3. 细胞壁的化学成分

高等植物和绿藻的细胞壁主要化学成分是纤维素，其次有果胶质、半纤维素、非纤维素多糖和蛋白质等亲水性的物质。不同细胞的细胞壁组成成分变化很大，这是由于细胞壁中还渗入了其他各种物质。常见的物质有角质、栓质、木质、矿质等，这些物质渗入细胞壁的过程分别称为角质化、栓质化、木质化和矿质化。由于这些物质的性质不同，从而使各种

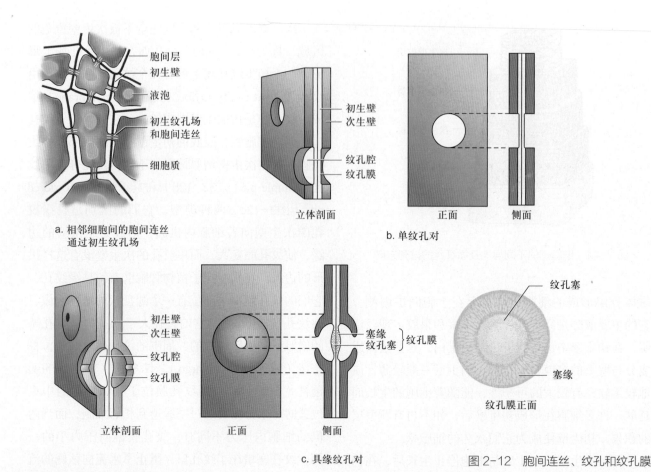

a. 相邻细胞间的胞间连丝
通过初生纹孔场

立体剖面　　正面　侧面
b. 单纹孔对

立体剖面　　正面　侧面
c. 具缘纹孔对

纹孔膜正面

图2-12　胞间连丝、纹孔和纹孔膜

细胞壁具有不同的性质，例如，角质和栓质是脂肪性物质，因此，角质化或栓质化的壁就不易透水，具有减少蒸腾和免于雨水浸渍的作用；木质是亲水性的，它有很大的硬度，因此，木质化的壁既加强了机械强度，又能透水；矿质主要是碳酸钙和硅化物，矿质化的壁也具有较高的硬度，增强了支持力。细胞壁成分和性质上的这些差异对于不同细胞更好地适应它所执行的功能，具有重要意义。

4. 细胞壁的亚显微结构

电子显微镜下对细胞壁结构的研究指出，构成细胞壁的结构单位是微纤丝（microfibril）。微纤丝是由葡萄糖分子脱水缩合形成的长链，许多长链聚合形成微团（micella），多束微团构成的细丝称微纤丝，微纤丝又聚集成更大的束，称大纤丝（macrofibril）。大纤丝在光学显微镜下能够看到。

把细胞壁中的非纤维素成分去掉后，可以看到微纤丝相互交织成网状，构成了细胞壁的基本构架（图2-13）。在完整的壁中，壁的其他物质（果胶、半纤维素、木质、栓质等）填充于微纤丝"网"的空隙中。

在细胞壁生长时，微纤丝是成层连续地敷到壁内侧，微纤丝的沉积方向与微管排列方向具有一致性。在初生壁中，微纤丝呈网状排列，但多数微纤丝与细胞的长轴相平行；在次生壁中，微纤丝多数与长轴成一定角度斜向排列，而且，在次生壁的外、中、内三层壁中，微纤丝的走向也不一致，这样的排列方式可大大增强细胞壁的坚固性（图2-14）。

🎧 2.2　细胞和细胞器基本结构与功能

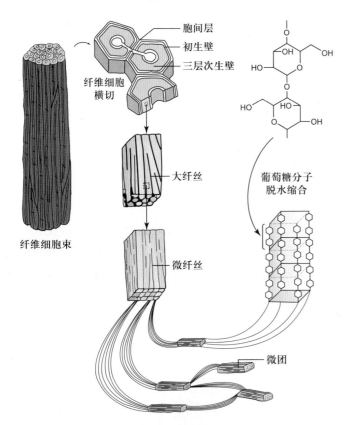

图 2-13 细胞壁中纤维素构架结构图解

三、原核细胞和真核细胞

根据细胞的进化地位、结构和遗传方式等的不同，将细胞分成原核细胞（procaryotic cell）和真核细胞（eucaryotic cell）。原核细胞没有定型的细胞核，核物质集中在细胞中部的某个区域，没有膜包被，又称为拟核（nucleoid）；细胞质内没有由膜包被的细胞器。由原核细胞构成的生物称原核生物，原核生物的细胞从结构上和细胞内功能的分工上都处于较为原始的状态。目前已知的原核生物主要包括支原体、衣原体、立克氏体、细菌、放线菌和蓝藻等。真核细胞具定型的细胞核，核外有核膜包被，各种生理活动在有膜包被的特定结构的细胞器中进行。由真核细胞构成的生物称真核生物，高等植物和绝大多数低等植物都是真核生物，由真核细胞构成（图2-15）。

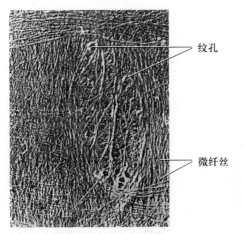

图 2-14 植物细胞壁上微纤丝的排列及初生纹孔场

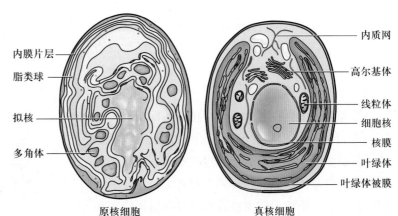

图 2-15 原核细胞（蓝藻）与真核细胞（小球藻）

后含物（ergastic substance）是细胞原生质体新陈代谢后的产物，是细胞中无生命的物质，其中有的是贮藏物，有的是废物。

细胞中后含物的种类很多，包括糖类（又称碳水化合物，carbohydrate）、蛋白质（protein）、脂质（lipid，包括脂肪、角质、栓质、蜡质、磷脂等）、无机盐和其他有机物（如鞣质、树脂、树胶、橡胶和植物碱等）。这些物质有的存在于原生质体中，有的存在于细胞壁上。许多后含物对人类具有重要的经济价值。

下面介绍几类常见的后含物。

1. 淀粉

淀粉（starch）是葡萄糖分子聚合而成的化合物，是细胞中糖类最普遍的贮藏形式，在细胞中以颗粒状存在，称为淀粉粒（starch grain）。

淀粉是由质体合成的。当淀粉在白色体内形成时，白色体成为贮藏淀粉的器官，这种贮藏器官称造粉体（amyloplast）。造粉体形成淀粉粒时，从一个中心开始，由内向外层层沉积。这一中心便形成了淀粉粒的脐点（hilum）。脐点位于中心的称同心淀粉，位于一侧的称离心淀粉。一个造粉体可含一个或多个淀粉粒。

在显微镜下可以看到，许多植物的淀粉粒围绕脐点有许多亮暗相间的轮纹，这是由于淀粉沉积时，直链淀粉（葡萄糖分子成直线排列）和支链淀粉（葡萄糖分子成分支状排列）相互交替地分层沉积的缘故。直链淀粉较支链淀粉对水有更强的亲和性，从而显现出了折光性上的差异。

淀粉粒在形态上有三种类型：单粒淀粉粒，只有一个脐点，无数轮纹围绕这个脐点；复粒淀粉粒，具有两个以上的脐点，各脐点分别有各自的轮纹环绕；半复粒淀粉粒，具有两个以上的脐点，各脐点除有本身的轮纹环绕外，外面还包围着共同的轮纹（图2-16）。

不同的植物淀粉粒的形状不同（图2-17），人们常利用淀粉的形状和大小、单粒和复粒、同心或离心等特点鉴别植物的种类。

2. 蛋白质

细胞中的贮藏蛋白质生理活性稳定。贮藏蛋白质可以是结晶的或是无定形的。结晶的蛋白质因具有晶体和胶体的二重性，因此称蛋白质拟晶体（protein crystalloid）。蛋白质拟晶体有不同的形状，但常呈方形，例如，在马铃薯块茎近外围的薄壁细胞中，就有这种方形结晶的存在，因此，

单粒淀粉　　　　半复粒淀粉

复粒淀粉

图2-16　马铃薯淀粉粒的类型

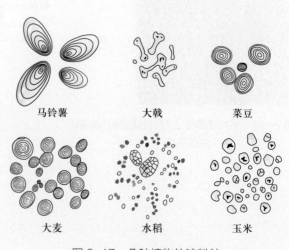

马铃薯　　　　大戟　　　　菜豆

大麦　　　　水稻　　　　玉米

图2-17　几种植物的淀粉粒

马铃薯削皮后会有营养损失。无定形的胶状蛋白质常被一层膜包裹成圆球状的颗粒，称为糊粉粒（aleurone grain）。但有些糊粉粒既包含无定形蛋白质，又包含蛋白质拟晶体。糊粉粒较多分布于植物种子的胚乳或子叶中，有时它们集中分布在某些特殊的细胞层中，特称为糊粉层（aleurone layer）。在许多豆类种子（如大豆、落花生等）子叶的薄壁细胞中，普遍具有糊粉粒，这种糊粉粒以无定形蛋白质为基础，另外包含一个或几个拟晶体。蓖麻胚乳细胞中的糊粉粒（图2-18），除拟晶体外还含有磷酸盐球形体（globoid）。

贮藏蛋白质能累积在液泡内。例如，豆类子叶细胞形成糊粉粒时，先从一个大液泡分散成几个小液泡，以后随着种子的成熟，每个小液泡和内含的蛋白质逐渐转变为糊粉粒，这时液泡膜成为包裹在糊粉粒外面的膜。当种子萌发时，糊粉粒内蛋白质被消化利用，许多小液泡重新转变成一个大液泡。

3. 脂肪和油类

脂肪和油类（oil）是含能量最高而体积最小的贮藏物质。它们主要是物理性质的区别，在常温下呈固态的称为脂肪，呈液态的则称为油类。脂肪和油类在细胞中的形成可以有多种途径，例如，质体和圆球体都能积聚脂质，发育成油滴。

4. 晶体

晶体是（crystal）植物细胞中无机盐的结晶体，存在于细胞的液泡中。最常见的是草酸钙晶体，少数植物中有碳酸钙晶体（钟乳体）和其他钙盐晶体。晶体常被认为是新陈代谢的废物，形成晶体后便避免了对细胞的毒害。

根据形状，晶体可以分为单晶、针晶和簇晶三种。单晶呈棱柱状或角锥状；针晶呈两端尖锐的针状，并常集聚成束；簇晶是由许多单晶联合成的复式结构，呈球状，每个单晶的尖端都突出于球的表面（图2-19）。

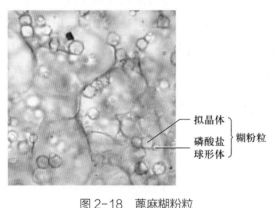

图2-18 蓖麻糊粉粒

拟晶体 ┐
磷酸盐球形体 ┘ 糊粉粒

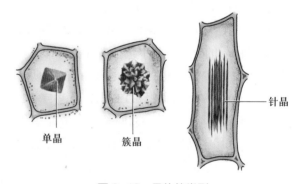

单晶　簇晶　针晶

图2-19 晶体的类型

第3节 植物细胞的繁殖

植物细胞通过分裂形成新细胞的过程称细胞的繁殖。细胞分裂有3种方式：有丝分裂（mitosis）、无丝分裂（amitosis）和减数分裂（meiosis）。

一、有丝分裂

有丝分裂又称为间接分裂，它是真核细胞最普遍的形式，在分裂过程中，细胞核里出现染色体（chromosome）和纺锤丝（spindle fiber），由此而得名，其过程可分为间期和分裂期。

1. 间期

间期是从前一次分裂结束，到下一次分裂开始的一段时间，是分裂前的准备时期。处于间期的细胞，在形态上一般没有十分明显的特征，细胞核的结构像前面描述的那样，呈球形，具有核膜、核仁，染色质不规则地分散于核液中。然而，间期细胞的细胞质很浓，细胞核位于中央并占很大比例，核仁明显，反映出这时的细胞具有旺盛的代谢活动。经细胞化学测定，间期细胞进行着大量的生物合成反应，如RNA的合成、蛋白质的合成、DNA的复制等，为细胞分裂进行物质上的准备。同时，细胞内也积累足够的能量，以满足分裂活动的需要。

间期是有丝分裂遗传物质重要的复制时期，根据不同的时期合成的物质不同，人为地将整个间期分为3个阶段：复制前期（G1期）、复制期（S期）和复制后期（G2期）。G1期从细胞前一次分裂结束到DNA开始合成前，在此时期，主要进行RNA和各类蛋白质的合成，其中包括多种酶的合成。当细胞开始进行DNA的复制，就意味着进入S期，在此时期，DNA的复制和组蛋白的合成基本完成。接着进入G2期，在此期，G2期某些合成作用仍在继续进行，但合成速度明显下降。G2期结束后，细胞便进入分裂期。

2. 分裂期

通过间期的准备，细胞开始分裂，细胞分裂时首先细胞核分裂，随之是细胞质分裂，最后产生新的细胞壁。

（1）细胞核分裂

核分裂是一个连续的过程，从细胞内出现染色体开始，经过一系列的变化，最后分裂成两个子核为止。将其连续的分裂过程人为地划分成前期、中期、后期和末期4个时期（图2-20）。

①前期（prophase） 前期是细胞真正进入了分裂的时期。其特征是细胞核内出现染色体，随后核膜和核仁消失，纺锤丝开始出现。

当分裂开始，核内染色质的细丝螺旋化变粗，以后越缩越短，逐渐成为粗线状或棒状体，最终成为一条形态可辨的染色体。不同的植物，细胞内染色体数目不同，但对每一种植物来讲，数目是相对稳定的，例如水稻是24条，小麦是48条，棉花是52条。由于染色体在分裂前已完成了复制，因此，前期出现的每一条染色体都是双股的，由两根链各自旋绕相互靠在一起，其中每一条链称为一个染色单体（chromatid）。两条靠拢的染色单体除了着丝点（kinetochore或centromere）区域外，它们之间在结构上不相联系。着丝点是染色体上一个染色较浅的缢痕，在显微镜下可以明显地看到。

在前期的稍后阶段，细胞核的核仁逐渐消失，

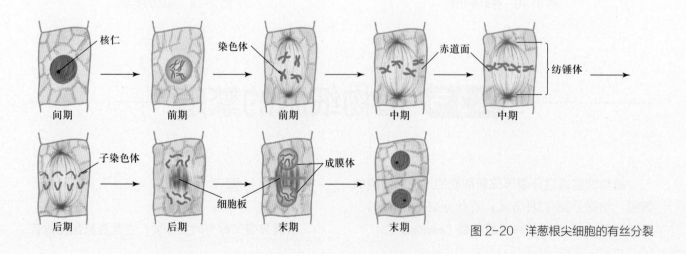

图 2-20 洋葱根尖细胞的有丝分裂

最后核膜瓦解，核内的物质和细胞质彼此混合。同时，细胞中出现由微管构成的纺锤丝。

②中期（metaphase） 中期是染色体排列到细胞中央的赤道面（equatorial plane）上，纺锤体非常明显。

当核膜消失后，由纺锤丝构成的纺锤体（spindle）变得很清晰，显微镜中可以看到。构成纺锤体的纺锤丝有两种类型：一类纺锤丝的一端与染色体着丝点相连，另一端向极的方向延伸，称为染色体牵丝（chromosomal fiber）；另一类纺锤丝并不与染色体相连，而是从一极直接延伸到另一极，称为连续丝（continuous fiber）。染色体在染色体牵丝的牵引下，向着细胞中央移动，最后染色体的着丝点都排列到处于两极当中的垂直于纺锤体轴的平面上，即赤道面上。因此，中期是研究染色体数目、形态和结构的最好时期。

③后期（anaphase） 染色体着丝点分裂，在两极纺锤体的牵引下，染色单体分别朝相反的两极移动，形成两组子染色体（daughter chromosome）。

实验证明，用秋水仙碱处理可使纺锤体解体，这样染色体的运动就不会发生，从而使细胞内的染色体数目加倍，这也是人工产生多倍体的主要方法。

④末期（telophase） 末期是子染色体到达两极，直至核膜、核仁重新出现，形成两个子核。当子染色体到达两极以后，它们便成为密集的一团，外面重新出现核膜，进而染色体通过解螺旋作用，又逐渐变得细长，最后分散在核内，成为染色质。同时，核仁也重新出现，新的子核回复到间期细胞核的状态。

子核的出现标志着核分裂的结束，同时也是新的间期的开始，人们把一个细胞的间期和分裂期的全过程称为细胞周期（T）。因此，一个细胞周期包括G1期、S期、G2期和M期。在一个细胞周期中，各时期所需的时间长短不一，一般G1期较长而M期最短，例如有人测得蚕豆根尖细胞的分裂周期共30 h，其中G1期12 h、S期6 h、G2期8 h、M期4 h。各种植物细胞分裂周期的时间长短不同，并且随着植物的发育时期及外界条件而变化。

（2）细胞质分裂

细胞质分裂是在两个新的子核之间形成新细胞壁，把一个母细胞（mother cell）分隔成两个子细胞（daughter cell）的过程。细胞质分裂通常在核分裂后期，染色体接近两极时开始，这时纺锤体出现了形态上的变化，在两个子核之间连续丝中增加了许多短的纺锤丝，形成了一个密集纺锤丝的桶状区域，称为成膜体（phragmoplast）。在电子显微镜下可以看出，成膜体中有许多含有来自高尔基体或内质网的多糖类物质的小泡，由细胞内向赤道面运动，这种运动与成膜体中的微管有关，小泡相互聚集并融合，释放出多糖类物质，构成细胞板（cell plate），将细胞质从中间开始隔开。同时，小泡的被膜相互融合，在细胞板两侧，形成新的质膜。在形成细胞板时，成膜体由中央位置逐渐向四周扩展，细胞板也就随着向四周延伸，直至与原来母细胞的侧壁相连接，完全把母细胞分隔成两个子细胞。这时，细胞板就成为新细胞壁的胞间层的最初部分。

3. 有丝分裂的特点和意义

有丝分裂是一种普遍的细胞分裂方式。在有丝分裂过程中，每次核分裂前必须进行染色体的复制，在分裂时，每条染色体裂为两条子染色体，平均地分配给两个子细胞，这样就保证了每个子细胞具有与母细胞相同数量和类型的染色体。决定遗传特性的基因仍然存在于子染色体上，因此，子细胞有着和母细胞同样的遗传性，保持了细胞遗传的稳定性。

二、无丝分裂

无丝分裂又称为直接分裂（direct division），分裂过程简单。分裂时，核内不出现染色体，不发生像有丝分裂过程中出现的一系列复杂的变化。

无丝分裂有多种形式，最常见的是横缢式分裂，细胞核先延长，然后在中间缢缩、变细，最后断裂成两个子核。无丝分裂与有丝分裂相比，速度较快，耗能较少，所形成的两个子核，具有质上的区别。

无丝分裂多见于低等的原核生物细胞的分裂。在高等植物中，曾被认为是植物体不正常的一种分裂方式，但现在发现，无丝分裂还是较普遍地存在，如胚乳的发育、植物形成愈伤组织时常频繁出现，一些正常组织中也都有报道。因此，对无丝分裂的生物学意义，还有待进一步深入地研究。

三、减数分裂

植物在有性生殖的过程中，都要进行一次特殊的细胞分裂，这就是减数分裂。在减数分裂过程中，细胞连续分裂两次，但染色体只复制一次，因此，同一母细胞分裂成的4个子细胞的染色体数只有母细胞的一半，减数分裂也由此而得名。减数分裂时，细胞核也要经历染色体的复制、运动和分裂等复杂的变化，细胞质中也出现纺锤丝，因此，它仍属有丝分裂的范畴。

减数分裂的全过程包括两次紧密连接的分裂过程，每次分裂都与有丝分裂相似。根据细胞中染色体形态和位置的变化，各自划分成前期、中期、后期和末期。但减数分裂整个过程，尤其是第一次分裂比有丝分裂复杂得多（图2-21）。

1. 第一次分裂（简称分裂Ⅰ）

（1）前期Ⅰ 这一时期发生在核内染色体复制

已完成的基础上，整个时期比有丝分裂的前期所需时间要长，变化更为复杂。根据染色体形态，又被分为5个时期。

①细线期（leptotene） 细胞核内出现细长、线状的染色体，细胞核和核仁继续增大。每条染色体含有两条染色单体，它们仅在着丝点处相连接。

②偶线期（zygotene） 也称合线期。细胞内的同源染色体（即来自父本和母本的两条相似形态的染色体）两两成对平列靠拢，这一现象也称联会（synapsis）。如果原来细胞中有20条染色体，这时候便配成10对。每一对含4条染色单体，构成一个单位，称四联体（tetrad）。

③粗线期（pachytene） 染色体继续缩短变粗，在四联体内，同源染色体上的一条染色单体与另一条同源染色体的染色单体彼此交叉和进行片段的互换，导致了父本和母本基因的互换，但每个染色单体仍都具有完全的基因组。

④双线期（diplotene） 发生交叉的染色单体开始分开，由于交叉常常不止发生在一个位点，因此，使染色体呈现出"X"、"V"、"8"、"0"等各种形状。

⑤终变期（diakinesis） 染色体达到最粗、最短，核膜、核仁消失，纺锤丝出现。

（2）中期Ⅰ 成对的同源染色体双双移向赤道

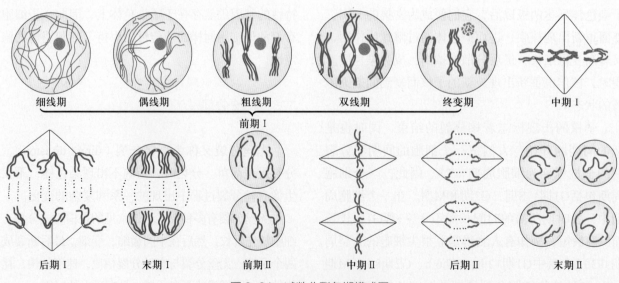

图 2-21 减数分裂各期模式图

面，细胞质中形成纺锤体。这时与一般有丝分裂中期的区别在于：有丝分裂前期因无联会现象，所以中期染色体在赤道面上排列不成对而是单独的。

（3）后期Ⅰ　由于纺锤丝的牵引，成对的同源染色体发生分离，并移向两极。这时，每一边的染色体数目只有原来的一半。

（4）末期Ⅰ　到达两极的染色体又聚集起来，重新出现核膜、核仁，形成两个子核；同时，在赤道面形成细胞板，将母细胞分隔为两个子细胞。由上可知，这两个子细胞的染色体数目，只有母细胞的一半。

2. 第二次分裂（简称分裂Ⅱ）

分裂Ⅱ一般与分裂Ⅰ的末期紧接，或出现短暂的间歇。在分裂Ⅱ，核不再进行DNA的复制和染色体的加倍，整个分裂过程与一般有丝分裂相同，分成前期Ⅱ、中期Ⅱ、后期Ⅱ和末期Ⅱ。

3. 减数分裂的特点和意义

减数分裂中一个母细胞要经历两次连续的分裂，形成4个子细胞，每个子细胞的染色体数只有母细胞的一半。染色体数的减半实际上是发生在第一次分裂过程中。

减数分裂与生物的有性生殖相联系，通过减数分裂导致了有性生殖细胞（配子）的染色体数目减半。有性生殖时，两个配子相结合，形成合子，合子的染色体又重新恢复到亲本的数目。因此，减数分裂是有性生殖的前提，是保持物种稳定性的基础。在减数分裂过程中，由于同源染色体发生联会、交叉和片段互换，使同源染色体上的基因发生重组，从而产生了新类型的单倍体细胞，这就是有性生殖能使子代产生变异的原因。

🔖 2.3　植物细胞分裂的3种方式及特点

第4节 植物细胞的生长和分化

一、植物细胞的生长

细胞的生长是指细胞体积的增长，包括细胞纵向的延长和横向的扩展。细胞分裂形成的新细胞，最初体积较小，只有原来细胞（母细胞）的一半，但它们能迅速地合成新的原生质（包括核物质和细胞质），细胞随着增大，进入生长时期。一个细胞经生长以后，体积可以增加到原来大小（分生状态的细胞大小）的几倍、几十倍，某些细胞，如纤维，在纵向上可能增加几百倍、几千倍。根和茎的伸长，幼小叶子的扩展，果实的长大都是细胞数目增加和细胞生长的共同结果，而细胞的生长常常起主要的作用。

植物细胞在生长过程中，除了细胞体积明显扩大外，在内部结构上也发生相应的变化，其中最突出的是液泡化程度明显增加，即细胞内原来小而分散的液泡逐渐长大和合并，最后成为中央液泡。同时，细胞内的其他细胞器在数量和分布上也发生着各种变化，例如内质网增加，由疏网状变成密网状；质体逐渐发育，由幼小的前质体发育成各类质体等。原生质体在细胞生长过程中还不断地分泌壁物质，使细胞壁随原生质体长大而延展，同时壁的厚度和化学组成也发生变化，细胞壁（初生壁）厚度增加，并且由原来含有大量的果胶和半纤维素转变成有较多的纤维素和非纤维素多糖等。

植物细胞的生长是有一定限度的，并受遗传基因的控制。但是，细胞生长的速度和细胞的大小，也会受环境条件的影响。环境条件适宜时，细胞生长迅速，体积亦较大，在植物体上表现出植株高大，叶宽而肥嫩。反之，细胞生长缓慢，体积较小，在植物体上表现出植株矮小，叶小而薄。

二、植物细胞的分化

多细胞的植物体都是由一个受精卵细胞通过细胞的不断分裂和生长而形成的。分裂后形成的细胞在生长过程中形态、结构和功能上产生差异，形成不同的细胞群，细胞在生长过程中的这种结构和功能上的特化，称为细胞分化（cell differentiation）。细胞分化表现在内部生理变化和形态变化两个方面，生理变化是形态变化的基础，但是形态变化较生理变化容易察觉。细胞的分化使多细胞植物中细胞功能趋向专门化，是基因选择性表达的结果。

细胞分化是一个复杂的问题。同一植物的所有细胞均来自于受精卵，它们具有相同的遗传物质，但它们却可以分化成不同的形态。细胞怎么会分化成不同的形态？如何去控制细胞的分化使其更好地为人类所利用？这些问题已成为当今植物学领域令人最感兴趣的问题之一。在系统发育上，植物越进化，细胞分工越细致，细胞的分化就越剧烈，植物体的内部结构也就越复杂。单细胞和群体类型的植物，细胞不分化，植物体只由一种类型的细胞组成。多细胞植物，细胞或多或少分化，细胞类型增加，植物体的结构趋向复杂化。被子植物是最高等的植物，细胞分工最精细，物质的吸收、运输，养分的制造、贮藏，植物体的保护、支持等各种功能，几乎都由专一的细胞类型分别承担，因此，细胞的形态特化非常明显，细胞类型繁多，使被子植物成为结构最复杂、功能最完善的植物类型。

第5节 植物的组织和组织系统

细胞的分化导致组成植物体的细胞类型多样，具有相同来源的（即由同一个或同一群分生细胞生长、分化而来的）同一类型，或不同类型的细胞群组成的结构和功能单位，称为组织（tissue）。由一种类型细胞构成的组织，称简单组织（simple tissue）。由多种类型细胞构成的组织，称复合组织（compound tissue）。

植物不同的器官包含有一定种类的组织，每一种组织具有一定的分布规律，行使特定的生理功能，这些组织的功能相互依赖和相互配合，共同保证器官功能的实现。

一、植物组织的类型

根据植物组织生理功能和形态结构上的差异，将组织分成分生组织（meristematic tissue或meristem）和成熟组织（mature tissue）两大类。

（一）分生组织

1. 分生组织的概念

在植物生长过程中能持久或在一定时间内保持分裂能力的细胞群称分生组织。分生组织的细胞没有或很少有分化，分布在植物体的特定部位。

2. 分生组织的类型

根据分生组织在植物体内的分布位置和来源，人为地将分生组织分成各种类型。

（1）按在植物体上的位置分　根据在植物体上的位置，可以把分生组织分为顶端分生组织（apical meristem）、侧生分生组织（lateral meristem）和居间分生组织（intercalary meristem）。

①顶端分生组织　顶端分生组织位于根与茎的顶端（图2-22）。它们的分裂活动可以使根和茎不断伸长，茎的顶端分生组织还形成侧枝、叶或生殖器官。

顶端分生组织细胞的特征是：细胞小而等径、

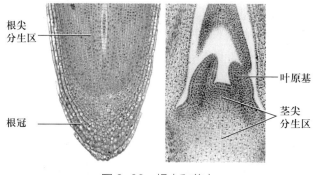

根尖 分生区

叶原基

茎尖 分生区

根冠

图 2-22 根尖和茎尖

薄壁，细胞核位于中央并占有较大的体积，液泡小而分散，原生质浓厚，细胞内通常缺少后含物。

②侧生分生组织　侧生分生组织位于根和茎的外周。它包括形成层（cambium）和木栓形成层（cork cambium或phellogen）。形成层的活动能使根和茎不断增粗，以适应植物营养面积的扩大。木栓形成层的活动使长粗的根、茎表面或受伤的器官表面形成新的保护组织。

侧生分生组织主要存在于裸子植物和木本双子叶植物中。草本双子叶植物和单子叶植物中的侧生分生组织只有微弱的活动或不存在，因此，它们的根和茎没有明显的增粗生长。

侧生分生组织的细胞大部分呈长梭形，原生质体高度液泡化，细胞质不浓厚。它们的分裂活动往往随季节的变化具有明显的周期性。

③居间分生组织　居间分生组织是指夹在多少已经分化了的组织区域之间的分生组织，它是顶端分生组织在某些器官中局部区域的保留。典型的居间分生组织存在于许多单子叶植物的茎和叶中，例如水稻、小麦等禾谷类作物，在茎的节间基部保留居间分生组织，所以当顶端分化成幼穗后，仍能借助于居间分生组织的活动，进行拔节和抽穗，使茎继续快速生长。剪去叶子上部，葱、蒜、韭菜还能继续伸长，这也是叶基部的居间分生组织活动的结果。由于雌蕊柄基部居间分生组织的活动，落花生能把开花后的子房推入土中。

与顶端分生组织和侧生分生组织相比，居间分生组织细胞持续活动的时间较短，分裂一段时间

后，所有的细胞都完全转变成成熟组织。

（2）按来源的性质分　分生组织也可根据组织来源的性质划分为原分生组织（promeristem）、初生分生组织（primary meristem）和次生分生组织（secondary meristem）。

①原分生组织　原分生组织是直接由胚细胞保留下来的，一般具有持久的分裂能力，位于根端和茎端较前的部位。

②初生分生组织　初生分生组织是由原分生组织衍生的细胞组成。这些细胞在形态上已出现了最初的分化，但细胞仍具有很强的分裂能力。因此，它是一种边分裂、边分化的组织，也可看作是由分生组织向成熟组织过渡的组织。

③次生分生组织　次生分生组织是由成熟组织的细胞经历生理和形态上的变化，脱离原来的成熟状态（即脱分化），重新转变而成的分生组织。

如果把两种分类方法对应起来看，则广义的顶端分生组织包括原分生组织和初生分生组织，而侧生分生组织通常属于次生分生组织类型，其中木栓形成层是典型的次生分生组织。

（二）成熟组织

1. 成熟组织的概念

分生组织衍生的大部分细胞逐渐丧失分裂的能力，进一步生长和分化形成的各种组织，称为成熟组织，又称永久组织（permanent tissue）。

不同的成熟组织可以具有不同的分化程度。有些组织的细胞与分生组织的差异极小，也能进行分裂。而另一些组织的细胞则有很大的形态改变，功能专一，并且完全丧失分裂能力。因此，组织的"成熟"或"永久"程度是相对的。成熟组织也不是一成不变的，尤其是分化程度较低的组织，有时能随着植物的发育，进一步特化为另一类组织；相反，在一定的条件下，成熟组织又可以脱分化（或去分化，dedifferentiation）成分生组织。

2. 成熟组织的类型

按照功能成熟组织可以分为保护组织（protective tissue）、薄壁组织（parenchyma）、机

械组织（mechanical tissue）、输导组织（conducting tissue）和分泌结构（secretory structure）。

（1）保护组织 保护组织是覆盖于植物体表面起保护作用的组织。它的作用是减少体内水分的蒸腾，控制植物与环境的气体交换，防止病虫害侵袭和机械损伤等。保护组织包括表皮（epidermis）和周皮（periderm）。

①表皮 表皮是幼嫩的根、茎、叶、花和果实等的表层细胞，是初生保护组织。表皮是植物体与外界环境的直接接触层，因此，它的特点与所处的位置和生理功能密切有关。表皮有一层或多层细胞，通常由多种不同特征和功能的细胞组成，如表皮细胞、气孔保卫细胞和表皮毛等，其中表皮细胞是最基本的成分，其他细胞分散于表皮细胞之间（图2-23）。

表皮细胞形态各异，排列十分紧密，除气孔外，细胞无间隙。表皮细胞是生活细胞，细胞一般不具叶绿体，但常有白色体和有色体，细胞内储藏有淀粉粒和其他代谢物，如色素、鞣质、晶体等。茎和叶等器官气生部分的表皮细胞外弦向壁往往较厚，并角质化。此外，在壁的表面还沉积一层明显的角质层（图2-24），使表皮具有高度的不透水性，有效地减少了体内的水分蒸腾；坚硬的角质层

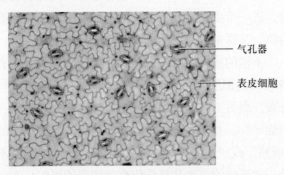

图2-23 表皮细胞及气孔器

气孔器

表皮细胞

角质层

表皮

图2-24 表皮外壁具角质层

对防止病菌的侵入和增加机械支持具有一定的作用。有些植物（如甘蔗的茎、葡萄、苹果的果实）的角质层外还具有一层蜡质的"霜"，它的作用是使表面不易浸湿，具有防止病菌孢子在体表萌发的作用。

在气生表皮上具有许多气孔（stoma），它们是气体出入植物体的门户。气孔器是由2个特殊的细胞，即保卫细胞（guard cell）和它们间的孔口共同组成的。

表皮还可以具有各种单细胞或多细胞的毛状附属物。一般认为，表皮毛具有保护和防止植物水分丧失的作用。我们用的棉和木棉纤维都是它们种皮上的表皮毛。有些植物有具分泌功能的表皮毛，可以分泌出芳香油、黏液、树脂、樟脑等物质。

根的表皮主要与吸收水分和无机盐有关，因此，它是一种吸收组织（absorptive tissue）。根的表皮细胞具有薄的壁和薄的角质层，许多细胞的外壁向外延伸，形成细长的管状突起称根毛（root hair）。根毛极大地扩大了根的吸收表面积。

表皮在植物体上存在的时间，依所在器官是否具有加粗生长而异。对于具有明显加粗生长的器官，如裸子植物和大部分双子叶植物的根和茎，其表皮会因器官的增粗而受到破坏、脱落，被内侧产生的次生保护组织——周皮所取代。在较少或没有次生生长的器官上，例如叶、果实、大部分单子叶植物的根和茎上，表皮可长期存在。

②周皮 周皮是取代表皮的次生保护组织，存在于有加粗生长的根和茎的表面。它由侧生分生组织木栓形成层形成。木栓形成层进行平周分裂，向外分裂分化成木栓层（phellem或cork），向内分裂分化成栓内层（phelloderm）。木栓层、木栓形成层和栓内层合称周皮（图2-25）。

木栓层具多层细胞。在横切面上细胞呈长方形，径向行列排列整齐的，细胞壁较厚，并且强烈栓化，细胞成熟时原生质体死亡解体，细胞腔内通常充满空气。这些特征使木栓具有高度不透水性，并有抗压、隔热、绝缘、质地轻、具弹性、抗有机溶剂和多种化学药品的特性，可对植物体起到有效

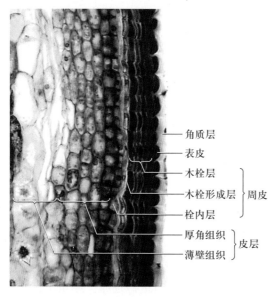

角质层
表皮
木栓层
木栓形成层 }周皮
栓内层
厚角组织 }皮层
薄壁组织

图 2-25 椴树茎横切（示周皮）

的保护作用。栓皮槠、栓皮栎和黄檗（黄柏）是商用木栓的主要来源。

栓内层是薄壁的生活细胞，常常只有一层细胞，它们与外面的木栓形成层、木栓层细胞排成同一整齐的径向行列，易与皮层薄壁细胞区别。

在周皮的某些特定部位，其木栓形成层细胞比其他部分更为活跃，向外可衍生出一种与木栓层细胞不同，并具有发达细胞间隙的组织（补充组织）。它们突破周皮，在树皮表面形成各种形状的小突起，称为皮孔（lenticel）。皮孔是周皮上的次生的通气结构，位于周皮内的生活细胞，能通过它们与外界进行气体交换。

（2）薄壁组织　薄壁组织以细胞具有薄的初生壁而得名，是一类较不分化的成熟组织。从结构上看，薄壁组织因较少特化而较多地接近分生组织。从分生能力上看，薄壁组织细胞能脱分化而转变为分生组织，参与侧生分生组织的发生。在创伤愈合、再生作用形成不定根和不定芽以及嫁接愈合时，薄壁组织亦能进行有限的分裂。由此可见，薄壁组织有着很强的分生潜能，在一定条件下，很容易转化为分生组织。薄壁组织的另一特点是，通常都具有较发达的细胞间隙，这对于细胞的旺盛代谢是必需的。

薄壁组织是植物进行各种代谢活动的主要组织，光合作用、呼吸作用、贮藏作用及各类代谢物的合成和转化都是由薄壁组织担负。薄壁组织占植物体体积的大部分，其他多种组织，如机械组织和输导组织等，常包埋于其中。因此，从某种意义上讲，薄壁组织是植物体组成的基础。

薄壁组织因功能不同可分成不同的类型，它们在形态上有各自的特点。

①同化组织（assimilating tissue）营光合作用的薄壁组织，如叶肉细胞。主要特点是细胞质中含有大量的叶绿体。同化组织分布于植物体的一切绿色部分，如叶和幼茎的皮层，发育中的果实和种子中（图2-26a）。

②贮藏组织（storage tissue）贮藏大量营养物质的薄壁组织。主要存在于各类贮藏器官，如块根、块茎、球茎、鳞茎、果实和种子中（图2-26b）。此外，根和茎的皮层、髓等薄壁组织也都具有贮藏的功能。

③贮水组织（aqueous tissue）贮藏有丰富水分的薄壁组织。具贮水能力的细胞通常有较大的液泡，内含大量的黏性汁液。生长在干旱地区的肉质植物，如仙人掌、龙舌兰、景天、芦荟等的光合器官中都能看到。

④通气组织（aerenchyma）细胞间具明显间隙的薄壁组织。在水生和湿生植物中，通气组织特别发达，如水稻、莲、睡莲等的根、茎、叶中，薄壁细胞间有很大的间隙或在体内形成一个相互贯通的通气系统，使光合作用产生的氧气通过通气组织进入根中。通气组织还与在水中的浮力和支持作用有关（图2-26c）。

⑤转输组织（transfusion tissue）由传递细胞（transfer cell）构成，是一类与物质迅速传递密切相关的薄壁组织（图2-26d）。20世纪60年代，运用电子显微镜观察到的一类特化的薄壁细胞，这种细胞最显著的特征是细胞壁具内突生长，即向内突入细胞腔内，形成许多指状或鹿角状的不规则突起，使得紧贴在壁内侧的质膜面积大大增加，扩大了原生质体的表面积与体积之比，有利于细胞迅速

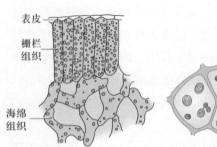

表皮
栅栏组织
海绵组织

a. 蚕豆叶同化组织

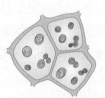

b. 小麦颖果的贮藏组织

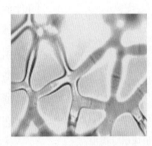

c. 美人蕉叶柄通气组织

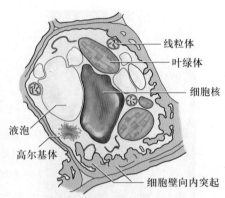

线粒体
叶绿体
细胞核
液泡
高尔基体
细胞壁向内突起

d. 菜豆茎初生木质部中一个传递细胞

图 2-26　薄壁组织的几种类型

地吸收和释放物质。传递细胞常分布在溶质短途密集运输的部位，如叶的小脉输导分子周围，成为叶肉和输导分子之间物质运输的桥梁。在许多植物茎或花序轴节部的维管组织中，在分泌结构中，在种子的子叶、胚乳或胚柄等部位也有分布。传递细胞是活细胞，细胞壁一般为初生壁，胞间连丝发达，细胞核形状多样，其他如线粒体、高尔基体、核糖体、微体等也都比较丰富。传递细胞的发现使人们对物质在生活细胞间的高效率的运输和传递有了更进一步的认识。

（3）机械组织　机械组织是对植物起主要支持作用的组织。根据细胞结构的不同，机械组织可分为厚角组织（collenchyma）和厚壁组织（sclerenchyma）两类。

①厚角组织　厚角组织细胞是具有生活原生质的活细胞，最明显的特征是细胞的初生壁不均匀增厚。壁的增厚部位常发生在几个细胞邻接处的角隅上，故称厚角组织（图2-27）。但也有些植物的

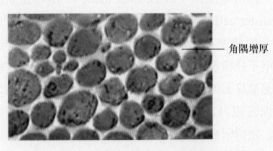

角隅增厚

图 2-27　南瓜茎横切（示皮层厚角组织）

厚角组织是细胞的弦向壁特别厚。厚角组织与薄壁组织细胞亦具有分裂的潜能，在许多植物中，它们能参与木栓形成层的形成。因此，也有人将它归类于特殊的薄壁组织。

厚角组织是植物生长的支持组织，细胞为长柱形，相互重叠排列，增厚部分集中在一起形成柱状或板状，有效地加强了机械强度。厚角组织常分布于茎、叶柄、叶片、花柄等器官的外围，或直接在表皮下，或表皮下几层细胞，根中一般不存在。在许多草质茎和叶中，厚角组织是主要的支持组织。有时厚角组织能进一步发育出次生壁并木质化，转变成厚壁组织。

②厚壁组织　厚壁组织的细胞具有均匀增厚的次生壁，常常木质化。细胞成熟时，原生质体通常死亡分解，成为只留有细胞壁的死细胞。

根据细胞的形态，厚壁组织可分为石细胞（sclereid或stone cell）和纤维（fiber）两类。

石细胞多为等径或略为伸长的细胞，有些呈星芒状不规则分支，有的较细长（图2-28）。通常具有很厚的、高度木质化的次生壁，壁上有很多圆形的单纹孔，由于壁特别厚，壁上形成明显的管状纹孔道。有时，纹孔道随壁的增厚彼此汇合，形成特殊的分枝纹孔道。细胞成熟时原生质体通常消失，只留下空而小的细胞腔。

石细胞广泛分布于植物的茎、叶、果实和种子中，有增加器官的硬度和支持的作用。它们常常

单个散生或数个集合成簇包埋于薄壁组织中，有时也可连续成片地分布。例如梨果肉中坚硬的颗粒，便是成簇的石细胞，它们数量的多少是梨品质优劣的一个重要指标。茶、桂花的叶片中，具有单个的分支状石细胞，散布于叶肉细胞间，增加了叶的硬度。核桃、桃、椰子果实中坚硬的果皮，便是由多层连续的石细胞组成的果皮。许多豆类的种皮也因具多层石细胞而变得很硬。在某些植物的茎中也有成堆或成片的石细胞分布于皮层、髓或维管束中。

纤维细胞两端尖细呈长梭状，长度一般比宽度大许多倍。细胞壁明显地次生增厚，但木质化程度很不一致，从不木质化到高度木质化的都有。壁上纹孔较石细胞的稀少，并常呈缝隙状。成熟时原生质体一般都消失，细胞腔中空，少数纤维细胞可保留原生质体生活较长的一段时间（图2-29）。

纤维细胞广泛分布于成熟植物体的各部分。尖而细长的纤维细胞通常在体内相互镶嵌排列，紧密地结合成束，增加组织的强度，使它具有强大的抗压能力和弹性，是成熟植物体中主要的支持组织。

（4）输导组织　输导组织是植物体中担负物质长途运输的主要组织。在植物体中，水分和溶于水中的无机盐的运输和有机物的运输，分别由两类输导组织来承担，一类为木质部（xylem），根从土壤中吸收的水分和无机盐由木质部运送到地上各部分；另一类为韧皮部（phloem），叶的光合作用产物由韧皮部运送到根、茎、花、果实中去。植物体各部分之间经常进行的物质重新分配和转移，也要通过输导组织来进行。

①木质部　木质部是由管胞（tracheid）、导管分子（vessel element或vessel member）、纤维和薄壁细胞等几种不同类型的细胞共同构成的一种复合组织。其中管胞和导管分子是最重要的成员，水的运输主要是通过它们来实现的。

管胞和导管分子都是厚壁的伸长细胞，成熟时都没有生活的原生质体，次生壁具有各种不同程度的木质化增厚，在壁上呈现出环纹、螺纹、梯纹、网纹和孔纹状的木质化增厚的形式（图2-30），在植物体中还兼有支持的功能。管胞和导管分子在结

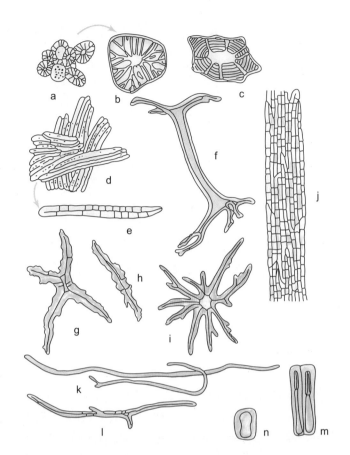

图2-28　不同形状的石细胞

a、b：梨果肉中的石细胞；c.球兰属植物茎皮层中的石细胞；d、e：苹果内果皮中的石细胞；f：哈克木属植物叶肉中的石细胞；g、h：山茶叶柄中的石细胞；i：昆栏树属植物茎中的石细胞；j：蒜瓣外鳞片表皮的石细胞；k、l：齐墩果属植物叶肉中的石细胞；m：菜豆种皮的下表皮层中的石细胞的侧面观；n：菜豆种皮的表皮层石细胞的侧面观

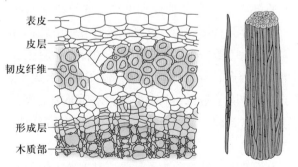

表皮
皮层
韧皮纤维

形成层
木质部

a. 亚麻茎横切面（示韧皮纤维）　　b. 一个纤维细胞和纤维束

图2-29　纤维细胞

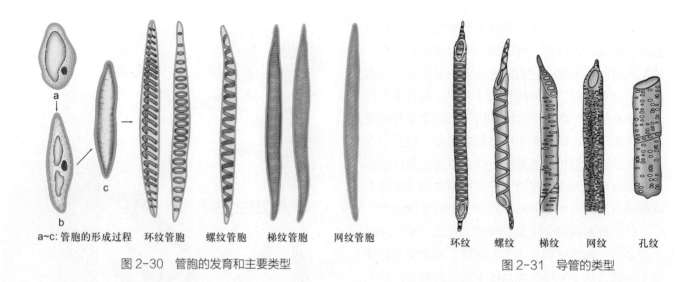

| a~c: 管胞的形成过程 | 环纹管胞 | 螺纹管胞 | 梯纹管胞 | 网纹管胞 |

图 2-30　管胞的发育和主要类型

| 环纹 | 螺纹 | 梯纹 | 网纹 | 孔纹 |

图 2-31　导管的类型

构和运输能力上是不同的。

管胞是单个细胞，末端楔形，在器官中纵向连接时，上、下两个细胞的端部紧密地重叠，水分和无机盐通过管胞壁上的纹孔以及未木质化增厚的部分，从一个细胞流向另一个细胞。大多数蕨类植物和裸子植物的木质部只具管胞。在系统发育中，管胞向两个方向演化，一个方向是细胞壁更加增厚，壁上纹孔变窄，特化为专营支持功能的木纤维；另一个方向是细胞端壁溶解，特化为专营输导功能的导管分子。

导管分子与管胞的区别主要是导管分子在发育时细胞的端壁溶解，形成一个或数个大的孔，称为穿孔（perforation），具穿孔的端壁特称穿孔板。在木质部中，许多导管分子纵向地连接成细胞行列，通过穿孔直接沟通，这样的导管分子链就称导管（vessel）（图2-31）。导管分子的管径一般比管胞粗大，因此，导管比管胞具有较高的输水效率。被子植物中除了最原始的类群外，木质部中主要含有导管，这是被子植物更能适应陆生环境的重要原因之一。

木质部中的纤维称为木纤维，是末端尖锐的伸长细胞，在同一植物中，一般比管胞有较厚的壁，而且高度木质化，成熟时原生质体通常死亡，但也有些植物的木纤维能生活较长的时间。木纤维的存在更加强了木质部的支持功能。

在木质部中生活的薄壁细胞，称木薄壁细胞。在发育后期，薄壁细胞的壁通常也木质化。这些细胞常含有淀粉和结晶，具有贮藏的功能。

②韧皮部　韧皮部也是一种复合组织，由筛管分子或筛胞、伴胞、韧皮纤维和韧皮薄壁细胞等不同类型的细胞组成，其中与有机物的运输直接有关的是筛管分子或筛胞。

筛管分子（sieve element或sieve-tube member）与导管分子相似，是管状细胞，在植物体中纵向连接，形成长的细胞行列，称为筛管（sieve tube）（图2-32）。它是被子植物中长距离运输光合产物的结构。

筛管分子只具初生壁，具有生活的原生质体，但细胞核在发育过程中最后解体，液泡膜也解体，细胞质中保留有线粒体、质体、P-蛋白体和一部分内质网。筛管分子的上下端壁上分化出许多孔，称筛孔（sieve pore），具筛孔的端壁特称筛板（sieve plate）。原生质联络索（connecting strand）穿过筛孔使上下邻接的筛管分子的原生质体密切相连，在联络索的周围有胼胝质（callose）鞘包围。胼胝质属糖类，是一种β-1, 3-葡聚糖。筛管分子的侧壁具许多特化的初生纹孔场，称为筛域（sieve area），这使筛管分子与侧邻的细胞有更密切的物质交流。

筛管分子通常与一个或一列伴胞（companion cell）相毗邻。伴胞与筛管分子起源于同一个原始细胞，具有细胞核及各类细胞器，与筛管分子相邻

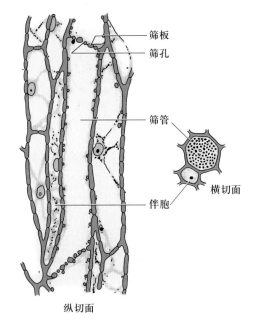

图 2-32 筛管与伴胞

（图中标注：筛板、筛孔、筛管、横切面、伴胞、纵切面）

的壁上有稠密的筛域，反映出二者关系密切（图 2-32）。现了解，筛管的运输功能与伴胞的代谢紧密相关。有的植物伴胞具有传递细胞的特性。

筛管运送养分的速度每小时可达10～100 cm。通常筛管功能只有一个生长季，少数植物可更长，如葡萄、椴、碱蓬的筛管可保持2至多年。在衰老或休眠的筛管中，在筛板上会积累大量胼胝质，形成垫状的胼胝体（callus）封闭筛孔。当次年春季筛管重新活动时，胼胝体会消失，联络索又能重新沟通。此外，当植物受到损伤等外界刺激时，筛管分子也能迅速形成胼胝质，封闭筛孔，阻止营养物的流失。

裸子植物和蕨类植物中，一般没有筛管，运输有机物的分子是筛胞（sieve cell）。它与筛管分子的主要区别在于：筛胞的细胞端壁没有筛板和筛孔，原生质体中也没有P-蛋白体，有机物的运输主要通过侧壁上的筛域。

韧皮部的纤维称为韧皮纤维，起支持作用。韧皮纤维的细胞壁木质化程度较弱，或不木质化，因而质地较坚韧。许多植物的韧皮纤维发达，细胞长、纤维素含量高、质地柔软，是商用纤维的重要来源，例如苎麻、亚麻、罗布麻等的韧皮纤维长而不木质化，可作衣着和帐篷的原料；黄麻、洋麻、

苘麻等的韧皮纤维较短，有一定程度的木质化，可用于制麻袋和绳索等。

韧皮部的薄壁细胞称韧皮薄壁细胞，主要起贮藏和横向运输的作用，常含有结晶和各类贮藏物。

综上所述，木质部和韧皮部是植物体中起输导作用的两类复合组织，主要由具输导功能的管状分子——导管分子、管胞和筛管分子或筛胞组成，所以，在形态学上，又将二者分别或合称为维管组织。

（5）分泌结构　某些植物细胞能合成一些特殊的有机物或无机物，并把它们排出细胞外或积累于细胞内，这种现象称为分泌现象。能产生分泌物质的细胞或组织称分泌结构。植物分泌物的种类繁多，有糖类、挥发油、有机酸、生物碱、鞣质、树脂、油类、蛋白质、酶、杀菌素、生长素、维生素及多种无机盐等，这些分泌物在植物的生活中起着多种作用。许多植物的分泌物具有重要的经济价值，例如橡胶、生漆、芳香油、蜜汁等。

植物产生分泌物的细胞来源各异，形态多样，分布方式也不尽相同，有的单个分散于其他组织中，也有的集中分布，或特化成一定结构，统称为分泌结构。根据分泌物是否排出体外，分泌结构可分成外部的分泌结构和内部的分泌结构两大类。

①外部的分泌结构　外部的分泌结构普遍的特征是它们的细胞能分泌物质到植物体的表面。常见的类型有腺表皮（glandular epidermis）、腺毛（glandular hair）、蜜腺（nectary）和排水器（hydathode）等。

腺表皮即植物体某些部位的表皮细胞为腺性，具有分泌的功能。例如矮牵牛（*Petunia hybrida*）、漆树（*Rhus verniciflua*）等，许多植物花的柱头表皮即是腺表皮，细胞成乳头状突起、具有浓厚的细胞质，被有薄的角质层，能分泌出含有糖、氨基酸、酚类化合物等组成的柱头液，利于黏着花粉和控制花粉萌发。

腺毛是具有分泌功能的表皮毛状附属物。腺毛一般具有头部和柄部两部分，头部由单个或多个产生分泌物的细胞组成，柄部由不具分泌功能的薄壁细胞组成。薰衣草（*Lavandula angustifolia*）

（图2-33a）、棉、烟草、天竺葵（图2-33b）、薄荷等植物的茎和叶上的腺毛均是如此。荨麻属（*Urtica*）植物的螫毛（图2-33c）具有特殊的结构，它是单个的分泌细胞，基部膨大，上端呈毛细管状，顶部封闭为小圆球状。当毛与皮肤接触时，圆球顶部原有的缝线破裂，露出锋利的边缘，刺进皮肤，将含有的蚁酸和组织胺等液体挤进伤口。在幼小的叶片上具有黏液毛，分泌树胶类物质覆盖整个叶芽，仿佛给芽提供了一个保护性外套。食虫植物的变态叶上可以有多种腺毛，分别分泌蜜露、黏液和消化酶等，有引诱、黏着和消化昆虫的作用。

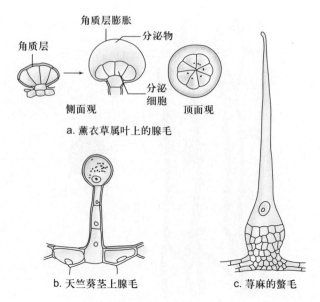

a. 薰衣草属叶上的腺毛

b. 天竺葵茎上腺毛

c. 荨麻的螫毛

图 2-33　腺毛

排水器是植物将体内过剩的水分排出体表的结构。它的排水过程称为吐水（guttation）。排水器由水孔、通水组织和维管束组成（图2-34），水孔（water pore）大多存在于叶尖或叶缘，它们是一些变态的气孔，保卫细胞已失去了关闭气孔的能力。通水组织（epithem）是水孔下的一团变态叶肉组织，细胞排列疏松，无叶绿体。当植物体内水分多余时，水通过小叶脉末端的管胞，经过通水组织，最终从水孔排出体外，形成吐水。许多植物，如地榆（图2-35）、旱金莲、卷心菜、番茄、草莓等都有明显的吐水现象，浮叶水生植物（如菱、睡莲等）吐水更为普遍。

蜜腺是一种分泌糖液的外部分泌结构，存在于许多虫媒花植物的花部，这类蜜腺称花蜜腺。花蜜腺可分泌花蜜，提供传粉昆虫所需的食物，与花的色彩和香味相配合，是适应虫媒传粉的特征之一。在一些植物营养体的地上部分，如茎、叶、叶柄和苞片等部位也存在蜜腺，这些蜜腺称花外蜜腺，它们被认为在植物进化过程中与招引蚂蚁及避免其他食草害虫的危害有关。花外蜜腺不仅存在于被子植物，在某些蕨类植物的叶上也有存在。蜜腺的形态多样，有的无特殊外形，只是腺表皮类型，如紫云英的花蜜腺是在雄蕊和雌蕊之间的花托表皮具腺性，能分泌花蜜；旱金莲是花距的内表皮能分泌花蜜。有的植物蜜腺分化成具一定外形的特殊结构，如油菜花蜜腺在花托上成4个绿色的小颗粒；三色堇的花蜜腺在两个雄蕊上，是药隔延伸成的两个棒

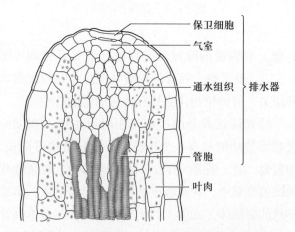

保卫细胞

气室

通水组织

管胞

叶肉

排水器

图 2-34　藏报春叶顶端纵切面（示排水器）

图 2-35　地榆吐水现象

状物伸入花距内；乌桕和一品红的花外蜜腺分别呈盘状和杯状，存在于叶柄和花序总苞片上。蜜腺的内部结构比较一致，分泌组织大多包括表皮及表皮下几层薄壁细胞。这些细胞体积较小、细胞质浓、核较大，常具有发达的内质网和高尔基体，有时发育成传递细胞。分泌组织附近常具有维管束。由于蜜的原料来自韧皮部的汁液，因此，这些维管束中韧皮部和木质部的比例与蜜汁的成分有关，当韧皮部发达时，蜜中糖分含量较高，反之，木质部发达时，糖分含量降低，水分含量增高。

　　②内部的分泌结构　不把分泌物排到体外的分泌结构，称为内部的分泌结构，包括分泌细胞（secretory cell）、分泌腔（secretory cavity）或分泌道（secretory canal）以及乳汁管（laticifer）。

　　分泌细胞可以是生活细胞或非生活细胞，但在细胞腔内都积聚有特殊的分泌物。它们一般为薄壁细胞，单个地分散于其他细胞之中，细胞体积通常明显地较周围细胞为大，尤其在长度上更为显著，因此容易识别。根据分泌物质的类型，可分为油细胞（樟科、木兰科、蜡梅科等）、黏液细胞（仙人掌科、锦葵科、椴树科等）、含晶细胞（桑科、石蒜科、鸭跖草科等）、鞣质细胞（葡萄科、景天科、蔷薇科等），以及芥子酶细胞（白花菜科、十字花科）等。

　　分泌腔和分泌道是植物体内贮藏分泌物的腔或管道，可以是细胞解体后形成的（溶生的，lysigenous），或是因细胞中层溶解，细胞相互分开而形成的（裂生的，schizogenous），或是这两种方式相结合而形成的（裂溶生的，schizo-lysigenous）。例如柑橘叶和果皮中常看到的黄色透明小点，便是溶生方式形成的分泌腔。最初部分细胞中形成芳香油，后来这些细胞破裂，内含物释放到溶生的腔内。在溶生腔的周围可以看到有部分损坏的细胞位于腔的周围（图2-36）。松柏类木质部中的树脂道和漆树韧皮部中的漆汁道是裂生型的分泌道，它们是分泌细胞之间的中层溶解形成的纵向或横向的长形细胞间隙，完整的分泌细胞分布在分泌道的周围，树脂或漆液由这些细胞排出，积累在管道中（图2-37）。杧果属（*Mangifera*）植物的叶和茎中的分泌道是裂溶生方式起源的。

　　乳汁管是分泌乳汁的管状细胞。一般有两种类型，一种称为无节乳汁管（nonarticulate laticifer），它是一个细胞随着植物体的生长不断伸长和分枝而形成的，长度可达几米以上，如夹竹桃科、桑科和大戟属植物的乳汁管；另一种称为有节乳汁管（articulate laticifer），是由许多管状细胞在发育过程中彼此相连，以后连接壁融化消失而形成的，如菊科、罂粟科、番木瓜科、芭蕉科、旋花科等植物的乳汁管。有的在同一植物体上有节乳汁管和无节乳汁管同时存在，如橡胶树（*Hevea brasiliensis*）

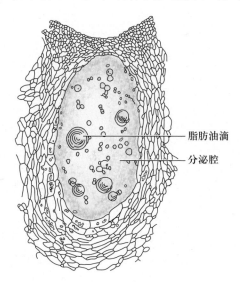

脂肪油滴
分泌腔

图 2-36　橘果皮内的溶生型分泌腔

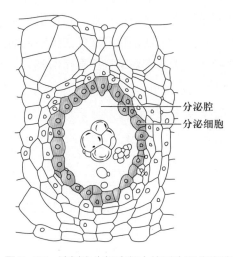

分泌腔
分泌细胞

图 2-37　漆树次生韧皮部中的裂生型分泌腔

初生韧皮部中为无节乳汁管，在次生韧皮部中却是有节乳汁管。无节乳汁管随着茎的发育很早被破坏，而有节乳汁管则能保留很长的时间，生产上采割的橡胶就是由它们分泌的。

乳汁管的壁是初生壁，不木质化。乳汁管成熟时是多核的，液泡与细胞质之间没有明显的界线，原生质体包围着乳汁。乳汁的成分极其复杂，往往含有糖类、蛋白质、脂肪、鞣质、植物碱、盐类、树脂及橡胶等。各种植物乳汁的成分和颜色也不相同，如罂粟的乳汁含有大量的植物碱，菊科植物的乳汁常含有糖类，番木瓜的乳汁可含木瓜蛋白酶。许多科、属的乳汁中含有橡胶，它是萜烯类物质，呈小型颗粒悬浮于乳汁中。含橡胶多的植物种类是天然橡胶的来源，其中最著名的有橡胶树、印度榕（*Ficus elastica*）、橡胶草（*Taraxacum koksaghyz*）、银色橡胶菊（*Parthenium argentatum*）和杜仲（*Eucommia ulmoides*）等。

2.4 植物组织的类型及特点

二、组织系统

植物的每一器官都由一定种类的组织构成。具有不同功能的器官中，组织的类型不同，排列方式也不同。然而，植物体是一个有机的整体，各个器官除了具有功能上的相互联系外，在它们的内部结构上也必然具有连续性和统一性。在植物学上为了强调这一观点，采用了组织系统（tissue system）这一概念。植物体或植物器官中的各类组织进一步在结构和功能上组成的复合单位，称为组织系统。

维管植物的主要组织可归并成3种组织系统，即皮组织系统（dermal tissue system）、维管组织系统（vascular tissue system）和基本组织系统（fundamental tissue system），分别简称为皮系统（dermal system）、维管系统（vascular system）和基本系统（fundamental system）。皮系统包括表皮和周皮，它们覆盖于植物各器官的表面，形成一个包裹整个植物体的连续的保护层。维管系统包括输导有机养料的韧皮部和输导水分和无机盐的木质部，它们连续地贯穿于整个植物体内，把生长区、发育区与有机养料制造区和贮藏区连接起来。基本系统主要包括各类薄壁组织、厚角组织和厚壁组织，它们是植物体各部分的基本组成。植物整体的结构表现为维管系统贯穿于基本系统之中，而外面又覆盖着皮系统。各个器官结构上的变化，除表皮或周皮始终包被在最外层之外，主要表现在维管组织和基本组织在分布上的相对差异。

复习思考题

1. 植物细胞内各细胞器是如何协同完成各项生理活动的？
2. 植物细胞全能性有何特点？有何生物学意义？
3. 次生分生组织在植物的次生生长中起何种作用？
4. 植物的分泌结构对植物自身有何意义？

数字课程学习资源

■ 学习要点　　■ 难点分析　　■ 教学课件　　■ 习题　　■ 习题参考答案

■ 拓展阅读　　　　■ 拓展实验与实践　　　■ 视频演示
－ 植物细胞工程　　－ 石蜡切片的制作方法　　－ 生物学绘图　　　－ 绘图仪的结构和使用　　－ 有丝分裂的观察
－ 细胞的极性　　　　　　　　　　　　　　　　－ 组织培养　　　　－ 徒手切片　　　　　　－ 石蜡切片

第 **3** 章
种子植物的营养器官

✎ 学习目标

1. 了解营养器官其结构与功能和生长环境的相互关系。
2. 了解根尖的分区及形态结构与其功能的一致性。
3. 掌握双子叶植物根和茎的初生结构特点。
4. 掌握单子叶植物根和茎的初生结构的特点。
5. 茎生长变粗过程中形态与结构的变化。
6. 掌握叶的基本结构及不同生态环境下叶在形态、结构与功能上的适应性变化。
7. 了解叶迹、叶隙、枝迹、枝隙的形成过程及特征；熟悉根与茎维管组织过渡区的转变方式。
8. 营养器官地下部分与地上部分及顶芽与腋芽的相互关系。理解"根深叶茂，本固枝荣"的辩证关系。
9. 了解营养器官的经济价值。

⛓ 学习指导 ⌕

📖 关键词

根尖　初生结构　次生结构　初生生长　次生生长　外始式　内始式　凯氏带
外起源　内起源　侵填体　维管形成层　木栓形成层　年轮　维管射线　髓射线
皮孔　射线原始细胞　纺锤状原始细胞　早材　晚材　切向切面　径向切面　横切面
叶迹　叶隙　枝迹　枝隙　心材　边材　中生叶　旱生叶　水生叶

种子经萌发、生长和发育，成为具枝系和根系的成年植物。植物体外形上具有显著的形态特征、并担负特定功能的部分，称为器官（organ）。根据所执行的功能不同，植物器官可分成两大类：营养器官（vegetative organ）和繁殖器官（reproductive organ）。营养器官主要担负植物营养生长，包括植物的根、茎和叶；繁殖器官主要担负植物的繁殖，包括植物的花、果实和种子。

第1节 根

根是植物登陆以后才出现的器官，除苔藓植物外，所有的高等植物都具有根。根的作用主要是吸收土壤中的水分和无机盐，将所吸收的物质运输到地上部分的茎、叶、花和果实中。根在土壤中常逐级分枝，向着不同方向、不同深度扩展，将植物牢牢地固定，同时吸收土壤中不同区域、不同土层的水分和无机盐。

根是植物地下部分的营养器官（除少数气生根外），具有吸收、固着、输导、合成、储藏、繁殖和分泌等功能。

（1）吸收作用　根的主要功能是吸收土壤中的水和无机盐。植物体内所需要的物质，除一部分由叶和幼嫩的茎从空气中吸收外，大部分都是由根从土壤中吸取。

（2）固着和支持作用　高大植物庞大的地上部分之所以能巍然屹立，是因其具有反复分枝、深入土壤的庞大根系以及根内发达的机械组织、维管组织的共同作用的结果。

（3）输导作用　由根吸收的水分和无机盐，通过根的维管组织输送到茎、枝和叶，而叶所制造的有机养料，经过枝、茎输送到根，再经根的维管组织输送到根的各部，维持根的生长和生活的需要。

（4）合成作用　已知根中能合成构成蛋白质所必需的多种氨基酸，还能合成生长激素和植物碱，这些生长激素和植物碱对植物地上部分的生长、发育有着较大的影响。

（5）贮藏和繁殖作用　根内的薄壁组织较发达，能贮藏有机物质。不少植物的根能产生不定芽进行营养繁殖，如根扦插和造林中的林地更新。

（6）分泌作用　根的分泌作用越来越被人们所重视。根能分泌近百种物质，包括糖类、氨基酸、有机酸、维生素、核苷酸和酶等。这些分泌物可减少根在生长过程中与土壤的摩擦力，形成促进吸收的表面；也能对他种植物生长产生刺激物或毒素，如寄生植物列当种子要在寄主根的分泌物的刺激下才能萌发，而苦苣菜属（*Sonchus*）、顶羽菊属（*Acroptilon*）等杂草的根能释放生长抑制物，使周围的作物死亡；根的分泌物还能促进土壤中的一些微生物生长，在根表面及其周围形成一个特殊的微生物区域，这些微生物对植物体的代谢活动、吸收作用、抗病性等有促进作用。

根所具有的这些功能，反映了它的结构与功能的密切联系，这将在以下各节中加以叙述。

根有多种用途，它可以食用、药用和作工业原料。番薯（*Ipomoea batatas*）、木薯（*Manihot esculenta*）、胡萝卜、萝卜、甜菜等皆可食用，部分也可作饲料。人参（*Panax ginseng*）、大黄、当归、甘草、乌头、龙胆和吐根（*Cephaelis ipecacuanha*）等可供药用。甜菜可作制糖原料，番薯可制淀粉和乙醇。某些乔木或藤本植物的老根，如枣、杜鹃、苹果、葡萄和青风藤等的根，可雕制或扭曲加工成造型独特的工艺品。在自然界中，根有保护坡地、堤岸，防止水土流失的作用。

一、根和根系的类型

1. 主根、侧根和定根、不定根

按照发生的部位不同，根可以分成主根（main root）、侧根（lateral root）和不定根（adventitious root）。种子萌发时，最先突破种皮的是胚根，由胚根生长、发育形成的根为主根，又称初生根。主根生长到一定长度后在主根上会形成分枝，分枝上再形成分枝，依此类推，这种由主根上产生的各级分枝称侧根。主根和侧根由胚根生长发育而成，称为定根。有些植物在一定的生长环境下，或由于主根生长受损，或主根生长很短时间停止生长，由胚轴、茎、叶或老根等不同部位产生粗细较均匀的根，这种不发生于主根的根，称为不定根，侧根和不定根又称为次生根。

2. 直根系和须根系

一株植物所有根的总和称为根系（root system）。由于根的发生和形态不同，根系可分为直根系（tap root system）和须根系（fibrous root system）两种（图3-1）。直根系的特点是主根粗壮，大多主根生长是占优势的，主要由定根组成，形态上明显可见粗壮的主根和逐渐变细的各级侧根的根系，裸子植物和大多数双子叶植物的根是直根系类型。须根系的特点是主根生长缓慢或停止生长，根系主要由不定根和侧根组成，形态上可见根的粗细较均匀，呈丛生状态，单子叶植物如小麦、水稻、玉米、甘蔗等禾本科植物的根都属须根系类型。

通常直根系植物的主根发达，能深入到土壤的

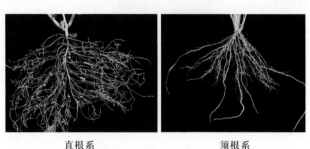

直根系　　　　　　　须根系

图3-1　根系的类型

深层，又称为深根系。而须根系植物的主根生长时间短，主要由不定根和侧根组成。不定根向水平方向生长占优势，主要生长在浅层土壤中，又称为浅根系。农业上常根据不同植物根的特点，将深根系植物和浅根系植物套种在一起，不同根系类型的植物吸收不同土层的水分和无机盐，可大大提高种植密度，增加单位面积的产量。

二、根尖的发育

1. 顶端分生组织

不同类群植物的根顶端分生组织的组成是不同的，要了解根的一些组织系统的起源和联系，就得研究不同类群植物顶端分生组织的结构。

种子植物根的顶端分生组织，在结构上有两种主要类型：第一种类型是成熟根中的维管柱（vascular cylinder）、皮层（cortex）和根冠（root cap），都可追溯到顶端分生组织中的各自独立的3个原始细胞（initial cell）层，而表皮（epidermis）却是从皮层的最外层分化出来的（图3-2a），或者表皮和根冠起源于同一群原始细胞（图3-2b）；第二种类型是所有各区，或者至少是皮层和根冠，都是集中在一群横向排列的细胞中，起源于共同的原始细胞层（图3-2c），这种类型在系统发育上较为原始。什么是原始细胞？原始细胞是分生组织中的某些细胞，通过分裂，不断地产生新细胞，一些细胞加入到植物体中成为新的体细胞，另一些细胞仍保留在分生组织中，这些经过不断更新始终保留在分生组织中具分生能力的细胞，称为原始细胞。

在根的顶端分生组织的最前端有一团细胞，有丝分裂的频率低于周围的细胞，经细胞化学与放射自显影等技术研究发现这些细胞少有DNA合成，这个区域称为不活动中心（quiescent centre）或称静止中心。不活动中心并不包括根冠原始细胞（图3-2d）。在根以后的生长中，旺盛的有丝分裂活动是在这不活动中心以外的部分进行。研究表明，不同植物不活动中心分裂间隔期长短不一，但它是一群不断更新的细胞群。

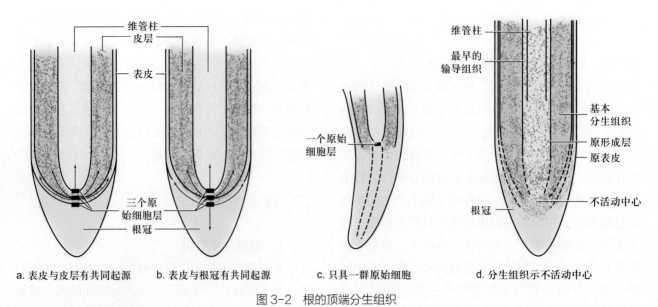

a. 表皮与皮层有共同起源　　b. 表皮与根冠有共同起源　　c. 只具一群原始细胞　　d. 分生组织示不活动中心

图 3-2　根的顶端分生组织

2. 根尖的结构和发育

根尖是植物根的最先端，是根在土壤中生长和吸收的部位，根据其细胞的形态和功能不同，人为将根尖分成四个生长区：根冠区（root cap zone）、分生区（meristematic zone）、伸长区（elongation zone）和成熟区（maturation zone）。根尖四个区在形态上没有明显的分界，由分生区细胞分裂所形成的新细胞，经过生长、伸长，同时细胞逐渐分化，它是一个连续的发育、生长、成熟的过程（图3-3）。

（1）根冠区　　根冠是根尖的最先端，是根特有的结构，由近于等轴的薄壁细胞不规则排列构成帽状的结构，套在根分生区的外方。大多数植物的根生长在土壤中，幼嫩的根尖不断向土壤深处生长，遇到沙砾容易受到伤害，根冠套在分生区的外面，使分生区得到很好的保护。根冠的细胞含有较多的高尔基体，具很强的分泌功能，高尔基体所形成的囊泡通过质膜释放到胞壁外，另外根冠的外层细胞排列疏松，根在深入土层生长时，根冠外层细胞在与土壤、沙砾的摩擦中不断脱落和解体，根冠外围细胞的脱落和解体以及根冠细胞高尔基体分泌的物质，在根冠外形成一层黏液状的物质，这些物质的存在使根尖穿越土粒缝隙时减少了与土壤的摩擦。

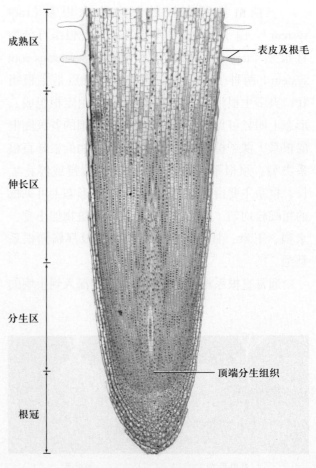

图 3-3　根尖纵切面

由于分生区细胞的不断分裂，根冠细胞能不断得到补充，使根冠始终保持一定的形状和厚度。因此，根冠的主要作用是保护根的顶端分生组织，同时使根在伸长过程中顺利穿越土壤，不受损失。

研究发现，根的向地性生长特性和根冠前端的细胞内含有淀粉体有关，淀粉体起到像鱼脑中的平衡石的作用，与根对重力反应有关。当根向地生长受阻后，淀粉体位置随之发生变化，结果使根弯曲生长，改变正常的垂直生长。现认为，对重力的反应不仅限于淀粉体，与根冠细胞中的内质网、高尔基体或生长激素都有关。

（2）分生区　分生区位于根冠的上方，是根的顶端分生组织。分生区的细胞不断分裂，少部分补充根冠因受损而脱落的细胞，大部分细胞向后生长、分化，形成根的初生组织。

根的顶端分生组织包括原分生组织和初生分生组织。原分生组织位于前端，由最先形成的原始细胞（胚性细胞）和最初衍生的细胞组成。这些细胞小、等轴，很少分化；初生分生组织位于原分生组织后方，由原分生组织细胞衍生而来，这些细胞在分裂的同时开始出现了分化，在细胞的形状、大小等方面出现了差异，分化成原表皮、基本分生组织和原形成层3部分。原表皮位于最外层，以后发育为表皮；原形成层位于中央，以后发育为维管柱和髓；基本分生组织位于原表皮和原形成层之间，以后发育为皮层。

分生组织的细胞具有各种不同方向的分裂，为了便于掌握有关组织结构中细胞的壁面、分裂和排列等的方向，现就有关名词简述如下：就细胞壁面方向而言，假定细胞是方形立体的，它的壁面方向按在器官中的位置，可分为内、外切向壁，左、右径向壁和上、下横向壁6个对称面。切向壁（弦向壁）是与该细胞所在部位最近一侧的外周切线相平行；径向壁是与该细胞所在部位的半径相平行；横向壁是与根轴的横切相平行。其他形状细胞的壁向方向，大致可依此类推。就细胞分裂方向而言，由于根是柱状器官，因此，按细胞分裂方向与圆周、根轴的关系，可有切向分裂、径向分裂和横向分裂

之分。切向分裂（弦向分裂，tangential division）是细胞分裂与根的圆周切线相平行，也称平周分裂（periclinal division），分裂的结果是增加细胞的内外层次，使器官加厚，它们的子细胞的新壁是切向壁。径向分裂（radial division）是细胞分裂与根的圆周切线相垂直，分裂的结果是组成圆周的细胞增加，使器官增粗，新壁是径向壁。横向分裂（transverse division）是细胞分裂与根轴的横切面相平行，分裂的结果是加长纵向行列的细胞数，使器官伸长，新壁是横向壁。按上述情况，细胞的分裂方向也可以按形成的新壁方向为依据。径向分裂和横向分裂也称垂周分裂（anticlinal division），但狭义的垂周分裂一般只指径向分裂。就细胞排列而言，由于细胞排列方向与新壁的壁面方向垂直，因而有切向排列、径向排列和纵向排列之分。切向排列或左右排列，是径向分裂的结果，新壁必然是径向的；径向排列或内外排列，是切向分裂的结果，新壁是切向的；纵向排列或上下排列是横向分裂的结果，新壁是横向的（图3-4）。

（3）伸长区　伸长区位于分生区和成熟区之间，由分生区分裂的细胞在伸长区部分逐渐分化，在体积上沿根的长轴显著地延伸，因此称为伸长区。根的长长是分生区细胞的分裂、增大和伸长区细胞的延伸共同实现的。细胞分裂、伸长等的活动产生的力将根不断地向土壤深处推进，吸收不同深度土层的水分和无机盐。

（4）成熟区　成熟区紧接在伸长区后，细胞停止生长，并分化成各种初生成熟组织。成熟区显著的特征是表皮细胞的外壁向外突出延伸形成根毛（root hair），因此又称根毛区（root hair zone）。根毛的长度为0.5~1 cm，单位面积包含的根毛数量因不同植物种类而异。如玉米的根毛约420根/mm²，豌豆的根毛约230根/mm²。根毛的有无或多少因植物种类和生长环境而异，水生植物的根通常没有根毛。根毛的壁薄而柔软，壁外附有果胶和分泌的黏液，易与土粒紧密结合，能有效地固着和吸收土壤中的水分与养料。根毛的寿命很短，一般只有几天或十几天。随着分生区细胞的不断分裂，伸长区细

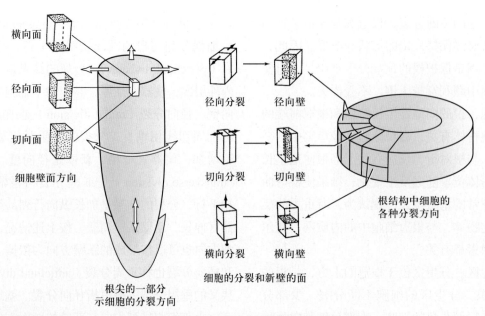

横向面

径向面

切向面

细胞壁面方向

径向分裂 → 径向壁

切向分裂 → 切向壁

横向分裂 → 横向壁

细胞的分裂和新壁的面

根结构中细胞的
各种分裂方向

根尖的一部分
示细胞的分裂方向

图 3-4　细胞的分裂、壁面和排列等方向的图解

胞不断分化、伸长，新的根毛不断产生，根毛不断更新的结果，使新产生的根毛随着根的生长，不断向前推移，进入新的土壤区域，这对于根的吸收是极为有利的。

三、根的初生结构

根尖的顶端分生组织细胞分裂、生长和分化的过程，称为初生生长（primary growth）。由初生生长所产生的各种成熟组织，称为初生组织（primary tissue）。由初生组织所构成的根的结构，称初生结构（primary structure）。在根的成熟区作一横切面，能看到根的初生结构，由外向内分为表皮、皮层和维管柱三部分。

1. 表皮

表皮是由初生分生组织的原表皮发育而来，通常为一层细胞组成，壁薄，角质层薄，不具气孔，大部分细胞的外壁向外突起延伸成根毛，只有水生植物和少量的旱生植物没有根毛，如洋葱。表皮是根吸收水和无机盐的部位，根毛的存在大大扩大了根的吸收表面积，因此，根的表皮是一种吸收组织（absorptive tissue）。

生长在热带的兰科植物和一些附生的天南星科

植物的气生根，其表皮为多层死细胞组成，称为根被（velamen）。根被主要起保护作用，防止皮层中过多水分的丧失。

2. 皮层

皮层是由初生分生组织的基本分生组织发育而成，在根的初生结构中占相当大的部分，由多层薄壁细胞组成，排列疏松，细胞间有显著的胞间隙。皮层最外层细胞较小，排列紧密，称外皮层（exodermis），当表皮破坏后，外皮层能代替表皮起保护作用。

皮层最内层细胞紧密排列，无胞间隙，称内皮层（endodermis）。细胞的横向壁和径向壁上有一条带状木质化和栓质化增厚的结构，环绕成一圈，称凯氏带（casparian strip）（图3-5）。在横切面上相邻两个内皮层细胞的径向壁上则呈现点状结构，称凯氏点（casparian dots）。凯氏带形成后，细胞之间、胞壁间和壁与质膜之间因渗入木质素和栓质素等脂类物质，在电子显微镜下可见这部分的结构紧密、厚实，通过质壁分离实验显示质膜与凯氏带不易分离，有极强的联系（图3-6）。

由于凯氏带的存在，皮层胞壁间的运输只能到凯氏带处终止，所有通过皮层运输到维管柱的水分和溶质，都要经过内皮层细胞质膜的选择透性。在单子叶植物根中，内皮层细胞更为特化，不仅径向壁和横向壁全部木质化和栓质化增厚，而且内切向壁也木质化和栓质化增厚，只有外切向壁仍保持薄壁，这种增厚方式称马蹄形增厚（图3-7）。增厚的内切向壁上有纹孔存在，能使经过内皮层质膜选择后的水分和溶质通过。少数位于木质部脊处的内皮层细胞除径向壁增厚外，内切向壁不增厚，称为通道细胞（passage cell），起着皮层与维管柱之间

物质交流的作用。内皮层细胞壁的加厚，同时也增强了对维管柱结构的保护。

3. 维管柱

维管柱（vascular cylinder）是由初生分生组织的原形成层发育而成的。包括内皮层以内的所有组织，由中柱鞘（pericycle）、初生木质部（primary xylem）、初生韧皮部（primary phloem）和薄壁细胞四部分组成，有些植物的根还包括髓（pith）（图3-8）。

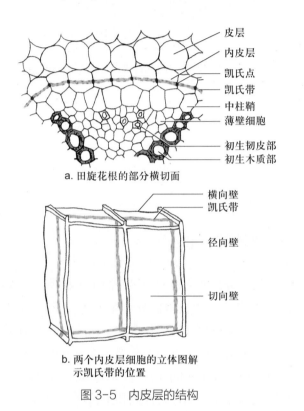

a. 田旋花根的部分横切面

b. 两个内皮层细胞的立体图解
示凯氏带的位置

图 3-5　内皮层的结构

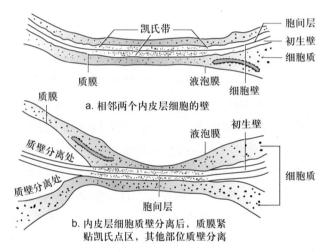

a. 相邻两个内皮层细胞的壁

b. 内皮层细胞质壁分离后，质膜紧贴凯氏点区，其他部位质壁分离

图 3-6　电子显微镜下显示的凯氏点结构

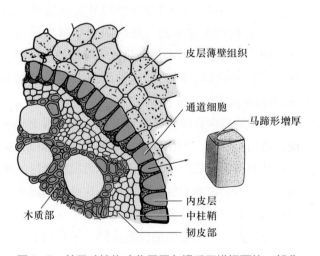

图 3-7　单子叶植物（鸢尾属）根毛区横切面的一部分

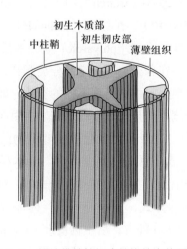

图 3-8　根的维管柱初生结构的立体图解

中柱鞘是维管柱的最外层，细胞排列紧密，壁薄，少数单子叶植物为厚壁，分化程度较低，通常有一至多层细胞组成。中柱鞘细胞保持着潜在的分生能力，侧根、木栓形成层和部分维管形成层等都是中柱鞘细胞恢复分生能力而产生的。

初生木质部和初生韧皮部是根的初生维管组织，初生木质部和初生韧皮部各自成束，相间排列。由于根的初生木质部在分化的过程中，是由外向内方逐渐发育成熟，这种分化的方式称外始式（exarch），这是根木质部发育的一个特点。由于外始式分化的特性，近中柱鞘部位的木质部是最先成熟的，称原生木质部（protoxylem），它是由管腔较小的环纹、螺纹导管组成。向内成熟较迟的部分，称后生木质部（metaxylem），它是由管腔较大的梯纹、网纹和孔纹导管所组成。由于初生木质部的发育方式是外始式，近中柱鞘的导管最先形成，这就缩短了皮层和初生木质部之间的距离，从而加速了由根毛所吸收的物质向地上部分的运输。根的横切面初生木质部呈辐射状，而原生木质部构成辐射状的棱角，即木质部脊（xylem ridge）。不同植物根的木质部脊数是相对稳定的，例如烟草、油菜、萝卜、胡萝卜、甜菜等是2；紫云英、豌豆等是3；蚕豆、棉花、毛茛、蓖麻、向日葵、落花生等是4；马铃薯、茶、苹果、梨等是5；葱等是6；葡萄、菖蒲、高粱、玉米、水稻、小麦等是6以上。根据木质部脊数的不同将根分成二原型（diarch）、三原型（triarch）、四原型（tetrarch）（图3-9、图3-10）、五原型（pentarch）、六原型（hexarch）和多原型（polyarch）等。木质部脊数的相对稳定，在分类上有一定的分类意义，但一株植物不同的根上，可能出现不同的脊数，如豌豆主根三原型，侧根就是四原型；落花生主根四原型，侧根有时是二原型。大多数双子叶植物的根木质部是二原型至五原型，为少原型。禾本科植物大多是六原型以上，为多原型（图3-11）。初生韧皮部发育成熟的方式，也是外始式，即原生韧皮部（protophloem）在外方，后生韧皮部（metaphloem）在内方。初生韧皮部的数目在同一根内与初生木质

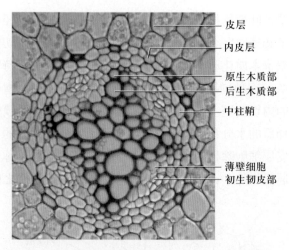

图3-9　双子叶植物根横切面的一部分（示维管柱）

（标注：皮层、内皮层、原生木质部、后生木质部、中柱鞘、薄壁细胞、初生韧皮部）

部的脊数相等，位于两个初生木质部脊之间。在初生木质部和初生韧皮部之间保留着一些薄壁组织，这些薄壁组织在以后的次生生长中起着重要的作用（见图3-8、图3-10）。

四、侧根的形成

根的分枝即侧根。侧根起源于中柱鞘，最先中柱鞘相应部位的细胞恢复分生能力，进行平周分裂，使这部分的细胞层数增加，以后的分裂是平周分裂和垂周分裂多方向的分裂，逐渐形成侧根的根原基（root primordium）。根原基细胞的分裂、生长，逐渐分化出侧根的根冠和生长点。生长点细胞的分裂、生长所产生的力和根冠分泌的物质溶解母根的皮层和表皮细胞，使根顺利穿越皮层和表皮，伸入土壤中。由于侧根起源于母根的中柱鞘，发生于根的内部，因此称这种起源方式为内起源（endogenous origin）（图3-12）。

侧根的发生在成熟区已经开始，但侧根突破表皮，露出母根外，却在母根成熟区之后的部位。这一特性使得侧根的产生不至于破坏母根成熟区的根毛，从而不会影响根的吸收功能。这是长期以来，自然选择和植物适应环境的结果。

侧根在母根上发生的位置在同一种植物上是较稳定的，通常与初生木质部脊数有一定关系。初

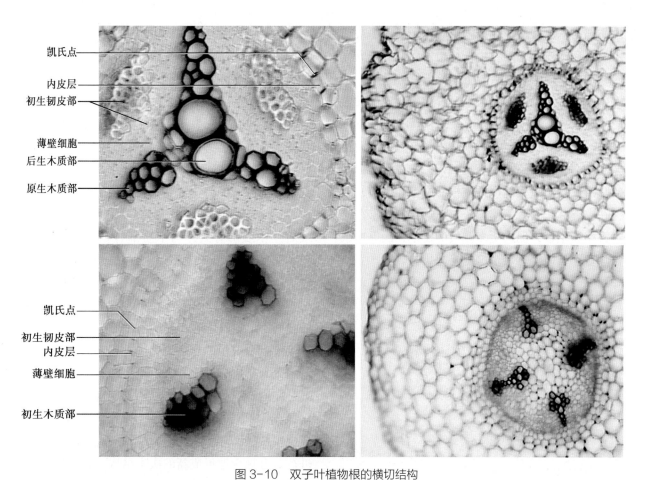

图 3-10　双子叶植物根的横切结构

右图示三原型和四原型木质部，左图维管柱和内皮层放大示内皮层上的凯氏点

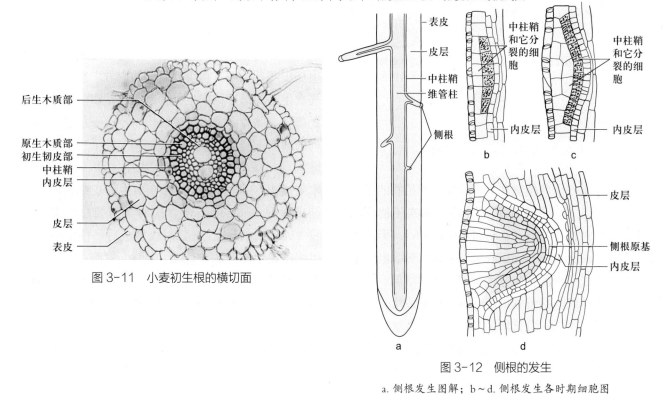

图 3-11　小麦初生根的横切面

图 3-12　侧根的发生

a. 侧根发生图解；b～d. 侧根发生各时期细胞图

生木质部为二原型的，侧根则对着初生韧皮部或初生木质部和韧皮部之间发生；初生木质部为三原型和四原型的，侧根则对着初生木质部脊处发生；初生木质部为多原型的，侧根则对着初生韧皮部发生（图3-13）。

侧根发生于中柱鞘，其维管组织与母根维管组织是相连的，它们之间在形态和生理上都有着密切的联系。切断主根能促进侧根的产生和生长，因此，在农、林、园艺工作中，利用这个特性，在移苗时常切断主根，促进更多侧根的发生，确保根系生长旺盛，从而使整个植株更好地生长。

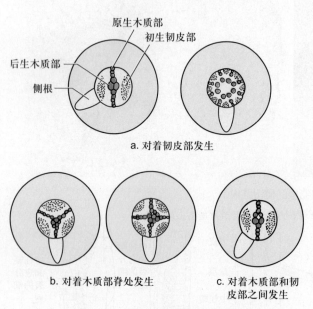

图 3-13　侧根的发生位置与类型

五、根的次生生长和次生结构

一年生双子叶植物和大多数单子叶植物的根，只有初生生长。多年生双子叶植物和裸子植物的根，要经过次生生长（secondary growth），形成次生结构（secondary structure），使根不断增粗。根的次生生长是根的侧生分生组织活动的结果。根的侧生分生组织包括维管形成层和木栓形成层，前者不断分裂、生长、分化增加维管组织的数量；后者细胞分裂、生长、分化构成根的次生保护结构周皮。次生生长的结果产生次生维管组织和周皮，共

同组成根的次生结构。要了解根的次生生长和次生结构，必须了解侧生分生组织的维管形成层和木栓形成层的发生和它们的活动。

1. 维管形成层的发生及其活动。

次生生长最先发生的部位是在初生韧皮部内方的薄壁细胞，这些薄壁细胞由初生分生组织的原形成层细胞分化成熟，通过脱分化，恢复其薄壁细胞具有的分裂能力。最初维管形成层只有少量的薄壁细胞分裂，以后逐渐向两侧扩展，形成条状，最后达木质部脊处，与木质部脊处的一部分中柱鞘细胞相接（这时这部分中柱鞘细胞恢复分裂能力），构成完整的连续波浪状的一环，称维管形成层（vascular cambium）。整个维管形成层由于发生的时间不同，又存在不等速的细胞分裂活动，最先发生维管形成层的是初生韧皮部内方的细胞，这些细胞分裂早，分裂次数多，产生的新细胞也多，尤其是向内产生的次生木质部更多，这些细胞不断分化，在体积上的迅速生长，使原先波浪状的维管形成层很快呈圆环状。此后，维管形成层的活动等速进行，有规律地形成新的次生结构，并将初生韧皮部推向最外方（图3-14）。

维管形成层形成后，主要进行切向分裂。向内分裂产生的细胞形成新的次生木质部，加添在初生木质部的外方，向外分裂产生的细胞形成新的次生韧皮部，加添在初生韧皮部的内方。次生木质部和次生韧皮部合称次生维管组织，是次生结构的主要部分。除此以外，次生结构中还有一些呈径向排列的薄壁细胞群，细胞的长轴和半径平行。这些薄壁细胞呈条状排列，分布在次生木质部区域的称木射线（xylem ray），分布在次生韧皮部区域的称韧皮射线（phloem ray），这两类射线总称维管射线（vascular ray）。维管射线形成后，使根的维管组织出现了轴向输导系统（导管、管胞、筛管和伴胞）和径向输导系统（射线）。在具有次生结构的根中，次生木质部和次生韧皮部之间始终存在维管形成层（图3-15）。

2. 木栓形成层的发生及其活动

随着维管形成层细胞的不断分裂，产生大量的

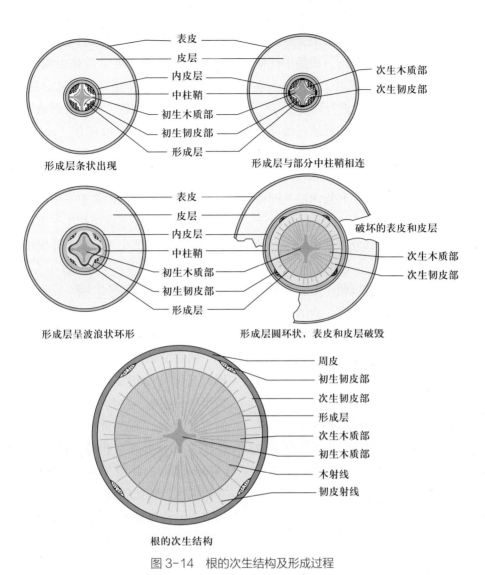

形成层条状出现　　　　　　形成层与部分中柱鞘相连

形成层呈波浪状环形　　　　形成层圆环状，表皮和皮层破毁

根的次生结构

图 3-14　根的次生结构及形成过程

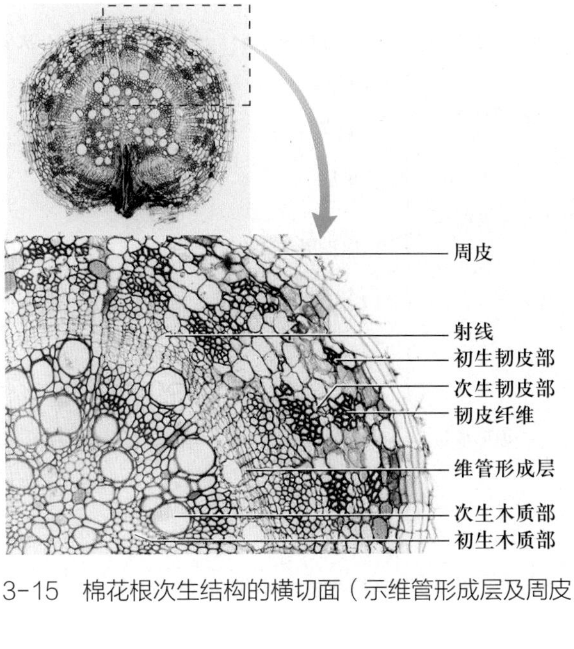

图 3-15　棉花根次生结构的横切面（示维管形成层及周皮）

维管组织，使根不断增粗，表皮和皮层因受到内部组织的增加而破坏和剥落。与此同时，根的中柱鞘细胞恢复分裂能力，形成木栓形成层（phellogen或cork cambium）。木栓形成层主要进行切向分裂，向外分裂的细胞多，成熟后细胞壁均栓质化增厚，称木栓层（phellem或cork），向内分裂1~2次，形成1~2层薄壁细胞，称栓内层（phelloderm），木栓形成层和它分裂所形成的木栓层和栓内层共同构成根的次生保护组织——周皮（periderm）。由于木栓层细胞栓质化增厚，使得其外方的组织得不到养料而死亡。

最早的木栓形成层产生于中柱鞘。但随着根的不断增粗，原来的周皮不能永久保存，新的木栓形成层将不断产生，其发生位置可逐年向根的内方推移，甚至可达次生韧皮部，由次生韧皮部的薄壁细胞产生。逐年形成的老周皮覆盖在新的周皮外，形成较厚的死树皮。

现将双子叶植物根中组织分化、初生生长形成初生结构、次生生长形成次生结构的全过程概括如图3-16所示。

3.1　根次生结构形成过程

3. 根的三生生长和三生结构

植物的贮藏根如番薯、萝卜、甜菜等，除进行次生生长产生次生结构外，还进行三生生长产生三生结构。三生生长是由根的木质部或韧皮部的薄壁细胞脱分化后，恢复分裂能力，形成一环或多环的分生细胞，称额外形成层（supernumerary cambium）或称副形成层（accessory cambium）。由额外形成层细胞分裂产生的大多为薄壁细胞，较少形成木质部和韧皮部。额外形成层产生的结构称三生结构。不同的贮藏根三生生长的方式不同，如番薯、萝卜额外形成层产生于木质部导管周围的薄壁细胞，甜菜产生于韧皮部薄壁细胞（图3-17）。

六、共生根和寄生根

1. 共生根

植物的根与土壤中的微生物有着密切的关系。根的分泌物质很多是微生物的营养来源，而土壤微生物分泌的一些物质，又可直接或间接地影响根的生长发育，有些微生物甚至侵入到根的内部组织中，双方形成互利的关系，这种现象称为共生（symbiosis）。共生关系是两种生物间相互有利的共居关系，彼此间有直接的营养物质交流，一种生物对另一种生物的生长有促进作用。种子植物和微生物间的共生关系现象，一般有两种类型，即根瘤

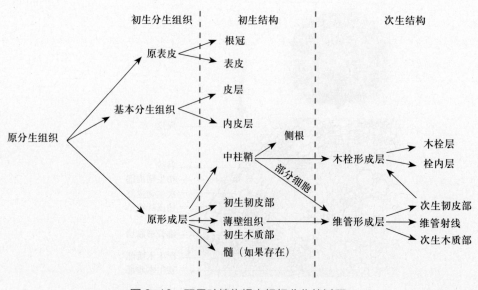

图3-16　双子叶植物根中组织分化的过程

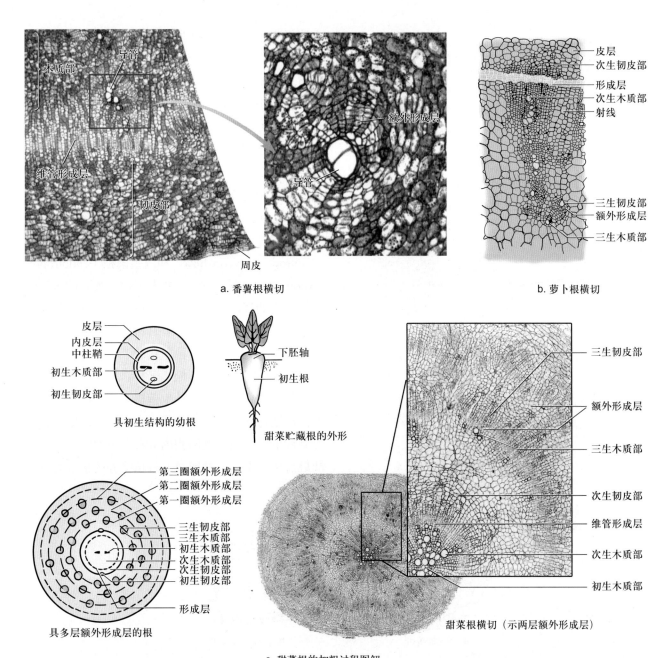

a. 番薯根横切

b. 萝卜根横切

c. 甜菜根的加粗过程图解

甜菜贮藏根的外形

具初生结构的幼根

具多层额外形成层的根

甜菜根横切（示两层额外形成层）

图 3-17 贮藏根的三生结构

（root nodule）和菌根（mycorrhiza）。

（1）根瘤 根瘤是植物地下部分的瘤状突起，多见于豆科植物（图3-18）。根瘤是土壤中的一种细菌，即根瘤菌，侵入根内而产生的共生体。根瘤菌由根毛侵入根的皮层，在皮层细胞内迅速分裂繁殖，同时，皮层的细胞因受到根瘤菌分泌物的刺激也迅速分裂，产生大量新细胞，使皮层部分的体积膨大，形成根瘤。根瘤菌最大的特点是具有固氮作用。根瘤菌中的固氮酶能将空气中的游离氮（N_2）转变为氨（NH_3），为植物的生长发育提供可以利用的含氮化合物。同时，根瘤菌也从根的皮层细胞中摄取其生活所需的水分和养料。根瘤菌不仅使和它共生的豆科植物得到氮素而获高产，同时由于根瘤的脱落，具有根瘤的根系或残株遗留在土壤内，

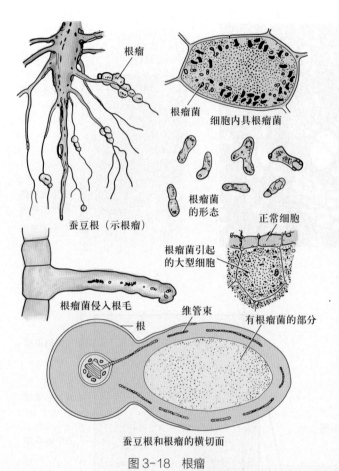

根瘤

细胞内具根瘤菌

根瘤菌的形态

正常细胞

根瘤菌引起的大型细胞

蚕豆根（示根瘤）

根瘤菌侵入根毛

维管束

根

有根瘤菌的部分

蚕豆根和根瘤的横切面

图 3-18 根瘤

也能提高土壤的肥力，所以利用豆科植物，如紫云英、田菁、野豌豆、苜蓿、三叶草等，作为绿肥，或将豆科植物与农作物间作轮栽，可以增加土壤肥力和提高作物产量。除豆科植物外，在自然界还发现一百多种其他植物也形成根瘤，如桤木、杨梅、罗汉松和苏铁等。近年来，把固氮菌中的固氮基因转到其他农作物和经济植物中已成为分子生物学和遗传工程的研究目标。

（2）菌根　菌根是植物的根与土壤中的真菌形成的共生体。菌根主要有两种类型：外生菌根（ectotrophic mycorr-hiza）和内生菌根（endotrophic mycorrhiza）（图3-19）。外生菌根是真菌的菌丝包被在植物幼根的外面，有时也侵入根的皮层细胞间隙中，但不侵入细胞内。有真菌共生的根，根毛不发达，甚至完全消失，菌丝代替了根毛的作用，增加了根系的吸收面积。松、云杉、榛、山毛榉、鹅耳枥等树的根上，都有外生菌根。内生菌根是真菌的菌丝通过细胞壁侵入到表皮和皮层的细胞内，在显微镜下，可以看到细胞内散布着菌丝，如小麦、胡桃、桑、豌豆、杜鹃及兰科植物等的根细胞内都

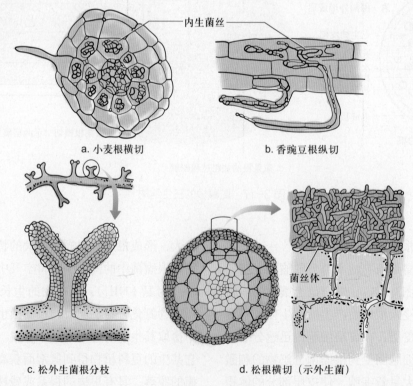

内生菌丝

a. 小麦根横切

b. 香豌豆根纵切

菌丝体

c. 松外生菌根分枝

d. 松根横切（示外生菌）

图 3-19 菌根

有内生真菌。除这两种外，还有一种内外生菌根（ectendotrophic mycorrhiza），即在根表面、细胞间隙和细胞内都有菌丝，如草莓、苹果、银白杨和柳树的根。

真菌将所吸收的水分、无机盐和转化的有机物质，供给种子植物，而种子植物把它所制造和贮藏的有机养料，包括氨基酸供给真菌，它们之间是共生关系。共生真菌还可以促进根细胞内贮藏物质的分解，增进植物根部的输导和吸收作用，产生植物激素，尤其是维生素B，促进根系的生长。

很多具菌根的植物，在没有相应的真菌存在时，就不能正常地生长或种子不能萌发，如松树在没有与它共生的真菌的土壤里生长，吸收养分就少，生长缓慢，甚至死亡。同样，某些真菌，如不与一定植物的根系共生，也将不能存活。在林业上，根据造林的树种，预先在土壤内接上需要的真菌，或事先让种子感染真菌，以保证树种良好地生长发育，这对荒地或草原造林有着重要的意义。

2. 寄生根

寄生植物常利用寄生根吸取寄主植物的养分供自己生长，如菟丝子的茎细长而卷曲，缠绕在寄主的枝叶上，其茎上产生许多变态的不定根，

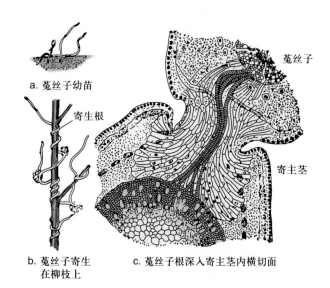

a. 菟丝子幼苗

寄生根

b. 菟丝子寄生在柳枝上

菟丝子

寄主茎

c. 菟丝子根深入寄主茎内横切面

图3-20 菟丝子的寄生根

这种根称为寄生根（parasitic root），也称为吸器（haustorium）（图3-20）。寄生根可侵入寄主体内吸收水分和营养物质。寄生植物分为全寄生植物（parasitic plant）和半寄生植物（semi-parasitic plant）。列当、肉苁蓉、野菰等为全寄生植物。槲寄生、柳寄生和檀香等为半寄生植物，这些植物除吸取寄主的水分和无机盐供其生长外，本身具绿叶，能制造养料。

第2节 茎

茎（stem）是联系根和叶，输送水、无机盐和有机养料的轴状体。茎是由胚芽或胚芽加上部分下胚轴发育而成。在系统演化上是先于根和叶出现的器官。茎除少数生于地下外，一般是植物体生长在地上的营养器官。多数茎的顶端能无限地向上生长，连同叶形成庞大的枝系。

种子植物中无茎的植物是极罕见的。无茎草属（*Phacellaria*）植物是重寄生植物，它寄生在桑寄生科植物的枝干上，茎完全退化，直接从寄主的组织内生出花序。蒲公英、车前具茎，但茎非常短，被称为莲座状植物。

茎的生理功能主要是输导和支持。除此之外，茎还具有贮藏、繁殖和光合等功能。

（1）输导作用 茎是植物体物质上下运输的通道。茎的输导是依靠维管组织中的输导组织，把根所吸收的水分和无机盐以及贮藏的营养物质输送到地上各个部分，同时又将叶所制造的光合产物运送到根、花、果实、种子等各个部位。茎的输导作用

使得植物体各个部位的活动连成统一整体。

（2）支持作用 茎是植物的主轴，不仅担负着枝、叶、花和果的重量，同时还要抵抗气候变化带来的胁迫，这主要靠分布在茎内的基本组织和维管组织，特别是基本组织中的纤维和石细胞。这些组织犹如建筑物中的钢筋混凝土的骨架，在构建植物体坚固有力的结构中，起着巨大的支持作用。茎的支持作用，能使叶在空间保持适当的位置，充分接受阳光，有利于叶更好地进行光合作用和蒸腾作用，能使花在枝条上更好地开放，有利于传粉、结果和种子的传播。

（3）贮藏和繁殖 茎中的薄壁组织往往存有大量的贮藏物质，尤其在变态茎中，如根状茎（莲）、球茎（慈姑）、块茎（马铃薯）中，贮藏物质尤为丰富。不少植物常以匍匐茎、地下茎或形成不定根和不定芽进行营养繁殖。农、林和园艺上常利用植物的这些生理特性进行扦插、压条来繁殖苗木。

（4）光合作用 绿色的幼茎皮层细胞具有叶绿体，能进行光合作用，有些植物叶退化，其茎就是主要的光合作用器官，如大戟科光棍树（*Euphorbia tirucalli*）。

茎的经济价值是多方面的，包括食用、药用、工业原料、木材、竹材等，为工农业以及其他方面提供了极为丰富的原材料。甘蔗、马铃薯、芋、莴苣、茭白、莲、慈姑、姜、桂皮等都是常用的食材。杜仲、合欢皮、桂枝、半夏、天麻、黄精等都是著名的药材，奎宁是金鸡纳树（*Cinchona succirubra*）树皮中含的生物碱，为著名的抗疟药。其他如纤维、橡胶、生漆、软木、木材、竹材以及木材干馏制成的化工原料等，更是用途极广的工业原料。随着科学的发展，对茎的利用，特别是综合利用将会日益广泛。

一、茎的发育

（一）茎尖的构造

茎尖是茎的先端。茎尖和根尖一样，可人为地被划分成3个区域：分生区、伸长区和成熟区。但

茎尖和根尖在结构上是有区别的：首先，茎尖的分生区位于真正的顶端，而根尖的分生区为根冠区所覆盖，并非位于真正的顶端；其次，茎尖因有叶的原始体（叶原基、腋芽原基等）的发生，因而使茎端的大小和形状因原始体的发生而有周期性的改变，根尖分生区无侧生器官的发生（根的侧生器官发生在成熟区），所以根端的形态并不发生周期性的改变；再次，茎尖有节与节间的区分，而根尖无节与节间的区分。

茎的伸长都是由顶端分生区细胞的分裂而实现的，分生区包括原始细胞和它紧接着所形成的衍生细胞。原始细胞是未分化或最少分化的细胞群，又称原分生组织（promeristem）。在原分生组织下面，由原始细胞分裂所衍生的细胞称初生分生组织，包括原表皮（protoderm）、基本分生组织（ground meristem）和原形成层（procambium）。由它们分裂、分化形成茎初生结构的表皮、皮层和维管柱。初生分生组织的活动结果形成初生成熟组织（图3-21）。综上所述，茎的顶端分生组织是由原分生组织和初生分生组织组成的。

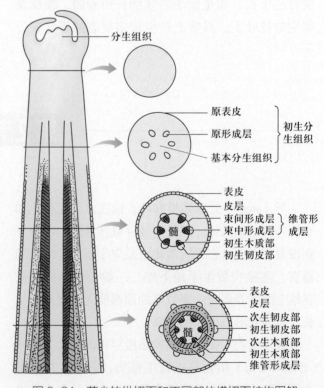

图3-21 茎尖的纵切面和不同部位横切面结构图解

（二）顶端分生组织组成的几种理论

茎尖分生区为顶端分生组织，它由许多细胞组成，有着多种方式的排列。在18世纪中叶，植物学家就开始重视茎尖顶端分生组织研究，以后陆续提出了不少顶端分生组织发育的理论，下面介绍3种理论。

1. 组织原学说

1868年，韩士汀（J. von Hanstein）提出了组织原学说（histogen theory）。他认为被子植物的茎端是3个组织区（表皮、皮层、维管柱）的前身，即3个组织原，每一组织原由一个或一群原始细胞发生。3个组织原分别称为表皮原（dermatogen）、皮层原（periblem）和中柱原（plerome）（图3-22a），它们的活动能分别形成表皮、皮层和维管柱，包括髓（如果存在）。由于茎端不能显著地划分出这3层组织原，因此在茎中不适用。此学说适合根端组织的解释，本书根的顶端分生组织的描述即按此学说。

2. 原套－原体学说

1924年史密特（A. Schmidt）提出有关茎端原始细胞分层的概念，称为原套－原体学说（tunica-corpus theory）。这个学说认为茎的顶端分生组织原始区域包括原套（tunica）和原体（corpus）两个部分，组成原套的一层或几层细胞只进行垂周分裂（径向分裂），保持表面生长的连续进行；组成原体的多层细胞进行着平周分裂（切向分裂）和各个方向的分裂，连续地增加体积，使茎端加大。这样，原套就成为表面的覆盖层，覆盖着下面中心部分的原体（图3-22b）。原套和原体都存在着各自的原始细胞。原套的原始细胞位于轴的中央位置上，原体的原始细胞位于原套的原始细胞下面。这些原始细胞都能经过分裂产生新的细胞归入各自的部分。原套和原体都不能无限扩展和无限增大，因为当它们形成新细胞时，较老的细胞就和顶端分生组织下面的茎的成熟区域结合在一起。被子植物中原套的细胞层数各有不同，根据观察，50%以上的双子叶植物具有两层；单子叶植物的原套，一般认为只有一层或两层细胞。原套－原体学说认为顶端

分生组织（原分生组织部分）的组成上并没有预先决定的组织分区，除表皮始终是由原套的表面细胞层分化形成的以外，不能预先知道其他较内的各层衍生细胞的发育将形成什么组织，这一点是和组织原学说最大的区别。

3. 细胞学分区概念

裸子植物茎端没有稳定的只进行垂周分裂的表面层，也就是没有原套状的结构[南洋杉属（Araucaria）和麻黄属（Ephedra）除外]。因此，对于多数裸子植物茎端的描述来讲，原套－原体学说是不适合的。1938年福斯特（A. S. Foster）根据细胞的特征，特别是不同的染色反应，在银杏（Ginkgo biloba）茎端观察到显著的细胞学分区（cytological zonation）现象（图3-22c）。

分区的情况是这样的：银杏茎端表面有一群顶端原始细胞，在它们的下面是中央母细胞区，是由顶端原始细胞群衍生而来的。中央母细胞区向下有过渡区。中央部位再向下衍生成髓分生组织，以后形成肋状分生组织；原始细胞群和中央母细胞向侧方衍生的细胞形成周围区（或周围分生组织）。

中央母细胞区的细胞具有染色较浅、液泡化和较少分裂特征。过渡区的细胞在活动高潮时，进行

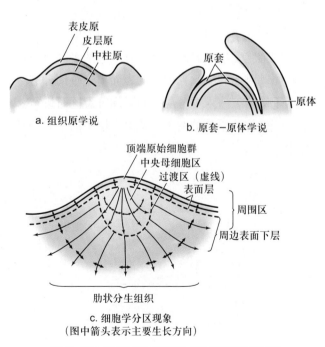

a. 组织原学说

b. 原套－原体学说

c. 细胞学分区现象
（图中箭头表示主要生长方向）

图3-22 顶端分生组织组成的三种理论图解

有丝分裂，很像维管形成层；髓分生组织一般只有几层，细胞相当液泡化，能横向分裂，衍生的细胞形成纵向排列的肋状分生组织。周围区染色较深，是活跃的有丝分裂形成叶原基的结果。周围区平周分裂的结果能引起茎的增粗，而垂周分裂则能引起茎的伸长。

这种细胞分区现象在其他裸子植物和不少被子植物的茎端也被观察到，但分区的情况有着较大的变化。对茎端的组织化学的研究发现，各区细胞不仅形态不同，生物化学方面如RNA、DNA、总蛋白等的浓度也有差异，这就反映出分区情况的变化是由于局部区域之间真正生理上的不同造成的。因此，某一植株茎端的分区，在个体发育的不同时期以及不同种之间都可能存在着差异。由于这种分区的研究不再停留在原分生组织的部分，而扩展到衍生区域，因此，茎的顶端分生组织的概念也随之扩大。原来将原分生组织和顶端分生组织作为同义词来看，也就不再适合，因而把顶端分生组织的最远端称为原分生组织，似乎更适合些。

（三）叶和芽的起源

1. 叶的起源

叶是由叶原基逐步发育而成的（图3-23）。裸子植物和双子叶植物茎端分生组织表面的第二层或第三层细胞发生叶原基，这部分细胞的平周分裂促进叶原基侧面的突起，突起的表面出现垂周分裂，以后垂周分裂深入至各层中和平周分裂同时进行。单子叶植物叶原基的发生，常由表层中的平周分裂开始。

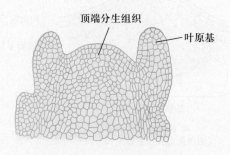

图3-23 枝芽顶端的纵切面

2. 芽的起源

顶芽发生在茎端（枝端），包括主枝和侧枝上的顶端分生组织，而腋芽起源于腋芽原基。大多数被子植物的腋芽原基发生在叶原基的叶腋处。腋芽原基的发生，一般比包在它们外面的叶原基晚。腋芽的起源很像叶，在叶腋的一些细胞经过平周分裂和垂周分裂而形成突起，细胞排列与茎端的相似，并且本身也可能开始形成叶原基。不过，在腋芽形成过程中，当它们离开茎端一定距离以前，一般并不形成很多叶原基。

茎上的叶和芽起源于分生组织表面第一层或第二、三层细胞，这种起源的方式称为外源。不定芽的发生和顶芽、腋芽有别，它的发生一般与顶端分生组织无直接关系，它们可以发生在插条或近伤口的愈伤组织、形成层或维管柱的外围，甚至在表皮上，以及根、茎、下胚轴和叶上。依照发生的位置，不定芽的起源可以分为外生的（靠近表面发生的）和内生的（深入内部组织中发生的）两种。当开始形成时，由细胞分裂组成顶端分生组织，当这种分生组织形成第一叶时，不定芽与产生芽的原结构之间建立起维管组织的连续，而这种连续是由不定芽的分化和原有的维管组织的相接而形成的。

3.2 根尖和茎尖的异同

二、茎的初生生长和初生结构

茎顶端初生分生组织的细胞分裂、生长和分化的过程为初生生长，初生生长形成的组织，称为初生组织（primary tissue），由初生组织组成了茎的初生结构（primary structure）。

（一）双子叶植物和裸子植物茎的初生结构

1. 双子叶植物茎的初生结构

双子叶植物茎的初生结构包括表皮、皮层和维管柱3个部分（图3-24）。

（1）表皮　表皮通常由单层活细胞组成，是由原表皮发育而成，一般不具叶绿体，是茎最外层的初生保护组织。表皮细胞多为砖形，排列紧密，

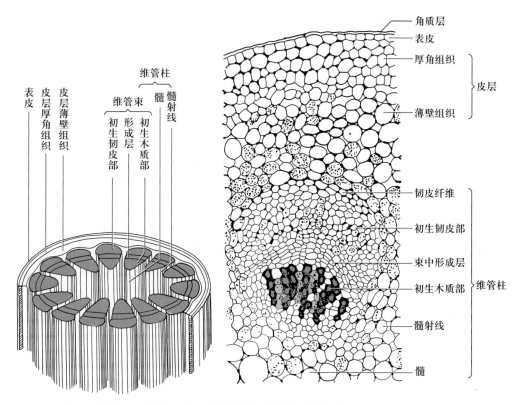

图 3-24 双子叶植物茎初生结构和示意图

图中标注（左图自左至右）：表皮、皮层厚角组织、皮层薄壁组织、维管束（初生韧皮部、形成层、初生木质部）、维管柱、髓、髓射线

图中标注（右图自上而下）：角质层、表皮、厚角组织、薄壁组织、皮层、韧皮纤维、初生韧皮部、束中形成层、初生木质部、髓射线、髓、维管柱

没有细胞间隙。细胞内常含有花青素，使幼茎显示出各种颜色。细胞的外切向壁常角质化加厚，有一层连续的角质层，有些植物在角质层外面还附有一层蜡层，如甘蔗等，这些结构既能控制蒸腾，也能增强表皮的坚韧性，是地上茎表皮细胞常具有的特征。在茎的表皮上还分布着一些气孔，有的还有分泌挥发油、黏液等的腺毛。表皮毛的类型和功能因植物种类的不同而异。

（2）皮层　皮层是表皮和维管柱之间的部分，为多层细胞所组成，是由基本分生组织分化而成。

皮层在横切面上占的比例较小，这一特征与根不同。有些植物的皮层只有数层或多层排列疏松的薄壁组织，但多数植物的皮层除薄壁组织外还有厚壁组织和厚角组织构成的机械组织。厚角组织位于皮层的外周，邻接表皮层，在横切面上观察，厚角组织多聚集成束，在方形（薄荷、蚕豆）或多棱形（芹菜）茎中，厚角组织常分布在棱角处，形成茎的棱角。也有的形成一个圆环，如接骨木、椴树的茎等。近表皮的几层皮层细胞内常含有叶绿体，因

此，幼茎常绿色。

在多数植物茎中，内皮层细胞不甚显著或不存在，但在水生植物或一些植物的地下茎中却普遍存在。有些植物如旱金莲、南瓜、蚕豆等茎的皮层最内层，即相当于内皮层处的细胞富含淀粉粒，因此称为淀粉鞘（starch sheath）。

（3）维管柱　维管柱是皮层以内的部分，多数双子叶植物茎的维管柱包括维管束、髓和髓射线等部分。在横切面上观察，茎不同于根，茎的维管柱占的比例较大，而且无显著的内皮层，也不存在中柱鞘。维管柱过去称为中柱，在中柱的概念中，中柱外具有明显内皮层和中柱鞘分化，而多数茎不存在内皮层和中柱鞘结构，因此，在茎中称维管柱。为了统一这一结构在根和茎中的联系，在根内也采用维管柱这个名词。

维管束是指由初生木质部和初生韧皮部共同组成的束状结构，由原形成层分化而成。维管束在多数植物的茎的节间排成一轮，由束间薄壁组织隔离而彼此分开，但也有些植物的茎中，维管束之间排

列紧密，仔细地观察，才能看出它们之间多少存在着分离。

根据维管束能否继续发育，将维管束分成无限维管束（open bundle）和有限维管束（closed bundle）两种类型。双子叶植物的维管束在初生木质部和初生韧皮部之间存在着形成层，可以继续进行发育，产生新的木质部和新的韧皮部，称无限维管束。单子叶植物的维管束不具形成层，不能再发育出新的木质部和新的韧皮部，因此，称有限维管束。无限维管束结构较复杂，除输导组织和机械组织外，又增加了分生组织，有些植物的无限维管束还有分泌结构。维管束还可以根据初生木质部和初生韧皮部排列方式的不同而分为外韧维管束（collateral bundle）、双韧维管束（bicollateral bundle）、周韧维管束（amphicribral bundle）和周木维管束（amphivasal bundle）4种类型（图3-25）。外韧维管束是初生韧皮部在外方，初生木质部在内方，即初生木质部和初生韧皮部内外并列的排列方式。多数植物茎的维管束属这一类型，如梨、向日葵、蓖麻、苜蓿等茎内的维管束。双韧维管束是初生木质部的内、外方都存在着初生韧皮部，即初生木质部夹在内、外韧皮部中间的一种排列方式。这类维管束常见于葫芦科（南瓜）、旋花科（番薯）、茄科（番茄）、夹竹桃科（夹竹桃）等植物的茎中，其中以葫芦科茎中的较为典型。在双韧维管束中，外韧皮部与木质部之间有形成层，内韧皮部与初生木质部间不存在形成层，或有极微弱的形成层。周韧维管束是木质部在中央，外由韧皮部包围的一种排列方式。周韧维管束通常多见于蕨类植物的茎中，在被子植物中是少见的，如大黄、酸模等植物

茎的维管束。有些双子叶植物花丝的维管束也是周韧维管束。周木维管束是韧皮部在中央，外由木质部包围的一种排列方式。周木维管束在单子叶和双子叶植物茎中都存在，前者如香蒲、鸢尾的茎和莎草、铃兰的地下茎内的维管束，后者如蓼科、胡椒科一些植物茎内的维管束。由于周韧维管束和周木维管束是一种维管组织包围另一种维管组织，因此，总称同心维管束（concentric bundle）。在一种植物的茎中有时可存在两种类型的维管束，例如单子叶植物龙血树的茎，初生维管束是外韧维管束，次生维管束是周木维管束。

①初生木质部　初生木质部包括原生木质部和后生木质部两部分，原生木质部居内方，后生木质部居外方，它们的发育顺序是由内向外的，这种发育方式称内始式（endarch）。

初生木质部是由多种类型的细胞组成，包括导管、管胞、木薄壁组织和木纤维。导管是被子植物木质部主要的输导结构，管胞也同时存在于木质部中。在原生木质部中由管径较小的环纹、螺纹导管组成，在后生木质部中由管径较大的梯纹、网纹或孔纹的导管组成。水和矿质营养的运输主要依赖木质部中的导管和管胞。木质部中的木薄壁组织是由活的细胞组成，在原生木质部中较多，具贮藏作用。木纤维为长纺锤形的死细胞，多出现在后生木质部内，具机械作用。

②初生韧皮部　初生韧皮部包括原生韧皮部和后生韧皮部两部分。它们的发育顺序和根相同，由外向内成熟，也是外始式分化，即原生韧皮部在外方，后生韧皮部在内方。

初生韧皮部是由筛管、伴胞、韧皮薄壁组织和韧皮纤维共同组成的，主要作用是运输有机养料。筛管是韧皮部运输有机物质主要的输导组织。伴胞紧邻筛管分子的侧面，它们与筛管存在着生理功能上的密切联系。韧皮薄壁细胞散生在整个初生韧皮部中，较伴胞大，常含有晶体、鞣质、淀粉等贮藏物质。韧皮纤维在许多植物中常成束分布在初生韧皮部的最外侧。

③形成层　形成层出现在初生韧皮部和初生木

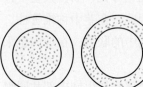

周木维管束　　周韧维管束　　外韧维管束　　双韧维管束

图3-25　维管束的类型图解

图中打点部分为韧皮部

质部之间，是原形成层在初生维管束的分化过程中留下的潜在的分生组织，又称束中形成层，在以后茎的生长，特别是木质茎的增粗中，将起主要作用。

（4）髓和髓射线　茎的初生结构中，由薄壁组织构成的中心部分称为髓（pith），是由基本分生组织产生的。有些植物如椴树的髓，外方由小型、壁厚的细胞围绕着内部大型的薄壁细胞，两者界线分明，这些壁厚细胞称环髓带（perimedullary zone）。伞形科、葫芦科的植物成熟后髓被拉破形成空腔，即髓腔（pith cavity）。胡桃、枫杨的茎成熟后还存留一些片状的髓。

髓射线（pith ray）是维管束间的薄壁组织，也称初生射线（primary ray），是由基本分生组织产生。髓射线位于皮层和髓之间，在横切面上呈放射形，有横向运输的作用。髓射线和髓与皮层的薄壁组织一样，是茎内贮藏营养物质的组织。

以上所讲的初生结构都是茎的节间部分，节内维管组织的排列，比节间的复杂得多。这主要是由于叶片和腋芽分化出来的维管束，都在节上转变汇合，这些将在茎和叶的联系中再细作讨论。

2. 裸子植物茎的初生结构

裸子植物茎的初生结构和双子叶植物茎的初生结构一样，包括表皮、皮层和维管柱。与被子植物初生茎的区别主要是木质部和韧皮部的组成成分上不同，它的木质部是由管胞组成，其中初生木质部中的原生木质部是由环纹或单螺纹的管胞组成，而后生木质部是由复螺纹或梯纹管胞组成。韧皮部由筛胞组成。裸子植物中只有木质茎，没有草质茎，因此，裸子植物的茎经过短暂的初生生长阶段以后，就进入次生生长，形成次生结构，而双子叶植物中有草质茎和木质茎两种类型。

（二）单子叶植物茎的初生结构

单子叶植物的茎和双子叶植物的茎在结构上有许多不同。大多数单子叶植物的茎只有初生结构，所以结构比较简单。少数的虽有次生结构，但也和双子叶植物的茎不同。现以禾本科植物的茎为代表，说明单子叶植物茎初生结构的显著特点。绝大多数单子叶植物的维管束由木质部和韧皮部组成，不具形成层（束中形成层）。维管束彼此很清楚地分开，一般有两种排列方式：一种是维管束不规则地分散在整个基本组织内，愈向外愈密集，愈向中心愈稀疏，皮层和髓很难分辨，如玉米、高粱、甘蔗等的维管束（图3-26），它们不像双子叶植物茎的初生结构维管束围成一环，将皮层和髓部分开。另一种是维管束排列较规则，一般成两圈，中央为髓。有些植物的茎加粗时，髓部破裂形成髓腔，如水稻、小麦（图3-27）等。维管束虽然有不同的排列方式，但维管束的结构却是相似的，都是外韧维管束，同时也是有限维管束。

1. 玉米茎的结构

以禾本科植物玉米的茎为代表，说明一般单子叶植物茎的初生结构。玉米成熟茎的节间部分，在横切面上可以明显地看到表皮、基本组织和维管束3个部分。

（1）表皮　表皮是生活细胞，由长、短不同的细胞组成，长细胞中夹杂着短细胞。长细胞是角质化的表皮细胞，构成表皮的大部分。短细胞位于两个长细胞之间，分为两种：木栓化的栓质细胞和含有二氧化硅的硅质细胞。此外，表皮还有气孔器，排列稀疏（图3-28）。

（2）基本组织　基本组织中除与表皮相接的几层厚壁细胞外，其余都是由薄壁细胞组成，愈向中

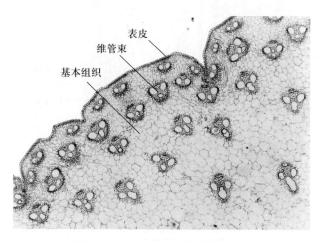

图3-26　玉米茎节间部分横切面

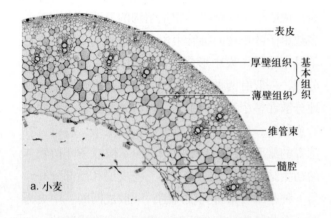

a. 小麦

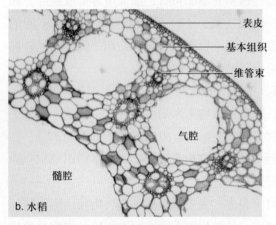

b. 水稻

图 3-27　小麦、水稻茎横切（示髓腔）

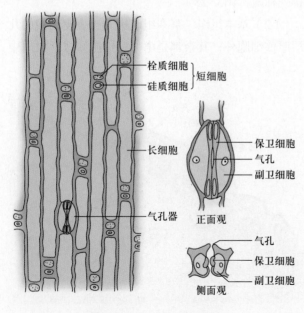

图 3-28　玉米茎的表皮

心细胞愈大，维管束散布在其中，不能划分出皮层和髓部。基本组织具有皮层和髓的功能。

基本组织中近表皮的厚壁细胞有加强和巩固茎的支持功能，对于抗御倒伏起着重要的作用。幼嫩的茎，在近表面的基本组织的细胞内，含有叶绿体，呈绿色，能进行光合作用。当老茎的表皮木质化时，就使茎更为坚固，支持作用更加强大。

（3）维管束　维管束在横切面上呈椭圆形，外面被机械组织所包围，形成鞘状的结构，即维管束鞘（bundle sheath）。维管束为外韧有限维管束，这种有限维管束是大多数单子叶植物茎的特点之一（图3-29）。

韧皮部中的后生韧皮部，细胞排列整齐，在横切面上可以看到多边形筛管细胞和相伴排列的长方形伴胞。在韧皮部外侧和维管束鞘交接处，常可看到有被挤压而遭受破坏的原生韧皮部。

紧接后生韧皮部的部分，是后生木质部的两个较大的孔纹导管，它们之间有一条由小形厚壁的管胞构成的狭带。向内是原生木质部，由2～3个直列、较小的环纹导管或螺纹导管组成。维管束的两个孔纹导管和直列的环纹或螺纹导管构成V字形结构，是识别禾本科植物茎显著的特征。随着木质部细胞的生长，原生木质部中的环纹或螺纹导管在生长过程中被拉破，以及它们周围薄壁组织相互分离，形成较大的腔隙。从以上的结构中，可以清楚

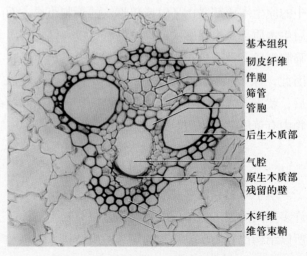

图 3-29　玉米茎一个维管束（放大）

地看出，维管束中韧皮部的分化是外始式的，木质部的分化是内始式的。这是单子叶植物茎的发育特点，在禾本科植物的茎中，也不例外。在玉米茎的横切面上，外围有较多的维管束，这是由于维管束连续地进入叶内形成的复杂结构。

2. 竹茎的结构

竹类也是禾本科植物，其茎常称秆。竹茎的外形和其他禾本科植物的茎相似，但节部特别明显。竹节上有两个环，上面的称为秆环，下面的称为箨环，即着生叶鞘的环。两环之间的一段称为节内，这三者共同构成竹茎的节。竹的茎，从表皮至髓腔的部分常统称为竹壁。竹壁自外而内，分为竹青、竹肉和竹黄3个部分。竹青是表皮和近表皮含叶绿体的基本组织部分，呈绿色；竹黄是近髓腔的壁；竹肉是介于竹青和竹黄之间的基本组织部分（图3-30）。这些结构又和其他禾本科植物的茎不同。根据竹茎的质地，人们又把它看作木质茎，事实上，它只有初生组织，但由于它的机械组织特别发达，基本组织细胞壁木质化，造成它坚实的木质特性，成为可以和木材媲美的竹材。现以刚竹（*Phyllostachys*）为例，说明其结构的特殊性。

刚竹茎是介于玉米和小麦茎之间的一种类型。它既像玉米，维管束是散生的，又像小麦，节间是中空的。基本结构也由表皮、基本组织和维管束组成，维管束的结构基本上和玉米、小麦的相似。但是刚竹茎还有它独特的结构（图3-31）。

（1）机械组织特别发达，在表皮下有下皮（hypodermis），即表皮下的厚壁组织层；近髓腔的部分有多层石细胞层；每一维管束的外围有纤维细胞构成的鞘，越近外围的维管束纤维细胞越发达，数量越多，而木质部和韧皮部的细胞相应减少，甚至有单纯由纤维细胞构成的束。这些纤维细胞的壁

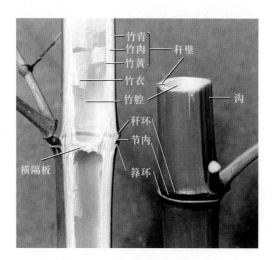

图3-30 刚竹的茎

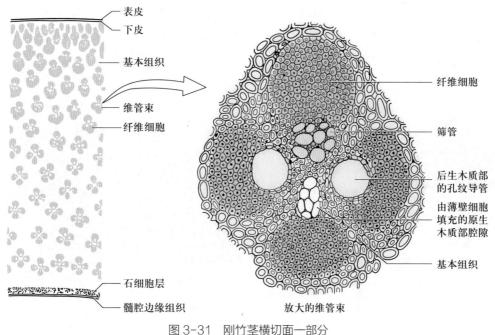

图3-31 刚竹茎横切面一部分

既厚又木质化。

（2）原生木质部像玉米和小麦一样也有腔隙，但腔隙形成后，又被周围的薄壁细胞填实。

（3）基本组织大部分为厚壁组织，细胞壁比玉米和小麦的要厚得多，而且木质化。

从刚竹所具有的结构特点分析，刚竹茎确实是坚实而又有着优良力学性能的竹材。其他竹类的茎，也有这种特性，有着重要的经济价值。

有些植物如玉米、甘蔗、棕榈等的茎虽然没有形成层，不能无限地加粗，但也有明显的增粗现象。根据研究，这有两种原因：一方面，是初生组织内的细胞在长大，成万上亿个细胞的长大，必然导致总体积的增大；另一方面，在茎尖的正中纵切面上可以看到，在叶原基和幼叶的下面，有几层由扁长形细胞组成的初生加厚分生组织（primary thickening meristem），也称初生增粗分生组织（图3-32），它们和茎表面平行，进行平周分裂增生细胞，使幼茎有限地增粗。

3.3 双子叶植物根与茎初生结构比较

三、茎的次生生长和次生结构

茎的侧生分生组织的细胞分裂、生长和分化的活动使茎加粗，这个过程称为次生生长，次生生长所形成的次生组织组成了次生结构。所谓侧生分生组织，包括维管形成层和木栓形成层。

（一）双子叶植物茎的次生结构

1. 维管形成层的来源和活动

（1）维管形成层的来源　初生分生组织中的原形成层在形成成熟组织时，在维管束的初生木质部和初生韧皮部之间，留下一层具有潜在分生能力的组织，称为束中形成层（fascicular cambium）（图3-33）。

初生结构中的髓射线，即两个相邻维管束之间的薄壁组织，相当于束中形成层部位的一些细胞恢复分生能力，形成束间形成层（interfascicular cambium）（图3-33）。束间形成层和束中形成层一起构成维管形成层（简称形成层）。从来源的性质上讲，束中形成层由原形成层转变而成，束间形成层由部分髓射线薄壁组织的细胞恢复分生能力形成，髓射线来源于基本分生组织。两者在分裂活动和分裂产生的细胞性质以及数量上协调一致，共同组成茎的次生分生组织。

维管形成层开始活动时，细胞进行切向分裂，增加细胞层数，向外形成次生韧皮部母细胞，以后分化成次生韧皮部，添加在初生韧皮部的内方；向内形成次生木质部母细胞，以后分化成次生木质部，添加在初生木质部的外方。同时，髓射线部分也由于细胞分裂不断地产生新细胞，在径向上延长了原有的髓射线。茎的次生结构不断地增加，达一定宽度时，在次生韧皮部和次生木质部内，又能分别地产生新的维管射线。

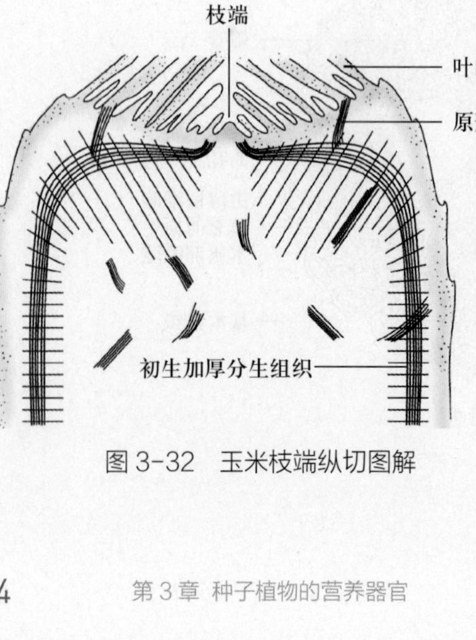

图 3-32　玉米枝端纵切图解

枝端
叶的基部
原形成层
初生加厚分生组织

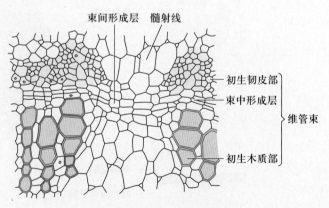

束间形成层　髓射线
初生韧皮部
束中形成层
初生木质部
维管束

图 3-33　落花生幼茎横切面

（2）维管形成层的细胞组成、分裂方式和衍生细胞的发育　组成形成层的细胞有两种类型：纺锤状原始细胞和射线原始细胞（图3-34）。纺锤状原始细胞，形状像纺锤，两端尖锐，长比宽大几倍或很多倍，细胞的切向面比径向面宽，其长轴与茎的长轴相平行。射线原始细胞长形或近乎等径，像一般的薄壁细胞。这两类细胞在形成次生组织的同时仍保留自己的原始细胞，始终保持继续分裂的特性，这些细胞本身也在不断地更新。

形成层细胞以平周分裂的方式形成次生维管组织（图3-35）。形成层（即原始细胞）理论上只有一层细胞，但它活跃地进行分裂时，很难区分原始细胞和它的衍生细胞，衍生细胞在分化成次生韧皮部和次生木质部细胞以前，往往也要进行一次或几次平周分裂，因此，通常把原始细胞和尚未分化而正在进行平周分裂的衍生细胞所组成的形成层带（cambial zone）统称为"形成层"。

就数量而言，形成层形成的次生木质部细胞，远比次生韧皮部细胞多。生长2～3年的木本植物的茎，绝大部分是次生木质部。树木生长的年数越多，次生木质部所占的比例越大。十年以上的木质茎中，几乎都是次生木质部，而初生木质部和髓已被挤压得不易识别。次生木质部是木材的来源，因此，次生木质部有时也称为木材。

双子叶植物茎内的次生木质部在组成上和初生木质部基本相似，包括导管、管胞、木薄壁组织和木纤维，但都有不同程度的木质化。这些组成分子都是由形成层的纺锤状原始细胞分裂、生长和分化而成，它们的细胞长轴与纺锤状原始细胞一致，与茎长轴平行，组成茎的轴向系统。次生木质部中的导管类型以孔纹导管最为普遍，梯纹和网纹导管为数不多。在不同种类植物中，导管的大小、数目和分布情况有很大的差异。木薄壁组织贯穿在次生木质部中，排列方式是木材鉴别的根据之一。木纤维在双子叶植物的次生木质部，特别是晚材中，比初生木质部中的数量多，成为茎内产生机械支持力的结构，也是木质茎内除导管以外的主要组成成分。次生木质部与初生木质部组成上的不同，在于它还具有木射线。木射线由射线原始细胞向内方产生的细胞发育而成，细胞作径向伸长和排列，构成了与茎轴垂直的径向系统，它是次生木质部特有的结构。木射线细胞为薄壁细胞，但细胞壁常木质化。

形成层向外方分裂的细胞，组成了次生韧皮

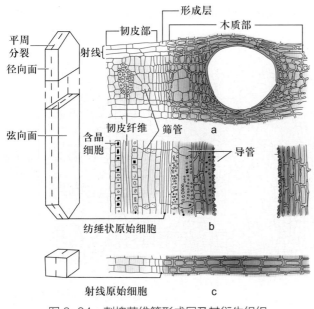

图 3-34　刺槐茎维管形成层及其衍生组织

a.横向切面；b. 径向切面，示轴向系统；c. 横向切面，示射线

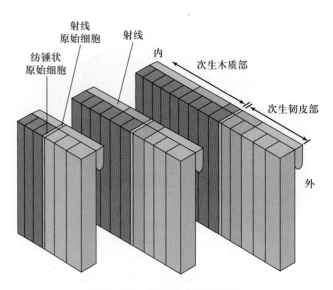

图 3-35　维管形成层的分裂

部。次生韧皮部的组成成分包括筛管、伴胞、韧皮薄壁组织和韧皮纤维，有时还具有石细胞。但各组成成分的数量、形状和分布在各种植物中是不相同的。射线原始细胞向次生韧皮部衍生的细胞称韧皮射线（phloem ray），细胞作径向伸长，壁不木质化，形状也没有木射线那么规则，这是次生韧皮部特有的结构。筛管、伴胞、韧皮薄壁组织和韧皮纤维由纺锤状原始细胞产生，构成了次生韧皮部中的轴向系统，韧皮射线则构成次生韧皮部的径向系统。韧皮射线通过维管形成层的射线原始细胞和次生木质部中的木射线相连接，共同构成维管射线（vascular ray）。木本双子叶植物每年由形成层产生新的维管组织，也同时增生新的维管射线，横向贯穿在次生木质部和次生韧皮部内。导管或筛管中运输的物质，可以借维管射线进行横向运输。从排列方向和生理功能上看，维管射线和髓射线相似，但从起源、位置、数量上看，二者全然不同。维管射线是由射线原始细胞分裂、分化而成，因此，是次生结构，也称次生射线（secondary ray），它位于次生木质部和次生韧皮部内，数目不固定，随着新维管组织的形成，新的射线也不断地增加。髓射线是由基本分生组织的细胞分裂、分化而成，因此，在次生生长以前是初生结构，所以，也称初生射线（primary ray），它位于初生维管组织（维管束）

之间，内连髓部，外通皮层，虽在次生结构中能继续增长，形成部分次生结构，但数目却是固定不变的。次生韧皮部形成时，初生韧皮部被推向外方，最后被挤压只留下初生韧皮部的纤维和胞壁残余。

在茎的横切面上，形成层向外分裂的次数大大少于向内分裂的次数，而且次生韧皮部有作用的时期较短，筛管的运输作用不过一两年即丧失，因此，次生韧皮部远不及次生木质部多。但是植物的分泌结构大多分布在次生韧皮部中，如汁液管道组织，能产生特殊的汁液，为重要的工业原料。例如，橡胶树的乳汁管（图3-36）产生的乳汁，经加工后成为橡胶；漆树的漆汁道产生的漆液，经加工后成各种生漆涂料（图3-37）。此外，有些植物茎的次生韧皮部内有发达的纤维，可作为纺织、制绳、造纸等的原料，如黄麻、构树等。

随着次生木质部的不断扩大，形成层原始细胞也需要不断增殖，只有这样才能适应不断的体积扩大。形成层原始细胞的分裂，称为增殖分裂（multiplicative division）。以纺锤状原始细胞的增殖分裂来讲，有以下3种形式：径向垂周分裂——一个纺锤状原始细胞垂直地或近乎垂直地分裂成两个子细胞，子细胞的切向生长使切向面增宽（图3-38a）；侧向垂周分裂——纺锤状原始细胞的一侧分裂出一个新细胞，它的生长也同样地使切向面

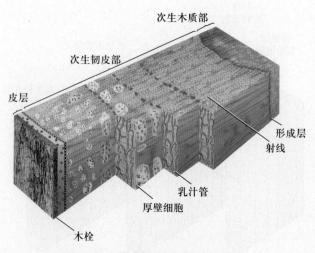

图3-36 橡胶树茎切面的立体图解
示乳汁管在韧皮部中的分布

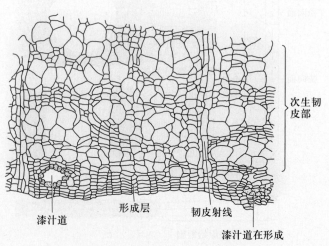

图3-37 漆树茎内漆汁道的形成

增宽（图3-38b）；拟横向分裂（或假横向分裂，pseudo-transverse division）——纺锤状原始细胞斜向地垂周分裂，几乎近似横向分裂，两个子细胞通过斜向滑动，各以尖端相互错位，上面的一个向下伸展，下面的一个向上延伸，产生纵向的侵入生长，也就是正在生长的子细胞插入相邻细胞间，在向前延伸中，各以尖端把另一细胞沿着胞间层处加以分离，这种生长类型又称为侵入生长（intrusive growth或interpositional growth）（图3-38c）。结果两个子细胞成为并列状态，通过生长使形成层原始细胞的长度和切向宽度都能增加。基于上述的3种增殖分裂方式，就可不断地增加形成层的周径，包围整个增大中的次生木质部。

纺锤状原始细胞在增殖的同时，射线原始细胞也不断地增殖，由于射线原始细胞分布在纺锤状原始细胞间，因此，射线原始细胞的增殖分裂，也由纺锤状原始细胞的转化来增殖，形式多种，如纺锤状原始细胞近顶端横向分割出一个射线原始细胞（图3-39a）；纺锤状原始细胞的整体分割成单列射线原始细胞（图3-39b）；纺锤状原始细胞的侧向分裂，即在原始细胞中部纵向分割出一部分，形成射线原始细胞（图3-39c）等。总之，由纺锤状原始细胞转化成射线原始细胞的方式多样。射线原始细胞的增殖分裂和细胞扩大，对形成层周径的增大也起到一定的作用。

（3）维管形成层的季节性活动和年轮

①早材和晚材　形成层的活动受季节影响很大，特别是在有显著寒、暖季节变化的温带和亚热带，或有干、湿季节变化的热带，形成层的活动就随着季节的更替而表现出有节奏的变化，因而产生细胞的数量、形状、壁的厚度出现显著的差异。温带的春季或热带的湿季，由于温度高、水分足，形成层活动旺盛，所形成的次生木质部中的细胞口径大而壁薄；温带的夏末、秋初或热带的旱季，形成层活动弱，形成的细胞口径小而壁厚，往往管胞数量增多。前者在生长季节早期形成，称为早材（early wood），也称春材。后者在后期形成，称为晚材（late wood），也称夏材或秋材。从横切面上

观察，早材质地比较疏松，色泽稍淡；晚材质地致密，色泽较深（图3-40）。

②年轮　在一个生长季节内，早材和晚材共同组成一轮显著的同心环层，即一年中形成的次生木质部。在有显著季节性气候的地区中，不少植物的次生木质部在正常情况下，每年形成一轮，因此，习惯上称为年轮（annual ring）（图3-40）。但也有

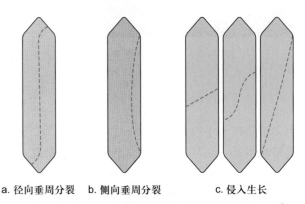

a. 径向垂周分裂　b. 侧向垂周分裂　　　　c. 侵入生长

图3-38　纺锤状原始细胞的增殖分裂

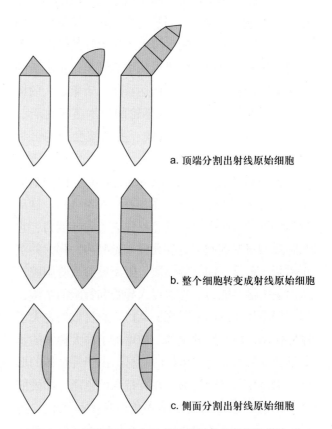

a. 顶端分割出射线原始细胞

b. 整个细胞转变成射线原始细胞

c. 侧面分割出射线原始细胞

图3-39　纺锤状原始细胞转变成射线原始细胞的方式

图中深色部分为射线原始细胞

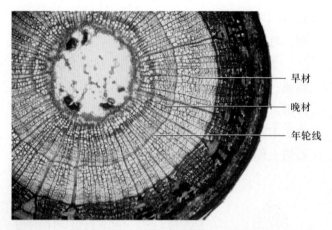

图 3-40　二年生木质茎横切面图解

早材
晚材
年轮线

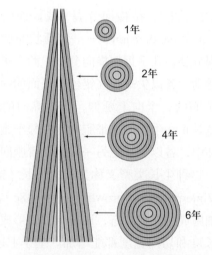

图 3-41　树干纵剖面和横剖面图解
示生长年和年轮

1年
2年
4年
6年

不少植物在一年内不止形成一个年轮，例如，柑橘属植物的茎，一年中可产生3个年轮，这种在一个生长季内形成多个年轮的，称为假年轮。因为气候的异常，虫害的发生等都可能形成假年轮。没有干湿季节变化的热带地区，树木的茎内一般不形成年轮。根据树干基部的年轮，测定树木的年龄（图3-41）。年轮还可反映出树木历年生长的情况。通过对年轮的比较研究，可以从中总结出树木生长的规律及气候的变化。树龄已达百年、千年之久的树木，以及地下深埋的具有年轮的树木茎段化石，都是研究早期气候、古气候、古植被变迁的可贵依据。

③心材和边材　心材（heart wood）位于茎的中心，是早期形成的次生木质部（图3-42）。这部分的导管和管胞因得不到养料失去了输导能力，它们附近的薄壁细胞通过纹孔侵入胞腔内，膨大并沉积树脂、鞣质、油类等物质，阻塞导管或管胞腔，从而失去输导能力。这些侵入导管和管胞的结构，称为侵填体（tylosis）（图3-43）。心材虽然丧失了输导作用，但坚硬的中轴，却增加了高大树木的负载量和支持力。有些植物的心材，由于侵填体的形成，木材变得坚硬耐磨，并有特殊的色泽，如桃的心材，呈红色，胡桃木呈褐色，乌木呈黑色。边材（sap wood）又称液材，是心材的外围色泽较浅的次生木质部的部分，它含有生活细胞，具输导和

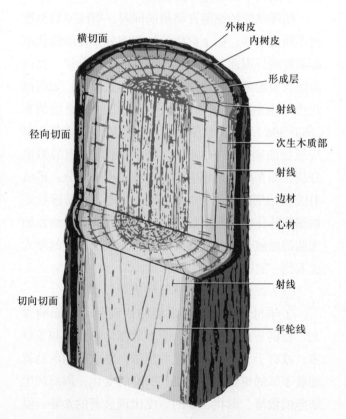

图 3-42　木材的三种切面（示边材和心材）

横切面
径向切面
切向切面

外树皮
内树皮
形成层
射线
次生木质部
射线
边材
心材
射线
年轮线

贮藏作用。因此，边材的存在，直接关系到树木的营养。形成层每年产生的次生木质部，形成新的边材，而内层的边材部分，逐渐因失去输导作用转变成心材。因此，心材逐年增加，而边材的厚度却较为稳定。心材和边材的比例以及心材的颜色和显明

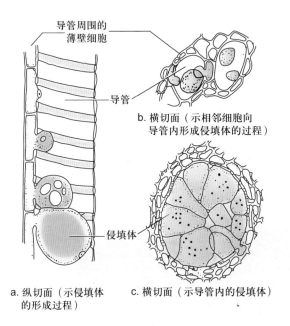

a. 纵切面（示侵填体的形成过程）

b. 横切面（示相邻细胞向导管内形成侵填体的过程）

c. 横切面（示导管内的侵填体）

图 3-43　导管内侵填体的形成过程

横切面　　　径向切面　　　切向切面

图 3-44　茎的三种切面示意图

程度，各种植物有着较大的差异。

④三种切面　要充分地了解茎的次生木质部的结构，就必须从横切面、切向切面和径向切面3种切面上进行比较观察（图3-42，图3-44）。横切面是与茎的纵轴垂直所作的切面。在横切面上所见的导管、管胞、木薄壁细胞和木纤维等，都是它们的横切面观，可以看到细胞直径的大小和横切面的形状；所见的射线作辐射状条形，这是射线的纵切面，显示了它们的长度和宽度。切向切面，也称弦向切面，是垂直于茎的半径所做的纵切面，也就是离开茎的中心所做的任何纵切面。在切向切面上所见的导管、管胞、木薄壁细胞和木纤维都是它们的纵切面，可以看到它们的长度、宽度和细胞两端的形状；所见的射线是它的横切面，轮廓呈纺锤状，显示了射线的高度、宽度、细胞的列数和两端细胞的形状。径向切面是通过茎的中心，也就是通过茎的直径所做的纵切面。在径向切面上，所见的导管、管胞、木薄壁细胞、木纤维和射线都是纵切面。细胞较整齐，尤其是射线的细胞与纵轴垂直，长方形的细胞排成多行，井然有序，仿佛像砌成的砖墙，显示了射线的高度和长度。在这3种切面中，射线的形状最为突出，可以作为判别切面类型的显著指标，如松茎三切面的结构（图3-45）。

🔖 3.4　木材三切面结构比较

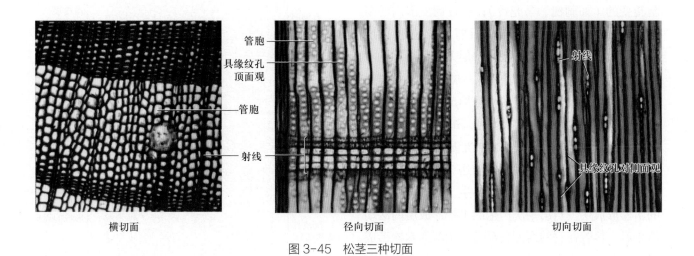

横切面　　　　　　　径向切面　　　　　　　切向切面

图 3-45　松茎三种切面

专门研究次生木质部结构的科学，称为木材解剖学（xylotomy或wood anatomy）。木材解剖学是一门有重要的理论和实践意义的科学，只有对木材的解剖结构有了充分理解，才能很好地判断和比较木材的性质、优劣和用途，从而为林木种类的选择、合理利用，以及为植物的系统发育和亲缘关系等研究提供科学依据。

2. 木栓形成层的来源和活动

形成层的活动过程中，次生维管组织不断增加，其中特别是次生木质部的增加，使茎的直径不断加粗。表皮不久就被内部生长所产生的压力挤破，失去其保护作用。与此同时，在次生生长的初期，茎近外方的细胞，恢复分生能力，形成分生组织，即木栓形成层。木栓形成层是次生分生组织，由它所形成的结构为次生结构。木栓形成层分裂、分化所形成的细胞，代替了表皮的保护作用。木栓形成层只含一种类型的原始细胞，这些原始细胞在横切面上呈狭窄的长方形，在切向切面上呈较规则的多边形。木栓形成层以平周分裂为主，向内、向外分裂形成栓内层和木栓层，构成次生的保护组织——周皮（图3-46）。

第一次木栓形成层的形成在不同种类植物中发生的位置不同，有表皮直接转变而成的（如栓皮槠、柳、梨）；有紧接表皮的皮层细胞所转变的（如杨、胡桃、椴树）；由皮层的第二或第三层细胞转变的（如刺槐、马兜铃）；有近韧皮部内的薄壁组织细胞转变的（如葡萄、石榴）。木栓形成层的活动期限因植物种类而不同，但大多数植物的木栓形成层的活动期都是有限的，一般只有几个月。

有些植物第一次产生的木栓形成层的活动期却比较长，有些甚至可保持终生。如梨和苹果可保持6～8年，以后再产生新的木栓形成层；石榴、杨属和梅属的少数种，可保持活动达二三十年；栓皮栎和其他一些种可保持活动达终生，而不再产生新的木栓形成层。当第一次产生的木栓形成层的活动停止后，接着在它的内方又可再产生新的木栓形成层，形成新的周皮。以后不断地推陈出新，依次向内产生新的木栓形成层，这样，发生的位置也就逐渐内移，愈来愈深，在老的树干内往往可深达次生韧皮部（图3-47）。

新周皮的每次形成，它外方所有的活组织，由于水分和营养供应的终止，而相继死亡，结果在茎的外方产生较硬的层次，并逐渐增厚，人们常把这些外层，称为树皮（图3-48）。在林木砍伐或木材加工上，又常把树干上剥下的皮，包括韧皮部，称为树皮。事实上，前者只含死的部分，后者除死的

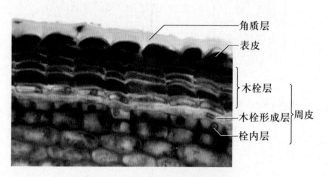

图3-46　椴树茎的周皮的发生

示木栓形成层发生于表皮下的皮层细胞

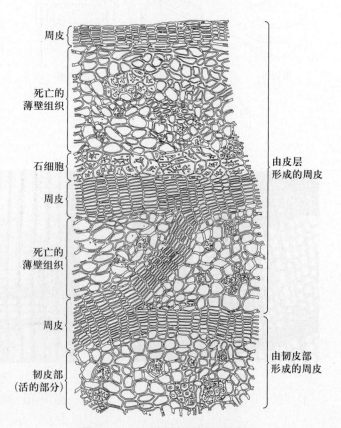

图3-47　栎属植物树皮的横切面

部分外，还包括了活的部分。就植物解剖学而言，维管形成层以外的全部组织，皆可称为"树皮"（bark）。树皮可包括死的外树皮（硬树皮或落皮层）和活的内树皮（软树皮）。外树皮包含新的木栓层和它外方的死组织；内树皮包括木栓形成层、栓内层（如果存在）和最内具功能的韧皮部部分。在初生状态中的树皮，只包括初生韧皮部、皮层和表皮。

杜仲、合欢、黄檗、厚朴、肉桂等的树皮有着极大的经济价值。过去对一些树皮的采割，常用伐木取皮的方法，这就严重地影响今后的资源。我国植物学工作者对杜仲进行的剥皮再生的解剖学研究

图 3-48　茎干外层的硬树皮

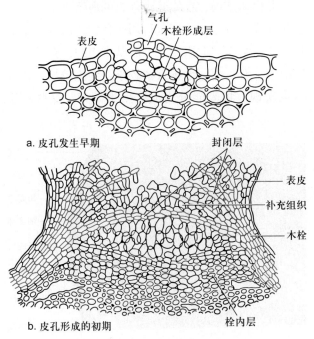

a. 皮孔发生早期

b. 皮孔形成的初期

图 3-49　梅属植物具封闭层皮孔的结构

发现，在适当时期剥皮，只要方法得当，基本上都能再生出新树皮。他们还发现，剥皮后，近表面的大多数未成熟的木质部不久能转变成木栓化细胞，形成保护层。以后在保护层内又逐渐发生木栓形成层，形成周皮。这种树皮的再生研究，有着重要的理论和实践意义。

周皮形成后，替代气孔与外界进行气体交换的结构是皮孔。皮孔是周皮的组成部分。最早的一些皮孔，往往在气孔下出现，气孔下的薄壁细胞恢复分裂能力，形成特殊的木栓形成层，它的活动不形成木栓，而是产生一些排列疏松、近似球形的薄壁细胞、具有发达的胞间隙，它们以后栓化或非栓化，称为补充组织（complementary tissue）。随着补充组织的逐步增多，撑破表皮或木栓层，形成皮孔。皮孔的形状、色泽、大小，在不同植物上是多种多样的。因此，落叶树的冬枝上的皮孔，可作为鉴别树种的依据之一。皮孔的色泽一般有褐、黄、赤锈等，形状有圆、椭圆、线形等，大小从1 mm左右到2 cm以上。就内部结构讲，皮孔有两种主要类型，即具封闭层（closing layer）的和无封闭层的。具封闭层的类型，在结构上有显著的分层现象，排列紧密并栓化的封闭层细胞由一至多层、内方疏松而非栓化的补充组织包围。以后，补充组织的增生，破坏了老封闭层，而新封闭层又产生，推陈出新，依此类推，这样，就形成了不少层次的交替排列。尽管封闭层因补充组织的增生而连续遭到破坏，但其中总有一层封闭层是完整的。这种类型常见于梅、山毛榉、桦、刺槐等的茎（图3-49）。无封闭层的类型，在结构上较为简单，无分层现象，但细胞有排列疏松或紧密、栓化或非栓化之分。这种类型常见于接骨木（图3-50）、栎、椴、杨、木兰等的茎上。皮孔也常出现在落皮层裂缝的底部。

（二）裸子植物茎的次生结构

裸子植物茎和双子叶植物茎比较，裸子植物茎都是木本的，茎的结构基本上和双子叶植物木本茎大致相同，二者都是由表皮、皮层和维管柱3部分

组成，长期存在着形成层，产生次生结构，使茎逐年加粗，并有显著的年轮。不同之处是维管组织的组成成分中，有着以下的特点：

（1）多数裸子植物茎的次生木质部主要是由管胞、木薄壁组织和射线所组成，无导管（少数如买麻藤目植物的木质部具有导管），无典型的木纤维。管胞兼具输送水分和支持的双重作用，和双子叶植物茎中的次生木质部比较，它显得较简单和原始。在横切面上，结构显得均匀整齐（图3-51）。

（2）裸子植物次生韧皮部的结构也较简单，是由筛胞、韧皮薄壁组织和射线所组成。一般没有伴胞和韧皮纤维，有些松柏类植物茎的次生韧皮部中，也可能产生韧皮纤维和石细胞。

（3）有些裸子植物（特别是松柏类植物中）茎的皮层、维管柱（韧皮部、木质部、髓，甚至髓射线）中，常分布许多管状的树脂道，树脂道的周边为分泌组织，分泌松脂，这在双子叶植物木本茎中是没有的（图3-52）。

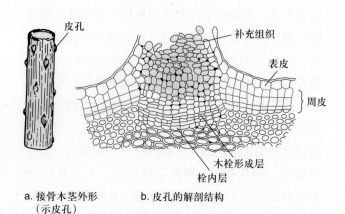

a. 接骨木茎外形　　b. 皮孔的解剖结构
（示皮孔）

图3-50　接骨木植物无封闭层皮孔的结构

（三）单子叶植物茎的次生结构

大多数单子叶植物是没有次生生长的，因而也就没有次生结构，茎的增粗是由于细胞的长大或初生加厚分生组织平周分裂的结果，在前面的初生结构中已经提过。但少数热带或亚热带的单子叶植物茎，除一般初生结构外，有次生生长和次生结构出现，如龙血树、朱蕉、丝兰、芦荟等的茎中，它们的维管形成层的发生和活动情况，却不同于双子叶植物，一般是在初生维管组织外方产生形成层，形成新的维管组织（次生维管束），因植物不同而有各种排列方式。现以龙血树（*Dracaena draco*）为例，加以说明（图3-53）。

龙血树茎内，在维管束外方的薄壁组织细胞，能转化成形成层，它们进行切向分裂，向外产生少量的薄壁组织，向内产生一圈基本组织，在这一圈组织中，有一部分细胞直径较小，细胞较长，并且成束出现，将来能分化成次生维管束。这些次生

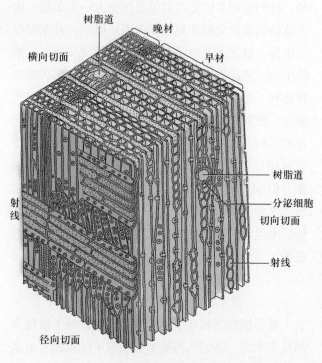

图3-51　裸子植物茎木质部的立体图解

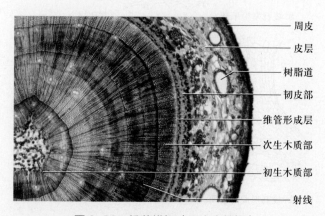

图3-52　松茎横切（示次生结构）

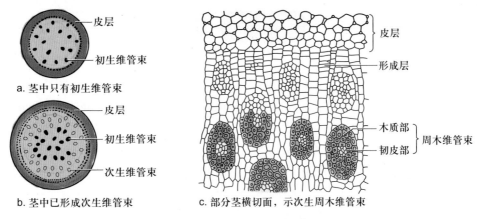

a. 茎中只有初生维管束

皮层
初生维管束

b. 茎中已形成次生维管束

皮层
初生维管束
次生维管束

c. 部分茎横切面，示次生周木维管束

皮层
形成层
木质部 } 周木维管束
韧皮部

图 3-53　龙血树茎的横切面（示次生加厚）

维管束也是散列的，比初生的更密，在结构上也不同于初生维管束，因为所含韧皮部的量较少，木质部由管胞组成，包于韧皮部的外周，形成周木维管束。而初生维管束为外韧维管束，木质部是由导管组成的。

（四）木质茎和草质茎

茎有木质茎和草质茎之分。裸子植物只有木质茎，双子叶植物既有木质茎，又有草质茎，单子叶植物大多数是草质茎。

1. 木质茎

在整个植物的进化中，木质茎是较早出现的，裸子植物只有木质茎，就是一个证明。木质茎由于次生结构的发达，木质化的组织占70%以上，质地坚硬而茎干粗大，直径约达50 cm的不在少数，最普通的直径也在15 cm左右。具木质茎的植物称木本植物，它们的寿命，一般都是几十年到上百年，甚至千年以上。

2. 草质茎

草质茎是在木质茎类型中衍生出来的。草质茎一般柔软、绿色，没有或只有极少量木质化的组织，最多也不超过40%，不能长得很粗，一般停留在初生结构中（图3-54）。大多数单子叶植物为草质茎。具草质茎的植物称草本植物，寿命往往较短，一般是一年生或二年生或只有1~2个生长季

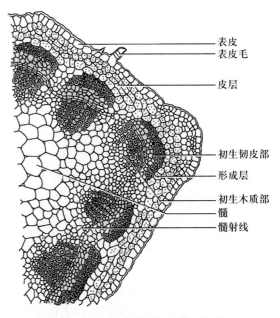

表皮
表皮毛
皮层
初生韧皮部
形成层
初生木质部
髓
髓射线

图 3-54　苜蓿茎横切面的一部分

节。有些草本植物，如向日葵、棉等，虽产生木质化的组织，但数量少，仍属草质茎。有的草本植物的茎（地下茎）往往是草质茎，而根是木质的，能生活多年，例如蜀葵、飞燕草、耧斗菜等。

必须指出，植物茎的类型不是固定不变的，有些植物生长在某一地区是一年生草质茎，而在另一地区却成为多年生木质茎。例如，番茄和蓖麻的茎，在温带较冷的地区是一年生草质茎，而在热带地区却成了多年生木质茎。

叶（leaf）是光合作用和蒸腾作用进行的主要场所，是种子植物制造有机养料的主要营养器官。

叶的主要生理功能是光合作用和蒸腾作用，它们在植物的生命活动中起着至关重要的作用。

（1）光合作用（photosynthesis） 是绿色植物吸收光能，利用二氧化碳和水，合成有机物质，并释放氧的过程。通过光合作用，植物合成生长发育所需要的葡萄糖，并以此为原料进一步合成淀粉、脂肪、蛋白质和纤维素等。对人和动物而言，光合作用的产物是食物直接或间接的来源，该过程释放的氧又是生物生存的必要条件之一。在农业生产中，各种农产品都是光合作用的直接或间接的产物。因此，叶的发育和总叶面积的大小，对植物的生长发育和农作物的稳产、高产都有极其重要的影响。

（2）蒸腾作用（transpiration） 是植物体内的水分以气体状态散失到大气中的过程。叶又是蒸腾作用的主要器官。蒸腾作用对植物的生命活动有重大意义。第一，蒸腾作用是根系吸水的动力之一；第二，根系吸收的无机盐，主要是随蒸腾液流而上升的，所以蒸腾作用对矿质元素在植物体内的运转有利；第三，蒸腾作用可以降低叶的表面温度，使叶在强烈的日光下，不致因温度升高而受损害。

叶除了具有光合作用和蒸腾作用外，还有吸收的能力。例如根外施肥，向叶面上喷洒一定浓度的肥料，叶片表面就能吸收。有少数植物的叶，还具有繁殖能力，如落地生根的叶边缘上生有许多不定芽或小植株，脱落后掉在土壤上，就可以长成新个体。有些叶具贮藏的能力，如洋葱、百合的鳞状叶等。

叶有多种经济价值，可作食用、药用以及其他用途。青菜、卷心菜、菠菜、芹菜、韭菜等，都是以食叶为主的蔬菜。近年来发现，可以从甜叶菊（*Stevia rebaudiana*）的叶中提取较蔗糖甜度高300倍的糖苷。毛地黄（*Digitalis purpurea*）叶含强心苷，为著名强心药。颠茄（*Atropa belladonna*）叶含莨菪碱和东莨菪碱等生物碱，为著名抗胆碱药，用以解除平滑肌痉挛等。其他如薄荷、桑等的叶，皆可供药用。香叶天竺葵（*Pelargonium graveolens*）和留兰香（*Mentha spicata*）的叶，皆可提取香精。剑麻（*Agave rigida*）叶的纤维可制船缆和造纸，叶粕可制乙醇、农药或作肥料、饲料。其他如茶叶可作饮料，烟草叶可制卷烟、雪茄和烟丝，桑、蓖麻、柞栎等植物的叶可以饲蚕，箬竹、麻竹、棕叶芦等植物的叶可以裹粽子或作糕饼衬托，蒲葵叶可制扇、笠和蓑衣，棕榈（*Trachycarpus fortunei*）叶鞘所形成的棕衣可制绳索、毛刷、地毡、床垫等。

一、叶的发育

叶片是由叶原基经顶端生长、边缘生长（marginal growth）和居间生长（intercalary growth）而形成的。

叶原基顶端的细胞，通过顶端生长使其延长，不久在其两侧形成边缘分生组织进行边缘生长，形成有背腹性的扁平的雏叶，如果是复叶则通过边缘生长形成小叶。边缘生长进行一段时间后，顶端生长停止，当叶从芽内伸出展开后，边缘生长也停止。此时整个叶片细胞都处于分裂状态，接着细胞进行近似平均的表面生长，又称居间生长。居间生长伴随着内部组织的分化成熟和叶柄、托叶的形成，发育成为成熟叶。

叶的发育与根、茎的发育一样，由原分生组织（叶原基早期）过渡为初生分生组织，原表皮、基本分生组织和原形成层再逐步分化为初生结构的表皮、叶肉（mesophyll）和维管组织。除一些双子叶植物主脉维管组织中保留活动很弱的形成层外，其余部分均发育为成熟组织，所以叶的生长是有限生长。

叶的初生分生组织中的基本分生组织分裂、分化产生叶肉。叶肉的分化从以后的栅栏组织细胞垂周延伸和伴随着的垂周分裂开始。在这些分裂中，海绵组织细胞通常保持近乎等径的形状。这些发育上的特点，构成海绵组织与栅栏组织间的差异。在栅栏组织垂周分裂仍在进行时，邻接的表皮细胞停止分裂而增大，因此，出现几个栅栏细胞附着在一个表皮细胞上的结果。在栅栏组织中，分裂的时间较长。分裂结束后，栅栏组织细胞沿着垂周壁彼此分离。在海绵组织中，细胞间的部分分离和胞间隙的形成早于栅栏组织，海绵组织细胞的分离还夹杂着细胞的局部生长，因此，海绵组织发育出分支的或具臂的细胞。

由初生分生组织的原形成层发育成叶的维管组织（叶脉）。原形成层的分化是和茎上叶迹原形成层相连的。各级的侧脉是从边缘分生组织所衍生的细胞中发生的，大侧脉的发生早于小的侧脉，而且更靠近边缘分生组织。据有些研究表明，在居间生长的整个时期中，都能不断地形成新维管束。也就是说，位于较早出现的叶脉间的基本组织，可以较长期地保留着产生新原形成层束的能力。

双子叶植物叶的中脉的纵向分化是向顶的，也就是最初在叶的基部出现，以后在较高的部位。一级的侧脉从中脉向边缘发育。在具平行脉的叶中，相似大小的几个脉，是同时向顶发育。不论双子叶

植物，还是单子叶植物叶的较小脉，都是在较大的脉间发育，往往是最先在近叶尖部位，然后连续地逐步向下发育。

二、叶的结构

（一）双子叶植物叶的一般结构

植物的叶都是向水平方向伸展，这类叶的上下两面受光不同，因此在结构上有背面和腹面之分。背面指的是背光的一面，远轴面，即叶的下表面；腹面指的是向光的一面，近轴面，即叶的上表面。在构造上具有背腹面区别的叶称背腹叶（dorsiventral leaf）。大部分双子叶植物和少部分单子叶植物（如百合、香蕉等）具有背腹叶的结构。叶片的两面受光不同，内部结构也不同，叶肉组织分化成近上表皮为栅栏组织，近下表皮为海绵组织，所以又称异面叶（dorsiventral leaf或bifacial leaf）（图3-55a）。如果叶与枝的长轴平行或与地面垂直，叶片两面的受光情况差异不大，叶肉组织不分化形成栅栏组织和海绵组织，这种叶称为等面叶（isobilateral leaf）（图3-55c）。有些植物的叶上下都有栅栏组织，中间夹着海绵组织，也称等面叶（图3-55b）。无论异面叶还是等面叶，叶片都有三种基本结构，即表皮、叶肉和叶脉。表皮包在叶的最外层，有保护作用；叶肉在表皮的内方，有制造和贮藏养料的作用；叶脉是埋在叶肉中的维管组织，有输导和支持的作用。不同的植物都具有这

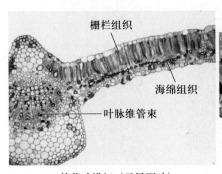

a. 棉花叶横切（示异面叶）

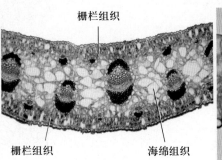

b. 丝兰叶横切（示等面叶）

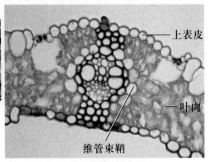

c. 小麦叶横切（示等面叶）

图3-55　叶的横切面

3种基本结构，只是形状、排列和数量的变化而已。

1. 叶片的结构

（1）表皮　表皮是覆盖在叶片上下表面的一层或多层的细胞（图3-56），由多层细胞组成的表皮称为复表皮（multiple epidermis），如夹竹桃和印度榕叶的表皮。在平皮切面（与叶片表面成平行的切面）上看，表皮细胞扁平，形状规则或不规则。不少双子叶植物叶表皮细胞的径向壁往往凹凸不平、犬牙交错地彼此镶嵌着，成为一层紧密而结合牢固的组织。在横切面上，表皮细胞的外形较规则，呈长方形或方形，外壁较厚，常具角质层。角质层的厚度因植物种类和所处环境而异。角质层起着保护作用，可以控制水分蒸腾，加固机械性能，防止病菌侵入，对药液也有着不同程度的吸收能力。因此，角质层的厚薄，可作为作物优良品种选育时的依据之一。一般植物叶的表皮细胞不具叶绿体。表皮毛的有无和毛的类型也因植物的种类而异。

叶的表皮具有较多的气孔，这是和叶的功能有密切联系的一种结构，它既是与外界进行气体交换的门户，又是水汽蒸腾的通道。各种植物的气孔数目、形态结构和分布是不同的（图3-57）。以双子叶植物的气孔为例，就气孔与相邻细胞的关系，即相邻细胞中有无副卫细胞（subsidiary cell）以及它的数目、大小与排列等为依据可分为4种主要类型：

①无规则型（anomocytic type）　也称毛茛科型（ranunculaceous type），围绕保卫细胞周围的表皮细胞不规则，大小和形状相同，即无副卫细胞分化，大部分叶表皮属此类型（图3-57a）。

②不等型（anisocytic type）　也称十字花科型（cruciferous type），有3个大小不同的副卫细胞围绕着保卫细胞，其中一个显著地较其他两个细胞小。常见于十字花科（如芸薹属）、景天科（如景天属）等科属中（图3-57b）。

③平列型（paracytic type）　也称茜草科型（rubia-ceous type），在每一保卫细胞侧面伴随着一个或几个副卫细胞，它们的长轴与气孔的长轴平行。常见于茜草科（如茜草属）、蝶形花科（如豇豆属）等科属中（图3-57c）。

④横列型（diacytic type）　也称石竹科型（caryo-phyllaceous type），每一气孔由2个副卫细胞围绕着，它们的共同壁与气孔的长轴形成直角。常见于石竹科（如石竹属）、爵床科（如爵床属）等科、属中（图3-57d）。

由保卫细胞和它们间的孔共同组成气孔器（stomatal apparatus）。如果副卫细胞存在，副卫细胞、保卫细胞及孔共同组成气孔器或称气孔复合体（stomatal complex）。不同植物气孔的数目和分

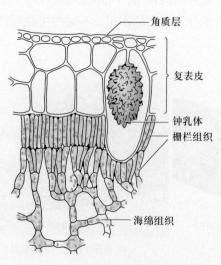

图3-56　印度榕叶横切面的一部分

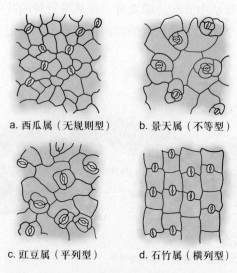

a. 西瓜属（无规则型）　　b. 景天属（不等型）

c. 豇豆属（平列型）　　d. 石竹属（横列型）

图3-57　双子叶植物叶表皮气孔器的类型

布是不同的，大多是下表皮气孔多于上表皮。同一棵植物上部叶的气孔较下部的多，叶尖端和中脉部分的气孔较叶基部和叶缘的多。但有些植物的气孔却只限于下表皮（如旱金莲、苹果）或限于上表皮（如莲、睡莲），还有些植物的气孔却只限于下表皮的局部区域，如夹竹桃叶的气孔仅生在凹陷的气孔窝内。在不同的外界环境中，同一种植物的叶气孔的数目也有差异，一般阳光充足处较多，阴湿处较少。沉水的叶一般没有气孔（如眼子菜）。夹竹桃和眼子菜叶的结构将在后面"叶的生态类型"中再作叙述。

在叶尖或叶缘的表皮上，还有一种类似气孔的结构，保卫细胞长期开张，称为水孔（water pore），是气孔的变形（见图2-34）。

（2）叶肉　叶肉是上、下表皮之间的绿色组织的总称。通常由薄壁细胞组成，内含丰富的叶绿体。光合作用主要是在叶肉中进行。异面叶中，近上表皮部位的绿色组织排列整齐（图3-58），细胞呈长柱形，细胞长轴和叶表面相垂直，呈栅栏状，称为栅栏组织。栅栏组织的下方，即近下表皮内的绿色组织，细胞形状不规则，排列不整齐，疏松，具较多间隙，称为海绵组织。与栅栏组织相比，海绵组织排列较疏松，间隙较多，细胞内含叶绿体数目也较少，因此，叶片上面比下面更绿。

（3）叶脉　叶脉构造因其大小不同而有差异。中脉或大型叶脉由1至数根维管束构成，上下表皮下常有相当多的机械组织，下方更为发达，因此，

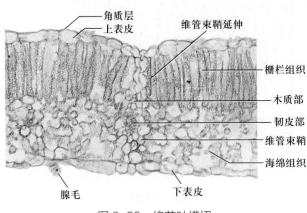

图3-58　棉花叶横切

（图中标注）
角质层
上表皮
维管束鞘延伸
栅栏组织
木质部
韧皮部
维管束鞘
海绵组织
腺毛
下表皮

叶片中脉的下面常有显著的凸出；小型叶脉只含有一根维管束。维管束外包裹着由薄壁组织组成的维管束鞘，有些植物的维管束鞘向上下表皮延伸，称维管束鞘延伸区（bundle sheath extension）。维管束分布在栅栏组织和海绵组织之间，近轴为木质部，远轴为韧皮部，在大型叶脉的木质部和韧皮部之间常具一层形成层，能进行有限的活动。叶脉终止于叶肉组织内，往往成为游离的脉梢，结构异常简单，木质部仅为一个螺纹管胞，而韧皮部仅有短狭的筛管分子和增大的伴胞，甚至有时只有木质部分子存在。近年来的研究发现，在小脉的附近常有传递细胞分布，认为这与叶片中物质的短距离运输有关。

表皮、叶肉和叶脉是叶的3种基本结构，但是由于叶肉组织分化的程度，栅栏组织的有无、层数，海绵组织的有无和排列，气孔的类型和分布，以及表皮毛的有无和类型等，不同植物和不同生境的叶有着不同的结构。

2. 叶柄结构

叶柄的结构比叶片要简单些，与茎的结构有些相似，由表皮、基本组织和维管组织组成。叶柄在横切面上通常呈半月形、圆形、三角形等。最外层为表皮，表皮内为基本组织，基本组织中近外方的部分往往有多层厚角组织，内方为薄壁组织；维管束包埋在基本组织中，数目和大小不定，排列成弧形、环形、平列形。维管束的结构和幼茎中的维管束相似，但木质部在上方（近轴面），韧皮部在下方（远轴面）。每一维管束外，常有厚壁的细胞包围。双子叶植物的叶柄中，木质部与韧皮部之间往往有一层形成层，但形成层只有短期的活动。在叶柄中由于维管束的分离和联合，使维管束的数目和排列变化极大，造成它的结构复杂化。有托叶的叶，如果托叶外形是叶状的，它的结构一般和叶片的结构大致相似。

（二）单子叶植物叶的结构特点

在外部形态上和内部结构上，单子叶植物的叶与双子叶植物叶都有明显的区别。现以禾本科植物

的叶为例，介绍其结构特点。

禾本科植物的叶由叶片和叶鞘两部分组成，叶片狭长，叶鞘包在茎外，叶鞘与叶片连接处，有叶枕、叶舌和叶耳（图3-59）。禾本科植物叶片的内部结构也包括表皮、叶肉和叶脉3部分基本结构（见图3-55c）。

1. 表皮

表皮细胞的形状比较规则，往往沿着叶片的长轴排列成行，由长、短两种类型的细胞组成。长细胞（long cell）呈长方柱形，长径与叶的纵长轴方向一致，横切面近乎方形，细胞外壁不仅角质化，并且充满硅质，这是禾本科植物叶的特征；短细胞（short cell）又分为硅质细胞（silica cell）和栓质细胞（cork cell）两种（图3-60）。硅质细胞除壁硅质化外，细胞内还含有一个硅质块，栓质细胞壁栓质化。禾本科植物的叶，往往质地坚硬，易划破手指就是由于含有硅质细胞和栓质细胞。长细胞与短细胞的形状、数目和相对位置，因植物种类而不同。在上表皮还有一些特殊的大型细胞，称泡状细胞（bulliform cell）（图3-61），其壁较薄，有较大的液泡，常常是几个细胞排列在一起，从横切面上

看，排列略呈扇形，分布在两个维管束之间。通常认为泡状细胞和叶片的伸展、卷缩有关，即水分不足时，泡状细胞失水较快，细胞外壁向内收缩，引起整个叶片向上卷缩成筒，以减少蒸腾；水分充足时，泡状细胞膨胀，叶片伸展，因此，泡状细胞又称为运动细胞（motor cell）。

禾本科植物叶的上、下表皮上都有纵行排列的气孔（见图3-60）。气孔的保卫细胞呈哑铃形，中部狭窄，具厚壁；两端壁薄，膨大成球状，气孔的开闭是两端球状部分胀缩变化的结果。当两端球状部分膨胀时，气孔开放；反之，气孔关闭。保卫细胞的外侧各有一个副卫细胞。因此，禾本科植物的气孔器由两个保卫细胞、两个副卫细胞和孔组成。气孔的分布和叶脉相平行。气孔的数目和分布因植物种类而异。同一植株的不同叶上或同一叶上的不同位置，气孔的数目也有差异，通常上、下表皮气孔的数目近乎相等。

2. 叶肉

叶肉由均一的薄壁组织构成，没有栅栏组织和海绵组织的分化，为等面叶（见图3-61）。叶肉细胞排列紧密，胞间隙小，在气孔的内方有较大的胞

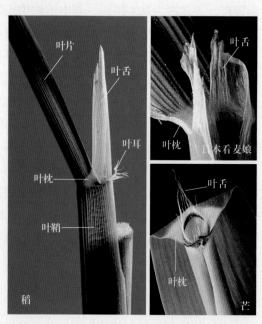

图3-59 禾本科植物叶鞘和叶片之间的结构

示叶枕、叶舌、叶耳

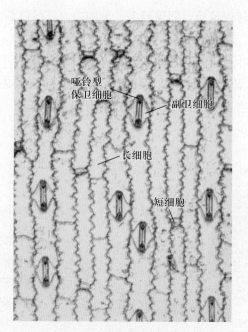

图3-60 玉米叶的表皮

示表皮细胞和气孔器

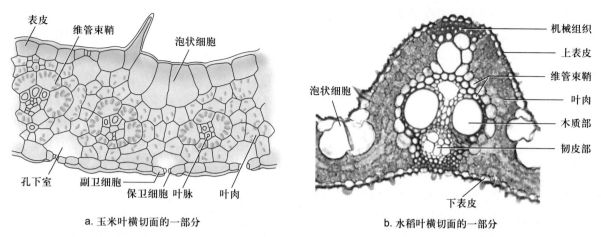

a. 玉米叶横切面的一部分

b. 水稻叶横切面的一部分

图 3-61　叶横切

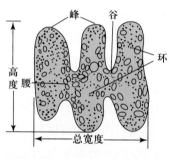

图 3-62　小麦的一个叶肉细胞

间隙，形成气孔下室。有时叶肉细胞的细胞壁会经反复内褶，形成"峰、谷、环、腰"的结构（图3-62），这种结构增加了细胞质膜的表面积，有利于叶绿体沿质膜边缘排列，从而扩大光合作用的表面积。

3. 叶脉

叶脉维管束与茎内的维管束结构基本相似。叶内的维管束一般平行排列，较大的维管束与上、下表皮间存在着厚壁组织。维管束外往往有一层或二层细胞组成的维管束鞘。不同光合途径的植物维管束鞘细胞的结构有明显的区别。在水稻、小麦、大麦等C_3植物中，维管束鞘由两层细胞构成，内层细胞小而厚壁，不含叶绿体，外层细胞大而薄壁，所含叶绿体比叶肉细胞少而小（图3-61b），而在细脉中，一般只有一层维管束鞘。玉米、甘蔗、高粱等C_4植物的叶中，维管束鞘由一层较大的薄壁细胞

组成，内含较大的叶绿体，在显微结构上，这些叶绿体比叶肉细胞中的叶绿体的大，没有或仅有少量基粒，但它积累淀粉的能力却超过叶肉细胞中的叶绿体，因此，C_4植物是高光效植物。C_4植物维管束鞘与相邻的叶肉细胞构成"花环"状结构（图3-61a），在C_3植物中则没有这种结构存在。C_4植物不仅存在于禾本科植物中，在其他一些单子叶植物和双子叶植物中也有发现，如莎草科、苋科、藜科等。

🔍 **3.5　植物叶片的形态结构对环境的适应**

（三）裸子植物叶的结构特点

裸子植物的叶多呈针形、披针形或鳞形，少数植物叶为大型羽状复叶，如苏铁。有些叶为扇形，如银杏。下面以马尾松（*Pinus massonina*）为例，介绍松叶的结构特点。

松科植物有针叶植物之称，是很重要的造林树种。针叶植物常呈旱生的形态，叶针形，缩小了蒸腾面积。松叶生长在短枝上，2针一束如马尾松（*Pinus massoniana*）、3针一束如云南松（*P. yunnanensis*）、5针一束如华山松（*P. armandii*）。前者横切面为半圆形，后两者为三角形。松叶的结构仍分为表皮、叶肉和叶脉3部分。

1. 表皮

表皮是一层厚壁细胞，细胞腔小，壁强烈木质

化，外壁覆盖厚的角质层。表皮下有多层厚壁细胞构成的下皮层（hypodermis）。气孔由保卫细胞和副卫细胞组成，保卫细胞下陷于下皮层之下，这些都是旱生形态的特征（图3-63）。

2. 叶肉

叶肉组织没有栅栏组织和海绵组织的分化，为等面叶。叶肉细胞壁向内凹陷，形成无数褶皱，叶绿体沿褶皱分布，这种排列扩大了叶绿体分布的表面积，从而扩大了光合面积。叶肉内常有树脂道分布，树脂道的数目和分布位置是松属植物鉴定的依据之一。在叶肉组织的内方有一层细胞壁增厚但不木质化的细胞，称内皮层。

3. 叶脉

松的叶脉位于中心，由1~2个维管束构成，具1个维管束的为软松类植物，具2个维管束的为硬松类植物。包围在维管束外面的是一种特殊的维管组织，称转输组织，由转输管胞和薄壁细胞组成，有助于叶肉组织与维管束之间的物质交流。

松针叶小，表皮壁厚，叶肉细胞壁向内具褶皱，具树脂道，内皮层显著，维管束排列在叶的中心部分等，都是松针叶的特点，也是它适应低温和干旱的形态结构。

三、叶的生态类型

长期生长在不同环境下的植物，其植物体各部分结构都会发生变化，这是植物对不同生境的适应。其中，植物的叶在结构上的变异和可塑性是最大的。

植物的生长受许多生态因子的影响，如水分、光照等。根据植物和水分的关系，可将植物分为旱生植物、中生植物和水生植物。旱生植物指的是长期生活在干燥气候与土壤条件下，能保持正常的生命活动的植物；水生植物指的是长期生长在水中的植物；中生植物介于二者之间，指的是生长在气候温和、土壤湿度适中环境中的植物。

根据植物和光照强度的关系，又可将植物分为阳地植物（sun plant）、阴地植物（shade plant）和耐阴植物（tolerant plant）。前面所介绍的都是中生植物叶的结构特征，下面我们讨论不同生态环境下叶的形态和结构特点。

1. 旱生植物的叶

旱生植物通常具有保持水分和防止水分过量蒸腾的特点。形态上表现为植株矮小，根系发达；叶小而厚，或多茸毛。在结构上，叶的表皮细胞壁厚，角质层发达。有些种类，表皮常是由多层细胞组成，气孔下陷或仅生于局部区域，栅栏组织层数往往较多，海绵组织和胞间隙却不发达，机械组织和输导组织发达，如夹竹桃（图3-64）。这些形态结构上的特征，或者是有利于减少蒸腾，或者是尽量使蒸腾作用进行得迟缓，再加上原生质体的少水性，以及细胞液的高渗透压，使旱生植物具有高度的抗旱力，以适应干旱的生长环境。

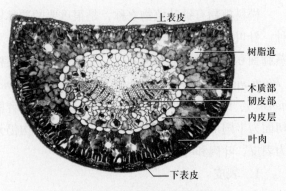

图3-63 马尾松松针横切面

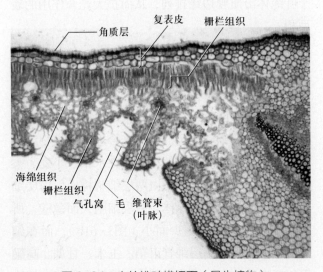

图3-64 夹竹桃叶横切面（旱生植物）

另外，有些旱生植物的特点是植物肉质，如马齿苋、景天、芦荟、龙舌兰等。它们的共同特征是：具肥厚多汁的叶，在叶内有发达的薄壁组织，贮藏较多的水分。有些旱生植物的叶退化，茎肥厚多汁，如仙人掌。这些植物的细胞能保持大量水分，且水的消耗也少，因此，能够耐旱。景天常生长在房顶瓦沟内，就充分说明它的抗旱力。

2. 水生植物的叶

水生植物包括挺水植物、浮水植物和沉水植物。整个植株全部沉浸在水中的植物叫沉水植物（submerged plants）。沉水植物叶常细裂成丝状，以增加光合和气体的吸收面积。叶的表皮壁薄，不加厚也未角质化，角质层薄或无，没有表皮毛，没有气孔，气体交换是通过表皮细胞壁进行的。植物体生于水中，光线不足，表皮细胞内常含有叶绿体，能更好地吸收和利用光能。

沉水植物的叶肉组织不发达。水中光线较弱，主要进行光合作用的栅栏组织不分化，由海绵状的薄壁细胞组成，胞间隙发达，如眼子菜属的菹草（*Potamogeton crispus*）的叶（图3-65）。有的还形成许多大的气腔（air cavity），构成发达的通气组织（aerenchyma）。由于细胞具间隙或气腔内充满气体以及外界水的浮力，叶片不需要机械组织的支持就能在水中伸展，因此，沉水植物机械组织不发达。维管束中韧皮部发育正常，这是因为水生植物对于光合作用产物的运输和陆生植物一样，但维管

束中的木质部甚不发达，甚至有些种类的木质部完全退化，这是因为生活在水中的植物对水分的运输并不是一个重要的问题。

挺水植物的叶和一般中生植物的叶结构相似。浮水植物如睡莲，叶光合面积大，气孔只分布于上表皮，上突型；叶肉有多层栅栏组织分化，以此增加光合作用的表面积；海绵组织特化，构成发达的通气组织；维管束中韧皮部相对比木质部发达，这些结构适应浮水的生长环境（图3-66）。

3. 阳生植物、阴生植物和耐阴植物的叶

阳生植物是在阳光完全直射的环境下生长良好的植物，它们多生长在旷野、路边。农作物、草原和沙漠植物以及先叶开花的植物都是阳生植物。阳生植物叶的结构接近于旱生植物叶的结构。阴生植物是在较弱光照条件下，即荫蔽环境下生长良好的植物。但这并不是说阴生植物要求的光照强度愈低愈好，因为当光照强度过低，达不到阴生植物的光补偿点时，它们也不能正常生长。阴生植物多生长在潮湿背阴或密林草丛处。阴生植物叶的结构接近于中生植物叶的结构；耐阴植物是介于阳生植物与阴生植物之间的植物，它们一般在全日照下生长最好，但也能忍耐适度的荫蔽，它们既能在阳地生长，也能在较阴的环境下生长。不同种类的植物，耐阴的程度有着极大的差异。其叶的结构也同样，或偏于阳生植物的结构，或偏于阴生植物的结构。对阴生植物和耐阴植物的研究，可以指导作物和林

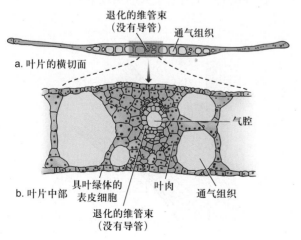

图 3-65　菹草叶的横切（沉水植物）

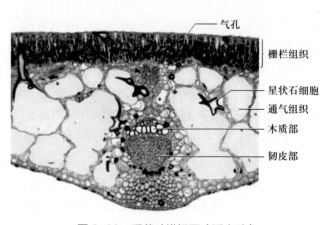

图 3-66　睡莲叶横切面（浮水叶）

间隙地的利用以及园林绿化工作。

由于叶是直接接收光照的器官，因此，光照强弱的影响容易反映在叶形态、结构的差异上。实际上，同一种植物生长在不同的光照环境中，叶的结构也会有或多或少的变化。即使同一植株上，向光叶和背光叶在形态、结构上也显出差异。例如，同一株糖槭（*Acer saccharum*）上，生长在光照充分处的叶和生长在较阴暗处的叶，就有着显著不同的特征（图3-67）。

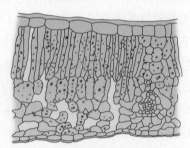

a. 阳叶结构

b. 阴叶结构

图3-67　糖槭叶的横切面

四、落叶和离层

植物的叶具有一定的寿命，不同植物叶的生活期的长短是不同的。有些植物的叶生活期只有几个月，有的则有1至多年。一年生植物的叶随植物的死亡而死亡。常绿植物的叶生活期较长，存活时间也不同，如女贞叶1～3年，松叶3～5年，罗汉松叶2～8年，冷杉叶3～10年，紫杉叶6～10年。

叶枯死后，有的残留在植株上，如稻、蚕豆、豌豆等草本植物；有的脱落，称为落叶。树木的落叶有两种情况：一种是每当寒冷或干旱季节到来时，叶枯萎脱落，这种树木称为落叶树（deciduous tree），如悬铃木、木棉、栎、桃、柳、水杉等；另一种是在春、夏季时，新叶发生后，老叶才逐渐枯落，终年常绿，这种树木称为常绿树（evergreen tree），如茶、黄杨、樟、广玉兰、枇杷、松等。实际上，落叶树和常绿树都是要落叶的，只是落叶的时间有差异。

植物的叶经过一段时间的生理活动，细胞内积累了大量的无机盐，引起叶细胞功能的衰退，终至死亡，这是落叶的内在因素。落叶总是在不良季节中进行，这就是外因的影响。冬季或旱季落叶，可大大地减少植物的蒸腾面积，对植物是极为有利的，是植物避免过度蒸腾的一种适应性保护。植物在长期进化的过程中，形成了这种习性，自然选择又选择和巩固了这些能在不良季节落叶的植物种类。每年的不良季节，在内因和外因的综合影响下，就会出现植物适应环境的落叶现象。

在叶将落时，叶柄基部或近基部处有一些薄壁组织细胞开始分裂，产生一些小型排列紧密而整齐的细胞，这些细胞的外层细胞壁胶化，细胞成为游离的状态，因此，支持作用变得异常薄弱，这个区域称为离层（abscission layer）。因为支持作用弱，在重力作用下，再加上风的摇曳，叶从离层处脱落。在离层下就是保护层（protective layer），保护层的细胞和细胞间隙中均有栓质和伤胶等沉积物，可以保护叶脱落后暴露的表面，防止病虫害的伤害。离层和保护层构成离区（abscission zone）（图3-68）。

科学研究发现，在植物体内存在着一种内源植物激素，即脱落酸（abscisic acid，ABA）。它是一种生长抑制剂，能刺激离层的形成，使叶、果、花脱落，在农业生产上有着极大的实践意义。

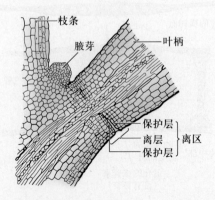

图3-68　离区的离层和保护层结构

一、营养器官间维管组织的联系

1. 茎与枝、叶的维管组织的联系

维管组织是高等植物构成植物整体完整性的关键。茎和枝维管组织的联系是通过枝迹（branch trace）。枝迹是茎中维管柱从内向外弯曲之点起，通过皮层，到枝基部为止的这一段。枝迹从茎的维管柱上分出向外弯曲后，原维管柱上的位置由薄壁组织填充，这个区域称为枝隙（branch gap）。枝和叶的联系与茎和枝的联系一样，枝维管柱上的分枝，通过皮层进入叶的部分，称为叶迹（leaf trace）；叶隙（leaf gap）也同样是叶迹伸出后，原来维管柱的位置上由薄壁组织填充的区域。不同植物的枝迹，由茎伸入分枝的方式是不同的，有的由茎中的维管柱伸出，在节部直接进入枝的基部；有的从茎中维管柱伸出后和其他枝迹汇合，再沿着皮层上升穿越一节或多节才进入分枝。叶迹形成的方式与枝迹相同，也有不同的形式（图3-69）。

由于叶迹和枝迹的产生，茎中的维管组织在节部附近离合变化极为复杂，尤其在节间短、叶密集，甚至多叶轮生和具叶鞘的茎上叶迹的数目更多，情况也更复杂。因此，要想很好地了解茎中维管系统，必须进一步研究茎和叶中的维管系统相互连续的全部情况。

2. 茎与根的维管组织的联系

茎和根是互相连续的结构，共同组成植物体的体轴。

根和茎的初生结构，在维管组织的类型和排列上有显著的不同，如维管束的束数、木质部和韧皮部的排列位置以及成熟的顺序等。因此，根和茎之间必然有一个结构上的转变，这样才能互相连接，而不同植物转变方式是不同的（图3-70）。由于这

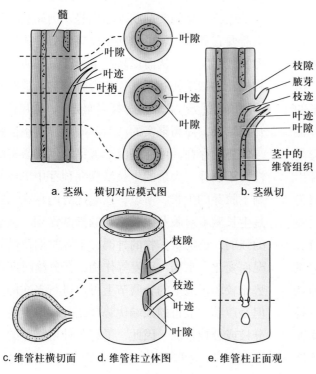

a. 茎纵、横切对应模式图   b. 茎纵切

c. 维管柱横切面   d. 维管柱立体图   e. 维管柱正面观

图 3-69　叶迹、叶隙、枝迹和枝隙图解

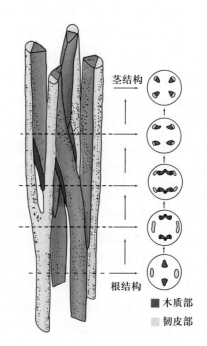

图 3-70　根和茎的过渡区图解

种转变是逐渐的，因此，在根、茎之间存在着维管组织转变的区段，这个区段称过渡区（transition zone）。过渡区从小于1 mm到几厘米不等，其位置一般发生在胚根以上的下胚轴，终止于子叶节上，但也因植物而异。

在过渡区，表皮、皮层是直接连续的，但维管组织要有一个改组和连接的过程。从根到茎的变化，一般先是维管柱增粗，伴随着维管组织分化的结果，木质部的位置和方向出现一系列变化。以南瓜属（Curcurbita）植物的二原型根的类型来说明从根到茎维管组织的变化：它的维管柱的每一束初生木质部发生转变时，先是纵向分裂成两束，一束向右反转，另一束向左反转，两束各旋转180°和韧皮部相接。在木质部变化的同时，韧皮部也逐渐分裂移位。通过过渡区维管组织不同水平部位上细胞的分化，根和茎中的初生维管组织连接起来，完成了过渡。过渡区的结构，只有在初生结构中才能看得清楚。

二、营养器官在植物生长中的相互影响

1. 地下部分与地上部分的相互关系

植物结构上的相互贯通，确保了植物各种正常生理活动的进行，这就是结构与功能的统一。从生理功能上也可看出植物各器官之间的相互关系。由于各器官之间存在着营养物质的供应、生长激素的调节，以及水分和矿质营养等的影响，所以存在促进与抑制的关系。一般情况下，种子萌发时，总是根先长出，在根生长达一定程度时，胚轴和胚芽出土，形成地上枝系。这说明地下部分根系的发展为地上部分枝系的生长奠定了基础。同样，在植物整个生长期间，只有根系健全发展，才能保证水分、无机盐、氨基酸和生长激素等对地上枝系的充分供应，为地上枝系良好的生长发育提供有利的物质条件。正所谓"根深叶茂，本（即根）固枝荣"。种子萌发后期，当种子内的养料消耗殆尽时，根系又从地上部分，特别是从叶的部分，取得养料，才能继续发展。所以也可以说，叶茂才能根深，枝荣才能本固。根系的健全发展有赖于叶制造的有机养料、维生素、生长激素等，通过茎的输送进入根系。叶的蒸腾作用也是根能吸水的动力之一。在枝条的扦插中，即使仅留一片叶，插条也会较快地生出不定根。这都说明，地上部分与地下部分存在相互依存、相互制约的辩证关系。农、林和园艺的生产实践正是利用这种辩证关系来调整和控制植物的生长。

2. 顶芽与腋芽的相互关系

一株植物枝上的芽，并不是全部都能正常发育的，一般情况下，除了顶芽和离顶芽较近的少数腋芽外，大多数腋芽处于休眠状态。

顶芽和腋芽的发育是相互制约的。顶芽发育得好，主干就长得快，而腋芽却受到抑制，不能发育成新枝或发育得较慢。如果摘除顶芽（通称打顶）或顶芽受伤，顶芽以下的腋芽才能开始活动，较快地发育成新枝。这种顶芽生长占优势，抑制腋芽生长的现象，称为顶端优势（apical dominance）。了解顶芽和腋芽间相互关系的规律，就可以对不同作物，根据不同要求，采取不同的处理，有的要保留顶端优势，有的要抑制顶端优势。例如栽培黄麻，不需要它分枝，就可以利用顶端优势，适当密植，抑制腋芽发育，从而提高纤维的产量和质量。果树和棉花的栽培正相反，需要合理修剪，适时打顶，抑制顶端优势，以促进分枝多而健壮，通风透光，多开花结果，提高果实的产量和质量。实验证明，顶端优势的存在，可能是由于腋芽对生长激素的敏感性大于顶芽，大量的生长激素在顶芽中形成后，抑制了腋芽的生长。所以，顶端优势的存在，实质上是生长激素对腋芽生长活动的抑制作用。顶端优势的强弱，还随着作物的种类、生育时期及供肥等情况而变化。水稻、小麦等作物，在分蘖时期顶端优势比较弱，地下的分蘖节上可以进行多次的分蘖，但是芦苇、毛竹的顶端优势却很强，地上茎一般不分枝或分枝很弱。因此，了解各种植物芽的活动规律，在农、林和园艺的生产实践上具有重大意义。

1. 理解"根深叶茂、本固枝荣"的辩证关系。

2. 综合分析草本植物和木本植物在适应环境方面哪一类群更具有优势？为什么？

3. 根尖分四个区，在植物根的生长过程中分别起何作用？

4. 从形态解剖学角度解释"树怕剥皮"这一现象？

5. 从形态结构上分析植物的叶是如何适应不同的生态环境的？

数字课程学习资源

■ 学习要点　　■ 难点分析　　■ 教学课件　　■ 习题　　■ 习题参考答案

■ 拓展阅读
- 植物根凯氏带的研究新进展
- 树木剥皮再生研究进展

■ 拓展实验与实践
- 植物叶片形态结构对环境的反应
- 变态营养器官的调查及鉴别特征

第4章

种子植物的繁殖器官

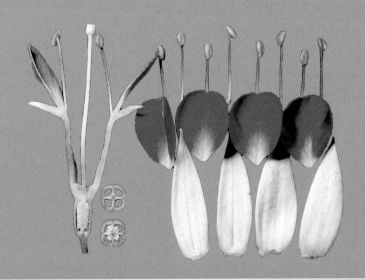

学习目标

1. 了解花是适于繁殖的变态短枝，它由花柄、花托、花被、雄蕊群和雌蕊群构成，
   并可发育为果实和种子。
2. 掌握花药和花粉粒的结构，了解小孢子的形成及经过两次有丝分裂产生精子的
   过程。
3. 掌握胚珠、胚囊的发育和结构，了解大孢子的形成过程及经过三次有丝分裂产生
   卵细胞的过程。
4. 掌握双受精过程及其生物学意义。
5. 掌握种子和果实的形成过程、种子的结构和果实的主要类型，了解种子和果实对
   传播的适应。

学习指导

关键词

繁殖器官　繁殖方式　孢原细胞　造孢细胞　小孢子母细胞　大孢子母细胞
花粉粒　胚囊　传粉　双受精　胚　种子　果实

植物的全部生命活动周期中，包含着两个互为依存的方面：维持本代的生存和保持种族的延续。植物本代的生存是有一定的时限的，都要经过生长、发育、衰老、死亡的过程。所以植物在生长发育到一定阶段的时候，就必然通过一定的方式，由它本身产生新的个体来延续后代，这就是植物的繁殖（propagation）。

通过繁殖，植物大量地增加了新一代的个体，扩大了生活范围，产生了新的变异。同时，植物也在不同的生活条件下，依靠自然选择或人工选择巩固了某些变异，使一些适应能力强的变异类群被选择保留了下来。新生的适应性变异类群又通过繁殖而代代相传，形成了种类繁多、性状各异的植物世界。在生产实践中，人们通过各种杂交、选择、培育等活动，获得了大量的优良栽培品种，而这些活动，都是通过繁殖来实现的。

植物的繁殖可分为3种类型：第一种是营养繁殖（vegetative propagation），是通过植物营养体的一部分从母体分离开去（有时不立即分离），进而直接形成一个独立生活的新个体的繁殖方法；第二种是无性生殖（asexual reproduction），是通过一类称为孢子的无性生殖细胞，从母体分离后，直接发育成为新个体的繁殖方式；第三种称为有性生殖（sexual reproduction），是由两个被称为配子的有性生殖细胞，经过彼此融合的过程，形成合子，再由合子发育为新个体的繁殖方式，是繁殖方式中的进步形式。有性生殖的配子，可以是从不同生活条件下生长的两个个体，也可以是从同一个体的不同部位上形成。所以，配子所带的遗传性可以不尽相同，融合后形成的合子以及以后发展的新个体，也都包含了两性配子所带来的遗传特性，因此，新的个体更富有生活力，更能适应新的环境条件。

被子植物的有性生殖，是在花的结构里集中体现的。从两性配子（精子和卵细胞）的形成，到配子的彼此接近和融合（传粉和受精）形成合子，并由合子生长发育为幼植物体的整个过程，这一过程都在花里进行。

第1节 花

一、花的概念和花的组成

（一）花的概念

以营养生长为基础，植物经过一定时期的生长和发育，满足了光照、温度等因素的要求，以及某些激素的诱导作用以后，就进入生殖生长阶段。这时一部分或全部茎端的分生组织，不再形成叶原基和腋芽原基，而是形成花原基或花序原基。

植物由营养生长转入生殖生长，是个体发育中的一个巨大转变，这一转变包含着一系列极为复杂的生理生化过程。转变开始时，茎端生长锥的表面有一层或数层细胞加速分裂，生长锥中部的细胞分裂慢，细胞变大，还出现大液泡。在表层细胞里没有淀粉的积累，但蛋白质和RNA含量很高，表明花的分化与DNA—RNA—蛋白质一系列的活化有很大关系。此后，表层细胞由外而内地形成数轮突起，再由这些突起分别发展为组成花的各部分原基。

通常认为，花是适合于繁殖作用的、不分枝的变态短枝，是形成有性生殖过程中的大、小孢子和雌雄配子，并进一步发育为种子和果实的器官。所以花也是果实和种子的先导，花、果实、种子三者成为一体，但出现的先后、发展的性质以及结构互有不同。

花有多方面的经济利用价值。由于花的色彩鲜艳和香味芬芳，常用花来美化环境，陶冶心情。从花朵中提取芳香油料，制成香精，很早就受到重视。虽然有的香精可以人工合成，但一部分名贵的香料，仍然是从花朵中提制的。利用花朵如茉莉花、代代花、白兰花等熏制花茶，由来已久，已成为花茶制作过程中不可缺少的重要原料，有的花农专门栽植这类花卉植物，满足制作花茶的需要。花朵在医药方面的用途也很多，常见的如红花、丁香花、金银花、菊等，都有较高的药用价值。少数植物的花朵可作染料，如凤仙。有些植物的花朵或花序具有丰富的营养成分，如萱草、花椰菜等，或具有浓郁的香味，可供食用或制作糕点，如桂花、玫瑰等。

（二）花的组成

一朵完整的花，如海桐（*Pittosporum tobira*）的花，可分为5个部分（图4-1），即花柄（pedicel）、花托（receptacle）、花被（perianth）、雄蕊群

（androecium）和雌蕊群（gynoecium）。

1. 花柄和花托

花柄或称花梗，是着生花的小枝，可以使花定位在有利于传粉、授粉的位置；同时，也是花朵和茎相连的短柄。花柄有长、有短，视植物种类而异，例如垂丝海棠的花柄很长，而贴梗海棠的花柄就很短，有些植物的花没有花柄。花柄的结构和茎的结构是相同的。

花托是花柄的顶端部分，形状随植物种类而异，一般略呈膨大状，花的其他各部分按一定的方式排列在它上面。

2. 花被

花被着生在花托的外围或边缘部分，是花萼（calyx）和花冠（corolla）的总称，由扁平状瓣片组成，在花中主要起保护作用，有些花的花被还有助于花粉传送。花被由于形态和作用的不同，可分为内、外两部分，在外的称花萼，在内的称花冠，这样的花称为两被花或双被花，如油菜、豌豆、番茄、大籽猕猴桃（图4-2a）等。仅具一轮花被的

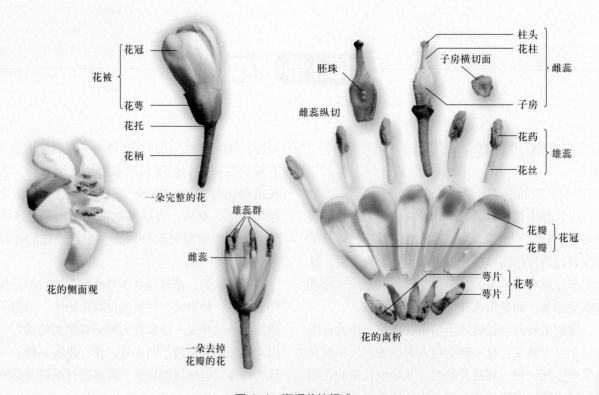

图 4-1　海桐花的组成

花冠
（6片花瓣）

花萼
（3片萼片）

花萼
（5片萼片）

a. 大籽猕猴桃   b.山拐枣（山桐子）

图4-2　双被花和单被花

花（只有花萼）称为单被花，如大麻、荞麦、山拐枣（山桐子）（图4-2b）等，其花被有时像花瓣一样鲜艳。也有花被完全不存在的，称为无被花，如杨、柳等。

（1）花萼　由若干萼片（sepal）组成，包被在花的最外层。萼片多为绿色的叶状体，在结构上类似叶，有丰富的绿色薄壁细胞，但无栅栏、海绵组织的分化。有的植物花萼大而具色彩，呈花瓣状，有利于昆虫的传粉，如飞燕草。

（2）花冠　位于花萼的上方或内方，由若干花瓣（petal）组成，排列成一轮或多轮，结构上主要由薄壁细胞所组成。通常花瓣比萼片薄，且多具鲜艳色彩。花瓣的色彩主要是因为花瓣细胞内含有色素所致。含杂色体的花瓣呈黄色、橙色或橙红色；含花青素的花瓣显示红、蓝、紫等色（主要受液泡内细胞液的酸碱度调节）；有的花瓣两种情况都存在，这样的花往往就绚丽多彩。如果两种情况都不存在，花瓣便呈白色。花瓣基部常有分泌蜜汁的腺体存在，可以分泌蜜汁和香味。多种植物的花瓣细胞还能分泌挥发油类，产生特殊的香味。所以花冠除具保护雌、雄蕊的作用外，它的色泽、芳香以及蜜腺分泌的蜜汁，都有招致昆虫传送花粉的作用，为进一步完成有性生殖创造了有利条件。

3. 雄蕊群

一朵花中雄蕊的总称，由多数或一定数目的雄蕊（stamen）所组成，位于花被的内方或上方，在花托上呈螺旋状或轮状排列（图4-3）。一般直接生于花托上，也有基部着生于花被上的。

少数原始被子植物的雄蕊呈薄片状或扁平状，为花的雄蕊是叶的变态提供了佐证，但绝大多数被子植物的雄蕊由花丝和花药两部分组成。花丝通常细长，也有扁平如带、完全消失（栀子）或转化为花瓣状（美人蕉）的，顶端与花药相连。花药是产生花粉粒的地方，是雄蕊的主要部分，在结构上，由4个或2个花粉囊组成，分为两半，中间以药隔相连。花粉成熟后，花粉囊自行破裂，花粉由裂口处散出。

4. 雌蕊群

雌蕊群是一朵花中雌蕊的总称，位于花的中央或花托顶部（图4-3）。每一雌蕊由柱头（stigma）、花柱（style）和子房（ovary）三部分组成。构成雌蕊的基本单位称为心皮（carpel），是具生殖作用的变态叶。

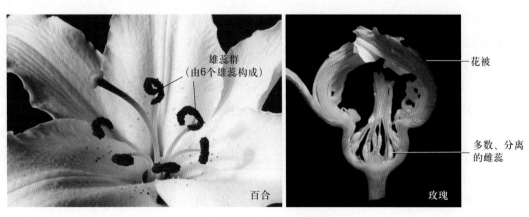

雄蕊群
（由6个雄蕊构成）

百合

花被

多数、分离
的雌蕊

玫瑰

图4-3　雄蕊群和雌蕊群

（1）柱头　位于雌蕊的顶端，是接受花粉的部位，一般膨大或者扩展成各种形状。柱头的表皮细胞有延伸成乳头、短毛或长形分枝毛茸的。当受粉时，有的柱头表面湿润，表皮细胞分泌水分、糖类、脂质、酚类、激素、酶等物质，可以粘住更多的花粉，并为花粉萌发提供必要的基质，这类柱头称为湿柱头，烟草、百合、苹果、豆类等植物的柱头属此类型；也有的柱头是干燥的，在被子植物中较为常见，这类柱头在传粉时不产生分泌物，但柱头表面存在亲水性的蛋白质薄膜，花粉能从薄膜下角质层的不连续处吸收水分，所以在生理上这层薄膜与湿柱头的分泌相似，十字花科、石竹科植物和凤梨、蓖麻、月季等的柱头是干柱头，禾本科植物中的水稻、小麦、大麦、玉米等的柱头也属此类型。

（2）花柱　柱头和子房间的连接部分，是花粉管进入子房的通道。一般植物的花柱细长，但也有较短或不明显的。多数植物的花柱中央为引导组织（transmitting tissue）所充塞，构成这种组织的细胞长形、壁薄、内含丰富的原生质和淀粉，常呈疏松状排列。棉、烟草、番茄、荠菜等大多数双子叶植物的花柱是这样的；也有的花柱中央是空心的管道，称花柱道（stylar canal），管道的周围是花柱的内表皮，或为2~3层分泌细胞，如单子叶植物百合科的百合、贝母和双子叶植物的罂粟科、马兜铃科、豆科等。当花粉管沿着花柱生长并进入子房时，花柱能为花粉管的生长提供营养和某些趋化物质。花柱内有维管束分布，一端与花托相连，另一端止于柱头。

（3）子房　雌蕊基部的膨大部分，有柄或无柄，着生在花托上。子房的中空部分称为室（locule），有一室的子房如豌豆、牡丹、黄瓜；二室的子房如烟草；三室的子房如牵牛；五室的子房如凤仙花等。子房的内、外壁上有表皮、气孔和毛茸等结构。

着生在子房室内的卵形小体，称为胚珠（ovule），是由心皮内侧若干部位的细胞经过快速分裂、生长后出现的突起所形成。子房内胚珠的数目视植物种类而异。每一胚珠由珠心（nucellus）、

珠被（integument）和珠柄（funiculus）所组成。

一朵具备以上各部分结构的花称为完全花，如果有一部分或两部分缺少不全的，称为不完全花。雌蕊和雄蕊如果在一朵花上同时兼备的称为两性花，单具一种花蕊而缺乏另一种花蕊的称为单性花，其中只有雌蕊的，称雌花；只有雄蕊的，称雄花。花被保存而花蕊全缺的称无性花或中性花。无被花、单被花、单性花和中性花都属不完全花。雌花和雄花生于同一植株上的，称为雌雄同株；分别生于两植株上的，称为雌雄异株。在同一植株上，两性花和单性花都存在的，称为杂性同株，如槭、柿等。

（三）花各部分的演化

每一种植物，花的各部分形态是比较固定的，而花的形态变化往往与植物的演化有关，因此，被子植物的分类依据，很大一部分是由花的形态来决定的。花各部分的演化趋势，主要表现在以下几方面：

1. 数目的变化

组成花的各部分，在数目上是有不同的，总的演化趋势是从多而无定数到少而有定数。如玉兰、莲、毛茛等较原始植物的花，雄蕊、雌蕊或花被的数目是多而无定数。而大多数被子植物的花，这3部分的数目显著减少，但减少情况，各轮并不完全一致，一般减少到3数、4数和5数，或是3、4、5的倍数。有些植物的雌蕊心皮数目常较花被为少，而雄蕊数目则较花被为多。花部的相对固定数目（如3、4、5）称为花基数。

花各部分数目上的关系，一般与花基数或它的倍数相一致，例如石竹属植物的花基数是5，具5个萼片，5个花瓣，10个雄蕊，5个心皮，但也有和这个原则不符合的。另外，花部的数目在发展过程中趋向于退化减少，甚至消失，如花冠退化仅留花萼，整个花被退化仅存花蕊，或是两种花蕊中有一种退化的（单性花），或雌蕊心皮的部分退化（少于原基数），更是习见。

2. 排列方式的变化

花的各部分在花托上的排列，是因植物种类不

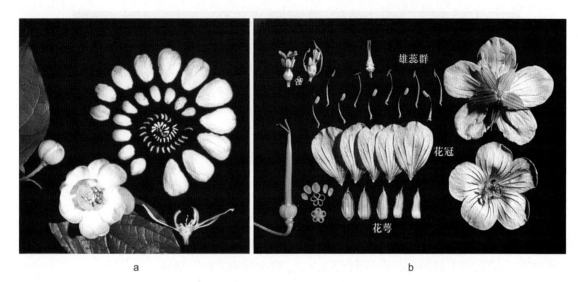

图4-4　花部的两种排列方式

a.夏蜡梅：萼片4~5，花瓣6~7，雄蕊多数，雌蕊多数，螺旋状由外向内（由下向上）排列，大小、形状上都有逐渐移变之势；
b.草原老鹳草：萼片5，组成一轮花萼；花瓣5，组成一轮花冠；雄蕊5枚外轮、5枚内轮组成一个两轮的雄蕊群，雌蕊由5枚心皮结合而成一轮

同而异的。主要有两种方式：一种是螺旋状排列；另一种是轮状排列（图4-4）。二者中，前者是原始类型。螺旋状排列的花，从最外面或最下层的苞片起，继而花被、雄蕊群到中央的雌蕊群，在花托周围呈现由下而上，或由外而内的按顺序螺旋排列，双子叶植物中的毛茛科、木兰科、睡莲科等植物，仍保留这种排列方式。轮状排列就不是这样，花的各部分常由下而上，或由外而内地按顺序排列成一轮或数轮，每一轮的各个分体，常与相邻的内轮或外轮的各分体相间隔排列，也即萼片和花瓣相间隔，花瓣和雄蕊相间隔，心皮与雄蕊相间隔。有些花的结构看起来似乎不尽如此，例如鸢尾的心皮与雄蕊相对而生，报春花的雄蕊和花瓣相对而生，产生这类现象的原因，通常是由于某一轮花部的消失所致，如鸢尾与报春花原来各有2轮雄蕊，由于鸢尾的内轮雄蕊消失，保留下来的外轮雄蕊就和心皮对生。同样，报春花的外轮雄蕊消失，而内轮雄蕊就与花瓣相对而生。

此外，花部作螺旋排列的花托往往凸起或呈圆柱状，而轮状排列的花托多为平顶或凹顶。

3. 对称性的变化

花各部分在花托上的排列，常形成一定的对称面。根据对称面的多少，可以把花分为多面对称（辐射对称）、双面对称（原两侧对称）、单面对称（原两侧对称）和不对称等几种类型（参阅第12章第3节）。从进化的观点看，多面对称是原始性的，而单面对称、不对称则是进化的。花冠的形状和对称性也往往与传粉方式有相关性，这是长期适应所产生的结果。

4. 子房位置的变化

原始类型的花托是一个圆锥体或圆柱形，在进化过程中，花托逐渐缩短，边缘扩展，直至成为凹顶形。花托形状的变化，改变了花部在花托上的排列地位，特别是子房的位置，出现上位、半下位和下位3种不同状态（参阅第12章第3节）。

花的各部分的演化趋势是多方面的，就一朵花来说，演化的趋势也不是各部分同步一致的，导致花的结构更为复杂而多样化。例如毛茛科乌头的花萼、花冠离生，雄蕊多数，这些反映了它们的原始性状，但萼片和花瓣有强烈的分化，已成为单面对称花，则又是进化的表现。此外，花各部分的互相转变，也经常在栽培的植物种类中找到，如栽培的芍药和玫瑰，雄蕊的数目减少，转变为花瓣，出现重瓣结构。在睡莲的花朵里，也常常可以见到花

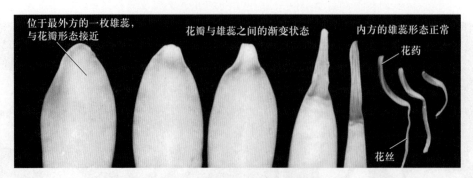

位于最外方的一枚雄蕊，与花瓣形态接近　　　花瓣与雄蕊之间的渐变状态　　　内方的雄蕊形态正常

花药

花丝

图4-5　睡莲花瓣和雄蕊形态的渐变

瓣和雄蕊之间的过渡类型，这种瓣化雄蕊的下部扁平，与花瓣相似，而在其上部却有花药（图4-5）。

二、花程式和花图式

为了简明地描述一朵花的结构，表达花各部分的组成、排列位置和相互关系，可以用一个公式或图案把一朵花的各部分表示出来，前者称花程式（floral formula），后者称花图式（floral diagram）。

（一）花程式

花程式是采用代号构成特定公式的方法，来表示花各部分的组成、数目、联合情况与子房的位置等特征。用以表示花各部分的代号，一般是各轮花部拉丁名词的首字母，通常用：K代表花萼（kelch，德文），C代表花冠（corolla），A代表雄蕊群（androecium），G代表雌蕊或雌蕊群（gynoecium）。如果花萼、花冠不能区分，可用P代表花被（perianth）。每一字母的右下角可以记上一个数字来表示各轮的实际数目。如果缺少某一轮，可记下"0"，如果数目多于花被片的2倍且非定数，可用"∞"表示。如果某一部分的各单位互相联合，可在数字外加上括号"（ ）"。如果某一部分不止1轮，而是有2轮或3轮，可在各轮的数字间加上"+"。子房位置也可在公式中表示出来，如果是子房上位，可在G字下加一画；子房下位，则在G字上加一画；子房半下位，则在G字上下各加一画。在G字右下角可以写上3个数字，依次代表

构成该子房的心皮数、子房室数和每室胚珠数，各数字间用"："相隔。

如果是多面对称（辐射对称）花，可在公式前加一"*"号，单面对称花用"↑"表示。♂表示单性雄花，♀表示单性雌花，⚥表示两性花。

下面举几个例子说明。

（1）百合的花程式为：

$$*P_{3+3}A_{3+3}\underline{G}_{(3:3:\infty)}$$

花程式表示：百合花为多面对称；花被片6，2轮，每轮3片；雄蕊6，2轮，每轮3枚；雌蕊由3心皮组成，合生，子房上位，3室，每室有多数胚珠。

（2）蚕豆的花程式为：

$$\uparrow K_{(5)}C_{1, 2, (2)}A_{(9), 1}\underline{G}_{1:1:\infty}$$

花程式表示：蚕豆花为单面对称；花萼合生，5裂；花冠由5片花瓣组成，旗瓣1片、翼瓣2片离生，龙骨瓣2片合生；雄蕊群有雄蕊10枚，其中9枚合生，内轮的一枚分离；子房上位，由1心皮组成，1室，胚珠多数。

（二）花图式

花图式是用花的横剖面简图来表示花各部分的数目、离合情况、排列的位置和胎座类型（图4-6）。花图式的上方一个黑点表示花轴或花序轴，这是花图式绘制时的定位点。花部的远轴片和近轴片以及子房横切面角度都依此点而定。通常用有肋的实心弧线表示苞片，有肋且带横线条的弧线表示花萼，无肋的实心弧线表示花冠，雄蕊和雌蕊就以它们的实际横切面图表示。如蚕豆花图式表

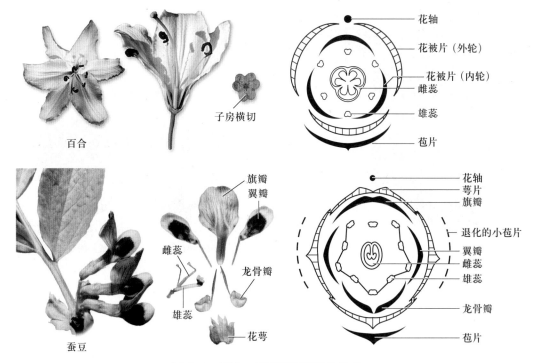

图 4-6　百合、蚕豆花解剖和花图式

示：单面对称花；花萼裂片5，覆瓦状排列；花瓣5，下向覆瓦状排列，下方2片（龙骨瓣）先端结合；雄蕊10枚，2轮，其中9枚合生，内轮的1枚近轴雄蕊离生；边缘胎座，腹缝在近轴方。

用花图式可以直观地表示花部的联合或分离、多面对称或单面对称的排列情况，但不能表达子房是上位还是下位，也不能表达胚珠数。因此花图式和花程式各有所长，故常常同时使用。

第2节　雄蕊的发育

雄蕊（即小孢子叶）是由花丝和花药两部分组成。花丝与生殖无直接关系，它的作用是把营养输送到花药，供花药发育时用，同时将花药托展在空中，以利传粉。花丝的结构一般较为简单，最外层是一层角质化的表皮细胞，有的还附生毛茸、气孔等，表皮以内是薄壁组织，中央有一条由筛管和螺纹导管组成的维管束贯穿，直达药隔。花药是雄蕊产生花粉的主要部分，多数被子植物的花药由4个

花粉囊（即小孢子囊）组成，位于药隔的两侧，一侧一对（也有少数种类花药的花粉囊仅为2个，同样分列于药隔的左、右两侧）。花粉囊外由囊壁包围，内生许多花粉粒。花药成熟后，药隔每一侧的两个花粉囊之间的壁破裂消失，两花粉囊相互沟通成为一个药室。裂开的花粉囊散出花粉，为下一步进行传粉做好准备（图4-7）。

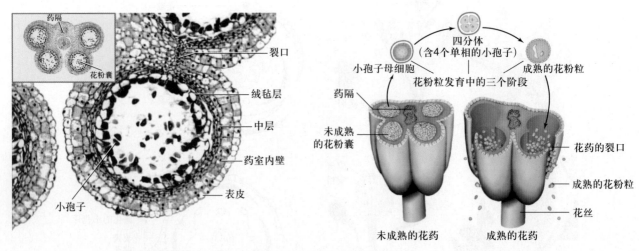

图 4-7 百合花药的解剖结构

一、花药的发育和小孢子的形成

雄蕊在花芽中最初出现时是一个微小的突起，称雄蕊原基（stamen primordium）。从雄蕊原基进而形成的花药原始体在结构上十分简单，外有一层表皮，表皮层之内是一群形状相似、分裂活跃的幼嫩细胞。以后由于原始体在四个角隅处细胞分裂较快，使原始体呈现出四棱的结构形状，并在每棱的表皮下出现一个或几个体积较大的细胞，这些细胞的细胞核大于周围其他细胞，细胞质也较浓，称为孢原细胞（archesporial cell）。从花药横切面上看，每一角隅处的孢原细胞数在不同植物种类中并不一样，有的只有一个，如小麦、棉，但一般是多个；从纵切面上看，这些细胞在角隅处作一列或数列纵向排列。

孢原细胞进行一次平周分裂，形成内、外两层细胞，外层细胞称初生壁细胞（primary parietal cell），与表皮层贴近，以后经过分裂和分化，与表皮一起构成花粉囊的壁层；内层细胞称造孢细胞（sporogenous cell），是花粉母细胞的前身，将由它发育成花粉粒。在花药中部的细胞进一步分裂、分化，以后构成药隔和维管束（图4-8a、b）。

初生壁细胞进行平周分裂，产生3~5层细胞。外层细胞紧接表皮，细胞体积较大，称为药室内壁

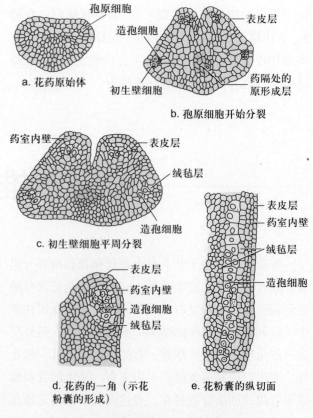

图 4-8　长春花雄蕊小孢子囊的起源和发育

a~d为发育中的花药横切面

（endothecium）（图4-8c～e）。当花药成熟时这层细胞向半径方向伸展扩大，在大多数植物种类里，其细胞壁的内切向壁和横向壁上发生带状的加厚，而外切向壁仍是薄壁的。带状加厚一般是积累了纤维素，成熟时略微木质化。这层壁加厚的细胞层又称纤维层（fibrous layer）。它们的带状加厚有助于花药的开裂和花粉的散放（图4-9）。有些植物如水鳖科的一些种类、闭花受精植物、花药由顶孔开裂的植物，药室内壁并不发生带状加厚。两花粉囊之间的交界处有几个薄壁的唇形细胞出现，在花药成熟开裂时形成裂缝，称为裂口（stomium），是成熟花粉散出之处。

药室内壁以内的1～3层薄壁细胞称中层（middle layer）。初期的中层细胞内贮有大量淀粉或其他贮存物质。在小孢子母细胞进行减数分裂时，中层细胞内的贮存物质减少，细胞变为扁平，并逐渐趋向解体，最终被吸收并消失。所以在成熟花药中一般不存在中层（图4-10）。

花粉囊壁最内层的细胞层称为绒毡层（tapetum），细胞的体积比外围的壁细胞要大，具有腺细胞的特性。绒毡层细胞初为单核、细胞质浓、液泡少而小，以后发展成二核或多核，细胞内含有较多的RNA、蛋白质、油脂和类胡萝卜素等。当小孢子母细胞减数分裂接近完成时，绒毡层细胞开始出现退化迹象；到小孢子发育后期和出现雄配子阶段，绒毡层细胞已仅留残迹或不复存在。绒毡层细胞的解体按植物种类的不同，可分为两种情况：一种是绒毡层细胞在花粉发育过程中，不断分泌各种物质进入花粉囊，提供小孢子发育，直到花粉成熟，绒毡层细胞才自溶消失；另一种是绒毡层细胞比较早地出现内切向壁和径向壁的破坏，各细胞的原生质体逸出细胞外，互相融合，形成多核的原生质团，并移向药室内，充塞于小孢子之间的空隙中，为小孢子吸收利用（图4-10）。由此可见，绒毡层为花粉发育提供营养，对花粉形成至关重要。不仅如此，绒毡层细胞内还能合成和分泌与

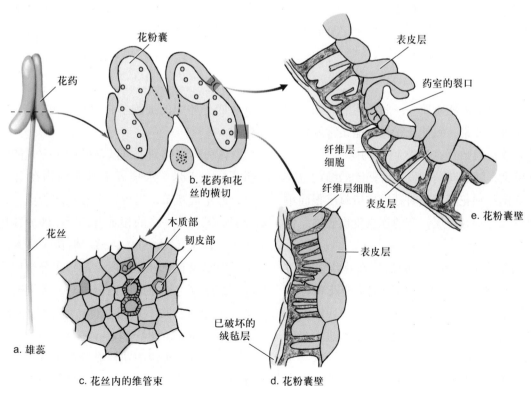

图4-9 桃属的雄蕊药室内壁的发育

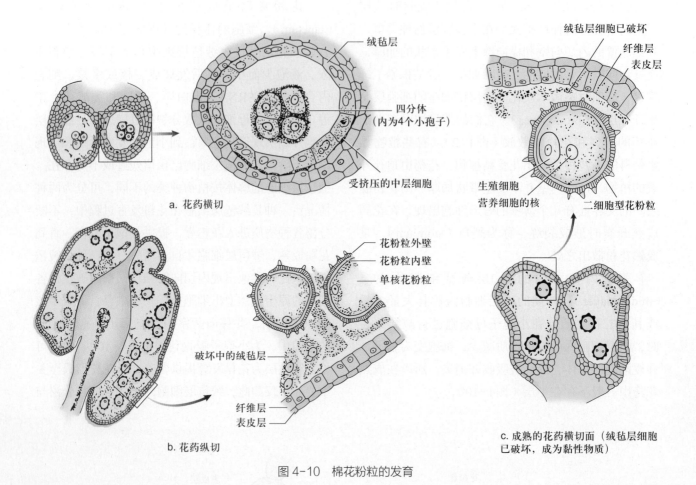

图 4-10　棉花粉粒的发育

花粉形成直接有关的酶物质——胼胝质酶。如果绒毡层的功能有所失常，致使花粉粒不能正常发育，就有可能导致花粉败育，失去生殖作用。

由上可见，随着花药的发育，药壁的结构也在不断发生变化，到花药成熟时药壁构造就已很简单了，只留下表皮和纤维层；有的连表皮也破损，仅存残迹。

孢原细胞平周分裂产生的内层造孢细胞经过不断分裂，形成大量小孢子母细胞（即花粉母细胞），这些细胞的体积大，核也大，原生质浓厚、丰富，与壁细胞很不一样。小孢子母细胞进一步发育，终将经过减数分裂，生成染色体数目减半了的4个花粉细胞，即小孢子（microspore）。这4个小孢子先是集合在一起，称四分体（quadrant），

以后四分体中的细胞各自分离，形成4个单核的花粉粒。

四分体在排列上常随新壁产生方式的不同而有所不同。玉米、水稻等禾本科植物在第一次分裂后，即生成新壁，出现一个二分体阶段，第二次的分裂面因与第一次的相垂直，所以四分体排列在同一个平面上（图4-11a～e）。棉花、草木樨属等双子叶植物没有二分体阶段，第一次分裂后不立即形成新细胞壁，而在形成四分体时，才同时产生细胞壁。因为新壁并不互相垂直，所以四分体的4个细胞呈四面体形（图4-11f～i）。

为了进一步说明花粉囊壁和小孢子的发生发育过程，将花药发育的一般程序列表如下：

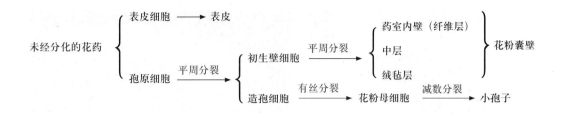

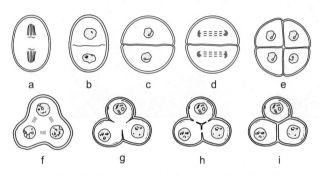

图4-11 小孢子母细胞经减数分裂后胞质分裂的类型

a~e.玉米小孢子母细胞产生4个小孢子的情形,生成的4个小孢子排列在同一平面上,c为二分体阶段;f~i.草木樨属(*Melilotus*)植物小孢子母细胞产生的4个小孢子呈四面体形;g、h.示新壁由周围向中央生成的情形

二、花粉粒的发育和形态结构

花粉细胞从四分体分离出来时细胞壁薄,含浓厚的原生质,核位于细胞的中央,它们从绒毡层取得营养,细胞体积不断增大,细胞核由中央位置移向细胞一侧,随后进行一次不均等分裂,形成两个细胞,大细胞为营养细胞(vegetative cell),小细胞为生殖细胞(generative cell)。生殖细胞形成后不久,细胞核即进行DNA复制,但RNA合成少。刚形成时的生殖细胞呈球形,以后伸长呈纺锤形,生长在营养细胞的细胞质中。营养细胞比生殖细胞要大,内含大量淀粉、脂肪等物质。两种细胞的生理作用是不同的,营养细胞以后与花粉管的生成与生长有关,而生殖细胞的作用是产生两个精子细胞,直接参与生殖。

花粉壁的发育始于减数分裂后不久。初生成的壁是花粉粒的外壁(exine),继而在外壁内侧生成花粉粒的内壁(intine),所以成熟花粉有内、外两层壁。外壁质坚厚,缺乏弹性,含有大量的孢粉素(sporopollenin),并吸收了绒毡层细胞解体时生成

的类胡萝卜素、类黄酮素和脂质、蛋白质等物质,积累壁中,或涂覆其上,使花粉外壁具有一定的色彩和黏性。内壁比外壁柔薄,富有弹性,由纤维素、果胶质、半纤维素、蛋白质等组成,包被花粉细胞的原生质体。

成熟花粉粒,有的只含营养细胞和生殖细胞,这样的花粉粒,称为二细胞型花粉粒(图4-12)。被子植物中大多数的科是这样的,如锦葵科、蔷薇科、山茶科、杨柳科、芸香科、百合科等。另一些植物的花粉粒,在成熟前,生殖细胞进行一次有丝分裂,形成2个精子细胞,这样的花粉粒在成熟时有一个营养细胞和2个精子细胞,这类花粉粒,称为三细胞型花粉粒,如十字花科、禾本科等的花粉粒。二细胞型花粉粒的精子是以后在花粉管中形成的。

成熟花粉粒的外壁表面或者光滑,如黄瓜、油菜、玉米;或者产生各种形状的突起或花纹,如山毛榉、柳、裂叶地黄、荷花玉兰;也有具很多棘刺的,如南瓜、蜀葵、金盏菊;或具囊状的翅,如松。花粉粒外壁的结构常随植物种类而异(图4-13),也和传粉的方式有关。此外,花粉粒的外壁上还有一定形状、一定数目和一定分布位置的孔和沟槽,它们是在花粉外壁形成时生成的,这些孔和沟槽处缺乏花粉外壁,以后花粉粒在柱头上萌发时,花粉管就由孔、沟处向外突出生长,所以称这些为萌发孔(germ pore)、萌发沟(germ furrow)。花粉粒外壁萌发沟的数量变化较少,但萌发孔可以从一个到多个,如水稻、小麦等禾本科植物只有一个萌发孔,油菜有3~4个萌发孔,棉的萌发孔多到8~16个。萌发孔内方的内壁,一般有所增厚。就花粉粒的形状、大小而论,变化也较大,有圆球形的,如水稻、小麦、玉米、棉等,或是椭圆形的,如油菜、蚕豆、桑、李等,也有略呈

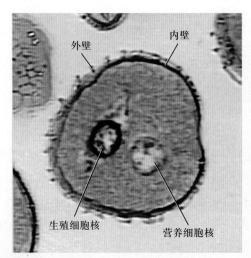

图4-12 花粉粒的结构

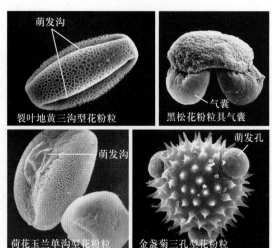

图4-13 几种花粉粒的形态

三角形的，如茶，以及其他形状。大多数植物的花粉粒直径为15～50 μm，水稻为42～43 μm，玉米为77～89μm，棉为125～138 μm，南瓜花粉粒较大，可超过200 μm，紫草科的勿忘我属植物花粉粒直径只有7 μm，被认为是最小的花粉粒。外壁上的突起、棘刺和萌发孔的数目，沟槽的位置，常在不同的植物种类里，出现极为复杂的多样性（图4-14），而且各类植物的花粉粒往往有各自特定的形态构造，可以用作鉴别植物属种的依据。由于花粉外壁的孢粉素有抗分解能力，所以在各地层或泥炭积层中，常可找到古代植物遗留的花粉。根据这些花粉的特征，可以推断当时生长的植物种类和分布情况。利用花粉的特征鉴定植物属种、分析演化关系和植物地理分布的学科，称为孢粉学（palynology）。

4.1 花粉形态与刑事侦查

成熟花粉的化学分析显示有下列组成成分，这些成分的含量随植物种类而异：蛋白质为7.0%～26.0%，糖类为24.0%～48.0%，脂肪为0.9%～14.5%，灰分为0.9%～5.4%，水分为7.0%～16.0%。花粉常按主要含淀粉或含脂肪而分为淀粉质花粉或脂肪质花粉，前者一般多为风媒植物的花粉，后者则多为虫媒植物的花粉。此外，花粉中含有各种维生素，其中B族维生素较多，脂溶性的较为缺乏。由于这一缘故，花粉不仅是某些昆虫的食粮，也被人类利用作为营养品。

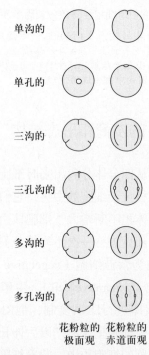

图4-14 被子植物花粉粒中萌发沟、孔的类型模式图

三、花粉败育和雄性不育

成熟的花药一般都能散放正常发育的花粉粒。但有时花药散出的花粉没有经过正常的发育，不能起到生殖的作用，这一现象，称为花粉的败育（abortion）。花粉败育可能是由于温度过低，或者严重干旱等外界因素或某种内在因素，使花粉母细

胞不能正常进行减数分裂，如花粉母细胞互相粘连一起，成为细胞质块，出现多极纺锤体或多核仁相连，或产生的4个小孢子大小不等，因而不能形成正常发育的花粉；或是减数分裂后花粉停留在单核或双核阶段，不能产生精子细胞；或因营养情况不良，以致花粉不能健全发育。绒毡层细胞的作用失常，失去应起的作用时，也会造成花粉败育。

有时在正常的自然条件下，由于内在生理、遗传的原因，个别植物也会出现花药或花粉不能正常地发育，成为畸形或完全退化的情况，这一现象称为雄性不育（male sterility）。雄性不育的植物，雌蕊照样可以正常发育。雄性不育植株可以表现为3种类型：一是花药退化，花药全部干瘪，仅花丝部分残存；二是花药内不产生花粉；三是产生的花粉败育。在进行杂种优势的育种工作中，利用雄性不育这一特性，在杂交时免去人工去雄这一操作过程，从而节约劳力。

第3节 雌蕊的发育

雌蕊的子房内生有胚珠，在结构上，一个成熟的胚珠是由珠心、珠被、珠孔、合点和珠柄等几部分组成；在性质上，雌蕊（心皮）相当于大孢子叶，胚珠相当于产生大孢子的大孢子囊，就如雄蕊的花粉囊是产生小孢子的小孢子囊一样。成熟胚珠的珠心内，将产生一个单倍核相的胚囊细胞，也就是大孢子，以后经过细胞分裂，形成7个细胞（8个核）结构的成熟胚囊（雌配子体）。卵细胞就在胚囊里产生。

一、胚珠的发育

胚珠是在胎座上发生的，初出现时是一个很小的突起物，这个突起物称为珠心（nucellus）。珠心体积增大并从珠心的基部生出一种保护构造——珠被（integument）。珠被通常有两层，外层的称为外珠被，内层的称为内珠被。珠被基部的细胞生长加快，将珠心包被起来，形成胚珠（图4-15，图4-16）。在胚珠的顶部珠被通常并未完全愈合，留

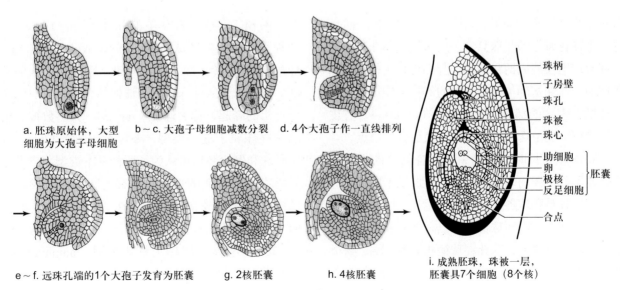

a. 胚珠原始体，大型　　b~c. 大孢子母细胞减数分裂　　d. 4个大孢子作一直线排列
细胞为大孢子母细胞

e~f. 远珠孔端的1个大孢子发育为胚囊　　g. 2核胚囊　　h. 4核胚囊　　i. 成熟胚珠，珠被一层，胚囊具7个细胞（8个核）

珠柄
子房壁
珠孔
珠被
珠心
助细胞
卵
极核　　胚囊
反足细胞
合点

图4-15　银莲花胚珠（单孢型胚囊）的发生和发展

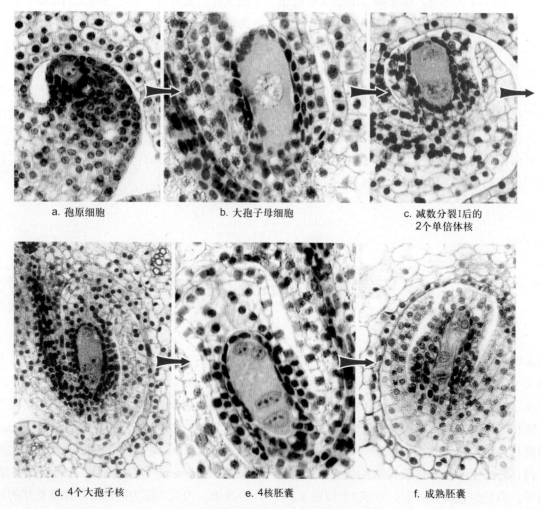

a. 孢原细胞   b. 大孢子母细胞   c. 减数分裂I后的
2个单倍体核

d. 4个大孢子核   e. 4核胚囊   f. 成熟胚囊

图4-16　百合胚珠和四孢型胚囊的发生和发展

有一个小孔，称为珠孔（micropyle）。胡桃、向日葵、银莲花属等的胚珠只有一层珠被。胚珠基部的一部分细胞发展成柄状结构，与心皮直接相连，称为珠柄。胚珠基部与珠孔相对的部位，珠被、珠心和珠柄相愈合的部分，称为合点（chalaza）。心皮的维管束分支由珠柄进入胚珠，最后到达合点。

胚珠在生长时，珠柄和其他各部分的生长速度，并不是一样均匀的，因此，形成了不同类型的胚珠。一种是胚珠各部分能平均生长，胚珠正直地着生在珠柄上，因而珠柄、合点、珠心和珠孔依次排列于同一直线上，珠孔在珠柄相对的一端，这类胚珠，称为直生胚珠（orthotropous ovule），如大黄、酸模、荞麦、荭草等的胚珠（图4-17a）；另一种类型是倒生胚珠（anatropous ovule），这类胚珠呈180°倒转，珠心并不弯曲，珠孔位于珠柄基部，靠近珠柄的外珠被常与珠柄贴合，形成一条向外突出的隆起，称为珠脊（raphe），大多数被子植物的胚珠属于这一类型，如凤梨（图4-17b）。直生胚珠和倒生胚珠可认为是两种基本类型，二者之间尚有一些过渡的形式，如有的胚珠在形成时胚珠的一侧增长较快，使胚珠在珠柄上成90°的扭曲，珠心和珠柄垂直，珠孔偏向一侧，如石竹（图4-17c）。这类胚珠称为横生胚珠（amphitropous ovule）。此外还有弯生胚珠、拳卷胚珠等。

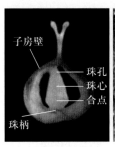
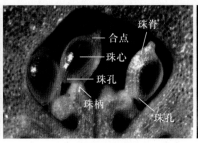
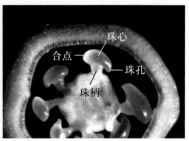

a. 荸草直生胚珠　　　　　　b. 凤梨倒生胚珠　　　　　　　　c. 石竹横生胚珠

图4-17　几种不同的胚珠类型

二、胚囊的发育和结构

1. 大孢子的发生

胚珠的珠心是由薄壁组织的细胞组成，以后在位于珠孔端内方的珠心表皮下，出现一个体积较大、原生质浓厚、具大细胞核的孢原细胞（archesporial cell）；在一些植物种类里，孢原细胞可以直接起到大孢子母细胞（即胚囊母细胞）的作用（图4-15a，图4-16a）。但有些植物的孢原细胞须经过一次平周分裂，形成一个周缘细胞和一个造孢细胞，前者可以不再分裂，或经平周或垂周分裂后，增加珠心细胞数目，而后者通常不经分裂直接发育为大孢子母细胞。

由大孢子母细胞进一步发育为大孢子，有3种不同的情况。

（1）大孢子母细胞经过两次连续的分裂，其中一次是染色体的减数，分裂后，每个细胞产生各自的细胞壁，成为4个含单倍核的大孢子。4个大孢子一般作一直线或T形在珠孔端排列（图4-15，图4-18a）。其中位于珠心深处、近合点端的1个经过进一步发育，以后成为7个细胞（8个核）的胚囊，其余3个以后退化消失（图4-18a），如在银莲花、蓼科植物中所见。这种方式产生的胚囊称单孢型胚囊（monosporic embryo sac）。

（2）大孢子母细胞在减数分裂时两次分裂都没有形成细胞的壁，所以4个单倍的核共同存在于原来大孢子母细胞的细胞质中，以后这4个大孢子核一起参与胚囊的形成（图4-18b），如贝母、百合等植物的大孢子发生就属这一类型。这种方式产生

的胚囊称四孢型胚囊（tetrasporic embryo sac）。

（3）大孢子母细胞在减数分裂时的第一次分裂出现细胞壁，成为二分体；二分体中只有一个获得进一步的发育，进入第二次分裂，形成2个单倍的核，而另一个二分体即退化，以后消失。二分体中保留下来的一个细胞在第二次分裂时并没有形成新壁，所以2个单倍的核（大孢子核）同时存在于一个细胞中，以后共同参与胚囊的形成（图4-18c），如葱、慈姑等植物的大孢子发生是经由这一途径的。这种方式产生的胚囊称双孢型胚囊（bisporic embryo sac）。

2. 胚囊的形成

如上所述，由于大孢子起源方式的差异，造成被子植物胚囊的形成有不同的类型。但是，被子植物中70%以上的植物胚囊的发育类型是单孢型的，即由一个单相核的大孢子经3次有丝分裂，进一步发育成一个具7个细胞（8个核）的胚囊。这种胚囊类型也称蓼型或正常型。现将发育过程概述如下。

直列形的4个大孢子中合点端的1个逐渐长大，而另外3个逐渐退化消失。长大的大孢子也可称单核胚囊，含有大的液泡。

大孢子（单核胚囊）长大到相当程度的时候，连续发生三次有丝分裂。第一次分裂生成的2个核，依相反方向向胚囊两端移动，以后每个核又相继进行二次分裂，各形成4个核。每次分裂之后，并不伴随着新壁的产生，所以出现一个游离核时期。以后每一端的4核中，各有一核向中央部分移动，这2个核称为极核（polar nuclei），同时在胚囊两端的其余3核，也各发生变化。靠近珠孔端的

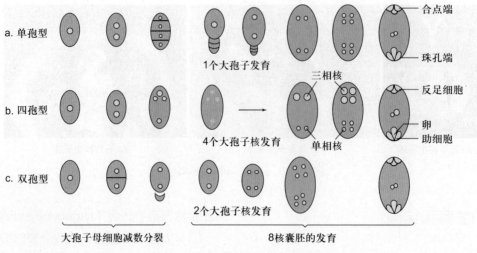

图 4-18　单孢型、四孢型和双孢型胚囊发育的模式图

图中标注：合点端、珠孔端、反足细胞、卵、助细胞、三相核、单相核

a. 单孢型　1个大孢子发育

b. 四孢型　4个大孢子核发育

c. 双孢型　2个大孢子核发育

大孢子母细胞减数分裂　　8核囊胚的发育

3个核，每个核的外面由一团细胞质和一层薄的细胞壁包住，成为3个细胞，其中1个较大，离珠孔较远，称为卵细胞，另2个离珠孔较近的较小，称为助细胞（synergid），这3个细胞组成卵器（egg apparatus）。另3个位于远珠孔端的细胞核，同样分别组成3个细胞，聚合在一起，成为3个反足细胞（antipodal cell）（图4-15i，图4-18）。以后中央的2个极核结合，形成一个大型的中央细胞（central cell）。至此，一个成熟的胚囊出现了7个细胞（8个核），即1个卵细胞，2个助细胞，3个反足细胞和1个中央细胞。

百合胚囊的结构是植物学教学及实验中经常提及的典型材料，在它的成熟胚囊中，与单孢型胚囊一样具7个细胞（8个核），但它的发育过程属于四孢型，又称贝母型。具体过程是大孢子母细胞减数分裂后形成4个单倍体的核共同存在于大孢子母细胞的细胞质中，并且呈1和3的排列，即1个核在珠孔端，另3个核在合点端。然后，珠孔端的核进行一次正常的有丝分裂形成2个单倍体的子核，而合点端的3个核分裂时，染色体先合并再形成2个三倍体的子核，它的体积较单倍体的子核大，核仁也多，形状也不同。然后，所有的核各分裂一次，成为8个核。4个在合点端的是三相核，4个在珠孔端的为单相核。接着两端各有一核移向中央。与单孢

型胚囊相似，在胚囊的珠孔端发育为1个卵和2个助细胞，在合点端为3个反足细胞，在中部的2个极核构成一个中央细胞。但不同的是它的反足细胞和一个极核是三相的（图4-16，图4-18b）。

3. 成熟胚囊的结构和功能

卵细胞是胚囊中最重要的部分，它是雌配子，是有性生殖的直接参与者，经受精后将发育成胚。卵细胞有高度的极性，细胞中含有一个大液泡，位于近珠孔端；核大形，在细胞中的位置处于液泡的相反一边。卵细胞周围是否有壁包围，不同植物种类的情况不同。卵细胞和两侧的助细胞间有胞间连丝相通。

助细胞结构最为复杂，并在受精过程中起到极其重要的作用。助细胞紧靠卵细胞，与卵细胞成三角形排列，它们也有高度的极性，外有不完全的壁包围，壁的厚度同样是不均匀的，近珠孔一端较厚，相对的一端只有质膜包住。细胞内的大液泡位于靠合点的一端，而核在近珠孔端，与卵细胞的情况正相反。助细胞最突出的一点，是在近珠孔端的细胞壁上出现丝状器（filiform apparatus）结构（见图4-28）。丝状器是一些伸向细胞中间的不规则片状或指状突起，这些突起是通过细胞壁的内向生长而形成的，它们的作用是使助细胞犹如传递细胞。研究认为，助细胞在受精过程中能分泌某些物质诱

导花粉管进入胚囊，同时还可能分泌某些酶物质，使进入胚囊的花粉管末端溶解，促使精子和其他内含物注入胚囊。此外，助细胞还能吸收、贮藏和转运珠心组织的物质进入胚囊。助细胞的寿命通常较短，一般在受精作用完成后解体。

反足细胞的数目可以从零到十余个，即使蓼型胚囊的反足细胞，也不一定是3个，常常可以继续分裂成一群细胞。反足细胞的核有的是1个，也有具2个或更多的。反足细胞寿命通常短暂，往往胚囊成熟时，即消失或仅留残迹，但也有存在时间较长的，如禾本科植物。反足细胞的功能是将母体的营养物质转运到胚囊。

中央细胞含有2个极核的内含物。正常类型胚囊的极核是2个，但也有1个、4个或8个的。融合的极核也称次生核。中央细胞的绝大部分为1个大液泡所占据，次生核常近卵器，它的周围有细胞质围绕。2个极核的融合，可以发生在受精作用之前，或是在受精过程中。中央细胞与第2个精子融合后，发育成胚乳。

第4节 开花、传粉与受精

一、开花

当雄蕊中的花粉和雌蕊中的胚囊达到成熟时，或二者之一发育成熟，原来由花被紧紧包住的花张开，露出雌、雄蕊，为下一步的传粉做准备，这一现象称为开花（anthesis）。

不同植物的开花年龄、开花季节和花期长短，相差很大。例如，一、二年生的植物，一般生长几个月就能开花，一生中仅开花一次，开花后，整个植株枯萎凋谢。多年生植物在到达开花年龄后，通常每年按时开花。各种植物的开花年龄往往有很大差异，有3～5年的，如桃属；10～12年的，如桦属；20～25年的，如椴属。竹子虽是多年生植物，但一生往往只开花一次，花后即缓慢枯死。不同植物的开花季节虽不完全相同，但早春季节开花的较多。一般来说，开花植物多数先长叶后开花（后叶开花），但也有先叶开花的，如蜡梅、玉兰等。有的植物在冬天开花，如茶梅。也有在晚上开花的，如晚香玉。至于花期的长短也很有差异，有的仅几天或更短，如桃、杏、李等，也有持续一两个月或更长的，如蜡梅。有的一次盛开后全部凋落，如梅花。有的持久地陆续开放，如棉、番茄等。热带植物中有些种类几乎终年开花，如可可、桉树、柠檬等。各种植物的开花习性与它们原产地的生活条件有关，是植物长期适应的结果，也是它们的遗传所决定的。

雄蕊的花粉囊通过一定的方式开裂并散出花粉。花粉囊的开裂方式是多样的，最普遍的方式是纵裂，其他有横裂、孔裂、瓣裂等，可在不同植物属、种中见到（见第12章第3节）。散放出来的花粉粒在适宜的温度、水湿条件下，可保持一定时期的萌发力。高温、干旱或过量的雨水，一方面能破坏花粉的生活力，同时对柱头的分泌作用产生不利的影响，所以作物在开花时遇到高温、干旱或连绵阴雨等恶劣天气，会导致减产。

有些植物的花，花苞不张开，就能完成传粉作用，甚至进一步结束受精作用，这在闭花传粉的植物种类里可以见到。

二、传粉

由花粉囊散出的成熟花粉，借助一定的媒介力量，被传送到同一花或另一花的雌蕊柱头上的过程，称为传粉（pollination）。传粉是有性生殖过程中的重要一环，通常情况下，没有传粉，也就不能完成受精作用。

（一）自花传粉与异花传粉及其生物学意义

自然界普遍存在两种传粉方式，一是自花传粉，二是异花传粉。

1. 自花传粉

花粉从花粉囊散出后，落到同一花的柱头上的传粉现象，称为自花传粉（self-pollination）。在实际应用上，自花传粉的概念，还指农业上同株异花间的传粉和果树栽培上同品种间的传粉。

自花传粉植物的花必然是：①两性花，花的雄蕊常围绕雌蕊而生，而且挨得很近，所以花粉易于落在本花的柱头上；②雄蕊的花粉囊和雌蕊的胚囊必须是同时成熟的；③雌蕊的柱头对于本花的花粉萌发和花粉管中雄配子的发育没有任何生理阻碍。如箭叶淫羊藿（*Epimedium sagittatum*）（图4-19）。栽培作物如水稻、大麦、小麦、番茄等，通常多行自花传粉，而它们仍保留典型的异花传粉结构。

传粉方式中的闭花传粉和闭花受精（cleistogamy）是一种典型的自花传粉，它和一般的开花传粉和开花受精（chasmogamy）是不同的。这类植物的花不待花苞张开，就已经完成受精作用。它们的花粉直接在花粉囊里萌发，花粉管穿过花粉囊的壁，向柱头生长，完成受精。因此，严格地讲不存在传粉这一环节，例如豌豆、广布野豌豆、落花生等。闭花受精在自然界是一种合理的适应现象，植物在环境条件不适于开花传粉时，闭花受精就弥补了这一不足，完成生殖过程，而且花粉可以不致受雨水的淋湿和昆虫的吞食。

2. 异花传粉

一朵花的花粉传送到同一植株或不同植株另一朵花的柱头上的传粉方式，称异花传粉（cross pollination）。作物栽培上称不同植株间的传粉、果树栽培上称不同品种间的传粉为异花传粉。

异花传粉的植物和花，在结构上和生理上产生了一些特殊的适应性变化，使自花传粉成为不可能，主要表现在：①花单性，而且是雌雄异株植物；②两性花，但雄蕊和雌蕊不同时成熟，在雌、雄蕊异熟现象中，有雄蕊先熟的，如莴苣、含羞草（图4-20）等，或是雌蕊先熟的，如车前、甜菜等；③雌、雄蕊异长或异位，有利于进行异花传粉，如报春花（图4-21）；④花粉落在本花的柱头上不能萌发，或不能完全发育以达到受精的结果，如荞麦、亚麻、桃、梨、苹果、葡萄等。

异花传粉在植物界比较普遍地存在着，与自花传粉相比，是一种进化的方式。连续长期的自花传粉对植物是有害的，可使后代的生活力逐渐衰退，

图4-19 箭叶淫羊藿花纵切（示自花传粉的适应结构）

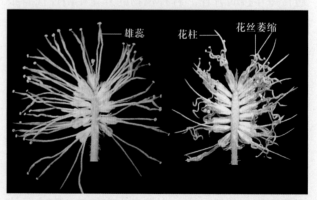

a. 开花初期为雄蕊成熟期　　b. 开花后期为雌蕊成熟期

图4-20 含羞草两蕊异熟达到异花传粉的目的

图 4-21　报春花雌雄蕊异长

报春花花柱和雄蕊高度有两种类型，蜜蜂在它们之间采蜜时，吻的不同部位就沾有不同高度雄蕊的花粉，从而进行异花传粉

a. 普通花开放

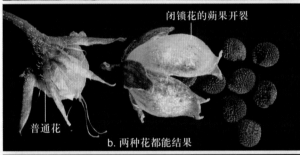

b. 两种花都能结果

c. 闭锁花的
发育过程

图 4-22　孩儿参的两种花

a. 普通花长在植株的上部（赵宏摄），它的萼片5，花瓣5，雄蕊10，柱头3枚　b. 两种花都能结果　c. 闭锁花的发育过程：1. 一朵闭锁花，萼片4，紧紧包着花朵，从不张开；2. 剥开萼片可见里面仅有2枚雄蕊和1枚雌蕊，其他的部分均已退化，尚未成熟；3. 雄蕊已熟，花药呈鲜艳的棕红色，紧靠柱头便于授粉；4. 子房已经受粉，花药干瘪呈棕黑色；5. 子房长大，由于萼片始终是闭合的所以花药被带到上面，依然在柱头边上，而花丝已被扯断，长度不变，依然在子房的基部，由此可以证明闭锁花是自花传粉而结实的

这在农业生产实践中已得到证明，例如小麦、大豆如果长期连续自花传粉，会逐渐衰退而失去栽培价值。异花传粉和异体受精就不这样，它们的后代往往具有强大的生活力和适应性。达尔文经过长期的观察研究后，指出："连续自花传粉对植物本身是有害的，而异花传粉对植物是有益的。"他的结论与农业实践是完全一致的。

自花传粉、自体受精之所以有害，和异花传粉、异体受精之所以有益，是因为自花传粉植物所产生的两性配子，是处在同一环境条件下，所以融合后产生的后代增加了有害隐性等位基因纯合的机会，降低了种群的适合度，造成近交衰退。而异花传粉由于雌、雄配子是在彼此不完全相同的生活条件下产生的，遗传性具较大差异，融合后产生的后代，也就有较强的生活力和适应性。

当缺乏必需的风、虫等媒介力量，而使异花传粉不能进行的时候，自花传粉对某些植物来说仍是必要的。用自花传粉的方法来繁殖种子，总比不繁殖种子或繁殖很少量来得好些。例如，石竹科孩儿参（又名太子参、异叶假繁缕）的花就有两种类型（图4-22）：一种为普通花，长在茎端或上部，依靠昆虫进行异花传粉；另一种花为闭锁花，是一种不完全花，这种花从不开放，由花萼紧紧地包着，它的2枚红棕色的花药就靠在柱头边上，自花传粉后，子房膨大，发育成为蒴果，散出种子。

这两种花是互相弥补的：普通花能够通过传粉，进行植株间的种内的基因交流，使得植物充满活力，没有它，太子参就可能因长期的近亲繁殖而退化，最后导致灭亡；闭锁花则能够保证下一代的种群数量，没有它就可能因个体过少而得不到传粉的机会，也就是说，太子参主要以闭锁花繁殖后代，普通花随机地进行基因交流，既保证了种群的数量又保证了物种的生命力，两者缺一不可。

（二）风媒花和虫媒花

植物进行异花传粉，必须依靠某种外力的帮助，才能把花粉传播到其他花的柱头上去。传送花粉的媒介有风力、昆虫、鸟和水等，最为普遍的是风和昆虫。借助各种不同外力传粉的花，往往产生一些特殊的适应性结构，使传粉得到保证。

1. 风媒花

依靠风力传送花粉的传粉方式称风媒（anemophily），借助这类方式传粉的花，称风媒花（anemophilous flower）。据估计，约有1/10的被子植物是风媒的，大部分禾本科植物和木本植物中的栎、杨、桦木、朴树、构树等都是风媒植物。裸子植物也主要依靠风媒传粉（图4-23）。

风媒植物的花多密集成穗状花序、柔荑花序等，能产生大量花粉，同时散发。花粉一般质轻、干燥、表面光滑，容易被风吹送。风媒花的花柱往往较长，柱头膨大呈羽状，高出花外，增加了接受花粉的概率。多数风媒植物有先叶开花的习性，散出的花粉受风吹送时，可以不致受枝叶的阻挡。此外，风媒植物也常是雌雄异花或异株，花被常消失，不具香气和色泽，但这些并非是必要的特征。有的风媒花照样是两性的，如禾本科植物的花。

2. 虫媒花

依靠昆虫为媒介传送花粉的方式称虫媒（entomophily），借助这类方式传粉的花，称虫媒花（entomophilous flower）。多数被子植物是靠昆虫传粉的，常见的传粉昆虫有蜂类、蝶类、蛾类、蝇类等，这些昆虫在花中产卵、栖息或采食花粉花蜜时，不可避免地要与花接触，从而将花粉从一朵花传到另一朵花。

适应虫媒传粉的花，多具备以下特征：①多具有特殊的气味。不同植物散发的气味不同，所以趋附的昆虫种类也不一样，有喜芳香的，也有喜恶臭的。②多具有花蜜。蜜腺或是分布在花的各个部分，或是发展成特殊的器官。花蜜积累在花的底部或特有的距内。花蜜暴露于外的，往往由甲虫、蝇和短吻的蜂类、蛾类所趋集；花蜜深藏于花冠之内的，多为长吻的蝶类和蛾类所吸取。昆虫取蜜时，花粉粒黏附在昆虫体表而被传布开去。③花大而显著，并有鲜艳色彩。一般昼间开放的花多为红、黄、紫等颜色，而晚间开放的多为纯白色，只有夜间活动的蛾类能识别，帮助传粉。④花粉粒大、而外壁粗糙，具黏性；雌蕊柱头也有黏液。⑤结构上常和传粉的昆虫互相适应。如昆虫的大小、体型、结构和行为，与花的大小、结构和蜜腺的位置等，都是密切相关的。

现以马兜铃为例。马兜铃为缠绕藤本。花单生于叶腋；花被单层，喇叭状，略弯斜，基部膨大呈球形（图4-24a），雄蕊6个，贴生在合蕊柱的下方，花药向外纵列；柱头6裂，位于合蕊柱的上方外侧，子房下位，比花柄略粗。蒴果球形。它是以定时禁闭的方式专靠体长2～3 mm的小蝇传粉的。开花时小蝇（图4-24b）被其气味吸引，从小蝇入口（c）经狭窄的花被管（d）到达基部膨大的腔内（e），由于花被管内充满着逆向的毛（f），小蝇被禁闭在内达数小时，与此同时小蝇将身上带来的花粉传给了柱头（g）。传粉后柱头萎缩（h），花药（i）开裂，花被管内面的毛已萎缩（j），小蝇带着花粉顺利地

图4-23　风媒传粉

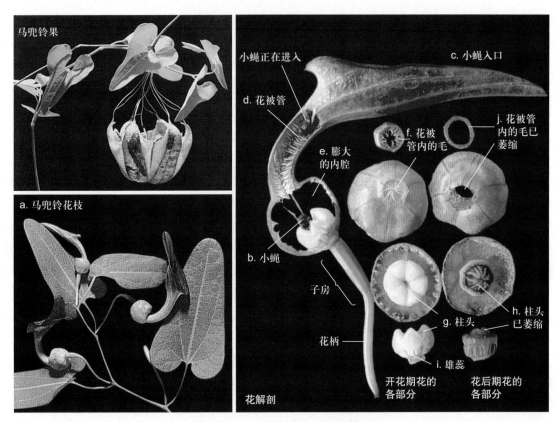

图 4-24　马兜铃花的虫媒结构解剖

爬出，再赴另一朵花进行传粉。由此可见，马兜铃传粉的成功是靠植物体特殊的气味和结构以及雌雄蕊异熟来实现的，当然也离不开昆虫的帮助。

📖 4.2　蜡梅花果结构解剖

3. 其他传粉方式

除风媒和虫媒传粉外，水生被子植物中的金鱼藻、黑藻、水鳖、浮萍、苦草等都是借水力来传粉的，这类传粉方式称水媒（hydrophily）。例如苦草属植物是雌雄异株的，它们生活在水底，当雄花成熟时，大量雄花自花柄脱落，浮升水面开放，同时螺旋状卷曲的雌花花柄迅速延长，把雌花的柱头顶出在水面上，当雄花飘近雌花时，两种花在水面相遇，柱头和雄花花药接触，完成传粉过程以后，雌花的花柄重新卷曲成螺旋状，把雌花带回水底，进一步发育成果实和种子（图4-25）。

其他如借鸟类传粉的称鸟媒（ornithophily），传粉的是一些小型的蜂鸟、太阳鸟等。蜂鸟头部的

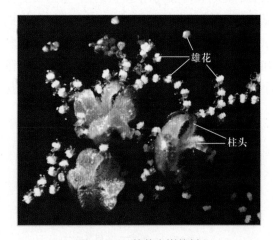

图 4-25　苦草水媒传粉

长喙，在摄食花蜜时传播花粉。蜗牛、蝙蝠等小动物也能传粉，但不常见。

（三）人工辅助授粉

异花传粉常常受环境条件的制约。例如，风力

不足使风媒传粉受阻；若遇风大或气温低，昆虫外出传粉减少，导致传粉和受精概率降低，从而影响果实和种子的产量。在农业生产上常采用人工辅助授粉的方法，克服因条件不足而使传粉得不到保证的缺陷，以达到预期的产量。人工辅助授粉的具体方法，一般是先从雄蕊采集花粉，然后撒到雌蕊柱头上。杂交育种上，有时因为要进行杂交的亲本不在同一季节开花，或虽在同一季节开花但亲本植株的产地相距甚远，可采用低温低湿条件对花粉进行临时保存。

三、受精

花内两性配子互相融合的过程，称受精作用（fertilization），包括花粉粒在柱头上的萌发、花粉管在雌蕊组织中的生长、花粉管进入胚珠与胚囊、花粉管中的两个精子分别与卵细胞和中央细胞融合。

1. 花粉粒在柱头上的萌发

花粉粒落在柱头上后，首先向周围吸取水分，吸水后的花粉粒呼吸作用迅速增强，蛋白质的合成也显著地加快。同时，花粉粒因吸水而增大体积，高尔基体活动加强，产生很多大型小泡，带着多种酶和造壁物质，循着细胞质向前流动的方向，释放出小泡，参与花粉管壁的建成。吸水的花粉粒营养

细胞的液泡化增强，细胞内部物质增多，细胞的内压增加，这就迫使花粉粒的内壁向着一个（或几个）萌发孔突出，形成花粉管（pollen tube）（图4-26），这一过程称为花粉粒的萌发。

花粉在柱头上有立即萌发的，如玉米、橡胶草等；或者需要经过几分钟以至更长一些时间后才萌发的，如棉花、小麦、甜菜等。空气湿度过高，或气温过低，不能达到萌发所需要的湿度或温度时，萌发就会受到影响。

落到柱头上的花粉种类会很多，但不是都能萌发。不管是同种的（种内）或是不同种的（种间），只有交配的两亲本在遗传上较为接近，差异既不过大，也不过小，才有可能实现亲和性的交配。不亲和的花粉在柱头上或是不能萌发，或是萌发后花粉管生长很慢，不能穿入柱头；或是花粉管在花柱内的生长受到抑制，不能到达子房。所以从花粉落到柱头上后，柱头对花粉就进行"识别"和"选择"，对亲和的花粉予以"认可"，不亲和的就予以"拒绝"。

造成受精亲和或不亲和的因素是什么？细胞生物学研究证明，花粉与雌蕊组织之间的识别反应取决于花粉壁上和壁内的蛋白质和柱头表面蛋白质表膜之间的相互关系，这几种蛋白质是识别亲和或不亲和的物质基础。成熟花粉粒周围的蛋白质有外壁蛋白和内壁蛋白两种，前者是花粉粒成熟时由花粉囊壁的绒毡层细胞所分泌并被贮存在花粉外壁的腔

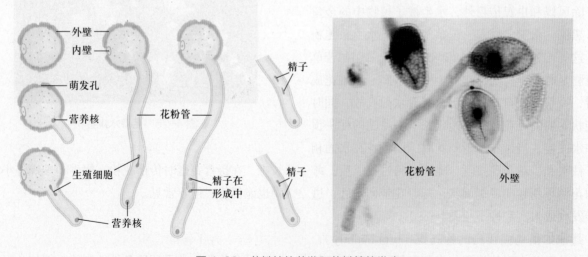

图4-26 花粉粒的萌发和花粉管的发育

隙内；后者是花粉粒在成熟时由花粉粒细胞本身所产生并沉积在花粉粒内壁上的，近萌发孔的区域更为丰富。另外，在柱头表面覆盖一层亲水的蛋白质薄膜，这层黏性膜不但能粘住花粉粒，又有"识别"花粉粒的能力。当花粉粒落在柱头上受到潮湿时，外壁蛋白快速地被释放出来，而内壁蛋白通过萌发孔也从花粉粒中逸出；这两种花粉蛋白结合在花粉附近的柱头表面，与柱头表面的蛋白相互起作用。亲和的花粉能从柱头吸水，开始萌发；不亲和的花粉遭到"拒绝"，在花粉萌发孔或在刚开始伸出的花粉管端形成胼胝质塞，阻断了花粉管的生长，有的则在柱头表面的乳突细胞壁层间产生胼胝质物质以阻塞花粉管的穿入。

在自交和杂交过程中由于受精的不亲和性，导致不育，会给育种工作造成困难。现在已有多种措施可以克服不亲和性的障碍，例如，用混合花粉授粉；在蕾期授粉；授粉前截除柱头或截短花柱；子房内授粉或试管受精等。

2. 花粉管的生长及受精

具有受精亲和性的花粉，在酶的促进作用下开始萌发，形成花粉管。由于花粉粒的外壁性质坚硬，包围着内壁四周，只在萌发孔的地方留下伸展余地，所以花粉的原生质体和内壁，在膨胀的情况下，一般向着一个萌发孔突出，形成一个细长的管子，称为花粉管。花粉管有顶端生长的特性，它的生长只限于前端3～5 μm处，形成后能继续向下延伸，先穿越柱头，然后经花柱而达子房。同时，花粉粒细胞的内含物全部注入花粉管内，向花粉管顶端集中，如果是三细胞型的花粉粒，营养核和2个精子全部进入花粉管中，而二细胞型的花粉粒在营养核和生殖细胞移入花粉管后，生殖细胞便在花粉管内分裂，形成2个精子。

花粉管通过花柱而达子房的生长途径，可分为两种不同的情况：一种情况是某些植物的花柱中间成空心的花柱道，花粉管在生长时沿着花柱道表面下伸，到达子房；另一种情况是花柱并无花柱道，而为特殊的引导组织（transmitting tissue）或一般薄壁细胞所充塞，花粉管生长时需经过酶的作用，

将引导组织或薄壁组织细胞的胞间层果胶质溶解，花粉管经由细胞之间通过。花粉管在花柱中的生长，除利用花粉本身贮存的物质作营养外同时吸收花柱组织的养料，作为生长和建成管壁合成物质之用。

花粉管到达子房以后，或者直接伸向珠孔，进入胚囊（直生胚珠），或者经过弯曲，折入胚珠的珠孔口（倒生、横生胚珠），再由珠孔进入胚囊，统称为珠孔受精（porogamy，图4-27a）。也有花粉管经胚珠基部的合点而达胚囊的，称为合点受精（chalazogamy，图4-27b）。前者是大多数植物具有的，后者是少见的现象，榆、胡桃的受精即属后者。此外，也有穿过珠被，由侧道折入胚囊的，称中部受精（mesogamy），则更属少见，如南瓜。无论花粉管在生长中取哪一条途径，最后总能准确地伸向胚珠和胚囊，这一现象产生的原因，一般认为在雌蕊某些组织，如珠孔道、花柱道、引导组织、胎座、子房内壁和助细胞等存在某些化学物质，以诱导花粉管的定向生长。

3. 被子植物的双受精过程及其生物学意义

花粉管经过花柱，进入子房，直达胚珠，然后穿过珠孔，进而伸向胚囊。在珠心组织较薄的胚珠里，花粉管可以直接进入胚囊，但在珠心较厚的胚

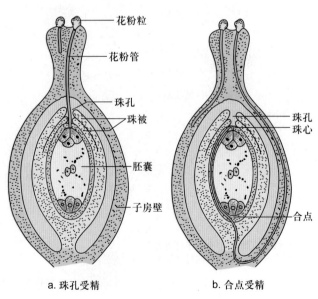

a. 珠孔受精　　　　　b. 合点受精

图4-27　珠孔受精和合点受精

珠里，花粉管需要先通过厚实的珠心组织，才能进入胚囊。

通常花粉管穿入一个助细胞，从其丝状器处进入胚囊。据推测可能是由于低压膨胀，引起压力突然改变，导致花粉管的末端破裂，将精子及其他内容物注入胚囊。2个精子中的1个和卵融合，形成受精卵（或称合子，zygote），将来发育为胚。另1个精子和2个极核（或次生核）融合，形成受精极核，亦称初生胚乳核（primary endosperm cell），以后发育为胚乳。卵细胞和极核同时和两个精子分别完成融合的过程，是被子植物有性生殖的特有现象，称为双受精（double fertilization）（图4-28）。

与卵细胞结合的精子，在进入卵细胞与卵核接近时，精核的染色体贴附在卵核的核膜上，然后断裂分散，同时出现一个小的核仁，后来精核和卵核的染色质相互混杂在一起，雄核的核仁也和雌核的核仁融合在一起，结束这一受精过程。另1个精子和极核的融合过程与上述两配子的融合是基本相似的，精子初时也呈卷曲的带状，以后松开与极核表面接触，2组染色质和2个核仁合并，完成整个过程。精子和卵的结合比精子和极核结合缓慢，所以精子和次生核的合并完成得较早。

受精时，精子的细胞质是否进入卵细胞中，可归纳为两种情况：一种是精子的细胞质与核均参与融合，另一种是受精作用发生时只有精子核进入卵细胞，精子的其他构造并未进入。后一种情况在被子植物中占优势，这与大多数被子植物的质体和线粒体都具有母系遗传性的实际情况是相符的。

受精后胚囊中的反足细胞最初经分裂而略有增多，作为胚和胚乳发育时的养料，但最后全部消失。

被子植物的双受精，使两个单倍体的雌、雄配子融合在一起，成为一个二倍体的合子，恢复了植物原有的染色体数目。双受精在传递亲本遗传性、加强后代个体的生活力和适应性方面是具有重要的生物学意义的。精、卵融合将父、母本具有差异的遗传物质结合在一起，形成具双重遗传性的合子。由于配子间的相互同化，形成的后代就有可能形成

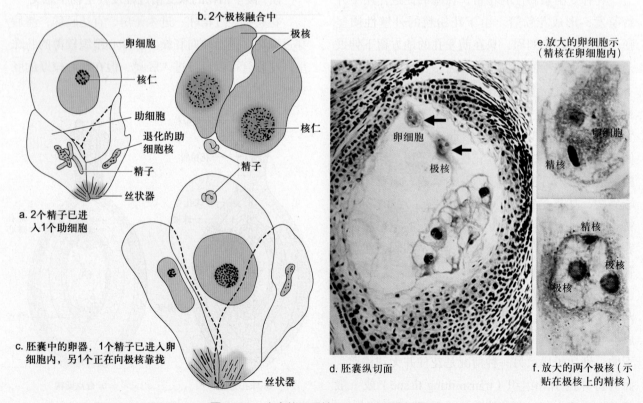

图4-28　小麦的双受精（d～f由胡适宜提供）

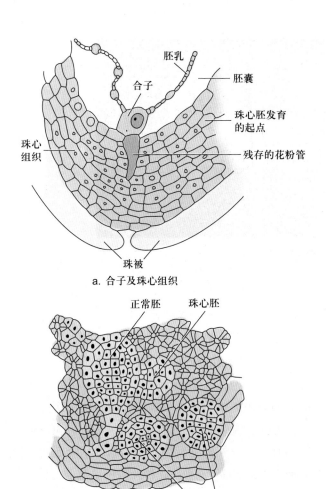

a. 合子及珠心组织

（图中标注：胚乳、合子、胚囊、珠心胚发育的起点、珠心组织、残存的花粉管、珠被）

b. 除正常的受精卵发育成的胚，即正常胚外，尚有若干个由珠心组织细胞发育成的胚，即珠心胚

（图中标注：正常胚、珠心胚、珠心胚）

图 4-29　柑橘属的多胚发生

一些新的变异。由受精的极核发展成的胚乳是三倍体的，同样兼有父、母本的遗传特性，作为新生一代胚期的养料，可以为巩固和发展这一特点提供物质条件。所以，双受精在植物界成为有性生殖过程中最进化、最高级的形式。

4. 无融合生殖及多胚现象

在正常情况下，被子植物的有性生殖是经过卵细胞和精子的融合，以发育成胚，但在有些植物里，不经过精卵融合，也能直接发育成胚，这类现象称无融合生殖（apomixis）。无融合生殖可以发生在经过正常减数分裂的胚囊中，或发生在未经正常减数分裂的胚囊中，或发生在胚囊以外的其他细胞。

📽 4.3　无融合生殖

通常被子植物的胚珠只产生一个胚囊，每个胚囊也只有一个卵细胞，所以受精后只能发育成一个胚。但有的植物种子里往往有2个或更多的胚存在，这一情况称为多胚现象（polyembryony）。多胚现象的产生，可以是胚珠中发生多个胚囊、受精卵分裂成几个胚；或是由于无融合生殖的结果（图4-29）。

📽 4.4　植物的多胚现象

第5节　种子和果实

受精作用完成后，胚珠便发育为种子，子房（有时还包括其他结构）发育为果实。种子植物除利用种子增殖本物种的个体数量外，还可借以度过干、冷等不良环境。而果实部分除保护种子外，往往兼有贮藏营养和辅助种子散布的作用。

植物的果实和种子可作为食物和工业、医药原料等。供食用的果实和种子种类极多，日常生活所

不可缺少的主粮、副食，如稻米、面粉、瓜果、豆类，绝大部分都是植物的种子和果实部分，种子和果实中所贮藏的淀粉、蛋白质、脂质经过提炼后，可作为食品工业和油脂工业的原料，如供食用的淀粉、椰油、豆油、菜油，供饮料加工用的可可、咖啡，供工业用的棉籽油、蓖麻油、桐油、乌桕油、乌桕蜡等。供医药用的果实和种子种类也不少，如

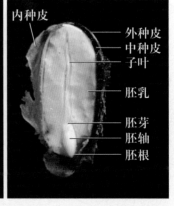

图 4-30　蓖麻种子形态

蓖麻、巴豆、石榴、木瓜、使君子等。这些将在第12章中结合各科、各植物种类详述。

以下就种子和果实的形成、结构和种类，分别加以介绍。

一、种子的基本形态

不同植物的种子的大小、形状、颜色等有着明显的差别，但是其基本结构却是一致的。一般种子都由胚、胚乳和种皮3部分组成，少数种类的种子还具有外胚乳结构。

1. 种皮

种皮（seed coat, testa）是种子外面的覆被部分，具有保护种子不受外力机械损伤和防止病虫害入侵等作用，其性质和厚度随植物种类而异。有些植物的种子成熟后一直包在果实内，由坚韧的果皮起着保护种子的作用，这类种子的种皮比较薄，呈薄膜状或纸状，如桃、落花生的种子。有些植物的果实成熟后即行开裂，种子散出，裸露于外，这类种子一般具坚厚的种皮，有发达的机械组织，有的为革质，如大豆、蚕豆；也有成硬壳的，如茶、蓖麻（图4-30）的种子。小麦、水稻等植物的种子，种皮与外围的果皮紧密结合，成为共同的保护层，因此种皮很难分辨。

成熟种子的种皮上，常可看到一些由胚珠发育成种子时残留下来的痕迹，如蚕豆种子较宽一端的

种皮上，可以看到一条黑色的眉状条纹，称为种脐（hilum），是种子脱离果实时留下的痕迹，也就是和珠柄相脱离的地方；在种脐的一端有一个不易察见的小孔（即种孔）（micropyle），是原来胚珠的珠孔留下的痕迹，种子吸水后如在种脐处稍加挤压，即可发现有水滴从这一小孔溢出（图4-31）。蓖麻种子一端有一块由外种皮延伸而成的海绵状隆起物，称为种阜（caruncle），种脐和种孔被种阜覆盖，只有剥去种阜才能见到；在沿种子腹面的中央部位，有一条稍为隆起的纵向痕迹，几乎与种子等长，称为种脊（raphe），是维管束集中分布的地方（见图4-30）。不是所有的种子都有种脊的，只有在由倒生胚珠所形成的种子上才能见到，因为倒生胚珠的珠柄和胚珠的一部分外珠被是紧紧贴合在一起的，维管束是通过珠柄进入胚珠，所以当珠被发育成种子的种皮时，珠被与珠柄愈合的部分就在种皮上留下种脊这

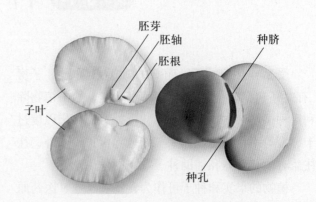

图 4-31　蚕豆种子形态

一痕迹，残存的维管束也就分布在种脊内。

2. 胚

胚（embryo）是构成种子的最重要的部分，是新生植物的雏体，由胚根（radicle）、胚芽（plumule）、胚轴（embryonal axis）和子叶（cotyledon）四部分组成。胚根、胚轴、胚芽形成胚的中轴。

胚根和胚芽的体积很小，胚根一般为圆锥形，胚芽常具雏叶，胚轴介于胚根和胚芽之间，同时又与子叶相连，一般极短，不甚明显。胚根和胚芽的顶端都有生长点，由胚性细胞组成，这些细胞体积小、细胞壁薄、细胞质浓厚、核相对较大、没有或仅有小形液泡。当种子萌发时，这些细胞能很快分裂、长大。使胚根和胚芽分别伸长，突破种皮，长成新植物的主根和茎、叶。同时，胚轴也随着一起生长，根据不同情况成为幼根或幼茎的一部分。一般由子叶着生点到第一片真叶的一段称为上胚轴（epicotyl），子叶着生点到胚根的一段称为下胚轴（hypocotyl），通常简称为胚轴。

子叶是植物体最早的叶，在不同植物的种子里，子叶数目、生理功能不全相同。种子内的子叶数通常为两片或一片。有两片子叶的植物，称为双子叶植物，如豆类、瓜类、棉、油菜等。只有一片子叶的，称为单子叶植物，如水稻、小麦、玉米、洋葱等。种子植物中的另一类植物——裸子植物，种子的子叶数并不一定，有两片的，如圆柏、银杏，也有数片的，如松、云杉、冷杉等。子叶的生理作用也是多样化的，有些种子的子叶里贮有大量养料，供种子萌发和幼苗成长时利用，如大豆、落花生的种子。有些种子的子叶在种子萌发后露出土面，进行短期的光合作用，如陆地棉、油菜、蓖麻等的种子。小麦、水稻等种子的子叶呈薄片状，它的作用是在种子萌发时分泌酶物质，以消化和吸收胚乳的养料，再转运到胚里供胚利用。

3. 胚乳

胚乳（endosperm）是种子集中贮藏养料的地方，一般为肉质，占有种子的一定体积（见图4-30）。也有成熟种子不具胚乳，这类种子在生长发育时，胚乳的养料被胚吸收，转入子叶中贮存，所以成熟的种子里胚乳不再存在，或仅残存一干燥的薄层，不起营养贮藏的作用，如蚕豆（见图4-31）、大豆、落花生、棉、芸薹、瓜类、慈姑、泽泻等的种子。有胚乳种子的胚乳含量，在不同植物种类中并不相同，例如蓖麻、水稻等种子的胚乳肥厚，占有种子的大部分体积。豆科植物如田菁种子，胚乳成为一薄层，包围在胚的外面。兰科、川苔草科、菱科等植物，种子在形成时不产生胚乳。

种子中所含养分随植物种类而异，主要是糖类、脂质和蛋白质，以及少量无机盐和维生素。糖类包括淀粉、糖和半纤维素等几种，其中淀粉最为常见。不同种子淀粉的含量不同，有的较多，成为主要的贮藏物质，如小麦、水稻，含量往往可达70%左右；也有的含量较少，如豆类种子。种子中贮藏的可溶性糖分大多是蔗糖，这类植物的种子成熟时含有甜味，如玉米、板栗等。以半纤维素为贮藏养料的植物种类并不很多，这类植物的种子中胚乳细胞壁特别厚，是由半纤维素组成的，种子在萌发时，半纤维素经过水解成为简单的营养物质，为幼胚吸收利用，如海枣、葱、咖啡、天门冬、柿等。种子中以脂质为贮藏物质的植物种类很多，有的贮藏在胚乳部分，如蓖麻；也有的贮藏在子叶部分，如落花生、芸薹等。蛋白质也是种子内贮藏养料的一种，大豆子叶内含蛋白质较多。小麦种子胚乳的最外层组织，称为糊粉层（aleurone layer），含有较多蛋白质颗粒和结晶。

少数植物种子在形成过程中，胚珠中的一部分珠心组织保留下来，在种子中形成类似胚乳的营养组织，称外胚乳（perisperm），其功能与胚乳相同。

二、种子的形成

种子的3个部分（胚、胚乳和种皮），分别由受精卵（合子）、受精的极核和珠被发育而成。大多数植物的珠心部分，在种子形成过程中，被吸收利用而消失，少数种类的珠心发育成外胚乳。虽然不同植物种子的大小、形状以及内部结构颇有差异，但它们的发育过程，却是大同小异的。

（一）胚的发育

种子里的胚是由合子发育来的，合子是胚的第一个细胞。卵细胞受精后，便产生一层纤维素的细胞壁，进入休眠状态。合子休眠时期的长短，随植物种类而异，有仅数小时的，如水稻在受精后4~6 h便进入第一次合子分裂；小麦为16~18 h；也有需2~3 d的，如棉；有的延续几个月，如茶、秋水仙等。以后，合子经多次分裂，逐步发育为种子的胚。一般情况下，胚发育的开始，较迟于胚乳的发育。

合子是一个高度极性化的细胞，它的第一次分裂，通常是横向的（极少数例外），成为两个细胞，一个靠近珠孔端，称为基细胞，具营养性，以后成为胚柄；另一个远珠孔的，称为顶端细胞，是胚的前身。两细胞间有胞间连丝相通。这种细胞的异质性，是由合子的生理极性所决定的。胚在没有出现分化前的阶段，称原胚（proembryo）。由原胚发展为胚的过程，在双子叶植物和单子叶植物间是有差异的。

胚柄在胚的发育过程中并不是一个永久性的结构，随着胚体的发育，胚柄也逐渐被吸收而消失。胚柄起着把胚伸向胚囊内部合适的位置以利于胚在发育中吸收周围的养料的作用，还可能起着从它的周围吸收营养转运到胚体供其生长发育等作用。

1. 双子叶植物胚的发育（以荠菜为例）

合子经短暂休眠后，不均等地横向分裂为2个细胞，靠近珠孔端是基细胞，远离珠孔端是顶端细胞。基细胞略大，经连续横向分裂，形成一列由6~10个细胞组成的胚柄，这些细胞之间有胞间连丝相通。电子显微镜观察胚柄细胞壁有内突生长，犹如传递细胞，细胞内含有未经分化的质体。顶端细胞先要经过2次纵分裂（第二次的分裂面与第一次的垂直），成为4个细胞，即四分体时期；然后各个细胞再横向分裂一次，成为8个细胞的球状体，即八分体（octant）时期。八分体的各细胞先进行一次平周分裂，再经过各个方向的连续分裂，成为一团组织。以上各个时期都属原胚阶段。以后由于这团组织的顶端两侧分裂生长较快，形成两个突起，迅速发育，成为2片子叶，又在子叶间的凹陷部分逐渐分化出胚芽。与此同时，球形胚体下方的胚柄顶端一个细胞，即胚根原细胞（hypophysis），和球形胚体的基部细胞也不断分裂生长，一起分化为胚根。胚根与子叶间的部分即为胚轴。这一阶段的胚体，在纵切面看，略呈心形。不久，由于细胞的横向分裂，使子叶和胚轴延长，而胚轴和子叶由于空间地位的限制也弯曲成马蹄形。至此，一个完整的胚体已经形成（图4-32），胚柄也就退化消失。

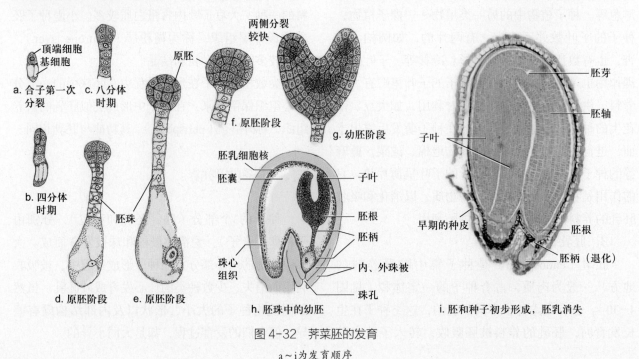

图4-32　荠菜胚的发育

a~i为发育顺序

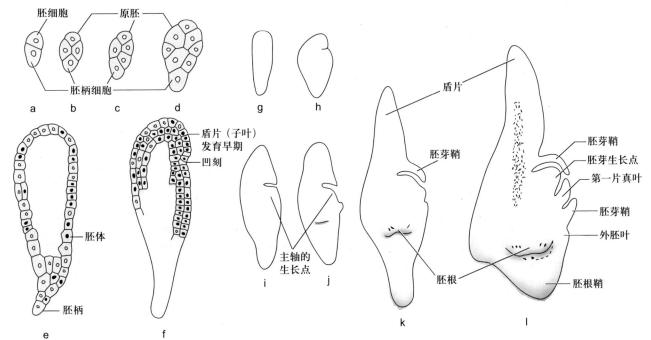

图中标注：
- 胚细胞
- 原胚
- 胚柄细胞
- a b c d g h
- 盾片（子叶）发育早期
- 凹刻
- 胚体
- 胚柄
- e f
- 主轴的生长点
- i j
- 盾片
- 胚芽鞘
- 胚根
- 胚芽鞘
- 胚芽生长点
- 第一片真叶
- 胚芽鞘
- 外胚叶
- 胚根鞘
- k l

2. 单子叶植物胚的发育（以小麦为例）

小麦胚的发育，与双子叶植物胚的发育情况有共同之处，但也有区别。合子的第一次分裂是斜向的，分为2个细胞，接着2个细胞分别各自进行一次斜向的分裂，成为4细胞的原胚。以后，4个细胞又各自不断地从各个方向分裂，增大了胚体的体积。到16～32个细胞时期，胚呈现棍棒状，上部膨大为胚体的前身，下部细长分化为胚柄，整个胚体周围由一层原表皮层细胞所包围。

不久，在棒状胚体的一侧出现一个小型凹刻，就在凹刻处形成胚体主轴的生长点，凹刻以上的一部分胚体发展为盾片（子叶）。由于这一部分生长较快，所以很快突出在生长点之上。生长点分化后不久，出现了胚芽鞘的原始体，成为一层折叠组织，罩在生长点和第一片真叶原基的外面。与此同时，在与盾片相对的一侧，形成一个新的突起，并继续长大，成为外胚叶。

胚芽鞘开始分化出现的时候，就在胚体的下方出现胚根鞘和胚根的原始体，由于胚根和胚根鞘细胞生长的速度不同，所以在胚根周围形成一个裂生性的空腔，随着胚的长大，腔也不断地增大。

至此，小麦的胚体已基本上发育形成（图4-33）。在结构上，它包括一片盾片（子叶），位

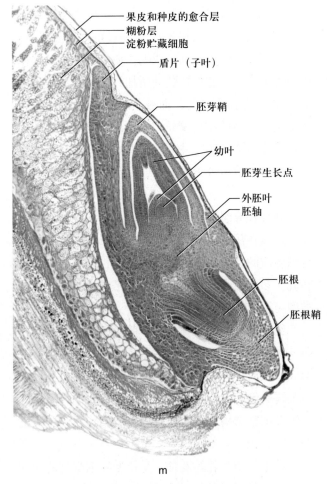

图中标注：
- 果皮和种皮的愈合层
- 糊粉层
- 淀粉贮藏细胞
- 盾片（子叶）
- 胚芽鞘
- 幼叶
- 胚芽生长点
- 外胚叶
- 胚轴
- 胚根
- 胚根鞘
- m

图 4-33 小麦胚的发育

a～f.初期发育时的纵切面；g～l.发育过程图解；m.成熟的胚纵切

于胚的内侧，与胚乳相贴近；胚芽生长点与第一片真叶原基合成胚芽，外面有胚芽鞘包被；相对于胚芽的一端是胚根，外有胚根鞘包被；在与盾片相对的一面，可以见到外胚叶的突起。有的禾本科植物如玉米的胚，不存在外胚叶。

（二）胚乳的发育

胚乳是被子植物种子贮藏养料的部分，由2个极核受精后发育而成，所以是三核融合的产物。极核受精后，不经休眠，就在中央细胞发育成胚乳。

胚乳的发育，一般有核型（nuclear type）、细胞型（cellular type）和沼生目型（helobial type）三种方式。以核型方式最为普遍，而沼生目型比较少见。

核型胚乳发育时，受精极核的第一次分裂以及其后一段时期的核分裂，不伴随细胞壁的形成，各个细胞核保留游离状态，分布在同一细胞质中，这一时期称为游离核的形成期。游离核的数目常随植物种类而异。随着核数的增加，核和原生质逐渐由于中央液泡的出现，而被挤向胚囊的四周，在胚囊的珠孔端和合点端较为密集，而在胚囊的侧方仅分布成一薄层。核的分裂以有丝分裂方式为多，也有少数出现无丝分裂，特别是在合点端分布的核。

胚乳核分裂进行到一定阶段，即向细胞时期过渡，这时在部分或全部游离核之间形成细胞壁，进行细胞质的分隔，即形成胚乳细胞，整个组织称为胚乳。多数单子叶植物和多数双子叶植物属于这一类型（图4-34）。

细胞型胚乳的发育不同于前者的地方，是在核第一次分裂后，随即伴随细胞质的分裂和细胞壁的形成，以后进行的分裂全属细胞分裂，所以胚乳自始至终是细胞的形式，不出现游离核时期，整个胚乳为多细胞结构。大多数合瓣花类植物属于这一类型（图4-35）。

沼生目型胚乳的发育，是核型和细胞型的中间类型。受精极核第一次分裂时，胚囊被分为2室，即珠孔室和合点室。珠孔室比较大，这一部分的核

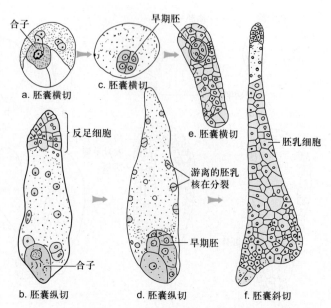

图4-34　玉米的胚乳发育（核型）

a～b.示合子和少量胚乳核；c～d.示胚发育早期，胚乳核在分裂中；e～f.示胚乳细胞形成

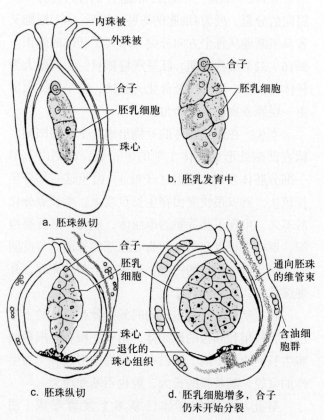

图4-35　单心木兰属植物胚乳的发育（细胞型）

进行多次分裂，呈游离状态。合点室核的分裂次数较少，并一直保留游离状态。以后，珠孔室的游离核形成细胞结构，完成胚乳的发育。属于这一胚乳发育类型的植物，仅限于泽泻亚纲（克朗奎斯特系统）的种类，如刺果泽泻、慈姑、独尾草属（*Eremurus* sp.）植物等（图4-36）。

因为胚乳是三核融合的产物，它包括2个极核和1个精子核，含有三倍数的染色体（由母本提供2倍、父本提供1倍），所以，它同样包含着父本和母本植物的遗传性。而且它又是胚体发育过程中的养料，为胚所吸收利用，因此，由胚发育的子代变异性更大，生活力更强，适应性也更广。

兰科、川苔草科、菱科等植物，种子在发育过程中极核虽也经过受精作用，但受精极核不久退化消失，并不发育为胚乳，所以种子内不存在胚乳结构。

（三）种子的形成

在胚和胚乳发育的同时，由胚珠的珠被发育成种皮。珠被有1层的，也有2层的，前者发育成的种皮只有一层，如向日葵、胡桃；后者发育成的种皮通常可以有2层，即外种皮和内种皮，如油菜、蓖麻等。但在许多植物中，一部分珠被的组织和营养被胚吸收，所以只有一部分的珠被变成种皮。有的

种子的种皮由外珠被发育而成，如大豆、蚕豆，也有由内珠被发育而来的，如水稻、小麦等。不同物种的种皮，结构差异很大。

1. 蚕豆种皮发育

蚕豆胚珠的内珠被为胚吸收消耗，后来不复存在，所以种皮是由外珠被的组织发育而来的。外珠被发育成种皮时，分化为3层组织，外层细胞是1层长柱状厚壁细胞，细胞的长轴致密地平行排列，犹如栅状组织；第二层细胞分化为骨形厚壁细胞，这些细胞短柱状，两端膨大铺开呈"工"字形，壁厚，彼此紧靠排列，细胞间隙明显，有极强的保护作用和机械力量，再下面是多层薄壁细胞，是外珠被未经分化的细胞层，种子在成长时，这部分细胞常被压扁（图4-37）。

2. 小麦种皮发育

初时，每层珠被都包含2层细胞，合子进行第一次分裂时，外珠被开始出现退化现象，细胞内原生质逐渐消失，以后被挤，失去原来细胞形状，终于消失。内珠被这时尚保持原有形状，并增大体积，到种子乳熟时期，内珠被的外层细胞开始消失，内层细胞保持短期的存在，到种子成熟干燥时，它根本起不了保护作用。之后作为保护种子的组织层，主要是由心皮发育而来的（图4-38）。

4.5 种子休眠、萌发和幼苗

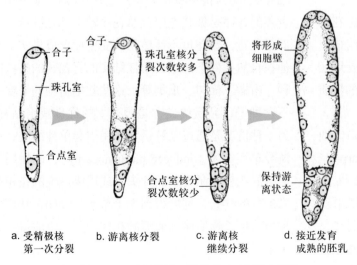

a. 受精极核
第一次分裂

b. 游离核分裂

c. 游离核
继续分裂

d. 接近发育
成熟的胚乳

合子

珠孔室核分裂次数较多

将形成
细胞壁

合子

珠孔室

合点室

合点室核分裂次数较少

保持游离状态

图4-36 独尾草属胚乳的发育（沼生目型）

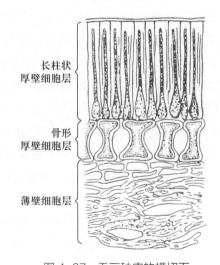

长柱状
厚壁细胞层

骨形
厚壁细胞层

薄壁细胞层

图4-37 蚕豆种皮的横切面

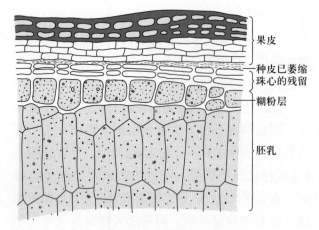

図4-38 小麦颖果的横切面

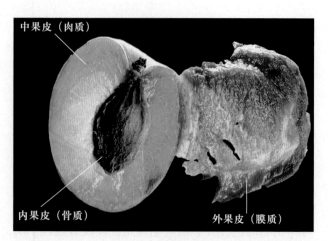

図4-39 杏的果实

三、果实的形成

花期过后，花的各部分将起显著的变化，花萼（宿萼种类例外）、花冠一般枯萎脱落，雄蕊和雌蕊的柱头以及花柱也都凋谢，仅子房或子房以外与之相连的其他部分，迅速生长，逐渐发育成果实。一般而言，果实的形成与受精作用有着密切联系，花只有在受精后才能形成果实。但是有的植物在自然状况或人为控制的条件下，虽不经过受精，子房也能发育为果实，这样的果实里面不含种子。

果实的性质和结构是多种多样的，这与花的结构，特别是心皮的结构，以及受精后心皮及其相连部分的发育情况，有很大关系。

1. 果实的形成和结构

果实有的单纯由子房发育而成，也有的由花的其他部分如花托、花萼、花序轴等一起参与组成。

子房原是由薄壁细胞所构成，在发育成果实时，将进一步分化为各种不同的组织，分化的性质随植物种类而异。

组成果实的组织，称为果皮（pericarp），通常可分为三层结构，最外层是外果皮（exocarp），中层是中果皮（mesocarp），内层是内果皮（endocarp）。3层果皮的厚度不是一致的，视果实种类而异。有些果实里，3层果皮分界比较明显，如核果类（图4-39）；也有分界不甚明确，甚至互相混合，无从区别的。果皮的发育是个十分复杂的过程，常常不能单纯地和子房壁的内、中、外层组织对应起来，而且组成3层果皮的组织层，常在发育中出现分化，使追溯它们的起源更显困难。

严格地说，果皮是指成熟的子房壁，如果果实的组成部分，除心皮外，尚包含其他附属结构组织的，如花托等，则果皮的含义也可扩大到非子房壁的附属结构或组织部分。

2. 单性结实和无子果实

不经受精，子房就发育成果实的现象，称单性结实（parthenocarpy）。单性结实的果实里不含种子，所以称这类果实为无子果实。

🔖 4.6 多倍体育种和无籽西瓜

单性结实有自发形成的，称为自发单性结实（autonomous parthenocarpy），突出的例子如香蕉。香蕉的花序是穗状花序，总花序轴上部是雄花，下部是雌花，雌花可不经传粉、受精而形成果实。其他在自然条件下能进行单性结实的有葡萄的某些品种、柑橘、柿树、瓜类等，这些栽培植物的果实中不含种子，品质优良，是园艺上的优良栽培品种；另一种情况是通过某种诱导作用引起单性结实，称诱导单性结实（induced parthenocarpy），例如用马铃薯的花粉刺激番茄的柱头，或用爬山虎的花粉刺激葡萄的柱头，都能得到无子果实。又如，利用各种植物生长物质涂敷或喷洒在柱头上，也能得到无子果实。

现将由花至果和种子的发育过程总结如下：

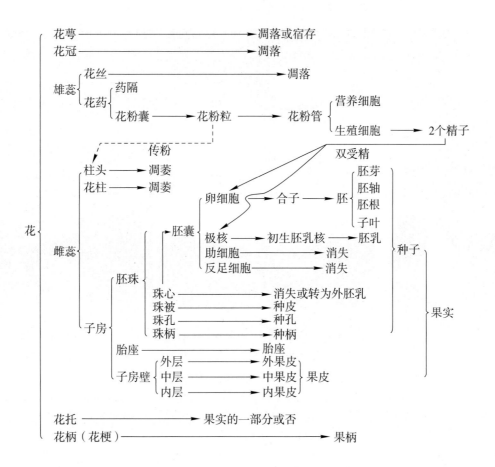

四、果实和种子对传播的适应

种子是包被在果实里、受果实保护的。同时，果实的结构也有助于种子的散布。果实和种子散布各地，扩大后代植株的生长范围，对繁荣种族是有利的，也为丰富植物的适应性提供条件。

果实和种子的散布，主要依靠风力、水力、动物和人类的携带，以及通过果实本身所产生的机械力量。果实和种子对于各种散布力量的适应形式是不一样的，现分别介绍于下。

1. 对风力散布的适应

借助风力散布果实和种子的植物很多，它们一般细小质轻，能悬浮在空气中被风力吹送到远处。如兰科植物的种子小而轻，可随风吹送到数千米以外；其次是果实或种子的表面常生有毛、翅，或其他有助于承受风力飞翔的特殊构造。例如，垂柳的种子外面有细长的茸毛（柳絮），蒲公英果实上长有降落伞状的冠毛，铁线莲果实上带有宿存的羽状柱头，鸡爪槭、榆等的一部分果皮以及美国凌霄、松、云杉等的一部分种皮铺展成翅状，红姑娘的果实有薄膜状的气囊，这些都是适于风力吹送的特有结构。草原和荒漠上的风滚草（tumble weed），其种子成熟时，球形的植株在根颈部断离，随风吹滚，分布到较远的场所（图4-40）。

2. 对水力散布的适应

水生和沼泽地生长的植物，果实和种子往往借水力传送。莲的果实，俗称莲蓬，呈倒圆锥形，组织疏松，质轻，漂浮水面，随水流到各处，同时把种子远播各地（图4-41）。陆生植物中的椰子，它的果实也是靠水力散布的。椰果的中果皮疏松，富有纤维，适应在水上漂浮；内果皮又极坚厚，可防止水分侵蚀；果实内含大量椰汁，可促使胚发育，这就使椰果能在咸水的环境条件下萌发。热带海岸地带多椰林分布，与果实的散布是有一定关系的。

图 4-40 借助风力传播的果实和种子

a.蒲公英冠毛（萼片的变态）；b.鸡爪槭翅果；c.美国凌霄种子具翅；d.红姑娘，花萼膨大呈泡状，将圆球形的浆果包在里面；e.风滚草，在风力推动下，边滚动边散布种子；f.垂柳种子的茸毛，种柄基部的茸毛在风力推动下把种子托起飞向远方

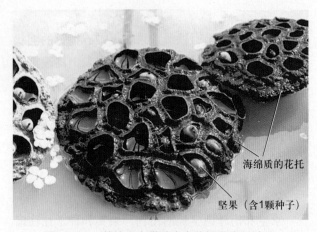

海绵质的花托

坚果（含1颗种子）

图 4-41　莲的果实借助水力传播果实和种子

3. 对动物和人类散布的适应

一部分植物的果实和种子是靠动物和人类的携带散布开的，这类果实和种子的外面生有刺毛、倒钩或有黏液分泌，能挂在或黏附于动物的毛、羽，或人们的衣裤上，随着动物和人们的活动无意中把它们散布到较远的地方，如小槐花、鬼针草、苍耳、鹤虱、水杨梅、藜藜、窃衣、猪殃殃等。

果实中的槲果和坚果，常是某些动物（如松鼠）的食料。它们常把这类果实搬运开去，埋藏地下或其他安全之处，除一部分被吃掉外，留存的就在原地自行萌发。蚂蚁对一些小型植物的种子，也有类似的传播方式。

具有肉质部分的果实，多半是鸟兽等动物喜欢的食料。这些果实被吞食后，果皮部分被消化吸收，残留的果核或种子，由于坚韧果皮或种皮的保护，虽经消化仍保持活力，随鸟兽的粪便排出，散落各处，如果条件适合，便能萌发，如杨梅、蓬蘽。同样，多种植物的果实也是人类日常生活中的辅助食品，在取食时往往把种子随处抛弃，种子借此取得了广为散布的机会（图4-42）。

4. 靠果实本身的机械力量使种子散布的适应结构

有些植物的果实在急剧开裂时，产生机械力量或喷射力量，使种子散布开去。干果中的裂果类，

图 4-42　借助动物和人类传播的果实和种子

图 4-43　凤仙花果实自动开裂并散布种子

果皮成熟后成为干燥坚硬的结构，由于果皮各层厚壁细胞的排列形式不一，随着果皮含水量的变化，容易在收缩时产生扭裂现象，借此把种子弹出，分散远处。常见的刻叶紫堇、大豆、蚕豆、凤仙花（图4-43）等的果实有此现象。喷瓜的果实成熟时，果柄脱落形成一个裂孔，由于果实收缩使果内的种子喷到远处。

第6节　被子植物的生活史

　　多数植物在经过一个时期的营养生长以后，便进入生殖阶段，这时在植物体的一定部位形成生殖结构，产生生殖细胞进行繁殖。如属有性生殖，则形成配子体，产生配子（卵和精子），融合后形成合子，然后发育成新的一代植物体。像这样，植物在一生中所经历的发育和繁殖阶段，前后相继，有规律地循环的全部过程，称为生活史（life history）或生活周期（life cycle）。

种子在形成以后，经过一个短暂的休眠期，在获得适合的内在和外界环境条件时，便萌发为幼苗，并逐渐长成具根、茎、叶的植物体。经过一个时期的生长发育以后，一部分顶芽或腋芽不再发育为枝条，而是转变为花芽，形成花朵，在雄蕊的花药里生成花粉粒，雌蕊子房的胚珠内形成胚囊。花粉粒和胚囊又各自分别产生雄性的精子和雌性的卵细胞。经过传粉、受精，一个精子和卵细胞融合，成为合子，以后发育成种子的胚；另一个精子和2个极核结合，发育为种子中的胚乳。最后花的子房发育为果实，胚珠发育为种子。种子中孕育的胚是

新生一代的雏体。

被子植物的生活史（图4-44）存在两个基本阶段：一个是二倍体植物阶段（2n），也称为孢子体阶段，这就是具根、茎、叶的营养体植株。这一阶段是从受精卵发育开始，一直延续到花里的雌雄蕊分别形成胚囊母细胞（大孢子母细胞）和花粉母细胞（小孢子母细胞）进行减数分裂前为止，在整个被子植物的生活周期中，占了绝大部分时间。这一阶段植物体的各部分细胞染色体数都是二倍的。孢子体阶段也是植物体的无性阶段，所以也称为无性世代。另一个是单倍体植物阶段（n），也称为配子体阶段，或有性世代。这就是由大孢子母细胞经过减数分裂后形成的单核期胚囊（大孢子），和

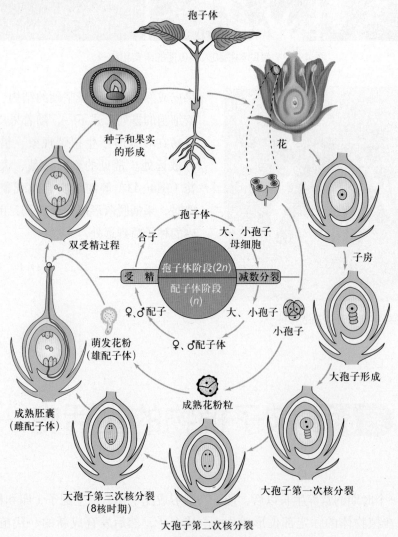

图4-44 被子植物生活史的图解

小孢子母细胞经过减数分裂后，形成的单核期花粉细胞（小孢子）开始，一直到胚囊发育成含卵细胞的成熟胚囊，和花粉成为含2个（或3个）细胞的成熟花粉粒，经萌发形成有两个精子的花粉管，到双受精过程为止。被子植物的这一阶段占有生活史中的极短时期，而且不能脱离二倍体植物体而生存。由精、卵融合生成合子，使染色体又恢复到二倍数，生活周期重新进入二倍体阶段，完成一个生活周期。被子植物生活史中的两个阶段，二倍体占整个生活史的优势，单倍体只是附属在二倍体上生存，这是被子植物和裸子植物生活史的共同特点。但被子植物的配子体比裸子植物的更加简化，而孢子体更为复杂。二倍体的孢子体阶段（或无性世代）和单倍体的配子体阶段（或有性世代），在生活史中有规律地交替出现的现象，称为世代交替（alternation of generation）。

　　被子植物世代交替中出现的减数分裂和受精作用（精卵融合），是整个生活史的关键，也是两个世代交替的转折点。被子植物世代交替图解见图4-44。

💡 **复习思考题**

1. 思考花的组成、结构和功能与营养器官的关联性。

2. 本章重点学习的内容是繁殖器官的形态解剖知识。但第2节（雄蕊的发育）和第3节（雌蕊的发育），以及第5节中胚和胚乳的发育部分，涉及的都是植物胚胎学内容，介绍得十分详细，请阐述这两方面内容之间的内在联系。

3. 种子为什么会生长在果实里？

4. 成熟胚囊的壁和成熟花粉粒的壁分别是由一层细胞构成吗？请说明理由。

📝 **数字课程学习资源**

■ 学习要点　　■ 难点分析　　■ 教学课件　　■ 习题　　■ 习题参考答案

■ 拓展实验与实践

– 植物物候期的观察与记录

– 植物花粉形态多样性的观察

– 花的结构与传粉的适应

第5章

原核生物（Prokaryote）

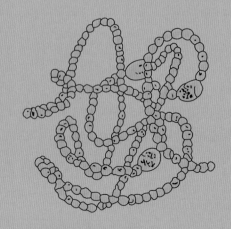

学习目标

1. 了解原核生物细胞的结构、原始性状和起源的时间。
2. 了解细菌的主要形态特征及繁殖方法。
3. 了解细菌在医药、工业和农业上的运用以及危害人体的致病菌。
4. 通过对蓝藻物种的分布、细胞结构、色素成分、繁殖方式的归纳，掌握蓝藻的原始特性。
5. 了解细菌门、蓝藻门的基本特点和区别。
6. 分析蓝藻在自然界中的作用。

学习指导

关键词

荚膜 寄生 腐生 菌落 裂殖生殖 不定型群体 胶质鞘 藻殖段 藻胆素 异形胞
中心质 周质 内生孢子 外生孢子 水华

原核生物起源于距今38亿~35亿年前，已知现存的原核生物包括细菌、蓝藻、原绿藻、古细菌、放线菌（actinomycete）等类群，原核生物的细胞均无定型细胞核，称原核，近代生物学家将这类无定型细胞核的生物独立为一界——原核生物界。原核生物广泛分布于地球各个生态系统中。

第1节 细菌门（Bacteriophyta）

细菌是微小的单细胞原核生物，在高倍显微镜或电子显微镜下才能够观察清楚。绝大多数细菌不含叶绿素，异养。其繁殖方法为细胞分裂，不进行有性生殖。某些杆菌在不良的环境下，每个细胞形成1个内生芽孢，在环境适宜的时候，芽孢（spore）再发育成1个细菌，芽孢是度过不良环境的适应结构。

细菌几乎在地球的各个角落都有分布，在空气中、水中、土壤中、生物体的内外都有细菌的踪迹。细菌在自然界中的适应能力很强，能利用各种不同的基质在不同的环境里生长。在寒冷的地方，分布着嗜冷性的细菌；在酷热的场所，多分布嗜热性的细菌；在无氧的环境下，多分布着厌氧性的细菌。

一、细菌的主要特征

细菌在形态上分为球菌、杆菌和螺旋菌3种类型（图5-1）。在螺旋菌中，弯曲一次呈弧形的称弧菌（*Vibrio*），弯曲多次呈螺旋形的称螺菌（*Spirillum*）。有些杆菌和螺菌在其生活史的某个时期生出鞭毛，能游动。鞭毛有单生、丛生和周生的，在电子显微镜下，或经过特殊处理后才能被观察到。球菌常无鞭毛，不能游动。细胞的构造有细胞壁、细胞膜、细胞质、核质和内含物。有的细菌还有荚膜（capsule）、芽孢和鞭毛（图5-2）。细胞壁的化学成分与蓝藻相同，为黏质复合物。细菌没有定形的细胞核，核质分散于细胞质中，为原核（prokaryo）。多数细菌的细胞壁外面有一层透明的胶状物质，称为荚膜，它是由多糖类物质组成，有保护细胞的作用。有些细菌生长到一定阶段，细胞失水，形成1个厚壁的芽孢。芽孢能抵抗不良的环境，环境适宜时，再发育成新的细菌。

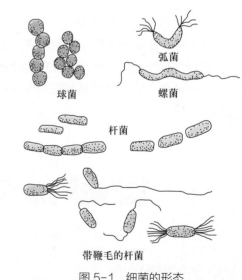

图 5-1 细菌的形态

球菌　弧菌　螺菌　杆菌　带鞭毛的杆菌

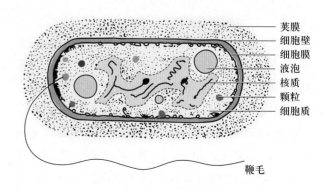

荚膜
细胞壁
细胞膜
液泡
核质
颗粒
细胞质
鞭毛

图 5-2 细菌的细胞构造示意图

细菌主要以裂殖方式进行营养繁殖。在分裂时，首先核质进行分裂，接着在菌体中央形成横隔膜，把细胞质隔成两部分，然后细胞壁向内生长将横隔膜分为两层，并形成子细胞的细胞壁。细菌裂殖的速度极快，在固体培养基上裂殖的结果是，许多细胞堆积在一起，形成肉眼可见的群体，称为菌落。到目前为止，尚未见到细菌有性生殖，所见到的仅是基因重组现象。

二、细菌在自然界中的作用和经济价值

在自然界的物质循环中，细菌起着重要的作用。地球上动物、植物的尸体和排泄物，通常只有经过腐生细菌的分解，使其腐烂，将复杂的有机物转变为简单的无机物，才能重新被植物吸收利用，使物质不断循环。

在农业生产方面，与豆科植物共生的根瘤菌属和固氮菌均属细菌，能摄取大气中的游离氮，固定为氮化物，供绿色植物利用；磷细菌能把磷酸钙、磷灰石、磷灰土分解为农作物容易吸收的养分；硅酸盐细菌能促进土壤中的磷、钾转化为农作物可以吸收的物质。

在工业生产方面，如利用细菌的发酵作用制造乳酸、丁酸、醋酸、丙酮等。此外，在造纸、制革、炼糖以及浸剥麻纤维等的生产中，也要利用细菌的活动。

在医药卫生方面，利用大肠杆菌产生的门冬酰胺酶治疗白血病；肠膜状明串珠菌产生右旋葡糖酐，是很好的代用血浆；人们利用杀死的病原菌或处理后丧失毒力的活病原菌，制成各种预防和治疗疾病的疫苗；利用细菌的活动，制取抗血清和抗生素。

但细菌的有害方面也不容忽视，如痢疾、伤寒、鼠疫、霍乱、白喉、破伤风等病原菌侵入人体，可以发生严重疾病，危害生命；家畜、家禽的传染病菌，如马炭疽菌、猪霍乱菌、鸡霍乱菌等，可致家畜、家禽死亡；许多细菌是农作物的病原菌，能危害农作物；腐生细菌能使肉类等食品腐败，若人误食腐败的肉、鱼可导致中毒。总之，直接或间接危害人类生活的细菌很多，不胜枚举。

🔍 5.1　放线菌门（Actinobacteria）

第2节 蓝藻门（Cyanophyta）

一、蓝藻门的主要特征

（一）形态与构造

蓝藻细胞的原生质体分为中心质（centroplasm）和周质（periplasm）两部分。中心质相当于细胞核的位置，无核膜和核仁，有核的物质和功能。蓝藻中心质中无组蛋白，染色质以细纤丝状存在，故称原始核或原核（protokaryon）。周质又称色素质（chromatoplasm），在中心质的四周（图5-3）。蓝藻细胞没有载色体等细胞器分化。在电子显微镜下可见周质中有许多扁平膜状的光合片层（photosynthetic lamellae），呈单条有规律的排列，色素分布在其表面，有叶绿素a、叶黄素和藻胆体，藻胆体由藻蓝蛋白（phycocyanin）和藻红蛋白（phycoerythrin）组成。光合作用的产物为蓝藻淀粉（cyanophycean starch）和蓝藻颗粒体（cyanophycin granule），贮藏物分散在周质中。周质中有气泡（gas vacuole），充满气体，是浮游生活的蓝藻特有的结构。细胞壁在电子显微镜下观察分四层，主要化学成分是黏肽（peptidoglycan），它与革兰氏阴性细菌的细胞壁一样，可被溶菌酶（lysozyme）溶解。壁的外面有果胶酸（pectic

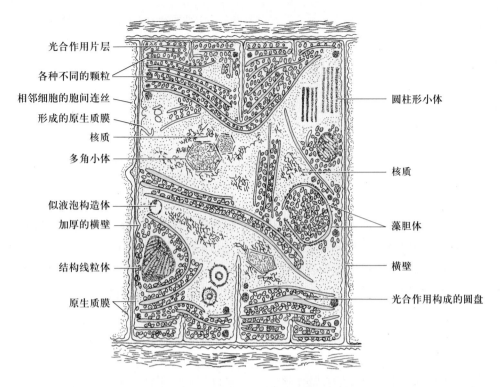

光合作用片层
各种不同的颗粒
相邻细胞的胞间连丝
形成的原生质膜
核质
多角小体
似液泡构造体
加厚的横壁
结构线粒体
原生质膜

圆柱形小体
核质
藻胆体
横壁
光合作用构成的圆盘

图 5-3　电子显微镜下蓝藻细胞的构造

acid）和黏多糖（mucopolysaccharide）构成的胶质鞘（gelatinous sheath）。

蓝藻生物体有单细胞、群体和丝状体（filament）类型。群体有定型群体和不定型群体。丝状体有分枝丝状体和不分枝或假分枝丝状体。营养细胞和生殖细胞都没有鞭毛结构。

（二）繁殖

蓝藻的繁殖方式主要为营养繁殖，包括细胞的直接分裂、藻丝的断裂和形成藻殖段（hormogonium）等多种形式。单细胞类型是细胞分裂后，子细胞立即分离，形成单细胞体。群体类型是细胞反复分裂后，子细胞不分离，形成多细胞的大群体，群体破裂后形成多个小群体。丝状体类型是以形成藻殖段的方式繁殖。由异形胞、死细胞、隔离盘或机械作用分离而形成的片段称藻殖段。异形胞是丝状体上一种比营养细胞大的特殊细胞，无色，能参与营养繁殖或无性生殖。异形胞中还常形成固氮系统，具有固氮作用。隔离盘是由丝状体中某个细胞死亡，

壁胶化而形成的（图5-4）。

此外，少数种类产生外生孢子（exospore）、内生孢子（endospore）和厚壁孢子（akinete）进行无性生殖（图5-5）。蓝藻没有有性生殖。

内生孢子是孢子母细胞的原生质体进行多次分裂，形成多数孢子，母细胞壁破裂后，被同时释放的孢子。

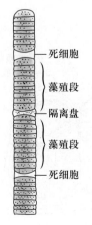

死细胞
藻殖段
隔离盘
藻殖段
死细胞

图 5-4　颤藻属的藻殖段

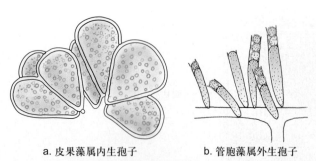

a. 皮果藻属内生孢子   b. 管胞藻属外生孢子

图 5-5　蓝藻的内生孢子和外生孢子

外生孢子是孢子母细胞发生横分裂，形成大小不等的两块原生质团，上端较小的一块发育成孢子，脱离母体，基部较大的一块仍保持分裂能力，继续分裂，不断地形成和释放孢子。

（三）分布

蓝藻分布很广，从两极到赤道，从高山到海洋，到处都有它们的踪迹。主要是生活在淡水中，少数海水生。水生蓝藻，有的浮游于水面，特别是富营养型水体，构成水华。生活于水底的种类，常附着在石上以及其他物体上。此外，在潮湿的土壤、岩石和树干上等都有分布。温泉的水中及水边都有蓝藻。有些蓝藻与真菌共生形成地衣。

二、蓝藻门的代表物种

1. 色球藻属（Chroococcus）

生物体为单细胞或群体。单细胞时，细胞为球形，外被黏性的胶质鞘。群体是由两代或多代的子细胞在一起形成的。每个细胞都有个体胶质鞘，外面还有群体胶质鞘包围。细胞呈半球形或四分体形，细胞相接处平直。胶质鞘透明无色（图5-6），浮游生活于湖泊、池塘、水沟，有时也生活在湿地、树干或滴水的岩石上。

2. 微囊藻属（Microcystis）

浮游群体。群体不规则形，具有穿孔。构成群体的细胞很多，均匀地分布在无结构的胶质中。细胞球形，多数具有气泡，细胞向3个方向进行分裂（图5-7）。微囊藻分泌一种能抑制其他藻类生长的物质，有些种类还可以产生一种称为"致死因子"的毒素。能毒害摄食藻类的动物，夏季在营养丰富的水中大量繁殖，形成水华，危害水生动物。

3. 皮果藻属（Dermocarpa）

生物体单细胞，倒卵形，附着生长。以内生孢子进行无性生殖（见图5-5a）。

4. 管胞藻属（Chamaesiphon）

生物体单细胞，长杆形，有极性分化，以基部附着于水生植物体上。以产生外生孢子进行无性生殖（见图5-5b）。

5. 颤藻属（Oscillatoria）

单列细胞构成的不分枝丝状体（见图5-4）。常丛生成团块状。细胞短，圆柱状，无胶质鞘，或有一层不明显的胶质。丝状体能前后左右摆动，由此得名。以藻殖段进行繁殖。生于湿地或浅水中。与颤藻极易混淆的席藻属（Phormidium），在

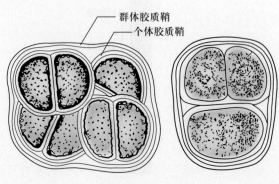

群体胶质鞘
个体胶质鞘

图 5-6　色球藻属

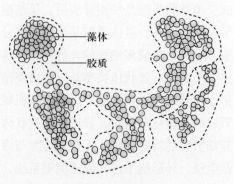

藻体
胶质

图 5-7　微囊藻属

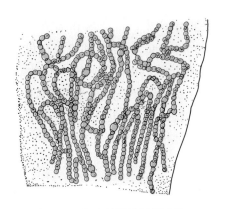

图 5-8 念珠藻属的显微结构

图 5-9 鱼腥藻属

 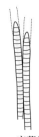  

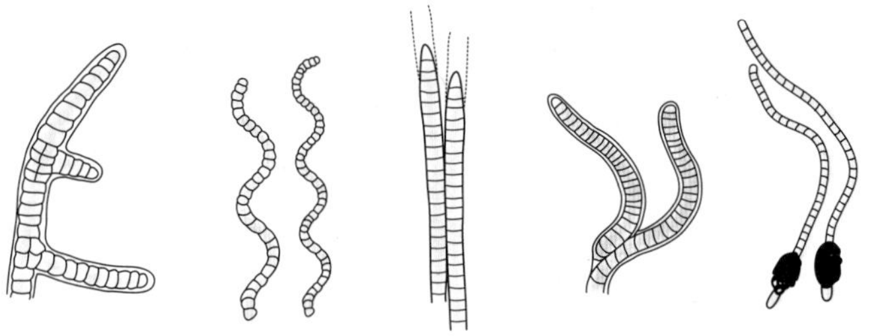

a. 真枝藻属　　b. 螺旋藻属　　c. 席藻属　　d. 单歧藻属　　e. 柱孢藻属

图 5-10 常见的丝状蓝藻

藻丝外边有明显的胶质鞘。

6. 念珠藻属（*Nostoc*）

丝状体常无规则地集合在一个公共的胶质鞘中，形成肉眼能看到或看不到的球形体、片状体或不规则的团块。单列细胞组成的不分枝丝状体，细胞圆形，念珠状，异形胞壁厚，以藻殖段进行营养繁殖（图5-8）。念珠藻属生长于淡水中、潮湿土壤或石上。本属的地木耳（*N. commune*）和发菜（*N. flagelliforme*）可供食用。

7. 鱼腥藻属（*Anabena*）

与念珠藻属非常相似，细胞圆形，连接成直的或弯曲的丝状体，单一或集聚成团，浮生于水中，但无公共胶质鞘（图5-9）。鱼腥藻常与铜色微囊藻（*Microcystis aeruginosa*）一起形成水华。念珠藻和鱼腥藻都能固定游离氮，养殖在稻田中，可使水稻增产。有一种鱼腥藻生于蕨类植物满江红的叶内，与之共生。

8. 真枝藻属（*Stigonema*）

单列细胞或多列细胞构成的不规则分枝的丝状体。由细胞纵轴方向分裂形成真分枝。有异形胞。生于潮湿的岩石上（图5-10a）。

常见的蓝藻植物还有螺旋藻属（*Spirulina*）、席藻属（*Phormidium*）、单歧藻属（*Tolypothfix*）、柱孢藻属（*Cylindrospermum*）等（图5-10b～e）。

三、蓝藻门在生物界中的地位

蓝藻是地球上最原始、最古老的原核生物，化石记录可以说明这一点。巴洪（E. S. Barghoon）和夏福（J. W. Schops）于1966—1967年间，在南非特兰斯尔的无花果树群浅燧石岩中，发现了类似细菌和蓝藻的微化石。据测定，其年代为31亿年前的蓝藻化石。在寒武纪和奥陶纪地层中，发现有完整藻殖段结构的蓝藻化石。在泥盆纪地层中，发现了比较高级类型的多列藻科（Stigonemataceae）化石，其藻体是具有异形胞的异丝体型。从这些古生物学资料看，在35亿～33亿年前，地球上出现了细菌和蓝藻。到寒武纪时，蓝藻特别繁盛，称这个时期为蓝藻时代。

蓝藻和细菌最接近，它们都是以细胞直接分裂的方法进行繁殖，因而人们主张蓝藻和细菌有共同的起源，将两者合称为裂殖植物门（Schizophyta），并分两个纲，即裂殖藻纲（Schizophyceae）和裂殖菌纲（Schizomycetes）。又因为它们在细胞构造上，都是无定型细胞核和无质体分化的生物，在科普兰（H. F. Copeland，1938）提出将生物界分为四界的学说中，把蓝藻和细菌一起列为原核生物界（Prokaryota）。蓝藻和红藻在色素上和不产生运动细胞方面是相似的，有人认为它们的亲缘关系较近，主张红藻是由蓝藻发展来的，但两者在其他方面的特征相差甚远，因而不可能有亲缘关系。蓝藻和其他植物之间，在构造上和生殖方式上有明显差别，说明蓝藻是独立的类群。

🔊 5.2 原绿藻门（Prochlorophyta）

💡 复习思考题

1. 原核生物有哪些主要特征？包括哪些主要类群？
2. 概述细菌的形态结构及在自然界中的作用？
3. 为何要禁止采摘野生发菜？
4. 何谓异形胞、死细胞、藻殖段？它们是如何形成的？有何作用？
5. 何谓"水华"，水华的形成因子是什么？

📝 数字课程学习资源

■ 学习要点　　■ 难点分析　　■ 教学课件　　■ 习题　　■ 习题参考答案

第 **6** 章

藻类植物（Algae）

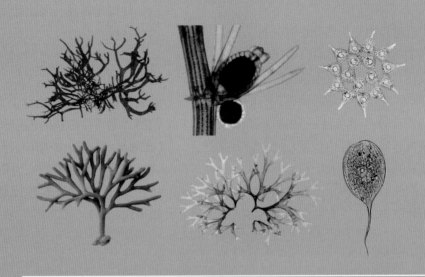

学习目标

1. 了解藻类是一群起源早、植物体结构和繁殖方式简单、大多水生的原植体植物。
2. 藻类植物的分门主要依据：植物体的形态，细胞核的构造，细胞壁的成分，载色体的形状和结构、所含色素的种类，贮藏物类别，鞭毛的有无、数目、着生位置和类型，繁殖方式及生活史类型等。
3. 认识各门藻类的代表种类及特点。
4. 了解藻类植物繁殖方式的多样性、原始性及演化规律。
5. 藻类植物生活史类型的多样性与系统演化的关系。
6. 了解藻类植物在分类系统上的位置。
7. 通过学习理解植物界由水生向陆生、低等向高等、简单向复杂的演化规律。
8. 藻类植物的经济用途及在国民经济中的意义。

学习指导 🔗

关键词

绿藻　红藻　褐藻　群体　厚壁孢子　接合孢子　游动孢子　四分孢子　水华
尾鞭型鞭毛　载色体　果胞　果孢子　果孢子体　同配生殖　异配生殖
卵式生殖　接合生殖　孢子体　配子体　生活史　核相交替　世代交替

藻类植物（Algae）是一类植物体结构简单，无根、茎、叶分化，具有光合作用色素，自养的低等植物的总称，又称原植体植物（autotrophic thallophyte）。藻类植物体在形态上是千差万别的，小的只有几微米，必须在显微镜下才能见到，大的肉眼可见，最大的如生长于太平洋中的巨藻（Macrocystis）长可达100 m。藻类植物的生殖方式多样，生殖器官多数是单细胞，合子不发育成多细胞的胚。

藻类在自然界中几乎到处都有分布，目前发现的藻类中约有90%生活在水中（淡水或海水）。但在潮湿的岩石、墙壁和树干上、土壤表面和下层都有它们的分布。在水中生活的藻类，有的浮游于水中，有的固着于水中岩石上或附着于其他植物体上。藻类植物适应环境能力较强，能在营养贫乏、光照强度微弱的环境中生长。在地震、火山爆发、洪水泛滥后形成的新基质上都有它们的踪迹，是新生活区的先锋植物之一。有些藻类能在零下数十摄氏度的南北极或终年积雪的高山上生活，称为冰雪藻。这些藻类因含有不同的色素，常使雪面形成红色、绿色、黄色等景观，构成冰雪植物区系（kryoflora）。有些海藻可以在深海处生活。有些藻类能与真菌共生，形成共生复合体（如地衣）。有的藻类还能生长在动物体内，如小球藻生长在水螅动物的体内，这种生长方式称内共生。有些生长在腐殖质丰富的黑暗环境中，失去叶绿素，营腐生生活，如绿球藻属、眼虫藻属、小球藻属、衣藻属中的某些种类。

藻类植物是一群古老的植物。从现代藻类的形态、构造、生理等方面，也反映出藻类是一群原始的类群。已知在地球上大约有3万余种，根据它们的形态、细胞核的构造和细胞壁的成分、载色体（chromatophore）的结构及所含色素的种类、繁殖方式及生活史类型等特征为依据进行分门。现在藻类植物共分10个门，本教材只介绍绿藻门、红藻门和褐藻门3个门，其余7个门收录在数字课程 6.1中。

第1节 绿藻门（Chlorophyta）

一、绿藻门的主要特征

绿藻门植物在形态、繁殖方式和生活史类型以及生境等方面都具有丰富的多样性。

（一）形态与构造

绿藻在形态上有单细胞、群体、丝状体、叶状体和管状体等。少数种类的营养细胞前端具有鞭毛，终生能运动；多数种类的营养体不能运动，只在繁殖时形成的孢子和配子有鞭毛，能运动。鞭毛通常是2或4条，顶生，等长，尾鞭型（鞭毛表面平滑无附毛）。

绿藻的细胞壁主要成分是纤维素和果胶。载色体的形状多样，所含的色素种类与高等植物相同，有叶绿素a和b、β-胡萝卜素以及叶黄素。载色体内通常有1至数个蛋白核。光合产物是淀粉，多贮藏在蛋白核的周围成为淀粉核。细胞核1至多数。

（二）繁殖

绿藻的繁殖有营养繁殖、无性生殖和有性生殖。营养繁殖由细胞分裂、营养体断裂或产生胶群体等各种方式形成新个体。无性生殖产生无性生殖细胞——孢子（spore），绿藻的无性孢子为各种形式的游动孢子（zoospore）、静孢子（aplanospore）、似亲孢子等，由孢子直接发育为新植物体。有性生殖产生有性生殖细胞——配子（gamete），两个有性配子结合形成合子（zygote），由合子直接萌发成新个体，或经过减数分裂（meiosis）形成孢子，由孢子再发育成新个体。绿藻的有性生殖方式通常有4种类型：

（1）同配生殖（isogamy）　在形状、结构、大小和运动能力等方面完全相同的两个配子的配合称为同配生殖。同配生殖又分为同宗同配和异宗同配。

（2）异配生殖（anisogamy）　在形状和结构上相同或不同，但大小和运动能力不同的两种配子的配合称为异配生殖。大而运动能力迟缓的为雌配子（female gamete），小而运动能力强的为雄配子（male gamete）。异配生殖也可分同宗异配和异宗异配。

（3）卵式生殖（oogamy）　在形状、大小和结构上都不相同的两个配子相配合的方式称为卵式生殖。大而无鞭毛不能运动的为卵（egg）和小而有鞭毛能运动的为精子（sperm）。

（4）接合生殖（conjugation）　两个没有鞭毛能变形的配子结合的方式称为接合生殖。

（三）分布

绿藻的分布很广，以淡水生为主，约占种类的90%，少数浅海生或半咸水生。海产种多分布在海洋沿岸，附生在10 m以上的岩石上。淡水种的分布很广，江河、湖泊、潮湿的土壤表面，甚至在冰雪上都可找到。水生种类有沉水生和漂浮生长，但在海水中没有浮游的绿藻，有的绿藻也可以寄生在动物体内。

二、绿藻门的代表植物

（一）衣藻属（*Chlamydomonas*）

植物体单细胞，卵形、椭圆形或圆形。前端有两条顶生鞭毛，下有两个伸缩泡，伸缩泡是突然收缩的，一般认为是排泄器官。眼点橙红色，位于前端一侧。细胞壁内层是纤维素，外层是果胶质。载色体形状如厚底杯形，基部有1个明显的蛋白核，也有片状的、H形的或星芒状的。细胞中央有1个核（图6-1）。

（1）无性生殖　衣藻通常进行无性生殖。生殖时藻体静止，鞭毛收缩或脱落，整个细胞形成游动孢子囊。此后，原生质体分裂形成2、4、8、16个子原生质体，每个各形成具有细胞壁和2条鞭毛的游动孢子，母细胞壁胶化破裂而放出新个体。有时，原生质体多次分裂产生数千个没有鞭毛的子细胞，聚在胶化的母细胞壁中，形成一个不定群体（palmella）。环境适宜时，从胶化的壁中放出许多新个体。

（2）有性生殖　衣藻为同配生殖。生殖时，细胞内的原生质体经过分裂，形成32～64个小细胞，称配子。配子在形态上和游动孢子没有差别，但体形小。成熟的配子从母细胞中释放后，游动不久即成对结合，形成双倍、具4条鞭毛、能游动的合子。合子游动数小时后变圆，形成厚壁合子。合子经过休眠，环境适宜时萌发，萌发前经过减数分裂，产生4个单倍核的孢子，游动孢子逸出，发育成新的个体（图6-2）。

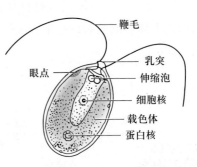

图 6-1　衣藻属细胞的构造

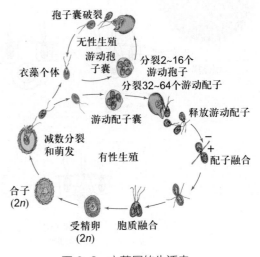

图 6-2　衣藻属的生活史

衣藻常生活于富含有机质的淡水沟和池塘中，早春和晚秋较多，常形成大片群落，使水变成绿色。

（二）团藻属（*Volvox*）

植物体是多细胞体类型，由数百至上万个细胞组成，在表层排列成1层球体，球体内充满胶质和水。细胞的形态和衣藻相同。每个细胞各有1层胶质包着，由于胶质膜彼此挤压，从表面上观察细胞为多边形的，各细胞间有原生质丝相连。群体后端有些细胞失去鞭毛，比普通营养细胞大十倍或十几倍，为生殖胞（gonidium）。

（1）无性生殖　由生殖胞进行多次纵分裂，形成皿状体（plakea），当皿状体发展为32个细胞时，细胞开始分化为营养细胞和生殖细胞，继续分裂直至形成1个球体，球体有1个孔。此时，群体内细胞的前端是向着球的中央经过翻转作用（inversion），细胞的前端翻转到群体的表面。翻转作用后，每个细胞长出两条鞭毛，子群体陷入母群体的胶质腔中。而后由母群体表面的裂口逸出，或待母群体破裂后放出（图6-3）。

（2）有性生殖　为卵式生殖，群体中只有少数生殖细胞产生卵和精子。产生精子的生殖细胞经过反复纵裂，形成皿状体，并经过翻转作用，发育成1个能游动的精子板（sperm packet）。游动精子板不分散成单个精子，而是整个精子板游至卵细胞附近才散开。产生卵的生殖细胞略膨大，不经分裂就发育成1个不动卵。精子穿过卵细胞周围的胶质，与卵结合形成合子。受精后，形成厚壁合子，合子光滑或有刺状突起。合子从群体的胶质中逸出后，不立即萌发，它能抵抗恶劣环境，数年不死，待环境好转时，即萌发。合子萌发前经过减数分裂，外壁层破裂，内壁层变成1个薄囊，原生质体在薄囊内发育成1个具有双鞭毛的游动孢子（或静孢子），游动孢子（或静孢子）连同薄囊一起，由外壁层的裂口逸出，发育成1个新的群体，其发育过程和无性生殖的次序相同（图6-3）。

团藻经常在夏季发生于淡水池塘或临时性的积水中，2～3周后即消失。

与团藻属同一类群的还有盘藻属（*Gonium*）、实球藻属（*Pandorina*）和空球藻属（*Eudorina*）

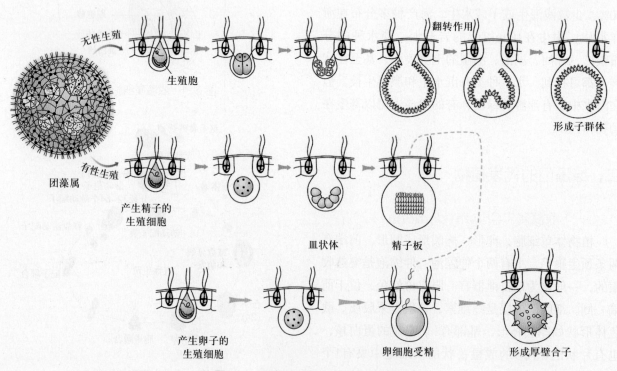

图6-3　团藻的无性生殖和有性生殖

（图6-4），它们都是定型群体。盘藻属藻体扁平、圆盘状，无性生殖时，群体的全部细胞同时产生游动孢子，有性生殖为同配。实球藻属藻体为实心球状，无性生殖与盘藻属相同，有性生殖是异配。空球藻属是球形或椭圆形群体，球体中空少数种类营养细胞不产生配子和孢子，表明营养细胞和生殖细胞已开始有了分化，有性生殖为异配。从单细胞的衣藻属，群体的盘藻属、实球藻属、空球藻属和多细胞体的团藻属看，团藻目中有明显的藻体由单细胞、群体到多细胞体的演化趋势；细胞的营养作用和生殖作用，由不分工到分工的演化；有性生殖由同配、异配到卵配的演化。

（三）小球藻属（*Chlorella*）

常见单细胞浮游种类，圆形或略椭圆形，细胞壁薄，细胞内有1个杯形或曲带形载色体，一般无蛋白核。无性生殖时，原生质体分裂形成2、4、8、16个似亲孢子，母细胞壁破裂时，孢子释放成为新的植物体（图6-5）。

小球藻在我国分布甚广，生于富含有机质的小河、池塘等水中或湿土上。

（四）栅藻属（*Scenedesmus*）

植物体为定型群体，一般由4、8或16个细胞组成。细胞形状通常是椭圆形或纺锤形。细胞壁光滑或有各种突起，如乳头、纵行的肋、齿突或刺。细胞单核。幼细胞的载色体是纵列片状，老细胞则充满着载色体，有1个蛋白核。群体细胞是以长轴互相平行排列成1行，或互相交错排列成两行。群体中的细胞有同形或不同形的。无性生殖产生似亲孢子（图6-6a～f）。

在各种淡水水域中都能生活，分布极广。

与栅藻属同一个目的群体类型有盘星藻属（*Pedi-astrum*）和水网藻属（*Hydrodictyon*）。盘星藻属的群体由2～128个细胞排列成同心环状，外圈细胞的两角有突起（图6-6g）。水网藻属是由许多长圆柱形的细胞连接成网状，每个网眼由5～6个细胞组成（图6-6h、i）。

（五）丝藻属（*Ulothrix*）

植物体为不分枝的丝状体。构成丝状体的细胞已有分工，基部的细胞分化为具固着作用的固着器（holdfast），固着器的载色体色较浅，小粒状。

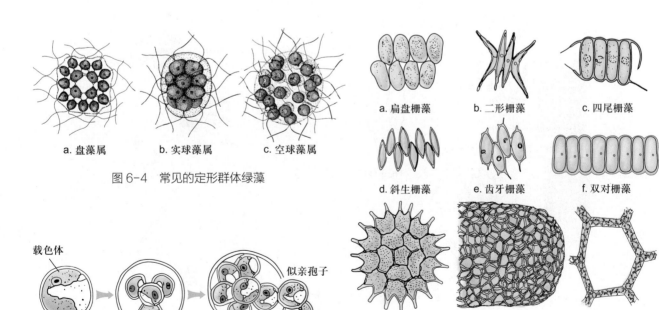

a. 盘藻属　　b. 实球藻属　　c. 空球藻属

图6-4　常见的定形群体绿藻

载色体　　　　　　　　　　　似亲孢子

图6-5　小球藻属的无性生殖过程

a. 扁盘栅藻　　b. 二形栅藻　　c. 四尾栅藻

d. 斜生栅藻　　e. 齿牙栅藻　　f. 双对栅藻

g. 盘星藻属　　h. 水网藻属　　i. 水网藻部分放大

图6-6　栅藻属、盘星藻属和水网藻属

固着器之上为1列短筒形的营养细胞，这种在形态和功能上已有分化的丝状体称为异丝体。细胞单核位于中央，载色体大形环带状，蛋白核多数（图6-7）。

常生于流动的淡水中或固着在水中的岩石上，湖泊的岸边也可采到。丛生，呈绿色绒毯状。

（六）石莼属（*Ulva*）

植物体是大型的多细胞片状体，呈椭圆形、披针形、带状等，由两层细胞构成。植物体下部长出无色的假根丝，互相紧密交织，构成固着器，固着器多年生，每年春季长出新的植物体。藻体细胞间隙富有胶质。细胞单核，位于内侧。载色体片状，位于外侧，有1枚蛋白核。

石莼属的生活史出现两种植物体，即孢子体（sporophyte）和配子体（gametophyte）（图6-8）。成熟的孢子体，除基部细胞外，其余细胞均可形成孢子囊。孢子母细胞经减数分裂，形成单倍体的游动孢子，游动孢子具4根鞭毛。孢子成熟后脱

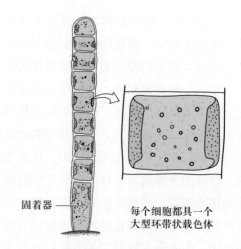

图6-7 丝藻属的异丝体

固着器
每个细胞都具一个大型环带状载色体

离母体，游动一段时间后，附着在岩石上，2～3天后萌发成配子体。成熟的配子体产生许多同型配子，配子具2根鞭毛，配子结合方式是异宗同配。合子数天后即萌发成孢子体。在石莼属的生活史中，就核相来说，从游动孢子开始，经配子体到配子结合前，细胞中的染色体是单倍的，称配子体世代（gametophyte generation）或有性世代

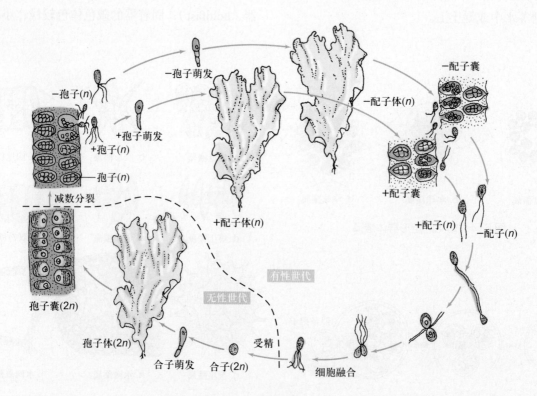

图6-8 石莼属的生活史

（sexual generation）。从合子起，经过孢子体到孢子母细胞止，细胞中的染色体是双倍的，称孢子体世代（sporophyte generation）或无性世代（asexual gener-ation）。二倍体的孢子体世代和单倍体的配子体世代互相交替，称为世代交替（alternation of generations）。在形态构造上基本相同的两种植物体互相交替循环的生活史，称同形世代交替（isomorphic alternation of generations），如石莼属的生活史。

石莼目中的浒苔属（Enteromorpha）和礁膜属（Monostroma）与石莼属相近。浒苔属是由1层细胞构成的管状体，生活史与石莼属相同。礁膜属是由1层细胞构成的膜状体，生活史是异形世代交替（heteromorphic alternation of generations）。在生活史中形成形态构造上显著不同的两种植物体互相交替循环，即为异形世代交替。

（七）刚毛藻属（Cladophora）

刚毛藻属广泛分布于淡水、海水中。植物体是分枝的丝状体，以基细胞固着于基质上，为异丝体。细胞长圆柱形，壁厚，中央有1个大液泡，载色体网状，壁生，含有多数蛋白核。细胞多核。细胞分裂时，细胞侧壁的中部生出1个环，由环处向中央生长，将细胞隔成两个。分枝是从细胞顶端的侧面发生，使分枝呈二叉状。刚毛藻属中有些种是同形世代交替，有些种是异形世代交替。

（八）松藻属（Codium）

松藻属植物全为海生，固着生活于海边岩石上。植物体是管状分枝的多核体，核多而小，许多管状分枝互相交织形成有一定形状的大型藻体，外观叉状分枝，似鹿角，基部为垫状固着器。丝状体有一定分化，中央部分的丝状体细，称为髓部，向四周发出侧生膨大的棒状短枝，称为胞囊（utricle），胞囊紧密排列成外围的皮部（图6-9）。载色体数多，小盘状，多分布在胞囊远轴端部分，无蛋白核。

松藻属植物体是二倍体，有性生殖时在同一藻

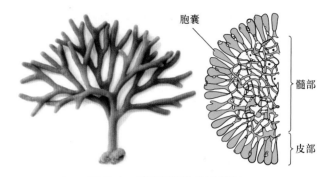

图6-9　松藻属植物体及横切

体或不同藻体上生出雄配子囊（male gametangium）和雌配子囊（female gametangium）。配子囊内发育形成具双鞭毛的配子。雌配子大，含多个载色体；雄配子小，含有1~2个载色体。配子结合为合子后，立即萌发，长成新的二倍体植物。

（九）水绵属（Spirogyra）

植物体是由1列细胞构成的不分枝的丝状体，细胞圆柱形。细胞壁分两层，内层为纤维素，外层为果胶质，藻体滑腻，用手触摸即可辨别。载色体带状，1至多条，螺旋状绕于细胞质中，有多数的蛋白核纵列于载色体上。细胞中央有大液泡，占据细胞腔内的较大空间。细胞单核，位于细胞中部一侧（图6-10）。

水绵属的有性生殖多发生在春季或秋季，生殖方式为接合生殖（图6-10）。生殖时两条丝状体平行靠近，相邻的两细胞相对的一侧各生出1个突起，突起渐伸长而接触，接触的端壁溶解连接成管，称为接合管（conjugation tube），同时，相对的两个细胞即各为1个配子囊，其内的原生质体浓缩各形成配子。第一条丝状体细胞中的配子，以变形虫式的运动，通过接合管移至相对的第二条丝状体的细胞中，并与细胞中的配子结合。这种现象可看做第一条丝状体是雄性的，产生的是雄配子，而第二条丝状体是雌性的，产生的是雌配子。配子融合形成合子。两条接合的丝状体和它们所形成的接合管，外观同梯子一样，这种接合方式称梯形接合（scalariform conjugation）。如接合管发生在同一丝状体相邻的两个细胞间，为侧面接合（lateral

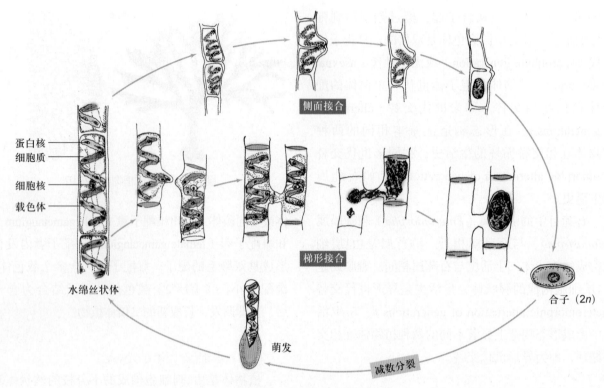

图 6-10　水绵属的生活史

conjugation），这种水绵可以认为是雌雄同体的，较梯形接合原始。合子成熟分泌厚壁，内充满贮藏物质，沉于水底，环境条件适宜时萌发。萌发时，核先减数分裂，形成4个单倍核，其中3个消失，只有1个核萌发，形成萌发管，由此长成新的植物体。

水绵属是常见的淡水绿藻，在小河、池塘、沟渠或水田等处均可见到，繁盛时大片生于水底或成大块漂浮水面。

进行接合生殖的常见丝状藻类有双星藻属（Zygnema）和转板藻属（Mougeotia）。单细胞类型的有新月藻属（Closterium）和鼓藻属（Cosmarium）（图6-11）。

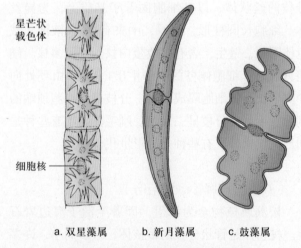

a. 双星藻属　　b. 新月藻属　　c. 鼓藻属

图 6-11　进行接合生殖的常见绿藻

（十）轮藻属（Chara）

藻体高达10~60 cm，分化为直立部分和地下部分。地下部分为单列多细胞有分枝的假根，藻体以假根固着于泥中。地上部分有主枝、侧枝和小枝之分，在主枝、侧枝和小枝上都有节（node）和节间（internode）的分化，并由长管状的中轴细胞和围轴细胞构成；中轴细胞位于中心，围轴细胞围绕中轴细胞。侧枝是互生在主枝上的长枝，在主枝和侧枝的节上都轮生多个小枝（图6-12）。植物的生长是顶端生长。

轮藻没有无性生殖，有性生殖是卵式生殖。雌性生殖器官称卵囊球（nucule），雄性生殖器官称精囊球（globule）。雌雄生殖器官皆生于小枝的节上。

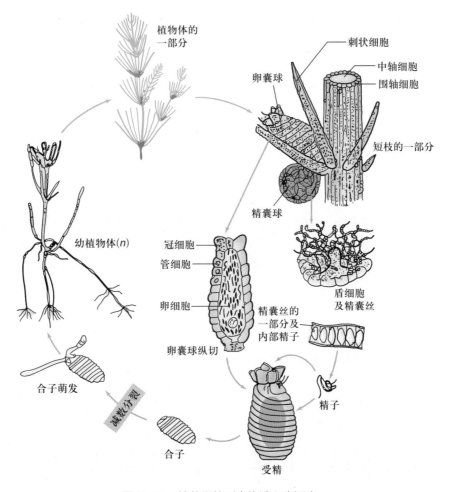

图6-12 轮藻属的形态构造和生活史

轮藻属的卵囊球生于刺状细胞的上方，精囊球生于刺状细胞的下方。卵囊球长卵形，内含1个卵细胞。卵的外围有5个螺旋状的管细胞（tube cell）。每个管细胞上有1个冠细胞（coronular cell），总共5个，集于卵囊球的顶端成为冠（corona）。精囊球圆球形，外围有4～8个三角形细胞，称盾细胞（shield cell），构成精囊球的外壳。盾细胞内含有许多橘红色的载色体，因此，成熟的精囊球呈现橘红色，肉眼可见（图6-12）。每个盾细胞内侧中央有一个圆柱形的细胞，为盾柄细胞（manubrium）。盾柄细胞末端有1～2个圆形细胞，为头细胞（head cell）或初生头细胞（primary capitulum cell）。头细胞上又可生几个小圆形细胞，称次生头细胞（secondary capitulum cell）。从这些次生头细胞的顶端，长出数条单列细胞的精子囊丝（antheridial

filament），每个细胞内产生一个精子。精子细长，顶端具两条等长的鞭毛。精囊球成熟时，其盾细胞相互分离，露出其中的精囊丝，放出精子，游入水中。

卵囊球成熟时，冠细胞裂开，精子从裂缝中进入，与卵结合。合子分泌厚壁，变为黑褐色，沉至水底，经休眠后萌发。合子萌发时减数分裂为4个核，其中3个核逐渐退化，另一个单相的核进行分裂，成为2个细胞，一为原丝体的原始细胞，一为假根的原始细胞。原丝体生长，产生节和节间，在其节上再长出新植物体。

轮藻常常以藻体断裂的方式进行营养繁殖，断裂的藻体沉在水底，从其节处长出假根和分枝，发育为新个体。轮藻的基部还可产生珠芽，珠芽内含有大量淀粉，类似种子植物的块茎，由珠芽长出新植物体。

轮藻多生于淡水，在不大流动或静水的底部大片生长，少数生长在微盐性的水中。

因轮藻在植物体形态、结构和繁殖方式上的特殊性，在新的分类系统中，另立为轮藻门。

三、绿藻门在植物界中的地位

目前，在地层中发现的绿藻化石很多。在我国天津蓟县震旦亚界地层中，发现了一种12亿年前的真核多核体藻类，藻体中央有中轴，两侧有许多轮状排列的侧枝，经鉴定属于绿藻纲管藻目多毛藻科（Polyblepharidaceae）的真核生物，定名为震旦塔藻化石。

绿藻和高等植物之间有很多相似之处，它们有相同的光合作用色素，光合作用产物都是淀粉，鞭毛类型都是尾鞭型。因此，多数植物学家认为高等植物的祖先是绿藻。绿藻门在植物界的系统发育中，居于主干地位。然而高等植物到底起源于哪种绿藻，现在还没有可靠的证据。有些学者主张高等植物起源于轮藻，认为轮藻所含的色素、光合作用产物、鞭毛、生殖器官的构造与高等植物比较相近；合子萌发时产生的原丝体和苔藓植物近似。但是，他们忽略了一个重要的事实，即轮藻合子萌发时为减数分裂，不形成二倍体的营养体，没有孢子行无性生殖，所以高等植物不可能起源于轮藻。在印度、非洲和日本发现的费氏藻（Fritshiella tuberosa）有直立枝和匍匐枝的分化，匍匐枝生于地下，直立枝穿过薄土层，在土表分成丛生枝，外表有角质层，具世代交替现象，能适应陆地生活。因此，有学者认为高等陆生植物可能是从古代这种类型的绿藻发展来的。

第 2 节　红藻门（Rhodophyta）

一、红藻门的主要特征

（一）形态与构造

除少数是单细胞类型外，绝大多数红藻门植物是多细胞体。在形态上有丝状体、片状体，也有形成假薄壁组织的叶状体或枝状体。假薄壁组织的种类中，有单轴和多轴的两种类型。它们的区别是：单轴型的藻体中央有1条中轴丝，多轴型的为多条中轴丝组成的髓，它们都有由密集生长的侧枝构成的"皮层"。红藻的生长，多数是由1个半球形顶端细胞分裂的结果，少数为居间生长，也有弥散式生长，如紫菜藻体的每个细胞都可以分裂生长。

细胞壁内层为纤维素，外层是果胶质，含琼胶、海萝胶等红藻所特有的果胶化合物。载色体1至多数，星芒状，含叶绿素a和d、β—胡萝卜素、叶黄素类、藻红素和藻蓝素。通常藻红素占优势，故藻体多呈红色。藻红素对光合作用有特殊的意义，光线在透过水的过程中，长波光线如红、橙、黄光，在几米深处就可被海水吸收掉，只有短波光线如绿、蓝光才能透达海水深处。藻红素能吸收绿、蓝和黄光，因而红藻可在深水中生活，有的种甚至能在深达100 m处生存。贮藏物为非水溶性糖类，称红藻淀粉（floridean starch）。

（二）繁殖

红藻生活史中不产生游动孢子，无性生殖是以多种无鞭毛的静孢子进行，有的产生单孢子，如紫菜；有的产生四分孢子，如多管藻。红藻一般为雌雄异株，少数为雌雄同株。有性生殖的雄性生殖器官为精子囊，在精子囊内产生无鞭毛的不动精子，雌性生殖器官称为果胞（carpogonium），果胞中只含1个卵，果胞上有受精丝（trichogyne），卵受精后，立即进行减数分裂，产生果孢子（carpospore），发育成配子体。有些红藻果胞中的卵受精后，不经过减数分裂，发育成果孢子体（carposporophyte），又称囊果（cystocarp）。果孢子体是二倍的，不能独立生活，寄生在配子体上。果孢子体产生果孢子时，有的经过减数分裂，形成单倍的果孢子，萌发成配子体；有的不经过减数分裂，形成二倍体的果孢子，发育成二倍体的四分孢子体（tetrasporophyte）。再经过减数分裂，产生四分孢子（tetrad），发育成配子体。

（三）分布

红藻门植物绝大多数分布于海水中，仅有10余属，50余种是淡水种。淡水种类多分布在急流、瀑布和寒冷空气流通的山地水中，海生种由海滨一直到深海100 m都有分布。海生种类的分布受到海水温度的限制，并且绝大多数营固着生活。

二、红藻门的代表植物

（一）紫球藻属（*Porphyridium*）

植物体为单细胞，圆形或椭圆形。载色体星芒状，中轴位，有蛋白核（图6-13）。常生活于潮湿的地上和墙边。

（二）紫菜属（*Porphyra*）

在我国常见的有8种。紫菜属的植物体是叶状体，以固着器着生于海滩岩石上。藻体薄，紫红色。单层细胞或两层细胞，外有胶质层。细胞单核。1枚星芒状载色体，中轴位，有蛋白核。

紫菜属的生活史，以甘紫菜（*Porphyra tenera*）为例（图6-14）。甘紫菜（*n*）是雌雄同株植物，水温在15℃左右时，产生性器官。藻体的任何1个营养细胞，都可转变为精子囊，其原生质体分裂形成64个精子。果胞是由1个普通营养细胞稍加变态形成的，一端微隆起，伸出藻体胶质的表面，即受精

丝，果胞内有1个卵。精子放出后随水流漂到受精丝上，进入果胞与卵结合，形成二倍体的合子。合子经过有丝分裂和普通分裂，形成8个果孢子（2*n*）。果孢子成熟后，在文蛤、牡蛎或其他软体动物的壳上萌发，长成单列分枝的丝状体，即壳斑藻（2*n*）。壳斑藻经减数分裂产生壳孢子（*n*），萌发为夏季小紫菜，其直径约3 mm。当水温在15℃左右时，壳孢子也可直接发育成大紫菜。夏季因水中温度高，不能发育成大紫菜。小紫菜产生单孢

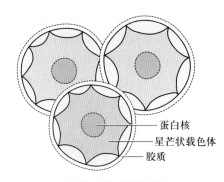

图6-13　紫球藻属

蛋白核
星芒状载色体
胶质

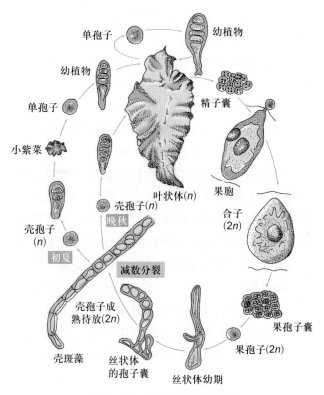

单孢子
幼植物
幼植物
单孢子
精子囊
小紫菜
叶状体（*n*）
果胞
壳孢子（*n*）
晚秋
合子（2*n*）
初夏
壳孢子（*n*）
减数分裂
果孢子囊
壳孢子成熟待放（2*n*）
果孢子（2*n*）
壳斑藻
丝状体的孢子囊
丝状体幼期

图6-14　甘紫菜生活史图解

子，单孢子发育为小紫菜，在整个夏季，小紫菜不断产生不断死亡。大紫菜也可以直接产生单孢子，发育成小紫菜（图6-14）。晚秋水温在15℃左右时，单孢子和小紫菜都发育成大紫菜。甘紫菜的生活史属于异形世代交替类型。

（三）多管藻属（Polysiphonia）

植物体为多列细胞构成的分枝丝状体。丝状体中央由1列较粗大的细胞组成，称为中轴管（central siphon），外围由4~24个较细的边缘细胞构成围轴管（peripheral siphon）。多管藻属的植物体有单倍体的雌、雄配子体，双倍体的果孢子体及四分孢子体。配子体和四分孢子体在外形上完全相同，是典型的同形世代交替类型。精子囊生在雄配子体上部的生育枝上，成熟时呈葡萄状。果胞生在雌配子体上部生育性的毛丝状体上，产生果胞时，毛丝状体的中轴细胞旁生1个特殊的围轴细胞（又称支持细胞），由此细胞生出4个细胞的果孢丝体（carpogonial filament）。果孢丝体的顶端细胞是具有受精丝的果胞。果胞核分裂为2，上核为受精丝核，以后退化，下核为果胞核（卵核），精子由受精丝进入果胞与卵结合。同时支持细胞又生出几个细胞，称辅助细胞。果胞通过它下面的辅助细胞与支持细胞相连。合子核分裂为2，进入支持细胞，并在此细胞中继续分裂，其余核退化。此时，支持细胞发生很多产孢丝，支持细胞中的核移至产孢丝中。产孢丝末端形成果孢子囊，每个囊内有2个核。同时支持细胞与四周的细胞融合形成瓶状的囊果被，总称为囊果（即果孢子体）（图6-15）。囊果内的每个果孢子囊中的2个核融合，形成果孢子，果孢子成熟后，从果孢子囊中释放果孢子，萌发，形成二倍体的四分孢子体。四分孢子体上形成四分孢子囊，经减数分裂，形成4个单倍体的孢子，称四分孢子。四分孢子萌发形成雌、雄配子体。

红藻中淡水生的种类有串珠藻属（Batrachospermum），海产的有异管藻属（Heterosiphonia）、

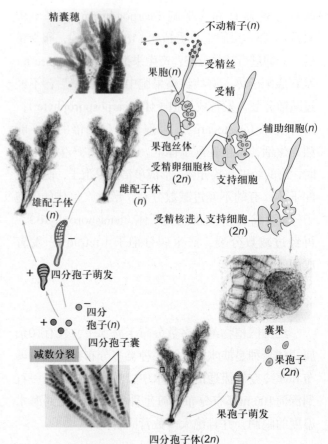

图6-15　多管藻生活史

海头红属（Plocamium）、海萝属（Gloiopeltis）、蜈蚣藻属（Grateloupia）、江篱属（Gracilaria）、海门冬属（Asparagopsis）等（图6-16）。

三、红藻门在植物界中的地位

红藻门植物很古老，它的化石是在志留纪和泥盆纪的地层中发现的。绿藻中的溪菜属和红藻门中的紫菜属，两属的细胞都有星芒状载色体，植物体构造和孢子形成方式都比较相似，因而有人主张红藻是沿着绿藻门溪菜属这一条路线进化来的，但它们的色素显著不同，似乎这条进化路线也是不可能的。更多的人认为红藻的有性生殖和子囊菌的有性生殖相似，故设想子囊菌是由红藻发展来的。

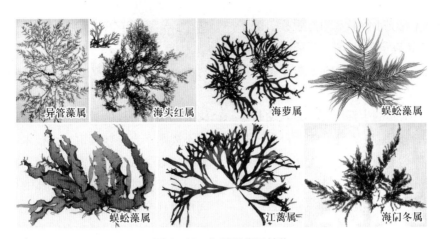

图6-16 红藻门常见植物

（图中标注：异管藻属、海头红属、海萝属、蜈蚣藻属、蜈蚣藻属、江蓠属、海门冬属）

第3节 褐藻门（Phaeophyta）

一、褐藻门的主要特征

（一）形态与构造

褐藻植物体均为多细胞体。简单的类型是由单列细胞构成的分枝丝状体，较进化的种类植物体有类似于根、茎、叶的分化；在结构上也有表皮、皮层和髓的分化，有些种的髓部有类似筛管的构造，称为喇叭丝。用示踪原子14C证明，巨藻属中的甘露醇（mannitol）是由同化组织通过类似的筛管，转移到藻体的其他部位。褐藻的生长方式多样，主要有顶端生长、弥散生长、边缘生长、居间生长、毛基生长等。细胞壁内层由纤维素组成，外层由藻胶组成，在壁内还含有1种糖类，叫褐藻糖胶（fucoidan）。褐藻糖胶能使褐藻形成黏液质，退潮时，黏液质可使暴露在外面的藻体免于干燥。载色体1至多数，粒状或小盘状。含有叶绿素a和c、β—胡萝卜素和6种叶黄素，叶黄素中的墨角藻黄素含量最大，掩盖了叶绿素使藻体呈褐色，同时有利于植物对短波光的吸收。贮藏物是褐藻淀粉（laminarin）和甘露醇等。有些植物细胞内含

大量的碘，如海带含碘占鲜重的0.3%。而每升海水中仅含碘0.000 2%，因此，它是提取碘的工业原料。褐藻的精子和游动孢子一般具2条不等长侧生鞭毛，向前方伸出的1条较长，是茸鞭型；向后方伸出的1条较短，是尾鞭型的。墨角藻目精子的鞭毛是向后方伸出的1条较长，向前伸出的1条较短，而网地藻目的精子仅有1条向前伸的鞭毛。

（二）繁殖

繁殖方式分为营养繁殖、无性生殖和有性生殖3种。营养繁殖是营养体断裂产生新个体的方法。除墨角藻目外无性生殖都产生游动孢子和静孢子。孢子囊有单室的和多室的两种，单室孢子囊（unilocular sporangium）是1个细胞增大形成的，细胞核经减数分裂，形成侧生双鞭毛的游动孢子；多室孢子囊（plurilocular sporangium）是由1个细胞经过多次分裂，形成1个棒状的多细胞结构，每个细胞不经过减数分裂发育成1个侧生双鞭毛的游动孢子，此种孢子囊发生在二倍体的藻体上，因此，游动孢子是二倍的，发育成1个二倍体的植物。有

性生殖是在配子体上形成1个多室的配子囊,配子囊的形成过程和多室孢子囊相同。配子结合有同配、异配、卵式生殖,游动孢子和游动配子都具有鞭毛。

除墨角藻目外,褐藻的生活史都具世代交替。在异形世代交替中多数种类是孢子体大,配子体小,如海带;少数种类是孢子体小,配子体大,如萱藻属(*Scytosiphon*)。

(三)分布

褐藻绝大部分生活在海水中,仅有几个稀见种生活在淡水中,营固着生长。可从潮间带一直分布到低潮线下约30多米处,是构成海底森林的主要类群之一。褐藻属于冷水藻类,寒带海水中分布最多。褐藻种类的分布与海水盐的浓度、温度,以及海潮起落时暴露在空气中的时间长短有密切的关系,因此,在寒带、亚寒带、温带、热带分布的种类,各有不同。

根据褐藻生活史世代交替的有无和类型,一般分为3个纲,即等世代纲(Isogeneratae)、不等世代纲(Heterogeneratae)和无孢子纲(Cyclosporae)。

二、褐藻门的代表植物

(一)水云属(*Ectocarpus*)

水云属是等世代纲植物。藻体小,为单列细胞构成的褐色分枝的丝状体,匍匐或直立。匍匐枝密而不规则。直立枝簇生,小枝末端逐渐变细。细胞单核,有少数带状或多数盘形的载色体。

水云属的配子体与孢子体的形态构造相同,为同形世代交替(图6-17)。水云无性生殖时在孢子体上形成单室孢子囊和多室孢子囊两种,在配子体上形成一种多室配子囊。来自不同藻体的两个配子的大小基本相同,互相结合成合子,合子立即萌发,形成孢子体,与配子体在形态结构上相似。

(二)海带属(*Laminaria*)

海带属是不等世代纲植物。海带(*Laminaria japonica*)生于水温较低的海里,是我国常见可食藻类。海带的孢子体分成固着器、柄和带片3部分。固着器呈分枝的根状。柄圆柱形或略侧扁。带片不分裂,没有中脉,边缘波缘状。内部构造和柄相似,由表皮、皮层和髓3部分组成(图6-18)。

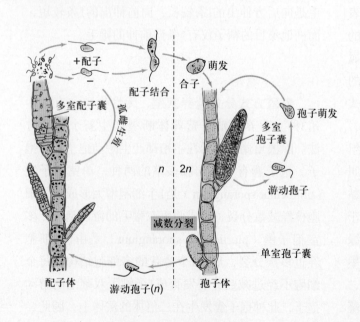

图6-17 水云属的生活史

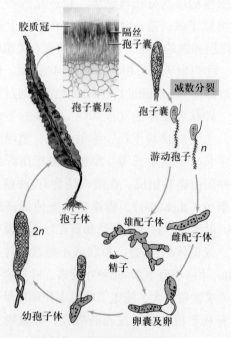

图6-18 海带属的生活史

海带以孢子体为营养体，孢子体成熟时，在带片的两面有深褐色的游动孢子囊的区域，产生单室的游动孢子囊；游动孢子囊丛生呈棒状，中间夹着长的细胞，称隔丝（paraphysis），孢子母细胞经过减数分裂及多次有丝分裂，产生很多单倍侧生双鞭毛的同型游动孢子。游动孢子梨形，两条侧生鞭毛不等长。同型的游动孢子在生理上是不同的，孢子释放萌发为雌、雄配子体。雄配子体是十几个至几十个细胞组成的分枝丝状体，其上的精子囊由1个细胞形成，产生1枚侧生双鞭毛的精子，构造和游动孢子相似。雌配子体是由少数几个较大的细胞组成，分枝也很少，枝端即产生单细胞的卵囊，内有1枚卵。成熟时卵排出，附着于卵囊顶端，卵在母体外受精，形成二倍的合子。合子不离母体，几日后即萌发为新的海带。海带的孢子体和配子体之间差别很大，孢子体大而有组织的分化，配子体只有几个或十几个细胞组成，生活史即为异形世代交替（图6-18）。

海带在自然情况下生长期是2年，在人工筏式条件下养殖的是1年。藻体长达2~3 m。秋季水温下降至21℃以下时，带片产生大量的孢子囊群，于10—11月间释放大量孢子，此后如不收割，藻体即死亡。藻体只能生活13~14个月。

（三）鹿角菜属（*Pelvetia*）

鹿角菜属是无孢子纲植物。本属的鹿角菜（*Pelvetia siliguosa*）为温带性海藻，可食用，为我国黄海的特有种。多固着于浪花冲击的岩石上。藻体褐色，软骨质，高6~15 cm。基部为圆盘状的固着器，上部为二叉状分枝。在结构上分化有表皮、皮层和中央髓。皮层和中央髓都有类似筛管的构造。枝上无气囊。

鹿角菜的植物体是二倍体。生殖时在枝顶端膨大形成生殖托（receptacle），生殖托有柄呈长角果状，表面有明显的结疣状突起，是生殖窝（conceptacle）的开口端，生殖窝内产生卵囊和精囊两种生殖器官。精囊长在窝内生出的分枝上，每个分枝上有2~3个精囊，旁有隔丝。核的第一次分

裂是减数分裂，以后都是有丝分裂，形成多数具2条鞭毛的精子。卵囊也是单细胞的，经过减数分裂，最后发育成两个卵。成熟的精子和卵结合后发育成二倍的植物体（图6-19）。

褐藻中常见的种还有：等世代纲中的黑顶藻属（*Sphacelaria*）和网地藻属（*Dictyota*），不等世代纲中的裙带菜属（*Undaria*）、萱藻属（*Scytosiphon*），在无孢子纲中有马尾藻属（*Sargassum*）（图6-20）。

三、褐藻门在植物界中的地位

褐藻是一群古老的植物，在志留纪和泥盆纪的沉积物中，发现有类似海带植物的化石，最可靠的化石发现于三叠纪。褐藻有侧生不等长双鞭毛的运动细胞，其形态和构造与金藻门黄藻纲的运动性细胞相似，所含色素也相似。因此，有人主张褐藻可能是由单细胞的具两条不等长侧生鞭毛的祖先进化来的。

6.1　隐藻门（Cryptophyta）、甲藻门（Pyrrophyta）、金藻门（Chroysophyta）、黄藻门（Xanthophyta）、硅藻门（Baciuariophyta）、裸藻门（Euglenophyta）和轮藻门（Charophyta）

6.2　藻类各门的主要特征比较

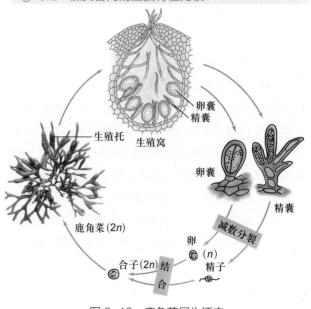

图6-19　鹿角菜属生活史

网地藻属　　　　裙带菜属　　　　萱藻属　　　　马尾藻属

图 6-20　褐藻常见种类

第4节　真核藻类的演化

自地球上出现藻类植物以来，经过了漫长的岁月，直到6亿年前，它仍是当时地球上唯一的绿色植物，人们称此时期为地球生物史上的藻类时代。今天藻类植物虽不能称为植物界的霸主，但仍然十分繁盛，遍布世界。藻类植物在几十亿年的发展中，各门之间和各门之内的进化关系，都是由单细胞到多细胞，由简单到复杂，由低等到高等的规律在演化和发展。

（一）藻类细胞的演化

根据各门藻类细胞光合色素的种类和光合类型的不同，有人认为藻类有3条进化支系。3条进化支系都含有叶绿素a和光系统Ⅱ，这是和光合细菌的基本区别。第一支从原核蓝藻进化到真核红藻。因为两者都含有藻胆素，并以藻胆素为光系统Ⅱ的主要集光色素；藻胆素以颗粒形式（称作藻胆体）附着于类囊体的表面；蓝藻的类囊体单条分散在细胞质中，而红藻已分化成载色体，类囊体单条分散排列于载色体中，外有两层类囊体膜包围，表现出红藻比蓝藻细胞进化的一面，但也保留了单条类囊体排列的原始特性。此外，红藻和蓝藻都没

有鞭毛，因此，认为红藻是和蓝藻亲缘关系最近的真核藻类。第二支以叶绿素c为光系统Ⅱ的主要集光色素，它们的原始类型的细胞中还含有藻胆素。这一支系包括隐藻门、甲藻门、黄藻门、金藻门、硅藻门、褐藻门。其中，隐藻门和甲藻门是这一支系中较原始的类型。隐藻细胞是真核，载色体中的类囊体2条1束，排列比红藻有所进化，光合色素除叶绿素a和c外，还有藻胆素。甲藻细胞有两种核，有些种具中核，有些种既有中核也有真核，载色体中类囊体是3条1束的。近年来中国科学院武汉植物研究所胡鸿钧研究员在淡水湖中发现了一种蓝裸甲藻，吸收光谱测定证实，含有藻胆素。从上述事实看来，这一支系藻类在细胞核、载色体结构和所含色素的种类上处在不同的进化阶段，具中核和含有藻胆素的种类是较原始的类型，然而各门之间还是平行发展的关系。第三支以叶绿素b为光系统Ⅱ的主要集光色素。该支系包括原绿藻门、裸藻门、绿藻门和轮藻门。原绿藻细胞是原核，2条1束的类囊体排列于细胞质中，这一点比蓝藻进化。人们也公认由原核绿藻进化到真核绿藻。虽然这4门藻类都含有叶绿素a和b，但裸藻细胞是中核，载色体类囊

体是3条1束，同化产物是裸藻淀粉等，都与其他3门藻类不同，因此，它们在叶绿素a和b进化路线中是较特殊的类群。绿藻门和轮藻门的载色体中类囊体是2～6条1束，两门有很多相似之处，但轮藻门的细胞有丝分裂和陆生高等植物相似，营养体和生殖器的构造也较绿藻门复杂，因此，认为轮藻门由绿藻门进化而来。然而，轮藻门是进化主干上的侧枝，绿藻门才是陆生高等植物进化的主干，普遍认为陆生高等植物可能由绿藻门中陆生异丝体型藻类进化而来（见本章第1节"绿藻门"）。

伴随光合色素和光合类型的演化，细胞核也发生了不同的变化。地球上最早出现的是原核生物，在35亿～33亿年前。从原核生物进化到真核藻类是在3个不同的进化途径、不同时间、不同的进化阶段上发生的。据分析，最早出现的真核藻类是红藻，在15亿～14亿年前；其次是含叶绿素a和c的真核藻类出现；最后出现的是含叶绿素a和b的真核藻类。真核藻类的细胞伴随着藻体结构向复杂化的方面发展，也由不分化到分化有各种特殊机能的细胞。在单细胞和部分群体类型的藻类中，如衣藻细胞是没有分化的，只兼有营养和生殖两种功能。在多细胞藻类中，如团藻、轮藻及大多数红藻和褐藻，都明显地分化为营养细胞和生殖细胞。还有些构造比较复杂的红藻和褐藻的植物体内分化有组织，如人们所熟悉的海带。

（二）藻类植物体的演化

藻体在结构上的演化，也是遵循着由单细胞逐渐向群体及多细胞，由简单到复杂，由自由游动到不游动、以营固着生活的规律进行。单细胞在营养时期具鞭毛，能自由游动，是藻类中最简单、最原始的类型。在裸藻、绿藻、甲藻和金藻门中，都有这种原始类型的藻类。由此向几个方向发展，单细胞具鞭毛的藻类进一步演化为具鞭毛能自由游动的群体和多细胞体，团藻属则是具鞭毛能自由游动的多细胞的典型代表。单细胞具鞭毛，能自由游动的藻类，还可向藻体失去鞭毛，不能自由游动的方向发展，藻体是单细胞或非丝状群体，在营养时期细胞不分裂，如绿球藻目。在这一类型中，有的种类在营养时期，细胞核能分裂形成多核，如绿球藻。由此向多核体方向演化。在失去鞭毛不能游动的演化道路上，又分化出另一支，即在营养时期细胞不断分裂，形成不分枝的丝状体、分枝的丝状体和片状体，如丝藻、刚毛藻和石莼等，它们中多数是营固着生活或幼时固着。沿着这条路线进化，可分化为具有匍匐枝和直立枝的异丝状体型或具有类似根、茎、叶的枝状体。藻体外部形态发展变化的过程中，藻体内部构造也随着变化，由没有分化演化到有各种组织的分化，如海带。

藻类体型的多样化，在各门藻类中的进化趋势均可见到，即人们常说的平行进化发展现象，如根足型、具鞭毛型、胶群体型、球胞型、丝状体型，在绿藻门、金藻门、黄藻门中都有；发展而类似"茎叶"的组织体在绿藻门、红藻门和褐藻门中都能见到，这3门藻类在藻体的构造、繁殖方式及生活史类型等方面都发展到比较高级的水平，因此，称它们为高等藻类，其余各门称为低等藻类。

（三）繁殖及生活史的演化

藻类延续后代是沿着营养繁殖、无性生殖到有性生殖的路线演化的。一些蓝藻和部分单细胞真核藻类的生活史中，仅有营养繁殖，没有无性生殖和有性生殖，而有些蓝藻以内生孢子和外生孢子进行无性生殖。这两种生活史中没有有性生殖，也就无减数分裂的发生和核相的变化。大多数真核藻类都具有有性生殖。有性生殖是沿着同配生殖、异配生殖和卵式生殖的方向演化，同配生殖是比较原始的，卵式生殖是有性生殖在植物界中最进化的一种类型。有性生殖的出现，在生活史中必然发生减数分裂，形成单倍体核相和二倍体核相交替的现象。依据减数分裂发生的时间不同，藻类生活史基本上可分为3种类型：

第一种类型称为合子减数分裂（图6-21a）：减数分裂在合子萌发时发生，在这种藻类的生活史中，只有一种单倍植物体。合子是生活史中唯一的二倍体阶段，如衣藻、水绵和轮藻。

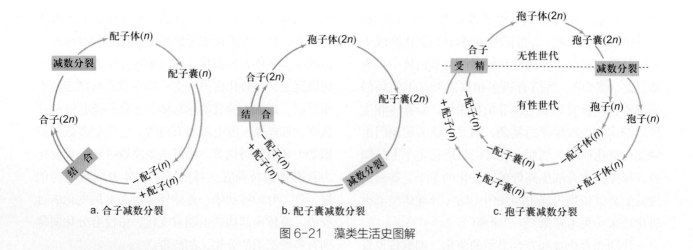

图 6-21　藻类生活史图解

第二种类型称为配子囊减数分裂（图6-21b）：减数分裂在配子囊形成配子时发生，这种生活史中也只有1种植物体，但不是单倍体植物而是二倍体植物，配子是生活史中唯一的单倍体阶段，如松藻、硅藻和鹿角菜。

第三种类型称为孢子囊减数分裂或居间减数分裂（图6-21c）：生活史的进一步演化，出现了世代交替的现象，即有2种或3种植物体，单倍植物体和二倍植物体交替的现象。生活史中，合子萌发形成1个二倍体植物，二倍体植物进行无性生殖，在孢子囊内形成孢子时进行减数分裂。孢子萌发形成单倍体植物，单倍体植物进行有性生殖。从合子开始到减数分裂发生，这段时期为无性世代，由孢子开始一直到配子形成，称这一时期为有性世代。有性世代和无性世代的交替，即为世代交替。在藻类生活史中，孢子体和配子体在形态构造上相同的，称为同形世代交替，如石莼，同形世代交替在进化史上是较低级的，由它向异形世代交替进化，异形世代交替由两种在外部形态和内部构造上不同的植物体进行交替。在异形世代交替的生活史中，有一类是孢子体占优势，如海带；另一类是配子体占优势，如礁膜、萱藻。一般认为孢子体占优势的种类较进化，是进化发展中的主要方向。

第5节　真核藻类的经济价值

藻类植物在地球上分布广泛，无论在炎热的温泉中，还是在冰天雪地的极地，几乎在各种生境中都有分布，在占地球表面积70%的海洋中，藻类几乎是唯一的生产者，因此，藻类在自然界中具有巨大的生态学意义。在植物的光合作用中，藻类扮演着相当重要的角色，有人推算，每年藻类可固定 2×10^{11} t的碳，其量是高等植物的5倍，在地球的碳、氧循环中发挥着巨大作用。藻类在人类经济发展中起着重要作用。

藻类营养价值很高，含有大量糖、蛋白质、脂肪、无机盐、各种维生素和有机碘。有些藻类中含有较高的蛋白质，如亚洲一些国家用麒麟菜属、叉枝藻属、江篱属等的红藻做蔬菜，藻体中含有20%～40%的高蛋白；晒干的紫菜含有25%～35%

的粗蛋白和50%的糖，所含的糖有2/3是可溶性能消化的五碳糖。海藻还含有许多盐类，特别是碘盐，如海带属的碘含量为干重的0.08%～0.76%，在灰分中还含有大量的钠盐和钾盐。海藻还是维生素的来源，含有维生素C、D、E和K。在紫菜中，维生素C的含量为柑橘的一半。各种海藻的化学分析证明，它们还含有丰富的微量元素，如硼、钴、铜、锰、锌等。

藻类植物与水中的经济动物，特别是鱼类的关系非常密切，小型藻类是水中经济动物（如鱼、虾）的饵料。实验证明，池塘中藻类繁盛就可使鱼类增产，因此，人们开始在池塘中施加肥料，促进藻类大量繁殖，以使鱼类产量增加。化学分析表明，浮游藻类所含的灰分、蛋白质、脂肪等，几乎可与最好的牧草相比。藻类还含有动物生长所不可缺少的维生素，如斜生栅藻（*Scenedesmus obliquus*）的每克干物质中，含有38 μg维生素B2、12 μg泛酸、72 μg烟酸和其他物质。在海边沿岸生长的藻类，既是鱼类的食料，又是鱼类极好的产卵场所，可以保护鱼卵及鱼苗的发展。

藻类植物在一定的环境条件下，对养殖业的发展产生危害。有些藻类能引起鱼生病，直至致死，如绿球藻附生在鲤鱼和鲈鱼的皮肤上和鳃部，使其化脓致死。直链藻属能附生在鱼或贝的鳃部，致使鱼和贝死亡。

藻类可作肥料，人们常打捞海藻和淡水藻类作为绿肥；居住在湖泊地区的农民常利用多种轮藻作肥料，因轮藻含有大量的碳酸钙；海洋沿岸的农民用海藻（主要是褐藻）作农田肥料，因海藻中含钾盐30%。

藻类是许多工业的原料。在褐藻和红藻中可提取许多物质，如藻胶酸、琼胶、卡拉胶、酒精、碳酸钠、醋酸钙、碘化钾、氯化钾、丙酮、乳酸等。藻胶酸是从褐藻中提取的，可制造人造纤维，这种人造纤维比尼龙有更大的耐火性。藻胶酸的可溶性碱盐浓缩后可作为染料、皮革、布匹等的光泽剂。琼胶和卡拉胶被广泛应用于食品、造纸、纤维板以及许多建筑工业上。硅藻大量死亡后，沉积到湖底或海底，形成硅藻土。硅藻土疏松而多孔，容易吸附液体，生产炸药时用作硝酸甘油的吸附剂。又因它的多孔性和不传热等特点，可作耐高温的隔离物质、滤过剂和磨光剂。

每吨褐藻可提取5 kg碘，碘可治疗和预防甲状腺肿大。藻胶酸在牙科可作牙模型原料，藻胶酸的钙盐可作止血药。琼胶在医学上和生物学上可作各种微生物和小植物的培养基。琼胶是一种有效的通便剂。琼胶和卡拉胶能抑制β－型流感病毒和耳下腺炎病毒的繁殖。有些藻类如亚洲产的海人草（*Digenea simplex*）和鹪鸪菜（*Caloglossa leprieurii*）都有驱除蛔虫的作用。

有些藻类有吸收和积累有害元素的能力，它们体内所积累的元素，往往高于环境的数千倍以上，如四尾栅藻（*Scenedesmus quadricauda*）积累的铈（Ce）和钇（Y）比外界环境高两万倍。有些有害元素还可以通过藻类体内的解毒作用和生理过程而逐步降解和消除。

有些藻类是矿藏的伴生物，在寻找矿源时起着重要的指示作用。在我国的某油田里发现了大量的盘星藻属（*Pediastrum*）的化石，盘星藻属是绿球藻目的植物，它们都是生活在淡水中的藻类，这对于我国陆相形成油田的理论，提供了一个可靠的根据。有些矿藏就是古代藻类形成的，称为"藻煤"。

藻类生活在水中，对水环境的质量有指示作用。藻类的生长与环境是相适应的，不同水环境中藻类的种类组成、数量是不同的。根据水体中藻类群落结构的特征，可以对水环境的质量进行评价。如绿裸藻是重污染的指示种，小环藻、平板藻、新月藻等是轻污染的指示种。通常在清洁的水体中，藻类种类较多，但生物量较小，而在污染水体中，藻类的种类较少，但生物量很大。在污染水体中，藻类（包括一些蓝藻）会大量繁殖，聚集在水面上。在淡水中大面积藻类漂浮在水面上称水华（water bloom）。在海洋中，大面积藻类漂浮在水面时称赤潮（red tide）。水华和赤潮都是水污染的结果，对渔业生产有极大的危害。

藻类在水的净化过程中起着重要的作用。藻类在光合作用过程中放出氧气，能促进细菌的活动，加速废水中有机物的分解。分解过程中所产生的二氧化碳，又可在藻类的光合作用过程中被利用或排除。有些单细胞的藻类，如一种衣藻（*Chlamydomonas mundana*）也能像有些细菌那样，在无氧的条件下，同化污水中的有机物，供自身需要。近年来，对淡水藻与水体污染之间的关系的研究有了很大的发展，不仅补充了水质化学分析的不足，而且被广泛用来评价、监测和预报水质的情况。

随着人们对藻类植物的深入研究，对它的认识和利用也将越来越深入和广泛。

复习思考题

1. 真核藻类的主要特征是什么？包括哪些门？
2. 写出衣藻、紫菜、多管藻、水云、海带的生活史，并比较各生活史的特点，思考藻类生活史的演化规律。
3. 绿藻具哪些特点揭示该类群为植物界进化的主干？
4. 藻类植物作为低等类群，以何种生存策略使其在地球上得以延续？

数字课程学习资源

■ 学习要点　　■ 难点分析　　■ 教学课件　　■ 习题　　■ 习题参考答案

■ 拓展阅读
– 中国淡水藻类的多样性及保护

■ 拓展实验与实践
– 淡水藻类的种类调查和种类与水质的关系

■ 视频演示
– 藻类的采集

第 **7** 章

菌物（Fungi）

🖋 学习目标

1. 了解发网菌生活史的特点及黏菌门的分类地位。
2. 通过对真菌各代表种类的了解，掌握真菌门的主要特征。
3. 了解真菌门各亚门的特征及代表种类。
4. 掌握钩状联合、锁状联合、子囊及子囊孢子、担子及担孢子的形成过程及不同点。
5. 了解真菌的经济价值。
6. 了解地衣的组成。
7. 了解壳状地衣、叶状地衣和枝状地衣 3 种地衣的形态，异层地衣和同层地衣 2 种类型的结构。
8. 了解地衣产生粉芽和珊瑚芽等营养繁殖方式，有性生殖仅共生的真菌独立进行，以共生的子囊菌产生子囊孢子或共生担子菌产生担孢子的方式完成。
9. 了解地衣分泌的地衣酸在岩石风化过程中的作用。

⚘ 学习指导 🐌

🗐 关键词

黏菌　真菌　子实层　寄生　兼性寄生　腐生　几丁质　根状菌索　子座　菌核

节孢子　芽孢子　分生孢子　子囊果　担子果　钩状联合　锁状联合　子囊

子囊孢子　担子　担孢子　初生菌丝　次生菌丝　菌丝体　发网菌　水霉　根霉

子囊盘　锈菌　蘑菇　灵芝　地衣　同层地衣　异层地衣　壳状地衣　枝状地衣

叶状地衣　子囊盘　子囊壳　裸子器　松萝　梅衣　石蕊

根据营养方式不同，魏泰克在五界系统中将多细胞真核生物划分为三大界，即营光合自养的植物界（Plantae）、吞食营养的动物界（Animalia）和吸收分解营养（异养）的菌物界（Fungi）。

菌物界的基本特征为异养有机体，无光合作用色素，菌体在寄主内、外呈阿米巴原生质团或假原生质团，或呈单细胞或菌丝体。典型的不动有机体，可以出现游动时期的游动孢子，有明显的细胞壁，有细胞核，进行有性生殖和无性生殖。

菌物包含有许多不同的类群，现代分子系统学的研究更明确了这些类群的亲缘关系，原放在菌物界的黏菌和卵菌已经分别移入原生生物界和管毛生物界（Chromista）中。本教材按照两界分类系统的概念，在本章中介绍黏菌门、真菌门和地衣门，卵菌门中的水霉属仍放在真菌门鞭毛菌亚门中介绍。

第1节 黏菌门（Myxomycota）

一、黏菌门的特征

黏菌是介于动物和真菌之间的生物。黏菌在生长期或营养期为裸露的无细胞壁、多核的原生质团，称变形体（plasmodium），其营养体构造、运动或摄食方式与原生动物中的变形虫相似。但在繁殖时期，黏菌产生具纤维素细胞壁的孢子，又具真菌的性状。

大多数黏菌为腐生菌，生于森林阴暗和潮湿的地方，在腐木、落叶或其他湿润的有机物上都有分布。极少数黏菌寄生在经济植物上，危害寄主。

二、黏菌门的代表种类

发网菌属（*Stemonitis*）的营养体为裸露的原生质团，称变形体。变形体呈不规则的网状，直径达数厘米，在阴湿处的腐木上或枯叶上缓缓爬行。在繁殖时，变形体爬到干燥光亮的地方，形成很多的发状突起，每个突起发育成1个具柄的孢子囊（子实体）。孢子囊通常长筒形，紫灰色，外有包被（peridium）。孢子囊柄伸入囊内的部分，称囊轴（columella），囊内有孢丝（capillitium）交织成孢网。然后原生质团中的许多核进行减数分裂，原生质团割裂成许多块单核的小原生质块，每块分泌出细胞壁，形成1个孢子，藏在孢丝的网眼中。成熟时，包被破裂，借助孢网的弹力把孢子弹出。

孢子在适合的环境下，即可萌发为具2条不等长鞭毛的游动细胞。游动细胞的鞭毛可以收缩，使游动细胞变成1个变形体状细胞，称变形菌胞。由游动细胞或变形菌胞两两配合，形成合子，合子不经过休眠，合子核进行多次有丝分裂，形成多数双倍体核，构成1个多核的变形体（图7-1）。

三、黏菌门在生物界的地位

黏菌的起源和亲缘关系，迄今仍不明确。从它的特性来看介于动物和真菌之间；从营养体结构和生理方面看，像巨大的变形虫动物；从繁殖方面看，产生具细胞壁的孢子，又是真菌的性质。目前认为，黏菌可能由不同的祖先发育而来。

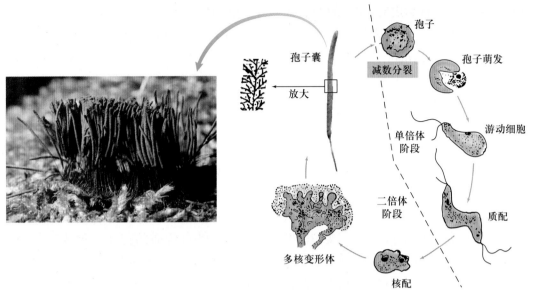

图 7-1　发网菌及其生活史

第2节 真菌门（Eumycota）

一、真菌的主要特征

（一）营养体

　　除少数单细胞外，真菌的营养体绝大多数为分枝的丝状体，每条丝状体称菌丝（hyphae）。组成菌体的全部菌丝称菌丝体（mycelium）。菌丝是纤细的管状体，分无隔菌丝和有隔菌丝两种。低等真菌的菌丝通常无隔，内含多核；高等真菌的菌丝通常都有横隔壁（有隔），形成许多细胞的菌丝。每个细胞内含1或2个核。菌丝中的横隔壁上有小孔，原生质体甚至可以通过小孔流通（图7-2）。

　　此外，有不少真菌在其生活史的某个阶段，它们的菌丝体交织形成疏松的或致密的组织，这些组织可形成各种不同的营养结构或繁殖结构，即菌丝组织体。最常见的菌丝组织体有根状菌索（rhizomorph）、子座（stroma）和菌核（sclerotium）（图7-3）。

　　（1）根状菌索　高等真菌的菌丝体密集呈绳索

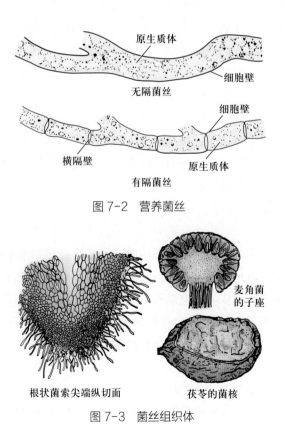

图 7-2　营养菌丝

图 7-3　菌丝组织体

状，形似根，外层颜色较深为皮层，由拟薄壁组织（pseudoparenchyma）组成，其顶端有1个生长点，内层由疏丝组织（prosenchyma）组成，为心层或髓层。有些真菌以形成根状菌索的形式渡过不良环境，环境适宜时，再恢复生长。

（2）子座　子座是容纳子实体的褥座，是从营养阶段到繁殖阶段的一种过渡形式，也是由拟薄壁组织和疏丝组织构成的。

（3）菌核　菌核是由密集菌丝结成颜色深、质地坚硬的核状体，最小的有鼠粪大，最大的比人头还大，有些种的菌核有组织的分化，外层为拟薄壁组织，内部为疏丝组织；有的菌核无分化现象。菌核中贮有丰富的养分，对于干燥和高、低温度的抵抗力很强，是渡过不良环境的休眠体，在条件适宜时，可以萌发为菌丝体或产生子实体。

（二）营养方式

真菌的营养方式为异养型，其中有的寄生（parasitism），直接从活的动物、植物中吸取养分；有的腐生（saprophytism），从动物、植物尸体以及从无生命的有机物质吸取养料。大多数真菌寄生或腐生没有严格的界限，有的以腐生为主，兼营寄生生活；有的是以寄生为主，兼营腐生生活；还有的为共生，如菌根真菌。寄生生活的真菌，其菌丝可变态形成各种形态的吸器，借助菌丝细胞具有较高的细胞渗透压直接从寄主细胞中吸收养料。腐生菌的菌丝能分泌各种酶，将大分子有机物分解成小分子物质再被吸收。

（三）细胞的结构

真菌细胞均具有细胞壁。大多数真菌的细胞壁成分为几丁质（chitin），少数低等真菌细胞壁具有纤维素或β—葡聚糖等。细胞具定形核，细胞质中有各种细胞器及贮藏的肝糖、油滴和蛋白质等养分。少数种类细胞中含有色素。

（四）真菌的繁殖

真菌的繁殖通常有营养繁殖、无性生殖和有性生殖3种。

（1）营养繁殖　少数单细胞真菌以细胞分裂的方式进行繁殖，如裂殖酵母属（Schizosaccharomyces）；有的是营养菌丝细胞断裂形成节孢子（arthrospore）；有的从菌丝细胞的一定部位形成突起，产生芽孢子（blastospore），称出芽生殖（图7-4）。

（2）无性生殖　真菌可产生大量的无性孢子进行无性生殖，如游动孢子（zoospore）、孢囊孢子（sporangiospore）和分生孢子（conidium或conidiospore）等（图7-4）。游动孢子是水生真菌产生借水传播的孢子，孢囊孢子是在孢子囊（sporangium）内形成借气流传播的不动孢子，分生孢子是由分生孢子囊梗的顶端或侧面产生借气流或动物传播的不动孢子。

（3）有性生殖　低等的真菌为配子配合，有同配生殖和异配生殖；有些真菌形成卵囊和精囊，由精子和卵配合形成卵孢子（oospore）。子囊菌有性生殖后，形成子囊，在子囊内产生子囊孢子。担子菌有性生殖后，形成担子，在担子上形成担孢子。担孢子和子囊孢子是有性结合后产生的孢子，与无性生殖产生的孢子完全不同。

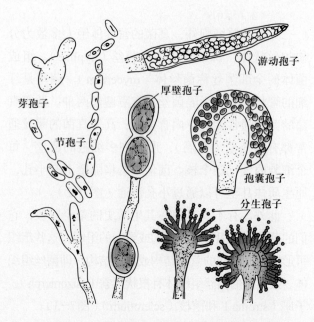

图7-4　营养繁殖和无性生殖的各种孢子

（五）真菌的生活史

真菌的生活史是从孢子萌发开始，经过生长和发育阶段，最后又产生孢子的全部过程。孢子在适宜的条件下便萌发形成芽管，再继续生长形成新菌丝体，在一个生长季节里可以再产生无性孢子若干代，产生菌丝体若干代，这是生活史中的无性阶段。真菌的有性阶段是从菌丝上发生配子囊，产生配子后，一般先经过质配形成双核阶段，再经过核配形成双相核的细胞，即合子。低等的真菌质配后随即核配，双核阶段很短。高等真菌质配以后，有一个明显的较长的双核时期，然后再进行核配。通常合子迅速减数分裂，再回到单倍体的菌丝体时期。在真菌的生活史中，双相核的细胞是1个合子而不是1个营养体。因此，真菌生活史只有核相交替，没有世代交替。

二、真菌门的主要类群

真菌是生物界中很大的一个类群，据统计约有1万多属，12万余种。真菌的分类有多个系统，近年来多采用安兹沃斯（Ainsworth）（1971，1973）的分类系统。该系统将真菌门分为鞭毛菌亚门、接合菌亚门、子囊菌亚门、担子菌亚门和半知菌亚门五个亚门。本教材即采用该系统。

真菌门的5个亚门中，鞭毛菌亚门和接合菌亚门为低等真菌，菌丝无横隔壁；子囊菌亚门和担子菌亚门为高等真菌，菌丝具横隔壁；半知菌亚门的菌丝也具隔，属于高等真菌，但尚未发现其有性阶段。

（一）鞭毛菌亚门（Mastigomycotina）

1. 鞭毛菌亚门的特征

除一部分为典型的单细胞外，本门菌类大部分是分枝的丝状体。菌丝通常无横隔壁，多核，只在繁殖时期繁殖器官的基部产生横隔壁，把繁殖器官隔成1个典型的细胞。无性生殖时产生单鞭毛或双鞭毛的游动孢子。有性生殖时产生卵孢子或休眠孢子，低等的种类为同配或异配生殖。

无性孢子具鞭毛是本亚门的主要特征。本亚门菌类大多数水生、两栖生，少数陆生、腐生或寄生。

2. 鞭毛菌亚门的代表

水霉属（Saprolegnia）水霉属常生活于淡水鱼的鳃盖、侧线或其他破伤的皮部以及鱼卵上，是鱼类的大害；也常生活在死鱼、蝌蚪、昆虫和其他淡水动物的尸体上。菌丝体白色，绒毛状，分枝多，无横隔壁，多核，是由1个细胞发展而来。菌丝有两种，一种是短的根状菌丝，穿入寄主的组织中，吸收寄主的养料；另一种是细长分枝的菌丝，从基质的表面向各方面生长，形成分枝繁茂的菌丝体。无性生殖时，菌丝的顶端稍微膨大，多数细胞核涌入顶端，基部生横隔壁，形成长筒形的游动孢子囊，成熟后顶端开一圆孔，游动孢子从孔口游出，此后在旧孢子囊的基部再生第二个孢子囊，伸入旧孢子囊空壳中，如此重复产生3～4次，囊壁一个套着一个，这种现象称为孢子囊的"层出形成"或层出现象，是本属的主要特征之一。

游动孢子球形或梨形，顶生2条鞭毛，称初生孢子。初生孢子游动不久，鞭毛收缩，变为球形的静孢子。不久，静孢子萌发形成1个具侧生鞭毛的肾形游动孢子，称次生孢子。出现两种游动孢子的现象称双游现象（diplanetism）。次生孢子不久又形成静孢子。静孢子在新寄主上萌发，发育为新菌丝体。无性生殖若干代或生长环境不利时，水霉进行有性生殖。有性生殖时，菌丝的顶端形成精囊和卵囊，精囊紧靠着卵囊，生出1至数个丝状突起，称受精管，穿过卵囊壁，放出精核，与卵结合，形成二倍体的合子，称卵孢子。卵孢子经过休眠后萌发，先减数分裂，然后反复分裂形成1条多核的芽管，再形成菌丝体。水霉的形态和生活史如图7-5所示。

（二）接合菌亚门（Zygomycotina）

1. 接合菌亚门的特征

营养体为无隔多核的菌丝组成的菌丝体，无性生殖时产生不动的孢囊孢子，有性生殖为配子囊配合，有性孢子为接合孢子（2n）。本亚门是真菌由水生向陆生发展的一个过渡类群。

2. 接合菌亚门的代表

根霉属（*Rhizopus*）为腐生菌，最常见的是匍枝根霉（*R. stolonifer*），又称黑根霉、面包霉，生于面包、馒头和富含淀粉质的食物上，使食物腐烂变质（图7-6）。

匍枝根霉的孢子球形，多核。孢子落到基质上萌发，形成棉絮状的菌丝体，在基质表面蔓延着大量的匍匐枝。在匍匐枝的一些紧贴基质处（节），生出假根，伸入基质内吸取营养。无性生殖时，在假根的上方生出1至多条直立的菌丝，称孢囊梗（sporangiophore），其顶端膨大形成孢子囊。囊中央有一半圆形囊轴（columella），基部有稍膨大的囊托（图7-6a）。孢子囊内形成具多核的孢囊孢子。孢子囊成熟后破裂，黑色的孢子散出，落于基质上，在适宜的条件下，即可萌发成新菌丝体。

有性生殖为异宗配合，不常见。在两个不同宗的菌丝上发生配子囊，其顶端互相接触，在接触处囊壁融解，不同宗的两个配子囊的原生质混合，细胞核成对地融合，形成1个具多数二倍体核的接合孢子（zygospore）（图7-6b）。接合孢子黑色，厚壁，有疣状突起。休眠后，在适宜的条件下，长出孢子囊梗，顶端形成孢子囊，称接合孢子囊，其中的二倍体核经过减数分裂后产生单倍体的孢子。孢子释放后萌发形成新一代的菌丝体。

接合菌亚门中常见的种类还有毛霉属（*Mucor*），它和根霉属的主要区别为无匍匐枝，孢子梗单株从菌丝上发生，分枝或不分枝。这两属用途很广，它们含大量的淀粉酶能分解淀粉为葡萄糖，这种糖化作用是酿酒的第一步，酿酒的第二步是由酵母菌的发酵作用把葡萄糖发酵为酒。酿酒过程必须先利用毛霉和根霉制成酒曲后再酿酒。

（三）子囊菌亚门（Ascomycotina）

1. 子囊菌亚门的特征

本亚门种类最多。除酵母菌类为单细胞外，大部分都是多细胞有机体，菌丝有横隔壁，单核或

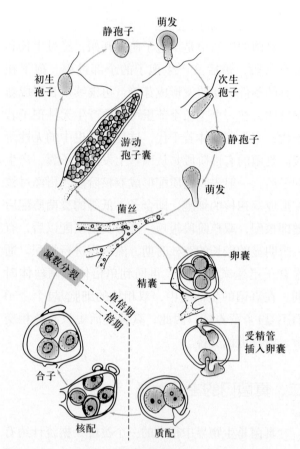

图 7-5　水霉的形态和生活史

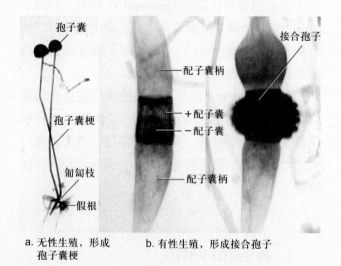

a. 无性生殖，形成　　b. 有性生殖，形成接合孢子
　孢子囊梗

图 7-6　匍枝根霉的形态和繁殖

多核。无性生殖时，单细胞的种类出芽生殖，多细胞的种类产生分生孢子。有性生殖时形成子囊，合子在子囊内进行减数分裂，产生子囊孢子。子囊孢子通常8个，也有4或16个。多数种类形成子实体，

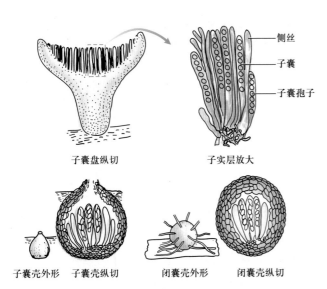

子囊盘纵切　　　　　　　子实层放大

子囊壳外形　子囊壳纵切　　闭囊壳外形　闭囊壳纵切

图 7-7　子囊果的类型

即产生和容纳有性孢子的组织结构。子囊包于子实体内。子囊菌的子实体又称子囊果（ascocarp）。子囊果的形态有3种类型，是子囊菌分类的重要依据。子囊盘（apothecium）：子囊果呈盘状、杯状或碗状，一侧呈开口状，子实层常裸露在外；闭囊壳（cleistothecium）：子囊果呈球状，完全闭合；子囊壳（perithecium）：子囊果呈瓶状，顶端有1孔口（图7-7）。

2. 子囊、子囊孢子、子囊果的形成过程

子囊菌最突出的特征是有性生殖过程中形成子囊、子囊孢子和子囊果。现以火丝菌（*Pyronema confluens*）为例介绍子囊菌的有性生殖过程。

火丝菌常在火烧后的土壤上发生，初期菌丝体白色，棉絮状，分枝多。当性器官形成时，在菌丝体上生出一些短小、直立、二叉状分枝的菌丝，顶端形成精囊和卵囊，卵囊也称为产囊体（ascogonium）。精囊紧靠产囊体，棒状，核经多次分裂形成100多个精核。产囊体球形或近球形，其中雌核经多次分裂，形成100多个雌核。此时产囊体的顶端产生1条弯管形的受精丝（trichogyne），其基部有横隔，顶端伸向精囊。当受精丝与精囊接触后，接触处细胞壁融化，受精丝基部的横隔和细胞核也同时融化，精囊中大部分细胞质与精核通过受精丝流入产囊体中，进行质配，雌雄核成对地排

列，经过有性过程的刺激，在产囊体的上半部产生无数管状的产囊丝（ascogenous hypha），雌核与雄核成对地流入产囊丝中，每条产囊丝中都有若干对核，然后产囊丝产生横隔，每个细胞中含雌、雄核一对，将菌丝分为若干个双核细胞，产囊丝顶端的双核细胞伸长，并弯曲形成钩状体（产囊丝钩，crosier），双核同时分裂，形成4个核，此时钩状体产生横隔，隔成3个细胞。钩状体尖端细胞称钩尖；居中位的细胞称钩头，即子囊母细胞（ascus mother cell），含雌、雄各1核；钩状体的基部细胞为钩柄，钩尖和钩柄各有1个核（雌核或雄核）。子囊母细胞核配，形成合子。合子经过减数分裂和1次有丝分裂，形成8个子囊孢子，排成一行，整个过程称为钩状联合。子囊形成的同时，钩尖的细胞核流入钩柄中，再形成1个双核细胞，两个核同时分裂，产生2个雌核2个雄核，再形成钩头、钩尖和钩柄，如此反复多次，形成多数的子囊，不育菌丝便发育为子囊果的侧丝（图7-8）。

🔍7.1　钩状联合过程

当精囊内容物流入产囊体时，不育的菌丝立刻从产囊体下方生出，形成子囊果的外壳。子囊果内侧丝和子囊排列成1层，称子实层（hymenium）。火丝菌属的子囊果呈盘形，土红色至橘红色，直径1~3 mm。子囊排列于1个张开的盘状子囊果内，称子囊盘（apothecium）。

3. 子囊菌亚门的代表

（1）酵母属（*Saccharomyces*）　酵母属是本亚门中最低级的一属。单细胞，有明显的细胞壁和细胞核。多存在于富有糖分的基质中。酿酒酵母（*S. cerevisiae*）是用于酿造啤酒最常见的一种酵母菌。细胞球形或椭圆形，内有1个大液泡，细胞质内含油滴、肝糖，细胞核很小。通常单细胞，有时数个细胞连成串，形成拟菌丝。

营养繁殖通常以出芽方式进行，形成分枝的拟菌丝，每个芽脱落后就成为一个新个体。有性生殖时，形成球形或近球形的子囊，减数分裂和有丝分裂后产生4~8个单相的子囊孢子，子囊孢子比营养细胞略小（图7-9）。

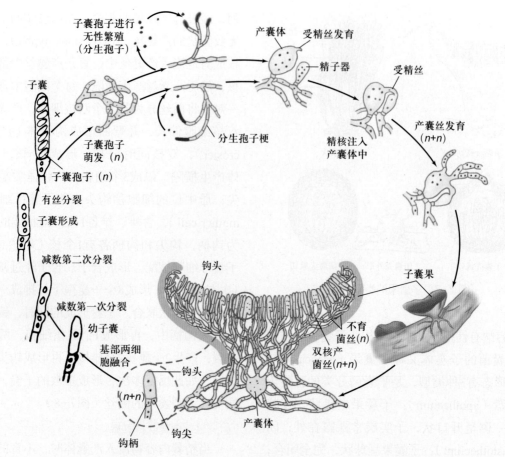

图 7-8　火丝菌的生活史

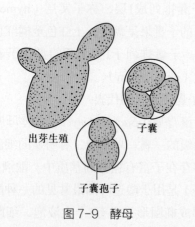

图 7-9　酵母

酵母菌的经济用途很广，它能将糖类在无氧的条件下分解为二氧化碳及酒精，用于面包和馒头的发酵。酵母菌还能生产甘油、甘露醇和有机酸等；在医药上也有广泛的用途。

（2）赤霉菌属（*Gibberella*）　赤霉菌属有性生殖产生的子囊壳蓝色或紫色，子囊梭形，有 3~5 个横隔。小麦赤霉菌（*G. saubinetii*）主要寄生于小麦、大麦、燕麦和其他禾本科杂草上，是危害农作物的寄生菌（图 7-10）。

无性生殖产生两种分生孢子，大型新月形分生孢子，有 3~5 分隔，无色；小型卵形分生孢子，很少见。孢子成堆时呈粉红色。发病严重的小麦，人畜吃后常引起中毒。

（3）麦角菌属（*Claviceps*）　麦角菌（*C. purpurea*）寄生于小麦、燕麦及许多禾本科杂草的子房内，所产生的菌核，中药称为麦角（ergot）。菌核越冬后萌发，产生子座。每个菌核产生 10~20 个子座。子座有 1 长柄，头部膨大呈球形，其内埋生许多子囊壳。子囊壳椭圆形，孔口突出于子座的表面，每个子囊壳内产生数个长圆柱形子囊，每个子囊内产生 8 个线状的子囊孢子（图 7-11）。

麦角有剧毒，牲畜误吃带麦角的饲草，可中毒

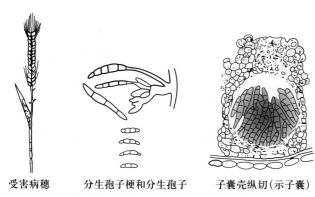

受害病穗　　　　分生孢子梗和分生孢子　　　　子囊壳纵切（示子囊）

图 7-10　小麦赤霉菌

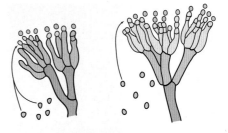

图 7-12　橘青霉的分生孢子梗和分生孢子

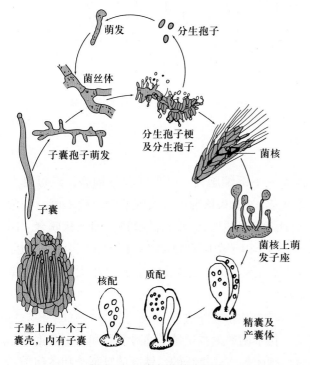

图 7-11　麦角菌的生活史

死亡。麦角为贵重药材，含12种生物碱，总称麦角碱，药用价值很高，为妇产科常用的药物，用以治疗产后出血和促进产后子宫复原等。

（4）青霉属（*Penicillium*）青霉属分布极为普遍，多生于水果、番茄等果实的伤口处，导致果实腐烂，也常见于淀粉性食物及酿酒原料上。无性生殖产生的分生孢子梗顶端数次分枝，呈扫帚状，最末小枝称小梗，小梗上生一串绿色分生孢子。孢子成熟后，随风飞散，落在基质上，在适宜的条件下，便萌发为菌丝（图7-12）。有性生殖极少见。

本属应用很广，如工业上应用某些青霉制造有机酸、乳酸等；药用青霉素，又称盘尼西林（penicillin），是从产黄青霉（*P. chrysogenum*）、点青霉（*P. notatum*）中提取出来的。

（5）白粉菌属（*Erysiphe*）白粉菌属是高等植物病害菌，常寄生于小麦叶片、叶鞘、茎秆和花穗上。子囊果为闭囊壳，内有数个子囊，子囊内有 2～8 个子囊孢子。

（6）虫草属（*Cordyceps*）虫草属子座大部分从昆虫体上发生，肉质，一般为棒状，直立。本属多种为药用真菌，其中最名贵的为冬虫夏草（*C. sinensis*），寄生于鳞翅目幼虫体内，子座从幼虫前端发出，通常单一，顶端褐色（图7-13a）。主要用于强身滋补。

（7）羊肚菌属（*Morchella*）羊肚菌属均为腐生菌，子实体有菌盖和菌柄。菌盖近球形或圆锥形，边缘全部和柄相连，表面有网状棱纹。柄平整或有凹槽。生于林地和林缘的羊肚菌（*M. esculenta*）是滋味鲜美、名贵的食用菌（图7-13b）。

（8）盘菌属（*Peziza*）盘菌目常见的腐生菌。子囊果常盘状，无柄或近于无柄。子囊常呈圆柱状，子囊孢子8个，椭圆形，无色，通常在子囊内排列成一行。

（四）担子菌亚门（Basidiomycotina）

1. 担子菌亚门的特征

本亚门皆为陆生高等真菌，其中多数种是植物的专性寄生菌和腐生菌，食用、药用和有毒的种类都有，与人类关系密切。

a. 冬虫夏草　　　　　　b. 羊肚菌

图 7-13　冬虫夏草和羊肚菌

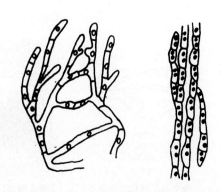

图 7-14　初生菌丝接合形成次生菌丝的过程

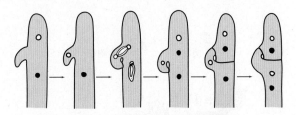

图 7-15　锁状联合过程的模式图

　　本亚门全是多细胞有机体，菌丝有横隔，有3种菌丝体，初生菌丝体（primary mycelium）、次生菌丝体（secondary mycelium）和三生菌丝体（tertiary mycelium）。初生菌丝体的细胞单核，在生活史中生活很短。次生菌丝体是由单核菌丝细胞质配或性孢子质配后形成的（图7-14），细胞内含2核，又称双核菌丝体（dicaryophytic mycelium），生活期长，为担子菌的主要营养菌丝。三生菌丝体，是由次生菌丝体特化形成的，其细胞内仍具双核，由这类菌丝产生担子和担孢子。次生菌丝体和三生菌丝体细胞分裂时，具有一种特殊的分裂方式，称为锁状联合（clamp connection），其分裂过程如下：

　　首先在细胞两核的中央生出1个喙状突起，向下弯曲，双核中的1个核移入喙突的基部，另1个核在它的附近，两核同时分裂，形成4个核；其中两个核留在细胞的上部，1个留在下部，另1个进入喙突中。这时，细胞生出横隔，形成3个细胞。上部细胞双核，下部细胞及喙突都是单核，以后喙突的尖端与下部的细胞相接触的壁沟通。同时喙突中的

核流入下部细胞内，又形成双核细胞，经过这一番变化，1个双核细胞分裂成两个双核细胞，在两个细胞之间残留1个喙状的痕迹，即锁状联合（图7-15）。担子菌中多数种类是以锁状联合的细胞分裂方式增加双核细胞数目，以此产生大量的次生菌丝体。

7.2　锁状联合过程

　　担子菌的无性生殖是通过芽殖和产生节孢子、分生孢子等方式进行的。锈菌的夏孢子和冬孢子，也是一种分生孢子。担子菌的有性生殖均为体配，在整个有性过程中，质配与核配在时间和空间上间隔很远。有性孢子为担孢子（basidiospore）。担孢子的产生过程如下：双核菌丝顶端细胞膨大形成担子（basidium），担子内的两个核配合，双相的担子核经减数分裂，产生4个单相核，此时担子顶端突出形成4个小梗，每一小梗内含1核，下产生横壁，形成1个担孢子。担子是担子菌有性生殖的性器官，是核配和减数分裂的场所。担子分为单细胞的无隔担子（holobasidium）和4个细胞组成的有隔担子（phragmobasidium）两种类型，有隔担子又

分为横隔担子和纵隔担子（图7-16）。

担子菌的子实体称为担子果，是产生担子和担孢子的高度组织化结构。一般是由双核菌丝体和特化的三生菌丝体形成的，担子菌子实体形态多种多样，如伞状、头状、球状、星状和耳状等。

🔖7.3 担子果

2. 担子菌亚门的代表

1973年，安兹沃斯根据担子果（basidiocarp）的有无、担子果是否开裂将担子菌亚门分为3纲，即冬孢菌纲（Teliomycetes）、层菌纲（Hymenomycetes）和腹菌纲（Gasteromycetes）。本书也采用此分类方式。

（1）冬孢菌纲　本纲主要特征为不形成担子果，担子从冬孢子（teliospore）上发生。根据担孢子的数目及放射情况分为黑粉菌目和锈菌目。

①玉蜀黍黑粉菌（*Ustilago maydis*）本菌属黑粉菌目，侵害玉蜀黍植株，导致寄主患黑粉病。在植株地上部分均能发生，常发生在叶片和叶鞘衔接处、近节的腋芽上、雄花穗或雌花穗上。被害部分形成白色肿瘤（大者达10 cm以上），以后内部产生厚壁孢子，成熟后，肿瘤的外膜破裂，露出黑褐色厚壁孢子（图7-17）。

②禾柄锈菌（小麦秆锈病菌）（*Puccin graminis*）本菌属锈菌目，完成整个生活史要在两种不同的寄主上寄生，称转主寄生（heteroecism）。第一寄主为小麦、大麦、燕麦及其他禾本科植物；第二寄主为小檗属（*Berberis*）或十大功劳属（*Maho-*

nia）植物。在不同的寄主上产生不同的孢子，典型的锈菌要经过5个发育阶段，并相应地产生5种不同的孢子。各种孢子产生具有一定的顺序，单核的担孢子、性孢子和双核的锈孢子、夏孢子、冬孢子。第一寄主上形成性孢子和锈孢子（春孢子）；第二寄主上形成夏孢子和冬孢子。冬孢子越冬后核配产生担子，担孢子萌发再形成初生菌丝，开始新一轮的循环。如禾柄锈菌的生活史（图7-18）。

（2）层菌纲（Hymenomycetes）本纲菌类一般都有发达的担子果（子实体），担子果为膜质、蜡质、革质、木质、木栓质或肉质，形状多样。担子有横隔、纵隔或无隔，通常从菌丝上生出，整齐地排成一列，称子实层。子实层分布在菌髓（trama）的两侧，菌髓和子实层构成子实层体（hymenophore）。子实层体有片状、疣状、管状、针状、褶状等多种形式，因种类而异。子实层中夹

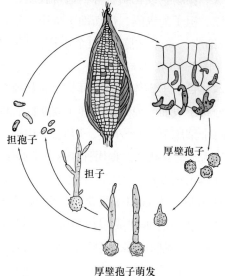

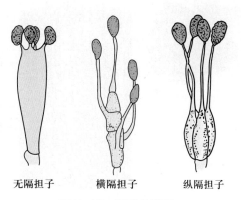

图7-16　担子的类型

图 7-17　玉蜀黍黑粉菌生活史

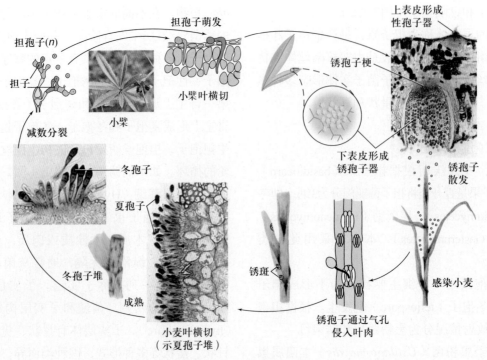

图 7-18　禾柄锈菌生活史

杂有侧丝、刚毛（seta）、囊状体（cystidium）和胶囊体（gleocystidium）等。

本纲常见的有银耳目（Tremellales）、木耳目（Auriculariales）、非褶菌目［Aphyllophorales，原名多孔菌目（Polyporales）］和伞菌目（Agaricales）等。

①银耳目　子实体常呈平伏、扁平、带状、棒状、匙状、珊瑚状或花瓣状等，通常胶质，子实层生于一侧。担子为纵隔，横切面上呈田字形排列，分为4个细胞，每个细胞上有1个小梗，其上生1个担孢子（图7-19）。

②木耳目　子实体胶质，耳状、壳状或垫状。子实层分布于表面，或大部分埋于胶质内，担子为横隔，每个细胞上生1个小梗，形成1个担孢子。本目大部分为木材腐朽菌。食用种如木耳（*Auricularia auricula*）（图7-20）。

③伞菌目　本目担子果肉质，很少近革质、木栓质或膜质。有伞状或帽状的菌盖（pileus）和菌柄（stipe）。菌柄大多数中生，也有侧生或偏生的。菌盖的腹面为辐射或放射的菌褶（gills），子实层生于菌褶的两面。担子果幼嫩时常有内菌幕

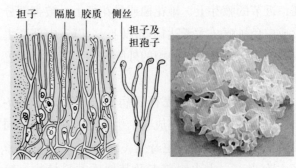

图 7-19　银耳

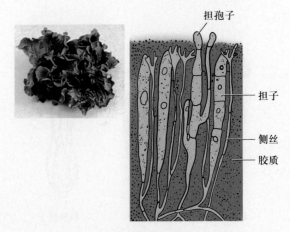

图 7-20　木耳

（partial veil）遮盖着菌褶。菌盖充分发展时，内菌幕破裂，常在菌柄上残留部分形成环状的菌环（annulus）。还有些种类有外菌幕（universal veil）包围整个担子果，当菌柄伸长时，外菌幕破裂，一部分残留在菌柄的基部称菌托（volva），在菌盖上面的外菌幕往往破裂为鳞片（scale），或消失。在伞菌中，有些种类具有菌环和菌托，有些种类只有菌环或只有菌托，或菌托、菌环全无，这些特征都是伞菌分属的重要依据。

子实层的构造主要为担子和侧丝，有些种的子实层中还有少数比担子长和粗的细胞，称囊状体。担子为单细胞，无隔，棒状，先端具4个担孢子。

伞菌绝大部分为腐生菌，生于林地、草地、园地、粪土、树木以及植物体上。多数伞菌可食，其中有少数是珍贵的食用菌，一些种类常有毒，人畜误食会中毒，甚至死亡。本目种类繁多，最常见的伞菌有蘑菇属和香菇属。

蘑菇属（伞菌属，*Agaricus*）中最常食用的是蘑菇（*A. campestris*）。担子果肉质，上部为菌盖（伞盖），菌盖下为菌柄，连在菌盖的中央。菌环白色，膜质，附于菌柄上部，老熟的担子果菌环脱落。菌盖内部为菌肉，由双核的长管状菌丝构成。在菌肉的下部，有辐射状排列的薄片状菌褶，初期白色，后变为粉红色，最后变为黑褐色。从菌褶的横断面上看，可以看到由3层组织构成（图7-21）：表面为子实层，是1层棒状担子和近同形不育细胞侧丝相间排列的单层网状层；子实层下面为子实层基，由等径细胞构成；最里边是由长管形细胞构成的菌髓。担子无隔，顶端产生4个突起，称担子小柄，每个核流入突起中，形成4个担孢子。担孢子紫黑色，2个为雌性，2个为雄性。

香菇属（*Lentinus*）为木材腐朽菌，半肉质至革质，坚韧。菌盖不规则，菌柄偏生或近中生。菌褶褶缘有锯齿。经济价值最大的为香菇（*L. edodes*），本菌除味美可食外，还供药用，其所含的多糖类抗癌效果很强（图7-22）。

④非褶菌目 担子果一年至多年生，有木质、木栓质或肉质等各种类型；形状各异，有蹄形、扇形、半球形等。子实层生于菌管内，或菌针上，或在一个平面上。担子单细胞，棒状，通常有4个小梗，每小梗上有1个担孢子。常见种有灵芝和猴头菌（图7-23）。

灵芝（*Ganoderma lucidum*）属于多孔菌科（Polyporaceae），担子果盖面红褐色，有明显的油漆光泽，菌柄侧生。生于栎属或其他阔叶树干上。中药用于健脑，治疗神经衰弱、慢性肝炎、消化不

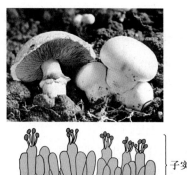

图 7-21　蘑菇的外形和菌褶构造

（子实层、子实层基、菌髓）

图 7-22　香菇

灵芝　猴头菌

图 7-23　灵芝和猴头菌

良，对防止血管硬化和调节血压也有一定效能，亦用做滋补剂。

猴头菌（*Hericium erinaceus*）属于齿菌科（Hydnaceae），是本科经济价值最大的一种。担子果一年生，肉质，团块状，纯白色，基部侧生悬垂于树干上。菌针白色，覆盖于菌体表面的中部和下部，菌针干后变黄色、黄褐色，尖端黑褐色，状似猴的头。生于栎、胡桃等立木及枯立木上。猴头菌为美味的食用菌，有滋补、健生效能，所含的多糖类有抗癌效能，对胃炎和胃溃疡的疗效也很显著。

（3）腹菌纲　本纲菌类的担子果很发达，外有多层包被（peridium），内为产孢体（gleba），即产孢组织，通常多腔，担子沿着腔的边缘生出。

本纲经济价值最大的有鬼笔目（Phallales）和马勃目（Lycoperdales）。

①鬼笔目　担子果生于地下或地面，近球形、卵形或梨形，成熟时包被开裂，孢托伸长，外露，包被遗留于孢托下部成为菌托。产孢组织成熟时有黏性，恶臭。常见种有白鬼笔（*Phallus impudicus*）（图7-24）。

长裙竹荪（*Dictyophora indusiata*）菌蕾卵形，基部有白色根状菌索1至数条。菌盖钟形，有明显的网格，在网格中有青褐色、臭而黏的孢体。菌柄白色，中空，近筒状，表面光滑（图7-25）。生于林缘或疏林地上，为珍贵的食用菌。

②马勃目　担子果群生至散生，梨形或近梨形，无柄或有柄，基部有白色的根状菌索，或有不

孕的基部。包被2至多层，不开裂或有多种开裂方式。成熟后孢子全部变为青褐色、黑褐色或黑色的粉末。常见种梨形马勃（*Lycoperdon pyriforme*）（图7-26）、头状秃马勃（*Calvatia craniiformis*）和大秃马勃（*C. gigantea*）。生于草地或沃土上，幼时可食，孢子可作止血药，亦用于治疗咳嗽、咽炎、扁桃腺炎等症。提取的马勃素（calvacin）有抗癌作用，还可提取植物生长素。

（五）半知菌亚门（Deuteromycotina）

半知菌亚门又称不完全菌（Fungi imperfecti）。半知菌亚门绝大部分具有隔菌丝，菌丝体发达，为单倍体。只以分生孢子进行无性生殖，很少见有性生殖，甚至某些种连分生孢子也未发现。为了分类上的需要，人为地将这类真菌归为一类。实际上这些菌类可以看作是子囊菌或担子菌的无性发育阶段，如一旦发现其有性阶段，可按照有性时期的特点进行归类。

已知半知菌有1 800余属，26 000余种。其中约有300属是农作物和森林病害的病原菌，还有些属是能引起人类和一些动物皮肤病的病原菌。如常见的引起栽培植物病原菌的稻瘟病菌（*Piriculaxia oryzae*）是水稻中最严重的病害，各水稻产区都有不同程度的发生，受害严重的稻田可能全部被毁灭，颗粒无收。

🔎 7.4　真菌的子实体类型

图7-24　白鬼笔

图7-25　长裙竹荪（陈勇 摄）

图7-26　梨形马勃

三、真菌的经济价值

真菌具有多种经济用途。

食用：许多大型真菌是滋味鲜美、营养丰富的食用菌，如蘑菇、香菇、松口蘑、口蘑、草菇、猴头菌、木耳、银耳及羊肚菌等，总计全国可食的真菌约800种。

药用：供药用的真菌很多，如冬虫夏草、竹黄、茯苓、猪苓、灵芝、云芝及药用层孔菌等。近年来，试用多种真菌多糖类以防治恶性肿瘤很见成效。据文献统计，有抗癌作用的真菌在100种以上，国内外许多从事筛选抗癌药物的研究单位，都对它非常重视。

工业用：在酿造工业上，利用酵母、曲霉、毛霉和根霉等菌种造酒。真菌还用于化工、造纸、制革等工业。在石油工业方面，近年常利用酵母进行石油脱蜡，降低石油的凝固点。利用真菌的发酵作用，已获得许多化工产品。此外，利用真菌提取生长激素，促进作物生长。

生于朽木、枯枝、落叶及土壤里的真菌，是分解木质素、纤维素和其他有机物质的主力，它们在增加土壤肥力和完成自然界的物质循环上，比细菌的贡献还大。

但有些真菌对动、植物和人类是有害的。例如，食品的霉烂、森林和作物的病害，大都是由于真菌的寄生和腐生所引起的。人和家畜的某些皮肤病也是由真菌寄生所引起的。黄曲霉毒素可引起动物或人患肝癌。人因误食有毒蘑菇而中毒甚至致死的事件，古今中外屡有发生。

四、真菌门的起源及各亚门间的亲缘关系

由原始生物相似的祖先，沿着3个不同的营养路线发展的结果：其一是沿着具有光合作用的自养路线发展成为植物界；其二是沿着吞食现成营养的路线发展成为动物界；其三是沿着分解和吸收营养的异养路线发展为菌物界。真菌门是菌物界中最大的一个门。

鞭毛菌亚门，具游动孢子，水生。接合菌亚门与鞭毛菌亚门的菌丝具有相似的形态特征，只是在进化途中产生不动的静孢子，失去了鞭毛，并产生了接合生殖的特征，说明了它们由水生向陆生演化的历程。

子囊菌亚门，不产生游动孢子和游动配子。子囊来源于两个细胞的结合，并形成子囊孢子，更适于陆地生活。它可能是由接合菌亚门中的某一支演化而来。

担子菌亚门，陆生性，次生菌丝为双核。担子菌在形成担子之前和子囊菌形成子囊一样，也有一个较长的双核阶段。担子菌的性器官虽然退化了，但在有性生殖过程中，还保持很多相似的特点。因此，担子菌亚门是由子囊菌亚门发展而来的论据还是较充分的。

总之，真菌门的各亚门由小到大、由简单到繁杂、由低级到高级、由水生向陆生的进化规律是非常明显的。

第3节 地衣门（Lichen）

地衣是多年生植物，是由真菌和藻类（少数为蓝藻）组合而成的复合有机体。构成地衣体的真菌，绝大部分为子囊菌和担子菌，少数为半知菌；构成地衣的藻类主要是绿藻门中的共球藻属（*Trebouxia*）和橘色藻属（*Trentepohlia*），构成地衣的蓝藻主要是念珠藻属（*Nostoc*）。

图 7-27　地衣形态的 3 种类型

地衣体中的藻类光合作用制造的有机物供真菌生长，真菌提供藻类生长所需的水分、无机盐和二氧化碳等，它们是一种特殊的共生关系。菌类菌丝缠绕藻细胞，控制藻类，地衣体的形态几乎完全是由真菌决定的。有人曾试验将地衣体的藻类和真菌分别培养，结果藻类生长、繁殖旺盛，菌类则被饿死，可见构成地衣体的真菌，必须依靠藻类生活。

地衣有很强的抗旱和抗寒的能力，分布很广。喜生长在光线充足、空气新鲜的环境中，对二氧化硫敏感，因此，在人烟稠密，特别是工业城市附近，见不到地衣。

一、地衣的形态和构造

（一）地衣的形态

地衣的形态基本上可分为3种类型（图7-27）。

1. 壳状地衣（crustose lichen）

菌丝直接伸入基质，在岩石表面呈现色彩深浅不同的壳状物，与基质很难剥离。壳状地衣的种类约占全部地衣的80%。常见种类如茶渍衣属（*Lecanora*）和文字衣属（*Graphis*）。

2. 叶状地衣（foliose lichen）

叶状体以假根或脐较疏松地固着在基质上，易与基质剥离。如地卷衣属（*Peltigera*）、脐衣属（*Umbilicaria*）和梅衣属（*Parmedia*）等。

3. 枝状地衣（fruticose lichen）

地衣体呈树枝状，直立或下垂，仅基部附着于基质上。如石蕊属（*Cladonia*）、石花属（*Rama-*

lina）和松萝属（*Usnea*）等。

此外，还有介于中间类型的地衣，如鳞片状地衣或粉末状地衣。

（二）地衣的构造

地衣是藻菌共生体，但不同地衣中藻和菌的排列方式和结构各不相同，构成不同结构类型的地衣。

1. 异层地衣（heteromerous lichen）

在横切面上可分为上皮层、藻胞层、髓层和下皮层4层。上皮层和下皮层均由致密交织的菌丝构成；藻胞层是在上皮层之下由藻类细胞聚集的一层；髓层介于藻胞层和下皮层之间，由一些疏松的菌丝和藻细胞构成（图7-28a），如蜈蚣衣属（*Physcia*）和梅衣属（*Parmelia*）。

2. 同层地衣（homolomerous lichen）

横切面上分3层，上、下皮层和中间的髓层，藻类细胞在髓层中均匀分布，如猫耳衣属（*Leptogium*）（图7-28b）。

叶状地衣一般为异层地衣，壳状地衣多为同层地衣或异层地衣。壳状地衣多无下皮层，髓层与基质直接相连。枝状地衣为异层地衣，内部构造呈辐射状，上、下皮层致密，藻胞层很薄，包围中轴型的髓层，如松萝属，或髓部中空的，如石蕊属。

二、地衣的繁殖

地衣最常见的繁殖方式是营养繁殖，如地衣体

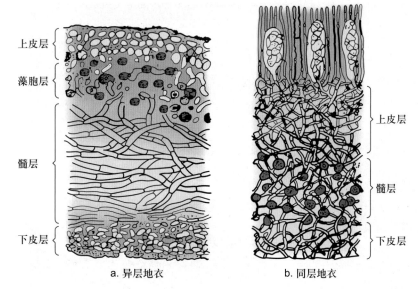

上皮层

藻胞层

髓层

下皮层

上皮层

髓层

下皮层

a. 异层地衣　　　　　　　b. 同层地衣

图 7-28　地衣的构造

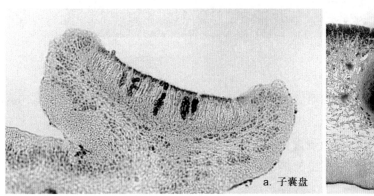
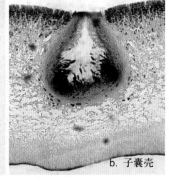

a. 子囊盘　　　　　　　b. 子囊壳

图 7-29　地衣的裸子器

的断裂，产生粉芽和珊瑚芽等形式。有性生殖仅共生的真菌独立进行，子囊菌产生子囊孢子，担子菌产生担孢子。共生的子囊菌类中盘菌类最多，有性生殖结果形成子囊果（子囊盘）。子囊盘内有子囊和子囊孢子，在子囊之间夹有侧丝。子囊盘裸露在地衣的表面并突出，称裸子器（图7-29a）。子囊孢子散出后，萌发成菌丝，遇到适合的共生藻才能形成新的地衣体。共生菌如为核菌类真菌时，其子囊果为子囊壳（perithecium），埋于地衣体内（图7-29b）。

常见地衣有松萝（*Usnea diffracta*）、东方黄梅衣（*Xanthoparmelia orientalis*）、石耳（*Umbilicaria esculenta*）、亚平滑梅衣（*Parmelia laevior*）等（图7-30）。

三、地衣在自然界中的作用及其经济价值

地衣分泌的地衣酸对岩石的风化和土壤的形成有促进作用，为以后高等植物的生长和分布创造了条件，因此，认为地衣是自然界的先锋植物。

地衣有不少种类具有经济价值，如石蕊、松萝、石耳是沿用已久的中药。石蕊可以生津、润咽、解热、化痰；松萝用于疗痰、治疟、催吐和利尿；肺衣用于治疗肺病、肺气喘、滋补；狗地衣治狂犬病等；近来利用某些地衣提取抗癌药物。扁枝属、树花属、梅衣属、肺衣属中的某些种能提取芳香油用于制作香料；有些地衣含有淀粉和糖类，可供食用；有些地衣中能提取天然染料。在北极和高

a. 松萝及部分放大　　b. 东方黄梅衣

c. 石耳

d. 亚平滑梅衣

图 7-30　常见地衣

山苔原带，分布着面积数十里至数百里的地衣群落，是鹿等动物的主要饲料。

地衣有害的一面：林中地衣满布于树枝表面，不仅影响树木的光照和呼吸，且易成为害虫的栖息地；某些地衣生于茶树和柑橘树上，真菌侵入生长，引起病害，影响树木的生长。

🐚 7.5　地衣是藻菌共生体

💡 复习思考题

1. 五界学说中将菌物独立为界的依据为哪些？包括哪几个门？
2. 概述真菌对于人类生产、生活的影响。
3. 寄生菌与寄主之间在发育和生长过程中如何相适应？采取何种方式可以防治？
4. 通过本章的学习谈谈对"真菌在自然界物质循环中的作用"的认识。
5. 为何说地衣是自然界的拓荒者？
6. 藻类和真菌生长和繁殖都是很迅速的，为何组成地衣后生长速度非常缓慢？
7. 在城市中为何很少有地衣分布？

📝 数字课程学习资源

■ 学习要点　　■ 难点分析　　■ 教学课件　　■ 习题　　■ 习题参考答案

■ 拓展阅读
　– 真菌的生态　　– 真菌与人类　　– 地衣之谜

第 8 章

苔藓植物（Bryophyte）

学习目标

1. 掌握苔藓植物的世代交替过程。
2. 掌握苔藓植物"根""茎""叶"的特点。
3. 了解苔藓植物归属于高等植物的依据。
4. 了解苔藓植物精子具鞭毛、受精作用离不开水的生物学意义。
5. 了解苔藓植物的 3 个门。
6. 了解苔藓植物起源的两种解释。

学习指导

关键词

苔藓　角苔　世代交替　孢子体　配子体　孢蒴　蒴柄　基足　孢子
配子　合子　原丝体　精子器　精子　颈卵器　卵　胚　无性世代
有性世代　单倍体　二倍体　胞芽杯

苔藓植物的经济价值

苔藓植物有些种类可用于医药方面，如金发藓属的部分种（即本草中的土马骔）有清热解毒作用，全草能乌发、活血、止血、利大小便。暖地大叶藓对治疗心血管疾病有较好的疗效。而仙鹤藓属、金发藓属的一些种类的提取液对金黄色葡萄球菌有较强的抑制作用。

另外，由于苔藓植物的"茎""叶"有很强的吸水保水能力，在园艺上常用于包装运输新鲜苗木，或作为播种后的覆盖物，以免水分过度蒸发。

近年来，在日本的寺庙或庭院栽种苔藓构成翠绿的苔地（moss carpet）或苔园（moss garden）供观赏，已十分流行。此外，泥炭藓等形成的泥炭，可作燃料及肥料。

苔藓植物是植物界的拓荒者之一，具有很强的吸水和适湿特性，对防止水土流失和对植物群落的初生演替具很重要的意义。此外，由于其对环境变化的敏感性较强，常作为环境监测的指示植物。

🕮 8.1　苔藓植物的可变水性

第2节 苔藓植物的主要特征

苔藓植物是一类小型的多细胞绿色植物，多生于阴湿的环境中。植物体有假根和类似茎、叶的分化，简单的种类呈扁平的叶状体。植物体的内部构造简单，假根（rhizoid）是由单细胞或单列细胞组成。无中柱，只有在较高等的种类中，有类似输导组织的细胞群。由于没有真正根、茎、叶的分化，不具维管组织，故个体均矮小，最大的种类也只有数十厘米高。

苔藓植物的生活史中，具有明显的世代交替。配子体在世代交替中占优势，能独立生活；孢子体寄生在配子体上。雌、雄生殖器官由多细胞组成，生殖细胞外包被有1至数层不育细胞组成的壁，具有保护生殖细胞的功能。雌性生殖器官称颈卵器（archegonium），外形瓶状，上部细狭，下部膨大，分别称颈部和腹部。颈部的外壁由1层细胞构成，中间有一条沟，称颈沟（neck canal）。颈沟内有一串细胞称颈沟细胞。腹部的外壁由多层细胞构成，中间有1个大型的细胞，称卵细胞（egg

cell）。在卵细胞和颈沟细胞之间的部分称腹沟（ventral canal），其内有1个腹沟细胞。雄性的生殖器官称精子器（antheridium），外形多呈棒状或球状，精子器的外壁也是由1层细胞构成，内具多数的精子，精子长而卷曲，有2条鞭毛（图8-1）。

苔藓植物的受精必须借助于水。卵细胞成熟

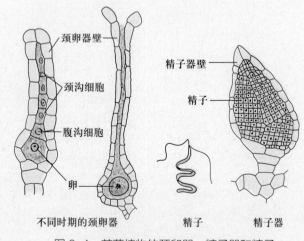

图8-1　苔藓植物的颈卵器、精子器和精子

时，颈沟细胞与腹沟细胞解体，精子游到颈卵器附近，通过解体的颈沟细胞和腹沟细胞与卵结合，形成合子（zygote），合子横向分裂成两个细胞，上面的直接发育成胚（embryo）（图8-2），下面的发育成基足，基足连接配子体，获取营养。胚即在颈卵器内发育成为孢子体（sporophyte），孢子体通常分为3个部分：上端为孢子囊（sporangium），又称孢蒴（capsule），孢蒴下有柄，称蒴柄（seta），蒴柄最下部有基足（foot），基足伸入配子体的组织中吸收养料，以供孢子体的生长，故孢子体寄生于配子体上，孢蒴中含有大量孢子。产生孢子的组织称造孢组织（sporogenous tissue），造孢组织产生孢子母细胞（spore mother cell），孢子母细胞经过减数分裂，产生4个孢子，孢子成熟后散发于体外。在适宜的环境中孢子萌发成丝状体，称原丝体（protonema），原丝体生长一定时期后，生出芽体，芽体进一步发育成配子体。

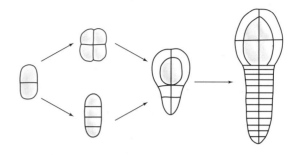

图8-2　合子发育成胚的早期

合子先横向分裂为外细胞（outer cell）和内细胞（inner cell），前者进一步形成胚体，后者发育为基足，连接配子体获取营养，供孢子体进一步生长

苔藓植物有颈卵器和胚的出现，是高级性状，因此，将苔藓植物、蕨类植物和种子植物合称为有胚植物（embryophyta），也称为高等植物。

苔藓植物约有23 000种，遍布世界各地，我国有2 800多种。按照2009年Frey分类系统将苔藓植物分为苔门、藓门和角苔门3门。

第3节　苔门（Marchantiophyta）

一、苔门的主要特征

苔门植物，通常称为苔类（liverwort），多生于阴湿的土地、岩石或树干上；在热带，部分种类还生于树叶上。营养体（配子体）为背腹式，有的种类为叶状体，有的具有类似茎、叶的分化。孢蒴内有孢子和弹丝（elater）。原丝体阶段不发达。

二、苔门代表植物

地钱（*Marchantia polymorpha*）属于地钱目（Marchantiales）地钱科（Marchantiaceae）。植物体为绿色分叉的叶状体，平铺于地面（图8-3）。上表皮外观有多边形的网纹，网纹中央有1个白

成熟孢子（黄色）

雌生殖托

雄生殖托

胞芽杯

图8-3　地钱群体

点（即气孔）；下面有多数假根及紫褐色鳞片，具吸收养料、保存水分和固定植物的功能（图8-4）。

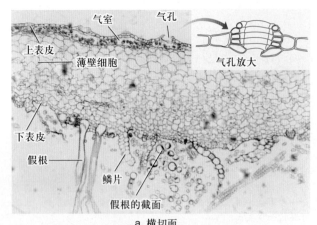

a. 横切面

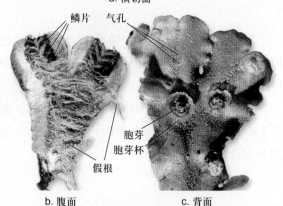

b. 腹面   c. 背面

图 8-4 地钱配子体

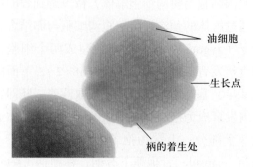

图 8-5 地钱胞芽

叶状体（thallus）由多层细胞组成，成熟的叶状体由表皮层、气室层、薄壁细胞层和下表皮构成。

地钱为雌雄异株的植物，有性生殖时，雄株的中肋上生出雄生殖托（antheridiophore），雌株中肋上生雌生殖托（archegoniophore）（图8-3）。雌、雄生殖器官成熟时，精子以水为媒介游入成熟的颈卵器中与卵结合成合子。合子在颈卵器中直接发育成胚，进而形成孢子体。成熟孢蒴内有孢子和弹丝，弹丝是孢子母细胞不经过减数分裂形成的，干时扭转，湿时伸直，孢子借弹丝的作用散发出去。孢子同型异性，在适宜的环境中萌发成雌性或雄性原丝体，原丝体呈叶状，进一步发育成新的植物体（配子体）。

地钱除有性及无性生殖外，也有营养繁殖。地钱的营养繁殖主要是在叶状体的中肋上生出的胞芽杯（cupule）内的胞芽（图8-5）。胞芽（gemma）一端具单细胞的柄，成熟时由柄处脱落，萌发成新植物体。由于地钱是雌雄异株，产生的胞芽发育而成的新植物体，性别不变。另外，地钱植物体较老的部分逐渐死去，二叉分枝的幼嫩部分即分裂成为2个新植物体，是营养繁殖的另一种方式。

综上所述，可以将地钱的生活史归纳如下（图8-6）：孢子发育为原丝体，原丝体发育成雌、雄配子体，在雌、雄配子体上分别形成颈卵器和精子器，在精子器内产生精子，颈卵器内产生卵，以上这个过程称有性世代（sexual generation）或配子体世代，细胞核的染色体数目为单倍体（haploid）通常以"n"表示。精子和卵结合成为受精卵，即合子，合子在颈卵器内发育成胚，胚进一步发育成为孢子体，这个过程称无性世代（asexual generation）或孢子体世代，细胞的染色体数目为二倍体（diploid），通常以"2n"表示。孢子母细胞经减数分裂为四分孢子，使2n又变成n。地钱的配子体是绿色的叶状体，能独立生活，在生活史中占主要地位。孢子体不能独立生活，寄生在配子体上。

三、苔门分类

苔门包括地钱目（Marchantiales）和叶苔目（Jungermanniales）等25个目。

地钱目中常见的植物除地钱科地钱属的地钱外，尚有同属的风兜地钱（*Marchantia paleacea* var. *diptera*）、毛地钱属的毛地钱（*Dumortiera hirsuta*）、石地钱科（Rebouliaceae）的石地钱（*Reboulia*

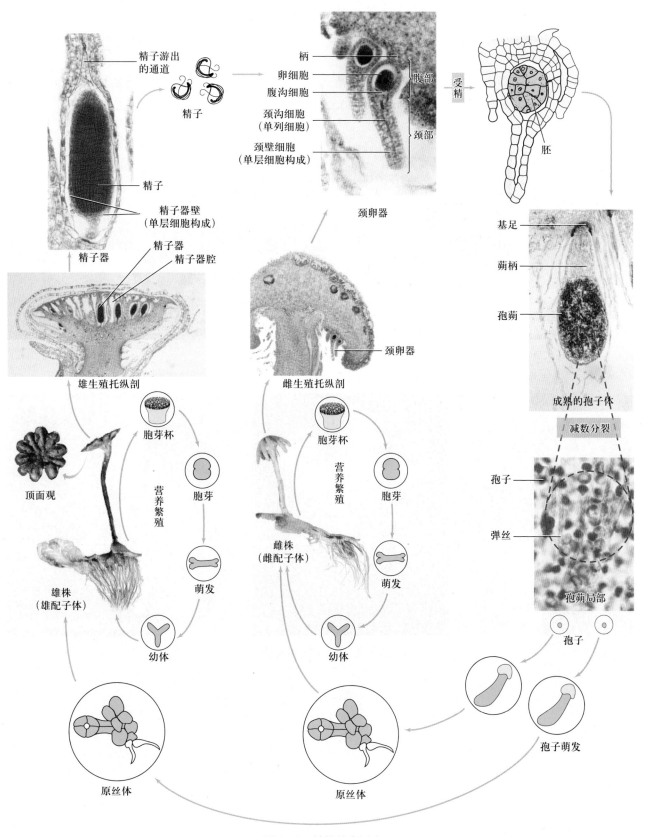

精子游出的通道

精子

精子

精子器壁
（单层细胞构成）

精子器

精子器
精子器腔

雄生殖托纵剖

柄

卵细胞

腹沟细胞

颈沟细胞
（单列细胞）

颈壁细胞
（单层细胞构成）

腹部

颈部

颈卵器

受精

胚

颈卵器

雌生殖托纵剖

基足

蒴柄

孢蒴

成熟的孢子体

减数分裂

孢子

弹丝

孢蒴局部

胞芽杯

胞芽

萌发

营养繁殖

顶面观

雄株
（雄配子体）

幼体

原丝体

胞芽杯

胞芽

萌发

营养繁殖

雌株
（雌配子体）

幼体

原丝体

孢子

孢子萌发

图 8-6　地钱的生活史

hemisphaerica)、蛇苔科（Conocephalaceae）的蛇苔（*Conocephalum conicum*）和叉钱苔属（*Metceria*）（图8-7）等。

叶苔目中常见的有光萼苔科（Porellaceae）的光萼苔（*Porella platyphylla*）和羽苔科（Plagiochilaceae）的羽苔（*Plagiochila* sp.），我国南方热带雨林和亚热带常绿阔叶林中丰富的叶附生苔［如肾瓣尾鳞苔（*Gaudalejeunea recurvistipula*）］，反映了这一带温暖潮湿的气候特点，形成一种特有的景观（图8-8）。

图 8-7 地钱目的常见植物

图 8-8 叶苔目的常见植物

第4节 藓门（Bryophyta）

一、藓门的主要特征

藓门植物种类繁多，因其耐低温，广泛分布于世界各地，能在高山、冻原、森林、沼泽等地形成大片群落，是重要的先锋植物类群。

藓类植物的植物体为无背腹之分的茎叶体。有的叶具中肋。孢子体结构复杂，蒴柄坚挺，孢蒴内无弹丝，孢子成熟后孢蒴盖裂，裂口处常有蒴齿，有助于孢子散发。孢子萌发后，原丝体时期发达，每一原丝体常形成多个植株。

二、藓门代表植物

葫芦藓（*Funaria hygrometrica*）属真藓目（Bryales）、葫芦藓科（Funariaceae）、葫芦藓属，植物体高约2 cm，直立，呈茎叶型，无真正的根、茎、叶分化（图8-9a）。基部有单列细胞组成的假根；"叶"螺旋状着生，叶片具中肋1条；除中肋外，整个叶片由单层细胞组成。中肋（midrib）是由数层细胞构成的不具输导功能的结构，其作用是支撑叶片。"茎"的结构简单，可分为表皮、皮层和中轴3部分组织，不具真正的输导组织，仅中轴细胞稍作纵向延长（图8-9b）。茎顶有生长点，生长点的顶细胞呈倒金字塔形，能三面斜分裂形成侧枝和"叶"。

葫芦藓为雌雄同株异枝植物。雄枝顶端叶形较大，向外张开，形如一朵小花，是为雄器苞。雄器苞中央有许多精子器和侧丝，精子器内生有双鞭毛精子，精子器成熟后，顶端开裂，精子逸出。侧丝将精子器隔开。雌枝顶端如芽，其内有颈卵器数个。

成熟的精子借助于水游到颈卵器附近，进入成熟的颈卵器内，与卵结合形成合子。合子不经休眠直接在颈卵器上发育为胚，胚逐渐分化形成基足、

a. 葫芦藓群体

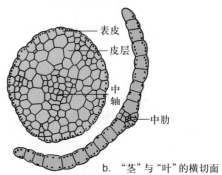

b. "茎"与"叶"的横切面

图8-9　葫芦藓的形态结构

蒴柄和孢蒴，成为一个孢子体（图8-10）。基足伸入配子体内吸收养料，蒴柄初期快速生长，将孢蒴顶出颈卵器之外，被撕裂的颈卵器部分附着在孢蒴外形成蒴帽（perigynium），孢子体成熟后蒴帽自行脱落。

孢子体的主要部分是孢蒴，可分为蒴盖（operculum）、蒴壶（urn）和蒴台（apophysis）3部分（图8-11）。蒴盖似一顶小帽，覆于孢蒴顶端。蒴盖与蒴壶相邻处生有由表皮细胞加厚而构成的环带，内生蒴齿。蒴齿共32枚，分内外两轮，各16枚。蒴盖脱落后，蒴齿露在外面，能行干湿性弯曲运动，孢子借蒴齿运动散出。蒴壶最外层为单层表皮细胞，向内为多层细胞构成的蒴壁，

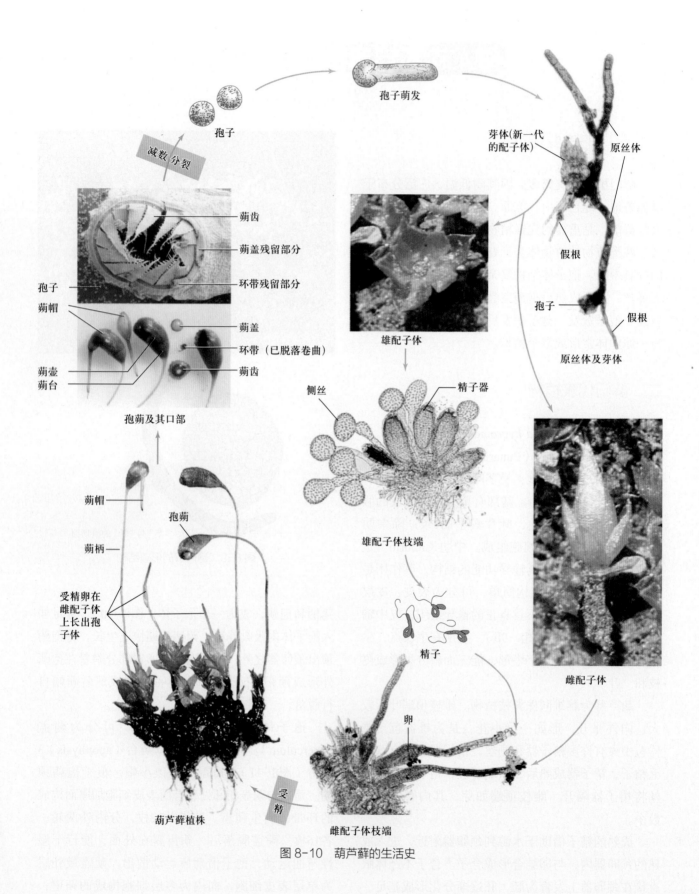

孢子萌发

减数分裂

孢子

芽体(新一代的配子体)

原丝体

假根

孢子

假根

原丝体及芽体

蒴齿

蒴盖残留部分

环带残留部分

孢子

蒴帽

蒴盖

环带（已脱落卷曲）

蒴齿

蒴壶

蒴台

孢蒴及其口部

雄配子体

侧丝

精子器

雄配子体枝端

蒴帽

孢蒴

蒴柄

受精卵在雌配子体上长出孢子体

精子

卵

受精

葫芦藓植株

雌配子体枝端

雌配子体

图 8-10　葫芦藓的生活史

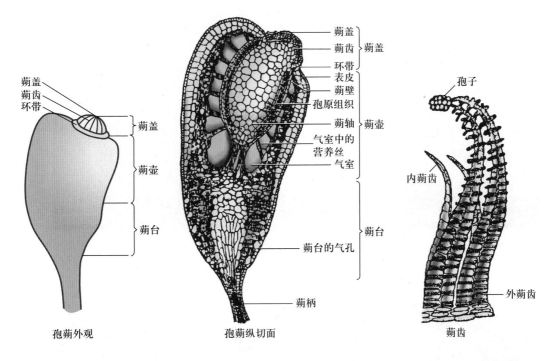

蒴盖
蒴齿
环带

蒴盖
蒴壶
蒴台

孢蒴外观

蒴盖
蒴齿 } 蒴盖
环带
表皮
蒴壁
孢原组织
蒴轴 } 蒴壶
气室中的
营养丝
气室

蒴台的气孔 } 蒴台

蒴柄

孢蒴纵切面

孢子

内蒴齿

外蒴齿

蒴齿

图 8-11　葫芦藓的孢蒴

其中有大的细胞间隙，为气室；中央部分为蒴轴（columella），蒴轴与蒴壁之间有少量的孢原组织（孢子母细胞来源于此，每个孢子母细胞经减数分裂形成4分孢子）。蒴台在孢蒴最下部，表皮有气孔，并有含质体的薄壁细胞，能进行光合作用。

孢子散发后，在适宜的环境中萌发成为原丝体。原丝体为分枝的丝状结构，可产生几个芽体。每个芽体发育成一个新植物体。

葫芦藓的生活史和地钱相似，孢子体仍寄生在配子体上，不能独立生活。但与地钱不同的是，孢子体在构造上较地钱复杂。

三、藓门分类

目前关于藓门植物的分类一般采用Frey（2009）系统，分为6个纲：藻苔纲（Takakiopsida）、黑藓纲（Andreaeopsida）、长苔藓纲（Oedipodiopsida）、四齿藓纲（Tetraphidiopsida）、金发藓纲（Polytrichopsida）和真藓纲（Bryopsida）。

泥炭藓属（Sphagnum）为藻苔纲泥炭藓目（Sphagnales），约300种，我国产47种，常见的有泥炭藓。泥炭藓是水湿地区或沼泽地区的藓类，植物体无假根，上部不断生长，下部不断死亡，叶片由单层细胞构成，成片生长时，下部枯死的部分未经充分氧化，积聚成泥炭（图8-12）。

黑藓纲有黑藓科（Andreaeaceae）3属，常见的为欧黑藓（Andreaea rupestris）。

真藓纲可分为23目80科，除葫芦藓外，常见的种类有葫芦藓科的江岸立碗藓（Physcomitrium courtoisii）、羽藓科的细叶小羽藓（Bryohaplocladium microphyllum）、提灯藓科的波叶提灯藓（Mnium undulatum）、紫萼藓科的紫萼藓（Grimmia sp.）、珠藓科的珠藓（Bartramia sp.）和泽藓（Philonotis fontana）、真藓科的暖地大叶藓（Rhodobryum giganteum）、墙藓（Tortula sp.）、万年藓科的万年藓（Climacium dendroides）、生活在水中的水藓科的水藓（Fontinalis antipyretica）和悬垂于树枝的蔓藓科的悬藓（Barbella pendula）等（图8-13）。

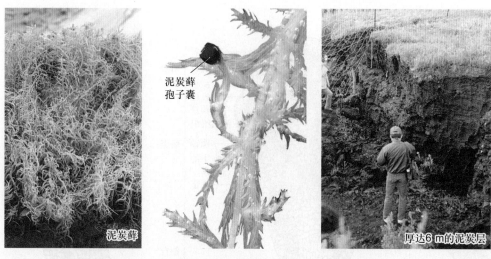

泥炭藓
孢子囊

泥炭藓

厚达6 m的泥炭层

图 8-12　泥炭藓与泥炭层

a. 江岸立碗藓　　　b. 细叶小羽藓　　　c. 波叶提灯藓　　　d. 泽藓

孢子体
配子体
"茎"
孢子体
e. 暖地大叶藓　　　f. 墙藓　　　g. 万年藓

h. 水藓　　　i. 悬藓

图 8-13　真藓纲常见种类

一、角苔门的主要特征

角苔门为叶状体，叶状体内无组织分化，细胞内含有2至多个大型的叶绿体，每一叶绿体内含有一个淀粉核，这在其他的苔藓植物中是没有的。

二、角苔门代表植物

角苔（*Anthoceros punctatum*）配子体为叶状体，腹面生有假根（图8-14）。叶状体结构简单，无组织分化，每个细胞含1个大的叶绿体，叶绿体上仅具1个蛋白核。雌雄同株。颈卵器和精子器均埋于叶状体内。孢子体细长如针状，基部有发达的基足埋于叶状体内，基足以上有基部分生组织和针状的孢蒴。基部分生组织有分生能力，能继续生长，孢蒴外壁由多层细胞组成，中央具蒴轴（columella），由营养组织构成。造孢组织形如长管，罩于蒴轴之外，经减数分裂后产生孢子。孢子成熟期不一，自上而下渐次成熟。孢子成熟后，孢子囊壁由上而下逐渐纵裂为2瓣。孢子借假弹丝（由造孢细胞的子细胞经连续有丝分裂而形成，含2～4个细胞）的扭转力散出体外。蒴轴残留于叶状体上。

角苔门的结构特征，颇受系统学者的重视。角苔的孢子体具有一定的独立性；而细胞内仅具少量的叶绿体，且叶绿体上有一个蛋白核，这与藻类特征相近。这种两重性似乎反映了其孢子体是由藻类起源并能独立生活的过渡类型。

三、角苔门分类

角苔门含角苔科（Anthocerotaceae）和短角苔科（Notothylaceae）等4个科。

成熟开裂的
孢子囊壁

角苔群体

孢子体针状
（有叶绿体）

配子体叶状

图8-14 角苔

第6节 苔藓植物的起源

在高等植物的各大类群中，苔藓植物的生活史是很特殊的。其配子体高度发达，担负着营养和繁殖功能。孢子体寄生于配子体上，不能独立生活。目前关于苔藓植物的起源问题，主要有两种主张。

1. 起源于绿藻

理由是：①依据苔藓植物所含的色素成分和绿藻的载色体相似，具有相同的叶绿素和叶黄素；光合产物都是淀粉，这是化学进化的重要佐证；②孢子萌发经原丝体阶段，其代表植物的原丝体类似丝状藻类；③生殖时产生等长的双鞭毛精子，说明它们在有性生殖方面有联系；④苔藓和绿藻之间存在某些中间类型，如：1932年在印度发现的绿藻门鞘毛藻科（Chaetophoraceae）中的佛氏藻（*Fritschiella tuberosa*）（图8-15）生于潮湿的泥土或树木上，植物体由许多丝状体交织而成，有的丝状体伸入土壤，成为无色的假根细胞，有的则向上形成单列细胞的气生枝，佛氏藻的这种结构与叶状体的苔类十分相似。另一个例子是藻苔属（*Takakia*），它的形态既像苔藓又像藻类，它的配子体和颈卵器的结构十分简单，被认为是藻类向苔藓过渡的一个中间类型。

2. 起源于裸蕨

依据裸蕨植物中角蕨属（*Hornea*）和莱尼蕨属（*Rhynia*）无真正的叶与根，只有茎生假根，与苔藓相似；角蕨属的孢子囊内有一中轴构造与角苔属、泥炭藓属、黑藓属孢子囊中的蒴轴很相似；角苔属具有类似输导组织的厚壁细胞，蕨类植物也有输导组织退化的现象，因而主张配子体占优势的苔藓植物是由孢子体占优势的蕨类植物演变而来的，是孢子体逐渐退化，配子体进一步复杂化的结果，其证

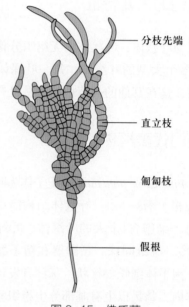

图 8-15　佛氏藻

据是裸蕨出现于志留纪末期，苔藓植物发现于泥盆纪中期，从地质年代上看，苔藓植物比裸蕨植物晚出现数千万年，从年代上也可以说明其进化顺序。

苔藓植物的演化趋势是以配子体的独立生存为特点，这与维管植物发展孢子体的进化方向是背道而驰的。配子体是无性生殖的产物，孢子体是有性生殖的产物，比较起来，前者的生命力和发展前途就比较黯淡，事实上，植物界也不存在由苔藓植物发展成的更高级的类型，因此它是植物演化中的一个盲支。但是，不能由此认为苔藓植物已走到了进化的尽头，不再向前发展了，事实上从现今存活的苔藓看，其适应力之强、分布之广等方面已超越了所有的高等植物。这将在本书后面章节继续讨论。

复习思考题

1. 什么是胚？苔藓植物为什么归入高等植物的范畴？
2. 苔藓植物受精作用的原始性与进步性表现在何处？
3. 你认为苔藓植物起源的两种解释何者更合理？
4. 采集苔藓植物该到什么环境下去采？为什么在高寒山地竟然还有苔藓植物繁盛的景象？

数字课程学习资源

■ 学习要点　　■ 难点分析　　■ 教学课件　　■ 习题　　■ 习题参考答案

■ 拓展阅读
– 苔藓植物在园林中的应用

■ 拓展实验与实践
– 苔藓植物生活史的观察
– 藓类孢子萌发及原丝体结构的研究

第 9 章

蕨类植物（Pteridophyte）

学习目标

1. 掌握蕨类植物是"孢子体世代占优势的有胚孢子植物"的含义。
2. 掌握中柱的主要类型及其进化意义。
3. 了解蕨类植物的生活史"不产生种子、受精作用离不开水"在进化过程中的地位。
4. 熟悉蕨类植物门 5 个亚门各自的特征。
5. 了解蕨类植物的起源和莱尼蕨等裸蕨类在进化中的地位。

学习指导

关键词

维管组织　中柱　小型叶　大型叶　叶隙　不育叶　能育叶　同型叶　异型叶
孢子囊穗　孢子囊群　孢子果　同型孢子　异型孢子　原叶体　泥盆纪　石炭纪

第1节 蕨类植物的经济价值

蕨类植物拥有辉煌的过去，大量的古代蕨类植物形成了煤炭，是现在人类重要的能源之一。除此以外，现代蕨类植物与人类的关系也非常密切。

在工业方面：许多蕨类植物是重要的工业原料。如石松的孢子是冶金工业的优良脱模剂，还可用于制造火箭、照明弹等引起突然起火的引火燃料。木贼类含有大量的硅质，是极好的磨光剂。

在农业方面：一些蕨类是优质肥料和饲料。如满江红是含氮量很高的绿肥，也是猪、鸭等家畜、家禽的好饲料。利用蕨类（蕨、里白、芒萁等）垫厩，可减少厩圈的病虫害滋生。

在林业方面：蕨类植物可作为土壤和气候的指示植物，根据蕨类的生长和分布来指导人们林业生产。如芒萁、里白、狗脊和石松等适合生长的酸性土壤正是茶和油茶等经济林木的宜林地，因而可根据它们的分布选择造林地；也可选择铁线蕨、肾蕨等生长的地方作为喜钙植物的造林地；桫椤、莲座蕨和巢蕨是热带或亚热带潮湿气候的标志。

在医药方面：蕨类植物是重要的中草药资源。例如海金沙可治尿道感染和结石；江南卷柏可治湿热黄疸、水肿；贯众治流感、腹痛；金毛狗脊的鳞片能治刀伤出血；瓦韦的孢子可止血。

在食用方面：蕨类食用的历史相当悠久，蕨的根状茎富含淀粉，幼叶有特殊的清香。经过加工的蕨茎淀粉（蕨粉）和幼叶（称为绿提琴头）均为高级营养食品。

在园艺方面：蕨类极富观赏价值，是观叶植物的重要组成部分，在居室布置、插花、盆景等方面显示出蕨类植物无穷的潜力。在温室、庭院或盆景中广泛栽培的蕨类植物有肾蕨、铁线蕨、卷柏、巢蕨、鹿角蕨、槲蕨和桫椤等。另外，凤尾蕨、凤丫蕨、水龙骨、翠云草、银粉背蕨、千层塔、乌蕨和石韦等均具观赏价值，值得进一步开发为良好的观赏植物。

第2节 蕨类植物的主要特征

蕨类植物（fern）又称羊齿植物，和苔藓植物一样具明显的世代交替现象，无性繁殖产生孢子，有性生殖器官为精子器和颈卵器。但是蕨类植物的孢子体远比配子体发达，并有根、茎、叶的分化，这些又异于苔藓植物。蕨类植物只产生孢子，不产生种子，因此有别于种子植物。蕨类植物的孢子体和配子体都能独立生活，此点和苔藓植物及种子植物均不相同。因此，从结构上看，蕨类植物是介于苔藓植物与种子植物之间的一个大类群，但这并不意味着它的自然位置。

蕨类植物分布广泛，除了海洋和沙漠外，无论在平原、森林、草原、沼泽、高山和水域都有它们的踪迹，尤以热带和亚热带地区为其分布中心。

现在在地球上生存的蕨类植物有12 000多种，其中绝大多数为草本植物，我国约有2 600种，主要分布在西南地区和长江流域以南地区。

蕨类植物根、茎、叶内的维管组织（vascular tissue）主要由初生木质部和初生韧皮部组成，木质部含有运输水分和无机盐的管胞或导管，韧皮部中含有运输养料的筛胞或筛管。植物体内除了维管组织外，还有细胞壁加厚以支持植物体直立的机械组织，它们按一定的方式聚集成各种形式的中柱（stele）。中柱的产生对于从水生到陆生、直立于陆上生活的发展是一个重要因素。除极少数原始种类仅具假根外，均生有吸收能力较好的不定根。茎通常为根状茎，少数为直立的地上茎。叶有小型叶和大型叶两类。小型叶（microphyll）没有叶隙（leaf gap）和叶柄，只有一条单一不分枝的叶脉，如松叶蕨（*Psilotum nudum*）、石松（*Lycopodium clavatum*）等的叶。大型叶（macrophyll）有叶柄，维管束有或无叶隙，叶脉多分枝。仅进行光合作用的叶称营养叶或不育叶（foliage leaf, sterile frond）；能产生孢子和孢子囊的叶称为孢子叶或能育叶（sporophyll, fertile frond）。有些蕨类的营养叶和孢子叶不分，而且形状相同，称同型叶（homomorphic leaf）；营养叶和孢子叶形状完全不相同的，称为异型叶（heteromorphic leaf）。在系统演化过程中，小型叶朝着大型叶，同型叶朝着异型叶的方向发展。

蕨类植物的孢子囊，在小型叶蕨类中，是单生在孢子叶叶腋或叶基，孢子叶通常集生在枝的顶端，形成球状或穗状，称孢子囊穗（sporophyll spike）。较进化的真蕨类（大型叶蕨类），其孢子囊通常生在孢子叶的背面、边缘或集生在一个特化的孢子叶上，往往由多数孢子囊聚集成群，称为孢子囊群或孢子囊堆（sorus）。水生蕨类的孢子囊群生在特化的孢子果（或称孢子荚，sporocarp）内。多数蕨类产生的孢子大小相同，称同型孢子（isospory）；而卷柏和少数水生蕨类的孢子有大小之分，称异型孢子（heterospory）。

孢子萌发后直接形成配子体，蕨类植物的配子体又称原叶体（prothallus）。原始类型的配子体呈辐射对称的块状或圆柱状体，全部或部分埋在土中，通过菌根作用取得营养，如松叶蕨。绝大多数蕨类植物的配子体为绿色、具有背腹分化的叶状体，有假根和叶绿体，能独立生活，在腹面产生颈卵器和精子器，精子多鞭毛。在卷柏和水生蕨类等异型孢子种类中，配子体是在孢子内部发育的，已

趋向失去独立性的方向发展。

配子体（原叶体）上产生精子和卵。受精不能脱离水环境。受精卵发育成胚，胚暂时寄生在配子体上，长大后配子体死亡，孢子体独立生活。

可见，蕨类植物的生活史，有两个独立生活的植物体，即孢子体和配子体（图9-1）。从受精卵萌发开始，到孢子母细胞进行减数分裂前为止，这一过程称为孢子体世代，或称为无性世代，它的细胞染色体是双倍的（2n）。从孢子产生到精卵结合前的阶段，称为配子体世代，或称有性世代，其细胞染色体数目是单倍的（n）。在它一生中两个世代交替明显，而孢子体世代占很大的优势。

蕨类植物的分类系统，各植物学家观点颇不一致。我国蕨类植物学家秦仁昌教授（1978）将蕨类植物门分为5个亚门：石松亚门（Lycophytina）、水韭亚门（Isoephytina）、松叶蕨亚门（Psilophytina）、楔叶亚门（Sphenophytina）和真蕨亚门（Filicophytina）。本书即采用此分类法。

9.1　各亚门间的区别和联系

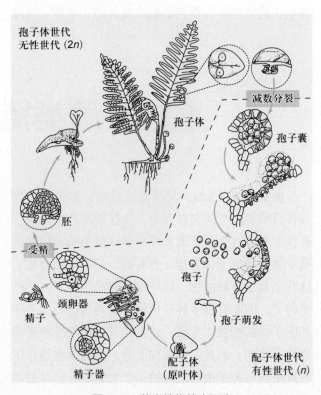

图9-1　蕨类植物的生活史

第3节 石松亚门（Lycophytina）

石松亚门植物起源较古老，在最繁盛的石炭纪时期，既有草本的种类，也有高大乔木，直到二叠纪时，绝大多数石松植物相继灭绝，现在遗留下的仅有石松目（Lycopodiales）和卷柏目（Selaginellales）的一些草本类型。

一、代表植物

（一）石松（*Lycopodium clavatum*）

石松为石松目石松科（Lycopodiaceae）植物（图9-2a）。多年生草本，具不定根。茎匍匐生长，叉状分枝，小枝密生鳞片状叶，螺旋状着生；茎分表皮、皮层和中柱 3 部分（图9-2b），中柱为编织中柱，属原生中柱。孢子囊生于孢子叶的近叶腋处，孢子叶集生在分枝的顶端，形成孢子囊穗。孢子同型，成熟孢子落地后，经多年休眠才能萌发。配子体为不规则的块状体，全部埋在土中，有假根，无叶绿体，与特定的真菌共生。精子器和颈卵器生于配子体上并埋在组织中（图9-2c）。精子器椭圆状，具厚壁，产生双鞭毛精子。颈卵器颈部露出配子体外，内具颈沟细胞、腹沟细胞和卵。受精时颈沟细胞和腹沟细胞解体消失，精子借助于水

游入其中，并和卵结合为受精卵。受精卵进行分裂发育成胚，胚进一步发育为孢子体，孢子体能独立生活时配子体就死亡了。

（二）卷柏（*Selaginella tamariscina*）

卷柏为卷柏目卷柏科（Selaginellaceae）植物（图9-3a、b）。与石松比较，其叶具叶舌（ligule，叶上面近叶腋处1突出的小片）。茎的内部构造分表皮、皮层和中柱 3 部分。皮层和中柱间有巨大的细胞间隙，一种辐射状排列的长形细胞连接皮层与中柱，这种长形细胞被称为横桥细胞（trabecular cell 或 trabecular endodermis）（图9-3c）。

孢子囊生于孢子叶的叶腋内，每个孢子叶上着生 1 个孢子囊，孢子囊有大小之别（图9-3d）。大小孢子叶集生于枝的顶端，形成四棱形的孢子囊穗。大孢子囊通常只有1~4枚大孢子，小孢子囊产生许多小孢子。大孢子萌发成雌配子体（图9-4a），小孢子萌发成雄配子体（图9-4b），其性分化已在孢子中形成。配子体极度退化，是在孢子壁内发育的。精子和卵结合形成受精卵，并发育成为胚。胚形成幼孢子体并附着在雌配子体上（图9-4c）。

a. 石松植株

孢子枝
营养枝

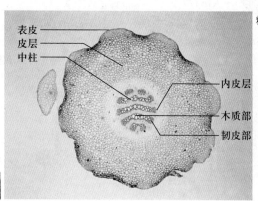
b. 茎横切面（木质部不连续状态）

表皮
皮层
中柱
内皮层
木质部
韧皮部

c. 配子体纵切面

精子器腔
颈卵器

图9-2　石松

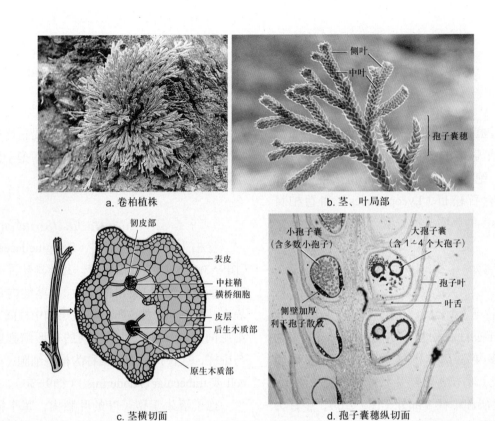

a. 卷柏植株

b. 茎、叶局部

侧叶
中叶
孢子囊穗

韧皮部
表皮
中柱鞘
横桥细胞
皮层
后生木质部
原生木质部

c. 茎横切面

小孢子囊
（含多数小孢子）
大孢子囊
（含1~4个大孢子）
孢子叶
侧壁加厚
利于孢子散放
叶舌

d. 孢子囊穗纵切面

图 9-3 卷柏的孢子体

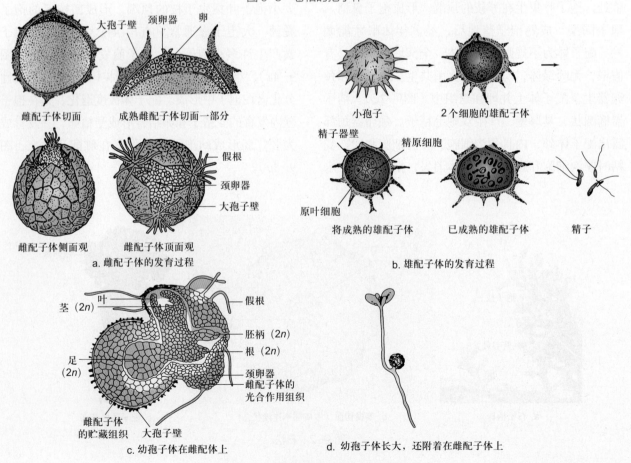

大孢子壁
颈卵器
卵

雌配子体切面

成熟雌配子体切面一部分

假根
颈卵器
大孢子壁

雌配子体侧面观

雌配子体顶面观

a. 雌配子体的发育过程

小孢子

2个细胞的雄配子体

精子器壁
精原细胞
原叶细胞

将成熟的雄配子体

已成熟的雄配子体

精子

b. 雄配子体的发育过程

茎（2n）
叶
假根

胚柄（2n）
根（2n）
颈卵器
雌配子体的
光合作用组织

足
（2n）

雌配子体
的贮藏组织

大孢子壁

c. 幼孢子体在雌配体上

d. 幼孢子体长大，还附着在雌配体上

图 9-4 卷柏属的配子体与幼孢子体

二、石松亚门的分类举例

虽然现存石松亚门的植物仅归入石松目和卷柏目两类，但是两种代表植物所在属就有1 100多种，均为大属。地刷子石松（*Lycopodium complanatum*）（图9-5a）、灯笼草又称铺地蜈蚣或垂穗石松（*L. cernnum*）（图9-5b）均为石松属的常见种类。卷柏属多数植物具有匍匐茎，匍匐茎的种类多具根托（rhizophore），根托为外起源，可视为无叶的枝，其先端生不定根，如中华卷柏（*Selaginella sinensis*）、伏地卷柏（*S. nipponica*）（图9-5d）和翠云草（*S. uncinata*）（图9-5e）等。常见的江南卷柏（摩莱卷柏）（*S. moellendorfii*）则具有直立茎（图9-5f）。除石松和卷柏外，常见的还有蛇足石杉（又称千层塔，*Huperzia serrata*）（图9-5c），肾形的孢子囊着生于孢子叶腋，成熟孢子囊沿一侧开裂，孢子叶扁平，叶缘呈波纹状，具不规则重锯齿。近年来从千层塔中分离出石杉碱甲，用它制成的"双益平"是治疗老年痴呆症的新一代药物。

a. 地刷子石松

b. 垂穗石松

c. 蛇足石杉

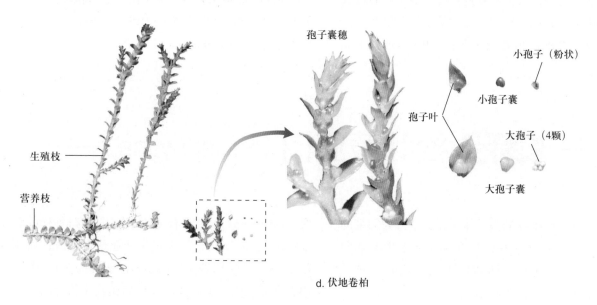

d. 伏地卷柏

图9-5 石松亚门常见植物（一）

e. 翠云草

f. 江南卷柏

图 9-5　石松亚门常见植物（二）

第4节　水韭亚门（Isoephytina）

孢子体为草本，茎粗短呈块茎状，具原生中柱，有螺纹及网纹管胞。叶具叶舌，孢子叶的近轴面生长孢子囊，孢子异型，游动精子具多鞭毛。

现存水韭亚门植物仅水韭目（Isoetales）水韭科（Isoetaceae）水韭属（Isoetes），250多种，我国产5种。最常见的为中华水韭（I. sinensis）（图9-6），产于长江中下游。另外，西南地区还产有云贵水韭（I. yunguiensis）。

第5节　松叶蕨亚门（Psilophytina）

松叶蕨亚门植物的孢子体无根，茎分为匍匐的根状茎和直立的气生枝，仅在根状茎上生毛状假根。气生枝二叉分枝，具原生中柱、小型叶。孢子囊大都生在枝端，孢子同型。

现存松叶蕨亚门植物，仅松叶蕨目（Psilotales），包含两个小属，即松叶蕨属（Psilotum）和梅溪蕨

属（Tmesipteris）。前者有2种，我国仅有1种松叶蕨（Psilotum nudum），产于热带和亚热带地区；后者仅1种，即梅溪蕨（Tmesipteris tannensis），产于澳大利亚和南太平洋诸岛。代表植物为松叶蕨。

松叶蕨的孢子体分根状茎和气生枝（图9-7），具星状中柱（原生中柱中的一种），无真根，仅有

假根，体内有共生的内生菌丝。孢子囊3室，系由3个孢子囊聚集而成，具短柄，生在孢子叶的叶腋内。孢子同型。成熟孢子散发后，萌发为配子体。配子体呈不规则圆柱状，棕色，有单细胞假根，内具断续的中柱，有菌丝共生。配子体的表面有颈卵器和精子器，精子多鞭毛，受精时需要水湿条件，胚的发育要有菌丝的共生。

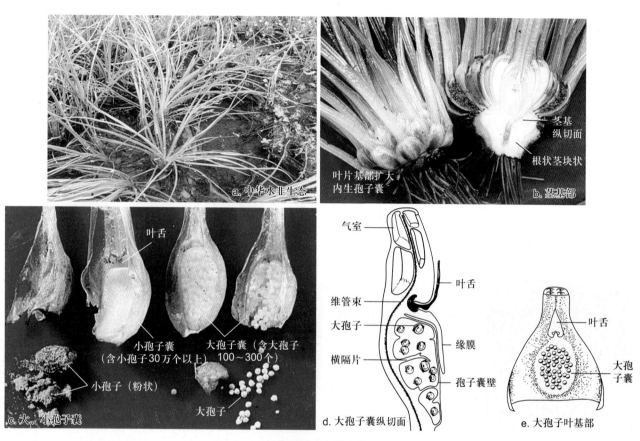

a. 中华水韭生态

叶片基部扩大内生孢子囊
茎基纵切面
根状茎块状
b. 茎基部

叶舌
小孢子囊（含小孢子30万个以上）
大孢子囊（含大孢子100～300个）
小孢子（粉状）
大孢子
c. 大、小孢子囊

气室
叶舌
维管束
大孢子
缘膜
横隔片
孢子囊壁
d. 大孢子囊纵切面

叶舌
大孢子叶
e. 大孢子叶基部

图 9-6　中华水韭

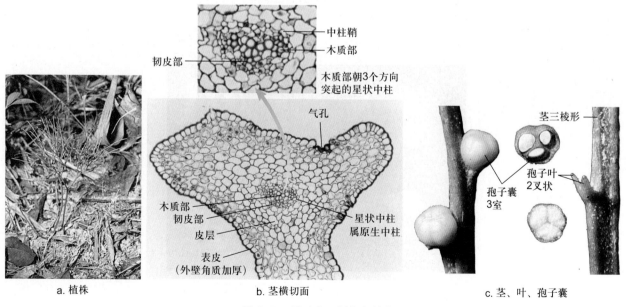

中柱鞘
木质部
韧皮部
木质部朝3个方向突起的星状中柱

气孔
木质部
韧皮部
皮层
表皮（外壁角质加厚）
星状中柱属原生中柱

茎三棱形
孢子叶2叉状
孢子囊3室

a. 植株
b. 茎横切面
c. 茎、叶、孢子囊

图 9-7　松叶蕨及其各部结构

楔叶亚门植物在石炭纪最为繁盛，有高大的木本，也有矮小的草本，现在大多已绝迹，只有少数草本种类保存下来。

孢子体有根、茎、叶的分化。茎有明显的节与节间之分，节间中空，茎上有纵肋（图9-8a、b）。中柱由管状中柱转化为具节中柱，内始式木质部。小型叶不发达，轮生成鞘状。孢子囊生于特殊的孢子叶上（图9-8c，图9-9），这种孢子叶又称孢囊柄（sporangiophore），孢囊柄在某些枝端聚集成孢子囊穗。孢子同型或异型，孢子的外壁分裂成2条带状的弹丝（图9-10），其中央附着在孢子上，孢子成熟时弹丝的游离端与内壁分离，弹丝具有干湿运动特性，干时松开，湿时卷起来，有助于孢子囊的开裂和孢子的散放。

楔叶亚门植物现存仅木贼科（*Equisetaceae*）的木贼属（*Equisetum*）。

代表植物：犬问荆（*Equisetum palustre*），生殖枝绿色，与营养枝同时生出。问荆（*E. arvense*）与犬问荆的主要区别是营养枝秋季生出，节上轮生许多分枝，绿色；生殖枝春季生出，不分枝，褐色。常见种类还有木贼（*E. hiemale*）和节节草（*E. ramosissimum*）（图9-11）。

a. 植株

营养枝
分枝轮生
生殖枝顶生
孢子囊穗

b. 茎叶及孢子囊穗各期

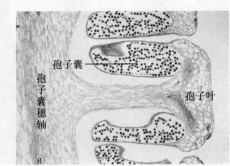

孢子囊

孢子囊穗轴

孢子叶

c. 孢子叶纵切面

图9-8 犬问荆及各部结构

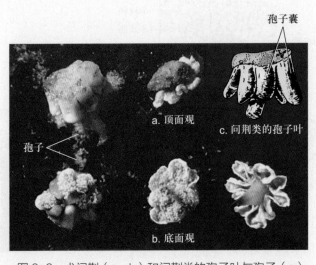

孢子囊

a. 顶面观

c. 问荆类的孢子叶

孢子

b. 底面观

图9-9 犬问荆（a、b）和问荆类的孢子叶与孢子（c）

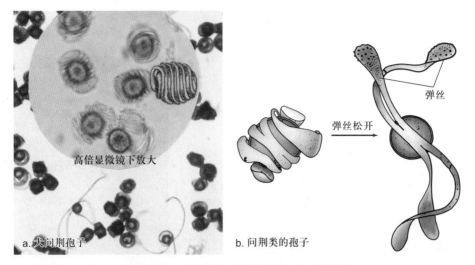

图 9-10　犬问荆、问荆类孢子（示弹丝）

图 9-11　楔叶亚门代表植物

第7节　真蕨亚门（Filicophytina）

真蕨亚门植物的孢子体发达，有根、茎和叶的分化（图9-12）。根为不定根。除树蕨外，茎为根状茎，中柱复杂，有原生中柱、管状中柱和多环网状中柱等，木质部有各式管胞，少数种类具导管，表皮上往往具有各种形态的鳞片或毛，起保护作用。叶为大型叶。幼叶拳卷（图9-13），长大后伸展平直，由叶柄和叶片两部分组成。叶片为全缘叶或一至多回分裂的单叶或复叶。叶片的中轴称为叶轴（rachis）；第一次分裂出的小叶称羽片（pinna），羽片的中轴称为羽轴（pinna rachis）；从羽轴分裂出来的小叶称小羽片（pinnule），小羽片的中轴称小羽轴（pinnular rachis）；最末次小羽片或裂片上的中脉称为主脉（costa）。

孢子囊一般生在孢子叶的边缘或背面，在较低等的种类中生于特化了的孢子叶上，由多数孢子囊聚集在一起形成各种形状的孢子囊群。有的孢子囊

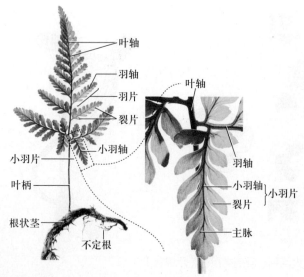

图 9-12　蕨类植物形态

图 9-13　里白幼叶拳卷

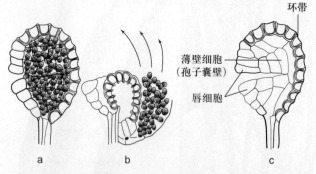

图 9-14　蕨类植物孢子囊散放孢子的过程

a.环带失水，在唇细胞处破裂；b.环带继续反转，到了极限便突然将孢子弹出；c.空的孢子囊回复到原来位置

图 9-15　蕨的配子体及球子蕨精子形态（包文美 摄）

a.蕨配子体　　b.球子蕨精子

群具有囊群盖（indusium），形状与孢子囊群一致，常见的囊群有圆形、肾形、成行或集生在叶背网脉上。原始种类的孢子囊壁是多层细胞，无环带；较进化的种类孢子囊壁为 1 层细胞，有环带。

蕨类孢子囊的开裂十分精巧，从而引起学者的很大注意，环带是与开裂和强烈弹出孢子相结合的一种结构。当孢子囊成熟时，由于水分蒸发作用，环带细胞正在失去水分，细胞壁与水分之间有很强的附着力。每个环带细胞失水，就使薄的外弦向壁向里凹陷，而径向壁的端部则互相拉近，先是环带的唇细胞处被拉开，这时环带受到两股相反方向的力的作用：一股是由于失水而不断增强的将环带拉开的张力，另一股呈环带维持它本身原来弯曲形状

的力，随着水分的进一步丧失，两股力都在不断增强，而失水引起的张力始终强于环带维持原状的力，于是环带不断反转成为相反方向的一个圈（图 9-14）。这时环带中的水分全部蒸发变为气体状态，水的表面张力（也就是使径向壁端部互相拉近的力）突然由很高降到零。于是便表现出了另一股力——环带突然回到原来的位置，与此同时孢子便被抛散出去。据不同渗透浓度的吸水测定，开裂前张力（第一股力）形成的压强达30.4 MPa，可见抛散孢子的力度是很大的。

真蕨亚门的配子体小，多数为背腹性叶状体，绿色、心形，有假根（图9-15a）；精子器和颈卵器多生于腹面，螺旋状精子，具多数鞭毛（图9-15b）。

现存真蕨亚门植物可分为厚囊蕨纲、原始薄囊蕨纲和薄囊蕨纲。

一、厚囊蕨纲（Eusporangiopsida）

厚囊蕨纲植物，孢子囊壁由几层细胞组成，孢子囊较大，是由几个细胞共同起源的，内含多数同型孢子。配子体的发育需要有菌根共生，精子器埋在配子体的组织里。本纲包括瓶尔小草目和莲座蕨目两个目。代表植物瓶尔小草（*Ophioglossum vulgatum*）系瓶尔小草目（Ophioglossales）瓶尔小草科（Ophioglossaceae）瓶尔小草属植物，孢子体为小草本（图9-16）。除瓶尔小草属植物外，常见的尚有莲座蕨目的福建莲座蕨（*Angiopteris fokien-*

sis）（图9-17）等，莲座蕨为多年生草本，较瓶尔小草高大。

二、原始薄囊蕨纲（Protoleptosporan-giopsida）

原始薄囊蕨纲植物，孢子囊壁由单层细胞构成，仅在一侧有数个具加厚壁的细胞形成的盾形环带。孢子囊是由1个细胞发育而来，但囊柄可由多细胞发生。配子体为长心形的叶状体。

本纲代表植物紫萁（*Osmunda japonica*），属紫萁科（Osmundaceae）紫萁属，孢子体根状茎粗短，直立或斜生，外面包被着宿存的叶基。叶簇生于茎的顶端，幼叶拳卷并具棕色茸毛，成熟的叶平

a. 群体

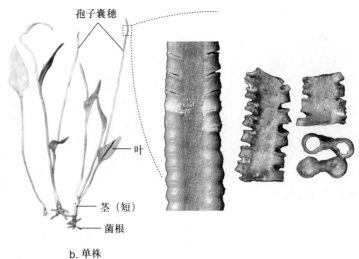

b. 单株

图9-16　瓶尔小草

a. 植株

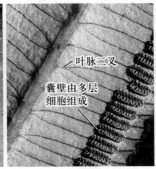

b. 孢子囊群

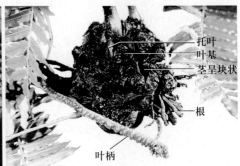

c. 基部

图9-17　福建莲座蕨

展。1～2回羽状复叶，孢子叶和营养叶分开，孢子叶的羽片缩成狭线状，红棕色，无叶绿素，不能进行光合作用。孢子囊较大，生于羽片边缘（图9-18）。

本科约60多种。除紫萁外，常见的尚有华南紫萁（*O. vachellii*）。

三、薄囊蕨纲（Leptosporangiopsida）

薄囊蕨纲植物的孢子囊起源于1个原始细胞，孢子囊通常聚集成孢子囊群，着生在孢子叶的背面、边缘或特化的孢子叶边缘，囊群盖有或无，孢子少，有定数，除水生蕨类形成孢子果，具异型孢子外，大多数种类具同型孢子。孢子囊壁由1层细胞构成，具有各式环带。环带细胞内侧的壁及侧壁均木质化加厚，少数不加厚，有2个不加厚的细胞称唇细胞（lip cell）。

代表植物：蕨（*Pteridium aquilinum* var. *latiusculum*）为水龙骨目（Polypodiales，或称真蕨目Filicales，Eufilicales）碗蕨科（Dennstaedtiaceae）蕨属。

蕨的孢子体为多年生草本，具明显的根、茎、叶分化。茎为根状茎，横卧地下，有分枝，其上生不定根。叶每年从根状茎上生出并钻出地面，有长而粗壮的叶柄。叶片大型，幼叶拳卷，成熟后平展，2～4回羽状复叶（图9-19）。

从横切面上看，茎的最外层为表皮（老茎表皮破裂），向内依次为皮层、机械组织、薄壁组织、内皮层

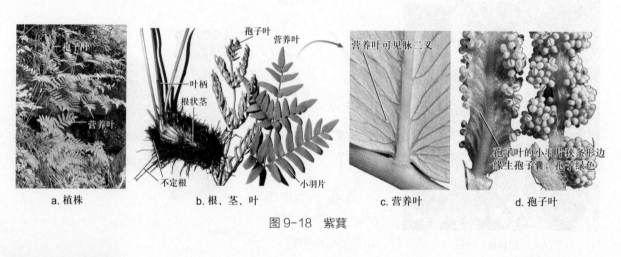

a. 植株　　b. 根、茎、叶　　c. 营养叶　　d. 孢子叶

图9-18　紫萁

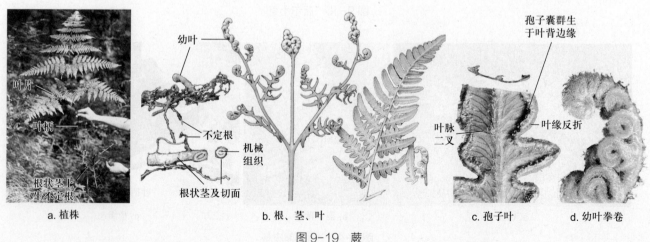

a. 植株　　b. 根、茎、叶　　c. 孢子叶　　d. 幼叶拳卷

图9-19　蕨

（皮层与维管相连的一层细胞）和维管组织（图9-20）。

孢子囊生于叶背，沿叶缘生长。孢子囊一般有1条纵列的环带和64枚孢子（图9-21）。孢子散落在适宜的环境中，次年开始萌发成为配子体。配子体为心形叶状体（图9-15a），又称原叶体，其四周仅1层细胞，中部为多层细胞，细胞内含叶绿体，能进行光合作用。腹面生有起固着作用的假根和雌、雄生殖器官（图9-15a）。

精子借助于水和颈沟细胞分解物的刺激，游向颈卵器与卵细胞受精（图9-22）。受精后3～4 h就开始分裂，至4个细胞时，即形成幼胚，幼胚已初具发育成叶、初生根、茎及基足的发生区域。当茎、叶及根发育后，幼胚从配子体下面伸出（图9-23），成为独立生活的孢子体，配子体亦随之死亡。

在整个生活史中，配子体世代和孢子体世代均具叶绿体，能独立生活；孢子体具有较发达的维管

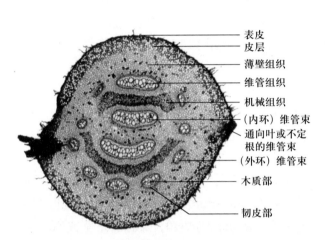

图 9-20　蕨茎横切面（示多环网状中柱）

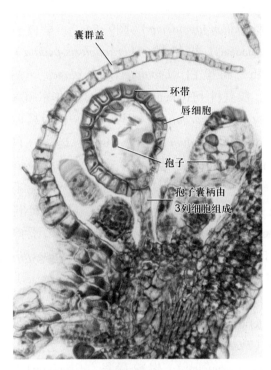

图 9-21　薄囊蕨的孢子囊群切面

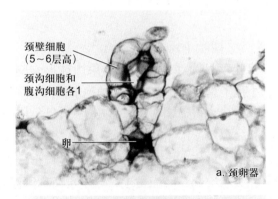

图 9-22　蕨颈卵器及精子器

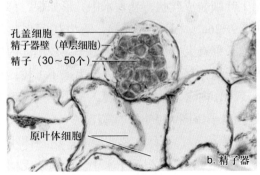

图 9-23　蕨原叶体上长出幼孢子体

系统，能适应较干旱的陆生生活；但是，受精仍然离不开水。

现存薄囊蕨纲的植物通常分为3个目：水龙骨目、苹目（Marsileales）和槐叶苹目（Salviniales）。

（一）水龙骨目

水龙骨目是蕨类植物门中最大的一个目，现存真蕨亚门植物中，95%以上的种属于此目。常见的种类除蕨以外，尚有海金沙科（Lygodiaceae）的海金沙（*Lygodium japonicum*）（图9-24a）、里白科（Gleicheniaceae）的芒萁（*Dicranopteris pedata*）（图9-24b）和里白（*Diplopterygium glauca*）（图9-24c）、膜蕨科（Hymenophyllaceae）的华东膜蕨（*Hymenophyllum barbatum*）（图9-24d）和团扇蕨（*Crepidomanes minutum*）（图9-24e）、碗蕨科（Dennstaedtiaceae）的边缘鳞盖蕨（*Microlepia marginata*）、金毛狗蕨科（Cibotiaceae）的金毛狗蕨（*Cibotium barometz*）（图9-24f）、鳞始蕨科（Lindsaeaceae）的乌蕨（*Odontosoria chinensis*）、骨碎补科（Davalliaceae）的杯盖阴石蕨（*Humata griffithiana*）（图9-24g）、肾蕨科（Nephrolepidaceae）的肾蕨（*Nephrolepis cordifolia*）（图9-24h）、凤尾蕨科（Pteridaceae）的井栏边草（*Pteris multifida*）、半边旗（*Pteris semipinnata*）（图9-24i）、野雉尾（*Onychium japonicum*）、银粉背蕨（*Aleuritopteris argentea*）（图9-24j）、凤丫蕨（*Coniogramme japonica*）（图9-24k）、水蕨（*Ceratopteris thalictroides*）（图9-24l）和铁线蕨（*Adiantum capillus-veneris*）（图9-24m）、铁角蕨科（Aspleniaceae）的巢蕨（*Asplenium nidus*）（图9-24n）和虎尾蕨（*Asplenium incisum*）、蹄盖蕨科（Athyriaceae）的单叶对囊蕨（*Deparia lancea*）、金星蕨科（Thelypteridaceae）的三羽新月蕨（*Pronephrium triphyllum*）和羽裂圣蕨（*Dictyocline wilfordii*）、乌毛蕨科（Blechnaceae）的狗脊蕨（*Woodwardia japonica*）和珠芽狗脊（*Woodwardia prolifera*）（图9-24o）、球子蕨科（Onocleaceae）的荚果蕨（*Matteuccia struthiopteris*）（图9-24p）和东方荚果蕨（*Pentarhizidium orientale*）、岩蕨科（Woodsiaceae）的膀胱蕨（*Protowoodsia manchuriensis*）、桫椤科（Cyatheaceae）的黑桫椤（*Alsophila podophylla*）（图9-24q）、鳞毛蕨科（Dryopteridaceae）的贯众（*Cyrtomium fortunei*）（图9-24r）、水龙骨科（Polypodiaceae）的瓦韦（*Lepisorus thunbergianus*）、石韦（*Pyrrosia lingua*）（图9-24s）、江南星蕨（*Neolepisorus fortunei*）（图9-24t）、石蕨（*Pyrrosia angustissima*）和二歧鹿角蕨（*Platycerium bifurcatum*）（图9-24u）等。它们的孢子囊群形态各不相同。

9.2　水龙骨目各式孢子囊群

（二）苹目（Marsileales）

苹目植物为浅水生或湿生性，孢子异型，孢子囊生长在特化的孢子果中，孢子果的壁是由羽片变态形成的。

本目仅苹科（Marsileaceae）1科，3属。我国仅有苹属（*Marsilea*）的苹，广泛分布于南北各地。

苹（*M. quadrifolia*），又称田字苹或四叶苹，根状茎横走，节上生不定根。叶柄长，顶生4小叶呈十字形排列（图9-25）。

（三）槐叶苹目（Salviniales）

槐叶苹目为浮水生，孢子果圆球形，单性，大、小孢子囊分别着生在不同的孢子果内。

本目仅槐叶苹科（Salviniaceae）1科。槐叶苹（*Salvinia natans*），植物体漂浮水面，茎横卧，有毛，无根。每节3叶轮生，上侧2叶矩圆形，表面密布乳头状突起，背面被毛，浮于水面称漂浮叶；下侧1叶细裂成丝状，悬垂水中，形如根，称沉水叶（图9-26a）。孢子果成簇，着生在沉水叶的基部，孢子果有大、小两种，大孢子果较小，内生少数大孢子囊，每个大孢子囊内含大孢子1枚；小孢子果较大，内含多数小孢子囊，每个小孢子囊内生64枚小孢子（图9-26b）。满江红（*Azolla pinnata* subsp. *asiatica*），又称红苹或绿苹。植物体小，茎横卧，羽状分枝，须根垂于水中。叶肉质无柄，互生，覆瓦状排列，叶片裂为上、下两片，上片浮于

a. 海金沙　　　　　　　　　　b. 芒萁　　　　　　　　　　c. 里白

每个孢子囊群有
孢子囊2～4个

羽片二歧

孢子囊群

瓣形的囊苞　　囊托
孢子囊

叶薄、
膜质

d. 华东膜蕨

孢子囊　　囊托　囊苞

e. 团扇蕨

密生金黄色长软毛

叶柄

已去除众多
须状不定根

根状茎倒置

囊群盖两瓣
状如蚌壳

金毛狗植株　　　　　孢子囊群

f. 金毛狗蕨

附生在树干上

根状茎上的鳞片　　囊群盖圆肾形

g. 杯盖阴石蕨　　　　　　　　h. 肾蕨

羽片只有
下侧有裂片

i. 半边旗

图9-24　水龙骨目常见物种（一）

j. 银粉背蕨　　　　k. 凤丫蕨　　　　l. 水蕨

m. 铁线蕨　　　　n. 巢蕨　　　　o. 珠芽狗脊

p. 荚果蕨　　　　q. 黑桫椤　　　　r. 贯众

s. 石韦　　　　t. 江南星蕨　　　　u. 二歧鹿角蕨

图 9-24　水龙骨目常见物种（二）

a.植株(寿海洋摄)

b.孢子果切面

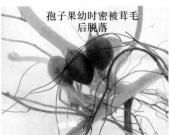
c.孢子果放大

d.小孢子囊群

图 9-25　苹

a. 三叶轮生

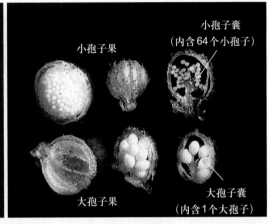
b. 孢子果

图 9-26　槐叶苹

a.满江红生境

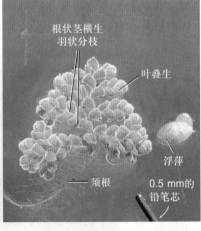
b. 植株

c.大、小孢子果

图 9-27　满江红

水面，营光合作用；下片斜生水中，无色素，并与鱼腥藻（*Anabena azollae*）共生。叶内含有大量红色花青素，幼时绿色，到秋冬季转为棕红色，故称满江红（图9-27a、b）。大小孢子果成对，大孢子果小，长卵形，内含1个大孢子囊，囊内有1枚大孢子；小孢子果大，球形，内生多个小孢子囊，每个小孢子囊生有64枚小孢子（图9-27c）。以上两种在我国均广泛分布。

据化石证据，蕨类植物起源于距今4亿年前古生代志留纪末期和下泥盆世出现的裸蕨植物。而对于裸蕨植物的起源，多数植物学家认为是起源于藻类，很可能是绿藻。主要根据是蕨类和绿藻具有相同的叶绿素，都贮藏淀粉等营养物质，游动细胞都具等长鞭毛。少数学者认为蕨类植物起源于苔藓植物，理由是裸蕨植物的孢子体某些形状与角苔相似，但是难以解释二者生活史中孢子体和配子体优势的转变。由此，有学者认为，蕨类植物和苔藓植物都起源于藻类，并且是平行发展的。

早期陆生植物的结构如何，是怎样适应陆生生活并进一步演化的？

距今约4亿年的志留纪末期，地面的自然条件发生了重大变化。那些生活于海滨或浅海潮汐带的某种藻类的后裔，在陆地上升、水面下降的条件下，生存受到威胁。原来漂浮于水体中的植物体由于失去水环境而相互堆积、挤压在一起，其中一些植物体由于顶部上翘比平塌在地上的部位受到了充分的阳光照射和通畅的气体交换，由此得到了茂盛的生长；然而这些上翘的部位又易于受到干旱的威胁，养料的摄取也不如在水体中容易。具有上翘部位的植物体要解决水分和养料的供应，必须有一个适应和变异的过程。那么裸蕨到底是一类什么样的植物呢？

在苏格兰下泥盆世末期地层中发现的莱尼蕨（*Rhynia gwynne-vaughanii*）被认为是最早出现的陆生植物的原始代表。莱尼蕨是一种结构非常简单的小型草本植物，高仅18～50 cm。它没有真正的根、茎、叶的分化，但是已有了平卧的根状茎和直立的气生茎的分化。根状茎上有单细胞的假根，气生茎单生或二叉分枝，表面有角质层或稀疏的气孔可以调节水分的蒸腾（图9-28）。茎内中柱很细，中央没有髓部，是环纹管胞组成的木质部，外面围以由一层薄壁细胞组成的韧皮部，称为单中柱（图9-28d），是原生中柱中的一种最简单的类型。有了中柱就有利于水和养料的吸收和运输，同时也加强了植物体的支撑作用。孢子囊大都生在枝顶（举在空中），孢子囊壁由几层细胞构成，没有自行扩散孢子的结构，孢子具有坚韧的外壁，有利于在干燥的空气中散播时得到保护，所有这些特征都表明裸蕨类植物尽管与其他陆生植物相比显出了许多原始的性状，但它毕竟离开了水环境，初步具有了适应多变的陆生环境的条件，这是最早的一批登陆植物，从此大地出现绿装，植物界几十亿年的生存领域，开始由水中扩大到陆地，植物界的演化进入了一个和以前历史完全不同的飞跃的新阶段。

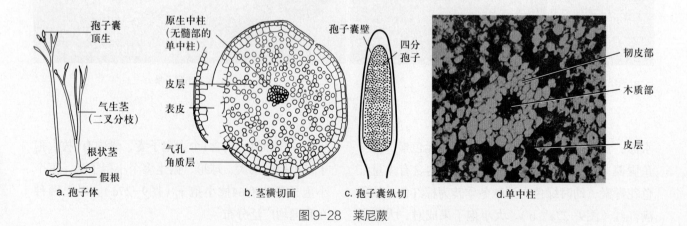

图9-28 莱尼蕨

这个新阶段的来临，首先得归功于支持植物体直立的中柱，因此我们对中柱的类型应该有所了解（图9-29）。

维管首次出现在裸蕨类，形成单中柱（haplostele），如莱尼蕨；如果木质部向四周辐射呈脊状突起则形成星状中柱（actinostele），如松叶蕨；倘若韧皮部生长侵入木质部，使其成为不连续的结构，这就演变成编织中柱（plectostele），如石松及其他植物的幼茎。上述3种中柱内都没有髓部，是很原始的，归入原生中柱（protostele）。随着陆生植物不断地进化，维管组织也进一步复杂化，中央出现髓部成为管状中柱（siphonostele），如卷柏；如果节的部位叶隙密集，从而使中柱产生许多裂隙，从横剖面上看被割成一束束，每一束中央为木质部外面围着韧皮部，而韧皮部外再围着内皮层，这

就成了网状中柱（dictyostele），如蕨等许多蕨类植物。最进化的中柱类型主要有两种：一种是木质部和韧皮部并列呈束状，并且具有叶隙和叶迹，称为真中柱（eustele），裸子植物和双子叶植物的中柱即为此类；另一种是维管组织分散在皮层中，称为散生中柱（atactostele），单子叶植物多属此类（图9-30）。

已知裸蕨植物大致可以分为3个门：莱尼蕨门（Ryniophyta）、工蕨门（Zosterophyta）和三枝蕨门（Trimerophyta）。到了泥盆纪的末期，发生地壳的大变动，气候变得更加干旱，裸蕨植物趋向灭绝，而在此基础上分化更完善的其他维管植物逐渐成为陆生植物的主宰。

长期以来，关于蕨类植物器官演化有不同的学说。莱尼蕨等裸蕨化石的发现，为顶枝学说

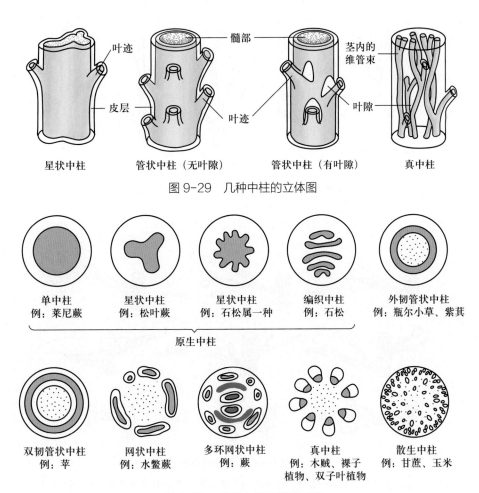

图 9-29　几种中柱的立体图

图 9-30　几种中柱的横切面图

（Telome Theory）提供了较充足的化石证据。顶枝学说认为，原始维管植物中，无叶的植物体（即茎轴或茎）是由顶枝（telome）构成的；顶枝是二叉分枝的轴的顶端部分，具有孢子囊或无孢子囊，其形体与莱尼蕨属相似，若干顶枝共同联合组成顶枝束，顶枝束的基部也有二叉分枝的部分，相当于我们通称的拟根茎或根状茎，其表面有假根。

顶枝学说认为，叶是由顶枝演变而来的，大型叶是由多数顶枝联合并且扁化形成的（图9-31a）；小型叶则是由单个顶枝扁化而成（图9-31b）。孢子叶是1个能育顶枝束中的分枝侧面结合的结果。原来顶生的孢子囊便聚集到了叶缘（图9-32a）。石松亚门植物孢子叶和孢子囊是同一个顶枝束发展而来（图9-32b）；楔叶亚门的盾形孢子囊柄是由孢子囊的顶枝束，经过顶部的弯曲和并联而形成的（图9-32c）。

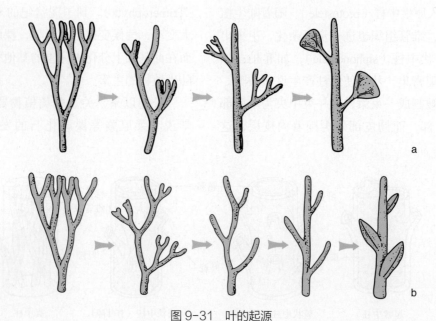

图 9-31　叶的起源

a.大型叶由多个顶枝联合，并扁化而成；b.小型叶由单个顶枝扁化而成

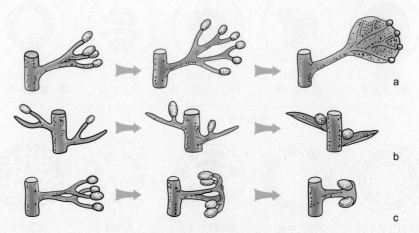

图 9-32　孢子叶的起源

a.真蕨亚门；b.石松亚门，孢子和孢子囊由同一个顶枝束发展而来；c.楔叶亚门，孢子囊的顶枝束经过顶部弯曲、并联合而成

泥盆纪、石炭纪时，那些古代的蕨类植物形成了地球上巨大的森林（图9-33），它们是构成当今燃料矿藏的主要来源之一。

图9-34是一幅石炭纪的化石蕨类森林沼泽重建图。

图9-33　古代的蕨类植物

a. 封印鳞木（*Lepido-dendron polygonale*）树干表面的一部分，示叶片脱落的痕迹（二叠纪的重要化石）；b. 轮叶蕨（*Annularia mucronata*）属于芦木科，组成石炭纪、二叠纪植物中很显著的一部分

图9-34　石炭纪化石蕨类森林沼泽的重建图

鳞木属（*Lepidodendron*）的植物占优势，不分枝的像瓶刷子样的是它的幼年树干；封印木属（*Sigillaria*）具有长的丛生叶，适于稍微干燥的地点；芦木（*Calamites*）是巨大的木贼类植物；树蕨（*Psaronius*）有长长的蜡烛样的树干；种子蕨类的植物也在茁壮生长，其中髓木（*Medullosa*）（具有二回羽状复叶）和科得狄（*Cordaites*）都像红树样地生长着：根扎在水中而它们的巨大的叶片占据着乔木顶端（引自Raven P. H.）

📷 复习思考题

1. 蕨类植物和苔藓植物比较何者更进化？为什么？

2. 裸蕨是如何"登陆"的？

3. 试述莱尼蕨的构造及其进化意义。

4. 从形态解剖上如何辨别一个植物体是或不是蕨类植物？

📝 数字课程学习资源

■ 学习要点　　■ 难点分析　　■ 教学课件　　■ 习题　　■ 习题参考答案

■ 拓展阅读　　　　　　　　　　　　■ 拓展实验与实践
– 中国特有珍稀濒危蕨类植物　　　　– 蕨类植物生活史的观察

第 10 章

植物的系统发育

学习目标

1. 了解植物进化中各个"代"和"纪"的顺序及其相关的植物类群。
2. 掌握植物界从水生到陆生、从简单到复杂、从低级到高级的大的进化规律。
3. 了解植物有性生殖方式的进化方向。
4. 了解系统发育与个体发育的相互关系。

学习指导

关键词

古生代　志留纪　泥盆纪　石炭纪　二叠纪　三叠纪　同配生殖　异配生殖
合子减数分裂　配子囊减数分裂　居间减数分裂　个体发育　系统发育

第1节 植物的起源

当今世界上植物种类繁多，分布也极广泛。然而，当地球形成之初，表面非常炽热，而且地表还没有大气圈，不具备产生生命物质的条件，直到后来，地球表面出现了大气层，生命的出现才成为了可能（表10-1）。

估计在40亿～35亿年前开始出现了原始的生物，最先出现的是细菌和蓝藻，它们的形态结构都非常简单，没有定型的细胞核，也没有质体和其他细胞器。因此，它们被称为原核生物（prokaryote）。蓝藻和一部分具有色素的细菌在一起，利用日光制造养料，并放出大量的氧气，从而逐渐改变大气的性质，使它由还原性变为氧化性，这样，就为喜氧植物的出现准备了条件。

到距今15亿～14亿年前，开始出现了具有真核细胞的藻类。它们有定型的细胞核和细胞器，这一转变在植物界的进化旅途中是一次巨大的飞跃。由于细胞器的出现，使细胞内各部分的分工更为明确，从而提高了整个细胞生理活动的机能。

最初出现的真核生物，可能是生活在水中的鞭毛生物。鞭毛生物是单细胞体，它们有一根或两根鞭毛，可以自由活动，有的细胞，体外具有1层膜，能改变体形。在以后进一步的系统发育过程中，鞭毛生物体表产生1层坚固的厚壁，此厚壁是由与纤维素相近似的物质所组成；有的鞭毛生物具有典型的色素体，这与细菌和蓝藻有着很大的不同。鞭毛生物中有具色素体能独立营养的植物类型，也有吞食现成有机物营养的动物类型。从能独立营养的鞭毛生物，又不断演化成多种多样的藻类植物。

到距今9亿～7亿年前，便开始出现了多细胞藻类。最初的多细胞藻是丝状体类型，到6亿年前又出现了囊状、柱状或其他的类型，这些藻类分别属于绿藻门、红藻门、褐藻门，它们不但在形体上和大小上有千差万别的变化，在内部结构上也日趋复

杂化，这些藻类植物群主要生活在海洋里。因此，从太古代到古生代的志留纪中期，为海产藻类的繁盛时期。由于藻类植物群在海洋中的大量繁衍，它们在光合作用的过程中，放出了大量的氧气，这不仅使大气的成分逐渐改变，也使海水中的含氧量增高，有利于海洋动、植物的生存。另外，由于一部分的氧在大气层形成了臭氧（O_3），便阻挡了杀伤力甚强的紫外线辐射，从而使植物从海洋登上陆地成为可能。到志留纪晚期（距今约420百万年），一批生于水中的裸蕨类植物，开始逐渐地进入了陆地，这是植物进化史中的一次重大的飞跃。登陆了的裸蕨类植物，进一步向适应陆生生活的方向演进。到古生代的石炭纪（距今约358百万年），世界各地出现了参天的茂密的蕨类植物森林，而早期出现的种类繁多的裸蕨类植物，却在泥盆纪晚期石炭纪之前消逝了。从石炭纪到二叠纪早期这一段地质年代中，是蕨类植物的鼎盛时期，此期中有的蕨类遗体大量地被埋到地下，年长日久形成煤层，被现代人挖掘出来作为能源利用。这一过程是非常缓慢的，现今人类一年中用掉的煤炭的能量，在当时要1万年才能积聚起来。蕨类植物繁盛时期的同时，苔藓植物也以其独特的生活方式，成功地适应着陆生生活，繁茂地生长着。在古生代末期的二叠纪时，由于地球上出现了明显的气候带，许多地区变得不适于蕨类植物的生长，多数蕨类植物开始走向衰亡。裸子植物开始兴起，逐渐地取代了蕨类植物的优势。由古生代末期的二叠纪（距今273百万年）到中生代的白垩纪早期（距今145百万年），这长达1亿多年的历史期间，是裸子植物繁盛时期。裸子植物取代了蕨类植物成为地球上优势植物类群，高大的裸子植物广泛分布于南、北半球的各个气候带。到中生代末期，距今1亿年前后，地球上气候带分带现象更趋明显，而且后来又出现了几次冰川时期，气温大幅度地下降，在这严酷的环境

表 10-1　地质年代和不同时期占优势的植物和进化情况

代	纪		距今百万年数(Ma)	进化情况	优势植物
新生代	第四纪	全新世	0.0117	被子植物占绝对优势	被子植物时代
		更新世	2.58		
	新近纪	上新世	5.33	经过几次冰期之后，森林衰落，由于气候原因，造成地方植物隔离。植物界面貌与现代相似	
		中新世	23.0		
	古近纪	渐新世	33.9	被子植物进一步发展，占优势。世界各地出现了大范围的森林	
		始新世	56.0		
		古新世	66.0		
中生代	白垩纪	上白垩世	100.5	被子植物得到发展	裸子植物时代
		下白垩世	~145.0	裸子植物衰退，被子植物逐渐代替了裸子植物	
	侏罗纪	上侏罗世	163.5	裸子植物中的松柏类占优势，原始的裸子植物逐渐消逝。被子植物出现	
		中侏罗世	174.1		
		下侏罗世	201.3		
	三叠纪	上三叠世	~237.0	木本乔木状蕨类继续衰退，真蕨类繁茂。裸子植物继续发展、繁盛	
		中三叠世	247.2		
		下三叠世	251.9		
古生代	二叠纪	乐平世	259.1	裸子植物中的苏铁类、银杏类、针叶类生长繁盛	蕨类植物时代
		瓜德鲁普世	273.0		
		乌拉尔世	298.9	木本乔木状蕨类开始衰退	
	石炭纪	晚	323.2	气候温暖湿润，巨大的乔木状蕨类植物如鳞木类、芦木类、木贼类、石松类等，遍布各地，形成森林，造就成日后的大煤田。同时出现了许多矮小的真蕨植物。种子蕨进一步发展	
		早	358.9		
	泥盆纪	上泥盆世	382.7	裸蕨类逐渐消逝	裸蕨植物时代
		中泥盆世	393.3	裸蕨类植物繁盛。种子蕨出现，但为数较少。苔藓植物出现	
		下泥盆世	419.2	为植物由水生向陆生演化的时期，在陆地上已出现了裸蕨类植物。有可能在此时期出现了原始维管束植物。藻类植物仍占优势	
	志留纪		443.8		
	奥陶纪		485.4	海产藻类占优势。其他类型植物群继续发展	藻菌时代
	寒武纪		541.0	初期出现了真核细胞藻类，后期出现了与现代藻类相似的藻类类群	
元古代			2500		
太古代			4000	生命开始，细菌、蓝藻出现	

下，多数裸子植物种类由于不能适应气候的变化，逐渐消逝了，代之而起的是被子植物。被子植物与裸子植物相比，有更优越的适应环境能力，主要表现在其繁殖器官的结构与机能方面；另外，也表现在其营养体生活的多样化，如木本、草本、一年生、多年生等多方面。因此，在此期间，被子植物成了世界上的优势植物群，而代替了以前的裸子植物群，直至今日。

⚲ 10.1　古植物学研究的重要性

第2节　植物的演化

一、植物营养体的演化

孢子植物营养体的形态和结构是多种多样的，但它们遵循着演化规律：由简单到复杂、由低级到高级地向前发展。一般认为，单细胞鞭毛藻类是植物界中最简单、最原始的类型，也是藻类植物和一切高等植物的祖先。

植物营养体的演化过程，在绿藻植物中最为明显，各种类型都具备（参看藻类的演化）。像衣藻、盘藻、实球藻、空球藻、杂球藻到团藻，是代表着能活动的、营养体细胞有定数的、营养时期不分裂的类型。由单细胞至群体再到多细胞的发展过程中，团藻成为这一路线的顶端，然而这一路线在植物界中是不可能得到发展的。另外，像绿球藻目这样的营养体不能活动、细胞有定数的植物类型中，有些种类（如水网藻）的营养体细胞也能分裂，成为多核细胞的群体，但这条路线同样也是不可能发展的。另一类营养体为多细胞，失去活动能力，而成丝状体的类型（如丝藻目植物）成为植物界发展的主干，进一步由丝状体到异丝状体和片状体，并由此发展出高等植物来。

褐藻门和红藻门中的较高级种类，其体型更为复杂，有的分化成类似高等植物的根、茎、叶的体型，并有类似组织的结构，像褐藻门中的马尾藻属、巨藻属、海棕榈属（Postelsia）和红藻门中的红叶藻属（Delesseria）等。但褐藻门和红藻门植物营养体的发展进程，仍然是和绿藻门相似，遵循着从单细胞到多细胞、能游动到不能游动、分化简单到分化复杂的路线发展，这是一个和绿藻平行发展的结果。

高等植物的营养体都是多细胞的，苔类植物一般为叶状体，有背腹之分，具有单细胞的假根，并已具有了气孔的结构，合子萌发也必须经历胚的阶段。藓类具有"叶"和"茎"的辐射对称的拟茎叶体，假根为多细胞。蕨类植物出现后，营养体有了更进一步的演化，具有真正的根、茎、叶等器官和较完善的组织构造，特别是具有了适应陆生生活的输导系统，中柱类型复杂，由原生中柱向网状中柱发展，茎、叶上有毛或鳞片等附属物保护。叶脉由叉状分枝发展到网状分枝，孢子囊由枝端向叶缘再到叶背着生等各种类型，使植物体更能向着适应环境的方向而演变。种子植物出现后，营养体变得更为多样化，内部结构也更趋完善。

二、有性生殖方式的进化

一切生物都有繁殖后代的能力，原始的细菌、蓝藻植物是以营养繁殖和无性生殖来繁衍后代的，而真核植物则普遍存在有性生殖的繁殖方式。有性生殖有同配生殖、异配生殖和卵式生殖3种类型。

在同配生殖中，雌、雄配子的形态、大小几乎一样而难以区分。这种生殖类型又可分同宗配合和异宗配合两类，如某些真菌的菌丝体是行同宗配合的，而衣藻属有同宗配合的，也有异宗配合的，到盘藻、水网藻、丝藻等则均属异宗配合的类型。异宗配合比同宗配合在细胞分化上是较进化的。

异配生殖的两种配子在大小和行动能力上均有区别，像空球藻的有性生殖在产生雄配子时，每个细胞经纵分裂6次，成为64个细长的配子，每个配子有2根鞭毛，能单独游动；产生雌配子的是由1个不经分裂的普通细胞转变而成，而且比雄配子大好多倍，形状也不同，也不能脱离母体单独游动。

卵式生殖是精子和卵的受精过程，在植物界中是一种最进化的有性生殖形式。

从有性生殖进化的过程来看，同配生殖是最为原始的，异配生殖其次，卵式生殖最为高等。这从团藻目植物如盘藻、实球藻、空球藻、团藻等一系列植物中，可以明显看到有性生殖的进化过程。除团藻目以外，还可以在丝藻目、管藻目中出现，这就表现出各个类群是各自独立地完成着有性生殖的进化。比较高级的低等植物都是营异配卵式生殖，雄性生殖器官称为精子囊，雌性生殖器官称为卵囊，只有少数褐藻植物开始具有多室的配子囊结构。

高等植物的有性生殖器官都是多细胞结构，苔藓植物和蕨类植物的雌性生殖器官称为颈卵器，雄性生殖器官称精子器。在苔藓植物中，颈卵器和精子器最为发达，但随着类群越来越进化，有性生殖器官则变得越来越简化，到裸子植物仅有部分种类还保留着颈卵器，被子植物以胚囊和花粉管来代替颈卵器和精子器，从而完全摆脱了受精时对水环境的依赖。

关于有性生殖的起源问题，至今尚未完全解决。但可以发现植物体的细胞不经过分裂和转化，直接变为配子相结合的现象，如接合藻植物普遍如此；有些单细胞鞭毛植物，是以与一般的细胞完全相同的细胞结合的方式，进行有性生殖的，如衣藻属和丝藻属的游动孢子和配子，在形状、大小、结构等各方面都完全相同；正常的配子在适当条件下，也可以单独发育成新的植物体。另一方面，正常的孢子也可能作为配子进行配合。这些事实说明，配子和孢子没有绝对界线，也就是说，有性生殖有可能起源于无性生殖。

三、植物对陆地生活的适应

古生代以前，地球表面是一片汪洋，最原始的植物就是在这里产生和生活的，在20多亿年的漫长岁月中，它们在形态、结构、代谢和繁殖等方面，已和水生环境相适应，并演化成形形色色的水生植物类群。到志留纪末期，整个地球发生了沧海桑田的大变动，陆地逐渐上升成为沼泽，海域逐渐缩小，不少生存在滨海或浅海潮汐地带的藻类，在适应新的环境过程中朝着各方面发展。某些藻类的后裔，逐渐加强其孢子体有利于陆生生活环境的变异性能，终于舍水登陆，产生了最早的以裸蕨植物为代表的第一批陆生植物。但是，陆地的生活环境显然和水里完全不同。首先登陆的裸蕨，它们在陆地生活中，摄取阳光和空气比在水中容易，这对于植物的生长发育非常有利。但是，在陆地生活易受到干旱的威胁，养料的摄取也不像整个身躯浸沉在水里那样容易，同时对如何支撑植物体直立在地上，也产生了很多困难，尤其是原来遍布于植物体的周围、植物赖以生存的水域条件已不存在。能否解决这些问题是关系到新生陆生植物生死存亡的大问题，因而新生的陆生植物躯体，必须有一个适应和变异的过程。裸蕨植物能从水域到陆地生长，这是一个巨大的飞跃，在植物界的发展史上，是一个重要的里程碑（图10-1）。

裸蕨植物是形态结构简单、种类庞杂的一群植物，其中最有代表性的种类为莱尼蕨属。它具有了适应多变的陆生环境的条件。但是，到泥盆纪晚期，发生地壳的大变动，陆地进一步上升，气候变得更加干旱，裸蕨植物已不能再适应改变了的新环境，而趋向绝灭，盛极一时的裸蕨世界，让位于分化更完善、更能适应陆地生长的其他维管植物了。

维管植物的进化和发展，是向孢子体占优势的方向前进的。由于无性世代能够较好地适应陆生生活，孢子体得到充分的发展和分化，在形态、结构

莱尼蕨　　带状蕨　　顶囊蕨　　三部蕨

图 10-1　首先登陆的一批裸蕨植物（引自 P. H. Raven）

和功能上，都保证了陆生生活所必需的条件。它们的配子体在适应陆地生活上，受到了一定的限制，苔藓植物是朝着配子体发达的方向发展，这也是苔藓植物不能在植被中占重要地位的原因。

蕨类植物的孢子体，已具备各种适应陆地生活的组织结构，它已经能够在陆地上生长和发育，虽然这些组织还是初级的类型。它的配子体还不能完全适应陆地生活，特别在受精作用时，还不能脱离水的环境。在蕨类植物中，有的出现了大、小孢子的分化，这两种孢子不仅形状、大小、结构不同，而且发育的前途也完全不同。大孢子发育成雌配子体，小孢子发育成雄配子体，而且雌、雄配子体终生不脱离孢子壁的保护，最后导致种子植物的出现。种子植物的配子体更为退化，几乎终生寄生在孢子体上，受精时，借花粉管将精子送入胚囊，与卵受精，从而克服了有性生殖时不能脱离水的缺点。被子植物又有了更进一步的发展，所以，它能够在如此复杂多变的陆地环境中占据绝对优势，这是发展的必然趋势。

四、生活史的类型及其演化

原核生物的生殖方式是细胞分裂和营养繁殖，所以它们的生活史非常简单。在真核生物发生一定阶段之后，才出现了有性生殖，凡是进行有性生殖的植物，在它们的生活史中都有配子的配合过程和进行减数分裂的过程。也就是说在它们生活史中存在双相（$2n$）和单相（n）的核相的交替。进行有性生殖的植物，根据其减数分裂进行的时期，可分为 3 种类型：

1. 减数分裂在合子萌发前进行（又称合子减数分裂）

这种类型在藻类植物中相当普遍，如绿藻中的衣藻、团藻、丝藻、轮藻都属于这一类型。以衣藻为例：植物体是单倍的，除了有性生殖方式外，还有无性生殖或营养繁殖。有性生殖时，两个配子互相配合成合子，合子一萌发就进行减数分裂，形成单倍的孢子。在植物体的整个生活史中，除了合子外不再出现第二个二倍体的植物体，所以，这一类植物只存在单倍的和二倍的核相的交替，而没有世代交替。

2. 减数分裂在配子产生时进行（又称配子囊减数分裂）

这种类型在绿藻门中的管藻目和褐藻门中的无孢子纲植物，以及多种硅藻中普遍存在。以褐藻门的鹿角菜为例：这些植物的营养体为二倍的，减数分裂在配子产生前进行，合子萌发又成为二倍的植物体。在它们的生活史中，配子是生活史中唯一的单倍体阶段，没有再出现第二个单倍体植物体，所以也没有世代交替出现。动物和人类也是属于这个类型的。

3. 减数分裂在二倍体的植物体产生孢子时进行（又称孢子囊减数分裂或居间减数分裂）

绿藻门中的石莼、浒苔，褐藻门中除了无孢子纲植物外的各种类，红藻门的石花菜、多管藻，以及所有的高等植物全都属于这一类型。在这一类型的植物中，是二倍体的孢子体在产生孢子时进行减数分裂，孢子萌发成为单倍体的配子体，配子体所产生的精子和卵，结合成二倍的合子，分裂后形成胚，胚发育成为二倍体的孢子体。所以这一类型的生活史中有产生孢子的二倍体植物，也有能产生配子的单倍体植物，而且在整个生活史中，二者是相互交替出现的。

在居间减数分裂类型中，有同型世代和异型世代之分，同型世代的像石莼、水云；异型世代又有配子体世代占优势的和孢子体世代占优势的两种，前者如苔藓植物，后者如褐藻中的海带以及所有维管植物的生活史，在低等植物中，除配子体有性别之外，孢子本身在形态上完全相同，但在蕨类植物的卷柏属和水生真蕨植物中，孢子的形态、大小和生理机能都不相同，小孢子发育成雄配子体，大孢子发育成为雌配子体，配子体已更进一步简化，而且雌、雄配子体都是在孢子壁内萌发和发育的，并始终不脱离孢子壁的保护，在植物生活史上，这又是新的发展。

总之，植物生活史类型的演化过程，是随着整个植物界的进化而发展着，它经历了由简单到复杂，由低级到高级的演化过程。像细菌和蓝藻等原核植物是没有世代交替，也没有核相交替的。到真核生物出现以后，才开始出现了有性生殖的核相交替，随后再出现世代交替。世代交替中，以居间减数分裂类型在植物界中最为高等，其中尤以不等世代交替中的孢子体世代越占优势，则越是进化。

五、高等植物营养体和孢子叶的发展与分化

对于高等植物的根、茎、叶等器官如何发生和起源的问题，很早就有了争论，但大都建立在缺乏充足的科学论据基础上，一直模糊不清。譬如，有人认为最早出现的是叶子，茎和根是后来在进化过程中产生的。也有人认为被子植物的根、茎、叶、花、果实和种子等器官，在植物界和植物体的出现是同时发生的。自从发现了裸蕨植物以后，大大扩大了我们对这方面的知识，认识到最早的原始维管植物，大都无根，无叶，只有1个具二叉分枝的和能独立生活的体轴。这表明茎轴是原始维管植物最先出现的器官，并且能代行光合作用；其后，茎轴上发生了叶，才有茎、叶分化；最后出现的是根。

根的起源问题，由于化石资料不足，研究得还不够，有人认为是从裸蕨目的根状茎转变而成，是星木属的拟茎部向下伸出的假根转变而来的；也有人认为，根是从裸蕨植物地下部分的假根转变而来；还有人认为，根是后来产生的新结构。

—— 第3节 植物的个体发育和系统发育 ——

植物分类的基本单位是种，每个种又是由无数的个体组成。每一个体都有发生、生长、发育，以至成熟的过程，这一过程便称为个体发育（ontogeny）。在植物发育过程中，除外部形态发生

一系列的变化外，其内部结构也随之出现组织分化，直到这一分化过程完全成熟，才达到比较完善的地步。

所谓系统发育（phylogeny）是与个体发育相对而言的，它是指某一个类群的形成和发展的过程。大类群有大类群的发展史，小类群有小类群的发展史，从大的方面看，如果考察整个植物界的发生与发展，便称之为植物界的系统发育。同样，也可以考察某个门、纲、目、科、属、种的系统发育。例如，在绿藻门中有各种类型的植物，有单细胞的（其中又包括有鞭毛能活动和无鞭毛不能活动的两种类型），有群体的，有丝状体型的（其中又可分为分枝的和不分枝的），有片状体型的……各种类型之间在进化上有何联系？哪种类型较为原始？哪种类型较为进化？何者低级？何者高级？对这类问题的探讨就是探讨绿藻门的系统发育。在种之下又有亚种、变种、变型，这说明在一个种的范围内，也有变化和发展，这就是种的系统发育。同样的道理，纲、目、科、属，各个分类等级均有其系统发育。

个体发育与系统发育，是推动生物进化的两种不可分割的过程，系统发育建立在个体发育的基础上，而个体发育又是系统发育的环节。在个体发育过程中，新一代的个体，既有继承上一代个体特性的遗传性，又有不同于上一代的变异性。种瓜得瓜，种豆得豆，这是遗传性决定的。世上找不到两个完全相同的个体，即使是孪生兄弟，也有微小的差别，这就是变异性。自然界对新一代无数的大同而小异的个体进行选择，使有利于种族生存的变异得以巩固和发展，由量的积累而到质的飞跃，这就产生出了新的物种。只要生命物质存在一天，这一过程就永远不会休止。

在植物界中，任何高等植物的个体发育，都是从1个受精卵细胞开始的，这相当于进化过程中的单细胞阶段，由此细胞经过一系列的横分裂发展成为短小的丝状体，相当于丝状藻阶段，继之出现了多方向的分裂，外形趋于复杂化，这与片状藻和分枝丝状藻阶段大体相符，最后内部出现组织分化，出现了维管组织，这又象征着进入了维管植物的阶段。重演现象的发现，在进化论与有神论进行激烈争论的19世纪，为进化论提供了有力的佐证。

复习思考题

1. 现今人们开采的煤炭、石油主要是什么时期的植物形成的？为什么说它们是不可再生的能源？
2. 试述植物营养体的演化如何伴随着个体器官的进化。
3. 生殖方式的进化伴随着生殖器官的进化，进化的方向与整个陆生生活的适应有哪些配合？
4. 试论个体发育和系统发育的关系。

数字课程学习资源

■ 学习要点　　■ 难点分析　　■ 教学课件　　■ 习题　　■ 习题参考答案

■ 拓展阅读
– 新兴技术在植物系统发育研究中的应用
– 孢子植物的研究和利用

第 11 章

裸子植物（Gymnosperm）

学习目标

1. 掌握裸子植物世代交替的特点。
2. 掌握裸子植物不同于蕨类植物、被子植物的生活史特点。
3. 理解胚珠形成种子的意义。
4. 熟悉苏铁纲、银杏纲、松柏纲、红豆杉纲和买麻藤纲的代表植物及其特征。
5. 了解裸子植物可能的起源与演化路线。

学习指导

关键词

简单多胚　裂生多胚　原胚　珠孔　珠被　珠心　珠鳞　苞鳞　种鳞　球果　雄球花　雌球花　成熟雄配子体　成熟雌配子体（成熟胚囊）　盖被（假花被）　珠被管

第1节 裸子植物与人类的关系

现今存活的裸子植物多为第三纪孑遗植物，被称为"活化石"。它们对于研究第四纪的气候变迁，植物的适应能力有很重要的学术价值。银杏、苏铁属、银杉、水杉、巨柏、红豆杉属等属种是国家一级保护植物，福建柏、台湾杉、金钱松等是国家二级保护植物，它们都具有极高的研究价值和经济价值。

裸子植物是重要的材用树种，我国南方的马尾松、杉木和北方的华山松、红松均为重要的木材原料。广泛用于建筑、交通（铁路）、家具等人类生活的各个方面。

裸子植物又是树脂、栲胶等重要的工业原料植物。

裸子植物是庭园树种的重要组成部分。世界五大庭园植物雪松、南洋杉、金钱松、金松和巨杉都是裸子植物。此外，银杏、金钱松、福建柏、红桧、巨柏、攀枝花苏铁、黄山松、水杉等形成的自然景观也给人类带来了美的享受。

裸子植物既能给人类提供优质的休闲食物，如华山松和红松的松子；也是药用植物的重要成员，如南方红豆杉可用来提取紫杉醇作为抗癌药等。

🐚 11.1 几种重要的裸子植物的应用价值

第2节 裸子植物的主要特征

裸子植物是一类保留着颈卵器，具有维管束，能产生种子的高等植物，它在植物界中的地位，介于蕨类植物和被子植物之间。

一、裸子植物的主要特征

1. 孢子体发达

裸子植物的孢子体均为多年生木本，根系发达，主根强大。有长、短枝之分；真中柱，具形成层和次生生长；多数种类木质部只具管胞，韧皮部无伴胞。叶针形、条形或鳞形，极少为阔叶；在长枝上螺旋状排列，在短枝上簇生枝顶；常有明显的、多条排列的、浅色的气孔带（stomatal band）。

2. 配子体退化，具颈卵器构造

裸子植物的配子体完全寄生在孢子体上，除百岁兰属（Welwitschia）和买麻藤属（Gnetum）外，大多数裸子植物保留颈卵器。颈卵器结构简单，仅2～4个颈壁细胞、1个卵细胞和1个腹沟细胞，无颈沟细胞，比蕨类植物的颈卵器更为简化。

3. 胚珠裸露

孢子叶聚集成球果状（strobiliform），称孢子叶球（strobilus）。孢子叶球单性，同株或异株。小孢子叶（雄蕊，microsporophyll/stamen）聚生成小孢子叶球（雄球花，male cone/staminate strobilus），每个小孢子叶下面生有小孢子囊（花粉囊，pollen sac），囊内贮满小孢子（花粉粒，pollen grain）。大孢子叶（心皮，carpel）聚生成大孢子叶球（雌球花，female cone），胚珠裸露，不为大孢子叶所形成的心皮所包被，而被子植物的胚珠则被心皮所包被，这是两类植物的重要区别。大孢子叶常变态为名称各异的部分，如羽状大孢子叶（铁树）、珠领（银杏）、珠鳞（松柏类）、套被（罗

汉松）和珠托（红豆杉）等。

4. 传粉时花粉直达胚珠

裸子植物的珠孔能分泌液体，形成传粉滴，借风力传播的花粉接触传粉滴时，即被黏附，随着传粉滴的逐渐干涸，花粉经珠孔进入胚珠。进入胚珠的花粉先在珠心上方的贮粉室（pollen chamber）里停留一定的时间后才萌发，形成花粉管伸入胚囊，精子逸出与卵细胞受精。而在被子植物中花粉先到柱头后萌发，形成花粉管，然后到达胚珠。

5. 具多胚现象

大多数裸子植物都具有多胚现象（polyembryony）。由1个雌配子体上多个颈卵器的卵细胞同时受精形成多胚，称为简单多胚现象（simple polyembryony）；由1个受精卵在发育过程中，胚原组织分裂成几个胚，称裂生多胚现象（cleavage polyembryony）。

6. 产生种子

胚珠发育成种子（$2n$），珠被发育成种皮。种子是携带营养的幼小孢子体。它能以不定期休眠的方式度过不良的环境，待时机合适再萌芽继续生长，种子内的营养（胚乳）保证了幼苗早期生长的需要。

二、蕨类植物与种子植物生活史中两套名词间的对应关系

裸子植物中有两套名词时常并用或混用：一套是在蕨类植物中使用的，如"孢子叶球（孢子囊穗）""大孢子叶""小孢子叶"等；另一套是在种子植物中习用的，如"花""心皮""雄蕊"等。这种情况的产生是由于19世纪中叶以前，人们不知道蕨类植物的这些结构和种子植物的结构有系统发育上的联系。1851年，德国植物学家荷夫马斯特（Hofmeister）将蕨类植物和种子植物的生活史完全对应起来，人们才知道，后者由前者发展而来。"花"和"孢子叶球"在系统发育上有等同的地位，而它们的形态、结构是不同的，所以两套名词有必要存在。明确每一个名词的对应者，可以帮助我们建立起植物界系统进化的辩证唯物主义观点。

本书就以松属的生活史为例，表解每一个名词的对应者（表11-1）。

三、裸子植物的生活史：以松属植物为例

（一）孢子体

松属的孢子体为高大多年生常绿乔木，单轴分枝，主干直立，旁枝轮生，具长枝和短枝。真中柱，90%～95%由管胞组成，树脂道约占1%，木射线约占6%。长枝上生鳞叶，腋内生短枝，短枝极短，顶生1束针形叶，每束通常2、3、5枚叶，基部常有薄膜状的叶鞘8～12枚（由芽鳞变成）包围，叶内有1或2条维管束和几个树脂道。

孢子叶球单性，同株。小孢子叶球排列如穗状，生在每年新生的长枝基部，由鳞叶叶腋中生出。每个小孢子叶球有1个纵轴，纵轴上螺旋状排列着小孢子叶，小孢子叶的背面（远轴面）有1对长圆形的小孢子囊（图11-1）。小孢子囊内的小孢子母细胞，经过两次的连续分裂（其中一次为减数分裂），形成4个小孢子（花粉粒）。小孢子有2层壁，外壁向两侧突出成气囊，能使小孢子在空气中

图 11-1 黑松当年生枝条及小孢子叶球

表 11-1 　蕨类植物与种子植物生活史中两套名词的对应关系

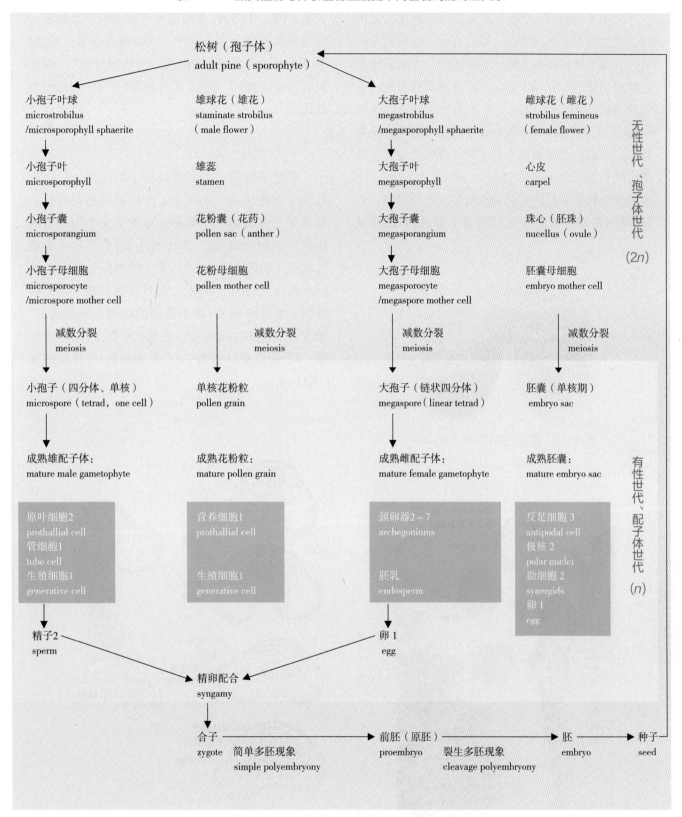

飘浮，便于风力传播（图11-2）。

大孢子叶球1个或数个着生于每年新枝的近顶部，初生时呈红色或紫色，以后变绿，成熟时为褐色。大孢子叶球是由大孢子叶构成的，大孢子叶也是螺旋状排列在纵轴上的，它们由两部分组成：下面较薄的称为苞鳞（bract）；上面较大而顶部肥厚的部分称为珠鳞（ovuliferous scale），也叫果鳞或种鳞。一般认为珠鳞是大孢子叶，苞鳞是失去生殖能力的大孢子叶（图11-3）。

在松科各属植物苞鳞和珠鳞是完全分离的，每1珠鳞的基部近轴面着生2个胚珠，胚珠由1层珠被

和珠心组成，珠被包围着珠心，形成珠孔。珠心即大孢子囊，中间有1个细胞发育成大孢子母细胞，经过两次连续分裂，其中一次是减数分裂，形成4个大孢子，排列成1列称为"链状四分体"。通常只有合点端的1个大孢子发育成雌配子体，其余3个退化。

（二）雄配子体

雄配子体是一个大为减退了的结构，只由少数几个细胞构成。小孢子（单核时期的花粉粒）是雄配子体的第一个细胞，小孢子在小孢子囊内萌发，细胞分裂为2，其中较小的1个是第一个原叶细胞（营养细胞），另1个大的叫胚性细胞，胚性细胞再分裂为2，即第二原叶细胞及精子器原始细胞（中央细胞），精子器原始细胞再分裂为2，形成管细胞和生殖细胞。成熟的雄配子体有4个细胞：2个退化原叶细胞、1个管细胞和1个生殖细胞（图11-4）。

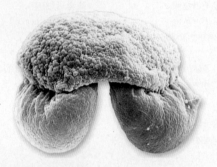

图 11-2　黑松小孢子（陈昌斌 摄）

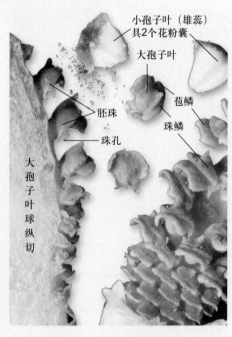

图 11-3　黑松孢子叶放大

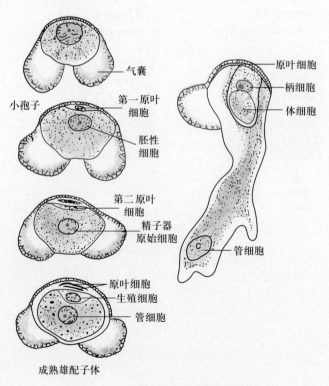

图 11-4　松属雄配子体发育及花粉管

（三）雌配子体

雌配子体由大孢子发育而成。因此，大孢子是雌配子体的第一细胞，它在大孢子囊（珠心）内萌发，进行游离核分裂，形成16～32个游离核，不形成细胞壁。雌配子体的四周具一薄层细胞质，中央为1个大液泡，游离核多少均匀分布于细胞质中，当冬季到来时，雌配子体即进入休眠期（图11-5）。翌年春天，雌配子体重新开始活跃起来，游离核继续分裂，主要表现游离核的数目显著增加，体积增大。以后雌配子体内的游离核周围开始形成细胞壁，这时珠孔端有些细胞明显膨大，成为颈卵器的原始细胞。之后，原始细胞进行一系列的分裂，形成几个颈卵器，成熟的雌配子体包含2～7个颈卵器和大量的胚乳（图11-6）。

（四）传粉与受精

传粉在晚春进行，此时大孢子叶球的中轴稍微伸长，使幼嫩的苞鳞及珠鳞略为张开。同时，小孢子囊背面裂开一条直缝，处于雄配子体阶段的花粉粒，借风力传播（图11-7），飘落在由珠孔溢出的传粉滴中，并随液体的干涸而被吸入珠孔。这时大孢子叶球的珠鳞又重新闭合。雄配子体中的生殖细胞分裂为2，形成1个柄细胞及1个体细胞（见图11-4），而管细胞则开始伸长，迅速长出花粉管。

但这时大孢子尚未发育为成熟的雌配子体，花粉管进入珠心相当距离后，即暂时停止伸长，直到第二年春季或夏季颈卵器分化形成后，花粉管才再继续伸长，此时体细胞再分裂形成2个精子（不动精子）（见图11-6）。受精作用通常是在传粉以后13个月才进行，即传粉在第一年的春季，受精在第二年夏季。这时大孢子叶球已长大并达到或将达到其最大体积，颈卵器已完全发育。当花粉管伸长至颈卵器，破坏颈细胞到达卵细胞处，其先端随即破裂，2个精子、管细胞及柄细胞都一起流入卵细胞的细胞质中，其中1个具功能的精子随即向中央移动，并接近卵核，最后与卵核结合形成受精卵，这个过程称受精。

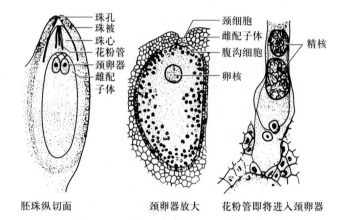

图 11-6 松属胚珠、颈卵器及花粉管的顶端

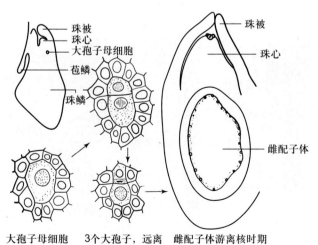

图 11-5 松属雌配子体和胚珠的发育

图 11-7 油松散粉（王良信 摄）

（五）胚胎发育和种子的形成

松属的胚胎发育过程颇为复杂，具明显的阶段性，通常可分为原胚阶段、胚胎选择阶段、胚的器官和组织分化阶段、胚的成熟阶段4个阶段（图11-8）。这些阶段是按顺序连续发育的，是相互联系和相互制约的。

1. 原胚阶段

从受精卵分裂开始到细胞形原胚的形成，先后经过游离核的分裂、细胞壁的产生和原胚的形成。受精卵接连进行3次游离核的分裂，形成8个游离核，这8个游离核在颈卵器基部排成上、下两层，每层4个，细胞壁即在此时形成，但上层4个细胞的上部不形成细胞壁，这些细胞的细胞质便与卵细胞质相通，称为开放层；下层4个细胞称为初生胚细胞层。接着开放层和初生胚细胞层各自再分裂1次，形成4层，分别称为上层、莲座层、胚柄层（初生胚柄层）和胚细胞层，组成原胚（proembryo）。

2. 胚胎选择阶段

胚柄系统的发育和多胚现象的产生是这个阶段的主要特征。原胚的4层细胞从上到下，第一层（上层），初期有吸收作用，不久即解体；第二层莲座层，分裂数次之后消失；第三层胚柄层，它的4个细胞称为初生胚柄（primary suspensor），不再

分裂，但伸长；第四层胚细胞层的胚细胞，在胚柄细胞继续延长的同时，紧接着后面的胚细胞进行分裂并伸长，称为次生胚柄（secondary suspensor），由于胚柄和次生胚柄（胚管）迅速伸长，形成多回卷曲的胚柄系统。而胚细胞层的最前端的细胞发育成胚的本身，但它们不组成1个胚，而在纵面彼此分离，各个单独发育成胚，称为多胚现象。常见的多胚现象有两种：一种是简单多胚现象，即在同一个胚珠内有2个以上的颈卵器的卵细胞，可以同时受精，因而在胚胎发育的早期，可以产生2个以上的原胚；另一种是裂生多胚现象，即由1个受精卵形成的4个胚细胞，分别单独发育成为4个幼胚。在胚胎发育过程中，通过胚胎选择，通常只有1个（很少2个或更多）幼胚正常分化、发育，成为种子中成熟的胚。

3. 胚的器官和组织分化阶段

胚在进一步的发育中成为1个伸长的圆柱体。这个圆柱体的近轴区（基部）同胚柄系统相接，主要是横分裂，细胞略大，形成较规则的行列，进而发育成根端和根冠组织；而在远轴区内，细胞分裂似无特定的方向，细胞较小，由这些细胞进一步分化，最后分裂出下胚轴、胚芽和子叶。

4. 胚的成熟阶段

成熟的胚包括胚根、胚轴（胚茎）、胚芽和子

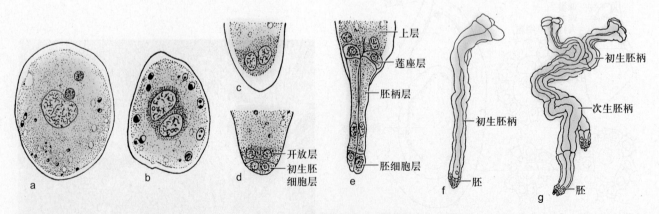

图 11-8　松属的胚胎发育过程

a.受精卵；b.受精卵核分裂为2；c.再分裂成4，并在颈卵器基部排成1层；d.再分裂1次成为2层8个细胞；e.上、下层各再分裂1次，形成4层16个细胞，组成原胚；f.胚细胞最前端的细胞发育成胚；g.简单多胚现象

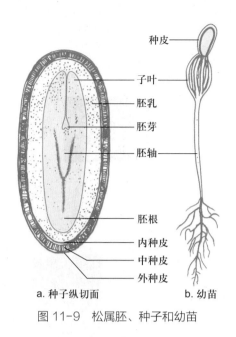

种皮
子叶
胚乳
胚芽
胚轴
胚根
内种皮
中种皮
外种皮

a. 种子纵切面　　b. 幼苗

图 11-9　松属胚、种子和幼苗

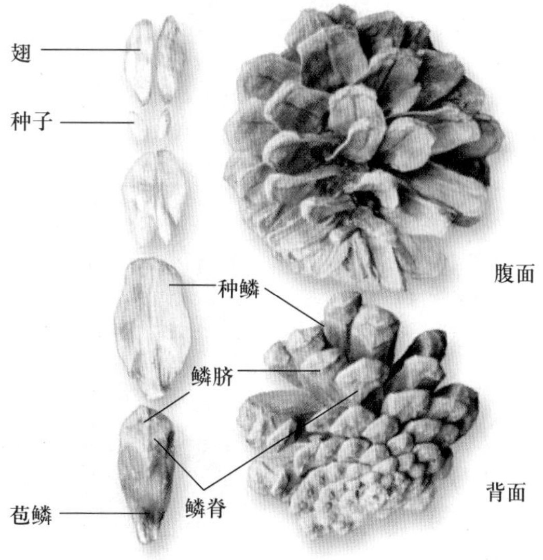

翅
种子
种鳞
鳞脐
苞鳞
鳞脊

腹面
背面

图 11-10　黑松的球果

叶（通常7~10枚）（图11-9a）。包围此胚的雌配子体（胚乳）继续生长，最后珠心仅遗留一薄层，珠被发育成种皮，种皮分为外、中、内3层：外层肉质（不发达）、中层骨质、内层膜质。

胚、胚乳、种皮构成种子。裸子植物的种子是由3个世代的产物组成的，即胚是新的孢子体世代（2n）；胚乳是雌配子体世代（n）；种皮是老的孢子体（2n）。受精后，大孢子叶球继续发育，珠鳞木质化而成为种鳞，种鳞顶端扩大露出的部分为鳞盾，鳞盾中部有隆起或凹陷的部分为鳞脐，珠鳞的部分表皮分离出来形成种子的附属物即翅，以利风力传播（图11-10）。种子萌发时，主根先经珠孔伸出种皮，并很快产生侧根，初时子叶留在种子内，从胚乳中吸取养料（图11-9b），随着胚轴和子叶的不断发展，种皮破裂，子叶露出，而随着茎顶端的生长，形成新的植物体。

松属植物的生活史经历的时间很长，从开花起到种子成熟历时18个月，即第一年春至初夏（3—5月）开花传粉，然后，花粉粒在珠心组织中萌发出花粉管，同时大孢子形成，发育成游离核时期的雌配子体，冬季休眠；第二年3月开始，雌配子体及花粉管继续发育，颈卵器产生，第二年初夏（6月初，即传粉后13个月）受精，以后球果迅速长大，10月球果和种子成熟，总计历时18个月。如果从形成花原基算起（开花前一年的秋季），那么这一生活史跨越了3个年头，总共经历26个月（图11-11）。

现存裸子植物门的植物分属苏铁纲、银杏纲、松柏纲、红豆杉纲和买麻藤纲5纲，9目，12科，71属，近800种。我国是裸子植物最多、资源最丰富的国家，有5纲，8目，11科，41属，约240种。

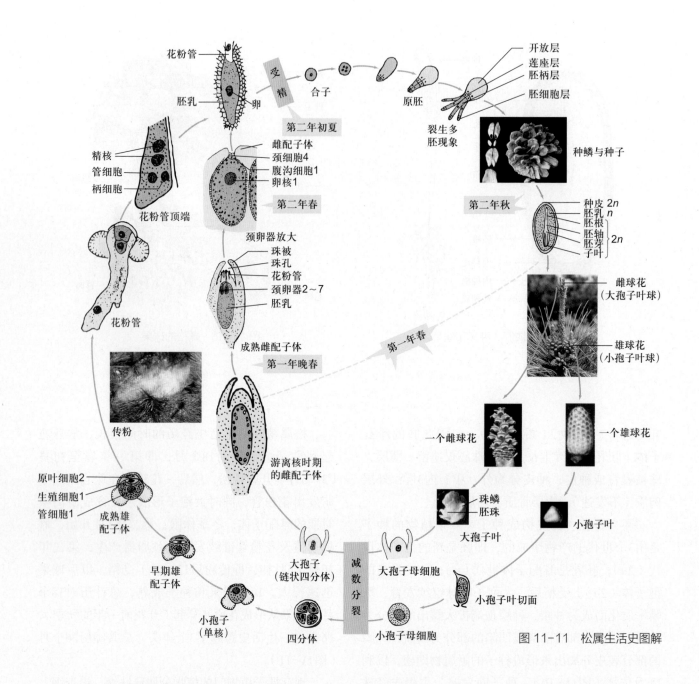

图 11-11 松属生活史图解

第3节 苏铁纲（铁树纲）（Cycadopsida）

常绿木本，茎粗壮，常不分枝。叶螺旋状排列，有鳞叶及营养叶之分，鳞叶小，密被褐色毡毛；营养叶大型、羽状深裂，集生于枝顶。雌雄异株，孢子叶球顶生。游动精子多纤毛。本纲始于二叠纪，盛于侏罗纪，现存1目3科11属，约209种，分布于热带、亚热带地区。我国仅有苏铁属（Cycas），约15种；位于四川攀枝花市的苏铁林是亚洲最大的野生苏铁林。

苏铁（*Cycas revoluta*）又称铁树，柱状主干，常不分枝，具发达的髓部和皮层，内始式木质部。叶革质，大型，羽状深裂，簇生茎顶，幼时拳卷（图11-12）。侧根具特化的菌根，菌根内有鱼腥藻共生。

雌雄异株，大、小孢子叶球均生于茎顶（图11-13）。小孢子萌发，形成有3个核的雄配子体，即基部1个原叶细胞（营养细胞），此细胞不再分裂；上面1细胞再分裂一次成为1个管细胞和1个生殖细胞，并以3个细胞的形式从小孢子囊中散出，随风传播到珠孔外的传粉滴上，并随着传粉滴的干

图 11-12　苏铁植株（葛斌杰 摄）

a. 小孢子叶球（雄球花）　　　小孢子叶球局部　　　b. 小孢子叶　　　小孢子叶背面

c. 大孢子叶球（雌球花）　　　　　　　　　　d. 成熟大孢子叶和种子

图 11-13　苏铁大、小孢子叶球

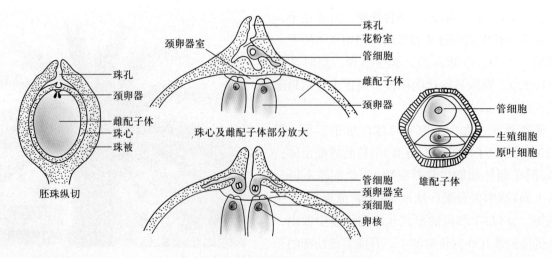

图 11-14　苏铁的胚珠及雌、雄配子体

涸而被吸入花粉室，随后生殖细胞分裂为体细胞和较小的柄细胞。体细胞进一步分裂为2个精细胞，成熟的精子具纤毛，长达0.3 mm，是植物界中最大的精子。管细胞的主要功能是吸取营养，当管细胞先端伸至颈卵器旁时即开裂，释放出两个精子，精子进入颈卵器，一个与卵细胞结合，另一个消失（图11-14）。

　　合子经游离核阶段形成未分化的原胚，原胚分化缓慢，基部一些细胞伸长形成胚柄。原胚的末端则分化发育形成胚。种子成熟时，胚已发育成具有多片子叶和胚根组成的圆柱体，并陷于雌配子体（胚乳）中。珠被发育成种皮，种子不经休眠直接萌发，萌发时，根由珠孔穿出，子叶永留种子中吸收养分（图11-15）。

　　苏铁是被广泛种植的优美的观赏树种，茎内髓部富含淀粉，可供食用；种子含丰富淀粉和油，可食用或入药，有治痢疾、止咳和止血之功效。

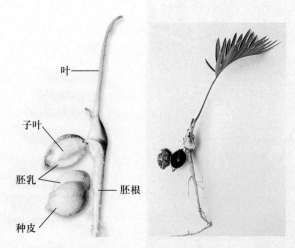

图 11-15　苏铁种子萌发

　　同属攀枝花苏铁（*C. panzhihuaensis*）是20世纪80年代发现的我国特有种，是苏铁类分布最北缘的物种。叶蓝绿色，种子肉质，种皮熟时皱缩，干时易碎剥落。

落叶乔木，枝条有长、短枝之分。叶扇形，先端2裂或波状缺刻，具分叉的脉序，在长枝上螺旋状散生，在短枝上簇生。球花单性，雌雄异株，精子多纤毛。种子核果状，具3层种皮，胚乳丰富。

本纲现仅存1种——银杏科（Ginkgoaceae）银杏（*Ginkgo biloba*）。

银杏为落叶乔木，树干高大（图11-16）。叶扇形，有柄。雌雄异株。小孢子叶球呈柔荑花序状，生于短枝顶端（图11-17）。小孢子叶有1短柄，柄端有由2个小孢子囊组成的悬垂的小孢子囊群。大孢子叶球很简单，通常有1长柄，柄端有2个环形的大孢子叶，称为珠领（collar），也叫珠座。大孢子叶上各生1个直生胚珠，通常只有1个成熟（图11-18），偶有若干个胚珠，是一种返祖现象。珠被1层，珠心中央凹陷为花粉室。雌配子体发育极似铁树，不同的是珠被发育时含有叶绿素，并有明显的腹沟细胞。精子具纤毛是受精时需水的遗迹，这是铁树与银杏所共有的原始性状。

银杏为著名的孑遗植物，我国特产，仅在海拔为500～1 000 m的浙江西天目山有半野生状态的

图11-16 西天目山的银杏

"五代白果" 母树已死，地面形成一个巨大的窟窿，其周围的萌蘖枝已长成粗细不等的大树

树木，现广泛栽培于世界各地，我国的资源拥有量占世界第一。种仁（白果）供食用（多食易中毒）及药用，入药有润肺、止咳、强壮等功效。叶供药用，近年开发作为治疗心脑血管疾病和保健饮品的原料，也是极好的自由基清除剂（图11-18）。

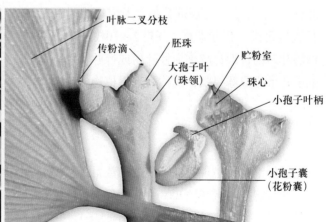

图 11-17 银杏雌雄生殖枝

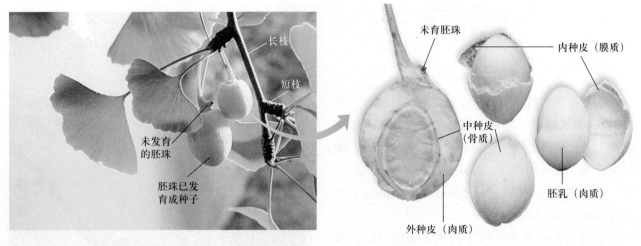

图 11-18 银杏 "果" 枝及种子解剖

— 第5节 松柏纲（球果纲）（Coniferopsida）—

一、松柏纲的主要特征

乔木，稀灌木。茎有长、短枝之分；茎的髓部小，次生木质部发达，由管胞组成，无导管，具树脂道（resin duct）。叶单生或成束，针形、鳞形、钻形、条形或刺形，叶的表皮通常具较厚的角质层及下陷的气孔。孢子叶球单性，孢子叶常排列成球果状。精子无鞭毛。球果的种鳞与苞鳞离生（仅基部合生）、半合生（顶端分离）及完全合生。种子有翅或无翅，胚乳丰富，子叶2～10枚。松柏纲植物的叶多为针形，故称为针叶树或针叶植物；又因孢子叶常排成球果状，也称为球果植物。

二、松柏纲的分类

松柏纲植物是现代裸子植物中数目最多、分布最广的类群。本纲共约400余种隶属于4科即松科、杉科、柏科和南洋杉科（Araucariaceae），它们分布于南、北两半球，以北半球温带、寒温带的高山地带最为普遍。我国是松柏纲植物最古老的起源地，也是松柏植物最丰富的国家，并富有特有的属、种和新近纪子遗植物，有3科，23属，约150种，为国产裸子植物中种类最多、经济价值最大的1个纲，分布几乎遍布全国。另引入栽培1科，7属，50种，多为庭园绿化及造林树种。

1. 松科（Pinaceae）

叶鳞形、针形或条形，在长枝上螺旋状散生，在短枝上簇生；针形叶常2～5针成束，着生于极度退化的短枝顶端，基部包有叶鞘。孢子叶球单性同株，小孢子叶球，具多数螺旋状着生的小孢子叶，每个小孢子叶有2个花粉囊，花粉多数有气囊；大孢子叶球，由多数螺旋状着生的珠鳞与苞鳞所组成，每珠鳞的腹面（上面）具2枚倒生的胚珠，背面（下面）的苞鳞与珠鳞分离（仅基部结合），花后珠鳞发育成种鳞。球果直立或下垂。种子通常有翅，胚具2～16枚子叶。

本科是松柏纲中最大而且有较高经济价值的一科，有10属，约230余种，多产于北半球。我国有

10属，113种（包括引种栽培的24种），分布遍于全国，绝大多数都是森林树种和用材树种，许多还是特有属和孑遗植物。

（1）松属（*Pinus*）　常绿乔木，稀灌木。冬芽显著。叶有2型：长枝生膜质鳞叶；短枝生绿色针叶，针叶常2、3或5针一束，生于短枝顶端。短枝基部由8～12枚芽鳞组成的叶鞘所包，叶鞘脱落或宿存。孢子叶球单性同株。球果第二年（稀第三年）秋季成熟，种鳞木质，种鳞与苞鳞离生，每种鳞具2粒种子，种子上部具长翅。本属约80余种，广泛分布于北半球。我国产22种，分布几乎遍布全国，为我国森林的主要树种。木材含有松脂，可供建筑、家具及造纸等用。根据针叶内维管束的数目，本属又可分2个亚属：即硬松亚属或称双维管

束亚属（叶内有2条维管束）和软松亚属或称单维管束亚属（叶内有1条维管束）。

常见双维管束亚属的植物除黑松外，尚有：油松（*P. tabuliformis*），为我国特有树种，产东北、华北；马尾松（*P. massoniana*）（图11-19a），分布于我国长江流域以南各地，为我国重要的用材和树脂植物；黄山松（*P. taiwanensis*）（图11-19b），为我国特有树种，产于台湾、安徽、福建、湖南、江西等省，生于海拔600～2800 m的山地。

单维管束亚属常见的有：红松（*P. koraiensis*）（图11-19c），小枝密被毛，针叶5针一束，横切面近三角形，树脂道3个中生，产于我国东北；华山松（*P. armandii*）（图11-19d），小枝无毛，针叶5针一束，产于我国山西、陕西、河南、四川及云南

a. 马尾松（正在割松脂）　　　　　b. 黄山松　　　　　d. 华山松

种子　　种皮　　内种皮　　　胚乳
胚　　　　　　红松球果、种子

c. 红松林　　　　　e. 白皮松

图 11-19　松属植物

等省山地；白皮松（*P. bungeana*）（图11-19e），幼树树皮光滑灰绿色，老树皮成不规则的薄片块状脱落，呈淡褐灰色或灰色；小枝无毛；针叶3针一束，横切面扇状三角形，树脂道6~7个边生，稀背面角处1~2个中生；种鳞鳞脐背生，顶端有刺；为我国特有树种，产于山西、河南、陕西、甘肃、四川及内蒙古等地，各地都有栽培供观赏用。

（2）雪松属（*Cedrus*）　常绿乔木，树冠塔形，枝有长枝和短枝。叶针形，坚硬。球果第二年（稀三年）成熟，熟后种鳞从宿存的中轴上脱落，种子有宽大膜质的种翅。有4种，分布于非洲北部、亚洲西部及喜马拉雅山西部。我国有1种——雪松（*C. deodara*）（图11-20），树形美观，广泛栽培作庭园树种，是世界5大庭院树种之一。

（3）冷杉属（*Abies*）　枝具圆形而微凹的叶痕。叶线形，上面中脉凹下。叶内具2个（稀4~12个）树脂道。球果直立，当年成熟，种鳞和种子一同脱落。约50种，分布于亚洲、欧洲、北美洲及非洲北部高山地带。我国有19种，分布于东北、华北、西北及浙江、台湾等省区的高山地带，常组成大面积的纯林，用途很广，是可开发利用的主要森林资源，亦为森林更新的主要树种。常见的有日本冷杉（*A. firma*）（图11-21），叶先端二叉分裂，原产日本，树形优美，常作观赏树。臭冷杉（*A. nephrolepis*），一年生枝被有毛，树脂道中生，产于东北、华北。冷杉（*A. fabri*），一年生枝无毛，树脂道边生，为我国特有树种，产于四川。百山祖冷杉（*A. beshanzuensis*），为我国新发现的稀有珍贵树种，产于浙江南部百山祖。

（4）云杉属（*Picea*）　小枝有显著隆起的叶枕。叶四棱状条形或条形，无柄。孢子叶球单性同株。球果下垂。种鳞宿存，苞鳞短小。约40种，分布于北半球。我国有16种，另引种栽培2种，产于东北、华北、西北、西南等省区及台湾省的高山地带，常组成大面积的自然林，为我国主要的林业资源之一。常见的有雪岭云杉（*P. schrenkiana*）（图11-22），产新疆。青杆（*P. wilsonii*）（图11-23），叶横切面菱形，产于河北、山西、陕西、甘肃、四川等省。

（5）银杉属（*Cathaya*）　枝分长、短枝。叶条形扁平，上面中脉凹陷，在枝节间的顶端排列紧密呈簇生状，在其下则排列疏散。球果腋生，初直立后下垂，种鳞远较苞鳞大，宿存。本属仅银杉（*C. argyrophylla*）（图11-24）1种，分布于广西及四川，为我国特产的稀有树种，材质优良，供建筑、家具等用材。

（6）落叶松属（*Larix*）　叶条形扁平。孢子叶球单生枝顶，球果直立，当年成熟，种子有长翅。约18种，我国有10种，分布广泛，常组成纯林。落叶松（*L. gmelinii*），小枝不下垂，为我国东北主要森林树种。红杉（*L. potaninii*），小枝下垂，苞鳞较种鳞长，特产于我国甘肃、陕西和四川。华北落叶松（*L. gmelinii* var. *principis-rupprechtii*）（图11-25），我国特产，为华北地区高山针叶林带中的主要树种。

此外，本科植物中我国产的还有：金钱松

图11-20　雪松

叶尖端二叉分裂
叶痕圆形
图11-21　日本冷杉

图11-22　雪岭云杉

叶切面
菱形

图 11-23　青杆

叶背银白色

图 11-24　银杉

图 11-25　华北落叶松

属（*Pseudolarix*）的金钱松（*P. amabilis*）（图11-26a），为世界5大庭院树种之一；油杉属（*Keteleeria*）（图11-26b）；黄杉属（*Pseudotsuga*）；铁杉属（*Tsuga*）（图11-26c）等。

2. 杉科（Taxodiaceae）

乔木。叶螺旋状排列。孢子叶球单性同株，小孢子叶及珠鳞螺旋状排列（仅水杉的叶和小孢子叶、珠鳞对生），花粉囊多于2个（常3~4个），花粉无气囊，珠鳞与苞鳞多为半合生（仅顶端分离），珠鳞的腹面基部有2~9枚胚珠。球果当年成熟，能育种鳞有2~9粒种子，种子周围或两侧有窄翅。

本科有10属，16种，主要分布于北半球。我国产5属，7种，引入栽培4属，7种，分布于长江流域及秦岭以南各省区。

（1）杉木属（*Cunninghamia*）　常绿乔木。叶条状披针形，螺旋状着生，叶的上、下两面均有气孔线。苞鳞与珠鳞的下部合生，螺旋状排列，苞鳞大，珠鳞小，先端3裂，腹面基部生3枚胚珠。球果近球形，种子具窄翅。杉木属共2种，为我国特产，分布于长江流域以南各省区及台湾省。常见树种为杉木（*C. lanceolata*），枝上叶基扭转成二列状，

a. 金钱松　　b. 铁坚油杉　　c. 南方铁杉

图 11-26　我国产的其他松科植物

下面中脉两侧各有10条白色气孔线，种子两侧边缘有窄翅（图11-27）。杉木在秦岭以南有面积最大的人造林。台湾杉木（*C. konishii*），特产于我国台湾中部以北山区，为台湾省主要用材树种之一。

（2）柳杉属（*Cryptomeria*）　常绿乔木。叶钻形，螺旋状排列略成5行列，背腹隆起。小孢子叶球单生叶腋，大孢子叶球单生枝顶，每一珠鳞有2～5枚胚珠，苞鳞与珠鳞合生，仅先端分离，球果近球形，种子有极窄的翅。本属共2种分布于我国及日本。柳杉（*C. fortunei*），叶先端向内弯曲；种鳞较少，每1种鳞有2粒种子（图11-28）；为我国特有树种，产于浙江天目山、福建、江西等地。日本柳杉（*C. japonica*），叶先端微内曲；种鳞较多，每1种鳞有2～5枚种子；原产日本。

（3）水松属（*Glyptostrobus*）　仅存水松（*G. pensilis*）（图11-29），特产于我国华南、西南，现各地栽培供观赏。叶螺旋状排列，有2种类型：鳞形叶和条状钻形叶。

（4）落羽杉属（*Taxodium*）　主枝宿存，侧枝脱落。共3种，原产北美及墨西哥，我国引种栽培有落羽杉（*T. distichum*）和池杉（*T. ascendens*）（图11-30）。

（5）水杉属（*Metasequoia*）　落叶乔木，小枝对生。条形叶交互对生，基部扭转而成羽状，冬季与侧生小枝一同脱落。球果种鳞盾形，交互对生，能育种鳞有种子5～9粒，种子有窄翅（图11-31）。本属在中生代及新生代约有10种，曾广泛分布于东亚、北美。第四纪冰期之后，仅有水杉（*M. glyptostroboides*）1种在我国湖北、四川、湖南3省交界地保存下来，为我国特产，是稀有珍贵的孑遗植物。

水杉在系统发育上与水松属、红杉属（*Sequoia*）、巨杉属（*Sequoiadendron*）和落羽杉属较近，

图 11-27　杉木

图 11-28　柳杉及其枝条、球果　　　　图 11-29　水松枝条、球果及种子

但水杉叶片和种鳞对生，接近柏类。故其系统位置一般被认为是介于杉科和柏科之间，水杉的发现，为研究杉科和柏科之间的联系提供了有力的证据。

本科引种栽培的还有巨杉（*Sequoiadendron giganteum*，又称世界爷）、北美红杉（*Sequoia sempervirens*）（图11-32）等北美单种属植物，以及世界5大庭院树种之一的金松（*Sciadopitys verti-cillata*）（图11-33）等。

因金松形态特殊，有的学者把它另建1新科——金松科（Sciadopityaceae），这样裸子植物就一共有15科了。

3. 柏科（Cupressaceae）

常绿木本。叶对生或轮生，鳞形和（或）刺形。孢子叶球单性，同株或异株。小孢子叶交互对

a. 落羽杉呼吸根

b. 池杉枝条、球果及种子

图 11-30
落羽杉与池杉

a. 已生长53年的水杉

叶对生

种鳞对生

种子有窄翅

b. 叶及球果　　　小枝（不是羽状复叶）

图 11-31
水杉及叶、球果

北美红杉树的基部

图 11-32　北美红杉

叶上、下面中央有1条浅沟，叶内有2条分离的维管束

叶15~40片
轮生

金松枝、球果、种子

一个球果中的种子

种鳞

图 11-33　金松

生，花粉囊常多于2个，花粉无气囊。珠鳞交互对生或4～8片轮生，珠鳞腹面基部有1至多枚直立胚珠，苞鳞与珠鳞完全愈合。球果球形，熟时张开或肉质合生呈浆果状。种子无翅或具窄翅。

本科22属，约150种。我国产8属29种，分布广泛，另引种栽培1属15种。

（1）侧柏属（*Platycladus*）仅侧柏（*P. orientalis*）1种，鳞叶交互对生，排成一平面，小枝扁平（图11-34）。孢子叶球单性同株，球果当年成熟，开裂，种子无翅。我国特产，除新疆、青海外，在全国分布广泛。

（2）柏木属（*Cupressus*）鳞叶交互对生，小枝4棱形。孢子叶球单性同株，单生枝顶。球果第二年成熟，熟时种鳞张开。种子具棱和窄翅。约20种，分布北美、东亚及地中海沿岸。我国产5种，引种4种，广泛分布于南方各省。常见有柏木（*C. funebris*）（图11-35a）小枝细长下垂，排成一平面；种鳞4对。柏木为我国特有种，分布广泛。另外，分布于云南和四川的干香柏（*C. duclouxiana*）（图11-35b），也为我国特有树种。

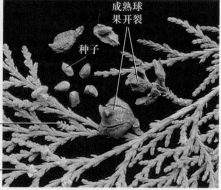

a. 大、小孢子叶球

b. 花、球果枝

图 11-34 侧柏

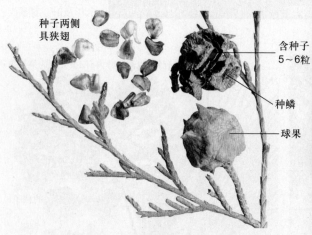

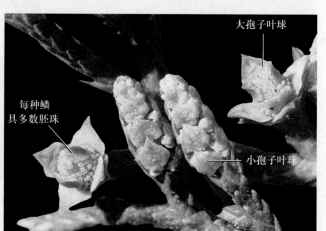

a. 柏木"果"枝

b. 干香柏花枝

图 11-35 柏木属

（3）刺柏属（*Juniperus*） 叶刺形和（或）鳞形。孢子叶球单性同株或异株，单生枝顶。球果熟时种鳞肉质、愈合。种子无翅。约50种，分布于北半球。我国产15种，引种2种。常见的有圆柏（*J. chinensis*）（图11-36a）及龙柏（*J. chinensis* 'Kaizuca'）（图11-36b）等多个栽培品种。

本科植物在我国常见的还有：福建柏（*Fokienia hodginsii*）（图11-37a），为我国特产单种属；罗汉柏（*Thujopsis dolabrata*）（图11-37b）原产日本，栽培供观赏；北美香柏（美国金钟柏）（*Thuja occidentalis*）（图11-37c）原产美国，种鳞不为盾形，中央鳞叶尖头下方有透明的腺体，鳞叶具芳香可提芳香油，树形优美，为庭院观赏树。

松柏纲除上述3科外，还有分布南半球热带和亚热带的南洋杉科（Araucariaceae），共2属，约40种。我国引种2属，4种。常见的有南洋杉（*Araucaria cunninghamii*）（图11-38）为世界5大庭院树种之一。

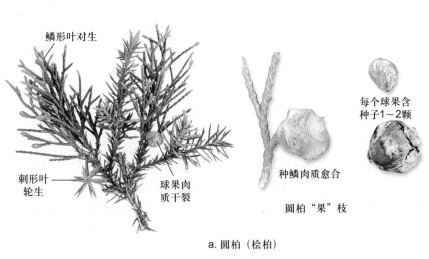

鳞形叶对生

刺形叶轮生

球果肉质干裂

种鳞肉质愈合

圆柏"果"枝

每个球果含种子1~2颗

a. 圆柏（桧柏）

b. 龙柏

图 11-36　刺柏属

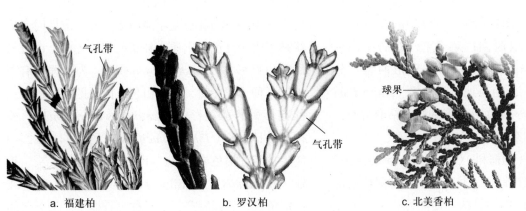

气孔带

a. 福建柏

气孔带

b. 罗汉柏

球果

c. 北美香柏

图 11-37　其他常见的柏科植物

图 11-38　南洋杉

木本。叶条形、披针形、鳞形等。孢子叶球单性异株，稀同株。胚珠生于盘状或漏斗状的珠托上，或包于杯状或囊状的套被中。种子具肉质的假种皮或外种皮。

本纲有植物3科，14属，约162种。我国产3科，7属，33种。这3科在系统发育上关系紧密，可能来自共同的祖先。

1. 罗汉松科（Podocarpaceae）

叶条形、披针形。孢子叶球单性异株，稀同株；小孢子叶球穗状，每个小孢子叶生2个花粉囊，花粉有气囊；大孢子叶球单生叶腋或苞腋，基部有数枚苞片，最上有1套被（大孢子叶），内生1枚倒生胚珠，套被与珠被合生，花后套被肉质化成假种皮，苞片发育成肉质种托。种子当年成熟，核果状，珠被发育为骨质种皮，种子为肉质假种皮所包，生于肉质种托上。

本科共8属，约130种。我国2属14种，分布在长江以南各省区。

常见的有：罗汉松（*Podocarpus macrophyllus*）（图11-39a）分布于长江流域以南各省区；百日青（*P. neriifolius*）（图11-39b）材质优良，可作乐器、雕刻等用，分布于华东、华南至西南；竹柏（*Nageia nagi*）（图11-39c）叶厚革质，无中脉，分布于华东至西南；鸡毛松（*Dacrycarpus imbricatus*）（图11-39d）叶鳞形和条形两型，分布于海南、广西、云南等地；陆均松（*Dacrydium pectinatum*）（图11-39e）叶钻形和鳞状钻形两型，分布于海南岛、广东等地。

2. 三尖杉科（粗榧科）(Cephalotaxaceae)

叶条形或条状披针形，交互对生，在侧枝上扭转成2列。孢子叶球单性异株，稀同株；小孢子叶球6~11个聚生成头状，每个小孢子叶有2~4个花粉囊，花粉球形，无气囊；大孢子叶变态为囊状珠托，生于小枝基部腋内，成对组成大孢子叶球。种子第二年成熟，核果状，全部包于珠托发育而来的肉质假种皮中，外种皮质硬，内种皮薄膜质。

仅三尖杉属（粗榧属）(*Cephalotaxus*) 1属，9种。我国产7种。常见的有三尖杉（*C. fortunei*）（图11-40）和粗榧（*C. sinensis*），均为我国特产植物，粗榧是第三纪孑遗植物，分布广泛。

3. 红豆杉科（紫杉科）(Taxaceae)

叶条形或披针形，螺旋状排列或交互对生，叶背中脉凸起，两侧各有1条气孔带。孢子叶球单性异株，稀同株；小孢子叶球单生叶腋或苞腋，或生于枝顶，每个小孢子叶有4~9个花粉囊，花粉无气囊；大孢子叶球单生或2~3对组成球序，生于叶腋或苞腋，基部生有多数苞片，胚珠1枚，生在盘状或漏斗状的大孢子叶——珠托内。成熟种子核果状或坚果状，包于珠托发育来的肉质而鲜艳的假种皮中。

本科有5属，23种，主要分布在北半球。我国产4属，12种。

常见的有：红豆杉属的红豆杉（*Taxus chinensis*）和南方红豆杉（*T. mairei*）（图11-41a），二者均为我国特有的新近纪孑遗植物，种子成熟时坚果状种子生于红色、肉质、杯状的假种皮中。白豆杉属的白豆杉（*Pseudotaxus chienii*），为我国特有单种属，种子成熟时，生于白色、肉质的假种皮中。穗花杉属的穗花杉（*Amentotaxus argotaenia*）。榧树属的日本榧（*Torreya nucifera*）（图11-41b）2~3年生枝淡红褐色或紫色，叶有较长的刺状尖头。香榧（*T. grandis* 'Merrillii'）2~3年生枝黄绿色或淡褐黄色，我国特产，种子称"香榧子"为著名的干"果"（图11-41c）。

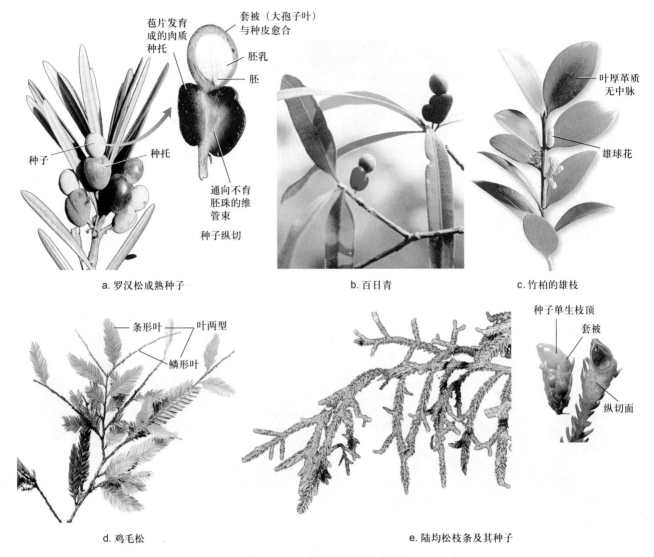

a. 罗汉松成熟种子　　　　　　　　　　b. 百日青　　　　　　　　　　c. 竹柏的雄枝

d. 鸡毛松　　　　　　　　　　　　　　e. 陆均松枝条及其种子

图 11-39　常见的罗汉松科植物

图 11-40　三尖杉花枝及种子枝

图 11-41 常见的红豆杉科植物

第7节 买麻藤纲（Gnetopsida）

买麻藤纲又称盖子植物纲（Chlamydospermop-sida），多灌木。次生木质部常具导管，无树脂道。叶对生或轮生，叶片膜质鞘状、阔叶或为肉质带状叶。孢子叶球单性，或有两性的痕迹，孢子叶球有类似于花被的盖被也称假花被，盖被膜质、革质或肉质；胚珠1枚，珠被1~2层，具珠孔管（micropylar tube）；精子无纤毛；颈卵器极其退化或无；成熟大孢子叶球球果状、浆果状或穗状。种子包于由盖被发育而成的假种皮中，种皮1~2层，胚乳丰富。

买麻藤纲植物共有3目，3科，3属，约80种。

我国有2目，2科，2属，19种，分布几乎遍布全国。这类植物起源于新生代。茎内次生木质部有导管，孢子叶球有盖被，胚珠包裹于盖被内，许多种类有多核胚囊而无颈卵器，这些特征是裸子植物中最进化类群的性状。

1. 麻黄科（Ephedraceae）

灌木或草本状，多分枝，小枝对生或轮生，具节。叶退化成鳞片状，对生或轮生，2~3片合生成鞘状，先端具三角状裂齿（图11-42a）。孢子叶球单性，小孢子叶球（雄球花）常单生，基部具2片膜质盖被及一细长的柄，柄端着生2~8个小孢子囊（图11-42b），小孢子的萌发基本上和松属相似；大孢子叶球由数对交互对生或3片轮生的苞片组成，仅顶端的1~3片苞片生有1~3枚胚珠，每个胚珠均由1层较厚的囊状盖被包围，胚珠具1~2层膜质珠被，珠被上部（2层者仅内珠被）延长成充满液体的珠被管（图11-42c）。成熟的雌配子体通常有2个（有时1个或3个）颈卵器，颈卵器具有32个或更多的细胞构成的长颈，中央细胞分裂为卵核和腹沟细胞核。种子成熟时，盖被发育为革质或稀为肉质的假种皮，大孢子叶球的苞片，有的变为肉质、红色、橘红色或橙黄色，包于其外面，浆果状，俗称"麻黄果"（图11-42d）；有的则变为干

a. 植株及其茎、叶

b. 雄球花

c. 雌球花（大孢子叶球）及其剖面

d. 成熟的雌球花及其解剖

图 11-42　草麻黄

膜质甚至木质化。

本科隶属于麻黄目（Ephedrales），仅麻黄属（Ephedra）1属，约40种，分布于亚洲、美洲、欧洲东南部及非洲北部干旱、荒漠地区。我国有12种及4变种，以西北各省区及云南、四川、内蒙古等地种类较多。本属植物，多含有生物碱，为重要的药用植物；生于荒漠及土壤瘠薄处，有固沙保土作用；"麻黄果"可供食用。草麻黄（E. sinica），植株无直立木质茎，呈草本状，小枝节间较长；大孢子叶球成熟时近圆球形；种子常2粒。广泛分布于我国东北、华北及西北等省区。木贼麻黄（E. equisetina），有直立木质茎，呈灌木状，节间细而较短；小孢子叶球有苞片3～4对，大孢子叶球成熟时卵圆形；种子通常1粒。产于内蒙古、河北、山西、陕西、甘肃及新疆等地。

2. 买麻藤科（Gnetaceae）

常绿本质藤本，茎节膨大。单叶对生，椭圆形，革质，具羽状侧脉及网状细脉。孢子叶球单性，异株，稀同株；大孢子叶球序每轮总苞内有4～12个大孢子叶球，各具2层盖被，外盖被极厚，是由2个盖被片合生而成，内盖被是外珠被，珠被的顶端延长成珠被管，不形成颈卵器，这是裸子植物中的例外情况，可称之为"没有颈卵器的颈卵器植物"。胚的发育无游离核阶段，具有发达的胚足、长的胚轴和2枚子叶。在配子体中，虽可有数个卵核同时受精，但最后只有1个胚发育成熟。种子核果状，包于红色或橘红色肉质假种皮中，胚乳丰富。

本科属买麻藤目（Gnetales），仅买麻藤属（Gnetum）1属，30余种，分布于热带。我国产7种，常见的有买麻藤（G. montanum）（图11-43a）和小叶买麻藤（G. parvifolium）（图11-43b）。

3. 百岁兰科（Welwitschiaceae）

茎粗短，块状，有圆锥状根深入地下。植物体除幼苗时有1对子叶（2～3年后脱落）外。终生只有1对大型带状叶片，常可达2～3 m，宽约30 cm。叶基部有分生组织，故叶片可不断伸长，到一定长度后叶片先端扭转枯死，可生存百年以上，故名百

种子核果状

茎藤

a. 买麻藤　　　b. 小叶买麻藤（华跃进 摄）

图 11-43　常见的买麻藤科植物

岁兰。孢子叶球序单性异株，生于茎顶凹陷处；苞片红色，交互对生。小孢子叶球具6个基部合生的小孢子叶，中央有1枚不完全发育的胚珠，可能起源于具两性花祖先。大孢子叶球盖被筒状，胚珠具单层珠被，珠被顶端延伸成珠被管。无颈卵器，受精作用由雌配子体向上的管状突起和珠心中向下生长的花粉管相遇而进行。

本科为单种科，仅百岁兰（Welwitschia mirabilis）（图11-44）1种，为百岁兰目（Welwitschiales）唯一现存植物种，旱生，两个叶片的先端枯死，叶基部具有分生能力，叶片可不断生长。百岁兰分布于非洲西南的海岸沙漠地带。我国部分植物园的温室中有栽培。

叶先端枯死

图 11-44　百岁兰（朱澂 摄）

第8节 裸子植物的起源与演化

裸子植物发生发展的历史悠久，最初的裸子植物出现在345百万～395百万年前之间的古生代泥盆纪，历经了古生代的泥盆纪、石炭纪、二叠纪，中生代的三叠纪、侏罗纪、白垩纪，新生代的第三纪、第四纪直到今天。从裸子植物发生到现在，地史气候经历了多次重大变化，老种类不断灭绝，新种类陆续演化，现存裸子植物不少是2.5百万～65百万年前之间的新生代第三纪出现的，又经历了第四纪冰川时期保留下来，繁衍至今。在现代国民经济建设中，具有重要的地位。

一、起源

裸子植物的起源和系统演化的问题，实际上就是胚珠和种子的起源和演化的问题，由于化石的证据还很稀少，因此还是个未完全解决的问题。

1. 前裸子植物
人们首先关注的是茎的解剖中具有裸子植物的典型结构的植物，这就是古生代泥盆纪的前裸子植物（progymnosperms），在当时的地层中发现了无脉蕨（*Aneurophyton*）和古蕨（*Archaeopteris*）（图11-45）。无脉蕨是中泥盆世的一种前裸子植物，乔木，茎顶端是由许多分枝组成的树冠，卵形的孢子囊生于分枝的顶端，茎内具次生木质组织，这种组织由管胞组成。古蕨是上泥盆世特有的一种较进化的前裸子植物，乔木，高达20 m，具有"裸子植物的典型结构"（有圆形具缘纹孔的次生木质部管胞）和"类似蕨类的叶子"，以及"类似蕨类的繁殖"（用自由孢子繁殖，而不是用种子繁殖）。孢子囊生于小羽片上，孢子囊内有大、小孢子。据C. B. Beck的解释："前裸子植物因具有'裸子植物的典型结构'和'类似蕨类的繁殖'，好像是种子植物的直接祖先，所以有非常重大的意义"。

2. 种子蕨和科得狄植物
在上泥盆世的地层中发现了一些具有裸子植物主要特征的种子，这就使人们把蕨样的营养特

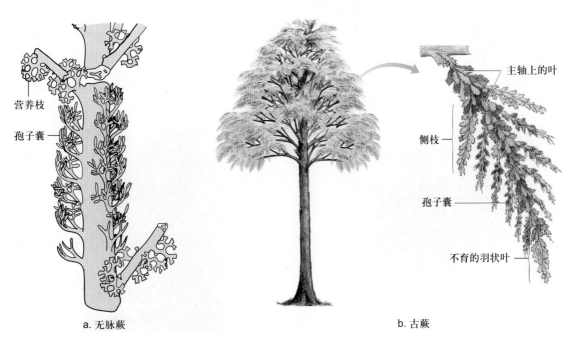

a. 无脉蕨　　　　　　　　　　　b. 古蕨

图 11-45　前裸子植物无脉蕨和古蕨

征和真正的种子结合了起来，前裸子植物在古生代的石炭纪可能演化出两支：一支是种子蕨类（pteridosperms）（图11-46），它是苏铁类和被子植物的祖先；另一支为科得狄植物（cordaitinae）（图11-47）并由此沿着叉开的道路到了现代的松柏类、红豆杉类。J. M. Pettitt和C. B. Beck在1968年研究了具有杯状结构的种子，定名为阿诺德种子蕨（拟）（*Archaeosperma arnoldii*），它特有的重要性在于：它是泥盆纪中具有裸露种子植物的第一个记录，也可称为最原始的种子化石。图11-46是一张重建图：包围着大孢子囊的杯状结构长4 mm，有8~11条指状的突起，形成一个简单的种皮，此结构以后就向着珠被的方向演化。

1903年，人们发现上石炭纪的"真蕨"凤尾松蕨（*Lyginopteris oldhamii*）（图11-48），竟然是以种子繁殖的，是目前最清楚的种子蕨，维管束有较为发达的次生结构（由次生木质部和次生韧皮部组成）。种子小型，外有1杯状包被，其上生有腺体。种子中央为1颇大的雌配子体组织和颈卵器。珠心顶端有贮粉室，外有一层厚的珠被。凤尾松蕨科和出现在下石炭纪的髓木科（Medulosaceae）（图11-49）是古生代种子蕨类的2个重要的科。我国地质史上该时期也有许多种子蕨生长，其中最著名的是大羽羊齿（*Gigantonoclea rosulata*）（图11-50）。这种植物的整个性状虽然还不清楚，但从叶的形态来看，很可能是一种比较进化的种子蕨，叶具有"复杂的网状脉序"。大羽羊齿是迄今所知具有这种脉序的先驱者。由于我国和东南亚地区在二叠纪时，繁荣着以大羽羊齿为代表的独特植物群，故称之为华夏植物群。

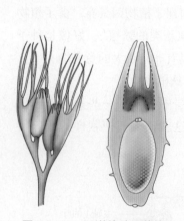

图11-46 阿诺德种子蕨的重建图

图11-47 科得狄长有带状的叶子和球果

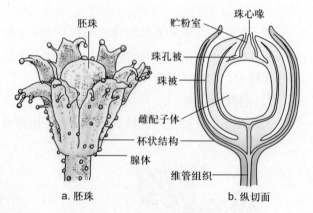

图11-48 凤尾松蕨的胚珠及其纵切

图11-49 髓木（*Medullosa noei*）

图11-50 大羽羊齿"复杂的网状脉序"

二、演化地位

关于真蕨类、前裸子植物和裸子植物的系统发育，C. B. Beck（20世纪60年代）认为古蕨属和科得狄属植物均属前裸子植物，可能是种子植物的直接祖先；H. P. Bank（20世纪70年代）认为真蕨、前裸子植物来自裸蕨，裸子植物是由前裸子植物进化而来的（图11-51）。

古植物学的证据表明，裸子植物可能是各自沿着几条古生代植物的路线演化的。这种概念已导致普遍地抛弃把裸子植物亚门作为一个自然的分类群的观点，而认为在它的位置上，种子裸露的植物有几个平行的类群。把已灭绝的和现存的裸子植物分成三个大的类群：苏铁亚门、松柏亚门和买麻藤亚门。

现代裸子植物的系统演化地位，总述如下：

苏铁纲植物起源于二叠纪或更早，繁盛于中生代，是现代裸子植物最原始的类群。各种特征证明其与种子蕨的关系密切，是由种子蕨演化而来。

银杏纲植物可能直接起源于前裸子植物，与石炭纪出现的二歧叶（*Dichophyllum*）、乌拉尔世的毛状叶（*Trichopitys*）、乐平世的拟银杏（*Gink-goites*）及三叠纪的楔银杏（*Sphenobaiera*）关系密切，银杏可能是由上述某种植物演化而来，至少有共同的祖先。

松柏纲植物是现代裸子植物中种、属最多的类群。植物体的形态、结构比苏铁和银杏类植物更适于寒冷、干旱的陆生环境；受精方式进化，花粉萌发成花粉管，精子不具鞭毛。本纲植物的祖先是科得狄植物，并由松科进一步演化出杉科和柏科。

红豆杉纲植物与科得狄植物有相似之处，可能是从科得狄类直接演化而来。

买麻藤纲植物是现代裸子植物中较特化的类型，对它的历史还不很明了，根据它们的形体结构具明显分节等某些性状来看，与木贼类植物有一定的亲缘关系；根据它们的孢子叶球结构来看，可能是强烈退化了的拟苏铁植物的后裔。但是这个纲的植物，又都有导管、精子无纤毛、颈卵器趋于消失，甚至受精作用是在配子体的自由核状态下进行的，这些特征又是堪与被子植物相比拟的相当高级的性状。

裸子植物的结构特征和化石证据表明，裸子植物是一类成功的陆生植物。在其漫长的历史过程中，不断地灭绝、演化、更新，繁衍至今。

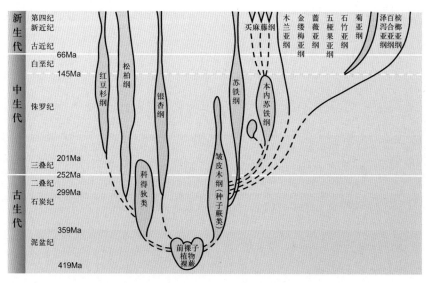

图 11-51　前裸子植物、裸子植物和被子植物可能的演化史

据《Strasburger's Text Book of Botany》修改

1. 蕨类植物和裸子植物两大类植物的繁殖器官为什么会有两套名词？去掉一套不更好吗？
2. 试述为何裸子植物比苔藓、蕨类植物更进一步地摆脱了对水的依赖。
3. 分析：裸子植物成为当今世界上最大面积的森林植物的原因。

数字课程学习资源

- 学习要点　　■ 难点分析　　■ 教学课件　　■ 习题　　■ 习题参考答案

- 拓展阅读
– 中国裸子植物的多样性及保护

第 **12** 章

被子植物（Angiosperm）

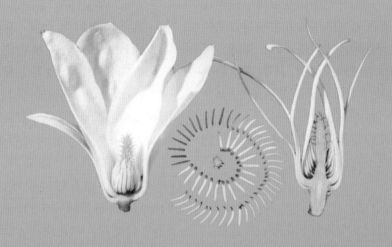

第1节 被子植物的主要特征

被子植物是植物界进化等级最高的一类，自新生代以来，它们在陆地上占据着绝对优势。现知被子植物共有1万多属，约25万种，我国有2 700多属，约2.5万种。被子植物能有如此众多的种类和极其广泛的适应性，是与它的结构复杂化、完善化分不开的，特别是繁殖器官的结构和生殖过程的特点，为它适应、抵御各种环境提供了内在保障，使它在生存竞争、自然选择的过程中，不断产生新的变异，产生新的物种。下面列举的被子植物的5个进化特征，是与裸子植物相比较而得出的。至于能产生种子、精子靠花粉管传送、有胚乳等裸子植物也有的进化特征，就不在此赘述了。

（一）具有真正的花

典型被子植物的花具有花萼、花冠、雄蕊群、雌蕊群等组成部分，各个部分称为花部。被子植物花的各部在数量上、形态上有极其多样的变化。这些变化是在虫媒、鸟媒、风媒或水媒等各种传粉条件下，被自然所选择，或被强化或被简化，成为植物界中最高等的一类。

（二）具有雌蕊

雌蕊由心皮组成，包括子房、花柱和柱头3部分。胚珠包藏在子房内，得到子房的保护，避免了昆虫的咬噬和水分的丧失。子房在受精后发育成为果实。很多成熟的果实具有不同的色、香、味，及多种开裂方式；果皮上常具有各种钩、刺、翅、毛。果实的所有这些特点，对于保护种子成熟，帮助种子散播起着重要作用，它们的进化意义也是不言而喻的。

（三）具有双受精现象

双受精现象，即两个精细胞进入胚囊以后，1个与卵细胞结合形成合子，另1个与2个极核结合，形成$3n$的染色体，发育为胚乳，幼胚以$3n$染色体的胚乳为营养，使新植物体的体内矛盾增大，因而具有更强的生存竞争能力。

（四）孢子体高度发达

被子植物的孢子体，在形态、结构、生活型等方面，比其他各类植物更完善化、多样化。在这个大家族中，有世界上最高大的乔木，如杏仁桉（*Eucalyptus amygdalina*），高达156 m；也有微细如沙粒的小草本，如芜萍（无根萍）（*Wolffia ar-rhiza*），每平方米水面可容纳300万个个体；有重达25 kg仅含1颗种子的果实，如海椰子（*Lodoicea maldivica*）；也有轻如尘埃，5万颗种子仅重0.1 g的植物，如热带雨林中的一些附生兰；有寿命长达6千年的植物，如龙血树（*Dracaena draco*）；也有在3周内开花结籽完成生命周期的短命植物，如一些生长在荒漠的十字花科植物；有水生、沙生、石生和盐碱地生的植物；有自养的植物，也有腐生、寄生的植物。在解剖构造上，被子植物的次生木质部有导管，韧皮部有伴胞；而裸子植物中一般均为管胞（只有麻黄和买麻藤类例外），韧皮部无伴胞。输导组织的完善使体内物质运输畅通、机械支持能力加强，能够供应和支持总面积大得多的叶片，增强了光合作用的效能。

（五）配子体进一步退化（简化）

被子植物的小孢子（单核花粉粒）发育为雄配子体，大部分成熟的雄配子体仅具2个细胞（2核花粉粒），其中1个为营养细胞，1个为生殖细胞；少数植物在传粉前生殖细胞再分裂1次，产生2个精子，所以这类植物的雄配子体为3核花粉粒。如石竹亚纲的植物和油菜、玉米、大麦、小麦等。被子植物的大孢子发育为成熟的雌配子体，称为胚囊。通常胚囊只有7个细胞：3个反足细胞、1个中央细胞（包括2个极核）、2个助细胞和1个卵细胞。反足细胞是原叶体营养部分的残余。有的植物（如竹类）反足细胞可多达300余个，有的（如苹果、梨）在胚囊成熟时，反足细胞消失。助细胞和卵合称卵器，是颈卵器的残余。由此可见，被子植物的雌、雄配子体均无独立生活能力，终身寄生在孢子体上，结构上比裸子植物更简化。配子体的简化在生物学上具有进化的意义。

被子植物的上述特征，使它具备了在生存竞争中优越于其他各类植物的内部条件。被子植物的产生，使地球上第一次出现色彩鲜艳、花果丰茂的景象。随着被子植物花形态变化的多样化、果实和种子中高能量贮藏物质的积累，使得直接或间接地以依赖植物为生的动物（尤其是昆虫、鸟类和哺乳类）的营养条件大为改善，从而获得了相应的发展，迅速地繁盛起来，沉寂了40亿年的地球逐渐成为一个鲜花似锦、彩蝶飞舞、鸟语花香的生机勃勃的世界。

第2节 被子植物的形态学分类原则

被子植物的分类，不仅要把几十万种植物安置在一定的位置上（纲、目、科、属、种），还要建立一个分类系统，反映出它们之间的亲缘关系。这方面的工作常常是很困难的，首先是因为被子植物在地球上，几乎是在距今1.3亿年的白垩纪突然地同时兴起的，所以就难于根据化石的年龄，论定谁比谁更原始；其次是由于几乎找不到花的化石，而花部的特点又是被子植物分类的重要方面，这就使整个进化系统被割裂成许多片段。然而，人们还是根据现有资料进行了分类，并尽可能地反映出它的起源与演化关系。

根据被子植物化石，最早出现的被子植物多为常绿、木本植物，以后地球上经历了干燥、冰川等几次大的变化，产生了一些落叶的、草本的类群，由此可以确认落叶、草本、叶形多样化、输导功能完善化等是次生的性状。再者，根据花、果的演化趋势具有向着经济、高效的方向发展的特点，可以确认花被分化或退化、花序复杂化、子房下位等都是次生的性状。

基于上述认识，一般公认的形态构造的演化规律和分类原则见表12-1。

我们在应用被子植物分类原则进行分类工作或分析一类植物时，不能孤立地、片面地根据一两个性状，就给某种植物下一个是进化还是原始的结论。这首先是因为同一种性状在不同植物中的进化意义不是绝对的。如对于一般植物来说，两性花、胚珠多数、胚小是原始的性状，而在兰科植物中，恰恰是它进化的标志。其次，各器官的进化不是同步的。常可见到，在同一植物体上，有些性状相当进化，另一些性状则保留着原始性。因而，不能一概认为没有某一进化性状的植物就是原始的，如对常绿植物与落叶植物的评价。通常我们总是把某些性状看得比另一些性状重要，如一般认为生殖器官的性状比营养器官的性状重要些，这就是所谓的对性状的加权，因此，当我们评价一个类群时，应全面、综合地进行分析，这样才有可能得出比较正确的结论。

🖐 12.1　其他分类学方法简介

表 12-1　被子植物形态构造的演化规律和分类原则

	初生的、原始的性状	次生的、较完整的性状
茎	1. 木本 2. 直立 3. 无导管只有管胞 4. 具环纹、螺纹导管	1. 草本 2. 缠绕 3. 有导管 4. 具网纹、孔纹导管
叶	5. 常绿 6. 单叶全缘 7. 互生（螺旋状排列）	5. 落叶 6. 叶形复杂化 7. 对生或轮生
花	8. 花单生 9. 有限花序 10. 两性花 11. 雌雄同株 12. 花部呈螺旋状排列 13. 花的各部多数而不固定 14. 花被同形，不分化为萼片和花瓣 15. 花部离生（离瓣花、离生雄蕊、离生心皮） 16. 多面对称（辐射对称）花 17. 子房上位 18. 花粉粒具单沟 19. 胚珠多数 20. 边缘胎座、中轴胎座	8. 花形成花序 9. 无限花序 10. 单性花 11. 雌雄异株 12. 花部呈轮状排列 13. 花的各部数目不多，有定数（3、4 或 5） 14. 花被分化为萼片和花瓣，或退化为单被花、无被花 15. 花部合生（合瓣花、以各种形式结合的雄蕊、合生心皮） 16. 单面对称花、不对称花 17. 子房下位 18. 花粉粒 3 沟或多孔 19. 胚珠少数 20. 侧膜胎座、特立中央胎座、基底胎座
果实	21. 蓇葖果、聚合果 22. 真果	21. 聚花果 22. 假果
种子	23. 种子有发育的胚乳 24. 胚小，直伸，子叶 2	23. 无胚乳，种子萌发所需的营养物质贮藏在子叶中 24. 胚弯曲或卷曲，子叶 1
生活型	25. 多年生 26. 绿色自养植物	25. 一年生 26. 寄生、腐生植物

第3节　被子植物分类的主要形态术语

一、根的变态

　　根的变态有贮藏根、气生根和寄生根3类。

（一）贮藏根

　　贮藏根存贮养料，肥厚多汁，形状多样，常见于两年生或多年生的草本植物。根据来源不同，贮藏根可分为肉质直根和块根。

　　（1）肉质直根（fleshy taproot）　主要由主根发育而成的肥大直根，如萝卜、胡萝卜、甜菜的贮藏根（图12-1a）。

　　（2）块根（root tuber）　不定根或侧根的一部分膨大、肥厚称块根。在组成上不含下胚轴和茎的部分，一株上可形成多个块根。如番薯、木薯、百部、大丽花的贮藏根（图12-1b）。

（二）气生根

气生根是生长在地面以上空气中的根，有支柱根、攀缘根和呼吸根之分。

（1）支柱根（prop root） 在较近地面的茎节上生出的不定根（如玉米），或从枝上生出的下垂的气生根（如榕树），先端伸入土中，成为增强植物整体支持力量的辅助根系，具支持和吸收作用（图12-1c）。

（2）攀缘根（climbing root） 细长柔弱不能直立的茎上生不定根，以固着在其他物体表面而攀缘上升，称为攀缘根，如常春藤、络石、凌霄、青龙藤的气生根（图12-1d）。

（3）呼吸根（respiratory root） 从淤泥中横走的根膝曲向上生长的根，内有发达的通气组织。具根部气体交换的作用。常见于红树、木榄、水松、落羽杉等（图12-1e）。

（三）寄生根

寄生根（parasitic root） 也称吸器（haustorium），是寄生或半寄生植物的突起状的根，伸入寄主茎的维管组织，吸取寄主养料和水分。如金灯藤的寄生根侵入寄主葡萄的韧皮部和木质部（图12-1f）。

二、茎的形态及其变态

茎起源于种子内幼胚的胚芽，有时还加上部分下胚轴，是联系根、叶，输送水、无机盐和有机养料的轴状结构。茎具节和节间，其顶端及叶腋内有芽。茎的正常形态可呈圆柱形、三角形（如莎草）、方柱形（如蚕豆、薄荷）或扁平柱形（如

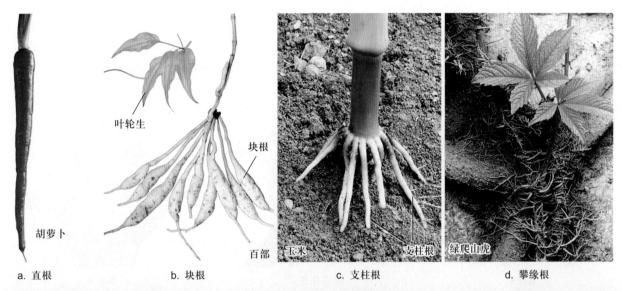

a. 直根　　　　　　b. 块根　　　　　　c. 支柱根　　　　　　d. 攀缘根

e. 呼吸根　　　　　　　　　　　　f. 寄生根

图 12-1　根的变态

昙花、仙人掌）。变态的茎可以分为地上茎（aerial stem）和地下茎（subterraneous stem）两种类型。地上茎（有时称为地上枝）主要有茎刺、茎卷须、叶状茎、小鳞茎、小块茎，地下茎主要有根状茎、块茎、鳞茎、球茎。

（一）茎的基本形态

（1）芽（bud）及其类型　芽是处于幼态而未伸展的枝、花或花序。以后发展成枝的芽称为枝芽（branch bud），通常不正确地称它为叶芽；发展成花或花序的芽称为花芽（floral bud）。一个芽同时发育成枝和花的，称为混合芽（mixed bud），如梨、苹果、石楠、樟等（图12-2a）。

按芽在枝上的位置划分，芽包括定芽（normal bud）和不定芽（adventitious bud）。定芽又分为顶芽（terminal bud）和腋芽（axillary bud）两种。顶芽是生在枝条顶端的芽，腋芽是生在叶腋内的芽，也称侧芽（lateral bud）。在一个叶腋内通常只有一个腋芽，腋芽不止一个的，称为并生芽，如桃（图12-2b），或重叠芽，如桂花（图12-2c），其中后生的芽称为副芽（accessory bud）。有的腋芽生长的位置较低，被覆盖在叶柄基部内，直到叶落后，芽才显露出来，称为叶柄下芽（subpetiolar bud），如悬铃木、八角金盘、刺槐、夏蜡梅等的腋芽（图12-2d）。

按芽鳞的有无划分，芽包括被芽（protected bud）和裸芽（naked bud）。多年生木本植物的越冬芽，外面常有芽鳞（bud scale）包被，称为被芽，也称为鳞芽（scaly bud），如杨、山茶、玉兰、枇杷等（图12-2e）。所有一年生植物和少数木本植物的芽，外面没有芽鳞，只被幼叶包着，称为裸芽，如常见的黄瓜、棉、蓖麻、油菜、枫杨等的芽（图12-2f）。

按芽的生理活动状态划分，芽包括活动芽（active bud）和休眠芽（dormant bud）。活动芽是在生长季节活动的芽，也就是能在当年生长季节形成新枝、花或花序的芽。休眠芽是在生长季节不生长、不发展，保持休眠状态的芽。

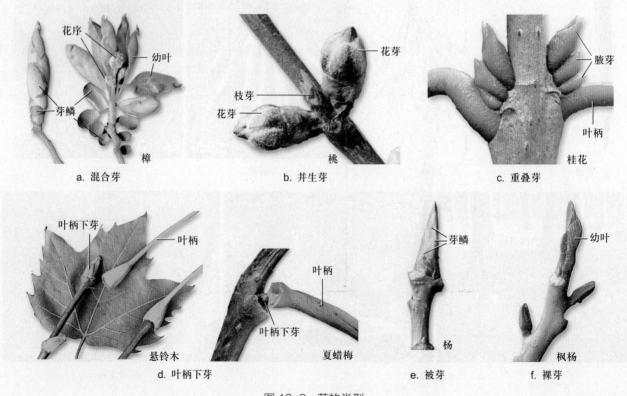

a. 混合芽　　　　b. 并生芽　　　　c. 重叠芽

d. 叶柄下芽　　　　e. 被芽　　　　f. 裸芽

图 12-2　芽的类型

（2）节（node）和节间（internode） 茎上着生叶的部位称为节，两个节之间的部分称为节间。

（3）长枝和短枝 节间显著伸长的枝条称为长枝；节间缩短，各个节间紧密相接，甚至难于分辨的枝条，称为短枝。如苹果、白梨，裸子植物银杏、马尾松等兼具有长枝和短枝（图12-3）。

（4）叶痕（leaf scar） 植物落叶后，在茎上留下的叶柄痕迹。叶痕内的点线状突起，是叶柄和茎之间的维管束断离后留下的痕迹，称维管束痕（bundle scar），如在日本珊瑚树上所见的情形（图12-4）。

（二）茎的生长习性

（1）木本植物、草本植物与藤本植物 茎显著木质化且木质部极发达者称木本植物（tree），其中高5 m以下、茎近基部多分枝的称灌木（shrub）；不甚木质化而为草质者称草本植物（herb）；在灌木和草本之间没有明显的区别，仅在基部木质化的植物称亚灌木（sub shrub）；有缠绕茎（twining stem）或攀缘茎（climbing stem）的植物统称藤本植物（liana），它又有草本和木本之分。如打碗花、何首乌的缠绕茎为草质藤本，薜荔、西洋常春藤的攀缘茎为木质藤本（图12-5）。

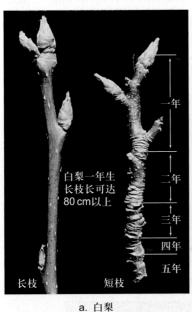

a. 白梨

白梨一年生长枝长可达80 cm以上

一年
二年
三年
四年
五年

长枝　短枝

b. 银杏

长枝

短枝

图 12-3　长枝和短枝

维管束痕

叶痕

日本珊瑚树

图 12-4　叶痕与维管束痕

茎右旋缠绕

打碗花

茎左旋缠绕

何首乌

攀缘茎

不定根

西洋常春藤

图 12-5　缠绕茎和攀缘茎

（2）平卧茎、匍匐茎和纤匍枝　斑地锦的茎柔弱、平卧，节上无不定根，称为平卧茎（prostrate stem）。天胡荽的茎细长，节上生不定根，称为匍匐茎（creeping stem）。虎耳草从叶腋内生出无叶细长的伏地枝，称纤匍枝（runner），其顶端生根及叶，进而形成新植株，新植株长大后纤匍枝的节间即行死去（图12-6）。

（三）茎的分枝方式

（1）单轴分枝（monopodial branching）　又称总状分枝，主轴由顶芽不断地向上伸展而成，主干的伸长和加粗，比侧枝强得多，主干极显著。杨、山毛榉、王棕和多数裸子植物如落叶松、水杉、桧、南洋杉，都属于单轴分枝（图12-7a）。

（2）合轴分枝（sympodial branching）　主干的顶芽在生长季节中，生长迟缓或死亡；或者顶芽变为花芽、卷须，由紧接着的腋芽伸展，代替原有的顶芽，每次同样地交替进行，使主干继续生长，这种主干是由许多腋芽发育而成的，所以称为合轴分枝。如乌蔹莓、马铃薯、无花果、梧桐、苹果等（图12-7b）。

（3）假二叉分枝（false dichotomous branching）　具对生叶的植物，顶芽不育，或顶芽是花芽，在开花后，由顶芽下的两侧腋芽同时发育成二叉状分枝，如紫丁香、茉莉、接骨木、石竹等（图12-7c）。

（4）二叉分枝（dichotomous branching）　植物体的顶端分生组织一分为二，形成分枝。多见于低等植物，在部分高等植物如叉钱苔、石松、卷柏中也存在（图12-7d）。

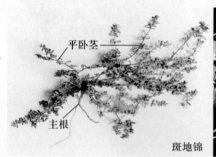
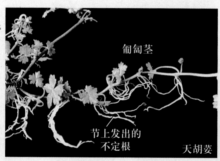

图 12-6　平卧茎、匍匐茎和纤匍枝

a. 单轴分枝　　b. 合轴分枝　　c. 假二叉分枝　　d. 二叉分枝　　e. 分蘖

图 12-7　茎的分枝方式

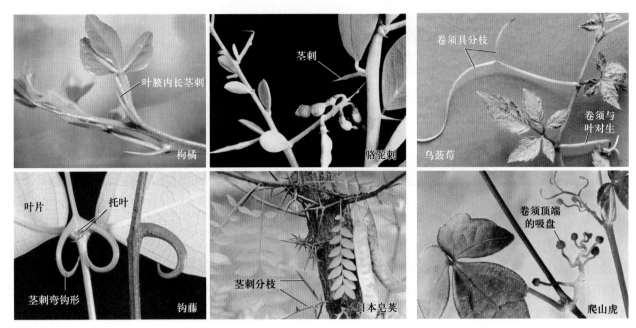

图 12-8　茎刺　　　　　　　　　　　图 12-9　茎卷须

（5）分蘖（tiller）和分蘖节（tillering node）
禾本科植物，如水稻、小麦等的分枝，由地面下和
近地面的分蘖节上产生腋芽，并发展成具不定根的
分枝，这种方式的分枝称为分蘖（图12-7e）。分
蘖节上又可继续形成分蘖。着生分蘖的、密集的节
和节间部分，通常称为分蘖节。

（四）茎的变态

（1）茎刺（stem thorn）　茎转变为刺，称为茎
刺或枝刺，位置处在叶腋，即腋芽的部位，有维管
组织与主茎相联系。如山楂、枸橘、骆驼刺、钩藤
的单刺，日本皂荚的分枝的刺（图12-8）。

（2）茎卷须（stem tendril）　许多攀缘植物的
茎细长，不能直立，由枝变成卷须，称为茎卷须或
枝卷须，如葡萄、乌蔹莓、爬山虎。爬山虎的茎卷
须顶端生有能吸附于他物上的膨大结构，特称吸盘
（disc-tipped tendril）（图12-9）。

（3）叶状茎（phylloid）　也称叶状枝，茎转变
成叶状，扁平，进行光合作用，常呈绿色，如假叶
树、天门冬、竹节蓼（图12-10）。

（4）小鳞茎（bulblet）　生长于植物地上部分

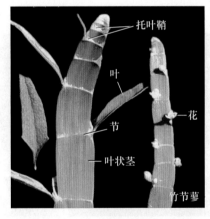

图 12-10　叶状茎

的小型的鳞茎。大蒜的花间，常生小球体，具肥
厚的小鳞叶，称为小鳞茎，也称珠芽（bulbil）（图
12-11）。小鳞茎长大后脱落，在适合条件下，发
育成一新植株。卷丹地上枝的叶腋内，也常形成紫
黑色的小鳞茎。

（5）小块茎（tubercle）　生长于植物地上部分
的小型的块茎。薯蓣、秋海棠等的腋芽，常成肉质
小球，但不具鳞叶，类似块茎，称为小块茎（图
12-12）。

图 12-11　小鳞茎

图 12-12　小块茎

（6）根状茎（rhizome）　横卧地下，形状较长，贮有丰富的养料，其腋芽可以发育成新的地上枝（图12-13），如藕、竹鞭。笋是由竹鞭的叶腋内伸出地面的腋芽，可发育成竹的地上枝。粉绿竹、芦苇、地笋和一些杂草，由于有根状茎，可向四周蔓生成丛。杂草的根状茎，翻耕割断后，每一小段就能独立发育成一新植株。

（7）块茎（stem tuber）　短而肥厚的地下茎。马铃薯的块茎是由根状茎的先端膨大，养料累积所形成的，有许多凹陷，称为芽眼，幼时具退化的鳞叶，后脱落。芽眼内有芽。甘露子、菊芋、莎草等的地下部分均具块茎（图12-14）。

（8）鳞茎（bulb）　由许多肥厚的肉质鳞叶包围扁平的基盘（地下茎）而成，鳞茎的大部分是叶

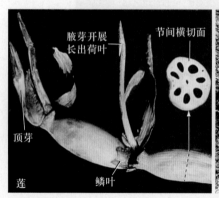

图 12-13　根状茎

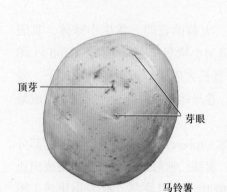

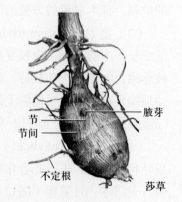

图 12-14　块茎

（鳞叶）而不是茎。常见的鳞茎，如百合、洋葱（图12-15）、蒜、葱、藠头、水仙、石蒜等。百合鳞茎上的鳞叶瓣状，呈覆瓦状排列。洋葱鳞茎上的鳞叶整片地将茎紧紧围裹，鳞叶是地上叶的基部，外方的几片枯死后成干膜质，起着保护整个鳞茎不致干死的作用。

（9）球茎（corm） 球状的地下茎，具顶芽，如荸荠、慈姑等，有明显的节和节间，节上具褐色膜质鳞叶（图12-16）。

三、叶的形态及其变态

植物的叶，由叶片（lamina或blade）、叶柄（petiole）和托叶（stipule）3部分组成。叶片是叶的主要部分，多数为绿色的扁平体。叶柄是叶的细长柄状部分，上端与叶片相接，下端与茎相连。托叶是叶柄基部两侧所生的小叶状物。具叶片、叶柄和托叶3部分的叶，称为完全叶（complete leaf）。例如梨、日本晚樱（图12-17a）、豌豆、构树等植物的叶。有些叶只具一两个部分，称为不完全叶（incomplete leaf）。其中无托叶的最为普遍，例如茶、白菜、丁香等植物的叶，有些植物的叶具托叶，但早落，应加注意。叶枕（pulvinus）指叶柄、小叶柄、叶片或小叶片基部较膨大的部分，如豆科植物含羞草（图12-17b）。叶鞘（leaf sheath）指叶片基部或叶柄形成的鞘状而包围茎的部分。禾本科植物的叶基部扩大成叶鞘，围裹着茎秆，既保护幼芽和居间生长，又加强茎的支持作用，如马唐（图12-17c）。蓼科植物的叶鞘是托叶形成的，称为托叶鞘（ocrea），如荭草（图12-17d）、何首乌。

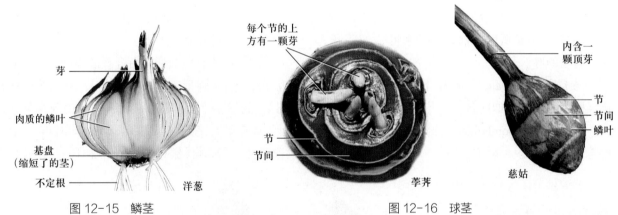

图 12-15 鳞茎

图 12-16 球茎

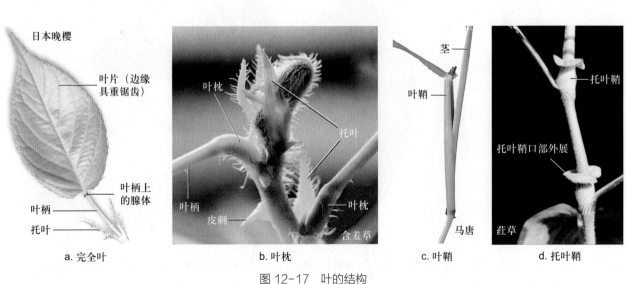

a. 完全叶　　　b. 叶枕　　　c. 叶鞘　　　d. 托叶鞘

图 12-17 叶的结构

（一）叶片的形态

叶片常见的形状有以下几种（图12-18）：

（1）针形（acicular或acerose） 叶细长，先端尖锐，横切面菱形或近圆形，称为针叶，如裸子植物雪松、云杉的叶。

（2）钻形（awl-shaped） 狭长，自基部至顶端渐变细瘦而顶端尖，横切面菱形或近圆形，常为革质的叶片，如裸子植物柳杉的叶。

（3）条形（linear） 叶片扁平、狭长，两侧叶缘近平行，长约为宽的5倍以上，如稻、麦、韭、水仙和裸子植物水杉的叶。此前按字面译为"线形"，是不妥的，线形应理解为似缝衣的线，如丝叶谷精草的叶。

（4）披针形（lanceolate） 叶片最宽处在下部，由下部至先端渐次狭尖，称为披针形叶，如柳、桃的叶。

（5）椭圆形（elliptical） 叶片中部宽而两端较狭，两侧叶缘成弧形，称为椭圆形叶，如芫花、樟、商陆的叶。

（6）卵形（ovate） 叶片下部圆阔，上部稍狭，称为卵形叶，如向日葵、苎麻、雨久花的叶。

（7）菱形（rhomboidal） 叶片成等边斜方形，称菱形叶，如菱、乌桕的叶。

（8）心形（cordate） 与卵形相似，但叶片下部更为广阔，基部凹入，似心形，称为心形叶，如紫荆、牵牛的叶。

（9）肾形（reniform） 叶片基部凹入成钝形，先端钝圆，横向较宽，似肾形，称为肾形叶，如积雪草、冬葵、连钱草的叶。

前述是叶片的几种基本形状。在叙述叶形时，常用"长"、"广"、"倒"等字眼冠在前面。譬如，椭圆形叶而较长的称长椭圆形叶；卵形叶而较宽的，称为广卵形叶；卵形叶而先端圆阔与基部稍狭，仿佛卵形倒置的，称为倒卵形叶（如黄杨）；同样地，有倒披针形叶、倒心形叶、长卵形叶、倒长卵形叶、广椭圆形叶、广披针形叶等。它们主要是以叶片的长阔比例（即长阔比）和最阔处的位置来决定的，就长阔比而言，圆形为1∶1，广椭圆形为1.5∶1，长椭圆形为3∶1，条形为6∶1~10∶1，以上长阔比皆为大概数字，可因具体植物的叶片略有上下。

此外，还有矩圆形（山合欢的小叶，两侧叶缘近于平行）、圆形（莲、旱金莲）、三角形（杠板归）、剑形（叶坚、厚、强壮、具尖锐顶端的条形叶，如鸢尾）、箭形（慈姑）、琴形（琴叶榕）、戟形（金荞麦）、扇形（银杏）等（图12-19）。凡叶柄着

针形
（雪松）

钻形（柳杉）

条形（水杉）　披针形（桃）　椭圆形（商陆）

卵形（雨久花）　　菱形（乌桕）

倒卵形（黄杨）　心形（牵牛）　肾形（连钱草）

图 12-18　叶形（一）

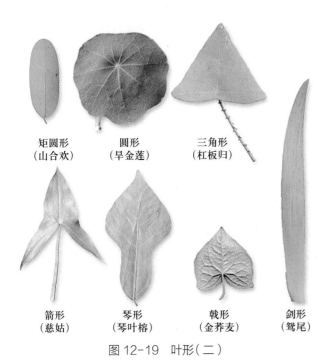

矩圆形　　　　圆形　　　三角形
（山合欢）　　（旱金莲）　（杠板归）

箭形　　　　琴形　　　　戟形　　　　剑形
（慈姑）　　（琴叶榕）　（金荞麦）　（鸢尾）

图 12-19　叶形（二）

生在叶片背面的中央或边缘内的为叶柄盾状着生，这种叶称为盾形叶（peltate leaf），如莲、旱金莲、蓖麻的叶。盾形叶的叶形各异。

（二）叶尖的形态

叶尖的形态多样，常见的有如下几种（图12-20）：

（1）尾尖（caudiform）　叶先端尾状延长，如菩提树的叶尖。

（2）渐尖（acuminate）　叶尖较长，有内弯的边，如金荞麦的叶尖。

（3）急尖（锐尖）（acute）　叶尖较短而尖锐，有直或微外弯的边，如胡枝子的叶尖。

（4）钝形（obtuse）　叶尖钝而不尖，或近圆形，如厚朴的叶尖、山合欢的小叶尖。

（5）截形（truncate）　叶尖如横切成平边状，如鹅掌楸的叶尖、大花野豌豆的小叶尖。

（6）具短尖（mucronate）　叶尖具有突然生出的小尖，如树锦鸡儿、锥花小檗、胡枝子的叶尖。

（7）具骤尖（cuspidate）　叶尖尖而硬，如虎杖、吴茱萸、豪猪刺的叶尖。

（8）微缺（emarginate）　叶尖具浅凹缺，如苋、苜蓿、黄檀的叶尖。

（9）倒心形（obcordate）　叶尖具较深的心形凹缺，而叶两侧稍内缩，如红花酢浆草的小叶尖。

（三）叶基的形态

主要有渐狭、楔形（细花泡花树）、钝形（琴叶榕）、心形（牵牛）、截形等（图12-21），与叶尖的形状相似，只是在叶基部分出现。此外还有：

（1）耳形（auriculate）：是叶基两侧的裂片钝圆，如耳垂，如狗舌草、大琴叶榕的叶基。

（2）箭形（sagittate）：是叶基2裂片尖锐下指，如慈姑的叶基。

（3）戟形（hastate）：是叶基2裂片向两侧外指，如菠菜、旋花、白英的叶基。

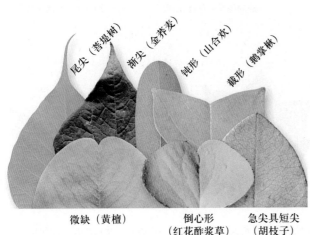

尾尖（菩提树）　渐尖（金荞麦）　钝形（山合欢）　截形（鹅掌楸）

微缺（黄檀）　　倒心形　　　急尖具短尖
　　　　　　（红花酢浆草）　（胡枝子）

图 12-20　叶尖形态

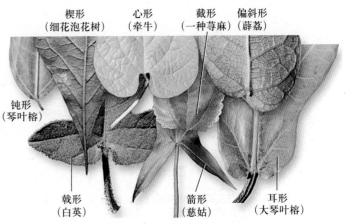

楔形　　　　心形　　　　截形　　　偏斜形
（细花泡花树）（牵牛）　（一种荨麻）（薜荔）

钝形
（琴叶榕）

戟形　　　　箭形　　　　耳形
（白英）　　（慈姑）　　（大琴叶榕）

图 12-21　叶基形态

（4）偏斜形（oblique）：是叶基两侧不对称，如秋海棠、朴树、薜荔的叶基。

（四）叶缘的形态

常见的叶缘形态有如下5种（图12-22）：

（1）全缘（entire）　叶缘平整，如女贞、玉兰、樟、紫荆、海桐等的叶。

（2）波状（undulate）　叶缘稍显凸凹而呈波纹状，如胡颓子、羊蹄的叶。

（3）皱缩状（crisped）　叶缘波状曲折较波状更大，如羽衣甘蓝的叶。

（4）齿状（dentation）　叶片边缘不齐，裂成齿状的称为齿状缘。其中又分为锯齿（serrate）、牙齿（dentate）、重锯齿（double serrate）、圆齿（crenate）。所谓锯齿，是齿尖锐而齿尖朝向叶先端的，如月季、地笋的叶。细锯齿是指锯齿较细小的，如海滨木槿的叶。所谓牙齿是齿尖直向外方

的，如茨藻、地榆的小叶。牙齿缘中，凡齿基成圆钝形的，特称圆缺缘（sinuose dentate），如细花泡花树的叶。所谓重锯齿是锯齿上又出现小锯齿的，如樱草、棣棠的叶。所谓圆齿是齿不尖锐而呈钝圆状，如山毛榉、连钱草的叶（图12-22）。

（5）缺刻（lobed 或 notched）　叶片边缘不齐，凹入和凸出的程度较齿状缘大而深的，称为缺刻。缺刻的形式和深浅又有多种。依缺刻的形式分，有两种情况（图12-22）：一种是裂片呈羽状排列的，称为羽状缺刻（pinnate），如茄、台湾翅果菊、野艾、蒲公英、荠菜、茑萝等植物的叶；另一种是裂片呈掌状排列的，称为掌状缺刻（palmate），如八角枫、枫香、西番莲、梧桐、悬铃木、蓖麻等植物的叶。依裂入的深浅分，又有浅裂（cleft）、深裂（partite）、全裂（dissect）3种情况：浅裂，也称半裂，缺刻很浅，最深达到叶片的1/2，如茄、八角枫、梧桐的叶；深裂是缺刻超越1/2，缺刻较深，

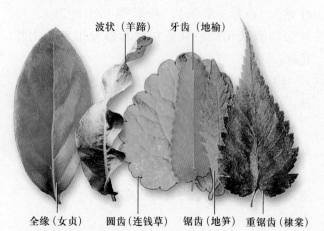

波状（羊蹄）　牙齿（地榆）

全缘（女贞）　圆齿（连钱草）　锯齿（地笋）　重锯齿（棣棠）

皱缩状（羽衣甘蓝）

圆缺缘（细花泡花树）　细锯齿（海滨木槿）

羽状浅裂（茄）　羽状浅裂（台湾莴苣）　羽状深裂（野艾）　倒向羽状深裂（蒲公英）　羽状全裂（茑萝）

掌状浅裂（八角枫）　掌状浅裂（枫香）　掌状深裂（西番莲）

图 12-22　叶缘形态

如野艾、西番莲、荠菜的叶；全裂，也称全缺，缺刻极深，可深达中脉或叶片基部，如茑萝、乌头叶蛇葡萄。因此，羽状缺刻和掌状缺刻都可以根据缺刻深浅，再划分为羽状深裂、掌状浅裂等。

（五）叶脉及脉序

（1）叶脉（vein）　由贯穿在叶肉内的维管束和其他有关组织组成的、叶内的输导和支持结构。叶脉通过叶柄与茎内的维管组织相连。

（2）脉序　叶脉在叶片上呈现出各种有规律的脉纹的分布，称为脉序（venation）。脉序有以下3种类型（图12-23）：

①平行脉（parallel venation）：各叶脉平行排列，多见于单子叶植物。其中各脉由基部平行直达叶尖的，称为直出平行脉或直出脉，如水稻、小麦、棕叶狗尾草；中央主脉显著，侧脉垂直于主脉或斜出，彼此平行，直达叶缘的，称为侧出平行脉或侧出脉，如香蕉、芭蕉；各叶脉自基部以辐射状态分出的，称辐射平行脉或射出脉，如蒲葵、棕榈；各叶脉自基部平行出发，但彼此逐渐远离，稍呈弧状，最后集中在叶尖汇合的，称为弧形平行脉或弧形脉，如美人蕉。

②网状脉（reticulate venation）：具有明显的主脉，并向两侧发出许多侧脉，各侧脉之间，又一再分枝形成细脉，组成网状，是多数双子叶植物的脉序。其中具有一条明显主脉的，称为羽状网脉，如女贞、桃、李、日本珊瑚树等大多数双子叶植物的叶；由叶基分出多条主脉的，称为掌状网脉，如蓖麻、向日葵、棉、马甲子等。樟叶基部的一对大侧脉不是从叶片最基部发出的，成为离基3出脉。

③叉状脉（dichotomous venation）：各脉作二叉分枝，为较原始的脉序，如裸子植物银杏。叉状脉序在蕨类植物中较为普遍。

（六）单叶和复叶

（1）单叶　一个叶柄上只生一张叶片的，称为单叶（simple leaf）。

（2）复叶　一个叶柄上生许多小叶的，称为复叶（compound leaf）。复叶由多数小叶（leaflet）构成，小叶着生在叶轴（rachis）上，小叶的柄，称为小叶柄（petiolule）。复叶依小叶排列的不同状态及数目而细分（图12-24）：

图 12-23　脉序

图 12-24　复叶类型

①羽状复叶（pinnately compound leaf）：小叶排列在叶轴的左右两侧，类似羽毛状。当一个羽状复叶上的小叶总数为单数时，称为奇数羽状复叶（odd-pinnately compound leaf），如月季、刺槐、马棘、龙芽草；当一个羽状复叶上的小叶总数为偶数时，称为偶数羽状复叶（even-pinnately compound leaf），如落花生、皂荚。羽状复叶又因叶轴分枝与否、及分枝情况，再分为1回、2回、3回和数回（或多回）羽状复叶。1回羽状复叶（simple pinnate leaf），叶轴不分枝，小叶直接生在叶轴左右两侧，如刺槐、落花生；2回羽状复叶（bipinnate leaf），叶轴分枝一次，再生小叶，如楝、云实；3回羽状复叶（tripinnate leaf），叶轴分枝两次，再生小叶，如南天竹；数回羽状复叶，叶轴多次分枝，再生小叶。

②掌状复叶（palmately compound leaf）：小叶都生在叶轴的顶端，排列如掌状，如牡荆、浙江七叶树等。掌状复叶也可因叶轴分枝情况，而再分为1回、2回等。

③3出复叶（ternately compound leaf）：叶柄顶端生3个小叶。如果3小叶复叶的2枚侧生小叶着生在叶轴顶端以下，而仅顶生小叶着生在叶轴顶端时，就叫3出羽状复叶，如苜蓿；若3枚小叶都着生于叶轴顶端时叫3出掌状复叶，如橡胶树、红花酢浆草；乌蔹莓的侧生小叶再一分为二，成为鸟趾状复叶。

④单身复叶（unifoliate compound leaf）：叶轴上只具一个叶片，如橙、柑橘的叶。单身复叶可能是由3出复叶退化而来：叶轴具节，表明原先是3小叶同生在节处；后来两侧小叶退化消失，仅存先端的1个小叶。

（七）叶序

叶在茎上有规律地排列，称为叶序。有以下类型（图12-25）：

（1）互生叶序（alternate phyllotaxy）　每节上只生1叶，交互而生，成螺旋状排列在茎上，如樟、白杨、薜荔。

（2）对生叶序（opposite phyllotaxy）　每节上生2叶，相对排列，如丁香、薄荷、女贞、石竹、蔓长春花等。对生叶序中，一节上的2叶，与上下相邻一节的2叶交叉成十字形排列，称为交互对生（decussate）。

（3）轮生叶序（whorled phyllotaxy）　每节上生3叶或3叶以上，作辐射排列，如夹竹桃、梓、垂盆草等。

（4）簇生叶序（fascicled phyllotaxy）　枝的节间短缩密接，叶在短枝上成簇生出，如枸杞、豪猪刺，裸子植物落叶松、银杏等。

（八）叶镶嵌（leaf mosaic）

叶在茎上的排列，不论是哪一种叶序，通常相邻两节的叶总是不相重叠而成镶嵌状态。这种同一枝上的叶，以镶嵌状态的排列而不重叠的现象，称为叶镶嵌，如爬山虎、车前、塌棵菜、满山红（图12-26）等。叶镶嵌的形成，主要是由于叶

a. 互生　　　b. 叶对生　　　c. 叶轮生
（薜荔）　　　（蔓长春花）　　（垂盆草）　　　d. 叶簇生（豪猪刺）

图12-25　叶序类型

枝端外侧叶较大

枝端内侧空隙处的叶较小　满山红

图12-26　叶镶嵌

柄的长短、扭曲和叶片的各种排列角度，形成叶片互不遮蔽。因此，从植株的顶面看去，叶镶嵌的现象格外清楚。叶镶嵌使植物能接受到更多的光照。

（九）异形叶性（heterophylly）

同一植株上具有不同叶形的现象称为异形叶性（图12-27）。异形叶性的发生，有两种情况：一种是因枝的老幼不同而叶形各异，例如桉（*Eucalyptus* sp.），幼枝上的叶合生、穿茎，对生，而老枝上的叶披针形，有柄，互生。又如，北美香柏的幼枝上的叶为针形，老枝上的叶为鳞片形；白菜、油菜基部的叶较大，有显著的带状叶柄，而上部的叶较小，无柄，抱茎而生；胡杨的叶从宽卵形具锯齿到披针形全缘；浓香探春枝条下部的叶为单叶，向上逐渐变为3小叶、5小叶、7小叶等。另一种是由于外界环境的影响，而引起异形叶性。例如慈姑，有3种不同形状的叶，气生叶箭形，漂浮叶椭圆形，而沉水叶呈带状；菱的浮水叶扁平呈菱形，而沉水叶却细裂呈丝状。

（十）叶的变态

常见的叶变态有如下几种：

（1）苞片（bract）　花和花序常生有形状不同的叶状或鳞片状的器官，这些器官称为苞片或小苞片，其中生于花序下或花序每一分枝下或花梗基部下的称为苞片，生于花梗上的或花萼下的称为小苞片（bractlet）。当多枚苞片成轮状紧密包围花序时称总苞（involucre）。总苞中的每一片称为总苞片，如菊科植物的花序。壳斗科植物的总苞花后增大呈杯状或囊状，称为壳斗（cupule）。有的苞片转变为特殊形态，如禾本科植物小穗基部的颖片。苞片一般较小，绿色，如刻叶紫堇（图12-28a）。肉穗花序下的大型叶状物称佛焰苞，如天南星、红掌（图12-28b）。苍耳的总苞呈囊状，包住果实，着生细刺，易附着动物体上，有利果实的散布。

（2）鳞叶（scale leaf）　叶的功能特化或退化成鳞片状，称为鳞叶。木本植物鳞芽上的鳞叶，常呈褐色，具茸毛或有黏液，有保护芽的作用，也称芽鳞（图12-29a），如山茶；地下茎上的鳞叶，有的肥厚多汁，含有丰富的养料，可食用，如郁金香、百合（图12-29b）；有的膜质，如荸荠、慈姑、藕和竹鞭上的鳞叶。

图 12-27　异形叶性

刻叶紫堇

苞片

a. 苞片

红掌

为包围肉穗花序的变态叶

b. 佛焰苞

图 12-28 苞片

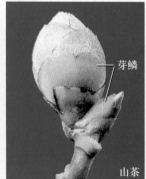

山茶

芽鳞

a. 芽鳞

鳞叶

鳞叶

郁金香

b. 肉质鳞叶

图 12-29 鳞叶

（3）叶卷须（leaf tendril） 由叶的一部分变成卷须状，称为叶卷须（图12-30）。叶卷须有攀缘作用。豌豆的羽状复叶，先端的一些小叶片变成卷须；菝葜的托叶变成卷须；圆锥铁线莲的叶轴也成卷须状。

（4）捕虫叶（insect-catching leaf） 能捕食小虫的变态叶，称为捕虫叶（图12-31）。这样的植物称为食虫植物（insectivorous or carnivorous plant）。捕虫叶有蚌壳状（如捕蝇草）、囊状（如狸藻）、盘状（如茅膏菜）、瓶状（如猪笼草）等。

小叶

小叶变为卷须

托叶

豌豆

托叶变为卷须

菝葜

叶轴具卷须的功能

圆锥铁线莲

图 12-30 叶卷须

叶片上部为蚌壳状的捕虫器（亦有光合作用）

叶片下部行光合作用

捕蝇草

叶片下部扩展行光合作用

叶片中部细丝状具攀缘作用

叶片上部为瓶状的捕虫器

猪笼草

图 12-31 捕虫叶

（5）叶状柄（phyllode）叶片不发达，由叶柄变为片状，并具叶的功能，称为叶状柄（图12-32）。如豆科的台湾相思树，只在幼苗时出现几片正常的羽状复叶，以后产生的叶上小叶完全退化，仅存叶状柄。

（6）叶刺（leaf thorn）由叶或叶的一部分变成刺状，称为叶刺（图12-33），如粉叶小檗长枝上的叶变成刺；刺叶柄棘豆（*Oxytropis aciphylla*）的整个羽状复叶的小叶脱落后，叶轴变成刺；刺槐的托叶变成刺。

（7）先出叶（prophylla）指莎草科、禾本科、灯心草科等众多科中，花序分枝基部、小穗梗基部或雄花基部的变态叶或苞片。由于这一概念所指的结构多变，无固定形态，国外学者认为应该弃用。

（8）果囊（perigyrium）莎草科植物雌花基部由苞片特化而成的囊状结构，全部或部分包裹子房或果实，曾被称为先出叶，如苔草属的长梗苔草（图12-34）。

四、花序形态

当单独一朵花生于茎枝顶端或叶腋部位时，称为单顶花或单生花，如玉兰、牡丹、芍药、莲、桃等；当多数花密集成簇，生于茎的节部时，称簇生花，如白榆、紫荆（图12-35）。大多数植物的花，密集或稀疏地按一定顺序排列，着生在特殊的总花轴上，形成花序（inflorescence）。花序的总花轴称花序轴（rachis）。花序的形式变化甚多，主要可归纳为两大类，一类是无限花序，另一类是有限花序。

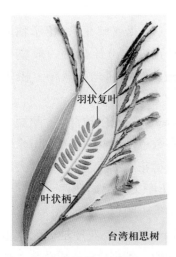

图12-32 叶状柄

图12-33 叶刺

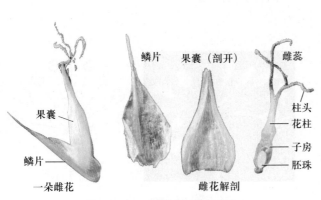

图12-34 果囊（长梗苔草）

图12-35 簇生花

（一）无限花序（indefinite inflorescence）

无限花序也称总状类花序，它的特点是花序轴在开花期间，可以继续生长，犹如单轴分枝。各花的开放顺序是基部的花先开，然后向上方依次开放。如果花序轴短缩，各花密集呈一平面或球面时，开花顺序是先从边缘开始，然后向中央依次开放。无限花序又可以分成以下几种类型：

（1）总状花序（raceme） 花序轴单一，较长，着生有柄的花朵，各花的花柄大致长短相等，开花顺序由下而上，如紫藤、荠菜、油菜、臭荠的花序（图12-36）。

（2）伞房花序（corymb） 或称平顶总状花序，是变形的总状花序，与总状花序的不同在于着生在花序轴上的各花，花柄长短不等，下部花的花柄较长，依次自下而上逐渐缩短，因此，各花排列在同一个平面上，如豆梨、苹果、樱花等（图12-37）。

（3）伞形花序（umbel） 花序轴短缩，各花着生在花序轴的顶端，每朵花有近于等长的花柄，因而各花在花序轴顶端的排列呈圆顶形，开花的顺序是由外向内，如人参、五加、常春藤等（图12-38）。

（4）穗状花序（spike） 花序轴直立，较长，上面着生许多无柄的两性花，由下而上开放，如车前、马鞭草等（图12-39）。

（5）小穗两侧压扁（laterally depressed spikelet）及小穗背腹压扁（dorsiventrally depressed spikelet） 花序由小穗排列组成，小穗两侧的宽度（β）小于背腹的宽度（α），称小穗两侧压扁，其颖片通常沿中脉呈对折状，如小麦（图12-40a）；小穗两侧的宽度（β）大于背腹的宽度（α），称小穗背腹压扁，如白羊草、假俭草（图12-40b）。

（6）柔荑花序（catkin） 花序轴上着生许多无柄或短柄的单性花（雌花或雄花），花序轴通常柔软下垂，但也有直立的，开花后一般整个花序一起脱落，如杨、柳、麻栎、枫杨、榛等（图12-41）。

（7）肉穗花序（spadix） 花序轴直立、粗短、肥厚而肉质化，着生多数单性无柄的花，如玉米、香蒲的雌花序。有的肉穗花序下面还包有一片大型的佛焰苞，因而这类花序又称佛焰花序，如灯台莲、半夏、天南星、芋等（图12-42）。

（8）头状花序（capitulum） 花序轴极度缩短而膨大，花无柄或近无柄，各苞片常集成总苞，开花顺序由四周向中央（向心式开放），如菊、蒲公英、向日葵等（图12-43）。

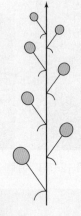

图 12-36 总状花序

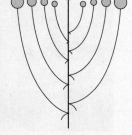

图 12-37 伞房花序

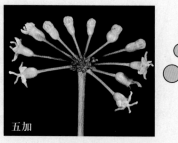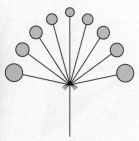

图 12-38 伞形花序

图 12-39　穗状花序

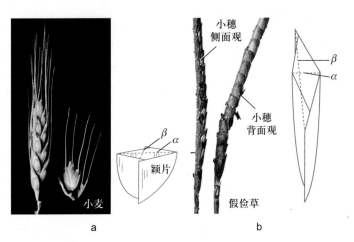

a

图 12-40　小穗两侧压扁（a）及背腹压扁（b）

b

图 12-41　柔荑花序

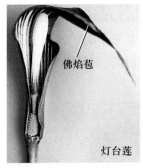

图 12-42　肉穗花序

图 12-43　头状花序

以上所列各种花序的花序轴都不分枝，所以是简单花序。另有一些花序轴具分枝，每一分枝上又呈现某种花序，这类花序称复合花序。常见的有以下几种：

（9）圆锥花序（panicle）或称复总状花序，在长的花序轴上分生许多小枝，每小枝自成一总状花序，如南天竹、稻、燕麦、凤尾兰等（图12-44）。

（10）复穗状花序（compound spike）花序轴有1或2次分枝，每小枝自成一个穗状花序，也即小穗，如小麦、马唐等。

（11）复伞形花序（compound umbel）花序轴顶端丛生若干长短相等的分枝，各分枝又成为一个伞形花序，如野胡萝卜、前胡、小茴香等（图12-45a）。

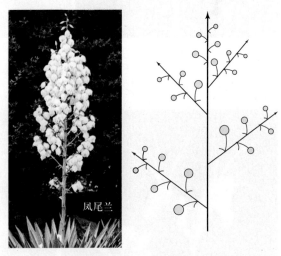

图 12-44　圆锥花序

（12）复伞房花序（compound corymb）花序轴上的分枝成伞房状排列，每一分枝又自成一个伞房花序，如石楠、花楸属（图12-45b）。

（13）复头状花序（compound capitulum）头状花序密集生于枝顶，并有共同的总苞，如雪莲、合头菊（图12-45c）。

（二）有限花序（definite inflorescence）

有限花序也称聚伞类花序，它的特点是顶花先开放，从而限制了花序轴的继续生长。各花的开放顺序是由上而下，或由内而外。有限花序又分为以下几种类型：

（1）单歧聚伞花序（monochasium）花序轴顶端先开一花，然后在顶花的下面花序轴的一侧形成一侧枝，侧枝端的花又先开，如此继续向前生长，所以整个花序是一个合轴分枝式的。相继的各级侧枝都由同一侧生出，常呈螺壳状卷曲，这种聚伞花序称螺状聚伞花序（helicoid cyme），如七叶树的花序分枝、附地菜的花序（图12-46）；如果相继的各级侧枝由两个相反的方向交互生出成二列，则构成蝎尾状聚伞花序（scorpioid cyme），这种花序有时外观呈总状或穗状，如雄黄兰（Crocosmia crocosmiflora）、虎耳草（图12-47）、垂盆草、鸡矢藤等的花序。

（2）二歧聚伞花序（dichasium）也称歧伞花序，顶花下的花序轴向着两侧各分生1枝，枝端生花，每枝再在两侧分枝，如此反复进行，开花次序为离心式，即由中央向外开放，如金丝桃、卷耳、繁缕、冬青卫矛等（图12-48）。野芝麻的花序，由2个二歧聚伞花序对生成轮，称为轮伞花序（verticillaster）（图12-48）。

（3）多歧聚伞花序（pleiochasium）花序轴顶端发育一花后，顶花下的轴上又分出3个以上的分枝，各分枝又自成一小聚伞花序。如泽漆、银边翠

图12-45 复伞形花序（a）、复伞房花序（b）和复头状花序（c）

a.七叶树　　　　　　　　b.附地菜　　　　　　　c.示意图

图12-46 螺状聚伞花序

图 12-47　蝎尾状聚伞花序

雌花最早伸出开放，雄花开放由内到外也为聚伞式开放，如银边翠的花序（图12-50）。

（5）隐头花序（hypanthium / syconium）　花序轴特别肥大而呈凹陷状，很多花着生在凹陷的内壁上，隐没不见，仅留一小孔与外界相通，如无花果、爱玉等（图12-51）。

五、花及其各组成部分的形态

（一）花托的形状
花托是花柄膨大的顶部，是花的各部分的着生处。花托的特化形态有：

（1）花盘（floral disc）　花托上凸起的泌蜜组织，位于子房基部的花盘称为下位花盘，如代代花；位于子房顶部的称上位花盘，如胡萝卜（图12-52a）。

等的花序，次级花序密集，也称密伞花序（图12-49），其构成单位是杯状聚伞花序。

（4）杯状聚伞花序（cyathium）　花序的外观似一朵花，外面围以杯状的总苞，总苞具蜜腺，内含一朵无被的雌花和多朵无被的雄花，开花次序是

金丝桃

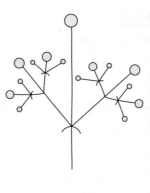

图 12-48　二歧聚伞花序（数字示开放次序）

图 12-49　多歧聚伞花序

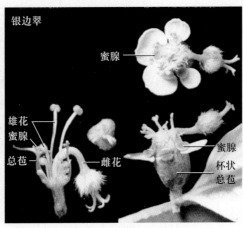

图 12-50　杯状聚伞花序

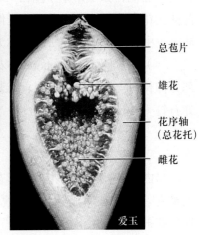

图 12-51　隐头花序

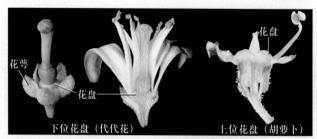

下位花盘（代代花）　　　　　　上位花盘（胡萝卜）

a. 花盘

b. 雌雄蕊柄、雌蕊柄

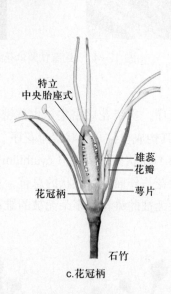

c. 花冠柄

图 12-52　花托的特化形态

（2）雌雄蕊柄（androgynophore）　花托在花冠以上的部分伸长，支持雄蕊和雌蕊的柄称雌雄蕊柄，如西番莲、羊角菜、苹婆属等（图12-52b）。

（3）雌蕊柄（gynophore）　花托在雌蕊基部向上延伸成柄状，把雌蕊的位置抬高，这个延长的部分叫雌蕊柄，如羊角菜（图12-52b）。落花生的雌蕊柄在花完成受精作用后迅速延伸，将先端的子房插入土中，形成果实，所以也称为子房柄。

（4）花冠柄（anthophore）　花托在花萼以上的部分伸长，支持花冠、雄蕊、雌蕊的柄称花冠柄，如石竹（图12-52c）。

（二）花被的形态

当内轮花被与外轮花被的形态、色泽相同时称同被花。当花被明显分化为花萼、花冠时称异被花。花被主要有以下形态：

（1）离生萼（aposepalous）与合生萼（synsepalous）

萼片各自分离的，称为离生萼，如油菜、毛茛；萼片彼此联合的，称为合生萼，如蚕豆。在合生萼中，其联合部分叫萼筒，其分离部分叫萼齿或萼裂片。

（2）早落萼、落萼和宿萼　花萼比花冠先脱落的称早落萼（caducous calyx），如罂粟；花萼与花冠一起脱落的称落萼（deciduous calys），如油菜；花萼存留于花柄上，随同果实一起发育的称宿萼（persistent calyx），如柿、茄、番茄、辣椒等。

（3）副萼（epicalyx）　生于花萼下的一轮小苞片，如野西瓜苗、棉、芙蓉花等（图12-53）。

（4）副花冠（corona）　花瓣和雄蕊之间的一轮合生的花冠状附属结构，如马利筋、喇叭水仙等（图12-54）。

（5）离瓣花（choripetalous flower）与合瓣花（synpetalous flower）　具有分离花瓣的花称离瓣花，如桃、毛茛；具有联合花瓣的花称合瓣花，如牵

图 12-53 副萼

爪即花瓣狭缩的基部，如油菜、石竹（图12-55b）。

（6）多面对称（辐射对称）花、双面对称花、单面对称花及不对称花　无对称面的化石花称为初生不对称花（primore asymmetrisch flower），指白垩纪古老的化石花，如辽宁古果的花。通过花的中心可以作出多个对称面的，称为多面对称花（polysymmetrical flower），即以前称的辐射对称花，如桃、李和百合等的花。如果通过花的中心只可作两个对称面的，称为双面对称花（disymmetrical flower），如荷包牡丹的花，其上下两方、左右两面分别对称。如果通过花的中心只可作一个对称面的，称为单面对称花（monosymmetrical flower），如蚕豆、扁豆、野芝麻等的花。如果无对称面，则称为不对称花（asymmetrical flower），如美人蕉，其花被虽属多面对称型，但因雄蕊瓣化而使整个花朵成为不对称花（图12-56）。

牛、茄等。在合瓣花中，其联合部分叫花冠筒，其分离部分叫花冠裂片，花冠筒与花冠裂片的交界处称花冠喉（corolla throat），如羽叶茑萝（图12-55a）。有些离瓣花植物的花瓣分化为檐部（limb）和瓣爪（claw）两部分，檐部即花瓣扩大的上部，瓣

图 12-54 副花冠

a

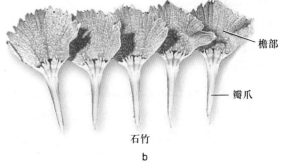

b

图 12-55 合瓣花（a）与离瓣花（b）

多面对称花

双面对称花

单面对称花

不对称花

图 12-56 花的对称类型

一百多年来，对于花的对称性的定义多有变化，早期的整齐花和不整齐花的提法过于粗放，它除了把多面对称花称为整齐花之外，均称为不整齐花。过去的两侧对称花现已分出单面对称和双面对称。国际上采用5种对称性的提法，包括了被子植物从原始到进化的各种花对称类型，无疑是最全面的，应该予以承认和接受。

12.2 花的对称形式

（7）镊合状、旋转状与覆瓦状排列　为花瓣或萼片在花芽内的排列方式。镊合状（valvate）排列是指各片的边缘彼此接触但彼此不覆盖，如黄常山、葡萄、南瓜等的花瓣。旋转状（contorted）排列是指花被片的一边覆盖着相邻花被片的一边，而其另一边被另一相邻花被片的一边所覆盖，如黄花夹竹桃的花冠。覆瓦状（imbricate）排列与旋转状排列相似，只是各片中有一片或两片完全在外，有另一片或两片完全在内，如美国凌霄、蚕豆的花冠（图12-57）。

（8）管状花冠（tubular corolla）　花冠大部分成一管状或圆筒状，如大多数菊科植物的头状花序中的盘花（图12-58a）。

（9）漏斗状花冠（funnelform corolla）　花冠下部筒状，由此向上渐渐扩大成漏斗状，如雍菜、牵牛（图12-58b）。

（10）钟状花冠（companulate corolla）　花冠筒宽而稍短，上部扩大成钟形，如桔梗、新疆党参、龙胆的花（图12-58c）。

黄花夹竹桃
a. 花冠裂片旋转状
排列

美国凌霄
b. 花冠裂片覆瓦状
排列

黄常山
c. 花瓣镊合状
排列

图 12-57　花被的排列方式

（11）高脚碟状花冠（salverform corolla）　花冠下部是狭圆筒状，上部突然成水平状扩大，如长春花、水仙花（图12-58d）。

（12）坛状花冠（urceolate corolla）　花冠筒膨大成卵形或球形，上部收缩成一短颈，然后略扩张成一狭口，如马醉木、蓝壶（图12-58e）。

（13）辐状花冠（rotate corolla）　花冠筒短，裂片由基部向四面扩展，状如车轮，如番茄、茄（图12-58f）。

（14）十字形花冠（cruciform corolla）　花冠具4片同形的花瓣，呈十字形排列，如油菜等十字花科植物（图12-58g）。

（15）蝶形花冠（papilionaceous corolla）　花冠成下降覆瓦状排列，如蝶形花亚科植物，最上1片花瓣最大，称旗瓣，处于最外方；侧面2片花瓣通常较旗瓣为小，且与旗瓣不同形，称翼瓣；最下2片，其下缘稍合生，状如龙骨，称龙骨瓣（图12-58h）。当花最上方的1花瓣最小，被两侧的花瓣覆盖，位于最内方时，构成假蝶形花冠（pseudopapilionaceous corolla），其花瓣成上升覆瓦状排列，如苏木亚科植物金凤花（图12-58i）。

（16）唇形花冠（labiate corolla）　花冠呈二唇形，上面（后面）2裂片多少合生为上唇，下面（前面）3裂片为下唇，亦称2/3式二唇形，如连钱草（图12-58j）。当上唇有4个裂片，下唇有1个裂片时，称4/1式二唇形；当花冠裂片全部成单独的下唇时，称单唇形花冠。

（17）舌状花冠（ligulate corolla）　花冠基部成一短筒，5个裂片向一边展开并结合成扁平舌状，如菊科菊苣族植物（以蒲公英为例）头状花序中的花（图12-58k）。

（18）假舌状花冠　花冠筒的5个裂片中，3个裂片向一边结合成舌状展开，另一边的2个裂片退化，如非洲菊近边缘的一部分花（图12-58l）、向日葵的边缘花。

（19）距（spur）　在花萼或花冠一边基部延伸成的管状突起，里面分泌、贮藏蜜汁，如凤仙花、旱金莲（图12-59）、柳穿鱼等。

a. 管状花冠　　　　b. 漏斗状花冠　　　　c. 钟状花冠　　　　d. 高脚碟状花冠

e. 坛状花冠　　　　f. 辐状花冠　　　　g. 十字形花冠　　　　h. 蝶形花冠

i. 假蝶形花冠　　　　j. 唇形花冠　　　　k. 舌状花冠　　l. 假舌状花冠

图 12-58　花冠的类型

图 12-59　距

（三）雄蕊的形态

根据雄蕊的发育程度、花丝是否合生、花药在花丝上的着生位置、花药开裂方式等，雄蕊有以下几种形态及相关重要术语：

1. 雄蕊的类型

（1）四强雄蕊（tetradynamous stamen）　雄蕊6枚，其中外轮的2个较短，内轮的4个较长，如十字花科植物（图12-60a）。

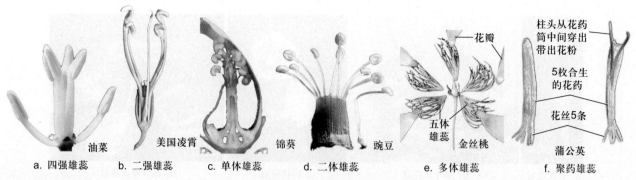

图 12-60 雄蕊的类型

a. 四强雄蕊（油菜）　b. 二强雄蕊（美国凌霄）　c. 单体雄蕊（锦葵）　d. 二体雄蕊（豌豆）　e. 多体雄蕊（金丝桃）　f. 聚药雄蕊（蒲公英）

（2）二强雄蕊（didynamous stamen）：雄蕊4枚，2个较长，另2个较短。如唇形科的一些种，玄参科金鱼草、泡桐，紫葳科美国凌霄等（图12-60b）。

（3）单体雄蕊（monodelphous stamen）　花药完全分离而花丝联合成1束，如陆地棉、锦葵（图12-60c）。

（4）二体雄蕊（diadelphous stamen）　花药完全分离而花丝联合成2束，如蚕豆、豌豆等（图12-60d）。

（5）三体雄蕊（tridelphous stamen）　花药完全分离而花丝联合成3束，如小连翘。

（6）多体雄蕊（polydelphous stamen）　花药完全分离而花丝联合成4束以上，如蓖麻、金丝桃（图12-60e）。

（7）聚药雄蕊（synantherous stamen）　花药互相连合而花丝分离，如蒲公英（图12-60f）。

2. 花药着生位置

（1）底着药（innate anther）　花丝顶端直接与花药基部相连，如醉蝶花（图12-61a）。

（2）贴着药（adnate anther）　也称背着药，花药背部全部贴着在花丝上，如翼柄山牵牛（*Thunbergia alata*）（图12-61b）。

（3）丁字形着药（versatile anther）　花丝顶端与花药背面的一点相连，整个雄蕊犹如丁字形，如百合（图12-61c）。

（4）个着药（divergent anther）　药室基部张开而上部着生于花丝顶部，如一品红（图12-61d）。

3. 花药开裂方式

（1）内向药（introrse）　花药向着雌蕊一面开裂，如樟的第1、2轮雄蕊。

（2）外向药（extrorse）　花药向着花冠一面开裂，如樟的第3轮雄蕊。

（3）花药纵裂　花药成熟时，沿2花粉囊交界处成纵向裂开，如苋、油菜、牵牛、百合、毛蕊花等（图12-62a）。

（4）花药横裂　花药成熟时，沿花药中部成横向裂开，如木槿、蜀葵、陆地棉等（图12-62b）。

（5）花药孔裂　花药成熟时，在顶端开一小孔，花粉由小孔散出，如茄、杜鹃等（图12-62c）。

（6）花药瓣裂　花药成熟时，在侧壁上形成1个小瓣，花粉由小瓣上翘形成的孔散出，如樟、月桂、日本小檗（图12-62d）。

4. 被丝托（hypanthium）

被丝托是指由花被、花丝的基部和花托的延伸部分联合而成的碟状、杯状至坛状的结构，主要出现在蔷薇科、部分豆科、虎耳草科、瑞香科、野牡丹科、八角枫科、茜草科、桔梗科、桃金娘科、五加科等植物的花中。如草莓、桃（图12-63）、梨、吊钟海棠。此前有译做"托杯"、"托附杯"、"花筒"的，但其含义不能一目了然，也没能说明它的组成部分，更有错误地称其为"萼筒"或"花托"的。

🔍 12.3　"hypanthium"的中文译名问题

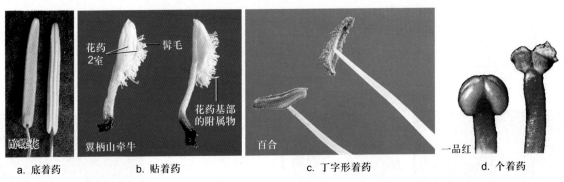

花药2室　髯毛

花药基部的附属物

醉蝶花

翼柄山牵牛

百合

一品红

a. 底着药　　　b. 贴着药　　　　　c. 丁字形着药　　　　d. 个着药

图 12-61　花药的着生方式

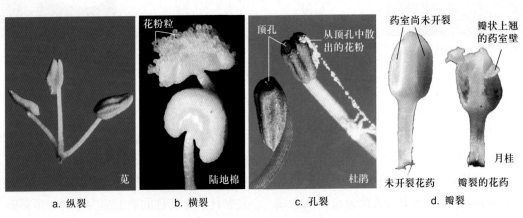

花粉粒

顶孔　从顶孔中散出的花粉

药室尚未开裂

瓣状上翘的药室壁

月桂

苋

陆地棉

杜鹃

未开裂花药　瓣裂的花药

a. 纵裂　　　　b. 横裂　　　　　c. 孔裂　　　　　d. 瓣裂

图 12-62　花药的开裂方式

被丝托　　桃

图 12-63　被丝托

（四）雌蕊的形态

根据子房位置、构成雌蕊的心皮数目及合生与否、胎座类型等，雌蕊有以下几种形态及其相关重要术语：

1. 子房位置

（1）子房上位（superior ovary）　花萼、花冠和雄蕊群着生在雌蕊下方，雌蕊的位置要比其他各部分高，称为子房上位。子房上位有两种情况，一种是无被丝托的，称为下位花（hypogynous flower），如大籽猕猴桃（图12-64a）、芸薹、毛茛、牡丹、蚕豆等；另一种是有被丝托的，花托下陷，但被丝托和子房壁并不相连，称为周位花（perigynous flower），如蔷薇、月季、桃等（图12-64b）。

（2）子房下位（inferior ovary）　被丝托呈杯状，子房壁和被丝托完全愈合，称为子房下位，这种花为上位花（epigynous flower），如梨、苹果、黄瓜、吊钟海棠（图12-64c）等。

（3）子房半下位（half-inferior ovary）　被丝托呈杯状，子房壁的下半部与被丝托愈合，称为子房半下位，也把这类花称为周位花，如忍冬、接骨木、虎耳草（图12-64d）等。

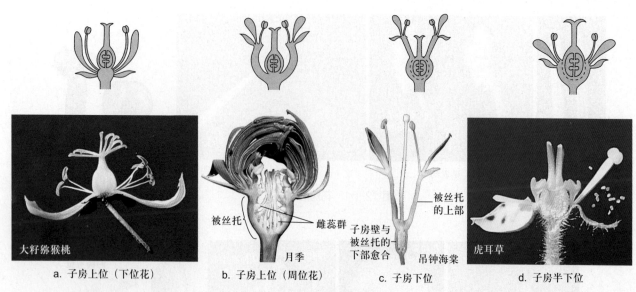

图 12-64 子房位置

a. 子房上位（下位花）　大籽猕猴桃
b. 子房上位（周位花）　月季　被丝托　雌蕊群
c. 子房下位　吊钟海棠　被丝托的上部　子房壁与被丝托的下部愈合
d. 子房半下位　虎耳草

2. 雌蕊类型

（1）单雌蕊（simple pistil） 一朵花中的雌蕊只是由一个心皮所构成，称为单雌蕊，如蚕豆、豌豆（图12-65a）；一朵花中有彼此分离的几个或多个心皮，因而各雌蕊也彼此分离，称为离生雌蕊（apocarpous pistil），亦属单雌蕊，在这种情况下把全部雌蕊称作雌蕊群，如玉兰、毛茛、梧桐（图12-65b）等。单雌蕊是通过心皮两侧边缘，向内包卷愈合而成。边缘愈合的部分形成一条缝线，称为腹缝（ventral suture），心皮的中肋处的一条缝线，称背缝（dorsal suture），在这两条缝线处都有维管束分布。单雌蕊的子房为单子房。

（2）复雌蕊（compound pistil） 一朵花内有几个相互联合的心皮，构成一个复雌蕊，亦称合生雌蕊（syncarpous pistil），如棉、番茄等。复雌蕊各部分的联合情况不同，有子房、柱头和花柱全部联合的，如百合；也有子房和花柱联合而柱头分离的，如西番莲；也有只是子房联合而柱头、花柱彼此分离的，如一品红（图12-65c）。复雌蕊的腹缝位于2个心皮彼此愈合的部分，如果复雌蕊是由3个心皮合成的，则可见到3条腹缝，相应的另有3条背缝，出现在3个心皮的背面中肋处。复雌蕊的子房为复子房。

（3）合蕊柱（gynostemium） 位于花的中央，为雄蕊与花柱（包括柱头）的合生体，如兰科、萝摩科等。在兰科植物中，形状多种，常为一肉质的柱状体；合蕊柱的最上部为花药，顶部前方常具一突起称蕊喙（rostellum），是由柱头的不育部分演变来的（图12-66）。

3. 胎座、胎座式和胎座框 胚珠在子房室内着生之处称为胎座（placenta）。胎座在子房内着生的方式称为胎座式（placentation），常见的胎座式有下列5种：

（1）边缘胎座式（marginal placentation） 一室的单子房，胚珠沿心皮的腹缝成纵行排列，如蚕豆、梧桐、豌豆、日本樱花（图12-67a）。

（2）侧膜胎座式（parietal placentation） 一室的复子房，胚珠沿着相邻二心皮的腹缝排列，成为若干纵行，如罂粟、三色堇、海桐（图12-67b）。

（3）中轴胎座式（axial placentation） 合生心皮、多室子房的中轴是由各心皮的腹缝合生成，胚珠依然着生于每一心皮的边缘上（即中轴上），如扶桑、橙、百合、金鱼草（图12-67c）等。

（4）特立中央胎座式（free central placentation） 多室复子房的隔膜消失后，胚珠着生在由中轴残留的中央短柱周围，如石竹、报春花（图12-67d）、

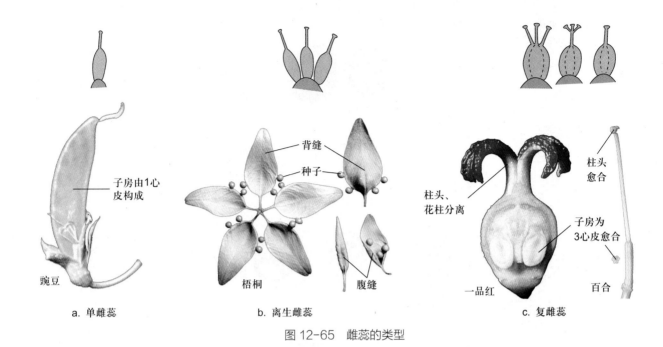

图 12-65　雌蕊的类型

a. 单雌蕊　　b. 离生雌蕊　　c. 复雌蕊

子房由1心皮构成

豌豆

背缝
种子
腹缝

梧桐

柱头、花柱分离
一品红

柱头愈合
子房为3心皮愈合
百合

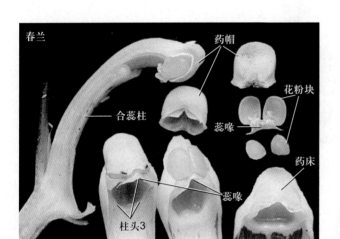

图 12-66　合蕊柱

春兰

药帽
花粉块
蕊喙
药床
合蕊柱
蕊喙
柱头3

马齿苋等。特立中央胎座式的中央短柱也可能是心皮基部向子房中央伸长而成的。

（5）基生胎座式（basal placentation）和顶生胎座式（pendulous placentation）　胚珠着生于子房室的基部或子房室的顶部，前者如菊科植物、粉叶小檗（图12-67e）；后者如桑、莲（图12-67f）等。

胎座框（replum）　角果中着生种子的框架。胎座框上长有一层半透明的薄膜，称为假隔膜（false dissepiment），如青菜（图12-68）。

六、果实类型

果皮由子房壁发育而成的称为真果（true fruit）。有花被、花托以至花序轴参与果实组成的称为假果（spurious fruit，false fruit）。一朵花中只有一枚雌蕊，只形成一个果实的，称为单果（simple fruit）。一朵花中有许多离生雌蕊，每一雌蕊形成一个小果，相聚在同一花托之上，称为聚合果（aggregate fruit），如莲、草莓、悬钩子、蛇莓（图12-69a）、毛茛等。如果果实是由整个花序发育而来，花序也参与果实的组成部分，就称为聚花果（collective fruit）或复果（multiple fruit），如桑、凤梨、无花果等（图12-69b）。按果皮的性质来划分，有肥厚肉质的，称肉果（fleshy fruit）；也有果皮干燥无汁的，称干果（dry fruit）。肉果和干果又各区分若干类型。

（一）肉果

肉果的果皮往往肥厚多汁。按果皮来源和性质不同而分为以下几类：

（1）浆果（berry）　由一至多室的复子房形成，柔嫩、肉质而多汁，内含多数种子的果实称浆

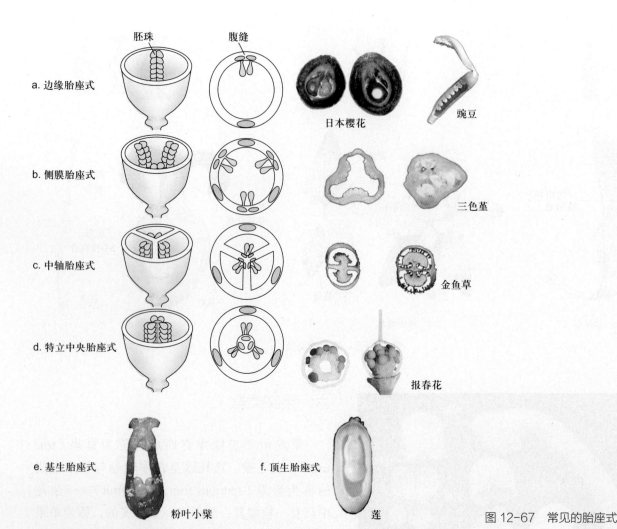

a. 边缘胎座式

胚珠　腹缝

日本樱花　豌豆

b. 侧膜胎座式

三色堇

c. 中轴胎座式

金鱼草

d. 特立中央胎座式

报春花

e. 基生胎座式

粉叶小檗

f. 顶生胎座式

莲

图 12-67　常见的胎座式

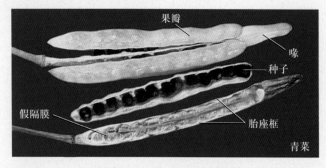

果瓣

喙

种子

假隔膜

胎座框

青菜

图 12-68　胎座框及假隔膜

果。如葡萄、番茄（图12-70a）、柿等。葡萄的果实中有4个核，看似和冬青的4个小核一样的核果，实际上它坚硬的种皮由珠被形成，所以葡萄是浆果。葫芦科植物的果实称为瓠果（pepo），果实的肉质部分是子房和被丝托共同发育而成的，属于假

果。柑橘类的果实称橙果或柑果（hesperidium），是由多心皮具中轴胎座的子房发育而成，如常见的柑橘（图12-70b）、柚、柠檬等。它的外果皮与中果皮结合成外中果皮，坚韧革质，有很多油囊分布，在外中果皮的下面即中果皮内层有白色的海绵组织，其中含有维管束（即橘络）。内果皮膜质，分为若干室，称为瓤瓣。室内充满含汁的多细胞囊状毛，由子房内壁的茸毛发育而成，是这类果实的食用部分。瓤瓣内具有种子。

（2）核果（drupe）　具有一个或数个硬核的肉质果，外果皮薄，中果皮肉质或纤维质，内果皮坚硬，每室常一颗种子，如桃、梅、李、杏（图12-70c）等。冬青的果实中子房室的内壁形成4个小核，也属核果，每个小核特称为分核。

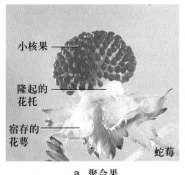

a. 聚合果　　　　　　　　b. 聚花果

图 12-69　聚合果与聚花果

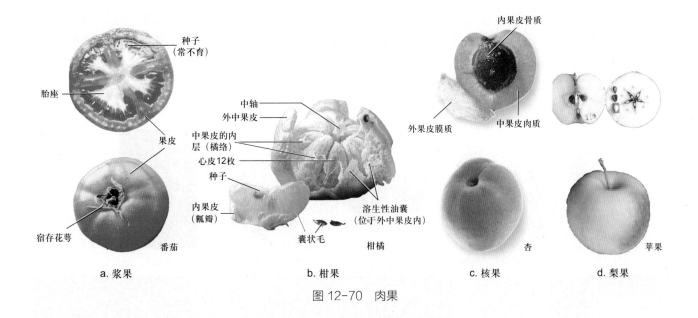

a. 浆果　　　　　b. 柑果　　　　c. 核果　　　　d. 梨果

图 12-70　肉果

（3）小核果（drupelet） 悬钩子、蛇莓等的聚合果是由多数离生心皮的雌蕊聚生在花托上而形成的，其中每个小果实是由一个离生心皮形成的小型核果，称为小核果。

（4）梨果（pome） 指蔷薇科苹果（图12-70d）、梨、枇杷、山楂、石楠等的果实，由被丝托和心皮愈合形成，所以是一类假果。

（二）干果

果实成熟以后，果皮干燥，有的果皮能自行开裂，为裂果（dehiscent fruit）；也有即使果实成熟，果皮仍闭合不开裂的，为闭果（indehiscent fruit）。根据心皮结构的不同，干果又可区分为如

下几种类型：

（1）荚果（legume） 专指豆科植物的果实，是由单心皮、上位子房发育成的果实，成熟后，果实沿背缝和腹缝两缝开裂，如大豆、豌豆、蚕豆等；有的虽具荚果形式，但并不开裂，如落花生、合欢、皂荚等；也有的荚果呈分节状，成熟后也不开裂，而是节节脱落，每节含1粒种子，这类荚果称为节荚，如决明、含羞草、长柄山蚂蟥等；有的荚果呈螺旋状，如海红豆、苜蓿的果实，或圆柱形分节，作念珠状，如槐的果实（图12-71a）。

（2）长角果和短角果 由2心皮组成的雌蕊发育而成，子房1室，被假隔膜隔成假二室，为十字花科特有。果实细长，长超过宽好多倍，称为长角

果（silique）（见图12-68），如芸薹、萝卜、甘蓝、无腺花旗杆等；另有一些短形的，长宽之比几乎相等，称为短角果（silicle），如荠菜、菥蓂等（图12-71b）。

（3）蓇葖果（follicle） 由单心皮或离生心皮发育而成的果实，成熟后只由一面开裂。有沿心皮腹缝开裂的，如梧桐、牡丹、芍药、八角等的果实；也有沿背缝开裂的，如木兰、白玉兰等（图12-71c）。

（4）蒴果（capsule） 由合生心皮的复雌蕊发育而成的果实，子房有一室的，也有多室的，成熟时按3种方式开裂（图12-71d）：①纵裂（longitudinal dehiscence），裂缝沿心皮纵轴方向分

开，又可分为：室间开裂（septicidal dehiscence），即沿心皮腹缝相接处裂开，如马兜铃、薯蓣等；室背开裂（loculicidal dehiscence），沿心皮背缝处开裂，如猴欢喜、苦皮藤、草棉、酢浆草、紫花地丁等。乌桕兼具室背开裂和室间开裂两种方式。室轴开裂（septifragal dehiscence），即果皮沿室间或室背开裂，但子房隔膜与中轴仍相连，如牵牛、茑萝等。②孔裂（porous dehiscence），子房各室上方裂成小孔，种子由孔口散出，如丽春花、罂粟、金鱼草等。③周裂（circumscissile dehiscence），一室的复雌蕊，成熟后果实成盖状横裂，如樱草、马齿苋、车前、鸡冠花等，周裂的蒴果也称盖果（pyxis）。

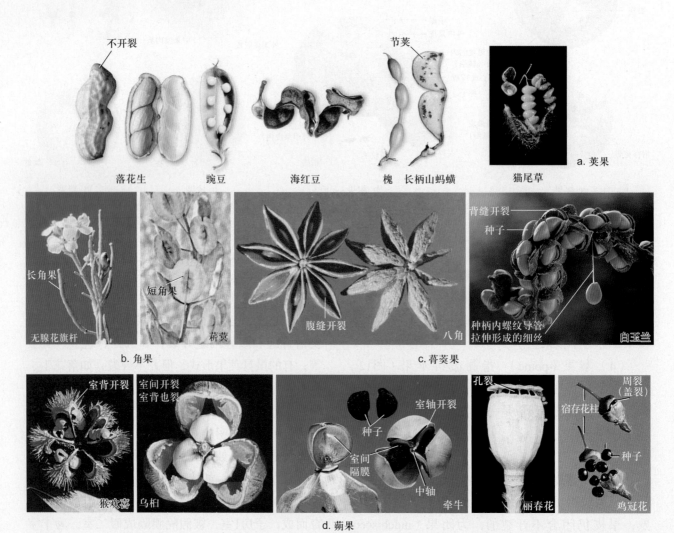

图 12-71 裂果类型（一）

（5）瘦果（achene） 由1心皮构成的小型闭果，内含1枚种子，成熟时果皮与种皮仅在一处相连，易于分离。如白头翁、毛茛（图12-72a）。菊科、蓼科的果实，因其心皮多于1，不属于瘦果。

（6）下位瘦果（cypsela） 由2心皮的下位子房发育而成，具单个种子的不开裂干果，成熟时果皮与种皮仅在一处相连，易于分离。如菊科植物的果实（图12-72b）。以前称"连萼瘦果"，因为果外面相连的是被丝托，而不仅仅是花萼，所以这里改称下位瘦果，亦特称菊果。

（7）翅果（samara） 翅果的果实本身具瘦果性质，但果皮延展成翅状，有利于随风飘飞，如榆、飞蛾槭、臭椿等植物的果实（图12-72c）。

（8）颖果（caryopsis） 颖果的果皮薄，革质，只含一粒种子，果皮与种皮紧密愈合不能分离。颖果小，易误认为是种子，如水稻、小麦、玉米等，是禾本科植物特有的果实类型（图12-72d）。

（9）坚果（nut） 外果皮坚硬，含一粒种子的干果，通常由合生心皮的子房形成果实，如榛子、

大黄、荞麦、莛草等。麻栎、栗等果实由下位子房形成，由变形的总苞（即壳斗）包围，特称为槲果（glans）（图12-72e）。

（10）双悬果（cremocarp） 由2心皮中轴胎座的子房发育而成，成熟后心皮分离成两瓣（悬果瓣），并列悬挂在中央悬果柄上，果皮干燥，不开裂。双悬果是一种分果。分果是由1个中轴胎座式的子房形成，成熟时各心皮分离成瘦果或菁葵果状的果，如峨参、胡萝卜、小茴香、苘麻、蜀葵、蒺藜的果实（图12-72f）。

（11）胞果（utricle） 亦称"囊果"，是由合生心皮形成、具一枚种子、成熟时不开裂的干果，果皮薄，疏松地包围种子，极易与种子分离，如藜、滨藜、地肤、琐琐等的果实（图12-72g）。

（12）小坚果（nutlet） 子房由2心皮中轴胎座式构成，子房壁凹陷成4室，每室含1胚珠，成熟时裂成4个果瓣，每个果瓣仅含半个心皮和一颗种子，称为一个小坚果，如唇形科、紫草科和马鞭草科部分种的果实（图12-72h）。

a. 瘦果　　b. 下位瘦果（菊果）　　c. 翅果

d. 颖果　　e. 槲果　　f. 双悬果　　g. 胞果　　h. 小坚果

图 12-72　裂果类型（二）

七、器官表面形态及质地

（一）器官表面形态

棘刺（thorn/spine） 由枝条、叶柄、托叶或花序柄变成的刺，刺内有维管组织，如贵州石楠（图12-73a）。

皮刺（prickle） 由枝条、叶、花萼等的表皮细胞形成的刺，刺内无维管组织，如玫瑰（图12-73b）。

具柔毛的（pilose） 毛柔软而易弯曲但不交织，不伏贴于表面，如中华胡枝子（图12-74a）。

具绵毛的（lanate） 毛长而柔软、密而卷曲缠结、但不贴伏，如鼠麴草（图12-74b）。

具毡毛的（manicate） 短而柔软、缠结的毛，如野苎麻（图12-74c）。

a. 贵州石楠　　　　b. 玫瑰

图 12-73　棘刺和皮刺

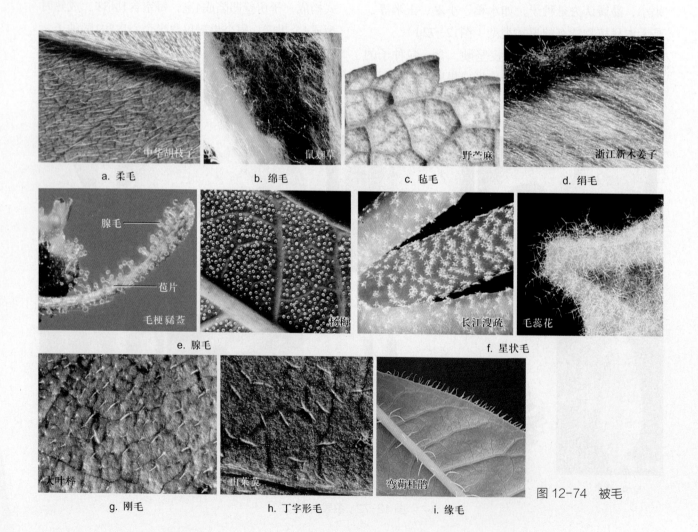

a. 柔毛　　　　b. 绵毛　　　　c. 毡毛　　　　d. 绢毛

腺毛

苞片

毛梗豨莶

杨梅　　　　长江溲疏　　　　毛蕊花

e. 腺毛　　　　f. 星状毛

大叶栎　　　　山茱萸　　　　弯蒴杜鹃

g. 刚毛　　　　h. 丁字形毛　　　　i. 缘毛

图 12-74　被毛

具绢毛的（sericeous） 长而直的、柔软贴伏的、有丝绸光亮的毛，如浙江新木姜子（图12-74d）。

具腺毛的（glandular） 毛具有腺体，如毛梗豨莶、杨梅（图12-74e）。

具星状毛的（stellate） 毛的分枝向四方辐射如星芒状或树枝状，如长江溲疏、毛蕊花（图12-74f）。

具刚毛的（hispid） 密而直立的、直或者多少有些弯的，触之糙硬、有声、易断的毛，如大叶榉（图12-74g）。

具丁字形毛的（T-shaped） 毛的两分枝成一直线，恰似一根毛，而其着生点不在基部而在中央，呈丁字状，如山茱萸（图12-74h）、多花木蓝。

具缘毛的（ciliate） 毛限生于扁平状器官的边缘，常为流苏状、睫毛状，如弯蒴杜鹃（图12-74i）。

（二）器官的质地

草质的（herbaceous） 质地薄，离体后易因失水而柔软变形，多数草本植物具有草质叶，如黄鹌菜（图12-75a）。

纸质的（papyraceous/chartaceous） 质地似纸，如紫荆（图12-75b）。

革质的（coriaceous） 质地如皮革，如柊树、厚皮香（图12-75c）。

肉质的（succulent） 肥厚而多汁的，如玉树（图12-75d）。

膜质的（membranous） 薄而柔软，有韧性且多少呈半透明的薄膜状，如一些蓼科植物（荭草）的托叶鞘（图12-75e）。

干膜质的（scarious） 薄、干而膜质，脆，多为非绿色，如鸡冠花花瓣的边缘部分（图12-75f）。

八、被子植物形态的多样性和演化的连续性

被子植物的形态特征，变化极其多样，在任何两个相关特征之间，都可能找到亦此亦彼或非此非彼的过渡形态。在学习中，经常会碰到这样一些与典型概念似是而非的形态特征，无法将它们归到任何一个现成的概念中去。本节前述形态术语只阐述了被子植物中最基本的形态，以下是几个说明被子植物形态结构的连续性和多样性的例子：

白车轴草（*Trifolium repens*） 花序顶生，无总苞，常被看作头状花序。实际上花有明显的花柄，缺总苞，与头状花序不同；又似伞形花序，但花序轴伸长了，花不在同一点上着生；也似穗状花序，但花有柄、穗轴又不够长（图12-76）。

八角金盘（*Fatsia japonica*） 是由伞形花序集合成的圆锥状花序。总的开花方式是，顶端的伞形花序先开，侧生伞形花序后开，这种开放顺序是聚伞花序所有，因此将其套用上述各种类型的花序都不恰当，实际是由伞形花序组成的有限圆锥花序（图12-77）。

a. 草质　黄鹌菜　　b. 纸质　紫荆　　c. 革质　薄革质 柊树 厚革质 厚皮香　　d. 肉质　玉树　　e. 膜质　膜质的托叶鞘 荭草　　f. 干膜质　鸡冠花

图 12-75　叶片的各种质地

图 12-76　白车轴草花序　　　　　　　图 12-77　八角金盘花序

婆婆纳（*Veronica polita*）　通常每一种植物都有一定的叶序，但这个种基部的叶对生，上部的叶互生，如何判断它的叶序呢？每一朵花单生在一个叶腋里，也可以认为这是一个总状花序，即每一朵花是长在苞腋里的。这就引出了一个观点：苞片和叶片是同源的，两者有时是无法区别的。

石榴（*Punica granatum*）　通常认为石榴富含水分，是浆果，但成熟时是开裂的，它应该是蒴果，但它又不是干燥开裂，而且它是子房下位的假果。将这种果实定为哪一种类型都不合适。从胎座式来看，石榴的子房由两轮心皮构成，上轮为有中轴和纵隔膜的侧膜胎座式，下轮为中轴胎座式，两轮之间有一层横隔膜隔开。可见石榴的胎座式也是不能归类到现成的概念中去的（图12-78）。

应该认识到，把植物界的连续的现象划分出阶段，这是人们为了研究与学习的方便。我们既要严格掌握每一个术语的标准，又要灵活运用，防止用死板的、孤立的方法去套用形态术语。下面几点，希望引起大家注意：

（1）尊重约定俗成的用法　如八角茴香是一个聚合果，但传统上只认其每一个果瓣为"蓇葖果"；悬铃木的果实是一个球形的聚花果，传统上只认每一个小果，称它为"坚果"，以区别于能食用的聚花果；夹竹桃的果实的确是中轴胎座发育成的分果，传统上只提每个心皮形成的蓇葖果；豆科植物的果实多样，完全可以另立名称，但一律称为"荚果"，这是一个约定俗成的问题，应该尊重，不能推翻。

（2）瘦果的概念　瘦果是最简单的、最早出现的果实之一，把经过演化产生的、心皮结合的荞麦和子房下位的菊科果实摒弃在瘦果之外，是有道理的；但是野牡丹科、桃金娘科、柳叶菜科、五加

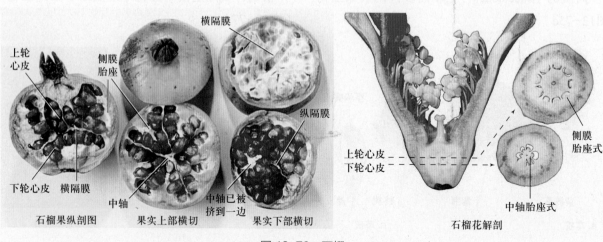

图 12-78　石榴

科、胡桃科等的果实也都是子房下位由被丝托参与形成的果实，传统都忽略子房的位置，称作浆果、核果、坚果等。从道理上说，可以在果实前面都加上"下位"两个字。是否应该这样做呢？我们认为，不必使问题复杂化，否则会造成混乱。英国植物学家伦德勒（A. B. Rendle）1937年在菊科的描述中早就用了"下位瘦果"一词；同时他正确地指出蓼科的果实是干燥而包含一枚种子的坚果，这也否定了3心皮的荞麦也是瘦果的传统看法，进一步明确了瘦果是1心皮的干燥果实的概念。

（3）必须更改的地方　草莓的聚合果上一颗颗小型的果实，它的果皮柔软不干燥，是小核果，以前误称瘦果；无花果、桑是聚花果，它的每一个果实的果皮富含水分，是核果，以前误称瘦果、小核果；马铃薯的花序是聚伞花序，有的写成伞房花序；"先出叶"一词由于所指的范畴过于宽泛，已有学者在《美国植物学杂志》上著文主张取消。这些问题可能是前人受条件所限，观察不当造成的，今天应予以纠正。

（4）避免错误地综合　如鸡冠花为3心皮1室、果皮蓬松的开裂的果实（图12-79），克郎奎斯特（A. Cronquist）和劳伦斯（H. M. Lawrence）称其为"一室的周裂蒴果"，而伦德勒称它为"胞果横裂"，在理解上都没错。这告诉我们，不同时期、不同人编制的检索表，会有不同的表述，这是随着

图12-79　鸡冠花的果实

学科的发展、认识的深入而变化的。我们既要掌握基本的概念，又要灵活运用，但是切忌人云亦云，看到这本书上写"蒴果"，那本书上写"胞果"，就来一个"综合"，认为"果实是胞果和蒴果"，这就是根本上的错误了。

另外，牻牛儿苗科、萝藦科、石蒜科、葱属的花序为聚伞式开放的有限伞形花序，有别于伞形科、五加科向心式开放的无限伞形花序；头状花序也包含两种类型：一是菊科等的无限头状花序，另一种出现在桑科和荨麻科中的有限头状花序；圆锥花序、柔荑花序、伞房花序等都有无限和有限之别，教材只举了常见的一类；栀子的胎座式，厚皮香和菱角的果实类型，伞形科的叶是单叶还是复叶等等，都难以套用标准的概念。

本书基本上按照克朗奎斯特的被子植物分类系统介绍各类群，同时，为了方便查阅参考书还略作调整。被子植物分为两个纲——双子叶植物纲（木兰纲）和单子叶植物纲（百合纲），它们的基本区别见图12-80。

图中所示的区别点只是相对的、综合的，实际上有些特征常有交错的现象。归纳起来有以下4点：

第一、一些双子叶植物科中有1片子叶的现象，如：睡莲科、毛茛科、小檗科、罂粟科、胡椒科等。

第二、毛茛科、睡莲科、石竹科等双子叶植物科中有星散维管束，而有些单子叶植物的幼期也有

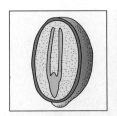
子叶两片

叶脉网状

花被常4或5基数

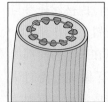
茎内初生维管束环状

a

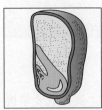
子叶一片

叶脉平行

花被常3基数

茎内初生维管束散生

b

图 12-80　双子叶植物纲（a）与单子叶植物纲（b）的基本区别图示

环状排列的维管束，并有初生形成层。

第三、单子叶植物的天南星科、百合科等也有网状脉。

第四、双子叶植物的樟科、木兰科、小檗科、毛茛科有3基数的花，单子叶植物的眼子菜科、百合科有4基数的花。

🔖 12.4　被子植物的八大纲系统

一、双子叶植物纲（Dicotyledoneae）[木兰纲（Magnoliopsida）]

（一）木兰亚纲（Magnoliidae）

木本或草本。花多面对称（辐射对称）或单面对称，常下位；花被通常离生，常不分化成萼片和花瓣；雄蕊常多数，向心发育，常呈片状或带状；雌蕊群心皮离生。种子常具胚乳和小胚。植物体常产生苄基异喹啉或阿朴啡生物碱，但无环烯醚萜化合物（iridoid compound）。

本亚纲共有8目，39科，约12 000种。

1. 木兰科（Magnoliaceae）

* $P_{3+3+3}A_\infty G_{\infty:1:1-2}$ （图12-81）

属木兰目（Magnoliales），该目共有木兰科、番荔枝科（Annonaceae）、肉豆蔻科（Myristicaceae）等10科。木兰科是主要代表。

木本。单叶互生，全缘，很少分裂；托叶大，早落，在节上留有痕迹，称托叶环。花单生，两性，多面对称，花被3基数，常为同被花；雄蕊和雌蕊多数，分离，螺旋状排列于伸长的花托上；子房上位（图12-82a）。蓇葖果，稀具翅瘦果（图12-82b）。

本科有13属，200余种。主要分布于亚洲的热带与亚热带，少数分布在北美洲和中美洲，我国有11属，130余种。

（1）木兰属（*Magnolia*）　花顶生，花被多轮，每心皮有胚珠1~2。蓇葖果。玉兰（*M. denudata*），花白色，果背缝开裂。黄山有其野生种群，栽培供观赏（图12-83a）。荷花玉兰（广玉兰）（*M. grandiflora*），叶常绿，革质。花大。原产北美大西洋沿岸。厚朴（*M. officinalis*），落叶乔木，叶大，顶端圆。特产于我国长江流域及华南。树皮、花、果药用。凹叶厚朴（*M. officinalis* subsp.

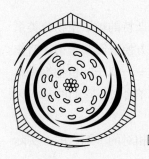

图 12-81　木兰科花图式

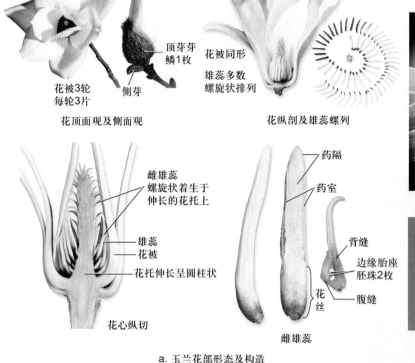

花被3轮
每轮3片

顶芽芽鳞1枚

侧芽

花顶面观及侧面观

花被同形
雄蕊多数
螺旋状排列

花纵剖及雄蕊螺列

雌雄蕊
螺旋状着生于
伸长的花托上

雄蕊
花被

花托伸长呈圆柱状

花心纵切

药隔

药室

背缝
边缘胎座
胚珠2枚
腹缝

花丝

雌雄蕊

a. 玉兰花部形态及构造

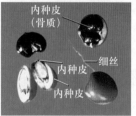

侧芽代替顶芽
继续生长

蓇葖果背缝线
开裂，含种子
1或2

未育
雌蕊
雄蕊与
花被痕

种子悬挂
在细丝上

托叶环

聚合蓇葖果开裂

内种皮
（骨质）

细丝

内种皮

内种皮

种子及带细丝的珠柄

由多数螺纹导管
的次生壁构成

扫描电镜下的一条细丝

b. 玉兰果实及种子

图 12-82　玉兰花、果构造

biloba），叶二浅裂，产我国东部、中南部等。紫玉兰（辛夷、木兰）（*M. liliflora*），叶倒卵形。外轮花被3，小型，花紫红色或紫色。原产湖北。花蕾入药（图12-83b）。

（2）含笑属（*Michelia*）　花腋生，开放时不全部张开，雌蕊群有柄。含笑（*M. figo*），常绿灌木，产华南，花芳香（图12-84）。白兰（*M. alba*），叶披针形，花白色，花瓣狭长有芳香。原产印度尼西亚，我国华南各地有栽培，供观赏。花及叶可提取芳香油和药用。

（3）鹅掌楸属（*Liriodendron*）　叶两侧各具1～3裂片，先端截形。单花顶生，萼片3，花瓣6。具翅坚果不开裂。本属植物自白垩纪至第三纪时广泛分布于北半球。现仅残留2种，分别在北美洲和中国。鹅掌楸（马褂木）（*L. chinense*），产我国长江以南各省区，其叶形奇特，似一件古人穿的

马褂。常栽植于庭园，树皮入药（图12-85a）。北美鹅掌楸（又名百合木）（*L. tulipifera*），叶两侧具1～3裂，产北美洲大西洋沿岸。我国有栽培，供观赏（图12-85b）。

外轮花被3

a. 玉兰

b. 紫玉兰

图 12-83　玉兰、紫玉兰花枝

图 12-84 含笑花枝

a. 鹅掌楸

b. 北美鹅掌楸

图 12-85 鹅掌楸属

木兰目是被子植物中最原始的类群之一，其原始性表现在木本，单叶，互生，全缘，羽状脉；花多面对称，花被无花萼、花冠之分，没有蜜腺、距等特殊的构造，也没有色彩的分化；雄蕊像蕨类植物的孢子叶边缘生有孢子囊，花丝不成丝状，花药不呈球形，花粉单沟型（图12-86）；雌蕊的柱头、花柱、子房三者的分化（区别界线）不明显，边

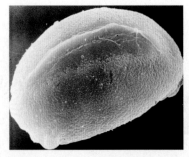

图 12-86 单沟型花粉

缘胎座式；雌雄蕊多数，离生，螺旋状着生，蓇葖果，胚小，胚乳丰富；等等。这些特征比较集中地体现出被子植物初生的原始性状。木兰目的化石在早白垩纪的地层中被发现，是被子植物最古老的化石类群之一。

2. 樟科（Lauraceae）

$* P_{3+3} A_{3+3+3+3} \underline{G}_{(3:1:1)}$（图12-87）

属樟目（Laurales），该目共有蜡梅科（Calycanthaceae）等8科。樟科是主要代表。

木本，仅无根藤属是无叶寄生小藤本。有香气，单叶互生，革质，全缘，3出脉或羽状脉，无托叶。花部小，多面对称，常两性；花3基数，轮状排列，花被2轮；雄蕊4轮，其中1轮退化，花药瓣裂；雌蕊由3心皮构成，子房1室，具1枚悬垂的倒生胚珠（图12-88）。常为核果。种子无胚乳。

本科约45属，2 000～3 500种，主产热带和亚热带。我国产20属，约423种，5变种，多产于长江流域及以南各省区。

（1）樟属（Cinnamomum） 常3出脉。发育雄蕊3轮，花药4室，第1、2轮药内向，第3轮外向，

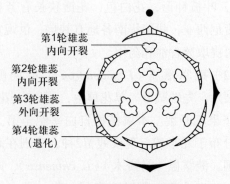

图 12-87 樟科花图式

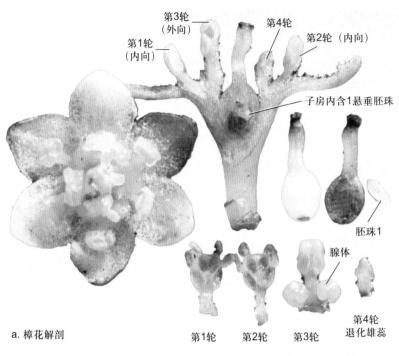

第3轮（外向）
第1轮（内向）
第4轮
第2轮（内向）
子房内含1悬垂胚珠
胚珠1
腺体

a. 樟花解剖
第1轮 第2轮 第3轮
第4轮退化雄蕊

b. 樟果枝

图 12-88 樟

基部有腺体，第4轮为退化雄蕊。圆锥花序。樟树（C. camphora），叶具离基3出脉，脉腋间隆起为腺体。产长江以南。木材及根可提取樟脑，枝、叶、果可提取樟油，为工业、医药及选矿原料。肉桂（C. cassia），叶大，近对生，基出3脉。产华南各省。

（2）木姜子属（Litsea） 叶多为羽状脉。伞形或聚伞花序。药4室，内向；萼6裂。山鸡椒（山苍子）（L. cubeba），叶膜质，背面灰白色，干后黑色。产长江以南。花、叶、果皮是提制柠檬醛的原料，供药用及工业用。

（3）山胡椒属（Lindera） 花单性异株，有总苞4片，花被6~9，雄蕊9，药2室，内向。山胡椒（L. glauca），叶椭圆形，叶背灰白绿色，至冬季枯而不落。主产江南。材用及供提取芳香油用。乌药（L. aggregata），常绿灌木。叶卵形，渐尖头，基出3脉，背面灰白色。产江南各省区。根入药。

（4）无根藤属（Cassytha） 仅无根藤（C. fili-formis）1种，寄生草质藤本，茎线状，借盘状吸器附于寄主上。叶鳞状或退化。穗状花序。浆果球形。产我国南部，全草药用（图12-89）。

植株
茎上的吸器
吸器

图 12-89 无根藤

樟科植物为我国南部常绿阔叶林的主要成分，有许多优良的材用、油料和药用树种，如月桂（Laurus nobilis），原产地中海，叶片可提芳香油，也可作罐头食品的矫味剂（图12-90a）。楠属（Phoebe）、润楠属（Machilus）多种和檫木（Sas-safras tzumu）（图12-90b）均为优良的材用树种。鳄梨（Persea americana），果实大，常梨形，原产热带美洲，我国南方有栽培，是一种营养价值很高的水果。

a. 月桂花枝　　b. 檫木　　图 12-90　月桂与檫木

一般认为，樟目是由木兰目起源的较进化的类群，表现在花部3基数，轮状排列，雄蕊的花丝明显，心皮结合，胚珠少数，花粉无孔或双孔等。

3. 毛茛科（Ranunculaceae）

$* K_{3-\infty} C_{3-\infty} A_{\infty} \underline{G}_{\infty-1:1:1-\infty}$（图12-91）

属毛茛目（Ranunculales），该目还有小檗科（Berberidaceae）、木通科（Lardizabalaceae）、防己科（Menispermaceae）等，共8科。毛茛科是主要代表。

草本，偶为灌木或木质藤本。叶互生，偶对生，常分裂或复叶。花常两性，多面对称，少数为单面对称；萼片常5，有时花瓣状；花瓣缺或2～5至更多；雄蕊多数，分离；雌蕊1至多数，分离，少数心皮合生，每心皮内有胚珠1至多数。蓇葖果、瘦果，极少为浆果、蒴果（图12-92）。

本科有50属，2 000种，广泛分布于世界各地，多见于北温带与寒带。我国有42属，约720种。

（1）毛茛属（*Ranunculus*）　直立草本。花黄色；萼片、花瓣各5，分离，花瓣基部有1蜜腺窝；雄蕊和心皮均为多数，离生，螺旋状排列于凸起的花托上，瘦果集合成头状。本属有300余种。毛茛

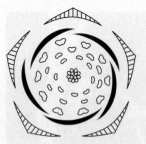

图 12-91　毛茛属花图式

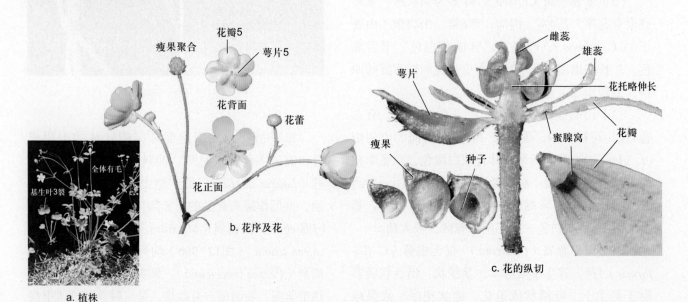

图 12-92　毛茛植株及花部构造

（*R. japonicus*），广泛分布于我国各地，日本、朝鲜也有。全草外用为发泡药，治疟疾、关节炎，也用作土农药。花毛茛（*R. asiaticus*），原产欧洲和亚洲东南部，栽培供观赏。

（2）黄连属（*Coptis*）　黄连（*C. chinensis*），草本。萼片长9～12.5 mm，常反卷。根状茎及须根黄色，味苦，可提取黄连素。产我国中部、南部和西南各省。短萼黄连（*C. chinensis* var. *brevisepala*），萼片较短，长仅6.5 mm，不反卷（图12-93）。产于华东。用途同黄连。

（3）铁线莲属（*Clematis*）　攀缘草本或木质蔓生藤本。羽状复叶对生。花萼4～5，镊合状排列；无花瓣。有230种，我国南北均产。圆锥铁线莲（黄药子）（*C. terniflora*），叶全缘；果橙黄色；花萼4片，早落，利于风媒传粉（图12-94）。威灵仙（*C. chinensis*），藤本，叶干时变黑，小叶5；根入药，能祛风镇痛。本属多个园艺品种供观赏。

（4）乌头属（*Aconitum*）（图12-95）　乌头（*A. carmichaeli*），多年生草本，根肥厚。叶掌状，3至5裂。总状花序；花萼蓝紫色，最上萼片呈盔状；花瓣有2片退化成蜜腺，另3片消失；雄蕊多数；心皮3～5分离。蓇葖果。主产中国。主根即乌头，入药能祛风镇痛，子根为中药"附子"，二者均含多种乌头碱，有大毒（图12-96）。黄花乌头（关白附）（*A. coreanum*），叶3全裂，小裂片条形。萼片5，淡黄色。分布于我国北部及朝鲜、俄罗斯。块根入药。

（5）翠雀属（*Delphinium*）　草本。总状或穗状花序；萼片5，后上方之1片伸长成距；退化雄蕊2，有爪；花瓣2，离生；雄蕊多数；心皮3～7。还

图 12-93　短萼黄连

图 12-94　圆锥铁线莲

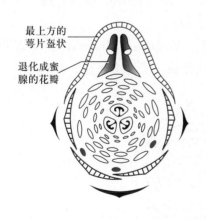

图 12-95　乌头属花图式

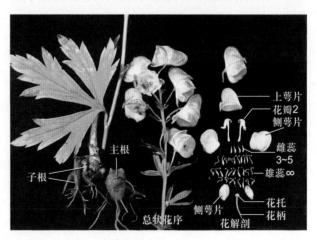

图 12-96　乌头

瘦果密集成头状，宿存花柱密生白毛

花

a   b

图 12-97 尖萼耧斗菜（a）与白头翁（b）

a   b

图 12-98 长瓣金莲花（a）与亚欧唐松草（*Thalictrum minus*）（b）

b. 亚欧唐松草开花时，雄蕊向下便于花粉散出

亮草（*D. anthriscifolium*），叶2~3回羽状全裂。花蓝紫色。广泛分布于我国各地，全草药用。翠雀（*D. grandiflorum*），花色鲜艳，花形特殊，常栽培供观赏。

毛茛科植物含有多种生物碱，多数为药用植物和有毒植物。如：尖萼耧斗菜（*Aquilegia oxysepala*）（图12-97a）、白头翁（*Pulsatilla chinensis*）（图12-97b）、飞燕草（*Consolida rugulosa*）、黄连等。

毛茛目植物雄蕊多数，心皮离生，与木兰目有明显的亲缘关系，它很早就由木兰目分离出来向着两个方向发展。一个是向着草本、虫媒的方向演化，其最原始的代表要数长瓣金莲花（*Trollius macropetalus*）（图12-98a），它的萼片和花瓣都有色彩，多数花瓣基部有蜜腺，说明其已经是适于虫媒的植物了。毛茛的萼片花瓣分化明显，显然比长瓣金莲花进步了，但是它的蜜腺还是敞开的，允许多种昆虫前来采蜜，其中有些昆虫是不传粉的，因此浪费不少，所以它是处于虫媒传粉的中级阶段。乌头属、耧斗菜、还亮草等的蜜腺藏在特殊构造的距内，对采蜜者有更严格的限制，这是植物与昆虫的协同进化达到了高级的程度。另一个是向着风媒的方向演化，铁线莲属、唐松草属是典型的代表。它们的花小而多，仅有的4片萼片张开后极易掉落，无花瓣和蜜腺，花丝随风摆动极易使花粉"飞"走（图12-98b）。花朵形态和功能的这种分化说明，毛茛目在传粉的两个方向上都已发展到了相当高级的程度。

4. 睡莲科（Nymphaeaceae）

* $K_{4-6(-14)} C_{8-\infty} A_{\infty} \underline{G}, \overline{G}, \overline{\underline{G}}_{(3-5-\infty : 3-5-\infty : \infty)}$（图12-99）

属睡莲目（Nymphaeales），该目包括莲科（Nelumbonaceae）、莼菜科（Cabombaceae）、金鱼藻科（Ceratophyllaceae）等，共5科。

水生草本。有根状茎。叶心形、戟形或盾状，浮水（图12-100）。花大，单生；花萼4~6（稀14），有时多少呈花瓣状；花瓣8至多数，常过渡成雄蕊，稀无花瓣；雄蕊多数，螺旋状着生，花药内向；雌蕊由3~5至多数心皮结合成多室子房，子房上位到下位，胚珠多数。果实浆果状，海绵质（至少下部如此），不裂或不规则开裂。

本科有5属，约50种。我国有3属，11种；引种栽培1属，3种。

睡莲（*Nymphaea tetragona*），叶近圆形，基部深心形弯缺。子房半下位，花有白黄、蓝紫、

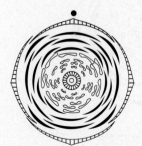

图 12-99 睡莲科花图式

红紫等色。生于池塘或沼泽中。根状茎含淀粉，供食用或酿酒，全草可作绿肥。萍蓬草（*Nuphar pumila*），叶长卵形，基部深心形。萼片5，花瓣状，黄色；花瓣小而长方形。子房上位。根状茎食用，又供药用，花供观赏（图12-101a）。王莲（*Victoria cruziana*），叶圆形，直径1～2.5 m，四周卷起，花大，由白色转为粉红色乃至深紫色。原产南美亚马孙河，我国有栽培，为世界著名观赏植物（图12-101b）。芡实（*Euryale ferox*），叶面脉上多刺。子房下位。果浆果状，海绵质，包于多刺之萼内。食用及药用（图12-101c）。

睡莲目的金鱼藻科，是1个原始的水生多心皮类，表现在花单生，常两性，多面对称，花部3基数，心皮多数、分离等方面。其维管束呈分散状态、花部的3基数均为单子叶植物的特征，因而被看做是单子叶植物的近缘祖先。

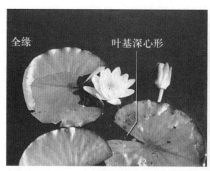

a. 植株

b. 花外形

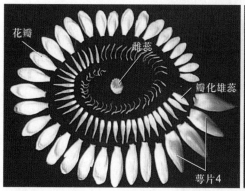

c. 花解剖

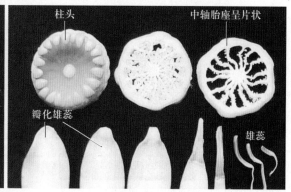

d. 子房横切片及瓣化雄蕊

图 12-100　睡莲形态及其花部构造

a. 萍蓬草

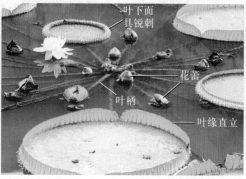

b. 王莲

c. 芡实

图 12-101　睡莲科植物

5. 罂粟科（Papaveraceae）

$*K_2C_{4-6}A_{\infty,4}\underline{G}_{(2-16:1:\infty)}$（图12-102）

属罂粟目（Papaverales），该目还有紫堇科（Fumariaceae）。

草本或灌木，常有黄、白色或红色汁液。叶互生或对生，常分裂，无托叶（图12-103）。花单生或成总状、聚伞或圆锥花序；萼片2（3~4），常分离，早落，呈苞叶状；花瓣4~8或8~16，2轮，覆瓦状排列，稀无花瓣；雄蕊多数，分离，花药2室，纵裂；子房上位，由数个心皮合成1室，侧膜胎座式。蒴果，瓣裂或孔裂。胚乳油质。

本科约26属200余种，主产北温带，以地中海、西亚、中亚至东亚及北美洲西南部为多。我国13属65种。

丽春花（虞美人）（Papaver rhoeas），花瓣4，大型，红色至粉红色，基部有深紫色斑；花丝深紫红色。原产欧洲，栽培供观赏，亦入药。同属植物罂粟（P. somniferum），一年生草本，茎叶及萼片均被白粉。花大，绯红色；花丝白色。其未成熟果实富含乳液，制干后为鸦片，是极易吸食成瘾、对身体危害极大的毒品植物（图12-104）。绿绒蒿属（Meconopsis），主产东亚中国-喜马拉雅地区，有许多著名观赏植物，有些种类如五脉绿绒蒿（M. quintuplinervia）等可药用。博落回（Macleaya cordata），含黄色汁液。叶掌状分裂，背面白色。萼片2，花瓣缺。蒴果扁平。生于长江流域中、下游各省的向阳荒野，全草有大毒，可药用或作农药。白屈菜（Chelidonium majus），为多年生草本，有黄色汁液。叶羽状全裂。产华北、东北、新疆等地，种子含油40%以上，全草入药。

罂粟目在系统分类上，属于多心皮类，除个别属如Platystemon的心皮基部结合、上部分离外，全部是合生心皮，并具有2个以上的侧膜胎座，由

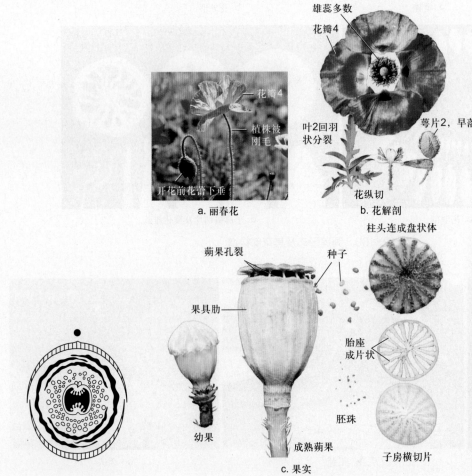

图 12-102　罂粟科花图式　　　图 12-103　丽春花及其花、果　　　图 12-104　罂粟

此推测该目和毛茛目小檗科具有侧膜胎座的类群（足叶草属*Podophyllum*）有联系。

（二）金缕梅亚纲（Hamamelidae）

木本或草本。花常单性，组成柔荑花序或否，通常无花瓣。多半为风媒传粉；胚珠少数。植物体一般含有鞣质，常含原花青素苷、鞣酸和没食子酸，但很少含有生物碱或环烯醚萜化合物。

本亚纲共有11目，24科，3 400种。

6. 榆科（Ulmaceae）

$* K_{4-8}C_0A_{4-8}\underline{G}_{(2:1:1)}$（图12-105）

属荨麻目（Urticales），该目有桑科、大麻科（Cannabaceae）、荨麻科（Urticaceae）等，共6科。

木本。单叶，互生，叶缘常有锯齿，基部常偏斜，羽状脉，直达叶缘。花小，单被花；花萼近钟形，4～8裂，宿存；雄蕊与花被同数而对生，花丝在芽内直伸；子房上位，2心皮，1～2室，每室1胚珠，花柱2。翅果、坚果或核果（图12-106）。

本科有18属，150余种，主要分布在北温带，少见于热带及亚热带。我国有8属，50余种，8变种，全国皆有分布。

榆属（*Ulmus*）的榆树（*U. pumila*）、朴属（*Celtis*）的朴树（*C. sinensis*）（图12-107a）以及榉属（*Zelkova*）多种植物木材坚韧，耐朽力强，是优良的车辆、家具、农具用材树。青檀（*Pteroceltis tatarinowii*），茎皮纤维为安徽宣城、泾县一带所产著

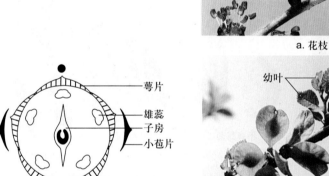

a. 花枝

幼叶

c. 翅果

胚珠1，悬垂

柱头2

雄蕊4

花萼4裂

b. 花解剖

图 12-106 榆树的花和果

萼片

雄蕊

子房

小苞片

苞片

图 12-105 榆科花图式

两性花

雄花

花枝

a. 朴树

核果果枝

三出脉和翅果

b. 青檀

图 12-107 榆科植物

名中国画纸张——"宣纸"的原料（图12-107b）。

榆科植物花被简化，花丝长，伸出花外，柱头扩展，先叶开花，翅果等形态特征都是对风力传播花粉和果实的适应。

7. 桑科（Moraceae）

♂：* K$_4$C$_0$A$_4$　♀：* K$_4$C$_0$G$_{(2:1:1)}$（图12-108）
属荨麻目。

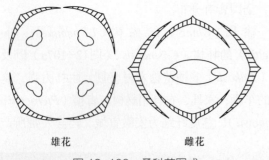

雄花　　　　雌花

图 12-108　桑科花图式

木本。常有乳汁，具钟乳体（cystolith）。单叶互生；托叶明显，早落。花小，单性，雌雄同株或异株；聚伞花序常集成头状、穗状、圆锥状或隐于密闭的总（花）托中而成隐头花序；单被花；花萼4裂；雄花具2或4雄蕊，对萼着生；雌花子房上位，1室，由2心皮结合而成。坚果或核果，有时被肥大增厚的肉质花被所包，并在花序中集合为聚花果。

本科约40属，1 000种，主要分布在热带、亚热带。我国有16属，160余种，主产区位于长江流域以南各省区。

（1）桑属（Morus）　乔木或灌木。叶互生。花单性，柔荑花序；花丝在芽中内弯；子房被肥厚的肉质花萼所包。桑（M. alba）（图12-109），无

a. 桑雄枝与雌枝

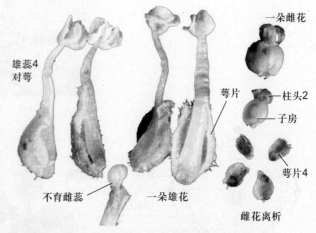

b. 桑花解剖

c. 雌花冰冻切片

d. 桑果枝

e. 桑葚解剖

图 12-109　桑的花及果

花柱，原产我国，各地栽培。桑叶饲蚕，根内皮（称桑白皮）、桑枝、桑叶、桑葚均药用；茎皮纤维可制桑皮纸。鸡桑（*M. australis*），叶常多裂，花柱细长，用途同桑。

（2）榕属（无花果属）（*Ficus*）约1 000种。木本。有乳汁。托叶大而抱茎，脱落后在节上留有环痕。花单性，生于中空肉质总（花）托的内壁上（图12-110a）。榕属植物与膜翅目的昆虫榕小蜂有着密切的共生关系。无花果（*F. carica*），落叶灌木，叶掌状，原产地中海沿岸。果可食或制蜜饯（图12-110b）。印度榕（印度橡皮树）（*F. elastica*），叶大型，厚革质，全缘光滑。原产印度。乳汁含硬橡胶。菩提树（思维树）（*F. religiosa*），叶圆心形，尾尖头。原产印度。榕树（*F. microcarpa*），常绿大乔木，有气生根，广泛分布于我国南部，东南亚亦有分布，生长于村边和山林中。树皮纤维制网和人造棉，提栲胶或入药，亦栽作行道树。薜荔（*F. pumila*），常绿藤本，叶二型，在不生花序的枝上者小而薄，心形，基部偏斜；在生花序的枝上者大，卵状椭圆形。广泛分布于华南、华东和西南。榕属植物是全世界热带森林的主要树种，它们常年开花、常年结果，为众多动物提供食物。它也是构成热带景观（绞杀、独木成林、老茎生花、板根等）的主要树种之一（图12-111）。

（3）构属（*Broussonetia*）落叶木本，有乳汁。雌雄同株或异株。雄花集成圆柱状或头状的聚伞花序，雌花集成头状花序。核果构成头状肉质的聚花果。构树（*B. papyrifera*），乔木，叶被粗茸毛；雌雄异株；聚花果头状，成熟后每个核果的果肉红色，内具1种子；分布广泛，可供绿化、造纸和药用（图12-112）。楮（小构树）（*B. kazinoki*），落叶灌木，雌雄同株；广泛分布在江南各地，树皮作纤维用。

本科植物还有见血封喉（箭毒木）（*Antiaris toxicaria*），常绿乔木，叶矩圆形；乳汁有剧毒，将它与另外几种毒药混合，制成毒箭，可用以猎兽（图12-113a）。现已查明，箭毒是一种生物碱，一旦进入血液便阻断了神经对肌肉的调控，使心脏立即停搏、胸廓骨骼肌的运动停止，导致呼吸停止而死亡。见血封喉分布于云南南部和海南省，印度、中南半岛等地也有。柘（*Cudrania tricuspidata*），落叶灌木或小乔木，具硬棘刺，叶卵形不裂或有时分裂。聚花果近球形，红色，直径2.5 cm。柘广泛分布于我国中部、东部，茎皮作纤维用；根皮和枝药用；叶可饲蚕；果可食并酿酒。构棘（葨芝）（*C. cochinchinensis*），常绿直立或蔓生灌木，叶革质不裂。波罗蜜（木菠萝）（*Artocarpus heterophyllus*），常绿乔木，叶革质，倒卵形，全缘。花单

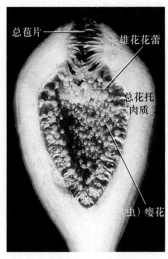

a. 薜荔隐头花序剖面

总苞片
雄花花蕾
总花托肉质
（虫）瘿花

b. 无花果枝条

图12-110 薜荔与无花果

图 12-111　榕属植物形成的热带景观

a. "绞杀"现象，多数不定根从树上往下扎时互相愈合成网状，最后，中间一棵树得不到长粗的空间而死去；b. 榕树"独木成林"现象，不定根从树上挂下，一旦接触地面就成为茎干状，不断加粗；c. 大果榕的老茎生花；d. 榕树的板根

a. 构树雌雄花序枝

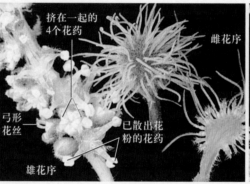

b. 构树花序放大

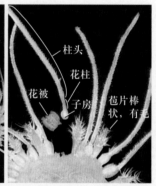

c. 构树雌花序局部，柱头的体积为子房的几十倍

d. 构树聚花果成熟过程

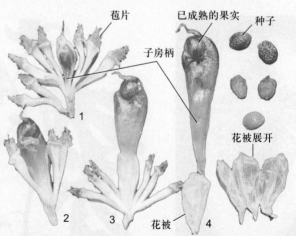

e. 构树聚花果成熟过程中，苞片萎缩，子房柄逐渐伸长（1→4）

图 12-112　构树花序

剧毒乳汁

a. 见血封喉

波罗密果

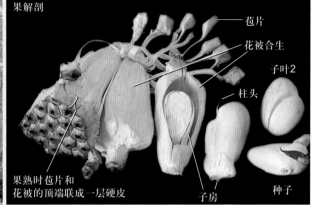

果解剖

苞片
花被合生
子叶2
柱头
果熟时苞片和
花被的顶端联成一层硬皮
子房
种子

b. 波罗蜜

图 12-113　桑科植物

性，雌雄同株，雌花序为椭圆形的假穗状花序，生于树干或大枝上，花被管状，包着子房。聚花果肉质，熟时长25～60 cm，重可达20 kg，外皮有六角形的瘤状突起，是一种热带果树。花被可生食，种子富含淀粉，炒熟食用，树液和叶可供药用（图12-113b）。

桑科是荨麻目中向风媒道路演化的一支，其共同特征是花小，单性，单被或无被，常集成各式花序。榕属是和寄生小蜂在建立互利共生关系中次生发展起来的一类虫媒植物。

8. 胡桃科（Juglandaceae）

♂：$*P_{3-6}A_{8-10}$　♀：$P_{3-5}\overline{G}_{(2:1:1)}$（图12-114）

属胡桃目（Juglandales）。该目还有马尾树科（Rhoipteleaceae），共2科。

<u>落叶乔木</u>。叶互生，<u>羽状复叶</u>，无托叶。<u>花单性</u>，<u>单被</u>，雌雄同株；<u>雄花常为下垂的柔荑花序</u>；花被与苞片合生，不规则3～6裂；雄蕊多数至3个，花丝短，花药直立，2室；雌花无柄，单生或成穗状排列，有苞片；萼片短，4齿裂，与子房合生，浅裂；<u>子房下位</u>，常由2心皮构成1室或不完全的2～4室，花柱2，羽毛状，胚珠1枚，基生。<u>坚果核状</u>，或具翅。种子无胚乳，子叶常皱褶，含油脂（图12-115）。

本科共8属，60余种，分布于北半球。我国有7属，27种，1变种，南北均产。

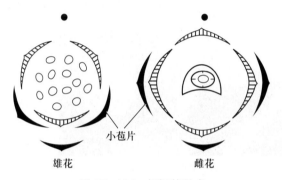

小苞片

雄花　　　　　雌花

图 12-114　枫杨花图式

（1）胡桃属（*Juglans*）　羽状复叶。雌花1～3朵，成穗状。坚果有不规则皱纹，基部2～4室，不开裂或最后分裂为2。坚果为1肉质的"外果皮"所包，成核果状。"外果皮"由2～4裂的苞片和小苞片及4裂的花被所成，先为肉质，干后成纤维质。萌发时亦开裂。该属约15种，我国有5种。胡桃（核桃）（*J. regia*），小叶5～9，全缘或呈波状，无毛（图12-115a）；原产我国西北部和中亚，栽培已有两千多年历史；种子为滋补强壮剂，木材坚实，可制枪托等，为重要的木本油料植物（见图12-115b）。

（2）枫杨属（*Pterocarya*）　总状果序下垂，坚果有翅。枫杨（麻柳、元宝树）（*P. stenoptera*），雌花单生苞腋，左右各有1小苞；花被片4，下部与子房合生；子房下位；坚果，两侧带有小苞片发育

a. 核桃花枝

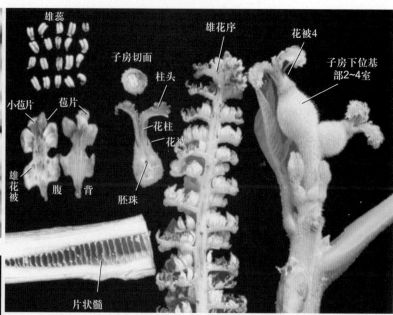

b. 花部解剖

c. 枝、果实、种子、子叶

图 12-115　核桃花、果及种子

而成的翅（图12-116b）。南
北各省均产，栽作行道树。
叶可放养野蚕。

　　山核桃（*Carya cathay-ensis*），果实为著名干果，俗
称"小核桃"。青钱柳（*Cy-clocarya paliurus*）、化香树
（*Platycarya strobilacea*）等均
为重要的绿化树种。

　　**9. 壳斗科（山毛榉科）
（Fagaceae）**

　　♂: * $K_{4-6}C_0A_{4-20}$　♀: K_{3+3}
$C_0\overline{G}_{(3-6:3-6:2)}$（图12-117）

　　属壳斗目（Fagales），该
目还有桦木科（Betulaceae）
等，共3科。

①～④示果实和翅的发育过程

花部解剖

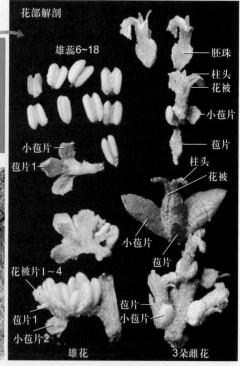

图 12-116　枫杨

木本。单叶互生，羽状脉直达叶缘。花单性，雌雄同株，无花瓣，雄花为柔荑花序；雌花生于总苞内；子房下位，3～6室，每室2胚珠，仅1枚胚珠发育成种子。坚果。总苞花后增大，呈杯状或囊状，称为壳斗，壳斗半包或全包坚果，外有鳞片或刺（图12-118）。

本科植物依不同观点分为6～8属，约800种。主要分布于热带及北半球的亚热带，南半球只有*Nothofagus* 1属。我国有6属，约300种。

（1）栗属（*Castanea*） 落叶乔木，小枝无顶

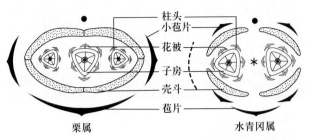

图 12-117 壳斗科
3 个属的雌花花图式

a. 栗花枝

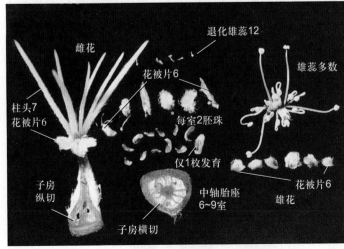

b. 花序解剖

c. 雌、雄花解剖

d. 总苞开裂

图 12-118 栗花枝、花序及总苞

图12-119　苦槠

图12-120　绵柯

芽，借侧芽延长。雄花为直立柔荑花序，雌花单独或2～3朵生于总苞内，子房6（～9）室。总苞全封闭，外有针状长刺。栗（板栗）（*C. mollissima*），叶背有密毛，每总苞内含2～3个榧果。原产我国，为著名的木本粮食作物。锥栗（珍珠栗）（*C. henryi*），总苞内含1个榧果，产华东至华中地区。茅栗（*C. seguinii*），叶背有鳞状腺体，总苞含3个榧果。

（2）锥属（栲属）（*Castanopsis*）常绿乔木，叶全缘或有锯齿。雄花成直立柔荑花序；雌花单生，稀3朵歧伞排列。总苞封闭，有针刺。苦槠（苦槠栲）（*C. sclerophylla*），乔木，叶中部以上有锯齿，背面光亮；是长江以南常绿阔叶林的主要树种之一（图12-119）。红锥（刺栲）（*C. hystrix*），叶背面红棕色。广泛分布于长江以南。甜槠（*C. eyrei*），叶厚革质，卵圆形，基部偏斜，钝尾尖，光滑。除云南和海南外，广泛分布于长江以南。毛锥（南岭栲）（*C. fordii*），叶背密被黄褐色茸毛，叶柄粗壮长仅1～3 mm。壳斗成熟时规则4瓣裂，苞片针刺形基部合成束。

（3）柯属（石栎属、椆属）（*Lithocarpus*）常绿乔木。叶革质，常全缘。雄花成直立柔荑花序；雌花单生。总苞杯状，含榧果1枚。绵柯（长叶石栎、羊角栗）（*L. henryi*），叶长椭圆形，长12～14 cm，全缘，厚革质，光滑。壳斗集成穗状。分布于长江流域及华南（图12-120）。柯（石栎、椆木）（*L. glaber*），叶披针形，厚革质，光

滑，产于江南山地。

（4）青冈属（*Cyclobalanopsis*）多为常绿乔木。雄花序下垂，雌花单生。榧果，仅基部为总苞所包，壳斗的鳞片不分离，结合成同心环状。青冈（*C. glauca*），常绿乔木，叶中部以上有锯齿，背面灰白色，有短柔毛，侧脉8～10对。除云南外，广泛分布于长江流域及以南各省区，是常绿阔叶林的主要建群树种（图12-121）。小叶青冈（*C. myrsinaefolia*），叶自下部至上部皆有钝齿，侧脉13对以上，背面灰青白色；广泛分布于长江流域及以南各省区。华南青冈（*C. edithiae*），果实长达4.5 cm，产于海南、广东、广西及福建等地。

（5）栎属（*Quercus*）多为落叶乔木。雄花序下垂，雌花1～2朵簇生；总苞的鳞片为覆瓦状或

图12-121
青冈及其果实

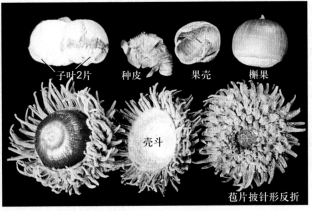

子叶2片　种皮　果壳　橄果

壳斗

苞片披针形反折

a. 麻栎

叶缘波状
浅裂

苞片反卷
红棕色

b. 橄树

图 12-122　栎属植物

宽刺状。麻栎（*Q. acutissima*），叶脉直达锯齿并突出为长芒状；子房3~4室，仅1胚珠成熟；广泛分布于全国（图12-122a）。橄树（柞栎）（*Q. dentata*），叶片边缘波状，壳斗的总苞片狭披针形，反卷，红棕色；广泛分布于东北至西南，幼叶可养柞蚕（图12-122b）。栓皮栎（*Q. variabilis*），叶背密生白色星状细茸毛，树皮黑褐色，木栓层发达，厚可达10 cm；主产于我国东部、北部地区。

（6）水青冈属（山毛榉属）（*Fagus*） 落叶乔木。雄花成小型下垂头状花序。橄果三角形。北美水青冈（*F. grandifolia*），壳斗4瓣裂，苞片钻形黄褐色，略弯曲，总梗细；橄果具三棱；产于北美洲（图12-123）。

内含2颗橄果

橄果具三棱

壳斗4裂
被卷曲软刺

图 12-123　北美水青冈

壳斗科植物材质坚韧，是建筑、制造车船的主要用材。果实统称"橡子"，含淀粉；树皮及壳斗可提制栲胶，用以鞣革。栎属的橄树等多种的叶片可养柞蚕；栓皮栎的木栓层作软木供隔音、救生圈等用。有些种类的根、果、壳斗可入药。壳斗科植物是亚热带常绿阔叶林的主要树种，在温带则以落叶的栎属植物为多。

壳斗科的化石发现于中生代的上白垩世。它和榆科、桑科、胡桃科等24个科均属于金缕梅亚纲。它们的共同特征是单花被和风媒，这是和温带气候相联系的。对于它们的起源、演化、分类范畴尚有许多值得探讨的问题。多数学者认为金缕梅亚纲和木兰亚纲几乎有着同样的古老性，它是次生的、退化的（指无花瓣，集成柔荑花序等）一类植物。板栗的雌花中存在着退化的雄蕊也说明它的祖先是两性花，风媒的道路使它退化成单性。

（三）石竹亚纲（Caryophyllidae）

多数为草本，常为肉质或盐生植物。叶常为单叶。花常两性，多面对称；雄蕊常定数，离心发育；特立中央胎座式或基底胎座式。种子常具外胚乳，贮藏物质常为淀粉；胚常弯曲。植物体含有甜菜色素。

本亚纲共有3目，14科，约11 000种。

10. 石竹科（Caryophyllaceae）

$* K_{4-5, (4-5)} C_{4-5} A_{5-10} \underline{G}_{(5-2:1:\infty)}$（图12-124）

属石竹目（Caryophyllales），该目还有仙人掌科（Cactaceae）、藜科、苋科等，共12科。

草本，节膨大。单叶对生，全缘。花两性，多面对称，二歧聚伞花序或单生，5基数；花萼分离或结合成筒状，具膜质边缘，宿存；花瓣4～5，常有爪；雄蕊2轮8～10枚或1轮3～5枚；子房上位，1室，特立中央胎座式或基底胎座式，偶不完全的2～5室，下半部为中轴胎座式，胚珠多数。蒴果，顶端齿裂或瓣裂，很少为浆果（图12-125）。

本科约75属，2 000种，广泛分布于全世界，尤以温带和寒带为多。我国有32属，近400种。全国各地均有分布。

本科多种植物可供栽培观赏，如石竹（*Dianthus chinensis*），叶条形或宽披针形，萼下有4苞片，花瓣外缘齿状浅裂；原产我国，供观赏、药用。香石竹（康乃馨）（*D. caryophyllus*），叶灰绿色，花常单生，有香气，苞片4，长及萼的1/4；原产南欧，供切花用。须苞石竹（什样锦、美女石竹）（*D. barbatus*），花多朵密集。瞿麦（*D. superbus*），萼下有宽卵形苞片4～6个，在全国广泛分布，全草也可入药（图12-126a）。霞草（丝石竹、

图 12-124 石竹科花图式

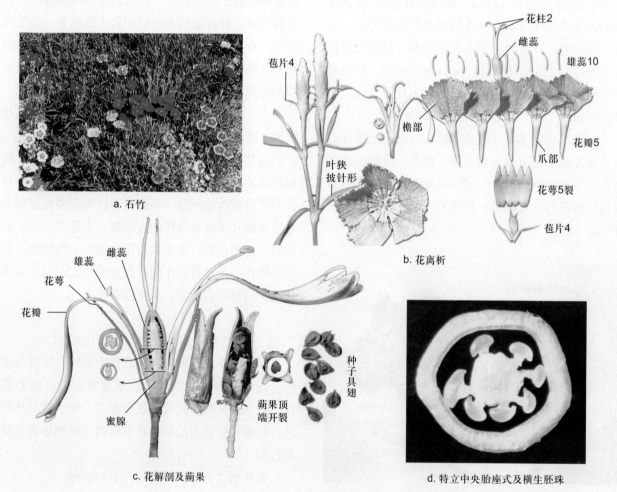

a. 石竹

b. 花离析

c. 花解剖及蒴果

d. 特立中央胎座式及横生胚珠

图 12-125 石竹及花果构造

长蕊石头花）（*Gypsophila oldhamiana*）产我国北方，观赏并药用。此外，还有多种药用植物，如孩儿参（*Pseudostellaria heterophylla*），多年生草本，块根长纺锤形，肥厚；产我国华东、华中以北地区；块根入药，能补气生津（图12-126b）。王不留行（麦蓝菜）（*Vaccaria hispanica*），种子称"留行子"，能活血通经，催生下乳。

图 12-126　瞿麦（a）和孩儿参（b）

11. 藜科（Chenopodiaceae）

* $K_{5-3} C_0 A_{5-3} \underline{G}_{(2-3 : 1 : 1)}$ （图12-127）

属石竹目。在APG系统中被并入苋科。

草本或灌木。多为盐碱土植物或旱生植物，往往附着有粉状或皮屑状物（干瘪了的泡状毛）。单叶互生，少对生，常肉质，稀退化为鳞片状，无托叶。花小，单被，常无色彩或为草绿色，簇生成穗状或再组成圆锥花序；花萼5～3，分离或联合，花后常增大，宿存，背面常发育成针刺状、翅状或疣状附属物；无花瓣；雄蕊与萼片同数而对生；子房由2～3心皮结合而成，1室，有1弯生胚珠着生于子房基底。胞果，常包藏于扩大的花萼或苞叶中。种子常扁平，胚弯曲（图12-128）。

图 12-127　藜科花图式

a. 小藜植株　　　b. 嫩叶背部的泡状毛

图 12-128　小藜植株及各部构造

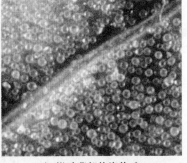

c. 花序及花

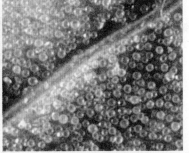

d. 花、胞果解剖

本科有100属，约1400种，主要分布于温、寒带的滨海或含盐分的地区。我国产42属，190种，全国均有分布，尤以西北荒漠地区为多。

小藜（*Chenopodium ficifolium*），一年生草本，茎直立，株高20～60 cm。基部叶长圆状卵形，近下部有2个大裂片，两面有"粉粒"，此为早期泡状毛干瘪后的残遗。花由团伞花簇聚生为腋生或顶生的穗状花序。胞果全部包在花被内，果皮膜质。种子扁圆形，黑色，胚环形（图12-128）。我国自北至南皆产。菠菜（*Spinacia oleracea*），叶戟形或披针形。花单性，异株，雄花花被4，黄绿色，雄蕊4；雌花无花被，苞片球形纵折，彼此合生成扁筒，包住子房或果实，有2～4齿，花柱4，细长，下部结合。胞果扁平而硬，无刺或有2角刺（图12-129）。菠菜原产伊朗，现世界各地均有栽培，供蔬食，富含维生素及磷、铁，并为缓下药。甜菜（*Beta vulgaris*），根为制糖原料，又称"糖萝卜"。变种莙达菜（厚皮菜、牛皮菜）（*B. vulgaris* var. *cicla*）叶大，为南方及西南地区常见蔬菜。扫帚菜（*Kochia scoparia* f. *trichophila*）一年生草本，分枝极多，紧密向上，叶狭条形，嫩叶可食，种子药用，老熟茎枝可作扫帚（图12-130）。

本科适于盐碱干旱环境的植物还有琐琐（梭梭）（*Haloxylon ammodendron*）（图12-131）、盐角草属（*Salicornia*）、猪毛菜属（*Salsola*）、碱蓬属（*Suaeda*）等。

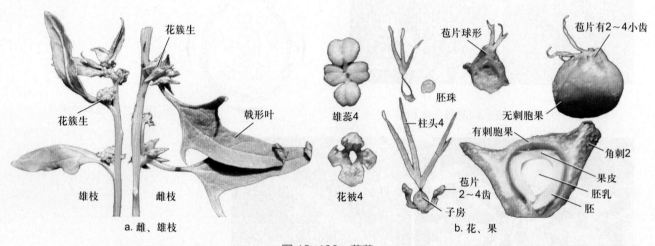

图 12-129　菠菜

图 12-130　扫帚菜

12. 苋科（Amaranthaceae）

$*K_{3-5}C_0A_{1-3-5}\underline{G}_{(2-3:1:1-\infty)}$（图12-132）

属石竹目。

草本，少为灌木。叶对生或互生，全缘，稀具微齿，无托叶。花小，两性，少为单性；簇生于叶腋或顶端，排列成穗状、头状、总状或圆锥状的聚伞花序；苞片和2小苞片干膜质，绿色或着色，小苞片有时呈刺状；花被片3～5，分离或合生，萼片状，常干膜质；雄蕊常与花被片同数且对生，稀较少，花丝离生或下部联合成杯状，往往有退化雄蕊生于其间；子房上位，心皮2～3，合生，1室，基

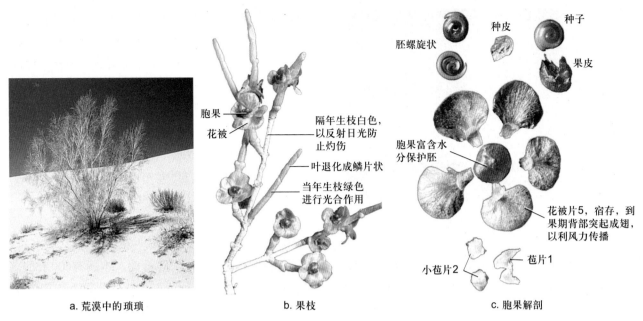

图 12-131　琐琐及其果实

图 12-132　苋科花图式

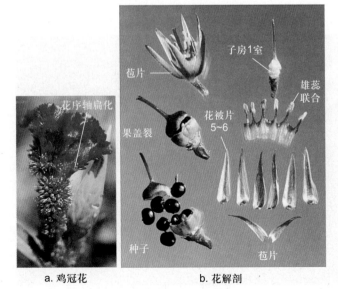

图 12-133　鸡冠花

生胎座式，胚珠1至多数。蒴果周裂（盖裂）或不开裂（图12-133）。

本科约60属，850种，广泛分布于热带和温带地区；我国有13属，约39种。鸡冠花（*Celosia cristata*），穗状花序多分枝呈鸡冠状、卷冠状或羽毛状，花红、紫、黄、橙色，全国各地均有栽培。青葙（*C. argentea*），叶互生，穗状花序不分枝，胚珠2至数个；种子药用，清热明目；花序经久不凋，可供观赏；全株可作饲料。苋（*Amaranthus tricolor*），一年生草本，茎粗壮，绿或红色；叶互生；穗状花序，花单性，子房室内仅1胚珠；果周裂。原产印度，茎叶可食用，叶有各种颜色，供观赏。牛膝（*Achyranthes bidentata*），叶对生，苞片腋部具1花，花在花期直立，花后反折贴近花序轴，花药2室。产于黄河以南各地，根入药，以产于河南的怀牛膝为道地药材（图12-134）。川牛膝（*Cyathula officinalis*），花聚成花球团，再构成穗状花序，根药用。此外，还有喜旱莲子草（*Alternanthera philoxeroides*），原产巴西，现广泛分布于华东、华中等地，已成为有害杂草。千日红（*Gomphrena globosa*），原产美洲热带，我国南北各地有栽培，头状花序经久不凋，可供观赏，花

图 12-134 牛膝

序药用可止咳、明目。锦绣苋（*Alternanthera bet-tzickiana*），叶倒披针形，有黄白色斑或紫褐色斑的变种，公园用做花坛堆植材料。

13. 蓼科（Polygonaceae）

$* K_5 C_0 A_8 G_{(3:1:1)}$（图 12-135）

属蓼目（Polygonales），仅此1科。

草本，茎节常膨大。单叶互生，全缘，托叶膜

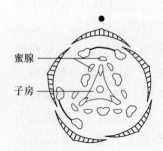

蜜腺

子房

图 12-135 蓼属花图式

质，鞘状包茎，称托叶鞘。花多面对称，两性，很少单性异株，簇生于鞘状苞内或再组成各式花序；单被花，花被片5，稀3~6，花瓣状，宿存；雄蕊常8，稀6~9或更少；雌蕊由3，稀2~4心皮合成，子房上位，1室，内含1直立于基底的直生胚珠。坚果，三棱形或两面凸形，被宿存的花被所包。种子具丰富的胚乳，胚弯曲（图12-136）。

本科有30属，1000余种，全球均有分布，主产北温带。我国产12属，200余种，南北均产。

（1）蓼属（*Polygonum*）蓼属是本科的第一大属，草本或藤本，节明显。花被有色彩，常5裂；坚果为宿存花被所包。胚弯曲。本属有600余种，我国有120余种。多种可以入药。荭蓼（荭草）（*P. orientale*），一年生草本，遍体密生柔毛；花序穗状，花淡红色；坚果近圆形，黑色，扁平，有光泽（图12-136）。全国均有分布，果及全草入药，叶可提制蓝色染料。萹蓄（*P. aviculare*），平卧草本，全草入药。拳参（刀剪药）（*P. bistorta*）、辣蓼（水蓼）（*P. hydropiper*）等均可入药。蓼蓝（*P. tinctorium*）的叶加工可制成靛青，作蓝色染料。

（2）大黄属（*Rheum*）多年生粗壮草本。叶基生，阔而大。坚果有强翅。药用大黄（*R. officinale*），根状茎粗壮，黄色，叶掌状浅裂。本种和掌叶大黄（*R. palmatum*）、鸡爪大黄（*R. tanguticum*）

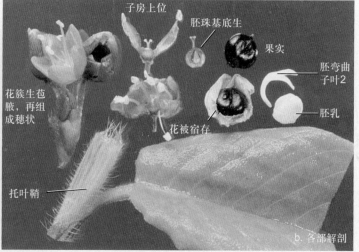

图 12-136 荭蓼

的根状茎作泻下药，有健胃作用。

荞麦属的荞麦（*Fagopyrum esculentum*）和金荞麦（野荞麦）（*F. dibotrys*）的种子磨粉可供食用（图12-137），因其生长期短，在遭灾之后补种荞麦可以及早收获；在高寒地区因生长期短，荞麦也有它独到的优势。竹节蓼（*Homalocladium platycladum*），灌木；枝绿色，扁化；叶披针形；花小，簇生节上；瘦果有3棱。原产南太平洋所罗门群岛，温室栽培，供观赏。茎叶入药。何首乌（*Fallopia multiflora*），藤本，块根称何首乌（首乌）（图12-138），藤称夜交藤，均可入药。虎杖（*Reynoutria japonica*），根入药称"九龙根"。

（四）五桠果亚纲（Dilleniidae）

常木本。常单叶。花常离瓣，雄蕊离心发育；雌蕊全为合生心皮，子房上位，常中轴胎座式或侧膜胎座式。植物体通常含有鞣质，缺乏生物碱，无甜菜色素。

本亚纲共有13目，78科，约25 000种。

14. 山茶科（Theaceae）

$* K_{4-\infty} C_{5,(5)} A_{\infty} \underline{G}_{(2-8 : 2-8 : 1-3)}$ （图12-139）

属山茶目（Theales），该目还有猕猴桃科（Actinidiaceae）、藤黄科（Clusiaceae）等，共18科。

木本。单叶互生，常革质。花常两性，5基数，多面对称，单生于叶腋；萼片4至多数；花瓣

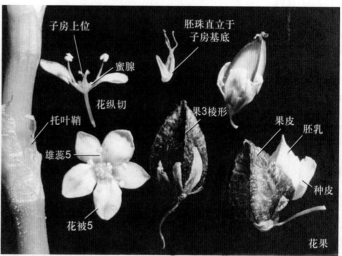

图 12-137　金荞麦

图 12-138　何首乌

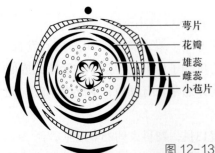

萼片
花瓣
雄蕊
雌蕊
小苞片

图 12-139 山茶科花图式

5（~4）；<u>雄蕊多数，多轮，分离或成束，常与花瓣联生</u>；子房上位，稀下位，<u>中轴胎座式</u>；<u>蒴果或浆果</u>（图12-140）。

本科有40属，600种，广泛分布于热带和亚热带，主产东亚。我国有15属，400余种，分布于长江流域及南部各省（图12-141）。

（1）山茶属（*Camellia*） 常绿灌木或小乔木。叶革质，有锯齿。花两性；萼片5~6，由苞片渐次变为花瓣，花瓣基部稍联合，且与外轮雄蕊合生；雄蕊多数，外轮花丝结合成1长或短的筒，内轮雄蕊5~12枚分离，花药丁字形着生。蒴果，室背开裂，每室有种子1~3颗。茶（*C. sinensis*），常绿灌木；叶卵圆形，表面叶脉凹陷，背面叶脉突出，在近边缘处联结成网；花白色，萼片宿存。茶原产我国，长江流域及以南各地盛产。我国栽培和

叶
花白色
蒴果

a. 花果枝

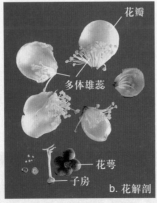

花瓣
多体雄蕊
花萼
子房

b. 花解剖

图 12-140 茶

果已裂
果

a. 油茶

晒油茶果。待开裂取籽榨油

c. 金花茶（华跃进 摄）

萼片
萼片与花瓣的过渡
重瓣花

b. 山茶

半仍为花药
半瓣化
中肋

花药有横隔

d. 格药柃花枝

图 12-141 山茶科植物

制茶至少已有2 500年的历史，《尔雅》已有槚（即茶）的记载。早在16世纪葡萄牙人就将茶叶带到欧洲，在那里成为稀罕的珍贵饮料。19世纪中叶，英国人福顿（R. Fortune）4次来我国调查种茶、制茶技术，并带走了技工和数万棵茶苗，到印度和斯里兰卡建立茶园和茶厂。现在这两个国家出口的茶叶已大大超过了我国，成为我国茶叶外贸中的劲敌。油茶（*C. oleifera*），种子含油，供食用和工业用，是我国南方山区主要的木本油料作物，增产潜力很大，发展前途极广（图12-141a）。山茶（*C. japonica*），叶卵形；花无柄，红色；子房光滑（图12-141b）。滇山茶（*C. reticulata*），产于云南，其叶脉网在腹面清楚可见、子房有茸毛的特征有别于山茶，这两种各地均栽培作观赏用。金花茶（*C. nitidissima*），花朵金黄色，被誉为"茶族皇后"，发现于广西（图12-141c），越南也有分布，为我国一级保护稀有种。

（2）柃属（*Eurya*）　常绿木本。叶互生，有细锯齿。雌雄异株，花常簇生叶腋。浆果。柃属植物是江南常绿林中灌木层的优势种。格药柃（*E. muricata*），嫩枝圆柱形，无毛（图12-141d）。翅柃（*E. alata*），嫩枝明显有4棱。

此外，本科还有优良的材用树种紫茎（*Stewartia sinensis*）和钝齿木荷（荷树）（*Schima crenata*）以及观赏用树种厚皮香（*Ternstroemia gymnanthera*）。

15. 猕猴桃科（Actinidiaceae）

$*K_5C_5A_{\infty, 10}G_{(3-\infty:3-\infty:\infty)}$（图12-142）

属山茶目。

乔木、灌木或木质藤本，髓实心或层片状。单叶，互生，常有锯齿，被粗毛或星状毛，羽状脉，无托叶。花两性或单性，单性时雌雄异株，常排成聚伞花序；萼片5，常宿存；花瓣常5；雄蕊多数或为10，离生或联合成束，花药丁字形着生或为背着药；心皮3至多数，子房上位，3至多室，每室胚珠少数至多数，花柱3至多数，常宿存。浆果或蒴果。种子有胚乳（图12-143）。

本科有4属，约380种，广泛分布在热带、亚热带地区，主产东南亚和美洲热带。我国有4属，106种，多产于华东、华南及西南地区。

猕猴桃属（*Actinidia*），藤本，植株被毛或无毛，髓多为层片状，雌雄异株，雄蕊多数，花药丁

图 12-142　猕猴桃科花图式

a. 局部放大

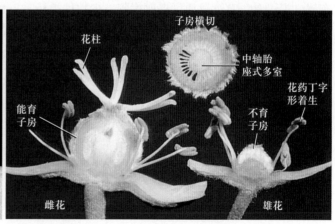

b. 花解剖

图 12-143　中华猕猴桃的花、果

图 12-144　中华猕猴桃硕果累累

字形着生，花柱与心皮同数、离生。果可生食，花为优良蜜源，许多种类株形优美、花果可供观赏。猕猴桃在我国民间利用有1 000余年历史。果富含维生素C。中华猕猴桃（*A. chinensis*），藤本，枝褐色，髓白色层片状。叶近圆形，边缘有芒状小齿，背面密生灰白色星状茸毛。浆果长圆形，密被黄棕色有分枝的长柔毛。产长江以南各省区。根入药；叶可作饲料；花可提高香精（图12-144）。软枣猕猴桃（猕猴梨）（*A. arguta*），叶宽卵形，背面无毛或脉腋间有簇毛。果实黄绿色，无毛及斑点。分布于东北、华北、西南及华东各省，民间利用历史悠久。本属还有美味猕猴桃（*A. deliciosa*）、毛花猕猴桃（*A. eriantha*）、狗枣猕猴桃（*A. kolomikta*）等。藤山柳属（*Clematoclethra*），是我国特有属，果可食，茎含鞣质可提取栲胶，少数种类药用。水东哥属（*Saurauia*），常为乔木或灌木，分布于亚洲亚热带及热带、美洲，大多数种类果实可以食用。

16. 锦葵科（Malvaceae）

* $K_{(5)}C_5A_{(\infty)}G_{(3-\infty:3-\infty:1-\infty)}$ （图12-145）

属锦葵目（Malvales），该目还有椴树科（Tiliaceae）、梧桐科（Sterculiaceae）、木棉科（Bombacaceae）等，共5科。

木本或草本。茎皮富含纤维，具黏液。单叶互生，常为掌状脉。花两性，多面对称；萼5，常基部合生，镊合状排列，其下常有副萼；花瓣5，旋

转状排列，近基部与雄蕊管联生；雄蕊多数，花丝联合成管，称单体雄蕊，花药1室，肾形，花粉具刺；雌蕊由3至多数心皮组成，子房上位，3至多室，中轴胎座式。蒴果或分果（图12-146）。

本科约75属，1 000～1 500种，分布于温带及热带。我国有16属，81种、36变种或变型。

（1）棉属（*Gossypium*）　一年生灌木状草本。叶掌状分裂。副萼3或5，萼杯状。蒴果3～5瓣，室背开裂。种子倒卵形或有棱角，种子表皮细胞延伸成棉纤维。陆地棉（大陆棉、美棉）（*G. hirsutum*），叶常3裂，副萼3，有尖齿7～13。原产中美，现在我国广泛栽培（图12-147）。树棉（中棉）（*G. arboreum*），叶掌状深裂。副萼顶端有3齿，花冠具暗紫色心。原产我国、日本等，曾广泛种植于黄河以南各省区，生长期短，棉纤维较粗短，在生产上已被陆地棉取代。草棉（非洲棉、小棉）（*G. herbaceum*），叶5～7半裂，副萼广三角形，中部以上6～8齿，花心紫色。原产西亚。生长期较短（仅130天左右），适于我国西北各地栽培。海岛棉（光籽棉）（*G. barbadense*），叶3～5半裂，副萼5，边缘浅裂成尖齿。原产南美洲，是长纤维、细绒棉，适于无霜的亚热带种植，但产量低。

（2）木槿属（*Hibiscus*）　木本或草本。副萼5片，全缘，花萼5齿裂；花冠钟形；心皮5，结合，花柱分枝5，较长。蒴果。大麻槿（洋麻）（*H. cannabinus*），一年生，茎不分枝，有刺（图12-148a）。叶掌状5深裂。副萼狭长，萼裂披针形。花黄色，心深红色。果球形。大麻槿为重要的麻类作

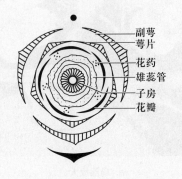

图 12-145　锦葵科花图式

副萼
萼片
花药
雄蕊管
子房
花瓣

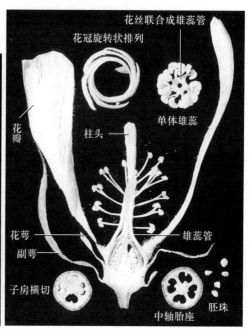

a. 陆地棉 b. 花、果 c. 花解剖

图 12-146 陆地棉及各部形态、构造

图 12-147 陆地棉叶、果实（棉铃）与种子

物，野生于非洲，20世纪初传入我国，种子油用于制皂。木芙蓉（H. mutabilis），木本，有星状毛。叶掌状5~7浅裂。花大，粉红色，副萼10，条形。蒴果球形。原产我国，除东北、西北外，广泛分布于各地。花、叶及根皮入药，为著名的消肿解毒药（图12-148b）。木槿（H. syriacus），叶3裂，无毛，基出3大脉，具不规则锐齿。花粉红色，栽培作绿篱。花白色者可作蔬菜，亦入药（图12-148c）。

本属尚有多种常见观赏植物，如吊灯扶桑（吊灯花）（H. schizopetalus），花梗细瘦下垂，花瓣5，红色，深细裂作流苏状（图12-148d）。朱槿

a. 大麻槿 b. 木芙蓉 c. 木槿 d. 吊灯扶桑

图 12-148 木槿属

图 12-149 锦葵

（扶桑）（*H. rosa-sinensis*），花下垂，花瓣5，红色，原产我国。锦叶扶桑（*H. rosa-sinensis* 'Cooperi'）为扶桑的栽培品种，叶片有白、红、黄、绿等色。红秋葵（*H. coccineus*），叶5～7深裂，分裂至近基部，裂片条状披针形；花大型，红色。

本科植物的经济用途，可以归结为作纤维原料、药用、食用及观赏几大类，其中尤以作纤维原料为主。苘麻（青麻、白麻）（*Abutilon theophrasti*）和大麻槿的纤维是织麻袋、制绳索的主要原料。棉花及其他纤维素加硝酸与硫酸制成的硝化纤维为爆炸物。棉花脱脂后为药棉，历来种植棉仅为获取其纤维，棉籽中含有的大量脂肪、蛋白质，由于含对人畜有毒的棉酚等15种色素而无法利用。1966年，无腺体棉培育成功，使棉花由单一的纤维作物一跃成为粮、棉、油、饲四用作物。大麻槿、咖啡黄葵（秋葵）（*Abelmoschus esculentus*）的种

子均可榨油、供食用或制皂，油饼可作饲料及肥料。黄槿（*H. tiliaceus*）的嫩枝叶和秋葵的嫩果，冬葵（*Malva crispa*）的嫩苗均可作蔬菜。冬葵、苘麻和蜀葵（*Althaea rosea*）的种子、药葵（*Althaea officinalis*）的根、拔毒散（*Sida szechuensis*）的叶等均可入药，而蜀葵、黄蜀葵（*Abelmoschus manihot*）、锦葵（*Malva sinensis*）（图12-149）、花葵（*Lavatera arborea*）等，均为常见的观赏植物。

17. 堇菜科（Violaceae）

$\uparrow K_5 C_5 A_5 \underline{G}_{(3:1:\infty)}$（图12-150）

属堇菜目（Violales），该目还有红木科、西番莲科、番木瓜科、葫芦科、秋海棠科等，共24科。

<u>草本</u>，极少为灌木。<u>单叶互生</u>，<u>有托叶</u>。花两性或单性，<u>单面对称</u>或多面对称，单生或组成各种花序，<u>萼片5</u>，常宿存，基部有附属物，<u>花瓣5</u>，下面1片常较大而<u>有距</u>，或无距（图12-151）；<u>雄蕊5</u>，花药直立、分离或围绕子房成环状靠合，内向，纵裂；<u>子房上位</u>，1室，<u>侧膜胎座式</u>，花柱单生，倒生胚珠少数到多数，<u>蒴果或浆果</u>，蒴果常3瓣裂。种子具肉质胚乳。

本科有22属，900多种，广泛分布于温带和热带。我国有4属，约130种，分布广泛。

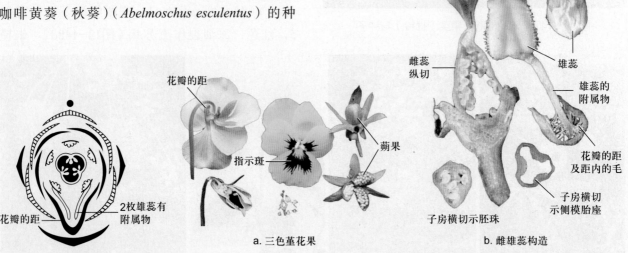

图 12-150　堇菜科花图式

图 12-151　三色堇花果及构造

董菜属（*Viola*），多年生草本。托叶永存，常为叶状。花有时2型，春开者大而美丽，夏开者闭花，常无花瓣，花大而单面对称；花萼下延，下方之1花瓣生距，下方2个雄蕊的药隔基部成蜜距。蒴果开裂时有弹力，成3个舟形果瓣，果瓣具厚而坚硬之龙骨突。三色菫（*V. tricolor*），花由蓝、黄、白3种颜色组成，原产欧洲，是久经栽培的庭园草花。这种植物花的结构，对于了解在虫媒传粉过程中花与昆虫的辩证关系，是一个极好的材料，如色彩分布的规律、距中的疣毛及蜜汁、雄蕊的构造、柱头上的孔及活瓣等（图12-152）。香董菜（*V. odorata*），叶心状卵形至肾形，花紫色、芳香，栽培供观赏。紫花地丁（*V. philippica*），根入药，能清热解毒（图12-153a）。蔓茎菫菜（*V. diffusa*），全体有长柔毛，茎匍匐，全草入药，清热解毒，外用能消肿、排脓（图12-153b）。毛菫菜（*V. confusa*），亦可栽培观赏。

18. 葫芦科（Cucurbitaceae）

♂ : $K_{(5)}C_5A_{1(2)(2)}$ ♀ : $K_{(5)}C_{(5)}\overline{G}_{(3:1:\infty)}$（图12-154）

<u>属董菜目。</u>

攀缘或匍匐草本。有卷须，茎5棱，具双韧维管束。<u>单叶互生，常掌裂，卷须侧生</u>（即不与叶对生）。<u>花单性</u>，同株或异株；雄花花萼管状，5裂；花瓣5，多合生；<u>雄蕊通常看似3枚，实为5枚</u>，其中4枚两两结合，花药3枚，合生者为2室，另1枚1室，常弯曲成S形；雌花花萼5裂，花冠5裂，<u>子房下位</u>（图12-155）；3心皮组成的侧膜胎座式（图12-156）。<u>瓠果</u>（pepo，专指葫芦科的果实）。

本科约90属，700余种，主产热带和亚热带。我国产20属，130种，引种栽培7属，约30种。

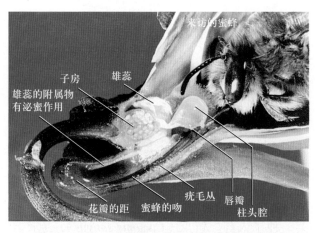

图 12-152　三色董花心纵切（示蜜蜂采蜜传粉）

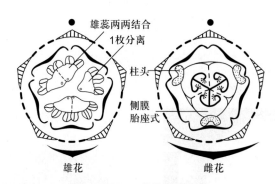

图 12-154　葫芦科花图式

a. 紫花地丁

b. 蔓茎董菜

图 12-153　董菜属代表植物

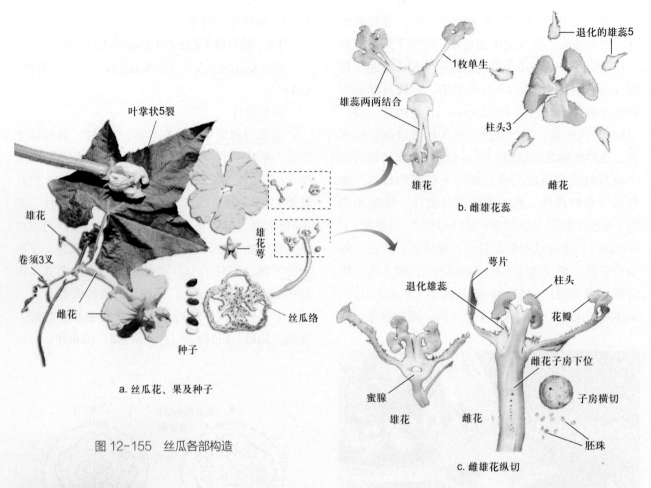

图 12-155　丝瓜各部构造

a. 丝瓜花、果及种子

b. 雌雄花蕊

c. 雌雄花纵切

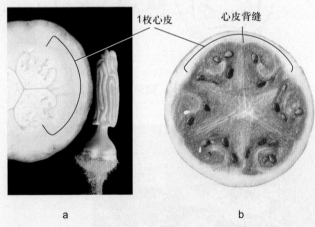

图 12-156　葫芦科的侧膜胎座式

a. 南瓜的一个心皮和S形的花药；b. 西瓜侧膜胎座式子房横切

　　葫芦科的瓠果是人们通常食用的瓜果，现举几例。丝瓜（*Luffa cylindrica*），嫩果可炒食，成熟后的维管束网称丝瓜络，供药用。南瓜（*Cucurbita*

moschata），原产南美，现世界各地广泛栽培。冬瓜（*Benincasa hispida*），原产热带亚洲，栽培作蔬菜，种子入药。黄瓜（*Cucumis sativus*），原产印度、南亚与非洲，现广泛栽培（图12-157a）。甜瓜（香瓜）（*C. melo*），原产印度，栽培已久。在长沙马王堆出土的西汉古尸胃内检出甜瓜种子，说明当时甜瓜已传至湖南。甜瓜品种很多，如哈密瓜、白兰瓜、菜瓜、黄金瓜等。葫芦（*Lagenaria siceraria*），果下部大于上部，中部缢细，成熟后果皮木质化，可作各种容器。其变种瓠子（*L. siceraria* var. *hispida*），瓠果长棒形，皮粉绿色，作蔬菜。西瓜（*Citrullus lanatus*），原产热带亚洲，栽培作果品，有些品种专供食用瓜子，三倍体西瓜无种子。苦瓜（*Momordica charantia*），果有多数瘤状突起。种子有红色假种皮，果肉味苦稍甘，作

a. 黄瓜雌雄花

雌花子房下位
雄花有细柄
种子
开花时子房
（小黄瓜）
已经长成
瘤状突起
侧膜胎座式
假种皮
（红色）

b. 苦瓜

c. 罗汉果

d. 绞股兰果枝

图 12-157　葫芦科代表植物

夏季蔬食。我国南北均有栽培（图12-157b）。油渣果（油瓜、猪油果）（*Hodgsonia macrocarpa*），大型木质藤本，雌雄异株。产云南、广西。果可食，种子榨油供食用。木鳖子（*Momordica cochinchinensis*），果红色，近球形，有刺状突起，种子作农药，治棉蚜、红蜘蛛。罗汉果（光果木鳖）（*Siraitia grosvenorii*），果球形，主产广西，果为镇咳良药（图12-157c）。栝楼（瓜蒌）（*Trichosanthes kirilowii*），根圆柱形，横走；根的制品称"天花粉"，瓜皮称"瓜蒌皮"，种子称"瓜蒌仁"，均为中药，产于我国南北各省。绞股兰（*Gynostemme pentaphyllum*），叶鸟足状，5～7小叶。圆锥花序，产于江南及陕西。叶含人参皂苷，为强壮药（图12-157d）。喷瓜（*Ecballium elaterium*），蔓生多年生草本，无卷须。雌雄同株，花黄色。叶三角状卵形至宽心形，锥背面有灰白色毛。果椭圆形，长3～5 cm，有粗毛，带绿色。受到触动的成熟果实从果柄处脱落，并由此处喷射出果肉的黏液和棕色

的种子，远达6～10 m，黏液有毒，不可入眼。原产欧洲南部、地中海地区，现栽以赏果。

本科植物子房下位、3心皮构成侧膜胎座、雄蕊常两两结合等特征反映出它是一个有明确界限的自然类群，多数学者将其归入堇菜目，可能通过五桠果目与木兰目相联系。

19. 报春花科（Primulaceae）

$*K_{(5)}C_{(5)}A_5\underline{G}_{(5:1:\infty)}$（图12-158）

属报春花目（Primulales），本目包括紫金牛科（Myrsinaceae）等，共3科。

特立中央胎座式
雄蕊着生在花冠上

图 12-158
报春花科花图式

一年生或多年生草本，偶半灌木，常有腺点或被白粉。单叶，稀为羽状分裂。花两性，多面对称，具苞片；萼5（稀3~9）裂，宿存；花冠合瓣，5（偶3~9）裂，裂片覆瓦状排列，偶无瓣或离瓣，常辐射状至高脚碟状；雄蕊与花冠裂片同数而对生，有时具退化雄蕊，花药内向；子房上位，稀半下位，心皮常5，1室，特立中央胎座式；胚珠少数或多数，常为半倒生，珠被2。蒴果。种子小形，多数或少数，胚乳丰富（图12-159）。

本科约30属，1 000余种，广泛分布于全球，尤以北半球为多，我国11属，700余种，全国均有分布，主产西南和西北地区（图12-160）。

报春花（*Primula malacoides*），植株被多细胞毛，叶全为基生，叶卵形或长椭圆状卵形，基部心形，有或无粉。花葶上部有伞形花序2~6级，花冠粉红色或淡蓝紫色或近白色。原产我国，是较早引种栽培的花卉。藏报春（*P. sinensis*），多年生草本，全体被柔毛。叶椭圆形或卵状心形，边缘有羽状或不整齐深裂，裂片具不整齐锯齿，无白粉。伞形花序1~2级；萼基部膨大成半球形，花冠淡蓝紫色或玫瑰红色，筒部与花萼近等长。原产我国，各地广泛盆栽，为常见盆栽花卉。四

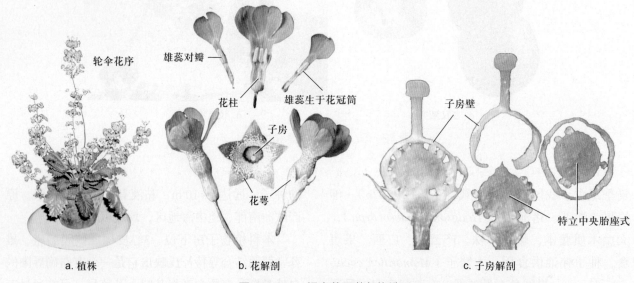

a. 植株   b. 花解剖   c. 子房解剖

图 12-159　报春花及花部构造

a. 仙客来   b. 星宿菜   c. 广西过路黄

图 12-160　报春花科代表植物

季报春（鄂报春）（*P. barbicalyx*），叶椭圆形或近圆形，全缘，或有圆形波状缺刻或锯齿，上面光滑，下面有纤毛。伞形花序常1轮，花萼漏斗形，萼齿小。原产我国，现国内外温室广为栽培。珍珠菜（*Lysimachia clethroides*），茎直立，叶互生，具黑色腺体。总状花序顶生，粗壮，花密生，花冠白色。分布几乎遍及全国。根含皂苷，药用可活血调经、解毒消肿。过路黄（*L. christinae*），匍匐草本。叶对生，具黑色条状腺体。花黄色，成对腋生。全草药用。点地梅（*Androsace umbellata*），一年生或二年生纤细草本，叶基生，圆形至心状圆形。花小，伞形花序，全株被多细胞细柔毛，广泛分布于全国各地。全草入药，常用治急慢性咽喉肿痛等症，故有"喉咙草"之称。此外，还有仙客来（*Cyclamen persicum*）（图12-160a）供观赏，细梗香草（*Lysimachia capillipes*）治流感，长梗过路黄（*L. longipes*）治疟疾，长蕊珍珠菜（*L. lobelioides*）治慢性支气管炎等。星宿菜（*L. fortunei*）（图12-160b）、广西过路黄（*L. alfredii*）亦可入药（图12-160c）。

20. 山矾科（Symplocaceae）

$*K_{(3-5)常(5)}C_{(3-11)常(5)}A_{4-\infty}, \overline{G}, \overline{\underline{G}}_{(2-5 : 2-5 : 2-4)}$（图12-161）

属柿树目（Ebenales），本目还有柿树科（Ebenaceae）、野茉莉科（Styracaceae）等，共5科。

灌木或乔木，冬芽数个，上下叠生。单叶，互生，通常具锯齿、腺质齿或全缘；无托叶。花多面对称，两性，稀杂性，簇生叶腋或成总状花序、圆锥花序；花萼5（稀3～4），深裂或浅裂，常宿存；花冠分裂至基部或中部，裂片5（稀3～11），覆瓦状排列；雄蕊多数至4，常成数轮，分离或合成数束，着生于花冠上，花药纵裂；子房下位或半下位，2～5室，每室胚珠2～4，下垂；花柱细长。核果或浆果，顶端冠以宿存的萼裂片；种子具丰富的胚乳（图12-162）。

本科仅山矾属（*Sympolcos*）1属，约300种，广泛分布于亚洲、大洋洲和美洲的热带和亚热带，非洲不产。我国约有130余种，产长江以南各省区。

白檀（*S. paniculata*），落叶灌木或小乔木，叶椭圆形或倒卵形，叶两面、叶柄、花序及嫩枝均被柔毛，萼外无毛或被柔毛，子房2室，果蓝黑色，无毛或被柔毛。分布于我国东北、华北和长江流域以南各省区。种子油工业用和食用，全草药用；木材作细工及建筑用。老鼠矢（*S. stellaris*），常绿乔木，小枝被棕红色密毡毛；花序簇生在两年生枝的叶痕之上，呈团伞状；分布于长江以南各省区。木材作器具用，种子油工业用。山矾

图 12-161 山矾科花图式

a. 果枝

b. 花枝

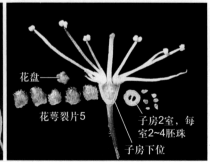

c. 花解剖（图中缺花瓣）

图 12-162 白檀花、果枝

萼裂片宿存果顶

图 12-163 山矾

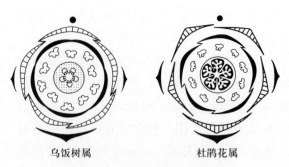

乌饭树属　　　　杜鹃花属

图 12-164 杜鹃花科花图式

（*S. sumuntia*），常绿，嫩枝褐色、不具棱，核果坛形；材用（图12-163）。羊舌树（*S. glauca*），常绿、芽、嫩枝、花序密被褐色茸毛，核果窄卵形；材用，树皮药用。黄牛奶树（*S. laurina*），乔木，芽、幼枝、花序轴、苞片均被灰褐色短柔毛；叶卵形；穗状花序长3~6 cm，基部通常分枝；雄蕊约30枚，基部结合成不显著的5束；分布于华东、东南至西南各省区。木材可作板材，种子油工业用；树皮药用，散寒清热。

21. 杜鹃花科（Ericaceae）

$*, \uparrow K_{(5-4)}C_{5-4, (5-4)}A_{10-8, 5-4}\underline{G}, \overline{G}_{(2-5 : 2-5)}$ （图12-164）

属杜鹃花目（Ericales），本目还有山柳科（Clethraceae）、鹿蹄草科（Pyrolaceae）、水晶兰科（Monotropaceae）等，共8科。

常为灌木。单叶，常互生，常革质，无托叶。花两性，多面对称或稍单面对称，单生或簇生，常排成各种花序，有苞片；花萼4~5裂，裂片覆瓦状，稀镊合状排列；雄蕊为花瓣的倍数，2轮，外轮对瓣（逆二轮雄蕊），或为同数而互生，分离，从花托（花盘）基部发出；花药顶孔开裂，稀纵裂，常具附属物（芒或距），为单粒或四合花粉；子房上位或下位，2~5室，稀更多，中轴胎座式，每室有倒生胚珠多枚；稀单1；花柱和柱头单生，柱头通常头状。蒴果，稀浆果或核果。种子常小，有直伸的胚和肉质的胚乳（图12-165）。

本科约有103属，3 350种，除沙漠地区外，广泛分布在全球各地，主产温带和亚寒带，也产热带高山，但大洋洲种类极少。我国有15属，约757

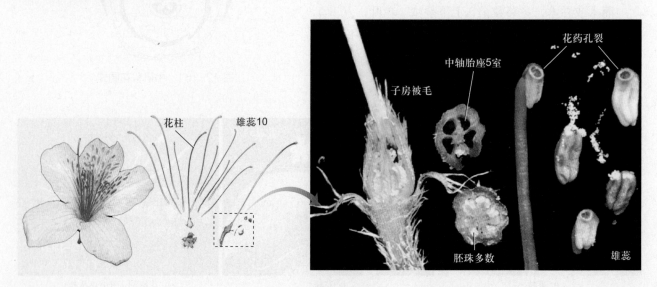

花柱　　　雄蕊10

花药孔裂

中轴胎座5室

子房被毛

胚珠多数　　　雄蕊

图 12-165 杜鹃花解剖

种，南北均产，以西南山区种类最为丰富。

杜鹃花属（*Rhododendron*）　木本。单叶互生。花冠合瓣，辐状至钟形，或漏斗形及筒形，5基数，常稍呈单面对称；雄蕊与花冠裂片同数或为其倍数，花药无附属物。蒴果，室间开裂，成5~10瓣。除新疆外，广泛分布在各省区。杜鹃（映山红）（*R. simsii*），落叶灌木，全株密生棕黄色扁平糙伏毛，叶椭圆状卵形至倒卵形，两面及叶缘均有糙伏毛。羊踯躅（闹羊花）（*R. molle*），落叶灌木，叶长椭圆形至长椭圆状披针形，或倒披针形，具柔毛，边缘具缘毛；花黄色，雄蕊5；叶及花含闹羊花毒素等有毒成分，可作农药（图12-166）。岭南杜鹃（*R. mariae*），叶2型，春叶近无毛，夏叶密被糙伏毛，雄蕊5，花淡红色或丁香紫色。兴安杜鹃（*R. dauricum*），半常绿灌木，叶矩圆形，两端圆钝，下面密被鳞片，花先叶开放，紫红色，雄蕊10；叶和花供药用。

本科还有乌饭树（*Vaccinium bracteatum*），常绿灌木；叶革质，背面主脉具短柔毛，花序有宿存苞片。叶药用，江南民间在4月初常取其嫩叶捣汁染米作乌饭食，故名乌饭树（图12-167a）。江南越橘（米饭花）（*V. mandarinorum*），花序无宿存苞片，嫩叶也能染米煮乌饭（图12-167b）。越橘（*V. vitis-idaea*），匍匐半灌木，叶较小，椭圆形或倒卵形，背面有腺点；短总状花序生于去年生的

图 12-166　羊踯躅

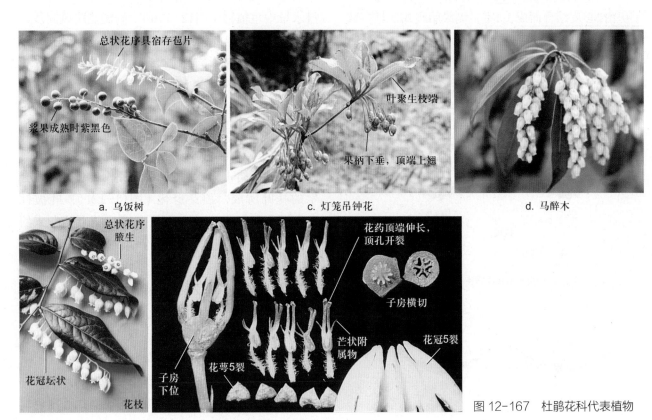

a. 乌饭树

c. 灯笼吊钟花

d. 马醉木

b. 江南越橘花解剖

图 12-167　杜鹃花科代表植物

枝端；浆果红色，球形。叶药用，又可代茶；浆果食用。吊钟花（*Enkianthus quinqueflorus*），花冠基部膨大成壶状，裂片反折，粉红或红色，常先叶开放。花期为冬春之交，农历元宵节，广州花市作插花出售。灯笼吊钟花（灯笼树）（*E. chinensis*），叶两面无毛，花冠宽钟状，果柄下垂，顶部弯曲（图12-167c）。滇白珠树（*Gaultheria leucocarpa* var. *yunnanensis*），枝叶含芳香油，供工业和药用。宽叶杜香（*Ledum palustre* var. *dilatatum*），叶含杜香油，有镇咳去痰作用。马醉木（*Pieris japonica*），叶常绿、革质，花序总状或圆锥状，花药背部的芒反折下弯，蒴果室背开裂；分布于华东地区（图12-167d）。

22. 杨柳科（Salicaceae）

♂：* K_0 C_0 A_{2-8} ♀：↑ K_0 C_0 $\underline{G}_{(2:1:\infty)}$ （图12-168）

属杨柳目（Salicales），仅1科。

<u>木本</u>。<u>单叶互生</u>。花单性，无被花。雌雄异株，<u>柔荑花序</u>，常先叶开放，每花下有1苞片；<u>具有由花被退化而来的花盘</u>或蜜腺；雄蕊2至多数；<u>子房由2心皮结合而成</u>，<u>1室</u>，侧膜胎座式，具多数

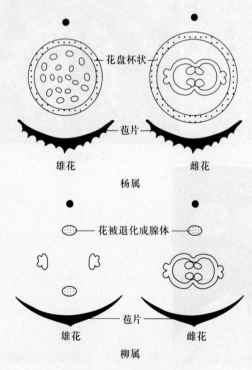

图 12-168 杨柳科花图式

<u>直立的倒生胚珠</u>。<u>蒴果</u>，瓣裂。<u>种子多</u>、<u>细小</u>，<u>基部有多数白色长柔毛</u>。

本科有3属，约620种，主产北温带。我国产3属，320余种，全国均有分布。

（1）杨属（*Populus*） 冬芽具数枚鳞片，芽有树脂，常有顶芽；叶有长柄，叶片阔。柔荑花序，下垂；花有杯状花盘；雄蕊4至多数；苞缘细裂；蒴果2～4裂；风媒花（图12-169）。响叶杨（*P. adenopoda*），叶边缘的锯齿内弯，有腺体，叶柄扁，顶端有一对腺体。毛白杨（*P. tomentosa*），叶三角状卵形，背面有密毡毛，为我国北方防护林和绿化的主要树种。银白杨（*P. alba*），叶掌状3～5裂，背面密被银白色毡毛，栽培供观赏。小叶杨（*P. simonii*），叶菱状，椭圆形，背面苍白色，广泛分布于我国北部和西南各省区，为重要造林树种之一。胡杨（*P. euphratica*），能生长在极端干旱、终年无雨的沙漠内，而当地的年蒸发量却高达2 000 mm以上，靠的就是发达的根系深入地下3～8 m的河床，获得充足的水分供应，是典型的潜水旱中生植物（图12-170）。胡杨能防风固沙，从树干切口流出的树液蒸发后积聚的胡杨碱——碳酸氢钠（小苏打）是南疆人民主要的食用碱，入药称胡桐泪。地下河流改道会造成胡杨死亡。胡杨素有"生长一千年不死，死后一千年不倒，倒后一千年不烂"之说，可见干旱的气候条件下，其树干难以被微生物分解。

（2）柳属（*Salix*） 冬芽鳞片仅1枚，由2枚合生的托叶所成，顶芽退化（图12-171）；叶披针形；柔荑花序常直立，花有1～2枚由花被退化来的腺体，雄蕊常2，苞片全缘；蒴果2裂；虫媒花。垂柳（*S. babylonica*），枝细弱下垂，叶狭披针形，雌花有1腺体，根系发达，保土力强，可作河堤造林树种（图12-172）。旱柳（柳、河柳）（*S. matsudana*），枝直立，叶披针形，苞片三角形，雌花有2个腺体。龙爪柳（*S. matsudana* f. *tortuosa*），枝条扭曲，为旱柳之变种。红皮柳（*S. sinopurpurea*），枝初紫红色，叶近对生，倒披针形，背面苍白色，腺体1，雄蕊2，花丝联合。杞柳（*S. integra*）、筐

皮孔
菱形

柔荑花序

顶芽发育

芽鳞
多枚

a. 响叶杨树干、花枝

b. 响叶杨鳞芽及雄花序

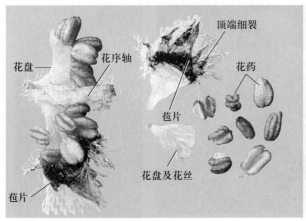
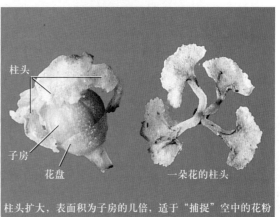

顶端细裂

花盘

花序轴

花药

苞片

花盘及花丝

苞片

c. 响叶杨雄花

柱头

子房

花盘

一朵花的柱头

柱头扩大，表面积为子房的几倍，适于"捕捉"空中的花粉

d. 健杨雌花

图 12-169 杨属代表植物

图 12-170 天山南麓的胡杨林

柳（蒙古柳）（*S. linearistipularis*）可作防风固沙植物，枝供编织筐篮，茎皮纤维供制人造棉。

杨柳目（仅1科）可能在被子植物发生的早期，即下白垩纪初期，就从原始的多心皮类中分化出来，走上了风媒的演化道路，花被退化，并成为雌雄异株。以后柳属又次生地走向虫媒的演化道路，花被转化为蜜腺，虫媒又导致了雄蕊数目的减少，固定为2。而杨属则一直沿着风媒的道路发展，雄蕊多，花被简化结合为杯状花盘，起着保护花蕊的作用。现在尚能在黄花柳（*S. caprea*）、灰背杨（*P. glauca*）中偶然见到两性花。钻天柳属（*Chosenia*）尚有2条分离的花柱，原始类型曾有2个以上的雌蕊。这些说明它们的祖先的花是双被、两性的。

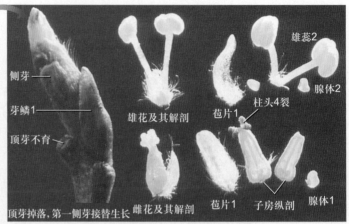

a. 雌雄花序

b. 侧芽与雌雄花序

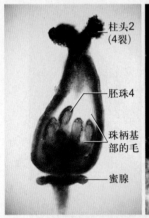

c. 雌花纵切

d. 蒴果、种子

图 12-171　垂柳花、果

图 12-172　垂柳

23. 十字花科（Cruciferae，Brassicaceae）

$K_{2+2}C_{2+2}A_{2+4}G_{(2:1:\infty)}$（图12-173）

属白花菜目（Capparales），该目还有白花菜科（Cleomaceae）等，共5科。

草本。单叶互生，无托叶。花两性，双面对称，总状花序；萼片4，2轮；花瓣4，十字形排列，基部常成爪；花托上生有蜜腺；雄蕊6，外轮2个短，内轮4个长，为四强雄蕊；子房上位，1室，由2心皮结合而成，常有1个次生的假隔膜将子房分为假2室，侧膜胎座式；柱头2，胚珠多数。长角果或短角果，常2瓣开裂（图12-174）。

本科有350属，约3 200种，全球均有分布，主产北温带。我国产95属，425种，124变种，引种7属，20余种。

图 12-173　十字花科花图式

图 12-174　十字花科代表植物

（1）芸薹属（*Brassica*）草本。单叶，有时基部羽状分裂。总状花序。长角果圆柱形。种子球形，子叶对折。芸薹属植物多在早春开花，是重要的蜜源植物。本属植物又是日常主要蔬菜和油料作物，如芸薹（油菜）（*B. rapa* var. *oleifera*），种子含油量达40%，菜籽油是南方和西北人民的重要食用油。结球甘蓝（卷心菜）（*B. oleracea* var. *capitata*）、花椰菜（菜花）（*B. oleracea* var. *botrytis*）、白菜（大白菜、黄芽菜）（*B. rapa* var. *glabra*），原产我国北部，为东北，华北冬春两季的重要蔬菜。青菜（小白菜）（*B. rapa* var. *chinensis*），叶不结球，原产我国，品种很多，为常见蔬菜。球茎甘蓝（擘蓝、芥蓝头）（*B. oleracea* var. *caulorapa*），地上近地面处有块茎，肉质，供蔬食。芜菁（*B. rapa*），地下有肉质大型块根，原产欧亚，现各地栽培，供食用。芥菜疙瘩（大头菜）（*B. juncea* var. *napiformis*），地下有肉质圆锥形块根，常盐腌或酱渍食用，各地均有栽培。芥菜（*B. juncea*）、白芥（*Sinapis alba*）及黑芥（*B. nigra*）的种子，称为"芥子"，均可制芥末，作香辛料。榨菜（*B. juncea* var. *tumida*），下部叶的叶柄基部肉质膨大，呈凹凸不平的拳状，以四川涪陵栽培的最负盛名，常盐腌加工后食用。

（2）萝卜属（*Raphanus*） 萝卜（莱菔）（*R. sativus*），直根供食用，品种很多。种子入药称"莱菔子"。种子油也作工业用（图12-175）。

此外，桂竹香（*Erysimum cheiri*）、诸葛菜（*Orychophragmus violaceus*）、羽衣甘蓝（*B. oleracea* var. *acephala*）、香雪球（*Lobularia maritima*）、紫罗兰（*Matthiola incana*）（图12-176a）等均供观赏。拟南芥（鼠耳芥）（*Arabidopsis thaliana*），基生叶莲座状，两面生有叉状毛；花白色；长角果；我国除华南外皆产。拟南芥原为无人问津的原野杂草，现已成为植物基因工程最主要的模式植物（图12-176b）。

本科有不少药用植物，如菘蓝（*Isatis tinctoria*）的根，作"板蓝根"入药，叶入药称"大青叶"，又可提制蓝靛，作"青黛散"入药，亦为蓝色染料（图12-177a）。蔊菜（*Rorippa indica*）、独行菜（*Lepidium apetalum*）、播娘蒿（*Descurainia sophia*）等种子均作"葶苈子"入药。荠菜（*Capsella bursa-pastoris*）（图12-177b）、碎米荠属（*Cardamine*）植物、菥蓂（遏蓝菜）（*Thlaspi arvense*）等也作药用。

十字花科植物的花各部分数目和雄蕊的排列比较稳定，特别是具有胎座框的结构，使其成为自然的一类。通常认为十字花科由白花菜科演化而来，与白花菜科相近（白花菜科无假隔膜，子房有柄），通过五桠果目而与原始的被子植物相联系。我国学者发现，欧洲油菜（甘蓝型油菜）（*Brassica napus*）的子房由8个心皮原基发育而成，它们排成内外2轮，外轮的2个发育成壳状果瓣（即成熟后脱落的果瓣），另2个发育成结实果瓣（即着生种子的胎座框），而内轮的4个心皮原基，相向生长联成隔膜，并与结实果瓣联合形成胎座（即假隔膜与胎座是由内轮心皮形成），由此对十字花科的系统演化提出了新的依据。

（五）蔷薇亚纲（Rosidae）

木本或草本。单叶或常羽状复叶。花被明显分化，异被；雄蕊多数或少数，向心发育。植物体常含鞣质，几乎不含甜菜色素。

图 12-175 萝卜

a. 紫罗兰　　　　b. 拟南芥

图 12-176　紫罗兰及拟南芥

a. 菘蓝　　　　b. 荠菜

图 12-177　菘蓝及荠菜

本亚纲占木兰纲总数的1/3，共有18目，118科，约58 000种。

24. 景天科（Crassulaceae）

$* K_{4-5} C_{4-5稀(4-5)} A_{4-5+4-5} \underline{G}_{4-5稀(4-5):4-5:\infty}$（图12-178）

属蔷薇目（Rosales），本目还有绣球花科（Hydrangeaceae）、茶藨子科（Grossulariaceae）、虎耳草科、蔷薇科等，共24科。

图 12-178　景天科花图式

草本或半灌木。叶对生，互生或轮生，单叶，无托叶，肉质。花多面对称，两性，4～5基数，常聚伞花序；花被常分离；雄蕊常为花瓣的2倍；子房上位，心皮分离或基部结合，每心皮基部往往有鳞状腺体。果实为革质及膜质的蓇葖果。种子小，有胚乳（图12-179）。

本科有34属，1 500种以上，主产温带和热带。我国有11属，约250种。

本科为旱生植物类型，肥大的薄壁组织内含草酸钙及有机酸，气孔下陷，表皮有蜡质粉，可减少蒸腾，植物体常呈莲座丛状，无性繁殖力强，常可借珠芽繁殖。

景天属（Sedum）的垂盆草（S. sarmentosum），3叶轮生、叶披针状菱形，江南习见。全草入药，清热解毒。佛甲草（S. lineare），叶条形，肥厚，先端钝，产长江中、下游；全草药用，可清热解毒、散瘀消肿、止血。费菜（土三七）（Phedimus aizoon），块根胡萝卜状，花近无梗，萼无距，根及全草药用，止血散瘀、安神镇痛（图12-180a）。红景天属（Rhodiola），如高山红景天（R. cretinii subsp. sinoalpina），主茎木质，具鳞片状的根生叶（图12-180b），分布于高寒地带。瓦松（Orostachys fimbriatus），常生于山坡石上、屋瓦上，全草药用，可止血、活血、敛疮，有小毒。晚红瓦松（O. erubecens）（图12-180c）、伽蓝菜属（Kalanchoe）、八宝属（Hylotelephium）、石莲花（Echeveria secunda）等（图12-180d）多种植物常栽培作观赏。

🎬 12.5　晚红瓦松花序及花解剖图

25. 虎耳草科（Saxifragaceae）

$*, \uparrow K_{4-5} C_{4-5} A_{4-5+4-5} \underline{G}, \overline{G}_{(2-5:1-3:\infty)}$（图12-181）

属蔷薇目（Rosales）。

草本。叶常互生，常无托叶。聚伞状、圆锥状或总状花序，稀单生。花两性，稀单性，多面对称，稀单面对称；花被片常4～5基数，萼片有时花瓣状，花瓣有或缺，常有爪；雄蕊与花瓣同数或为其倍数，着生于花瓣上；子房上位或下位，1～3室，其花柱分离，胚珠多数。蒴果或蓇葖果。种子

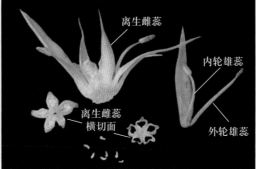

a. 垂盆草植株剖析　　　　　　b. 花解剖　　　　　　c. 果枝

图 12-179　垂盆草形态

叶匙形

a. 费菜

b. 高山红景天

c. 晚红瓦松

d. 石莲花

图 12-180 景天科代表植物

a. 虎耳草

b. 花解剖

花纵切示:
子房半下位
2室，花柱2

子房横切
雄蕊10
花瓣5

通过子房
横切示中
轴胎座式

扩大的花瓣

花盘位
于子房
顶部

萼片5

纤匍枝

图 12-181 虎耳草属花图式

图 12-182 虎耳草花部

有胚乳（图12-182）。

本科有30属，620种，主产于北温带，我国约15属，300多种，全国均有分布。

虎耳草（*Saxifraga stolonifera*），多年生草本，全体被毛。肉质，有细长匍匐茎。叶肾形或圆形，背面常紫红色。全草入药，祛风清热、凉血解毒。落新妇（*Astilbe chinensis*），叶2～3回3出复叶，花紫红色，心皮2，离生。长江中、下游至东北地区分布广泛，根状茎入药，能活血止痛、清热解毒。梅花草属的白耳菜（诗人草、白须草）（*Parnassia foliosa*），多年生草本，叶肾状心形，花瓣5，边缘丝状分裂，蒴果。产于华东至广西地区。全草入药，能镇咳止血、解热利尿。岩白菜（*Bergenia purpurascens*），单叶，均基生，厚而大，叶柄基部具托叶鞘。药用及观赏用（图12-183a）。七叶鬼灯檠（*Rodgersia aesculifolia*），掌状复叶具柄，

掌状复叶

a. 岩白菜（李宏庆摄）　　　　　　b. 七叶鬼灯檠

图 12-183　虎耳草科植物

多歧聚伞花序圆锥状，花无花瓣。根状茎药用（图 12-183b）。大叶金腰（*Chrysosplenium macrophyllum*），基生叶革质、倒卵形，茎生叶较小、宽卵形或圆形。生阴湿处，可药用治小儿惊风、肺疾、耳病。

虎耳草科在不同的分类系统中，有不同的界限。恩格勒（A. Engler）采取广义的概念，因而本科有80属1200种，现代许多学者发现，这种过宽的概念使用时十分不方便，因而采取较为狭义的科的概念。塔赫他间（A. Takhtajan）在1980年将它分为10个科，即使如此，虎耳草科还是一个形态上多种多样的分类单位，如：*Mitella*属包括有雄蕊10的种，也有雄蕊5并与萼片对生的种，以及雄蕊5并与萼片互生的种；虎耳草属（*Saxifraga*）则包括一些心皮基本上是分离的种和另一些心皮结合达柱头的种，而在结合心皮的类群中，子房也具有上位到下位的不同情况，胎座式也有边缘胎座式、下部中轴胎座式上部边缘胎座式以及全部是侧膜胎座式等各种情况。克朗奎斯特主张把基本上是草本的属保留在虎耳草科中，木本属另立新科。

26. 蔷薇科（Rosaceae）

* $K_{(5)}C_5 A_{5-\infty} \underline{G}_{\infty-1}, \overline{G}_{(5-2)}$（图12-184）

属蔷薇目。

茎常有刺及明显的皮孔。叶常互生，有托叶。花两性，多面对称，花托的中央部位着生雌蕊。花被（花萼、花冠）、花丝的基部与花托的周边部分愈合成一个碟状、杯状至坛状的结构即"被丝托"；萼裂片5；花瓣5，离生；雄蕊常多数，离生；子房上位或下位，雌蕊由多数至1个心皮组成，心皮离生或合生；蓇葖果、瘦果、核果、梨果等。

本科根据心皮数、子房位置和果实特征分为4个亚科。

绣线菊亚科　　　　　蔷薇亚科

苹果亚科　　　　　李亚科

图 12-184　蔷薇科 4 亚科花图式

亚科1：绣线菊亚科（Spiraeoideae）。

木本。常无托叶。雌蕊常5个，分离或基部联合，子房上位。蓇葖果，少蒴果（图12-185）。

（1）绣线菊属（Spiraea）　小灌木。被丝托浅杯状，伞房花序，5基数，雌蕊5~2，分离；蓇葖果。南北各省均产。光叶绣线菊（S. japonica var. fortunei），叶披针形，背面灰白色，产长江流域各省。绣球绣线菊（翠兰茶）（S. blumei），叶菱状卵形，3浅裂，背面灰白色。花白色。我国大部分地区均产。中华绣线菊（铁黑汉条）（S. chinensis），叶两面有毛，华北到华南均有分布。

（2）珍珠梅属（Sorbaria）　奇数羽状复叶，互生。花小为顶生圆锥花序；花瓣5；雄蕊20~50；雌蕊5，稍合生；蓇葖果具多数种子；产我国西南部和东北部。华北珍珠梅（S. kirilowii），圆锥花序

无毛；雄蕊20；花柱稍侧生；分布在我国北部至东部，常栽培。

野珠兰（华空木）（Stephanandra chinensis），叶缘有重锯齿，锯齿沿叶缘一直排列到尾状的叶片先端；圆锥花序；产长江流域。茎皮纤维可造纸，根入药。白鹃梅（金瓜果）（Exochorda racemosa），叶先端有时有齿；雄蕊5；心皮结合；蒴果，有5棱脊；产于江苏、浙江、江西等地。

亚科2：蔷薇亚科（Rosoideae）。

木本或草本。托叶发达。周位花；雌蕊多数，分离，着生于凹陷或突出的花托上，子房上位，每雌蕊含胚珠2~1个。聚合瘦果（图12-186）。

（1）蔷薇属（Rosa）　灌木。皮刺发达，奇数羽状复叶，托叶常贴生于叶柄上。被丝托凹陷成壶状，萼裂5；花瓣5；雄蕊多数，皆生于被丝托口

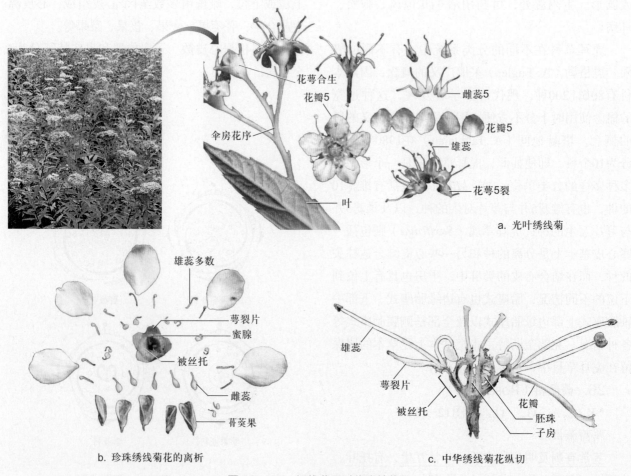

图12-185　绣线菊亚科代表植物

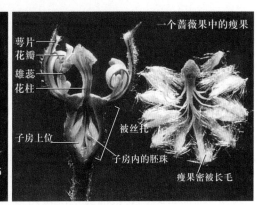

a. 野蔷薇植株　　　　　b. 花离析　　　　　　c. 花纵切

图 12-186　野蔷薇及其花部

部；雌蕊多数，分离。多数瘦果集于肉质的被丝托内，组成一个聚合果，称蔷薇果（hip）（图12-187）。蔷薇属广泛分布于北温带，热带的高原也有分布，我国南北各地均有野生和栽培。常见的野蔷薇（多花蔷薇）（*R. multiflora*），小叶7～9，伞房花序，花白色；在我国分布广泛。花入药，称"白残花"，果及根也供药用。玫瑰（*R. rugosa*），叶皱缩，茎多皮刺和刺毛，花玫瑰红色；原产华北，各地栽培；花作香料，花及根入药（图12-188）。月季（*R. chinensis*），托叶有腺毛；萼有羽状裂片，花大型；原产我国；花和根药用。金樱子（*R. laevigata*），3小叶复叶，光亮；花单生，白色；蔷薇果梨形，密布刺；广泛分布于华东、华中、华南；果可熬糖、酿酒，根及果入药。

（2）悬钩子属（*Rubus*）灌木，多刺。单叶或复叶。萼宿存，5裂；花瓣5；雄蕊多数；雌蕊多数。核果小，集生于膨大的花托上，构成聚合果。蓬蘽（*R. hirsutus*），羽状复叶，小叶3～5，顶小叶较大，背面叶脉有细皮刺；花单生，白色；聚合果近球形，熟时鲜红色；广泛分布于华东、华南各地；果可食；全株及根入药（图12-189）。掌叶覆盆子（*R. chingii*），叶掌状3～7裂，聚合果红色；安徽、江苏、浙江、广西等地有产；果可食及酿酒，根和果入药。茅莓（红梅消）（*R. parvifolius*），3小叶，钝头，背面有密白毛；分布几乎遍布全国；果生食、熬糖和酿酒；叶及根皮提制栲胶；根、茎、叶均可入药，能舒筋活血、消肿止痛。覆盆子（*R. idaeus*），5小叶复叶，产吉林、辽宁、河北、山西和新疆；果入药，补肾明目。插田泡（*R. coreanus*），果亦作覆盆子入药，广泛分布于长江

图 12-187　金樱子的蔷薇果　　　　图 12-188　玫瑰　　　　图 12-189　蓬蘽

中、下游至西北地区。

本亚科还有多种经济植物，如草莓（*Fragaria ananassa*），多年生草本，匍匐茎花后抽出；3出复叶，有长柄；聚伞花序；被丝托碟状，副萼较萼片狭，花白色；聚合果，结果时花托膨大，肉质；原产南美，现广泛栽培供食用（图12-190）。地榆（*Sanguisorba officinalis*），羽状复叶，小叶间有附属小叶；花部4基数，短穗状花序；根为收敛止血药。蛇莓（*Duchesnea indica*），具长匍匐茎，3小叶复叶，在全国分布广泛，全草药用。龙芽草（仙鹤草）（*Agrimonia pilosa*），羽状复叶，小叶大小间杂；花黄色，分布几乎遍布全国；全草入药，为收敛药，并有强壮止泻作用。棣棠花（*Kerria japonica*），灌木，枝绿色；叶卵形，重锯齿，尾尖；花黄色，萼裂5，花瓣5，雄蕊多数，雌蕊5；瘦果；分布在华中、华东至华南地区；花入药；栽培供观赏。

亚科3：苹果亚科（Maloideae）。

木本。有托叶。心皮2~5，常与被丝托之内壁结合成子房下位，或仅部分结合为子房半下位。每室有胚珠2~1个。梨果（pome）。

（1）梨属（*Pyrus*）　叶近卵形。花柱2~5条，离生。果肉有石细胞，梨果梨形（果柄一端较小，不凹陷）。沙梨（*P. pyrifolia*），产于长江流域和珠江流域，果可食用，亦作药用（图12-191）。

（2）苹果属（*Malus*）　叶近椭圆形。花柱基部结合。果肉无石细胞，梨果苹果形（果两端均凹陷）。苹果（西洋苹果）（*M. pumila*），萼与花梗有毛；果扁圆形，两端凹（图12-192）；原产欧洲、西亚；我国北部至西南有栽培；果鲜食或加工酿酒。花红（沙果、林檎）（*M. asiatica*），果扁球形，较小；产于我国北部至西南；果鲜食或加工制果干、果丹皮及酿果酒。垂丝海棠（*M. halliana*），果梗细长，花下垂；原产我国西部；栽培供观赏。

本亚科还有枇杷（*Eriobotrya japonica*），果球形，黄色或橘黄色；产我国长江流域、甘肃、陕西、河南；果食用，叶药用。山楂（*Crataegus pinnatifida*），果红色，近球形，直径1~1.5 cm；产于我国北部；鲜食，制果酱、果糕，并可药用。木瓜

a. 植株

b. 果解剖

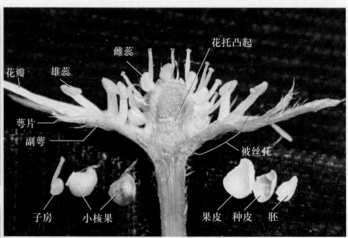

c. 花纵切

图12-190　草莓及其花果

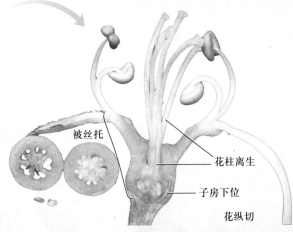

被丝托

花柱离生

子房下位

花纵切

图 12-191　沙梨植株及花部

花枝

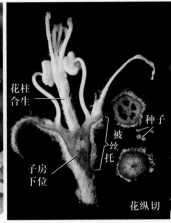

花柱合生

被丝托

子房下位

种子

花纵切

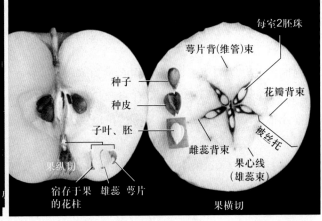

每室2胚珠

萼片背(维管)束

种子

种皮

花瓣背束

子叶、胚

雌蕊背束

宿存于果的花柱　雄蕊　萼片

果纵切

被丝托

果心线(雄蕊束)

果横切

图 12-192　苹果花、果的构造

（*Chaenomeles sinensis*），果长椭圆形，暗黄色，木质；产于华东至华南地区；果药用，治关节痛、肺病等症。

亚科4：李亚科（Prunoideae）。

木本。单叶，有托叶，叶基常有腺体。被丝托凹陷呈杯状，雌蕊由1心皮构成，子房上位，胚珠2个，斜挂在子房的腹缝线上。核果。内含1种子（图12-193）。

（1）李属（*Prunus*）　侧芽单生，顶芽缺。花叶同放，子房和果实光滑无毛。李（*P. salicina*），叶倒卵状披针形；花3朵簇生，白色；果皮有光泽，并有蜡粉，核有皱纹；在我国分布广泛；果食用；核仁、根、叶、花、树胶均可药用。

按侧芽数、子房和果实是否被毛、花和叶是否同放等特征，桃、杏、樱等已从李属中分出。

（2）桃属（*Amygdalus*）　侧芽3，具顶芽。果核常有孔穴。桃（*A. persica*），叶披针形；花单生，红色；果皮被密毛，核有凹纹；主产长江流域；果食用，桃仁（胚）、花、树胶、枝、叶均可药用。桃有蟠桃（*A. persica* 'Compressa'）、垂枝桃、白花碧桃等诸多品种。榆叶梅（*A. triloba*），叶顶端常3裂，叶缘有不等的粗重锯齿；花粉红，先叶开放；产于我国东部、北部地区；栽培供观赏。

（3）杏属（*Armeniaca*）　侧芽单生，顶芽缺。花先叶开放；子房和果实常被短毛。杏（*A. vulgaris*），当年生枝常带有红棕色；叶卵形至近圆形，先端短尖或渐尖；花单生，微红；果杏黄色，微生短柔毛或无毛；核平滑；在我国分布广泛；果可食用，杏仁（胚）入药。梅（*A. mume*），当年生枝为绿色；

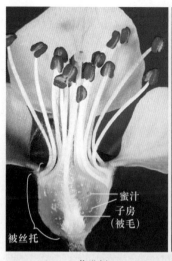

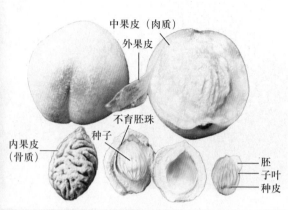

a. 花纵剖　　　　　　b. 子房横切　　　　　　c. 果实及种子

图 12-193　桃的花果构造

叶卵形，长尾尖；花1～2朵，白色或红色（图12-194）；果黄色，有短柔毛，核有蜂窝状孔穴；全国均有分布；果可食用，并可入药；花也供药用；木材作雕刻、算盘珠等用。

（4）樱属（*Cerasus*）　幼叶对折式，果实无沟，不同于上述3属。樱桃（*C. pseudocerasus*），花梗多毛；萼片反折。山樱花（樱花）（*C. serrulata*），花梗无毛；萼不反折。日本晚樱（*C. serrulata* 'Lannesiana'）是山樱花的栽培品种，叶缘重锯齿，花重瓣；原产日本（图12-195）。郁李（*C. japonica*），灌木；叶顶端尾状长尖，基部近圆形。

蔷薇科是一个重要的经济科，也是世界被子植物十大科之一，许多果树与花卉都原产我国。相传神农时代已引种野蔷薇。晋代（公元405年）以后栽培更为普遍，我国的月季、香水月季（*R. odorata*）分别于1789年和1810年传入欧洲，把反复开花的遗传性带到了欧洲，大大改善了当地的月季种质，成为现代月季的鼻祖。到目前，月季品种已达6 000多个，几乎所有的现代月季，都有中国月季的"血统"。我国的果树栽培据有文字考证的已有2500多年的历史，桃、李、梅、唐棣、木瓜等，在《诗经》中已提到，汉朝以后又发展了嫁接技术。

蔷薇目与木兰亚纲的毛茛目相近，它们都是两性花，5基数，花被2轮，有花萼、花冠之分。通过花萼结合，花被轮状排列，雌蕊定数，演化为蔷薇目。蔷薇科的4个亚科中以绣线菊亚科和蔷薇亚科

图 12-194　梅

图 12-195　日本晚樱

为原始。前者保持着木兰目蓇葖果的原始性状，但雌蕊数已减少为定数；后者依靠花托凸起（草莓属）使果实适于散布，或被丝托凹陷（蔷薇属）使果实得到更好的保护。苹果亚科是蔷薇属的进一步发展，走的是雌蕊减少为定数和互相愈合成为子房下位的道路，对种子的保护和果实的传播更为有利。李亚科的突出特点是雌蕊减为1，是蔷薇科中最少的，有利于后代获得充分的营养、早期发育得到保障。

27. 豆科（Leguminosae）

豆科共有3个亚科（图12-196）：

含羞草亚科：$*K_{(3-6)} C_{3-6,(3-6)} A_{\infty(3-6)} \underline{G}_{1:1:\infty}$

苏木（云实）亚科：$\uparrow K_{(5)} C_5 A_{10}\underline{G}_{1:1:\infty}$

蝶形花亚科：$\uparrow K_{(5)} C_5 A_{(9)1,(5)(5),(10),10}\underline{G}_{1:1:\infty}$

<u>常有根瘤</u>。叶互生，有托叶，<u>叶枕发达</u>。<u>花两性</u>，<u>5基数</u>；花萼5裂，结合；花瓣5，多面对称至单面对称；雄蕊多数至定数，常10个，以9与1或5与5的方式结合成2组，称为<u>二体雄蕊</u>；雌

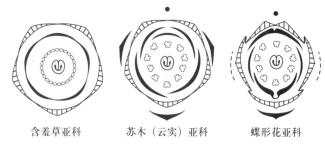

含羞草亚科　　苏木（云实）亚科　　蝶形花亚科

图 12-196　豆科 3 亚科花图式

蕊<u>1心皮</u>，<u>1室</u>，边缘胎座式，胚珠多数。<u>荚果</u>（legume，专指豆科植物的果实）。

本科约670余属，18 000种，分布于热带和亚热带。我国有160余属，1 550余种，全国均有分布。

亚科1：含羞草亚科（Mimosoideae）。

木本，稀草本。1～2回羽状复叶。花两性，多面对称，成穗状或头状花序；花瓣在芽中镊合状排列；雄蕊多数，稀与花瓣同数。荚果（图12-197）。

本亚科约56属，3 000种；我国产17属，66种。

a. 合欢植株

二回羽状复叶　　种子　　荚果

b. 叶、花、果、种子

中央一朵花花冠筒长，贮蜜较多　　头状花序　　成熟种子

c. 花已有分工

在芽中花丝卷曲　　雄蕊基部结合　　雌蕊　　花冠5裂　　花萼5裂　　花冠裂片在芽中镊合状

d. 合欢花

图 12-197　合欢植株及各部构造

合欢（马缨花）（*Albizia julibrissin*），乔木；2回羽状复叶，小叶条状矩圆形，中脉偏斜；头状花序，中央一朵花的花冠筒粗而长，花丝短，向四周辐射，这朵花能贮藏更多的蜜汁，招引昆虫来访；萼片、花瓣小，不显著；花丝细长，淡红色；产于我国东部至西南部；栽作行道树，树皮和花药用。含羞草（*Mimosa pudica*），2回羽状复叶，羽片2~4，掌状排列，受到触动即闭合而下垂；萼钟状，有8个小齿；花瓣4；雄蕊4；原产美洲，现已归化于热带各地，是我国广东、海南的常见杂草；全草药用（图12-198a）。台湾相思（相思树）（*Acacia confusa*），乔木，2回羽状复叶，叶片常退化，叶柄扁化呈叶状，为荒山造林及水土保持的优良树种（图12-198b）。榼藤（*Entada phaseoloi-*des），果巨大，种子作饰品或小匣；产于广东、海南、云南等地（图12-198c）。海红豆（*Adenanthera pavonina* var. *microsperma*），种子红色光亮，产于广东、海南、云南等地（图12-198d）。

亚科2：苏木亚科（Caesalpinioideae）。

木本。花单面对称；花瓣5，离生，成上升覆瓦状排列，即在花芽中最上方的1片花瓣位于最内方，被两侧的花瓣覆盖；雄蕊10或较少，分离，或各式联合；荚果（图12-199）。

本亚科约180属，3 000种，分布于热带亚热带。我国有21属，113种。

云实（*Caesalpinia decapetala*），落叶攀缘灌木，密生倒钩状刺；2回羽状复叶。总状花序顶生，花黄色，雄蕊下半部密生茸毛；荚果木质；产

b. 台湾相思（李宏庆 摄）　　c. 榼藤果实　　d. 海红豆

图 12-198　含羞草亚科代表植物

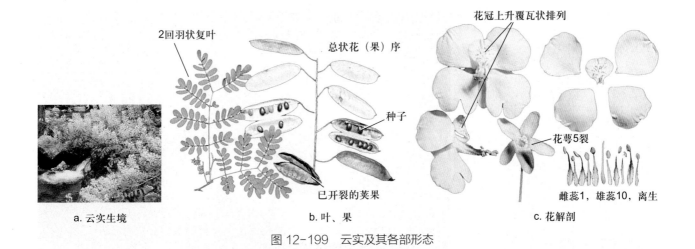

图 12-199　云实及其各部形态

（图中标注：2回羽状复叶；总状花（果）序；花冠上升覆瓦状排列；种子；花萼5裂；已开裂的荚果；雌蕊1，雄蕊10，离生）

a. 云实生境　　b. 叶、果　　c. 花解剖

长江以南各省区；根、果药用。紫荆（*Cercis chinensis*），单叶，圆心形；花紫色，簇生，假蝶形花冠；原产我国及日本，栽培供观赏；树皮、花梗为治疮疡要药（图12-200a）。红花羊蹄甲（*Bauhinia blakeana*），叶圆形至阔卵形，先端2裂；花红色，发育雄蕊5个（图12-200b）；分布于我国福建、两广和云南等省区。本种与其他几个同属植物统称为"紫荆花"，栽培作行道树。山皂荚（*Gleditsia melanacantha*），落叶乔木，刺黑棕色，微压扁；1回羽状复叶；荚果镰形弯曲或不规则扭曲。我国辽宁至浙江均产；木材供车辆、家具等用；枝刺、荚瓣、种子入药（图12-200c）。

本亚科还有决明（*Cassia tora*），羽状复叶具小叶6枚；种子近菱形，有光泽，供药用。凤凰木（*Delonix regia*），落叶乔木；2回羽状复叶，长20～60 cm；原产非洲，全世界热带地区常见栽培；我国南部有引种，作为行道树。苏木（苏方）（*Caesalpinia sappan*），灌木或乔木，有疏刺，2回羽状复叶；分布于我国南部和西南部；心材红色，可提取红色染料；根可提取黄色染料；干燥的心材供药用。酸豆（酸梅、罗望子）（*Tamarindus indica*），材质优良，果味酸，为凉饮料之原料，产于我国南部各省区（图12-200d）。金凤花（*Caesalpinia pulcherrima*），花极美丽，几乎一年四季都开花，南方栽培供观赏。

亚科3：蝶形花亚科（Papilionoideae）。

木本至草本。叶为单叶、3小叶复叶或1至多回羽状复叶，有托叶和小托叶，叶枕发达。花单面对称；花萼5裂，具萼管；蝶形花冠，花瓣为下降覆瓦状排列，即在花芽中最上方1片花瓣位于最外方，为旗瓣；雄蕊10，常为二体雄蕊，成（9）与1或（5）与（5）的两组，也有10个全部联成单体雄蕊或全部分离的；荚果（图12-201）。

本亚科约440属，12 000种，分布于全世界。我国产103属，引种11属，共1 000余种，全国各地均产。

豌豆（*Pisum sativum*），一年生草本；1回羽状复叶，叶轴末端的小叶退化为卷须，托叶叶状，卵形，基部耳状包围叶柄；花白色或紫红色；雄蕊成9和1的两体；花柱扁，内侧有须毛；荚果长椭圆形。种子2～10颗；原产地中海；各地普遍栽培。大豆（*Glycine max*），原产我国，主产东北，为重要的油料作物，世界各地广泛栽培（图12-202a）。花生（落花生）（*Arachis hypogaea*），著名的油料作物，原产巴西，在我国广泛栽培，种子富含脂肪和蛋白质（图12-202b）。其他常见的食用豆类有蚕豆（*Vicia faba*）、豇豆（*Vigna unguiculata*）、赤豆（*Vigna angularis*）、绿豆（*Vigna radiata*）、菜豆（*Phaseolus vulgaris*）、刀豆（*Canavalia gladiata*）、木豆（*Cajanus cajan*）和扁豆（*Lablab purpureus*）。

作牧草和绿肥用的有苜蓿属（*Medicago*）、草

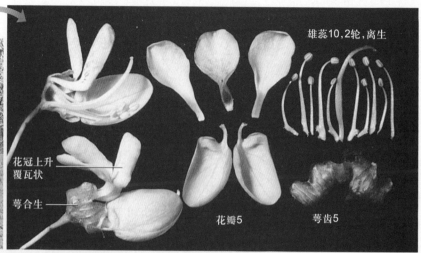

雄蕊10,2轮,离生

花冠上升覆瓦状

萼合生

紫荆开花

花瓣5

萼齿5

a. 紫荆植株及花

叶先端2裂

花瓣5

雌蕊1

雄蕊5

b. 红花羊蹄甲

羽状复叶

侧分枝

荚果

c. 山皂荚

羽状复叶

果皮厚,味甚酸

d. 酸豆

图 12-200 苏木亚科代表植物

顶端5小叶变为卷须

旗瓣

翼瓣

豆荚

子叶

种子

托叶

龙骨瓣

花萼

a. 豌豆叶、花、果实

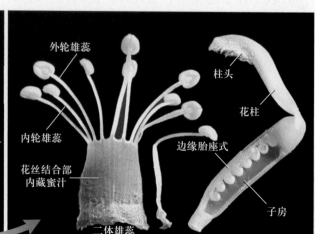

外轮雄蕊

柱头

内轮雄蕊

花柱

花丝结合部内藏蜜汁

边缘胎座式

子房

二体雄蕊

b. 雌雄蕊

图 12-201 豌豆各部形态

植株　花解剖　根瘤、花枝及果

a. 大豆植株及花果

小叶4

子房柄伸长，
将果实推入地下

b. 落花生植株

茎

3出复叶

块根

c. 葛的块根

挖出的根即药用甘草

d. 荒漠上的甘草

图 12-202　蝶形花亚科代表植物

木樨属（*Melilotus*）、车轴草属（三叶草属）（*Tri-folium*）、野豌豆属（巢菜属）（*Vicia*）、兵豆（*Lens culinaris*）、百脉根（*Lotus corniculatus*）、猪屎豆属（野百合属）（*Crotalaria*）、田菁（*Sesbania cannabina*）、新疆骆驼刺（*Alhagi pseudoalhagi*）等。

　　作纤维用的有热带产的猪屎豆属，其中以菽麻（太阳麻、印度麻）（*Crotalaria juncea*）为最著名，田菁和葛（*Pueraria lobata*）的茎皮纤维，可代黄麻和人造棉的原料。葛的块根供制葛粉，食用或药用（图12-202c），我国大部分地区有产。

　　作药用的种类很多，达200种以上，有些是名贵的药材，常见的有甘草（*Glycyrrhiza uralensis*），能清热解毒，润肺止咳，调和诸药（图12-202d）；黄芪（膜荚黄芪）（*Astragalus membranaceus*）和蒙古黄芪（*A. membranaceus* var. *mongholicus*）的根入药，有滋肾补脾，止汗利水，消肿排脓之效；密花豆（*Spatholobus suberectus*）和香花崖豆藤（*Millettia dielsiana*）的根和藤，中药名鸡血藤，有补血行血，通经活络的效用。此外，还有鱼藤（*Derris trifoliata*）、广州相思子（鸡骨草）（*Abrus cantoniensis*）、补骨脂（破故纸）（*Psoralea corylifolia*）、苦参（*Sophora flavescens*）、槐（*Sophora japonica*）等多种。

　　作染料的有木蓝（*Indigofera tinctoria*），广泛栽植于世界各地。作观赏的有锦鸡儿属（*Caragana*）、山黧豆属（香豌豆属）（*Lathyrus*）、紫藤属（*Wisteria*）、刺桐属（*Erythrina*）、刺槐（洋槐）（*Robinia pseudoacacia*）等多种。

　　材用的有紫檀（*Pterocarpus indicus*），心材红棕色，可供制乐器，优质家具，俗称"红木"；还有花榈木（*Ormosia henryi*）、黄檀（*Dalbergia hupeana*）等均为优良的材用树种。黄檀又是放养紫胶虫的优良寄主。

许多分类学家将含羞草亚科、苏木亚科、蝶形花亚科3亚科作亚科处理，放在豆科中，置于蔷薇目下。克朗奎斯特倾向于按照被子植物分科的习惯界线，处理成3个科：含羞草科（Mimosaceae）、苏木科（云实科）（Caesalpiniaceae）和蝶形花科（Fabaceae, Papilionaceae），就像十字花科与白花菜科、伞形科与五加科、夹竹桃科与萝藦科等亲缘关系密切的类群各自独立为科一样。不论哪一种处理，都认可这3个亚科或科是一个以荚果联系起来的自然群。

豆科的化石发现甚早，含羞草亚科发现于白垩纪和古近纪的北美洲和欧洲，苏木亚科亦见于上白垩世的非洲，蝶形花亚科的黄檀属（Dalbergia）见于上白垩世的格陵兰，由此可见，豆科的3个亚科在上白垩世已分化出来，古近纪以后，属不断加多，如决明属、槐属、刺槐属、紫荆属、猴耳环属（Archidendron）、皂荚属、香槐属（Cladrstic）等皆为木本类型，以后又逐渐演化出草本类型，如甘草属、扁豆属、苜蓿属。

豆科的演化趋势是由木本到草本，花冠由多面对称到单面对称，花瓣的形态与功能发生分化，雄蕊由不定数到定数、由分离到结合。花部的变化多与虫媒传粉的机制相关，是和传粉昆虫协同进化的结果。豆科起源于蔷薇科的李亚科，或者与李亚科有一共同的祖先。由单一的心皮演化为荚果，还保留着结合的萼筒，发达的托叶，5基数、轮状排列的花部。含羞草亚科的花保留着多面对称、雄蕊多数的特征，但已有一定的分化，如雄蕊有时定数，有一定的结合。在苏木亚科，受昆虫传粉的选择，花瓣产生分化，中间的一片色彩常较丰富，更能引起昆虫的注意。发展到紫荆属的假蝶形花冠，其形态与功能的分化已接近于蝶形花冠。蝶形花亚科是进一步向虫媒方向演化的象征，花瓣进一步分化：旗瓣大而显著，突出于外上方，起招引昆虫的作用，翼瓣成为昆虫采蜜的落脚处，龙骨瓣将雌雄蕊包藏在内，看似无规则的曲屈和胼胝体的存在，使花朵只有在承受昆虫的重量和昆虫向花心挤压吸蜜时才变形露出其雌雄蕊，进行传粉作用，昆虫一旦离去，各花瓣又回复到原来的位置，雌雄蕊得以免遭日晒、雨淋、风吹等不利条件的袭击，延长了传粉期。蝶形花亚科的雄蕊以（9）与1、（5）与（5）或成单体方式结合，结合的花丝形成一个舟形的结构，使蜜汁集中贮藏其间，有利昆虫采食。现今热带的豆科植物以含羞草亚科和苏木亚科为主，而温带地区则以演化较先进的草本的蝶形花亚科为主。草本植物生命周期短，更能适应多变的环境条件。

28. 桃金娘科（Myrtaceae）

$* K_{(5)} C_5 A_\infty \overline{G}_{(3:3:\infty)}$（图12-203）

属桃金娘目（Myrtales），本目还有千屈菜科（Lythraceae）、瑞香科（Thymelaeaceae）、野牡丹科（Melastomalaceae）等，共12科。

常绿木本。单叶，全缘，革质，对生或轮生，具透明油点，无托叶。花两性或杂性；萼3至多裂，被丝托与子房多少合生；花瓣4～5或缺，着生于花盘边缘，或与萼片连成1帽状体；雄蕊多数，在芽内曲折或内卷，花丝分离或成管状或成簇与花瓣对生，药隔顶端常有1个腺体；子房下位或半下位，多室至1室，中轴胎座式，稀侧膜胎座式，胚珠多数。浆果、核果、蒴果或坚果。种子通常无胚乳，胚直生（图12-204）。

本科有130属，4 500～5 000种，分布于热带和亚热带地区，主产于美洲和大洋洲。我国原产及引入栽培10属，121种。

香桃木（Myrtus communis），常绿灌木，叶对生或轮生；花单生叶腋或数朵成聚伞花序；浆果，有宿存萼裂片；原产地中海地区和欧洲西南部；观赏植物。蒲桃（Syzygium jambos），乔木，

图 12-203　香桃木花图式

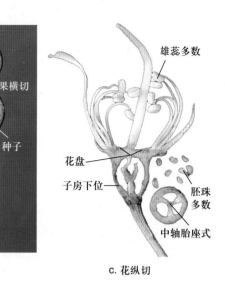

a. 果枝　　　　　　　　　b. 花、果解剖　　　　　　　　　c. 花纵切

图 12-204　香桃木花、果枝

叶对生，长椭圆状披针形，聚伞花序顶生，浆果核果状，球形或卵形，可生食或作蜜饯，树形优美，用于园林绿化；产于福建、两广、云南等地。洋蒲桃（莲雾）（*S. samarangense*），叶基部圆或微心形；聚伞花序顶生，花大；果梨形或倒锥形，味香甜，为重要的热带水果之一，也是优良的绿化树种（图12-205a）。桃金娘（岗稔）（*Rhodomyrtus*

tomentosa），叶椭圆形，革质，离基3出脉，边脉距叶缘3~4 mm；浆果可食用、药用和酿酒，产于我国南部（图12-205b）。番石榴（*Psidium guajava*），原产南美洲，我国南部有栽培，有时逸为野生；浆果香甜，富含维生素C；叶含芳香油，能健胃；树皮亦入药（图12-205c）。白千层（*Melaleuca leucadendron*），大乔木，树皮灰白色，厚而疏松，

a. 洋蒲桃

b. 桃金娘

c. 番石榴

d. 柳叶红千层

图 12-205　桃金娘科代表植物

薄片状剥落；叶狭椭圆形；花乳白色；蒴果半球形；原产澳大利亚；我国南部栽培作行道树；叶可提取芳香油，供药用及工业用。柳叶红千层（*Callistemon salicifolia*），树皮坚实、灰褐色，幼枝有棱；雄蕊离生，鲜红色；常作园林及行道树用（图12-205d）。岗松（*Baeckea frutescens*），叶对生、细小，条形；蒴果；叶含芳香油，全草药用；产于我国南部。

桉属（*Eucalyptus*），多为高大乔木，幼态叶与成熟叶异型，幼态叶对生或轮生，成熟叶革质，互生，有边脉，有香气，萼片和花瓣合成帽状体，蒴果；原产大洋洲，我国已先后引种近100种。桉属植物木材耐腐，可作枕木、桥梁等用；枝叶可提取各种不同的桉油，在工业、医药和选矿上有很高的经济价值。常见的有桉（大叶桉）（*E. robusta*），树皮粗糙、不剥落，叶卵状披针形，花药椭圆形。细叶桉（*E. tereticornis*），树皮光滑灰白色或淡红色，长片状剥落，叶狭长披针形。蓝桉（*E. globulus*），树干灰蓝白色，片状剥落，苗枝上叶对生，无柄，心形，蓝白色；新枝上叶披针形，互生，蒴果半球形，有4棱。柠檬桉（*E. citriodora*），树皮光滑，灰白色，大片状剥落，剥后无斑痕。

29. 大戟科（Euphorbiaceae）

♂ $* K_{0-5} C_{0-5} A_{1-\infty}$　♀ $* K_{0-5} C_{0-5} G_{(3:3:1-2)}$（图12-206）

属大戟目（Euphorbiales），该目含黄杨科（Buxaceae）等，共4科。

植物体常含乳汁。花单性，有花盘或腺体，双被、单被或无被；雄蕊1至多数，花丝分离或合生；子房上位，常3室，中轴胎座式，每室有1~2个，胚珠悬垂。蒴果，少为浆果或核果。

本科约300属，8 000种，广泛分布于全世界，主产热带。我国约有66属，360余种，主产长江流域以南各省区。

（1）大戟属（*Euphorbia*）　草质、木质或无叶的肉质植物，有乳状汁。花序为杯状聚伞花序，外观似一朵花，四周围以杯状的总苞，有4~5个萼状的裂片，裂片和肥厚肉质的腺体互生；内面含有多数或少数雄花和1雌花；花单性，无花被；雄花仅具1雄蕊，花丝和花柄间有关节；雌花仅具1雌蕊，单生于花序中央而突出于外，子房3室，每室1胚珠，花柱3，上部每个再分为2叉（图12-207）。蒴果。约2 000种，分布于亚热带和温带地区。我国有60多种。一品红（圣诞花）（*E. pulcherrima*），灌木，高1~3 m；叶互生，开花时花序下的苞片朱红色，甚美丽，杯状聚伞花序多数顶生于枝端；原产墨西哥一带，常栽培供观赏。银边翠（*E. marginata*），上部的叶片边缘白色，原产北美，栽培供观赏。泽漆（*E. helioscopia*），草本；叶倒卵形或匙形；茎顶端具5片轮生的叶状苞片；多歧聚伞花序顶生；蒴果无毛；除新疆、西藏外，分布几乎遍布全国；全草入药。大戟（*E. pekingensis*），叶长圆形至近披针形；蒴果表面具疣状凸起；分布于我国南北各地；根入药。

（2）油桐属（*Vernicia*）　乔木，含乳汁。叶全缘，或3~7裂；叶柄长，近顶端具2腺体。圆锥状聚伞花序，花雌雄同株；萼2~3裂；花瓣5；雄花有雄蕊8~20；雌花子房3~5室。核果大形。种子富含油质。油桐（*V. fordii*），叶卵状或卵状心形；

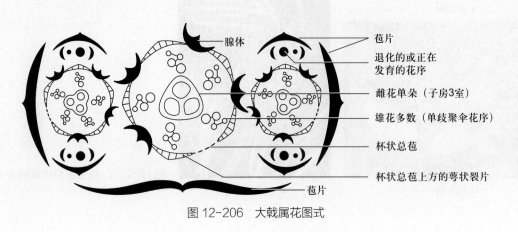

图12-206　大戟属花图式

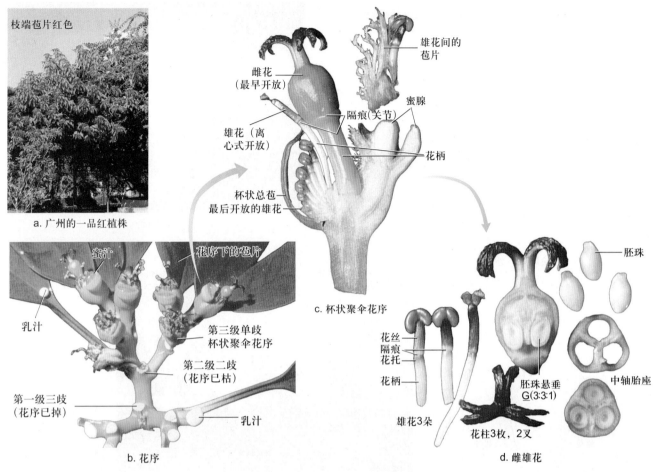

枝端苞片红色

a. 广州的一品红植株

雌花（最早开放）

雄花（离心式开放）

雄花间的苞片

蜜腺

隔痕（关节）

花柄

杯状总苞 最后开放的雄花

c. 杯状聚伞花序

蜜汁

花序下的苞片

乳汁

第三级单歧杯状聚伞花序

第二级二歧（花序已枯）

第一级三歧（花序已掉）

乳汁

b. 花序

胚珠

花丝 隔痕 花托

花柄

胚珠悬垂 G(3:3:1)

中轴胎座

雄花3朵

花柱3枚，2叉

d. 雌雄花

图 12-207　一品红及其花序

花白色，有黄红色条纹；果皮平滑；分布在淮河流域以南；种仁含油量为46%～70%，榨出的油称为桐油，是我国闻名世界的特产，产量占世界总产量的70%，油的性能极好，是油漆及涂料工业的重要原料（图12-208）。木油桐（千年桐）（*V. montana*），叶常3～5裂；果实具3条锐棱和多数凸出的网纹；主产于珠江流域；种子亦可榨油，但质量较差。

（3）蓖麻属（*Ricinus*）　仅有蓖麻（*R. communis*）1种。一年生草本（在热带地区成小乔木状）。单叶，掌状5～11裂。花单性同株，无花瓣；雄花具多数雄蕊，花丝多分枝，为多体雄蕊；雌花子房3室。蒴果有软刺。种子有明显的种阜，种皮光滑有斑纹。原产非洲，我国各地均有栽培。种子含油率为69%～73%，供工业和医药上用；叶可饲养蓖麻蚕（图12-209）。

（4）乌桕属（*Sapium*）　乔木或灌木，有乳状汁液。叶柄顶端有2腺体。花单性同株，无花瓣。蒴果。常见的有乌桕（*S. sebiferum*），落叶乔木；叶近菱形或菱状卵形；蒴果近球形（图12-210）；种子黑色，外被白蜡层；产秦岭、淮河流域以南各省，为我国南方重要工业油料植物，已有千余年的栽培历史。其种子上的蜡层为制造蜡烛和肥皂原料；木材供制家具、农具。

（5）橡胶树属（*Hevea*）　高大乔木，有乳状汁。3出复叶；叶柄顶端有腺体。花小，单性同株，呈圆锥状聚伞花序；萼5齿裂，无花瓣。蒴果。橡胶树（三叶橡胶树、巴西橡胶树）（*H. brasiliensis*），为最优良的橡胶植物；原产巴西，我国台湾、海南、云南有栽培（图12-211）。

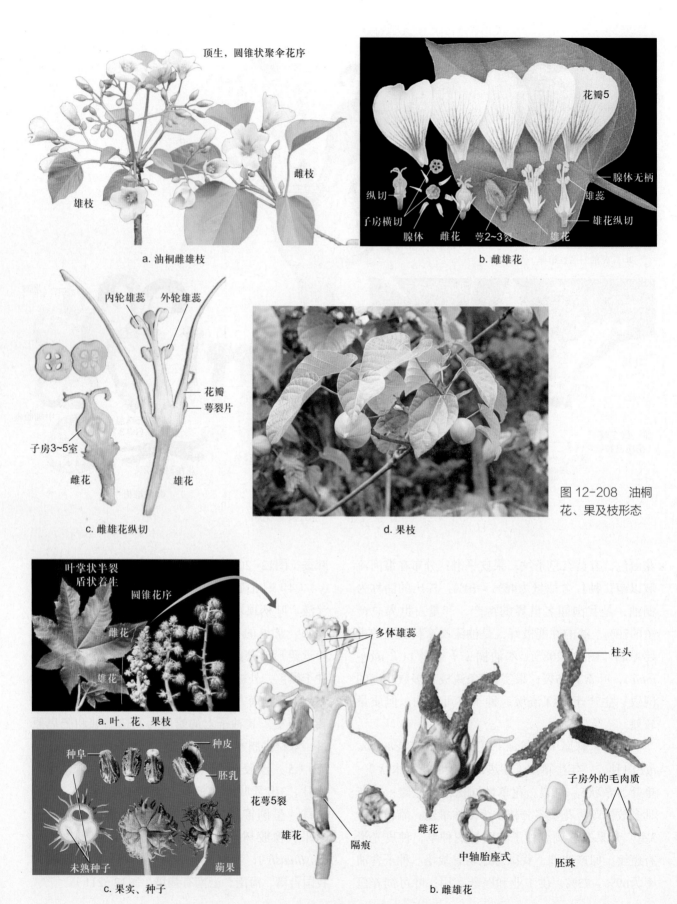

顶生，圆锥状聚伞花序

花瓣5

雌枝

雄枝

a. 油桐雌雄枝

纵切
子房横切
腺体　雌花　萼2~3裂　雄花

腺体无柄
雄蕊
雄花纵切

b. 雌雄花

内轮雄蕊　外轮雄蕊

花瓣
萼裂片

子房3~5室

雌花　雄花

c. 雌雄花纵切

d. 果枝

图 12-208　油桐
花、果及枝形态

叶掌状半裂
盾状着生
圆锥花序
雌花
雄花

多体雄蕊

柱头

a. 叶、花、果枝

种皮
胚乳

种阜

花萼5裂

雄花

隔痕

雌花

中轴胎座式

子房外的毛肉质

胚珠

未熟种子

蒴果

c. 果实、种子

b. 雌雄花

图 12-209　蓖麻叶、花、果形态

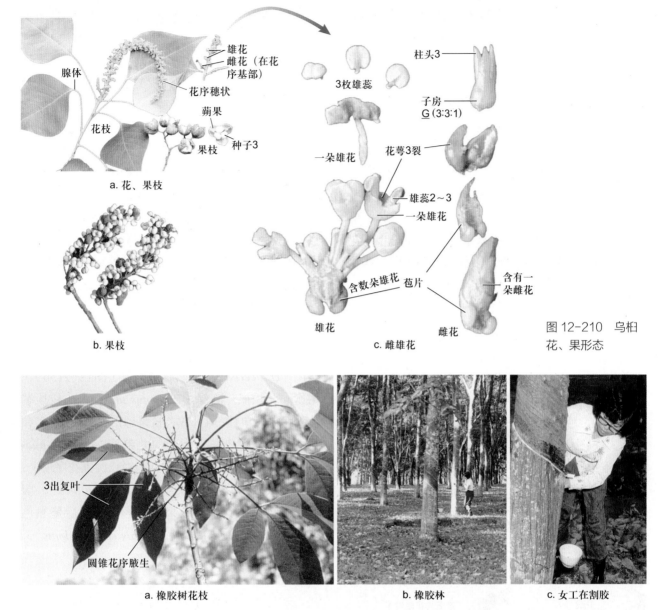

a. 花、果枝

b. 果枝

腺体

花枝

果枝

雄花
雌花（在花序基部）
花序穗状
蒴果
种子3

3枚雄蕊

一朵雄花

含数朵雄花
苞片

雄花

柱头3

子房
$\underline{G}$ (3:3:1)

花萼3裂

雄蕊2～3
一朵雄花

含有一朵雌花

雌花

c. 雌雄花

图 12-210 乌桕
花、果形态

3出复叶

圆锥花序腋生

a. 橡胶树花枝

b. 橡胶林

c. 女工在割胶

图 12-211 橡胶树

本科是一个热带植物大科，包含有多种重要的经济植物。除上述属种外，尚有木薯（*Manihot esculenta*），块根肉质，含大量淀粉，可作粮食和工业用原料；但含氰氢酸，食前必须浸水去毒；原产巴西，我国南方有栽培（图12-212a）。巴豆（*Croton tiglium*），种子含巴豆油及蛋白质（包含有毒蛋白及巴豆毒素），均有剧毒，为强烈泻剂（图12-212b）。白背叶（*Mallotus apelta*），种子含干性油，可作油桐的代用品，根叶药用。本科常见的观赏植

a. 木薯

b. 巴豆

图 12-212 大戟科经济植物

物还有虎刺梅（铁海棠）（*Euphorbia milii*）、猩猩草（*E. cyathophora*）、山麻杆（*Alchornea davidii*）等。

大戟科的营养体、化学特征和花粉形态差异很大，因此学者对其演化地位意见颇异。克朗奎斯特认为大戟目来源于卫矛目，同属于蔷薇亚纲。

30. 鼠李科（Rhamnaceae）

* $K_{(5-4)}C_{5-4, 0} A_{5-4} \underline{G}_{(4-2:4-2:1)}$ （图12-213）

属鼠李目（Rhamnales），本目还有火筒树科（Leeaceae）、葡萄科，共3科。

灌木、藤状灌木或乔木，稀草本，常具刺。<u>单叶</u>，<u>不分裂</u>，常互生，叶脉显著，常有托叶。花小，整齐，两性，稀单性，多排成聚伞花序、穗状圆锥花序、聚伞总状花序、聚伞圆锥花序；萼5~4裂；花瓣5~4或缺；<u>雄蕊5~4，与花瓣对生</u>；花盘肉质；<u>子房上位或一部分埋藏于花盘内</u>，4~2室，

每室有1<u>胚珠</u>，<u>基生胎座式</u>，花柱2~4裂。果实为核果、蒴果或翅果状，萼筒宿存（图12-214）。

本科约58属，900种以上，分布于温带及热带。我国有14属，133种，32个变种，南北均有分布，主产长江以南地区。

枣（*Ziziphus jujuba*），具基出3脉；聚伞花序腋生；花小，黄绿色；核果大，熟时深红色，核两端锐尖（图12-215a）；属我国特产，主产区位于河北、山西、山东、陕西、甘肃、河南等省，现全国各地广为种植。枣果味甜，供食用，有滋补强壮之效；干果、根和树皮入药。酸枣（*Z. jujuba* var. *spinosa*），多刺灌木；核果味酸，核两端圆钝；主产华北，中南各省也有。北枳椇（*Hovenia dulcis*），落叶乔木；叶宽卵形，3出脉；核果球形，花序轴结果时肉质、扭曲、深褐色至紫黑色；果实入药；肥厚肉质花序轴含糖，味甜可生食和酿酒。枳椇（*H. acerba*），果熟时黄褐色（图12-215b），用途同北枳椇。冻绿（*Rhamnus utilis*），小枝顶端针刺状；花单性，4基数；核果球形，2核；果实和叶可提制绿色染料。大叶勾儿茶（*Berchemia huana*），攀缘灌木；叶有侧脉8~12对；圆锥花序顶生；药用或栽培供观赏。雀梅藤（*Sagereria thea*），藤状灌木，小枝具刺；核果近球形，成熟后紫黑色（图12-215c）。马甲子（*Paliurus ramosissimus*），

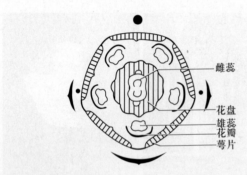

图12-213 鼠李科花图式

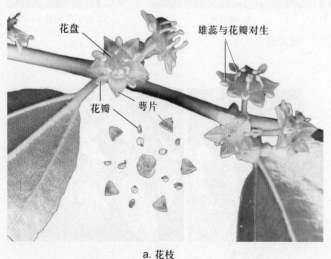

a. 花枝

b. 花解剖

图12-214 枣花形态解剖

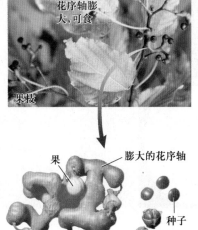

c. 雀梅藤

草质宽翅

托叶刺
1长1弯

内果皮（枣核）
横切，2室

外、中果皮

3出脉

a. 枣果解剖

花序轴膨
大，可食

果枝

果

膨大的花序轴

种子

果柄

果

花序总轴

b. 枳椇果枝

d. 铜钱树

图 12-215　鼠李科代表植物

核果具木栓质3浅裂窄翅；木材可作农具柄，全株均可药用。铜钱树（*P. hemsleyanus*），核果草帽状，周围具革质宽翅；树皮含鞣质，可提取栲胶（图12-215d）。猫乳（*Rhamnella franguloides*），落叶灌木，幼枝、叶下和叶柄被柔毛，叶倒卵状；根可治疥疮，茎皮含绿色染料。

31. 葡萄科（Vitaceae，Ampelidaceae）

$* K_{5-4} C_{5-4} A_{5-4} \underline{G}_{(2:2:2)}$（图12-216）
属鼠李目。

木质或草质藤本。茎为合轴生长，常以卷须攀缘，卷须和叶对生。花两性或单性，组成与叶对生的花序；花小，多面对称，花萼4～5齿裂，细小；花瓣4～5，镊合状排列，分离或顶部黏合成帽状；雄蕊4～5，着生在花盘的基部，与花瓣对生；花盘环形，位于子房基部，称为下位花盘；子房上位，2（～3～6）室，中轴胎座式，每室有1～2个胚珠。浆果（图12-217）。

本科约12属，700余种，多分布于热带至温带地区。我国有8属，112种，南北均产，多分布于长江以南各省区。

（1）葡萄属（*Vitis*）落叶木质藤本，茎皮成片状剥落，无皮孔，枝髓褐色。狭圆锥花序，花瓣粘合成帽状脱落。果除生食外，还可以制葡萄干或酿酒；酿酒后的皮渣可提取酒石酸，根和藤可药用。葡萄（*V. vinifera*）、山葡萄（*V. amurensis*）、刺葡萄（*V. davidii*）的果均可食或酿酒。根入药。

（2）爬山虎属（*Parthenocissus*）卷须顶端膨大成吸盘，树皮有皮孔，枝髓白色。复聚伞花序。爬山虎（*P. tricuspidata*），各地均产，常栽作遮蔽墙壁用（图12-218）。绿爬山虎（青龙藤）（*P. laetevirens*）在长江以南广泛分布。

图 12-216　葡萄科花图式

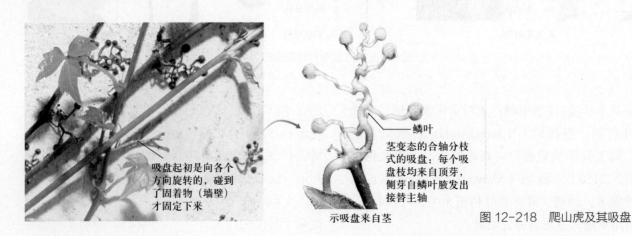

a. 果实 　　　b. 果实解剖 　　　　　　c. 花解剖

图 12-217　葡萄

吸盘起初是向各个方向旋转的，碰到了固着物（墙壁）才固定下来

示吸盘来自茎

鳞叶

茎变态的合轴分枝式的吸盘：每个吸盘枝均来自顶芽，侧芽自鳞叶腋发出接替主轴

图 12-218　爬山虎及其吸盘

（3）乌蔹莓属（*Cayratia*）　掌状复叶，两侧小叶叉生，有柄，称为鸟趾状复叶。伞房状聚伞花序。如乌蔹莓（*C. japonica*），产于华东和中南各省区。全草入药（图12-219）。

本科代表植物还有：崖爬藤属（*Tetrastigma*）的扁担藤（*T. planicaule*），茎扁，宽达40 cm，分布于福建、广东、广西、云南、贵州（图12-220）；三叶崖爬藤（*T. hemsleyanum*），产我国浙江、江西、湖北、四川及以南各省区，块根药用。

葡萄科的雄蕊一轮，与花瓣对生，这一特征和火筒树科、鼠李科一致。它们起源于雄蕊多数的蔷薇目，很可能来自二轮雄蕊的祖先（如无患子目

伞房状聚伞花序

图 12-219　乌蔹莓

Sapindales）而外轮雄蕊消失，形成了雄蕊对瓣的这一类。同理，若内轮雄蕊消失则形成雄蕊对萼的卫矛目（Celastrales）。

图 12-220 扁担藤

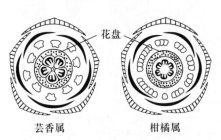

花盘

芸香属　　　　　　柑橘属

图 12-221　芸香科花图式

32. 芸香科（Rutaceae）

芸香属：$* K_{5-4} C_{5-4} A_{10-8} \underline{G}_{(5-4 : 5-4 : 2)}$

柑橘属：$* K_5 C_5 A_\infty \underline{G}_{(\infty : \infty : 2-4)}$（图12-221）

属无患子目（Sapindales），该目还有漆树科（Anacardiaceae）、无患子科（Sapindaceae）、蒺藜科等，共15科。

木本，稀草本，常有刺。复叶或单身复叶，常有透明油点。花两性，多面对称；4~5基数；外轮雄蕊对瓣；花盘发达，在雄蕊内方；子房上位，胚珠每室2~1个。柑果、蓇葖果等（图12-222）。

本科约150属，1 500种，分布于热带和温带。我国产29属，约150种，南北均有分布。

（1）芸香属（臭草属）（Ruta）　多年生草本，基部木质化。花多面对称，心皮合生至中部以上。产于地中海沿岸。我国引种1种。芸香（臭草）（R. graveolens），原产欧洲，全草入药；雄蕊先后崛起，延长了授粉期（图12-222）。

（2）枳属（Poncirus）　叶为3出复叶，柑果密被毛。枳（枸橘）（P. trifoliata），幼果称枳实，成熟果称枳壳，供药用（图12-223）。

（3）花椒属（Zanthoxylum）　灌木或小乔木，常有皮刺。奇数羽状复叶。果实为分离的数个分果，成熟时每个分果各自2裂为蓇葖果，含1个黑色光亮的种子。花椒（Z. bungeanum），果实为调味香料（图12-224a）。

（4）柑橘属（Citrus）　常绿乔木或灌木，常有

a. 芸香

伞房状聚伞花序顶生

中央一朵5室

花多为4数

b. 花序顶面观

外轮雄蕊　花瓣先端撕裂状　蒴果浅裂　花瓣

正在下降的雄蕊

内轮雄蕊

崛起的雄蕊

蜜腺

尚未崛起的雄蕊　中轴胎座式

萼片

花背面观

种子

c. 花解剖

图 12-222　芸香及其花序

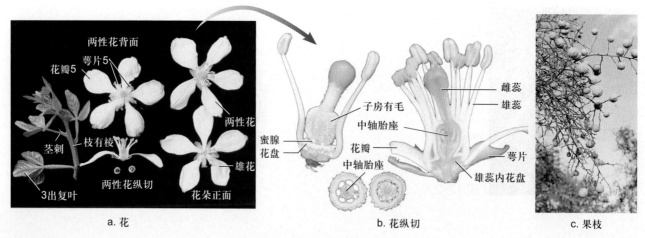

a. 花　　　　　　　　　　b. 花纵切　　　　　　　　c. 果枝

图 12-223　枳的花、果

a. 花椒　　　　　　　　　b. 柑橘　　　　　　　　c. 榆橘

图 12-224　芸香科代表植物

刺。单身复叶。花常两性；花瓣5；雄蕊15或更多；子房8～14室，柑果。柑橘（宽皮橘）（*C. reticulata*）（图12-224b）、柚（*C. maxima*）、佛手（*C. medica* var. *sarcodactylis*）、柠檬（*C. limon*）、代代花（*C. aurantium* 'Daidai'）等柑橘类果实，为我国南方盛产的著名水果。除生食、制蜜饯外，还可提制枸橼酸、柠檬油用于兴奋剂、香料、调味品等的制作。经过炮制的果皮有陈皮、青皮、橘红等，是常用的中药。

此外，本科还有：黄檗（*Phellodendron amurense*），其树皮供药用，内皮可作黄色染料；九里香（*Murraya exotica*），花极其芳香，果朱红色，栽培供观赏；榆橘（*Ptelea trifoliata*），3出复叶，翅果，产北美至加拿大（图12-224c）。

33. 蒺藜科（Zygophyllaceae）

$* K_{5-4} C_{5-4} A_{5, 10, 15} \underline{G}_{(5-4: 5-4: 1-\infty)}$ （图12-225）

属无患子目。

灌木，亚灌木或草本。叶对生，偶互生，2小叶至羽状复叶或单叶，具宿存托叶，花两性，多面对称，单生或排成聚伞花序、总状花序或圆锥花序；萼片5～4，分离或基部联合；花瓣5～4，有时缺花瓣；雄蕊5、10或15，花丝基部常具鳞状附属物；花盘通常发达；子房由5（或4、2、6、12）心皮组成，3～5室或多室，每室有1至几颗胚珠（稀多数）。果为蒴果、分果，稀为浆果或核果（图12-226）。

本科约27属，350种，主产热带、亚热带和温带的干旱地区。我国有6属，31种，主要分布于西北和华北。

本科植物耐干旱、瘠薄及盐碱，抗风沙，多为优良的治沙、保持水土植物；种子还富含油脂。蒺藜（*Tribulus terrestris*），草本，茎平卧，偶数羽状复叶；花小，黄色；果为5个分果瓣组成，果瓣具棘刺、短硬毛及瘤状突起；果入药（图12-226）。驼蹄瓣（*Zygophyllum fabago*），草本，偶数羽状复叶对生，小叶1对；分布于我国西北地区的冲积平原、绿洲、湿润沙地、荒地及渠边（图12-

227a）。小果白刺（*Nitraria sibirica*），嫩枝的叶4~6片簇生，果熟时暗红色，果长6~8 mm；分布于西北至北部干旱地区，为重要的防风固沙植物；果可食；果核可榨油（图12-227b）。白刺（*N. tanguto-rum*），嫩枝上的叶2~3片簇生；果熟时深红色，长10~13 mm。霸王（*Sarcozygium xanthoxylon*），灌木，枝弯曲，顶端有刺尖，2小叶复叶，肉质；分布于新疆、甘肃及内蒙古等地；可作家畜饲料（图12-227c）。骆驼蓬（*Peganum harmala*），多年生草本；叶肉质；产于我国西北和北部地区；种子可榨取轻工业用油和作红色染料，叶片可代肥皂用；全草药用，治关节炎，又可作杀虫剂（图12-227d）。

图 12-225　蒺藜科花图式

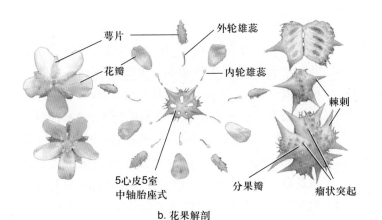

b. 花果解剖

萼片　　外轮雄蕊　　内轮雄蕊　　棘刺　　分果瓣　　瘤状突起　　花瓣　　5心皮5室中轴胎座式

a. 蒺藜花果枝

羽状复叶对生，一大一小　　茎平卧

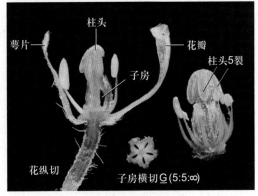

c. 花放大

萼片　　柱头　　子房　　花瓣　　柱头5裂　　花纵切　　子房横切 G(5:5:∞)

图 12-226　蒺藜的花、果

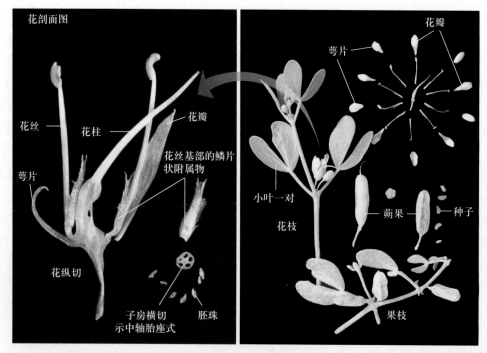

花剖面图

花丝 — 花柱 — 花瓣

花丝基部的鳞片状附属物

萼片

花纵切

子房横切
示中轴胎座式

胚珠

花瓣

萼片

小叶一对

花枝

蒴果 — 种子

果枝

a. 驼蹄瓣花、果枝

b. 小果白刺

c. 霸王

d. 骆驼蓬

图 12-227 蒺藜科代表植物

34. 伞形科（Umbelliferae，Apiaceae）

$* K_{(5)-0} C_5 A_5 \overline{G}_{(2:2:1)}$（图12-228）

属伞形目（Apiales），该目还有五加科（Araliaceae），共2科。

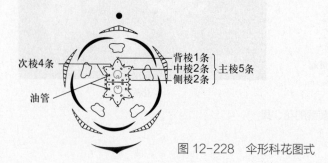

次棱4条

油管

背棱1条
中棱2条 } 主棱5条
侧棱2条

图 12-228 伞形科花图式

草本，有香气，茎有棱。叶互生，常分裂至复叶，叶柄基部膨大呈鞘状。复伞形花序；花小，两性或杂性，5基数；花萼5齿裂；花瓣5；雄蕊5，与花瓣互生；子房下位，中轴胎座式，2室，每室有1胚珠，悬垂；花柱2，基部往往膨大成花柱基（stylopodium），该处能分泌蜜汁招引昆虫传粉，起花盘的作用，因位于子房顶部，亦称上位花盘。果实是一种分果，即构成子房的2个心皮成熟时由结合处（合生面）分离成2个悬果瓣，每心皮有1纤细的心皮柄和果柄相连，这种分果特称为双悬果。每个分果有5条主棱，主棱之间还有4条次棱，次棱之下有沟槽，沟槽内及分果的合生面常有纵向的油管。种子胚乳丰富，胚小。子房和果实的形态是伞形科植物分属分种的重要依据（图12-229）。

本科有200余属，2 500种，分布于温带、亚热带或热带的高山上。我国有90余属，500多种。全国均有分布。

胡萝卜（*Daucus carota* var. *sativa*），草本，具肥大肉质的圆锥根。叶2~3回羽状深裂，叶柄基部扩大成鞘状。复伞形花序；花两性，萼齿不明显；花瓣5，花序周边花的外侧花瓣大，胡萝卜的两性花开放时，首先整个花序上的花相对一致地是雄蕊同时先开放，而此时雌蕊的柱头尚未成熟，此为雄性期，只能完成授粉的任务；此后当雌蕊成熟时，雄蕊已经全部脱落，此时来访的昆虫只能将从其他花序上带来的花粉给它授粉。胡萝卜用雌雄蕊异熟避免了自花传粉。胡萝卜果为双悬果，主棱不明

显，4条次棱发达呈翅状，端有刺毛，每一条次棱下有1条油管，合生面2条；原产欧亚大陆，现广泛栽培；根作蔬菜，营养丰富。

本科是药用植物集中的一个科，如当归（*Angelica sinensis*），多为栽培，少见野生；白芷（*A. dahurica*），产福建、浙江；川芎（*Ligusticum sinense* 'Chuanxiong'），产于四川、云南、贵州，多为栽培，根药用（图12-230a）；前胡（白花前胡）（*Peucedanum praeruptorum*），产山东以南各省区；防风（*Saposhnikovia divaricata*），生长于东北、华北山坡草原，全草入药（图12-230b）；以及明党参（*Changium smyrnioides*）、柴胡属（*Bapleurum*）（图12-230c）等。此外，还有不少蔬菜植物如旱芹（芹菜）（*Apium graveolens*）、芫荽（*Coriandrum sativum*）、茴香（*Foeniculum vulgare*）（图12-230d），除蔬食外，亦可药用。

a. 野胡萝卜复伞形花序　　b. 胡萝卜的茎、叶、花序　　c. 胡萝卜的雌雄性期

d. 胡萝卜花果解剖　　　　　　　e. 胡萝卜果实、种子

图12-229　野胡萝卜与胡萝卜（示伞形科形态特征）

a. 川芎

b. 防风

c. 柴胡一种

d. 茴香

图 12-230　伞形科代表植物

伞形科与五加科合为伞形目，通过无患子目而与蔷薇目相联系。一般认为，伞形科是从五加科的原始类型通过木本至草本、单伞形花序至复伞形花序、浆果至双悬果的道路进化而来。

伞形科整个复伞形花序的外缘花瓣常扩大，花序中央个别的花颜色特化（如野胡萝卜的变为暗红色），使整个花序看似一朵花，更能引起昆虫的注意；整个花序常表现为雄蕊一致地先熟，雌蕊在雄蕊掉落之后成熟（柱头开展），以雌、雄蕊异熟的方式防止了同花序内的传粉；上位花盘为各种口器的昆虫（舔吸式的蝇，咀嚼式的甲虫，嚼吸式的蜂和虹吸式的蝶、蛾）提供了敞开的蜜源，传粉机会大增而专一性不足；但是它通过子房下位来保护胚珠免遭咬噬；双悬果上的刺、钩、翅有利于果实的散布，说明伞形科植物已进化到一个相当高级的程度。正由于此，伞形科成为被子植物十大科之一。

（六）菊亚纲（Asteridae）

木本或草本。常单叶。花4轮，花冠常结合；雄蕊与花冠裂片同数或更少，常着生在花冠筒上，绝不与花冠裂片对生；心皮2~5，常2，结合。植物体常含环烯醚萜化合物和（或）多种生物碱，但不含苄基异喹啉生物碱。

本亚纲是木兰纲中最大的亚纲之一，共有11目，49科，约60 000种。

35. 龙胆科（Gentianaceae）

* $K_{4-5,\ (4-5)}C_{(4-5)}A_{4-5}\underline{G}_{(2:1:\infty)}$（图12-231）

属龙胆目（Gentianales），本目还有马钱科（Loganiaceae）、夹竹桃科、萝藦科等，共6科。

一年生或多年生草本。叶通常对生，全缘；无托叶。花两性，稀单性，多面对称或近于多面对

图 12-231　龙胆科花图式

称；通常排成聚伞花序或单生；花萼4~5（稀12）裂，筒状或分离；花冠4~5（偶12）裂，漏斗状或辐射状，裂片常旋转状排列，裂片间具褶或裂片，基部有大型腺体或腺窝；雄蕊与花冠裂片同数而互生，着生于花冠筒上，药2室，纵裂；雌蕊由2心皮组成，子房上位，1室，稀2室，胚珠多数；花柱单生，柱头全缘或2裂。蒴果2瓣裂，稀不裂，种子小而多，胚乳丰富（图12-232）。

本科约80属，700种，广泛分布于全世界，主产于北半球温带及寒温带。我国有22属，427种，各省均产，主要分布于西南高山地区。

灰绿龙胆（*Gentiana yokusai*），一年生草本，茎密被黄绿色乳突，基部多分枝。花冠蓝、紫或白色，裂片先端钝，褶整齐，卵形；种子具密粗网纹，两端有宽翅，两侧有窄翅；广泛分布于长江流域。龙胆（*G. scabra*），多年生草本，具根状茎，无莲座状叶丛；根及根状茎药用。秦艽（*G. macrophylla*），多年生草本，植株基部具枯叶纤维，聚伞花序簇生成头状，花冠蓝紫色，种子椭圆形，具细网纹，无翅；产东北、华北等地；根药用。獐牙菜（*Swertia bimaculata*），一年生草本，茎光滑；花黄绿色，花冠裂片上部具紫色小斑点，中部具2个黄褐色蜜腺；广泛分布于华东、中南、西南和甘肃、陕西等地（图12-233）。细茎双蝴蝶（*Tripterospernum filicaule*），缠绕草本，茎生叶卵状披针形，浆果长圆形；分布于华东、华中及西南等地。

本科植物常含多种生物碱或苷类，药用种类较多，除上述外，还有条叶龙胆（*G. manshurica*）、三花龙胆（*G. triflora*）、粗茎秦艽（*G. crassicaulis*）以及云南獐牙菜（青叶胆）（*Swertia yunnanensis*）等，均入药。

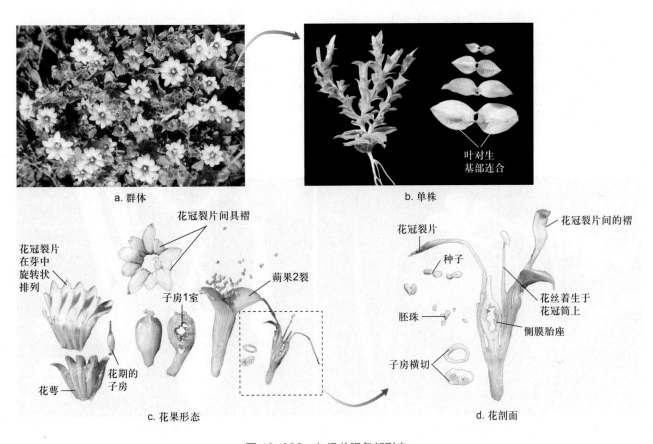

a. 群体

b. 单株

叶对生
基部连合

花冠裂片在芽中旋转状排列

花冠裂片间具褶

子房1室

蒴果2裂

花萼

花期的子房

c. 花果形态

花冠裂片

种子

胚珠

子房横切

花冠裂片间的褶

花丝着生于花冠筒上

侧膜胎座

d. 花剖面

图 12-232　灰绿龙胆各部形态

a. 獐牙菜植株

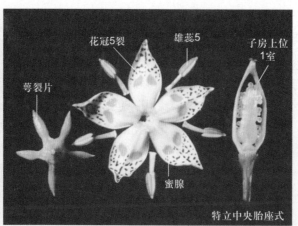

b. 花解剖

特立中央胎座式

图 12-233 獐牙菜植株及花

36. 夹竹桃科（Apocynaceae）

$* K_{(5)} C_{(5)} A_5 \underline{G}_{(2:2:\infty)}$ （图12-234）

属龙胆目。

<u>多木本，有乳汁</u>。单叶对生或轮生。花两性，多面对称；花萼合生，5裂；花冠合瓣，裂片5（4），旋转状排列，喉部常有附属物；<u>雄蕊5，花药常箭形，互相靠合并贴生在柱头上</u>；子房上位，心皮2，中轴胎座式或侧膜胎座式。<u>蓇葖果</u>，偶呈浆果状或核果状。<u>种子有翅或长丝毛</u>（图12-235）。

本科约250属，2 000种，分布于全世界热带、亚热带地区，少数在温带地区。我国产46属，176种，主要分布于长江以南各省区及台湾省。

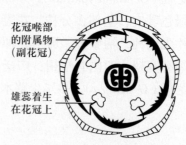

图 12-234 夹竹桃科花图式

（1）夹竹桃属（*Nerium*） 常绿灌木。叶轮生，革质，全缘。伞房状聚伞花序顶生，花冠喉部有5片撕裂状的副花冠；花药箭形，顶端药隔延长成丝状。

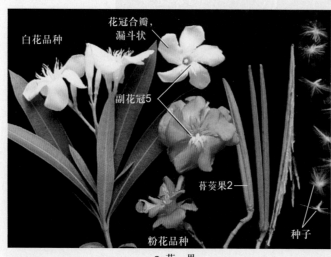

a. 花、果

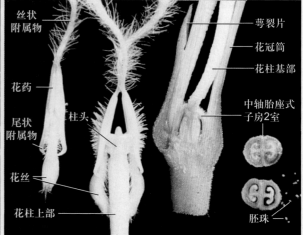

b. 花心解剖

图 12-235 夹竹桃的花、果

a. 长春花

b. 罗布麻

c. 萝芙木

d. 鸡蛋花

e. 黄蝉

图 12-236　夹竹桃科代表植物

夹竹桃（*N. oleander*），花萼直立，副花冠多次分裂呈条形。原产地中海一带，各地栽培作观赏，全株入药，能强心利尿，有毒，须慎用。

（2）长春花属（*Catharanthus*）　直立多年生草本，花药顶端无毛。长春花（*C. roseus*），产非洲及亚洲东南部，我国引种1种供观赏，全草药用（图12-236a）。

（3）罗布麻属（*Apocynum*）　半灌木，具乳汁。叶对生，花为顶生的聚伞花序。罗布麻（*A. venetum*）分布于西北、华北、东北、及华东各省，叶药用，茎皮纤维供纺织等用（图12-236b）。

此外，萝芙木（*Rauvolfia verticillata*），分布于我国华南、西南各省，根、茎、叶入药为国产中药"降压灵"的原料（图12-236c）。羊角拗属（*Strophanthus*）、夹竹桃属等含有多种生物碱，为重要的药物原料。鸡蛋花（*Plumeria rubra*）（图12-236d）、黄花夹竹桃（*Thevetia peruviana*）、黄蝉（*Allamanda schottii*）（图12-236e）等均为华南习见的观赏植物。

37. 萝藦科（Asclepiadaceae）

$* K_5 C_{(5)} A_{(5)} \underline{G}_{(2:2:\infty)}$（图12-237）

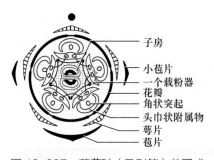

子房
小苞片
一个载粉器
花瓣
角状突起
头巾状附属物
萼片
苞片

图 12-237　萝藦科（马利筋）花图式

属龙胆目。在APG系统中被并入夹竹桃科。

草本或小灌木，<u>常有乳汁</u>。<u>单叶</u>，对生或轮生，全缘。<u>花两性</u>，多面对称，<u>5基数</u>，聚伞花序成伞状、伞房状或总状；花萼5深裂；花冠合瓣，辐状或坛状，裂片5；<u>从花冠或雄蕊背部生出的花瓣状附属物称为副花冠</u>；雄蕊5，花丝合生或花丝分离；雄蕊与雌蕊粘生成中心柱，称合蕊柱（图12-238）；花粉结合，包在一层柔韧的薄膜内，成块状，称花粉块，或每4颗花粉结合成四合花粉，每2个雄蕊相邻药室的2个花粉块往往借花粉块柄系结于雄蕊之间的着粉腺上，组成一个载粉器（图12-239），或者每个药室有一个匙形的载粉器，颗粒状的四合花粉承载于载粉器上；<u>子房上位</u>，由2

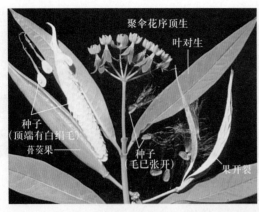

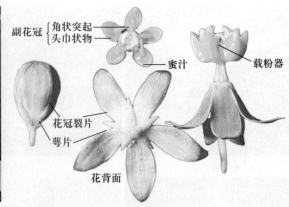

a. 花、果及种子　　　　　　　　　　b. 花解剖

图 12-238　马利筋外形及花解剖

个离生心皮组成。花柱2，胚珠多数。蓇葖果，双生，或因1个不发育而成单生。种子顶端有白绢毛。

　　本科约180属，2 200种，主要分布于热带和亚热带地区。我国产44属，243种，分布于西南及东南部，少数产于西北及东北。

　　（1）马利筋属（Asclepias）　多年生直立草本。叶常对生。聚伞花序；花萼裂片披针形，花冠红色，开放后反折。花粉联合成块，下垂，每花药有2个花粉块。蓇葖果长角形，种子顶端有白绢毛。马利筋（A. curassavica），原产美洲；有白色乳汁，全株入药，能治多种疾病；有毒，须慎用。

　　（2）杠柳属（Periploca）　蔓性灌木。叶对生。花粉承载于匙形的载粉器上，每花药有1个载粉器。杠柳（P. sepium），全国除华南外皆有产，根皮为中药"香加皮"，可祛风湿；有毒，慎用（图12-240）。

　　（3）白前属（鹅绒藤属、牛皮消属）（Cynanchum）　草本或藤本。副花冠杯状或环状。柳叶白前（C. stauntonii）、白前（C. glaucescens）、徐长卿（C. paniculatum）、牛皮消（C. auriculatum）、

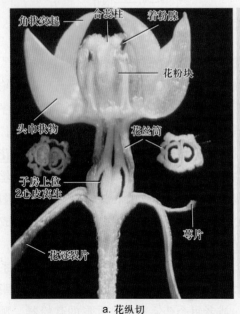

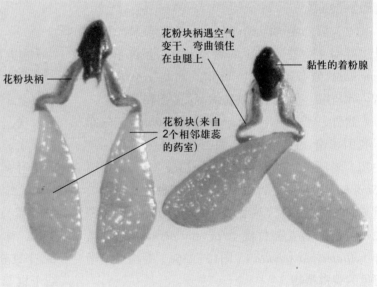

a. 花纵切　　　　　　　　　　b. 载粉器

图 12-239　马利筋花纵切及载粉器

a. 花

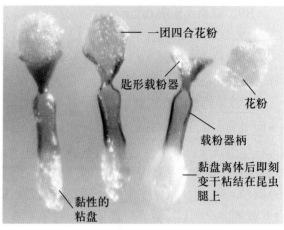

b. 载粉器

图 12-240　杠柳

娃儿藤（*Tylophora ovata*）等多种均入药。

　　本科多为热带植物，常含多种生物碱和苷类，多数供药用。蓝叶藤（*Marsdenia tinctoria*）可做蓝色染料。通光藤（*M. tenacissima*）为有名的纤维植物。翠玉荷包（*Dischidia pectinoides*）（图12-241a）、球兰属（*Hoya*）、肉珊瑚属（*Sarcostemma*）、大花犀角（*Stapelia grandiflora*）（图12-241b）、气球果（钉头果）（*Gomphocarpus fruticosus*）（图12-241c）等常栽培供观赏。

　　萝藦科、夹竹桃科、龙胆科等6个科共同组成龙胆目。因其花多面对称、子房上位、胚珠多数等特征，在菊亚纲中处于原始的地位。

b. 大花犀角

a. 翠玉荷包

c. 气球果

图 12-241　萝藦科观赏植物

38. 茄科（Solanaceae）

$* K_{(5)}C_{(5)}A_5G_{(2:2:\infty)}$（图12-242）

属茄目（Solanales），该目还有旋花科、花葱科（Polemoniaceae）等，共8科。

<u>常草本</u>，具双韧维管束，<u>单叶互生</u>。花两性，<u>多面对称</u>，稀单面对称，5基数，聚伞花序或花单生；<u>花萼合生，常5裂，结果时常增大而宿存</u>；花冠常5裂；雄蕊与花冠裂片同数而互生，着生于花冠筒部，<u>药2室，纵裂或孔裂</u>；<u>子房上位，2心皮</u>，2室或不完全的3～5室，位置偏斜，中轴胎座式，胚珠多数。<u>浆果或蒴果</u>（图12-243）。

本科约80属，3 000种，广泛分布于温带及热带地区，美洲热带种类最多。我国有24属，约115种。

（1）茄属（Solanum） 草本、灌木或小乔木。单叶，偶复叶。常辐状花冠；花药侧面靠合，顶

孔开裂；2心皮，2室。浆果。约2 000种，我国35种。马铃薯（洋芋）（S. tuberosum），草本；奇数羽状复叶，小叶大小相间；伞房状聚伞花序顶生，后侧生；原产热带美洲，现广为栽培；块茎食用或提取淀粉（图12-244a）。茄（S. melongena），花色、果形、果色均因栽培而变异极大，原产亚洲热带，浆果食用（图12-244b）。龙葵（S. nigrum），花序腋外生，浆果黑色，在全世界广泛分布，全草入药。乳茄（S. mammosum），果实有几个突起，栽培供观赏（图12-244c）。

（2）辣椒属（Capsicum） 花单生，花萼杯状，果梗粗壮。浆果无汁，有空腔，果皮肉质，味辣。辣椒（C. annuum），原产南美，在我国已有数百年栽培历史，本种常根据果实生长状态、形状和辣味的程度等，划分若干变种。如供蔬菜用的菜椒（C. annuum 'Grossum'），供盆景观赏用的指天椒（朝天椒）（C.annuum 'Conoides'）、五色椒（C. annuum 'Cerasiforme'）（图12-244d）等。

（3）番茄属（Lycopersicon） 番茄（L. esculentum），全株被黏质腺毛，叶为羽状复叶或羽状分裂，圆锥式聚伞花序腋外生；原产南美，现全世界广泛栽培；果实为盛夏的蔬菜和水果（图12-244e）。

图 12-242　茄科（曼陀罗属）花图式

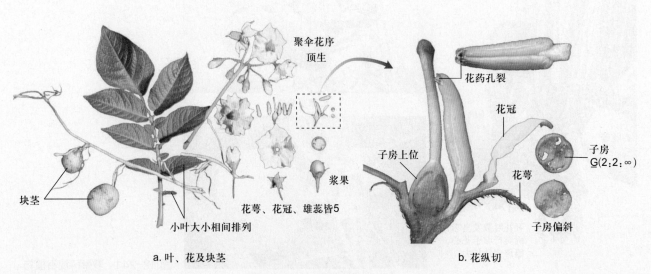

图 12-243　马铃薯各部形态

a. 马铃薯　　　　　　b. 茄　　　　　　c. 乳茄

d. 五色椒　　　　　　e. 番茄　　　　　　f. 曼陀罗

图 12-244　茄科代表植物（一）

（4）烟草属（*Nicotiana*）　烟草（*N. taba-cum*）为高大草本，全体被腺毛；全株含尼古丁（nicotine），有剧毒，可作农药杀虫剂，亦可药用；叶为卷烟和烟丝的原料。

此外，曼陀罗属（*Datura*）的洋金花（*D. me-tel*），原产印度，叶和花含莨菪碱和东莨菪碱，花为中药麻醉剂。曼陀罗（*D. stramonium*），功效似洋金花（图12-244f）。木本曼陀罗（*D. arborea*），小乔木，花俯垂，原产热带美洲，我国引种栽培，供观赏。枸杞属（*Lycium*）的宁夏枸杞（中宁枸杞）（*L. barbarum*），分布于西北和华北，果实甜，无苦味，含甜菜碱及胡萝卜素等多种人体所需的营养成分，为滋补药，畅销国内外。枸杞（*L. chinense*），野生或栽培，果、根及根皮均入药。

本科植物中不少种类含生物碱及其他药用成分。除上述种类外，还有山莨菪（*Anisodus tanguti-cus*）和天仙子（莨菪）（*Hyoscyamus niger*）（图12-245a）等，所含成分和药效大致与洋金花相同。颠茄（*Atropa belladonna*）含阿托品（atropine），叶为镇痛、镇痉药；根治盗汗，并有散瞳功效。挂金灯（红姑娘）（*Physalis alkekengi* var. *franchetii*）、白英（*Solanum lyratum*），也供药用。此外，本科常见植物还有夜香树（*Cestrum nocturnum*）、碧冬茄（矮牵牛）（*Petunia hybrida*）（图12-245b），原产南美，我国引种栽培，供观赏用。假酸浆（*Nica-ndra physaloides*），花萼5深裂，结果时增大似膀胱状，子房不完全3～5室，原产南美，上海、浙江、福建有栽培及逸为野生，种子浸出液用以制凉粉（图12-245c）。

| a. 天仙子 | b. 碧冬茄 | c. 假酸浆 |

图 12-245 茄科代表植物（二）

39. 旋花科（Convolvulaceae）

* $K_5C_{(5)}A_5\underline{G}_{(2-4:2-4:1-2)}$（图12-246）

属茄目。

蔓生或直立草本，稀为灌木或乔木，植物体常<u>具乳汁</u>，<u>茎具双韧维管束</u>，有些种有肉质块根。叶互生，单叶，偶复叶；无托叶。<u>花</u>多面对称，常两性，<u>5基数</u>，单生叶腋或成聚伞花序，有苞片，萼分离或仅基部联合，覆瓦状排列，宿存；<u>花冠</u>多为漏斗状、钟状，冠檐近全缘或5裂，<u>芽中常旋转折扇状或内向镊合状排列</u>；雄蕊与花冠裂片同数，互生，着生花冠筒基部或中下部；花盘环状；子房上位，<u>中轴胎座式</u>，2（稀3~4）心皮，2（稀3~4）室，每室具胚珠2枚；偶因次生假隔膜而成4室，每室仅1胚珠，稀3室。蒴果或浆果。种子胚乳小，肉

图 12-246 旋花科花图式

质至软骨质（图12-247）。

本科约56属，1 650种，广泛分布于全球，主产于美洲和亚洲的热带和亚热带。我国有17属，约118种，南北均有分布。

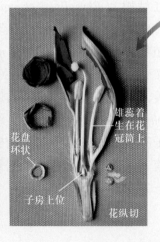
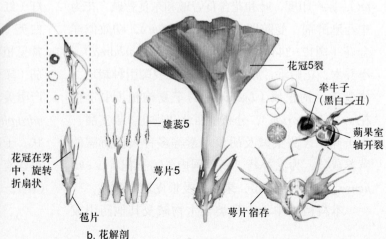

| a. 植株 | b. 花解剖 |

图 12-247 牵牛及其花部构造

番薯属（*Ipomoea*） 草本或灌木，茎常缠绕。花冠漏斗状或钟状；雄蕊和花柱常内藏；子房2～4室，胚珠4；花粉粒球形，有刺。牵牛（*I. nil*），一年生缠绕藤本，被硬毛；叶宽卵形或近圆形，基部心形；蒴果近球形。除栽培观赏外，牵牛种子可药用，称牵牛子，有黑褐和米黄两色，故有黑丑、白丑（合称二丑）之称，具泻下利尿、消肿、驱虫等功效。甘薯（番薯）（*I. batatas*），多年生草质藤本，具块根，茎平卧或上升；单叶，全缘或3～5（7）裂；萼片顶端骤然成芒尖状，种子无毛；原产热带美洲，现已广泛栽培。番薯是一种高产而适应性强的作物，块根除食用外，还可以做食品加工、淀粉及酒精等工业原料；根、茎、叶为优质饲料（图12-248a）。蕹菜（空心菜）（*I. aquatica*），一年生蔓生草本，匍匐地上或漂浮水中，茎中空；单叶，全缘或波状，偶基部有少数粗齿；萼片顶端钝，具小短尖头，无毛；种子密被短柔毛或有时无毛；原产我国，现广泛栽培于全球热带地区；其嫩茎及叶作蔬菜（图12-248b）。

除牵牛、番薯、蕹菜等外，供药用的种类还有马蹄金（*Dichondra micrantha*）（图12-248c）、土丁桂（*Evolvulus alsinoides*）等。供观赏的如茑萝（*I. quamoclit*）、圆叶茑萝（*I. hederifolia*）（图12-248d）、五爪金龙（*I. cairica*）（图12-248e）、月光花（*I. alba*）等。常见杂草如鼓子花（*Calystegia silvatica* subsp. *orientalis*）、打碗花（*C. hederacea*）、藤长苗（*C. pellita*）、田旋花（*Convolvulus arvensis*）等广泛分布于全国大部分地区。

40. 唇形科（Labiatae，Lamiaceae）

↑$K_{(5)}C_{(4-5)}A_{4,2}G_{(2:4:1)}$（图12-249）

属唇形目（Lamiales），该目还有紫草科（Boraginaceae）、马鞭草科（Verbenaceae）等，共4科。

草本偶木质，常含芳香油。茎常4棱形。叶对生，很少轮生，无托叶。花两性，单面对称，在花序的节上由2个相对的聚伞花序构成轮状聚伞花序，常再组成穗状或总状；花萼合生，萼筒5裂或2唇形，宿存；花冠合瓣，2唇形，花冠筒内常有毛环；雄蕊4，2长2短（或上面2枚不育），称二强雄

a. 番薯   叶卵状心形   块根

b. 蕹菜   茎中空

c. 马蹄金   叶肾形或圆形   花单生叶腋   匍匐茎细长

d. 圆叶茑萝

e. 五爪金龙

图12-248 旋花科代表植物

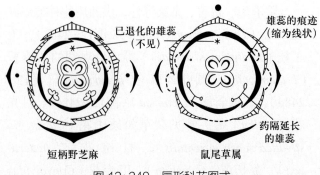

图 12-249 唇形科花图式

左图标注：已退化的雄蕊（不见）、短柄野芝麻
右图标注：雄蕊的痕迹（缩为线状）、药隔延长的雄蕊、鼠尾草属

裂。结果时1个子房形成4个小型果实，称为**小坚果**（图12-250）。

本科220属，3 500种，是世界性的大科，近代分布中心为地中海和小亚细亚，是当地干旱地区植被的主要成分。我国约99属，800余种，全国均有分布。

（1）鼠尾草属（*Salvia*）花冠唇形，上唇直立而拱曲，下唇展开；发育雄蕊2，花丝短，与药隔有关节相连，上方药隔呈丝状伸长，有药室，藏在上唇内，下方药隔形状不一，药室不完全或无（图12-251）。这些特点是与虫媒传粉高度适应的结构。丹参（*S. miltiorrhiza*），多年生草本，根肥厚，外面红色；单数羽状复叶，小叶1～3对，两面有毛；轮伞花序6至多花，组成顶生或腋生的假总状

蕊，着生在花冠筒上，药2室，平行，叉开或为延长的药隔所分开，纵裂；雌蕊由2心皮构成，中轴胎座，**子房上位**，常4深裂成4室，每室有1枚直立的倒生胚珠，**花柱常生于子房裂隙的基部**，柱头2

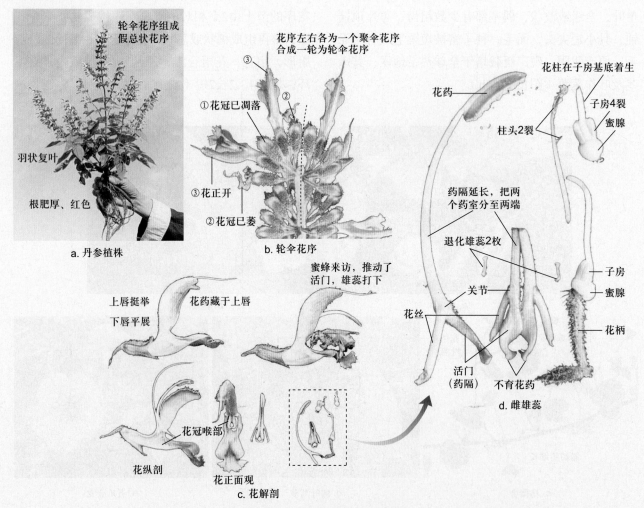

a. 丹参植株
轮伞花序组成假总状花序
羽状复叶
根肥厚、红色

b. 轮伞花序
花序左右各为一个聚伞花序合成一轮为轮伞花序
① 花冠已凋落
② 花冠已萎
③ 花正开

c. 花解剖
上唇挺举 下唇平展
花药藏于上唇
蜜蜂来访，推动了活门，雄蕊打下
花冠喉部
花纵剖
花正面观

d. 雌雄蕊
花药
花柱在子房基底着生
柱头2裂
子房4裂
蜜腺
药隔延长，把两个药室分至两端
退化雄蕊2枚
关节
花丝
活门（药隔）
不育花药
子房
蜜腺
花柄

图 12-250 丹参植株及其花部

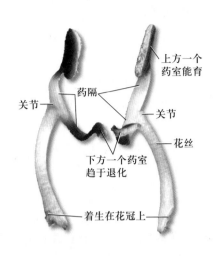

图 12-251　毛地黄鼠尾草的雄蕊

示药隔下端的药室已趋于退化，但下方的药隔和关节仍是传粉的关键部位

花序；根能活血祛瘀，为心血管疾病的要药。一串红（*S. splendens*）、一串蓝（*S. farinacea*）、朱唇（*S. coccinea*）栽培供观赏。

（2）黄芩属（*Scutellaria*）　轮伞花序由2花组成，偏于一侧；萼钟状唇形，上唇背部有1个半圆形唇状附属体，下唇缩存，花后封闭；花冠筒基部上举。黄芩（*S. baicalensis*），根为重要的清热消炎药（图12-252a）。半枝莲（*S. barbata*），叶三角状卵形至卵状披针形，全草清热解毒，治蛇伤等。

（3）益母草属（*Leonurus*）　花萼漏斗状，萼齿近等大。益母草（*L. japonicus*），叶两型，基生叶卵状心形，茎生叶羽裂；产全国各地；全草活血调经，为妇科常用药；小坚果称茺蔚子入药（图12-252b）。

a. 黄芩　　　　　　b. 益母草　　　　　　c. 罗勒

d. 甘露子　　　　　　　　　　e. 水苏

图 12-252　唇形科代表植物

e.水苏开花的3个阶段：①花刚开放，4个花药均向下，柱头不见，是为授粉期；②花药转向上方或两旁，柱头伸出，是为受粉期；③花冠已落，果实发育，是为结果期

（4）薄荷属（*Mentha*） 芳香草本，叶背有腺点。花冠4裂，近多面对称。薄荷（*M. canadensis*）和留兰香（*M. spicata*）为传统的提取香精植物，供化妆品及药用。

唇形科是一个经济植物极为丰富的科，主要有药用、香料和园林绿化3大类。药用的有：藿香（*Agastache rugosa*），叶心状卵形，缘有粗锯齿，全草入药能健胃、止呕；裂叶荆芥（*Schizonepeta tenuifolia*），叶3~5裂，全草作解表药；紫苏（*Perilla frutescens*），叶紫色，茎、叶、种子入药；香茶菜属（*Isodon*）多种均可入药。作香料的有：薰衣草（*Lavandula angustifolia*），叶条形，全草有持久的香气，为传统的衣柜驱虫药，原产地中海，新疆、陕西、江苏都有栽培；百里香（*Thymus mongolicus*），植株矮小有强烈香气，产我国北部至华东；罗勒（*Ocimum bacilicum*）（图12-252c），有香气，可提香精。栽培供观赏的如五彩苏（彩叶草）（*Coleus scutellarioides*）等。此外，地笋（*Lycopus lucidus*）的根状茎横走，肥大，供食用。甘露子（草石蚕、螺蛳菜、宝塔菜）（*Stachys sieboldii*）的葡匐枝顶端膨大呈螺丝状的块茎，可制酱菜（图12-252d）。水苏（*S. japonica*）（图12-252e）亦可入药。

41. 木樨科（Oleaceae）

$* K_{(4)稀(3-12)}C_{(4)稀(5-12)0}A_{2稀3-5}\underline{G}_{(2:2:2)}$（图12-253）

属玄参目（Scrophulariales），本目还有玄参科、苦苣苔科（Gesneriaceae）、爵床科（Acanthaceae）、紫葳科（Bignoniaceae）、列当科等，共12科。

乔木或灌木，稀藤本。叶对生，很少互生，具叶柄，无托叶。花多面对称，常组成圆锥、聚伞或丛生花序，稀单生；花萼常4裂，有时3~12裂或截头；花冠合瓣，稀离瓣，筒长或短，裂片4~9（~12），有时缺；雄蕊2，稀3~5。子房上位，2室，每室2（1~3）个胚珠；花柱单一或无花柱，柱头2尖裂或头状。果为浆果、核果、蒴果或翅果。种子具直伸胚，有胚乳或无胚乳（图12-254）。

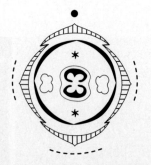

图12-253 木樨科花图式

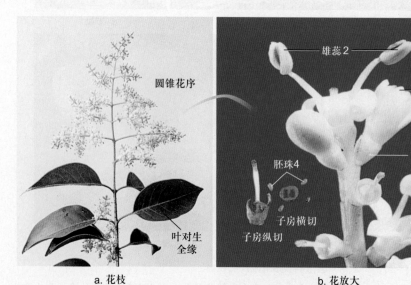

圆锥花序
叶对生全缘

a. 花枝

雄蕊2
花冠裂片4
花萼4裂
胚珠4
子房横切
子房纵切

b. 花放大

c. 果枝

图12-254 女贞

本科约30属，600种，广泛分布于温带和热带地区。我国有10余属，约200种，南北各省均有分布。

女贞（*Ligustrum lucidum*），小枝无毛，单叶对生、革质、全缘，花两性，花萼、花冠均4裂，雄蕊2，子房2室，各具胚珠2个；产于长江以南各省和甘肃南部；果称"女贞子"，补肾养肝，明目，枝叶亦可放养白蜡虫，作观赏树种。梣（白蜡树）（*Fraxinus chinensis*），落叶乔木，羽状复叶对生，小叶5～9，无毛，萼钟形，不规则4裂，无花冠；可作行道树或护堤树，枝叶放养白蜡虫，树皮入药，即中药的"秦皮"。水曲柳（*F. nigra* subsp. *mandschurica*），小叶7～11，下面沿脉和小叶基部密生黄褐色茸毛；木材材质致密，坚固有弹力，抗水湿。同属植物还有苦枥木（*F. insularis*）（图12-255a）等。连翘（*Forsythia suspensa*），落叶灌木，枝中空，单叶或3出复叶，花黄色、单生或簇生叶腋；常栽培；果入药，清热解毒。金钟花（黄金条）（*F. viridissima*），枝有片状髓；叶单生，花1～3朵腋生；常于庭园栽培。茉莉花（*Jasminum sambac*），直立或攀缘灌木，单叶，背面脉腋有黄色簇毛，花白色、芳香。我国各地栽培；花提取香精和熏茶，花、叶、根入药（图12-255b）。迎春花（*J. nudiflorum*），落叶灌木，3出复叶，花先叶开放、淡黄色；常栽培观赏。木樨榄（油橄榄）（*Olea europaea*），常绿小乔木，叶披针形至椭圆形，全缘，圆锥花序常腋生，花白色、芳香，核果椭圆状至近球形；我国引种栽培；果榨油，供食用和药用（图12-255c）。

本科多数植物常见于栽培，供观赏用的还有丁香属（*Syringa*）、木樨属（*Osmanthus*）等多

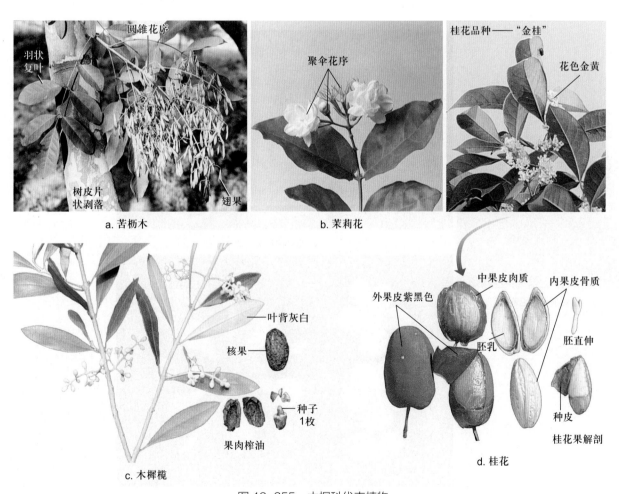

a. 苦枥木

b. 茉莉花

c. 木樨榄

d. 桂花

图12-255　木樨科代表植物

种，如白丁香（*S. oblata* var. *alba*）、桂花（*O. fragrans*）（图12-255d）等。供药用的尚有暴马丁香（*Syringa reticulata* subsp. *amurensis*）、扭肚藤（*Jasminum elongatum*）等。此外，流苏树（*Chionanthus retusus*）的花、嫩叶可代茶，果可提取芳香油。

42. 玄参科（Scrophulariaceae）

↑，稀 $*K_{4-5, (4-5)}C_{(4-5)}A_{4, 2, 5}G_{(2:2:\infty)}$（图12-256）

属玄参目。

常草本。单叶，常对生。花两性，单面对称，排成各种花序；萼片4～5，分离或结合，宿存；花冠合瓣，常2唇形，裂片4～5（偶3）；雄蕊4枚，2强，稀2～5，着生于花冠筒上；子房上位，2心皮，2室，中轴胎座式，胚珠多数。蒴果，稀浆果，常具宿存花柱。种子常多数（图12-257）。

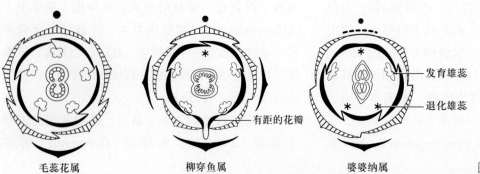

毛蕊花属　　　　柳穿鱼属　　　　婆婆纳属

有距的花瓣

发育雄蕊

退化雄蕊

图 12-256　玄参科花图式

a. 墙顶上的毛蕊花

叶片具多层星状毛

子房上位，2室

中轴胎座式

雄蕊

c. 花局部放大

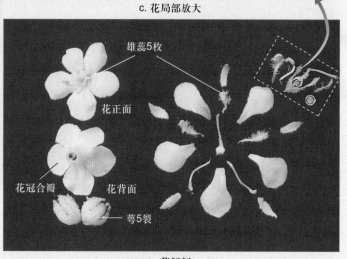

雄蕊5枚

花正面

花冠合瓣　　花背面

萼5裂

b. 花解剖

图 12-257　毛蕊花及其花部形态

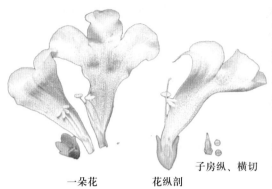

一朵花　　　　花纵剖

子房纵、横切

a.白花泡桐花纵剖　　　　　　　　b.毛泡桐　　　　　　　c.毛泡桐果壳

图 12-258　泡桐属花、果形态

c.泡桐果实早年作为瓷器出口至西方的填充物，由此也将该树种带到了欧美（摄于美国费城博物馆）

本科有200余属，约3 000种，广泛分布于世界各地。我国有54属，约600种，全国均有，主产于西南地区。

（1）毛蕊花属（Verbascum）二年生草本，全体密被多分枝的星状茸毛。穗状花序顶生，花多面对称，黄色；雄蕊5枚。毛蕊花（V. thapsus），花的上方3枚雄蕊有须毛（图12-257），江苏、浙江、云南、四川、西藏、新疆均产。

（2）泡桐属（Paulownia）落叶乔木。叶对生。花大排成顶生的聚伞圆锥花序；花萼革质，5裂，裂片肥厚；花冠唇形；雄蕊4枚，2强；子房上位，2室，中轴胎座。蒴果。习见种有白花泡桐（P. fortunei）、桐（毛泡桐）（P. tomentosa）。本属植物均为阳性速生树种，木材轻且易加工，耐酸耐腐，防湿隔热，为制作家具，航空模型、乐器及胶合板等的良材；花大而美丽，又可供庭园观赏等用（图12-258）。

（3）地黄属（Rehmannia）草本。雄蕊4枚，花大，花冠有毛。地黄（R. glutinosa），根肥厚，黄色，含地黄素、梓醇等成分；栽培的怀庆地黄为中药地黄中的上品；主产河南；新鲜的根称鲜地黄，清热凉血；根干后称生地，滋阴养血；加酒蒸煮后称熟地，滋肾补血（图12-259）。

（4）玄参属（Scrophularia）玄参（S. ningpoensis），多年生草本；叶对生；花冠紫褐色，球

图 12-259　地黄的花及根

形或卵形；能育雄蕊4，退化雄蕊1，位于后方；蒴果；主产浙江；块根药用。滋阴清火，生津润肠，行瘀散结（图12-260）。类似种北玄参（S. buergeriana），花冠黄绿色。主产东北。块根亦作玄参入药。

（5）婆婆纳属（Veronica）草本。花萼裂片4，花冠筒短，雄蕊2枚。阿拉伯婆婆纳（V. persica），花蓝紫色，花柄长2~2.5 cm（图12-261）。北水苦荬（V. anagallis-aquatica），广泛分布于长江以北及西南、西北各省区，全草药用。

此外，腹水草属（Veronicastrum）的爬岩红（腹水草）（V. axillare），产我国东部，全草入药，利尿消肿，消炎解毒。毛叶腹水草（V. villosulum），全株密被多细胞长柔毛，药用同爬岩红。

本科常含苷类和生物碱，多供药用。除上述种类外，尚有毛地黄（*Digitalis purpurea*），叶含毛地黄素，为强心要药；阴行草（铃茵陈）（*Siphonostegia chinensis*），全草含挥发油，清热利湿，凉血止血，祛瘀止痛。本科有些种类作观赏用，如原产欧洲的金鱼草（*Antirrhinum majus*）（图12-262），原产美洲的荷包花（*Calceolaria crenatiflora*）、爆竹花（炮仗竹）（*Russelia equisetiformis*）等，均

为庭园栽培。此外，原产我国的美丽桐（*Wightia speciosissima*），可作为庭园观赏植物或行道树。

玄参科所属的玄参目和唇形目、茄目有共同的祖先，它们的共同特征是花冠合瓣、雄蕊1轮、子房上位、中轴胎座式。在APG系统中，上文所述的泡桐属、地黄属、婆婆纳属、腹水草属、毛地黄属、阴行草属、金鱼草属、荷包花属、炮仗竹属、美丽桐属等均被移出玄参科。

a.玄参

→ 柱头由向上弯曲转为向下弯曲，此时雄蕊尚未成熟

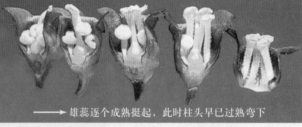

→ 雄蕊逐个成熟挺起，此时柱头早已过熟弯下

b.两蕊异熟（雌蕊先熟），利于异花传粉

胡蜂的胸部腹面擦到花蕊

c.胡蜂为玄参传粉

图 12-260　玄参及其传粉机制

植株

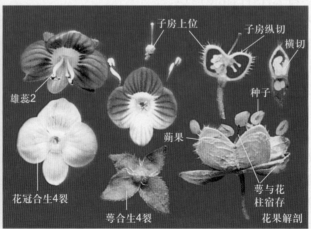

雄蕊2

花冠合生4裂

萼合生4裂

子房上位

子房纵切

横切

种子

蒴果

萼与花柱宿存

花果解剖

图 12-261　阿拉伯婆婆纳及其花、果解剖

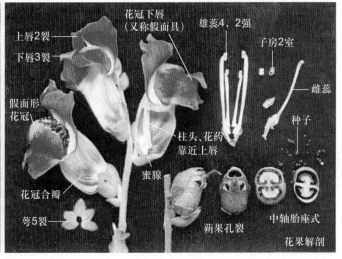

图 12-262 金鱼草及其花、果解剖

假面具盖住喉部，只有具有一定体重的昆虫才能压下假面具，沿上壁进入花内，同时进行传粉

43. 桔梗科（Campanulaceae）

↑，$* K_{(5)} C_{(5)} A_5 \bar{G}_{(3:3:\infty)}$（图12-263）

属桔梗目（Campanulales），该目共有7科。

草本，稀木本，常含乳汁。单叶，常互生，无托叶。花两性，5基数，多面对称或单面对称；花萼合生，5裂，宿存；花冠合瓣，常钟状，5裂；雄蕊5；子房下位或半下位，稀上位，3（2～5）室。蒴果，稀肉质浆果（图12-264）。

本科有60～70属，2 000种，全球均有分布，多数在温带和亚热带。我国有16属，170种，南北均产，以西南较多。

图 12-263 桔梗科花图式

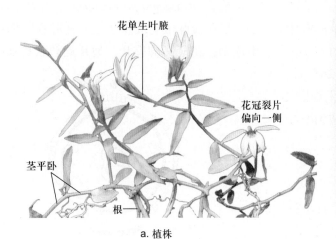

a. 植株

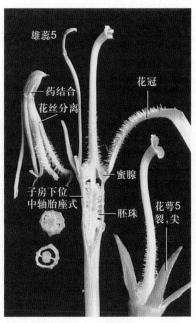

b. 花解剖

图 12-264 半边莲

a. 桔梗　　　　　　　　　　b. 党参　　　　　　　　　　c. 钟铃花

图 12-265　桔梗科代表植物

半边莲（*Lobelia chinensis*），产长江流域及华南，全草为清热解毒、利尿消肿药。桔梗（*Platycodon grandiflorus*），在全国广泛分布，根入药，能宣肺、祛痰（图12-265a）。党参（*Codonopsis pilosula*），主产东北、华北等省区，根药用，有强壮、补气血的功效（图12-265b）。羊乳（*C. lanceolata*），在全国均有分布，根入药。沙参属（*Adenophora*）的轮叶沙参（南沙参）（*A. tetraphylla*）、杏叶沙参（*A. hunanensis*）、长柱沙参（*A. stenanthina*）的根均有清肺化痰作用。铜锤玉带草（*Pratia nummularia*），产于西南、华南至华东，全草药用，治风湿、跌打损伤等。

本科植物常含皂苷和生物碱，供药用。其花冠多为蓝色或白色，常栽作供观赏，如原产欧洲南部的风铃草（*Campanula medium*）和钟铃花（*C. isophylla*），其花冠蓝色，公园常栽培（图12-265c）。

本科和夹竹桃科、萝藦科所属的龙胆目接近，沿着雄蕊的花药由分离到结合、子房由上位到下位的方向发展而来。

44. 茜草科（Rubiaceae）

* $K_{(4-5)}C_{(4-5)}A_{4-5}\overline{G}_{(2:2:1-6)}$（图12-266）

属茜草目（Rubiales），本目还有假牛繁缕科（Theligonaceae）。

乔木、灌木或草本。<u>单叶</u>，对生或轮生，常全缘；<u>具托叶2</u>，位于叶柄间或叶柄内侧，明显而常宿存，稀脱落。<u>花</u>两性，<u>多面对称</u>，常<u>4或5（偶6）基数</u>，单生或排成各种花序，常具苞片和小苞片；萼筒与子房合生，萼裂片覆瓦状排列，有时其中1片扩大成叶状；花冠合瓣，筒状、漏斗状、高脚碟状或辐状，裂片常4~5，镊合状或旋转状排列，偶覆瓦状排列；雄蕊与花冠裂片同数而互生，着生于花冠筒上；<u>子房下位，常2室</u>，胚珠1至多数。蒴果、核果或浆果。种子有胚乳（图12-267）。

本科约637属，10700种以上，广泛分布于全球热带和亚热带，少数产于温带。我国含引种有98属，约676种，多数产于西南和东南地区。

栀子（*Gardenia jasminoides*），叶对生或3叶轮生，仅背面脉腋有簇生短毛，托叶在叶柄内侧合生成鞘；花冠高脚碟状，裂片旋转状排列；果黄

图 12-266　茜草科花图式

花冠裂片
旋转状排列

叶对生
有托叶

a. 花枝

托叶抱茎

萼裂片
宿存

叶轮生

浆果具6棱

c. 果枝

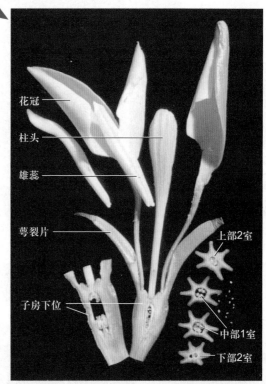

花冠

柱头

雄蕊

萼裂片

子房下位

上部2室

中部1室

下部2室

b. 花解剖

图 12-267　栀子的花、果枝

色，卵状至长椭圆形，有5~9条翅状纵棱；常庭园栽培；果含栀子苷，药用，又可作染料。钩藤（*Uncaria rhynchophylla*），光滑藤本，嫩茎4棱；叶卵形，对生，节上有4枚针状托叶；花5基数，常多数花密集成头状花序，不发育的总花梗变为曲钩，借此攀缘，"钩藤"以此得名；分布于我国东部及南部；钩及小枝入药，具清热平肝、息风止痉作用（图12-268a）。茜草（*Rubia cordifolia*），多年生蔓生草本，茎方形，有倒刺；叶常4片轮生（理论上2片为正常叶，余为托叶），卵状心形；果实肉质，黑色，球形；根红褐色，药用（图12-268b）。白花蛇舌草（*Hedyotis diffusa*），全株无毛，叶条形，托叶长1~2 mm，基部合生，先端芒尖；全草药用。小果咖啡（咖啡）（*Coffea arabica*），叶薄革质，矩圆形或披针形，边缘波状或浅波状；托叶宽三角形；聚伞花序簇生叶腋，常无总梗；浆果椭圆形；种子含生物碱，药用或作饮料（图12-

268c）。金鸡纳树（*Cinchona ledgeriana*），常绿乔木。幼枝四棱形，被褐色短柔毛；叶矩圆状披针形或椭圆状矩圆形；花冠长筒状，裂片镊合状排列，边缘具毛。原产秘鲁，树皮含奎宁（quinine），治疟疾有特效。香果树（*Emmenopterys henryi*），落叶大乔木。花为顶生伞房式大型圆锥花序；萼裂顶端截平，脱落，但一些花有1萼裂片扩大成叶状，白色而宿存于果上；花冠钟状，裂片覆瓦状排列；蒴果长3~5 cm，有纵棱，成熟时红色。材用或为庭园观赏植物（图12-268d）。

本科富含生物碱和苷类，入药的种类很多，除上述数种外，尚有巴戟天（*Morinda officinalis*）、蛇根草（*Ophiorrhiza mungos*）、白马骨（*Serissa serissoides*）、蔓九节（*Pschotria serpens*）（图12-268e）、细叶水团花（*Adina rubella*）、鸡矢藤（*Paederia scandens*）、猪殃殃（*Galium aparine* var. *tenerum*）等，均可药用。此外，龙船花（*Ixora*

a. 钩藤　　b. 茜草　　c. 小果咖啡

d. 香果树　　e. 蔓九节

图 12-268　茜草科代表植物

chinensis）等，为庭园观赏植物。

45. 忍冬科（Caprifoliaceae）

$*, \uparrow K_{(4-5)}C_{(4-5)}A_{4-5}\overline{G}_{(2-5:2-5:1-\infty)}$（图12-269）

属于川续断目（Dipsacales），该目还有败酱科（Valerianaceae）、川续断科（Dipsacaceae）等，共4科。

<u>木本</u>，稀草本。<u>叶对生</u>，单叶，稀为奇数羽状复叶，<u>常无托叶</u>。花两性，<u>多面对称至单面对称</u>，<u>4或5基数</u>；聚伞花序或由此再构成各式花序，稀双生；花萼合生，裂片4~5；花冠合瓣，裂片4~5；雄蕊4~5，着生花冠筒上；<u>子房下位</u>，2~5（~8）室，每室1至多数胚珠。浆果、蒴果或核果（图12-270）。

本科约13属，500种，主产北半球。我国有12

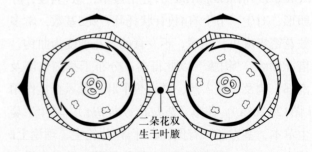

图 12-269　忍冬科花图式

属，200余种。

（1）忍冬属（*Lonicera*）　单叶对生。花成对着生，花冠2唇形，上唇4，下唇1，反转。浆果。忍冬（金银花）（*L. japonica*），常绿藤本，茎向右缠绕。花冠白色（有时淡红色）掉落前变为黄色，故又称金银花（图12-271a）。我国南北均产。花

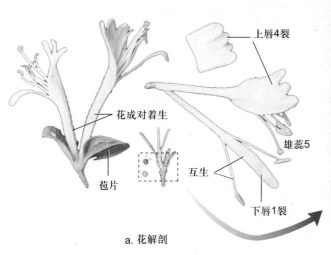

上唇4裂

雄蕊5

花成对着生

互生

苞片

下唇1裂

a. 花解剖

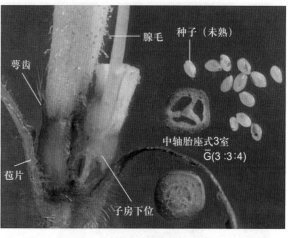

腺毛

种子（未熟）

萼齿

苞片

中轴胎座式3室
Ḡ(3:3:4)

子房下位

b. 局部放大

图 12-270　忍冬花解剖

蕾入药，能清热解毒。忍冬属的山银花、红腺忍冬、花柱忍冬、金银忍冬（*L. maackii*）等10余种的花蕾均作金银花入药（图12-271b）。盘叶忍冬（*L. tragophylla*），花序下的1～2对叶片联合成盘状，产于我国中部，花蕾和带叶嫩枝供药用，也供观赏。

（2）荚蒾属（*Viburnum*）　集中了多种园林观赏植物，如绣球荚蒾（*V. macrocephalum*），冬芽裸露，幼枝、叶均有星状毛，大型聚伞花序呈球状，几乎全由不孕花组成（图12-272a）。它的变型——琼花（*V. macrocephalum* f. *keteleeri*），花序的边缘为不孕的装饰花，中央有两性的能育花（图12-272b）。荚蒾（*V. dilatatum*），落叶灌木，花冠白色，长江流域各省均有（图12-272c）。日本珊瑚树（*V. odoratissimum* var. *awabuki*），常绿灌木，叶革质，长圆形，庭园栽作绿篱。因其耐火力强，可作森林防火障。粉团荚蒾（雪球荚蒾）（*V. plicatum*），冬芽有1～2对鳞片，花序直径6～10 cm，全为不孕花，其变种蝴蝶戏珠花（蝴蝶荚蒾）（*V. plicatum* var. *tomentosum*），花序的边缘为不孕花，常4枚扩大，状似蝴蝶停在花丛间，与中间的能育花蕾相映成趣。

（3）接骨木属（*Sambucus*）　羽状复叶对生。该属的接骨木（*S. williamsii*）为落叶灌木，揉碎后有臭味，南北均产（图12-273）。接骨草（陆英）（*S. chinensis*），草本，花间杂有不育花变成的黄色杯状腺体，长江以南各省均产。这两种植物的茎叶均可作祛风通络、活血止痛药。

此外，锦带花（*Weigela florida*）和同属植物海仙花（*W. coraeensis*）（图12-274a）、糯米条（*Abelia chinensis*）、大花六道木（*A. grandiflora*）、七子花（*Heptacodium miconioides*）等皆常栽作观赏。产北极圈至我国东北的北极花（林奈木）（*Linnaea borealis*）为极小的灌木，高仅10 cm，也为世人瞩目（图12-274b）。

花白色

后期变黄

a

b

图 12-271　忍冬（a）和金银忍冬（b）

a. 绣球荚蒾　　　　　　　　　c. 荚蒾

两种花的形态　　花冠5裂

能育花

花萼
5裂

不孕花
（装饰花）

复聚伞花序　　　　　　　　　　　能育花　侧面　正面　背面　切面

花枝

b. 琼花

雄蕊5

花冠5裂

花萼5

子房下位
1室1胚珠

能育花纵切

图 12-272　荚蒾属植物

图 12-273　接骨木　　　　　　　　　　图 12-274　海仙花（a）和北极花（b）

　　在APG系统中，荚蒾属、接骨木属被并入了五福花科（Adoxaceae）。

46. 菊科（Asteraceae，Compositae）

*，↑ $K_{0-\infty}C_{(5)}A_{(5)}\overline{G}_{(2:1:1)}$（图12-275）

属菊目（Asterales），仅此1科。

　　常草本，有的有乳汁管和树脂道。叶常<u>互生</u>，无托叶。花两性或单性，5基数；头状花序单生或再排成各式花序。它的外围由1至多层总苞片组成

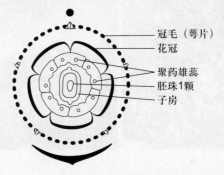

冠毛（萼片）

花冠

聚药雄蕊

胚珠1颗

子房

图 12-275　菊科花图式

的总苞所围绕，膨大的花（序）托上着生许多无柄的花，开花顺序为向心式开放。每朵花的基部常有1苞片，称为托片；花萼常变态为鳞片状、刺毛状或毛状，称冠毛；花冠合生，管状、舌状或唇形；雄蕊5（~4），着生在花冠筒上，聚药雄蕊；子房下位，由2心皮构成，1室，具1枚基底着生的胚珠。下位瘦果，前称"连萼瘦果"是不恰当的（图12-276）。菊科的下位瘦果特称"菊果"。

本科为世界第一大科，约1 000属，25 000~30 000种，广泛分布于全世界，热带较少。我国约217属，2 100种，全国都有分布。根据乳汁的有无和花冠的类型，通常将本科分为两个亚科。

亚科1：管状花亚科（Carduoideae）。

植物体不含乳汁。头状花序全由管状花组成或周边为舌状花。本亚科包括菊科的绝大部分属种。

（1）向日葵属（*Helianthus*） 下部叶常对生，上部的互生。总苞数轮，外轮叶状。缘花假舌状，中性不孕；盘花筒状（管状），两性。菊果倒卵形，顶端具两个鳞片状、脱落性的芒（萼片来源）。约100种，主产区在北美洲。我国引种栽培4~5种。向日葵（*H. annuus*），种子含油量达22%~37%，有时可达55%，为重要的油料作物。菊芋（*H. tuberosus*），块茎可食，为制造酒精及淀粉的原料，叶为优良饲料。

（2）矢车菊属（*Centaurea*） 矢车菊（*C. cyanus*），一年生草本，幼时被白色绵毛。头状花序单生枝端，总苞多层，边缘篦齿状。缘花为漏斗状花冠，常7裂。原产欧洲。我国各地常栽培供观赏。

（3）蜡菊属（*Helichrysum*） 叶全缘。头状花序盘状，总苞片多层，覆瓦状排列，干膜质，内层总苞片常延长，且色泽鲜艳而成花瓣状。花序全部为管状花组成。菊果有4~5棱，无毛。蜡菊（麦秆菊）（*H. bracteatum*）（图12-277），直立、多年生草本，但作一年生栽培；原产澳大利亚，现世界各地常见栽培，供观赏。

（4）菊属（*Dendranthema*） 常多年生草本。总苞片多层，边缘常干膜质。菊果具较多纵肋，无冠毛。我国有30余种，分布广泛。菊花（*D. morifolium*）品种多达3 000余个，花、叶变化很大，是著名的观赏植物，花亦可药用（图12-278a）。野菊（*D. indicum*），野生或栽培，除新疆外，广泛分布于全国各地；花药用，清热解毒（图12-278b）。

（5）苍耳属（*Xanthium*） 苍耳（*X. sibiricum*），一年生草本，叶3~5裂，边缘具不规则锯齿。头状花序单性，雌雄同株。雄花序成束聚生于枝端，总苞1层，花序轴圆柱状，具托片，花冠管状，上端5裂，花丝联合成单体，花药离生；雌花序1至多个簇生于叶腋，总苞片2~3层，内层2

a. 向日葵植株

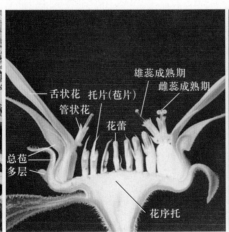

b. 头状花序纵切

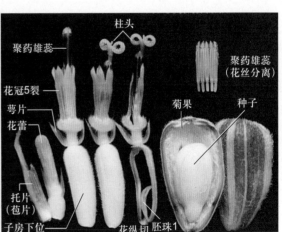

c. 花、果

图12-276　向日葵及其花果

a. 蜡菊的"舌状花"其实是总苞片

总苞片有吸湿性，干燥则
向外屈曲（开花），遇水
则挺直（花朵关闭）

管状花

总苞片

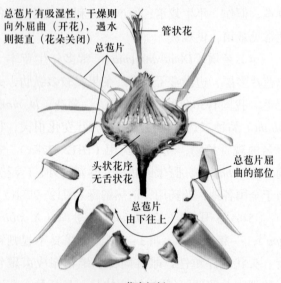

头状花序
无舌状花

总苞片屈
曲的部位

总苞片
由下往上

b. 花序解剖

图 12-277　蜡菊

个总苞片较大，结合成一个2室的囊状体，外生钩刺，顶端有2喙，每室有1花，无花冠，花柱分枝2，伸出喙外。菊果2枚，无冠毛，藏于总苞内（图12-279）。

本亚科植物形态极其多样，如扶郎花（非洲菊）（*Gerbera jamesonii*）的缘花伸出呈舌状，顶端3裂；盘花管状，5齿，有的裂成2唇形，有的5齿均等，是观察菊科花冠类型的好材料（图12-280a）。藿香蓟（胜红蓟）（*Ageratum conyzoides*）的花柱分枝紫色，成片种植后，最显眼的就是它。雪莲花（*Saussurea involucrata*）的花序看似一个头状花序，其实每一个总苞片的腋内均有一个头状花序，只是总苞片愈来愈小，才使得多个花序集成中央的一个大花序（图12-280b）。

此外，本亚科还有多种恶性杂草，如：薇甘菊（*Mikania micrantha*）在广东被称为"植物杀手"，山林遇上它，即被爬满树梢，树木会因得不到阳光而死亡，它的果实极轻，千粒重只有0.1 g，而且还带有一簇冠毛，随风飘向远方；紫茎泽兰（破坏草）（*Eupatorium coelestinum*）在我国西南生长甚旺，成为农田林缘的恶性杂草，叶有毒，易使牲口得病死亡，它的果更轻，千粒重只有0.05 g（图12-280c）；豚草（*Ambrosia artemisiifolia*）在北方能使玉米、大豆等急剧减产（图12-280d）。这3种恶性杂草皆来自美洲，并有不断扩大之势。

亚科2：舌状花亚科（Cichorioideae）。

植物体含乳汁。头状花序全部为舌状花，不含

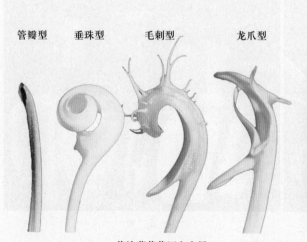

管瓣型　　垂珠型　　毛刺型　　龙爪型

a. 栽培菊花花冠之变异

b. 野菊

图 12-278　菊花花冠及野菊

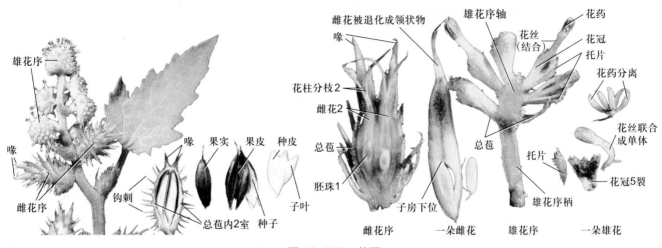

图 12-279 苍耳

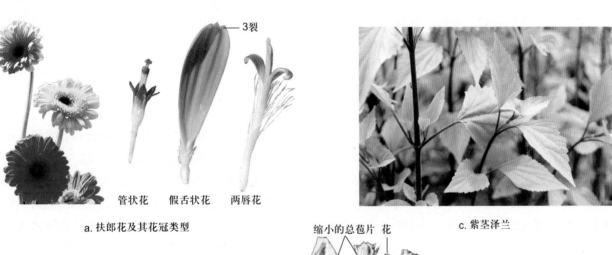

a. 扶郎花及其花冠类型

c. 紫茎泽兰

b. 雪莲花

d. 豚草

图 12-280 管状花亚科代表植物

管状花。本亚科仅菊苣族一族。我国有32属，350余种。

（6）蒲公英属（*Taraxacum*） 多年生草本。叶丛生于基部，倒向羽状分裂。头状花序生于花茎顶端，花全为舌状花。菊果有棱，先端延长成喙，冠毛多。60余种，主产于北温带，我国有40种。蒲公英（*T. mongolicum*）在全国各地均有野生，全草药用（图12–281）。

此外，黄鹌菜（*Youngia japonica*）、苦苣菜（苦菜）（*Sonchus oleraceus*）（图12–282）、苦荬菜（*Ixeris denticulata*）等均为田间常见杂草。

菊科的经济用途极广，供药用的就有300余种。如蒿属（*Artemisia*）植物，我国有200余种，艾（艾蒿）（*A. argyi*）、茵陈蒿（*A. capillaris*）、牡蒿（*A. japonica*）、奇蒿（刘寄奴）（*A. anomala*）等为常用中药；苍术属（*Atractylodes*）的白术（*A. macrocephala*）、苍术（*A. lancea*）的根状茎为传统的补脾健胃中药；红花（*Carthamus tinctorius*）的头状花序全为管状花，采摘晒干后作活血通经药；佩兰（*Eupatorium fortunei*）、艾纳香（*Blumea balsamifera*）、蓟（大蓟）（*Cirsium japonicum*）、豨莶（*Siegesbeckia orientalis*）、旋覆花（*Inula japonica*）等多含生物碱、苷类及苦味质等，是常用中草药。

此外，菊科供观赏的花卉种类还有：大丽花（*Dahlia pinnata*）和百日菊（*Zinnia elegans*），原产墨西哥；翠菊（*Callistephus chinensis*），产我国北部至西南；雏菊（*Bellis perennis*），原产欧洲；万寿菊（*Tagetes erecta*）和同属的孔雀草（*T. patula*），均原产墨西哥；瓜叶菊（*Pericallis hybrida*），原产加那利群岛；金盏菊（*Calendula officinalis*），原产地中海地区等。

另外，除虫菊（*Pyrethrum cinerariifolium*），原产欧洲，花、叶含除虫菊酯，为重要杀虫剂；小葵子（*Kuizotia abyssinica*），原产东非，种子含油量达39%～41%，是一种降胆固醇的食用油；甜叶菊（*Stevia rebaudiana*），原产美洲，叶含甜菜苷、甜苷等，可药用和食用。这些都是具有重要经济价值的植物。

菊科是一个比较年轻的大科。化石仅出现于古近纪的渐新世。由于它在繁殖结构和适应性方面具有很多优越性，表现在草本（生命周期短）；不少种类具发达的地下茎，有利于进行营养繁殖；花和花序的构造对虫媒传粉有高度适应，有利于异花传粉，促使种类的发展与分化；果实有刺状、毛状的冠毛，或者有黏性的腺毛，有利于借助动物和风力的传播。因而菊科植物尽管很少成为森林树种，也很少水生，却依然成为当今被子植物中属种数量最多、广泛分布于全世界的第一大科，也是双子叶植物适应虫媒传粉的最高阶段。

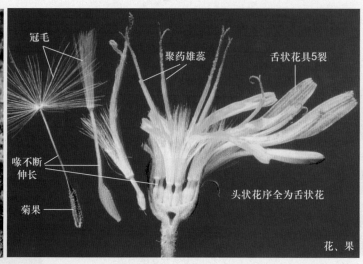

图 12-281 蒲公英及其花、果

图 12-282 苦苣菜

二、单子叶植物纲（Monocotyledoneae）[百合纲（Liliopsida）]

（七）泽泻亚纲（Alismatidae）

水生或湿生草本。单叶常互生。花常大而显著，花被3基数2轮，常异被；花粉粒单沟型或无萌发孔；雌蕊具1至多个分离或近于分离的心皮。

本亚纲共有4目，16科，近500种。

47. 泽泻科（Alismataceae）

$* P_{3+3} A_\infty \underline{G}_{\infty-6:\ 1:\ 1-2}$（图12-283）

属泽泻目（Alismatales），该目还有花蔺科（Butomaceae）等，共3科。

多年生或一年生的水生或沼生草本。有根状茎。叶常基生，有鞘，叶形变化大。花两性或单性，多面对称，花序总状或圆锥状；花被2轮，外

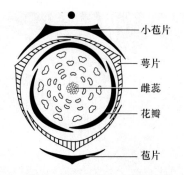

图 12-283　泽泻科花图式

轮3片绿色，宿存，内轮3片白色，花瓣状，脱落；雄蕊6至多数；心皮6至多数，分离，螺旋状排列于凸起的花托上或轮状排列于扁平的花托上，子房上位，1室，胚珠1或数个。瘦果。种子无胚乳，胚马蹄形（图12-284）。

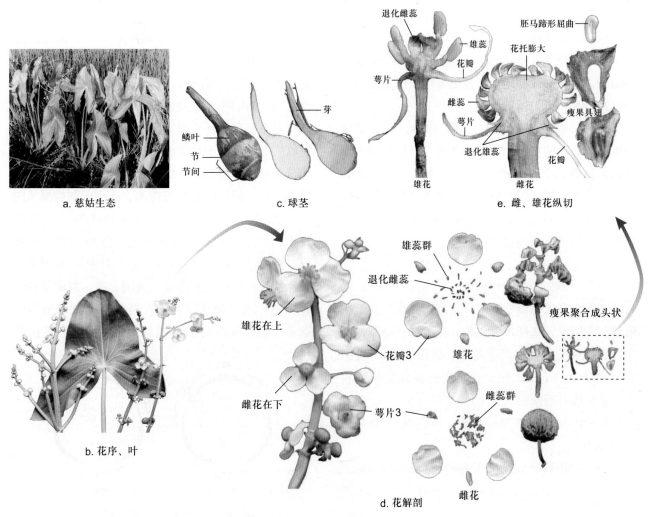

图 12-284　慈姑

图 12-285 东方泽泻

本科有11属，约100种，广泛分布于全球。我国有4属，20种，南北均有分布。

慈姑（*Sagittaria sagittifolia*），多年生草本，有纤匐枝，枝端膨大成球茎（即通称的慈姑）；叶箭形，具长柄；花单性，总状花序下部为雌花，上部为雄花；雄蕊和心皮均多数；南方栽培；球茎供食用或制作淀粉，亦入药。东方泽泻（*Alisma orientale*），叶卵形或椭圆形，各地皆产，球茎供药用（图12-285）。

泽泻目由于花部基数3，雌、雄蕊多数，螺旋状排列于凸出的花托上等特征和木兰目植物相似，被认为是单子叶植物纲的一个古老类群。但花粉和胚乳的研究结果，说明它并不在单子叶植物纲进化的主干线上，而是一个靠近基部的旁支，一个保留着若干原始特征的残遗类群。

（八）槟榔亚纲（Arecidae）

多数为高大棕榈型乔木。叶宽大，互生，常折扇状，平行脉，基部扩大成鞘。花多数，小型，常集成具佛焰苞包裹的肉穗花序，雌花常由3心皮组成，常结合，子房上位。种子内的胚乳常非淀粉状。植物体具有限的次生生长。

本亚纲植物多在热带分布，共有4目，58科，约5 600种。

48. 棕榈科（Palmae）[槟榔科（Arecaceae）]

♂：* P_{3+3} A_{3+3} ♀：* P_{3+3} $\underline{G}_{3:3:1}$ 或 $\underline{G}_{(3:3:1)}$（图12-286）

属槟榔目（Arecales），仅此1科。

木本，单干直立，稀为藤本。叶常绿，大型，丛生于干顶，形成"棕榈形"树冠，叶柄基部常扩大成纤维质的鞘。花小，无柄，组成具肥厚花序轴的穗状花序，花序外为1至数枚大型的总苞所包被；花3基数，花被片6，排成2轮；雄蕊常6，2轮；心皮3，子房上位，3室，每室有1胚珠，花柱短，柱头3。果为核果或浆果。种子胚乳丰富，胚小（图12-287）。

本科约210属，2 800种，分布于热带和亚热带。我国有28属（包括栽培），100余种。

本科多为重要的纤维、油料、淀粉及观赏植物，如：棕榈（*Trachycarpus fortunei*），常绿乔木，叶掌状分裂；花常单性，雌雄异株，花序为多分枝的肉穗花序或圆锥状花序；佛焰苞显著；果实肾形或球形；长江以南广泛分布；栽培供观赏外，叶鞘纤维可制绳索、床垫、刷子等。椰子（*Cocos nucifera*），果实大型，外果皮革质，中果皮纤维质，内果皮（椰壳）骨质坚硬，近基部有3个萌发孔；种子1颗，种皮薄，内贴着1层白色的胚乳（椰肉），胚乳内有一大空腔，贮藏乳状汁液（椰乳）。椰子的果实可飘浮于海面随洋流与风力移动，使其得以广泛地分布于热带海岸。椰树干材坚硬，可供建筑用材，叶可编篮、织席、盖屋；幼果内的汁液鲜美可口，胚乳供生食或榨油，亦用于制糖果（图12-288a）。省藤（*Calamus simplicifolius*），粗壮藤本，产于广东、广西和海南，茎可编织各种藤器。槟榔（*Areca catechu*），茎上环状叶痕明显，叶片羽状；原产马来西亚，我国云南、海南及台湾有分布；栽培观赏，种子入药能助消化和驱除肠道寄生虫，果皮含槟榔碱等致癌成分，我国已禁

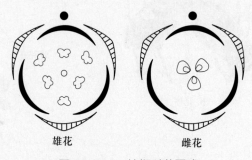

雄花　　　　　雌花

图 12-286　棕榈科花图式

止作为食品生产（图12-288b）。蒲葵（*Livistona chinensis*），掌状裂叶宽大，叶柄下部有2列逆刺，嫩叶制蒲扇。油棕（*Elaeis guineensis*），原产非洲热带，是重要的油料植物。鱼尾葵（*Caryota ochlandra*）、王棕（*Roystonea regia*）、假槟榔（*Archontophoenix alexandrae*）均为著名的观赏树种。

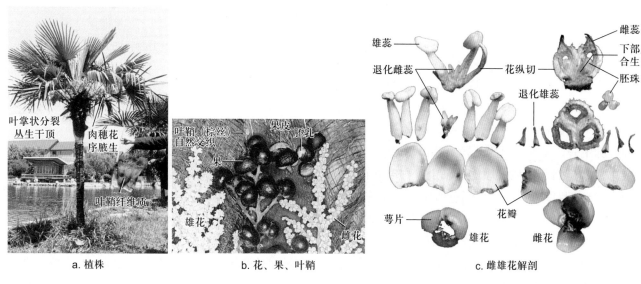

a. 植株   b. 花、果、叶鞘   c. 雌雄花解剖

图 12-287 棕榈

b. 槟榔及果

图 12-288 棕榈科代表植物

棕榈科是单子叶植物纲中少有的具有乔木性状、宽阔的大型叶和发达的维管系统的一个科。由于它缺少充分的次生生长，并且全是常绿性的，因而不能适应寒冷的气侯，只能在热带、亚热带得到充分的发育。从化石记录看，它在单子叶植物中是发生较晚的一支。

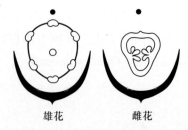

雄花　　　雌花

图 12-289　天南星科芋的花图式

49. 天南星科（Araceae）

♂：* P_0A_6　♀：* $P_0G_{(2,3-15:1-\infty:1-\infty)}$（图12-289）

属天南星目（Arales），该目还有浮萍科，共2科。

草本，稀为木质藤本。有根状茎或块茎。叶形和叶脉不一，基部常具膜质鞘。花小，无柄，两性或单性，排列于肉质肥厚的花轴上，称肉穗花序；花序为1大型总苞片——佛焰苞所包，故又称佛焰花序，佛焰苞常具色彩；花被缺或为4~6个鳞状体；单性同株时，雄花通常生于肉穗花序的上部，雌花生于下部，中部为不育部分或为中性花，雄蕊4或6（偶1或8）分离或合生；雌蕊由3（稀2~15）

心皮组成，子房上位，1至多室。果实通常为浆果（图12-290）。

本科约115属，2 500种，主要分布于热带和亚热带。我国有35属（包括栽培植物），206种，主要分布于南方。

半夏（*Pinellia ternata*），多年生草本，具块茎。叶基出，有长柄，叶柄基部常有珠芽。肉穗花序具细长柱状附属体；花雌雄同株，无花被；雌花部分与佛焰苞贴生（图12-290）。浆果小，熟时红

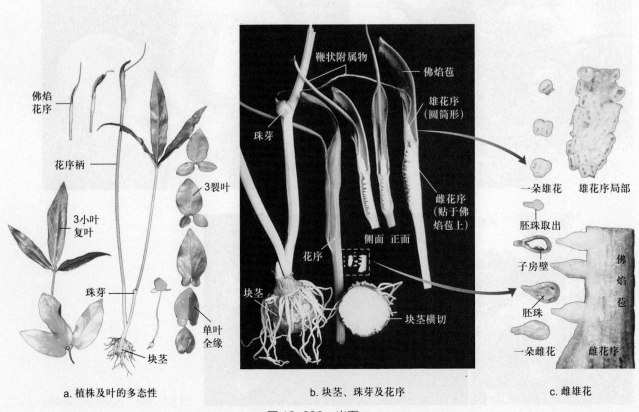

a. 植株及叶的多态性　　　　b. 块茎、珠芽及花序　　　　c. 雌雄花

图 12-290　半夏

色。块茎有毒，炮制后入药，能燥湿化痰。南北均产。因仲夏可采其块茎，故名"半夏"。

本科植物具多种用途，主要为食用、观赏与药用。如：芋（*Colocasia esculenta*）（图12-291a）、东亚魔芋（疏毛魔芋）（*Amorphophallus kiusianus*）（图12-291b）等供食用；灯台莲（*Arisaema sikokianum* var. *serratum*）、石菖蒲（*Acorus tatarinowii*）、花叶芋（*Caladium bicolor*）、龟背竹（蓬莱蕉）（*Monstero deliciose*）、象耳芋（图12-291c）等供观赏；菖蒲（*Acorus calamus*）全草可驱蚊、杀虫；异叶天南星（*Arisaema heterophyllum*）、一把伞天南星（*A. erubescens*）块茎均作天南星入药。此外，还有饲料植物大藻（水浮莲）（*Pistia stratiotes*）、华南热带常见植物麒麟叶（*Epipremnum pinnatum*）、石柑子（*Pothos scandens*）等。

（九）鸭跖草亚纲（Commelinidae）

常草本。叶互生或基生，单叶，全缘，基部常具叶鞘。花两性或单性，常无蜜腺；花被常显著，异被，分离，或退化成膜状、鳞片状或无；雄蕊常3或6，花粉单萌发孔；子房上位。胚乳多为淀粉。果实为干果。

本亚纲广泛分布于温带，共有7目，16科，约15 000种。

50. 莎草科（Cyperaceae）

$P_0 A_{1-3} \underline{G}_{(2-3:1:1)}$；♂：$P_0 A_{1-3}$ ♀：$P_0 \underline{G}_{(2-3:1:1)}$（图12-292）

属莎草目（Cyperales），本目还有禾本科。

草本，常有根状茎。茎特称为秆，常三棱柱形，实心，少数中空。叶基生或秆生，通常3列，叶片条形，基部常有闭合的叶鞘，或叶片退化而仅具叶鞘。花小，单生于鳞片（颖片）的腋内，两性或单性，2至多数带鳞片的花组成小穗；小穗单一或若干枚再排成穗状、总状、圆锥状、头状或聚伞花序；花序下面通常有1至多枚叶状、刚毛状或鳞片状苞片，苞片基部具鞘或无；鳞片在小穗轴上左、右2列或螺旋状排列；花被缺或退化为下位刚毛或下位鳞片；雄蕊3，少为2～1；子房1室，1胚珠，花柱1，柱头2～3。果实多为坚果或者有时为苞片所形成的果囊所包裹，三棱形、双凸状、平凸状或球形（图12-293）。

a. 芋

b. 东亚魔芋

c. 象耳芋（廖增保 摄）

图 12-291 天南星科代表植物

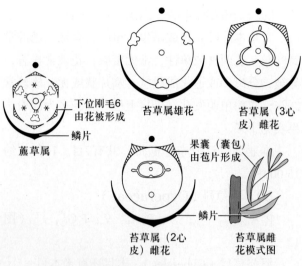

下位刚毛6
由花被形成

鳞片

藨草属

苔草属雄花

苔草属（3心皮）雌花

果囊（囊包）
由苞片形成

鳞片

苔草属（2心皮）雌花

苔草属雌花模式图

图 12-292　莎草科花图式

3，很少2。坚果三棱形。约380种，分布于温带和热带，我国约30种，多分布在华南、华东和西南各省区。香附子（*C. rotundus*），根状茎匍匐，细长，生有多数长圆形、黑褐色块茎。叶片狭条形，鞘棕色，常裂成纤维状。秆顶有2～3枚叶状苞片和长短不同的数个伞梗，伞梗末梢约各生5～9个条形小穗（图12-293）。干燥的块茎，名香附，可作香料，入药。咸水草（*C. malaccensis* var. *brevifolius*），多年生草本，产于浙江、福建、广东、广西和四川等地，是一种改良盐碱地和发展多种经营的优良植物，秆可用于编织。油莎豆（*C. esculentus*），引入栽培，块茎含油量高，可供食用。

（2）苔草属（*Carex*）　花单性，无花被；雄花具3雄蕊；雌花子房外包有小苞片形成的囊包（即果囊），果囊外有1枚鳞片，花柱突出于囊外，柱头2～3（图12-294）。约2000种，广泛分布于世界各地，我国约400种，各省均产，主要分布于北方。乌拉草（*C. meyeriana*），秆丛生，粗糙。小穗2～3，雄小穗顶生，圆筒形；雌小穗生于雄小穗下方，近球形；分布于东北，号称"东北三宝"之一；主要用于冬季作填充物，具有保温作用，全

本科约96属，9300种，广泛分布于全世界，以寒带、温带地区为最多。我国有31属，670余种，分布于全国各地。

（1）莎草属（*Cyperus*）　秆散生或丛生，通常三棱形。叶基生。聚伞花序简单或复出，有时短缩成头状，基部具叶状苞片数枚；小穗2至多数，稍压扁，小穗轴宿存；鳞片2列；无下位刚毛；柱头

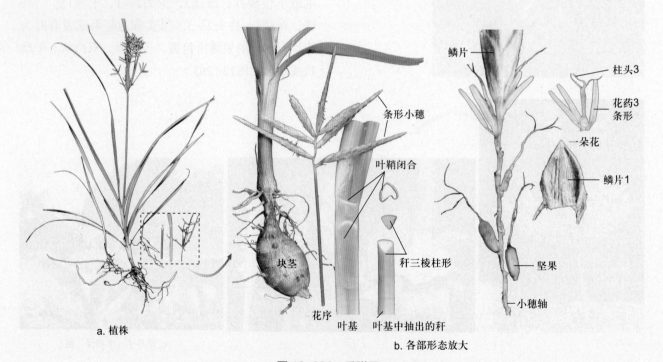

a. 植株

条形小穗

叶鞘闭合

块茎

花序

叶基

秆三棱柱形

叶基中抽出的秆

b. 各部形态放大

鳞片

柱头3

花药3条形

一朵花

鳞片1

坚果

小穗轴

图 12-293　香附子

a. 一种苔草

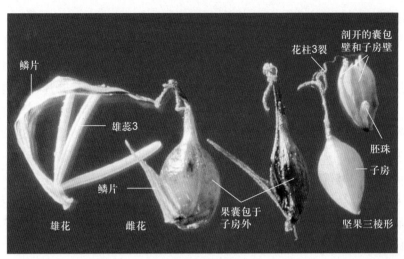

图 12-294 苔草

鳞片

雄蕊3

鳞片

雄花　雌花

果囊包于
子房外

剖开的囊包
壁和子房壁

花柱3裂

胚珠

子房

坚果三棱形

b. 花果解剖

草还供编织和造纸用。皱果苔草（弯囊苔草）（*C. dispalata*），秆粗壮，基部叶鞘暗紫红色。苞片叶状，无苞鞘；果囊无毛，卵状椭圆形，有3棱，呈镰状弯曲。舌叶苔草（*C. ligulata*），秆粗壮，三棱形；叶鞘口部有明显的锈色叶舌。

（3）藨草属（*Scirpus*）　秆三棱柱形，少为圆柱形，聚伞花序简单或复出，或缩短成头状，花序下苞片似秆状延长或叶状；小穗有少数至多数花，鳞片螺旋状排列，每鳞片内包1两性花，或下面1至数个鳞片内无花；下位刚毛2～9或缺如；花柱基部不膨大。本属约200余种，分布广泛，我国约有40余种。藨草（*S. triqueter*），秆粗壮，三棱柱形，近基部有2～3个叶鞘，最上一鞘顶端具叶片。花序假侧生，苞片1枚，为秆的延长。除广东以外，各地均有分布。茎纤维为编织草席和草帽原料，亦可造纸。荆三棱（*S. yagara*），秆高大粗壮。叶秆生，条形。叶状苞片3～5，长于花序；下位刚毛6，几乎与坚果等长，分布于我国东北、华东和西南各地。茎叶可造纸，作饲料，块茎药用。

（4）荸荠属（*Heleocharis*）　秆丛生或单生。叶只有叶鞘而无叶片，苞片缺；小穗1，顶生，常有多数两性花；花柱基部膨大成各种形状，宿存于坚果顶端。本属约150多种，广泛分布于世界温暖地区，我国约有25种，遍及全国各地。荸荠（*H. dulcis*），匍匐根状茎细长，顶端膨大成球茎，为食用荸荠。秆丛生，圆柱状，有多数横隔膜。各地均有栽培，球茎除供食用外，也供药用。

莎草科常见的植物还有双穗飘拂草（*Fimbristylis subbispicata*），秆丛生，细瘦，小穗1～2个，广泛分布于南北各省。短叶水蜈蚣（*Kyllinga brevifolia*），全草及根状茎入药。蒲草（*Lepironia articulata*），原产马达加斯加，广东常栽培于池塘或水田中，秆供织席或编袋用。

51. 禾本科（Gramineae，Poaceae）

$P_{2-3} A_{3-3+3} G_{(2-3：1：1)}$（图12-295）

属莎草目。

草本或木本。地上茎称秆，秆圆柱形，有显著的节和节间，节间多中空，很少实心（如玉米、高粱、甘蔗等）。单叶互生，2列，每个叶分叶鞘和叶片两部分；叶鞘包着秆，常在一边开裂，包着竹

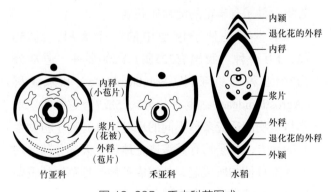

内颖
退化花的外稃
内稃

内稃
（小苞片）

浆片
（花被）

外稃
（苞片）

浆片

外稃

退化花的外稃

外颖

竹亚科　　禾亚科　　水稻

图 12-295　禾本科花图式

秆的叶称为箨，其叶鞘部分称箨鞘（笋壳）；箨鞘顶端的叶片称箨叶；叶舌生于叶片与叶鞘连接处的内侧，膜质或成一圈毛或完全退化；箨叶和箨鞘连接处的内侧舌状物称为箨舌；叶鞘顶端的两侧常各具1耳状突起称叶耳，箨鞘顶端两侧的耳状物称箨耳，箨、箨叶、箨舌和箨耳的形状是竹亚科分类的重要特征。禾本科的花序以小穗为基本单位，小穗有1个小穗轴，通常很短，基部常有1对颖片，生在下面或外面的1片称外颖，生在上方或里面的1片称内颖；小穗轴上生有1至数朵小花，每一小花外有苞片2，称外稃和内稃，外稃顶端或背部常具芒，一般较厚而硬。颖和外稃的基部有时加厚变硬称基盘；内稃常具2隆起如脊的脉，并常为外稃所包裹，在子房基部、内稃和外稃之间有2或3枚特化为透明而肉质的小鳞片（相当于花被片），称为浆片或鳞被，浆片在开花时极度吸水而膨胀，撑开2个稃片，使花药和柱头伸出稃片之外，进行传粉。浆片在开花前、后都呈现为微小的薄片状。由外稃、内稃包裹浆片、雄蕊和雌蕊，组成小花；小花两性稀单性；小穗常成对生于穗轴各节，具同性小花的称同性对，具不同性小花的称异性对；小穗轴常在颖片的上方或下方具关节，致使小穗成熟时脱节于颖之上或颖之下；雄蕊常3，花丝细长，花药丁字形着生于花丝顶端，可摇动，利于散出花粉；雌蕊1，由2～3心皮构成，子房上位，1室，1胚珠，花柱2，很少1或3，柱头常为羽毛状或刷帚状，增加了"捕捉"空中飘散的花粉粒的机会。果实的果皮常与种皮密接，称为颖果，少数种类果皮与种皮分离，称为胞果（如鼠尾粟属、穇属等），更少数为浆果。种子含丰富的淀粉质胚乳。

禾本科是种子植物中的一个大科，约750属，1万余种。我国有225属，1200多种。通常分为2个亚科即竹亚科（Bambusoideae）和禾亚科（Agrostidoideae），也有分为3、5或7个亚科的。禾本科植物能适应多种不同的环境，凡有种子植物生长的地方，几乎均有其踪迹，地球上大部分陆地均为禾本科植物所覆盖，是构成各种类型草原的重要成分，在温带地区尤为繁茂。

亚科1：禾亚科。

一年生或多年生草本，秆通常草质。秆生叶即是普通叶，叶片大多为狭长披针形或条形，具中脉，通常无叶柄，叶片与叶鞘之间无明显的关节，不易从叶鞘脱落（此处要与竹亚科对照起来看）。

本亚科约575属，9 500多种，遍布于世界各地。我国约170属，700余种。禾亚科的分属特征通常是：小穗两侧压扁还是背腹压扁；小穗成熟时脱落在颖之上（颖宿存）或小穗脱落于颖之下（颖与小穗一起脱落）；小穗是否有柄；颖与稃片上的脉、芒、毛的有无等等。

（1）稻属（Oryza）　约25种，多分布于亚洲和非洲。稻（O. sativa）是我国栽培历史最悠久的作物（图12-296），近年发现的浙江河姆渡新石器时代遗址中有籼稻存在，证明我国至少在6 000～7 000年前就已开始种植水稻，比世界各国都早。现东南亚各国出产亦多，以我国栽培面积最广，产量居世界第一位，是最有价值的粮食作物。稻米除作主粮外，可制淀粉、酿酒、造米醋；米糠可制糖、榨油、提炼糠醛，供工业、医药上用，又为营养甚高的牲畜饲料；稻秆为良好的牛饲料和造纸原料；谷芽和糯稻根供药用。

（2）小麦属（Triticum）　一年生或二年生草本。穗轴每节生1小穗，小穗有小花3～9，两侧压扁，无柄；颖近草质，卵形，主脉隆起成脊。颖果易与稃片分离（图12-297）。本属约20种，分布于欧洲、地中海和亚洲西部。普通小麦（小麦）（T. aestivum）是我国北方重要的粮食作物，麦芽能助消化，麦麸还是家畜的好饲料，麦秆也可编织草帽、刷子、玩具及用于造纸。小麦的栽培品种和类型很多。

（3）大麦属（Hordeum）　多年生或一年生草本。穗轴每节着生3小穗，中间小穗无柄，两侧小穗常有柄，每小穗含1小花。本属约30种，分布于温带。在我国野生和栽培的约有15种，以西部、西北部及北部较多。除粮食作物外多为优良牧草，大麦（H. vulgare）的颖果成熟后，黏着内、外稃，不易脱落（图12-298）；果为制啤酒及麦芽糖的

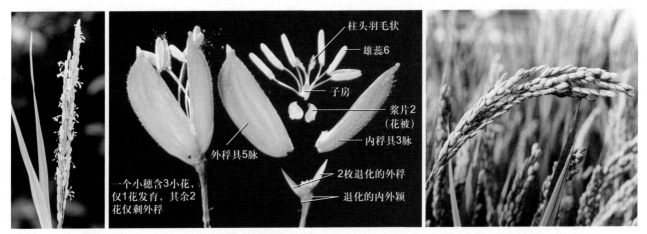

a. 稻开花，圆锥花序顶生

b. 花解剖

柱头羽毛状
雄蕊6
子房
浆片2（花被）
内稃具3脉
2枚退化的外稃
退化的内外颖
外稃具5脉
一个小穗含3小花，仅1花发育，其余2花仅剩外稃

c. 稻穗

图 12-296 稻

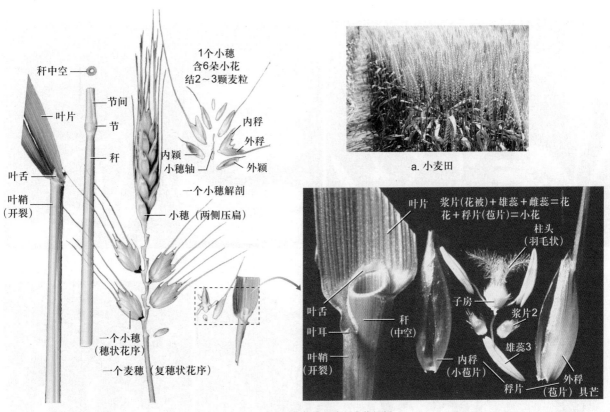

秆中空
叶片
叶舌
叶鞘（开裂）

节间
节
秆

1个小穗含6朵小花结2~3颗麦粒
内稃
外稃
内颖
小穗轴
外颖
一个小穗解剖

小穗（两侧压扁）

一个小穗（穗状花序）

一个麦穗（复穗状花序）

a. 小麦田

叶片
浆片（花被）+雄蕊+雌蕊=花
花+稃片（苞片）=小花
柱头（羽毛状）
子房
浆片2
雄蕊3
叶舌
叶耳
叶鞘（开裂）
秆（中空）
内稃（小苞片）
稃片（苞片）
外稃（苞片）具芒

b. 小麦茎、叶和小花解剖

图 12-297 小麦

原料，亦可作面食。青稞（裸麦）（*H. vulgare* var. *nudum*），颖果成熟后易于脱出稃体，不黏着；我国西北、西南各省高寒地区常有栽培，果作粮食或酿青稞酒。

（4）针茅属（*Stipa*）　多年生草本。外稃细长圆柱形，紧密包卷内稃，芒基与外稃顶端连接处具关节。本属约200种，分布于全世界温带地区，在干旱草原区尤多。我国有23种，主要产于西部。长

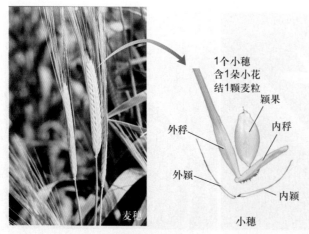

图 12-298 大麦

芒草（*S. bungeana*），秆密丛生。叶纵卷成针状；外稃背部有纵行排列的短柔毛，芒2回膝曲，扭转；广泛分布于我国北方。长芒草春季抽穗前可作牲畜饲料，但结实期间不宜放牧，因尖锐纤细的果实易刺入牲畜的身体和口腔，使牲畜受害，甚至死亡。

禾亚科植物具有重要的经济价值。燕麦（*Avena sativa*）、高粱（蜀黍）（*Sorghum bicolor*）（图12-299a）、玉米（玉蜀黍）（*Zea mays*）（图12-299b）、穇子（龙爪稷）（*Eleasine coracana*）（图12-299c）、稷（黍）（*Panicum miliaceum*）、粟（小米、梁、谷子）（*Setaria italica*）（图12-299d）等

图 12-299 禾亚科杂粮植物

均为重要的杂粮，谷粒除作粮食外，常用以酿酒、制糖，秆叶为牲畜的饲料，并可作造纸和其他工业用原料。甘蔗（*Saccharum officinarum*），是南方制糖的重要原料（图12-300a）。菰（茭儿菜、茭白）（*Zizania latifolia*），秆基被一种黑粉菌（*Ustilago edulis*）寄生后，变为肥嫩而膨大，称茭白或茭笋，供蔬食（图12-300b）。薏苡（川谷、菩提子）（*Coix lacryma-jobi*），一或多年生草本，总状花序多数，成束地由叶腋伸出，小穗单性；雄小穗有2小花，2～3个小穗生于穗轴各节，伸出在骨质总苞外；雌小穗2～3枚生于穗轴的基部，被包在骨质念珠状的总苞内，其中一枚发育，其余均退化，总苞成熟时光亮，常带黑色；分布几乎遍布全国；果实称薏苡仁，含氨基酸、薏苡素、脂肪、糖类等，为滋补及利尿药（图12-300c）。本亚科香茅属（*Cymbopogon*）的有些种类茎叶可提制芳香油（图12-300d）。苇状羊茅（高羊茅）（*Festuca arundinacea*）、紫羊茅（*F. rubra*）、草地早熟禾（*Poa pratensis*）、狗牙根（*Cynodon dactylon*）、双穗雀稗（*Paspalum distichum*）等是园林绿化中的草坪植物，前3者更是冬绿草种，可以增添冬季城市的绿色，它们同时也是优良的牧草。稗（*Echinochloa*

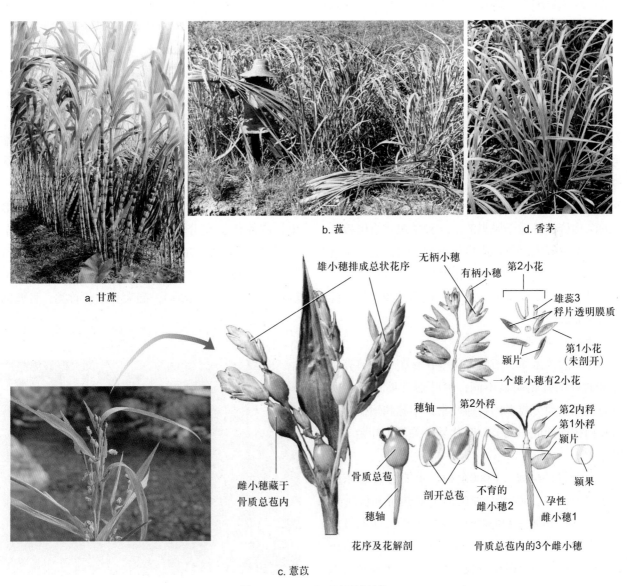

a. 甘蔗

b. 菰

d. 香茅

c. 薏苡

雄小穗排成总状花序　无柄小穗

有柄小穗　第2小花

雄蕊3

稃片透明膜质

颖片　第1小花（未剖开）

一个雄小穗有2小花

穗轴　第2外稃

第2内稃

第1外稃

颖片

雌小穗藏于骨质总苞内

骨质总苞

剖开总苞　不育的雌小穗2

孕性雌小穗1

颖果

穗轴

花序及花解剖

骨质总苞内的3个雌小穗

图 12-300　禾亚科经济植物

crusgalli）是常见的稻田杂草。大米草（*Spartina anglica*）是米草和互花米草的天然杂交种，原产欧洲，现为我国南方海滨的恶性杂草。

禾本科植物花的结构具有高度适应风媒传粉的特征，表现在：花被退化成鳞片状；花丝很长能将花药托出花外；花药丁字形着生，有利于在风中摇曳，散播花粉；柱头羽毛状具有更大的"捕捉"花粉的接触面；在晴朗的日子植株受阳光照射，位于内稃与外稃之间的浆片由薄膜状吸水鼓胀成珠状，把外稃撑开，稃内的相对湿度由此而突然降低，花丝便在短时间内迅速伸长，将花药托出稃外，花药开裂，柱头也随之伸出稃外，花粉随风飘散，完成授粉作用。开花后浆片失水萎缩，内外稃重新闭合，起着保护正在发育的果实的作用。此时常见花药与柱头被"关"在稃片之外。

稻、小麦等虽有成套的风媒传粉的机制，但它们有98%左右的花是自花传粉结实的。这是由于几千年来人为选育的指标是高产、优质，因而不自觉地选育了能自花传粉、保证结实的性状，在这个物种形成的几千万年中，人类干预的千年时间只是这个物种形成历程的万分之一，甚至更少。因此，它们的结构依然是适于风媒的。这种情况在虫媒植物豌豆、蚕豆等栽培作物中也能看到，它们的花结构是适于虫媒传粉的，但是也都是以自花传粉为主。也就是说在花朵尚未开放之时，花药已经开裂，传粉已经完成。

亚科2：竹亚科。

秆一般为木质，节间常中空；箨鞘（即笋壳）与普通叶的叶鞘明显不同；箨叶通常缩小而无明显的中脉；而分枝上的普通叶常具中脉和短柄，且与叶鞘相连处成一关节，叶片易自关节（叶鞘）处脱落。

本亚科约66属，1 000余种，主要分布在东南亚热带地区，少数属、种延伸至亚热带和温带各地。我国产26属，200多种，多分布于长江流域以南各省。竹亚科植物的分属特征通常是：秆散生还是丛生；秆每节有多少分枝；秆环（位于箨环的上方，是居间分生组织停止活动后所留）是否隆起；

箨的形态特征等。因此，采集竹类标本时，带分枝的秆和箨是不可缺少的。

（1）箬竹属（*Indocalamus*）　阔叶箬竹（*I. latifo-lius*），秆高约1 m，直径5～8 mm，分布于华东、陕南等地。秆宜作毛笔杆或竹筷，叶宽大可制船篷、斗笠等，亦可包裹米粽（图12-301）。

（2）箣竹属（*Bambusa*）　秆丛生，节间圆筒形，每节有多数分枝，小枝在某些种类可硬化成刺。约100余种，我国约60多种。孝顺竹（凤凰竹）（*B. multiplex*）（图12-302a），秆高2～7 m，粗5～25 mm；枝条多数簇生于一节；每小枝常有叶5～10，分布于华南、西南各省区，常栽作庭园观赏。品种凤尾竹（*B. multiplex* 'Fernleaf'），秆高2～3 m，径不超过10 mm，叶片通常10余枚生于1小枝上；形似羽状复叶；长江流域以南各省，栽培较原种多。佛肚竹（*B. ventricosa*），畸形秆节间瓶状；广东特产，各地栽种或盆栽，供观赏（图12-302b）。箣竹（*B. blumeana*），分枝发育中止，先端变为硬刺；西南地区用以作绿篱，也可制家具（图12-302c）。

（3）刚竹属（毛竹属）（*Phyllostachys*）　秆散生，圆筒形，在分枝的一侧扁平或有沟槽，每节有2分枝。本属约50种，大都分布在东亚，以我国为中心。我国约产40余种，主要分布在黄河流域以南。毛竹（*P. edulis*），高大乔木状竹类，秆圆筒

图 12-301　阔叶箬竹

発育中止成刺

分枝变为硬刺

a. 孝顺竹　　　　　　　b. 佛肚竹　　　　　　　c. 簕竹

图 12-302　簕竹属代表植物

形，新秆有毛茸与白粉，老秆无毛；秆环平，箨环突起而使竹秆各节只有1环；箨鞘厚革质，背部密生刺毛及棕黑色的晕斑，箨耳小，耳缘有毛；分布于长江流域和以南各省区，及河南、陕西等地，是我国最重要的经济竹种，笋供食用，箨供造纸，秆供建筑，也可劈篾编织各种器具、制胶合竹板等（图12-303a）。刚竹（*P. sulphurea* var. *viridis*），秆径3.5～8 cm，广泛分布于黄河流域至长江流域以南地区，竹材供小型建筑、农具柄用。淡竹（*P. glauca*），秆径2～5 cm，笋味鲜美，竹篾性好，供编织，也可作农具柄、农用支架、晒竿等。紫竹（*P. nigra*），秆径2～4 cm，深棕色至紫黑色，秆壁薄而坚韧，可制箫、笛、手杖、伞柄及工艺品等，亦供观赏。早竹（*P. violascens*），秆径2～5 cm，笋味鲜美而笋期长，为优良的笋用竹，并可作晒衣竿、帐竿、支架等（图12-303b）。金镶玉竹（*P. aureosulcata* 'Spectabilis'）、桂竹（*P. bambusoides* f. *lacrima-deae*）（图12-303c）、人面竹（罗汉竹）（*P. aurea*）（图12-303d）等亦为常见的观赏竹。

此外，还有大熊猫爱吃的冷箭竹（*Bashania fangiana*）（图12-304），秆壁厚实；竹秆方形的方竹（*Chimonobambusa quadrangularis*）等。

禾本科是单子叶植物向风媒花方向演化的高级阶段，它的进化是以花部结构的简化来表达的，由于结构特殊，有的学者将其单独列为一个目。

（十）姜亚纲（Zingiberidae）

陆生或附生草本无次生生长和明显的菌根营养。叶互生，具叶鞘，有时叶鞘重叠成“假茎”，平行脉或羽状平行脉。花序常具大型、显著且着色的苞片；花异被；雄蕊3或6，常特化为花瓣状的假雄蕊；雌蕊常3心皮结合；常具分隔蜜腺；胚珠倒生或弯生，双珠被及厚珠心。植物体中常具硅质细胞和针晶体。

本亚纲多数分布于热带，共有2目，9科，约3 800种。

52. 姜科（Zingiberaceae）

$\uparrow K_3 C_3 A_1 \bar{G}_{(3:3:\infty),\ (3:1:\infty)}$ 或 $\uparrow P_{3+3} A_1 \bar{G}_{(3:3:\infty),\ (3:1:\infty)}$（图12-305）

属姜目（Zingiberales）。本目还有鹤望兰科（Strelitziaceae）、芭蕉科（Musaceae）、竹芋科（Marantaceae）等，共8科。

多年生草本，通常具有芳香气味，匍匐或块状根茎。地上茎常很短，有时为多数叶鞘包叠而成为似芭蕉状的茎。具叶鞘，鞘顶端常有叶舌；叶片有多数羽状平行脉从主脉斜向上伸。花两性，单面对称，单生或组成穗状、头状、总状或圆锥花序；花萼管状3齿裂，绿色或淡绿色，花冠下部合生成管状，具3枚裂片，通常位于后方的1枚裂片较大；雄蕊在发育上原来可能为6枚，排成2轮，内轮后面1枚成为着生于花冠上的能育雄蕊，花丝具槽，花

a. 毛竹

早竹开花

笋叶
春笋
（毛笋）
秆
箨环
箨鞘

箨耳有缘毛　箨放大
箨舌毛状
箨叶反折
密生小刺毛

柱头3裂
雄蕊3
浆片3
稃片2
第一小花
小穗轴
颖片3

小穗有
小花2～6朵
花解剖

b. 早竹

c. 桂竹

d. 人面竹

图 12-303　刚竹属代表植物

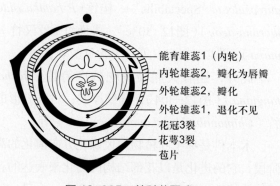

图 12-304　四川卧龙的冷箭竹

能育雄蕊1（内轮）
内轮雄蕊2，瓣化为唇瓣
外轮雄蕊2，瓣化
外轮雄蕊1，退化不见
花冠3裂
花萼3裂
苞片

图 12-305　姜科花图式

药2室，内轮另2枚联合成为花瓣状的唇瓣；外轮前面1枚雄蕊常缺，另2枚为侧生瓣化雄蕊，<u>呈花瓣状或齿状或不存在</u>；雌蕊由3心皮组成；子房下位，3或1室；胚珠多数；<u>花柱1，丝状，通常经能育雄蕊花丝槽由花药室之间穿出</u>；柱头头状（图12-306）。<u>蒴果室背开裂成3瓣</u>，或肉质不开裂呈浆果状。种子有丰富坚硬或粉质的胚乳，常具假种皮。

本科约50属，1500种，广泛分布于热带及亚热带地区。我国约20属，150余种，主要分布于西南部至东部。

姜（*Zingiber officinale*），根状茎肉质，扁平，有短指状分枝；叶片基部狭窄，无叶柄；穗状花序由根状茎抽出；苞片卵形，长约2.5 cm，花冠黄色，唇瓣倒卵状圆形，下部两侧各有小裂片，有紫色、黄白色斑点（图12-306）。姜原产太平洋群岛，我国中部、东南部至西南部已广为栽培，其根状茎入药能发汗解表，温中止呕，解毒，又可作蔬菜和调味用。蘘荷（*Z. mioga*），根状茎圆柱形，叶片基部渐狭成短柄；苞片披针形，长3～4 cm，顶端常带紫色；花冠裂片披针形，白色；唇瓣淡黄色而中部颜色较深；分布于我国东南部，常栽培作蔬菜；根状茎入药。姜黄（*Curcuma longa*），叶两面无毛，秋季开花，根状茎内部橙黄色，极香；花药基部有距，侧生退化雄蕊花瓣状，子房3室；根状茎药用或提取使用色素。益智（*Alpinia oxyphylla*），花序顶生，小苞片极小，侧生退化雄蕊钻状；蒴果球形，干后纺锤形，药用。

本科植物供药用的还有砂仁（*Amomum villosum*），广东、广西、云南和福建等地常栽培于山地阴湿处，果为芳香性健胃、祛风药；山姜（*Al-*

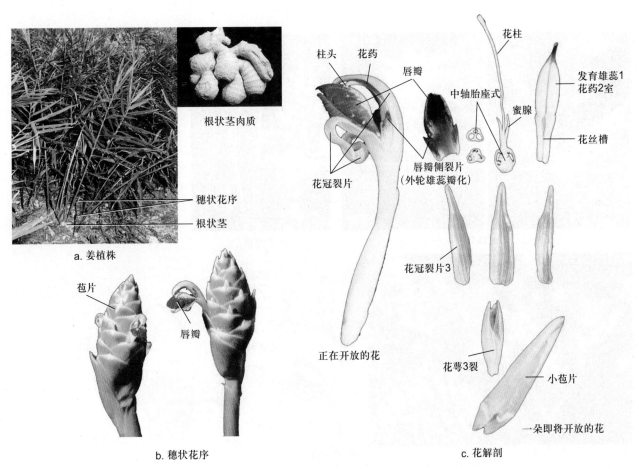

a. 姜植株

根状茎肉质

穗状花序
根状茎

苞片

唇瓣

b. 穗状花序

柱头　花药

唇瓣

花柱

中轴胎座式

蜜腺

发育雄蕊1
花药2室

花丝槽

花冠裂片

唇瓣侧裂片
（外轮雄蕊瓣化）

花冠裂片3

正在开放的花

花萼3裂

小苞片

一朵即将开放的花

c. 花解剖

图 12-306　姜

pinia japonica），产江西、浙江、福建、安徽、台湾、湖北、四川等地，果实和根状茎供药用；郁金（*Curcuma aromatica*），产我国东南部至西南部，块根供药用（图12-307a）。草豆蔻（*Alpinia hainanensis*）（图12-307b）、红姜花（*Hedychium coccineum*）、海南三七（*Kaempferi rotunda*）、瓷玫瑰（*Nicolaia elatior*）等亦入药或用作观赏（图12-307c）。

（十一）百合亚纲（Liliidae）

草本，稀木本。单叶，互生，常全缘，条形或宽大。花常两性，花序种种，但非肉穗花序状，花被常3基数，2轮，全为花冠状；雄蕊常1、3和6；雌蕊常3心皮结合，中轴胎座式或侧膜胎座式；具蜜腺；常无胚乳。植物体中常含生物碱或甾体皂苷。

本亚纲分布于温带，共有2目，19科，约25 000种。

53. 百合科（Liliaceae）

* $P_{3+3}A_{3+3}G_{(3:3:\infty)}$（图12-308）

属百合目（Liliales），本目还有鸢尾科、石蒜科、薯蓣科（Dioscoreaceae）等，共15科。

多草本，常具根状茎、鳞茎或球茎。茎直立或攀缘状。单叶互生或轮生，少数对生，或常基生，有时退化成鳞片状。花两性，稀单性或雌雄异株，多面对称，多为虫媒花，常3基数，<u>花被花瓣状</u>，裂片6，排成2轮；雄蕊常6，2轮，花丝分离或联合；<u>子房上位</u>，少有半下位，常为3室的<u>中轴胎座式</u>。蒴果或浆果（图12-309）。

百合科是单子叶植物纲中的一个大科，以轮状排列的典型的3基数花、中轴胎座式、子房上位而区别于其他科。它们的营养器官的差异很大，因而通

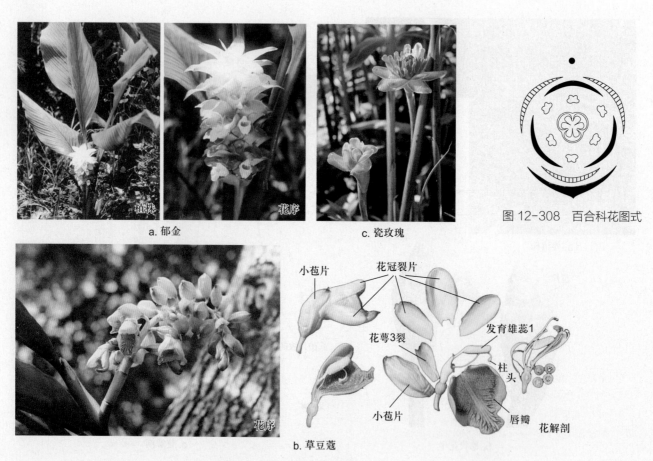

a. 郁金

c. 瓷玫瑰

图 12-308　百合科花图式

b. 草豆蔻

图 12-307　姜科代表植物

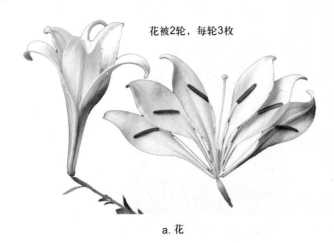

花被2轮，每轮3枚

a. 花

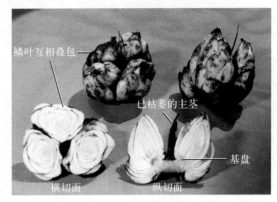

鳞叶互相叠包

已枯萎的主茎

基盘

横切面　　　　纵切面

b. 鳞茎

图 12-309　百合

常将它分为11或12个亚科，有的系统将百合科分为若干个不同的科，或把一部分植物归入其他的科。

（1）百合属（*Lilium*）多年生草本。茎直立，具鳞茎。花大而美丽，漏斗状；花药丁字形着生。本属100余种，主产北温带，我国约有60多种。百合（*L. brownii* var. *viridulum*）和卷丹（*L. tigrinum*）的鳞茎供食用，又能药用，润肺止咳（图12-310a）。

（2）黄精属（*Polygonatum*）根状茎长而粗壮，肉质，有节，匍匐状。茎不分枝。花单生或呈伞形花序着生于叶腋。多花黄精（囊丝黄精）（*P. cyrtonema*），根状茎结节状膨大；叶互生；花序有花2~7朵，或单生；花丝上端膨大至呈囊状突起；产于河南以南及长江流域各省，根状茎能补脾润肺为滋养强壮药，作黄精入药。黄精（*P. sibiricum*），叶轮生，每轮2~7片，叶片顶端拳卷或弯曲成钩，产于东北、华北、华东等地区。玉竹（萎蕤）（*P. odoratum*），根状茎扁圆柱状，苞片缺，产于东北、华东、华中和华北；根状茎药用，有养阴润燥生津止咳之效（图12-310b）。湖北黄精（*P. zanlanscianensis*），根状茎连珠状，茎近直立；叶3~6枚轮生，稀见有对生；叶条状披针形，先端常卷曲；广泛分布于我国各地。

（3）贝母属（*Fritillaria*）鳞茎的鳞片少数，花钟状下垂。本属约100种，分布于北温带，我国有6种。川贝母（*F. cirrhosa*），鳞茎径1.5 cm，由3~4枚肥厚鳞片组成，产于四川、云南、西藏等地；鳞茎入药能清热润肺，化痰止咳。浙贝母（*F. thunbergii*），产于浙江、江苏，用途同川贝母。平贝母（*F. ussuriensis*），产于东北，亦供药用。

（4）葱属（*Allium*）多年生草本，有刺激性的葱蒜味；鳞茎有鳞被；叶基生；花序伞状生于花葶顶端。本属约500种，分布于北温带，我国有120种，全国均有分布。洋葱（*A. cepa*），鳞茎大，扁球形；叶管状，中部以下最粗，原产亚洲西部。葱（*A. fistulosum*），鳞茎棒状，仅比地上部分略粗，原产亚洲，鳞茎及种子均入药。蒜（*A. sativum*），鳞茎由数个或单个肉质、瓣状的小鳞茎（通称蒜瓣）组成，外被共同的膜质鳞被；基生叶带状，扁平，宽在2.5 cm以内，背有隆脊；原产亚洲西部或欧洲；鳞茎含挥发性的大蒜辣素，有健胃、止痢、止咳、杀菌、驱虫等作用（图12-310c）。韭（*A. tuberosum*），有根状茎，鳞茎狭圆锥形；基生叶条形，扁平；种子供药用。

（5）天门冬属（*Asparagus*）茎直立或蔓生，有根状茎或块根。叶退化成干膜质、鳞片状。叶状枝条形或针状，1至多数簇生于叶腋。本属约300种，分布于东半球，我国有20种。文竹（*A. setaceus*），叶状枝长4~6 mm，直径约0.2 mm，10~13枚簇生，鳞片状叶膜质；主茎上的叶退化，基部

a. 百合与卷丹　　　　　　b. 玉竹　　　　　　　c. 蒜

图 12-310　百合科代表植物

d. 文竹

成木质倒刺；原产非洲南部，各地常盆栽（图12-310d）。天门冬（*A. cochinchinensis*），叶状枝有明显的3棱，各地均产，块根入药。非洲天门冬（*A. densiflorus*），叶状枝扁平无棱，原产非洲南部，栽培供观赏。石刁柏（*A. officinalis*），茎直立，上部在后期常下垂，叶状枝近针状，嫩茎作蔬菜，俗称芦笋。羊齿天门冬（*A. filicinus*），叶状枝镰刀状，扁平，5~8枚簇生，原产中国、缅甸、不丹和印度。

（6）菝葜属（*Smilax*）　具块根。叶互生，具3~7大脉，叶柄两侧常有卷须，借以攀缘生长。伞形花序腋生，浆果。本属约300种，我国有60种。菝葜（*S. china*），茎有倒钩刺；叶近圆形或宽椭圆形；浆果红色；块根含多种甾体皂苷，供药用，亦

可酿酒及提制栲胶。土茯苓（*S. glabra*），根状茎呈不规则块状，叶披针形或椭圆状披针形，背面绿色或带苍白色；根状茎入药能清热解毒、除湿、利关节，并可酿酒及提制栲胶。

百合科的经济植物常见的还有华重楼（蚤休、七叶一枝花）（*Paris polyphylla* var. *chinensis*），茎单一，叶轮生，花单朵顶生；我国大部分地区皆产；根状茎药用能清热解毒，消肿止痛（图12-311a）。知母（*Anemarrhena asphodeloides*），根状茎横走，粗壮；叶基生，条形；花葶细长，总状花序；产于东北、华北、陕西、甘肃；根状茎为著名中药，能清热除烦，滋阴润燥。麦冬（沿阶草）（*Ophiopogon japonicus*），丛生草本；叶条形，须根顶端或中部膨大成纺缍状块根；种子蓝

黑色；产于华东、中南、西南及陕西等地；块根药用，能滋阴生津（图12-311b）。郁金香（*Tulipa gesneriana*）、万年青（*Rohdea japonica*）、玉簪（*Hosta plantaginea*）、宽叶吊兰（*Chlorophytum capense*）、萱草（*Hemerocallis fulva*）、吉祥草（*Reineckia carnea*）、北重楼（*Paris verticilata*）等均为习见的观赏或药用植物。

以百合科为代表的百合目是一个庞大的类群，在克朗奎斯特系统中，它包含15个科。它们共同的特征是花部3基数，轮状排列，花被花瓣状、鲜艳；是由原始的单子叶植物向虫媒花方向演化的中间阶段，由它进一步演化出兰目，它们没有像禾本科那样走花部简化的风媒道路，也不具肉穗花序。尽管少数种类有乔木状的习性，某些种类有宽阔、网状

脉的叶片和遍及茎枝与根部的导管，但它们并不具备与木本双子叶植物竞争的同等特征条件。在APG系统中，上文所述的黄精属、天门冬属、知母属、沿阶草属、万年青属、玉簪属、吊兰属、萱草属、吉祥草属、葱属、菝葜属、重楼属等均被移出百合科。

54. 石蒜科（Amaryllidaceae）

*，↑$P_{(3+3)}A_{(3+3)}\overline{G}_{(3:3:\infty)}$（图12-312）

属百合目。

多年生草本，常具<u>鳞茎或根状茎</u>。<u>叶细长，基出</u>。花两性，常成伞形花序，生于花茎顶上，下有膜质苞片1至数枚成总苞；<u>花被花瓣状，裂片6</u>，分为2轮，有时具副花冠；<u>雄蕊6</u>，花丝分离或联合成筒；<u>子房下位</u>，常3室，中轴胎座式，每室有胚珠多数。蒴果或为浆果状（图12-313）。

本科约90余属，1 200种，主产温带。我国野生和栽培约17属，48种。

（1）石蒜属（*Lycoris*） 鳞茎具褐色鳞皮。花后抽叶，有些种类叶枯后抽花茎。叶带状或条状。花茎实心；花漏斗状；花丝分离，花丝间有鳞片。本属约20种，主产于我国和日本。石蒜（*L. radiata*），鳞茎宽椭圆形，叶条形，冬季生出，秋季开花，开花时已无叶，花红色，花被裂片边缘皱缩，广展而反卷；雌雄蕊伸出花被外很长（图12-313）；分布于华东、西南各省；鳞茎有解毒消肿、祛痰、催吐作用，但毒性大，用时应注意，亦可提取淀粉，供纺织浆纱用。忽地笑（*L. aurea*），花大，鲜黄色或橘黄色，鳞茎入药。

（2）水仙属（*Narcissus*） 鳞茎卵圆形，基生

a. 华重楼

b. 麦冬

图 12-311 百合科经济植物

图 12-312 石蒜科花图式

a. 石蒜花圃

b. 花枝

花期无叶

花丝
花柱
花被片6
子房下位
中轴胎座式
总苞片2，膜质

c. 花解剖

图 12-313 石蒜

叶与花葶同时抽出，花葶中空，花高脚碟状；副花冠长筒状，似花被，或短缩成浅杯状；蒴果。本属约30种，分布于中欧、地中海和东亚。我国有1变种，水仙（*N. tazetta* var. *chinensis*），花白色，有鲜黄色杯状的副花冠；原产浙江和福建，各地多栽培作盆景；鳞茎可供药用（图12-314）。

本科其他栽培观赏植物尚有：君子兰（*Clivia miniata*），花带黄红色（图12-315a）；朱顶红（*Hippeastrum rutilum*），花红色，腹面中间带白色条纹（图12-315b）；文殊兰（*Crinum asiaticum* var. *sinicum*），花白色，芳香（图12-315c）；葱莲（*Zephyranthes candida*），花白色。此外，还有韭莲（风雨花）（*Z. grandiflora*）、夏雪片莲（*Leucojum aestivum*）、水鬼蕉（*Hymenocallis littoralis*）（图12-315d）等。

克朗奎斯特将子房下位的石蒜科归入百合科，取消了石蒜科的名称。本书仍将其单独列出。

55. 鸢尾科（Iridaceae）

$*$，稀$\uparrow P_{(3+3)} A_3 \overline{G}_{(3:3:\infty)}$（图12-316）

属百合目。

多年生、稀一年生草本，具根状茎、球茎或鳞茎。叶通常基生，少为互生，通常为条形或剑形，常沿中脉对折成2列排列，基部鞘状，互相套叠，通常只有花茎，少数种类有分枝或不分枝的地上

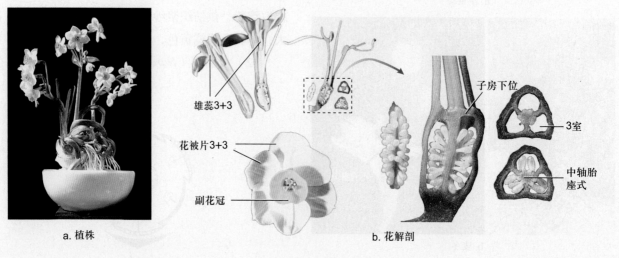

a. 植株

雄蕊3+3

花被片3+3

副花冠

子房下位

3室

中轴胎座式

b. 花解剖

图 12-314 水仙

b. 朱顶红

a. 君子兰

d. 水鬼蕉

c. 文殊兰

图 12-315
石蒜科观赏植物

图 12-316　鸢尾科花图式

茎。花单生、数朵簇生，或排成总状花序、穗状花序、聚伞花序和圆锥花序；花两性，色泽鲜艳，多面对称，少为单面对称；花或花序下有1至多枚苞片，苞片草质或膜质；花被裂片6片，花瓣状，排成2轮，内轮与外轮花被裂片大小、形状、质地近相等或不等，花被管直或弯曲；雄蕊3枚，着生于外轮花被裂片上，与外轮花被裂片对生，花药2室，通常向外纵裂；子房下位，3室，中轴胎座式，胚珠多数，花柱1枚，上部常3裂，扁平呈花瓣状或圆柱形，柱头3~6个。果为蒴果，3室，室背开裂；种子多数（图12-317）。

本科约60属，800种，广泛分布于全世界的热带、亚热带及温带地区，但主要分布于非洲南部及美洲热带。我国有11属，75种。

鸢尾（蓝蝴蝶）（*Iris tectorum*），叶剑形，宽2~4 cm；花大，蓝紫色，外轮花被裂片上有鸡冠状附属物；根状茎供药用（图12-317）。鸢尾原产于我国中部，现广为栽培，作庭园观赏植物，亦可用来监测大气氟化物污染。香雪兰（*Freesia refracta*），鳞茎卵圆形，有膜质包被，穗状花序顶生，花向上，排列于花序一侧，有香味，花被管喇叭形；原产非洲南部，我国南方各地庭园中常见栽培，北方各地多盆栽；花含芳香油，可提取香精（图12-318）。唐菖蒲（*Gladiolus gandavensis*），球茎扁球形，花被管弯曲，雄蕊偏向花的一侧；原产于南非，球茎供药用，有清热解毒之功效。射干（*Belamcanda chinensis*），根状茎为不规则结节状，花橙红色，有深红色斑点，花柱圆柱形，药用和观赏。番红花（*Crocus sativus*），叶基生，9~15片，条形，边缘反卷，花柱橙红色，上部3分枝。花柱药用，可活血、祛瘀、止痛（图12-319）。虎皮花（*Tigridia pavonia*），花黄、橙红或紫色，具深紫色斑点；原产南美，供观赏。

56. 兰科（Orchidaceae）

$\uparrow P_{3+3} A_{3\text{-}1} \bar{G}_{(3:1:\infty)}$（图12-320）

属兰目（Orchidales），该目还有水玉簪科（Burmanniaceae）等，共4科。

多年生草本，陆生、腐生或附生，有气生根。

叶剑形，叶鞘套叠

a. 植株

花柱片状

b. 花放大

内轮花被
裂片

外轮花被裂片
的鸡冠状附属物

雄蕊被花
柱覆盖

子房下
位3室

花柱

c. 花解剖

图 12-317　鸢尾

聚伞花序
蝎尾状

a. 植株

花被裂片

柱头6裂

花柱

花剖开

子房
下位

花纵切

雄蕊3，生花被筒上

b. 花解剖

柱头

胚珠

中轴胎座式

c. 雌蕊解剖

图 12-318　香雪兰

常有根状茎或块茎，茎基部常肥厚，膨大为**假鳞茎**。单叶互生，少数对生，常排成2列，有时退化呈鳞片状，通常为肉质或草质，基部有叶鞘。花很少单生，常组成穗状、总状，少数为圆锥花序；两性，极少单性，单面对称；花被2轮，各3片，花瓣状，内轮的中间1片，构造较为复杂，较大而鲜艳，称为**唇瓣**，其上常有脊、褶片、胼胝体或中部缢缩而分为上唇与下唇（前部与后部），基部有时延伸成囊或距，内含蜜腺。雄蕊和花柱（包括柱头）合生成**合蕊柱**，通常半圆柱形，面向唇

图 12-319　番红花

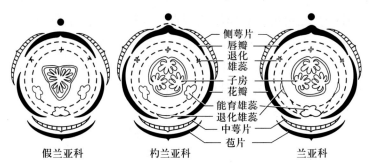

假兰亚科　　　　杓兰亚科　　　　　　兰亚科　　　图 12-320　兰科花图式

（图中标注：侧萼片、唇瓣、退化雄蕊、子房、花瓣、能育雄蕊、退化雄蕊、中萼片、苞片）

瓣，顶端有药床；雄蕊1或2枚，极少3枚，药2室或假4室，花粉常结成花粉块，或为四合花粉或单粒花粉；柱头常2个，侧生能育；另一个不育的变为1突起，位于柱头和花药之间，称为蕊喙，蕊喙有时一部分变成1或2个有黏质的小盘，称粉盘，花粉块常黏着在上面。子房下位，1室，常为侧膜胎座式，在发育过程中子房常扭转180°，因而在花图式上，唇瓣常在上方；蒴果，成熟时开裂为顶部仍相连的3～6果瓣。种子极多，微小，胚小而尚未分化，有时只含几个细胞，无胚乳（图12-321）。

兰科为种子植物第二大科，约有800属，25万种，广泛分布于热带、亚热带与温带地区，尤以南美洲与亚洲的热带地区为多。我国约有190余属，1 380余种，主要分布于长江流域和以南各省区，西南部和台湾省尤盛。兰科有很多是著名的观赏植物，各地多有栽培，还有一些供药用。

（1）三蕊兰属（*Neuwiedia*）　陆生草本，具短根状茎。直立茎上生叶多枚。花有雄蕊3枚，花粉不黏合成花粉块。约7种，分布于东南亚。我国仅1种——三蕊兰（*N. veratrifolia*），分布于广东、海南和云南，是兰科中最原始的类群。

（2）杓兰属（*Cypripedium*）　陆生草本。花单面对称，唇瓣成囊状；内轮2个侧生雄蕊能育；外轮1个为退化雄蕊，花粉不成花粉块。本属约35种，我国有23种，以西南部和中部最盛。扇脉杓兰（*C. japonicum*），叶常2枚，近对生，具扇形脉（图12-321）；分布于华东、中南至西南诸省区，根、全草入药，能祛风、解毒、活血。

（3）白及属（*Bletilla*）　陆生草本，球茎扁平，上有环纹。本属约9种，我国有4种，产东部至西南。白及（*B. striata*），球茎常为连接的扁平三角状厚块，生于林下湿地，分布于长江流域至南部和

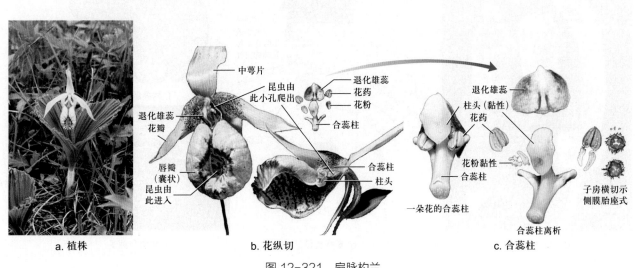

a. 植株　　　　　　b. 花纵切　　　　　　　c. 合蕊柱

（图中标注：中萼片、昆虫由此小孔爬出、退化雄蕊、花药、花粉、合蕊柱、退化雄蕊花瓣、唇瓣（囊状）昆虫由此进入、合蕊柱、柱头、退化雄蕊、柱头（黏性）、花药、花粉黏性、合蕊柱、一朵花的合蕊柱、合蕊柱离析、子房横切示侧膜胎座式）

图 12-321　扇脉杓兰

西南各省。白及球茎含白及胶质、淀粉、挥发油等，药用有补肺止血、消肿等作用；花美丽，供观赏（图12-322）。

（4）兰属（*Cymbidium*）附生、陆生或腐生草本。叶革质，条形带状。总状花序，花大而美丽，有香味；花被张开，合蕊柱长；花粉块2个。本属约50种，我国有20种及许多变种，分布于长江以南各地。常见的有：春兰（*C. goeringii*），叶狭带形，宽6~10 mm；花单生，淡黄绿色，唇瓣乳白色，有紫红色斑点，春季开花有芳香；分布于华东、中南、西南、甘肃、陕西南部等省区，栽培供观赏，根入药（图12-323a）。建兰（*C. ensifolium*），叶带形宽1~1.7 cm，总状花序有花3~7朵；苞片远比子房短；花浅黄绿色，有清香，夏秋开花，各地庭园常栽培，品种很多，供观赏。墨兰（*C. sinense*），叶宽2~3.5 cm；花葶常高出叶外，具10余花；品种很多，冬末春初开花，花色多变，有香气。蕙兰（*C. faberi*），叶脉透明；花葶上具

a. 植株　　b. 球茎（假鳞茎）　　c. 花正面观

中萼片

花瓣

脊状褶片

合蕊柱

唇瓣3裂

侧萼片

d. 合蕊柱离析

药帽
药粉块 4+4
药帽着生处
药2室
药床
柱头
正面
蕊喙
子房横切
子房扭转180°
蜜蜂背负花粉块
合蕊柱纵切侧面观

e. 蜜蜂传粉

退出来蜜蜂背负蕊喙和花粉块
以一根细针表示蜜蜂退出时合蕊柱先端的变化
蕊喙
蜜蜂退出时，擦破蕊喙，黏液粘住花粉块
蜜蜂进入时，药帽保护花粉块
花粉块
蕊喙
药床
药帽

f. 侧膜胎座式

g. 果实与种子

蒴果顶端相连

种子多达2~5万余粒，无胚乳，胚未分化

图 12-322　白及

9～18朵花，具香气（图12-323b）。

此外，还有石斛（*Dendrobium nobile*），茎黄绿色，稍扁，节间明显，生阴湿处，产我国南部。铁皮石斛（*D. officinale*），茎黄绿色，常室内盆栽，供观赏；茎供药用，能滋阴清热，养胃生津

（图12-323c）。大花斑叶兰（*Goodyera biflora*），叶面均匀有网纹，总状花序，花偏向一侧；生林下阴湿处，产我国长江以南；全草入药，能清肺止咳、解毒消肿；外用治蛇伤、痈疖疮疡（图12-323d）。绶草（盘龙参）（*Spiranthes sinensis*），叶基

a. 春兰 b. 蕙兰 d. 大花斑叶兰

c. 铁皮石斛 e. 绶草 f. 香果兰

g. 细叶石仙桃 h. 文心兰 i. 卡特兰

图 12-323 兰科代表植物

生，条形，花小，淡红色；多数，排列成螺旋状旋转的穗状花序；广泛分布于全国各地；全草或根入药，能滋阴益气、凉血解毒（图12-323e）。香果兰（香草兰）（*Vanilla annamica*），攀缘草本，叶肉质；果如豆荚，可提取高级香精用以制香草巧克力等（图12-323f）。蝴蝶兰（*Phalaenopsis amabilis*），生长在热带森林的树干上，花大美丽。细叶石仙桃（*Pholidota cantonensis*），假鳞茎不伸长成茎状，叶1~2枚从假鳞茎顶端生出（图12-323g）。文心兰（*Oncidium uniflorum*），花朵似跳舞女郎，又名跳舞兰（图12-323h）。蜘蛛兰（*Epidendron ciliare* var. *majus*），花被条形，唇瓣裂片蛛丝状细裂。卡特兰（*Cattleya* sp.），附生多年生草本，具长纺锤形的假鳞茎；叶厚而硬；花大而鲜艳，唇瓣常3裂，侧裂片围抱合蕊柱，中裂片开展；原产巴西，温室观赏植物，是一种名贵的花卉，素有"兰中皇后"之称，目前栽培的多为杂交种（图12-323i）。天麻（*Gastrodia elata*），产我国东北、西南、华东等地，根状茎入药，能熄风镇痉、通络止痛。

从系统演化的地位来说，兰目来自于百合目。与百合目相比，它具有一系列进化的特征，兰科植物生活型多样，除陆生草本外还有腐生、攀缘藤本的类型；它的种子微小、数量极多，使它能适应各种生态环境，又如内轮花被的中央1片特化为唇瓣，使花由多面对称发展为单面对称；雄蕊数目由6枚减少到3、2乃至1枚；子房上位、3室，演变为子房下位、1室；兰科植物在花的形状、大小和颜色方面，在唇瓣的结构及其基部产蜜的囊或距的形态方面，以及在合蕊柱的结构、蕊喙的形态方面，变化极其多样，常常使人难以理解，其实这些纷繁的构造都是对各种昆虫传粉的适应，是与各种昆虫协同进化的结果。我们要学习达尔文观察自然的态度：由自然选择所保留下来的任何细微的结构，都是有它的必然性的。当你把不能理解的花的形态和该种植物的传粉昆虫的行为结合起来进行观察分析时，定会使你豁然开朗地了解到形态与功能是如何统一的。正由于兰科植物多方位的适应，使它成为单子叶植物纲的最大科、被子植物的第二大科。

第5节 被子植物的起源和系统演化

一、被子植物的起源

被子植物是当今覆盖地球表面的最主要的植物，它的多样性促使人们提出这样一些问题：被子植物起源于何时？何地？由什么祖先演化而来？演化的途径是什么？世界上最早的花是什么样的？是两性花还是单性花？是虫媒花还是风媒花？

一百多年前达尔文曾因被子植物突然在白垩纪大量出现，又找不到它们的祖先类群和早期演化线索而感到困惑不解，并称之为"讨厌之谜"（abominable mystery）。由于化石记录不完整和研究方法上的欠缺，这个问题一直没有得到彻底的解决。现代生物学的微演化和古生物学的宏演化在生物演化中分别起着不可替代的作用，二者的有机结合将是今后研究的方向，相信达尔文的"讨厌之谜"终将被揭开。

（一）起源时间

当前多数学者依据被子植物的大量化石出现于白垩纪的下白垩世，推断它起源于白垩纪，甚至可能向前推到上侏罗纪。

1992年我国学者陶君容等报道了在吉林省发现的下白垩世的喙柱始木兰（*Archimagnolia rostrato-stylosa*）花的化石，它兼具现代木兰科几个属的特征，却又与各属有所区别（图12-324），证明它是尚未分化的原始的木兰科植物；这一发现比美国的D. L. Dilcher（1979）、瑞典的E. M. Friis（1985）发表的白垩纪中、晚期的化石花更早，被认为是目前世界上最早的花的化石。

在美国加利福尼亚州下白垩世阿普特期（距今约120百万年）地层中，发现了被认为是最早的较可靠的被子植物的果实化石——加州洞核（*Onoana california*）（图12-325）。

上述最早出现在亚、欧、北美各大洲的一批被子植物化石提示我们：在下白垩世被子植物即已发生，并有了很大的分化，出现了相当于今日的木兰科、壳斗科、桑科榕属等木本植物，也出现了藤本的葡萄科、卫矛科，水生的泽泻科以及草本的禾本科、车前科植物。多数学者认为被子植物最初的分化发生在下白垩世，大概在侏罗纪时期就为它的发展准备了条件。最早出现的被子植物是以单叶、全缘为主，二级叶脉无定形并在叶缘内弯成环结状，给人一个"古老"的印象，而最早出现的花粉几乎全为单沟型的，当今的植物中同时具有这两个特征的就是木兰目。多伊尔（J. A. Doyle）指出单子叶和草本双子叶植物化石在美国波托马克同时被发现说明：把木本、木兰类的植物性状想象为被子植物祖先的唯一形态也是不全面的。

白垩纪以前的被子植物化石虽有一些引人注目的发现，而被子植物的起源时间，依然是个未解的谜。但是几乎可以肯定地说是在白垩纪以前的某个时期。

1998年11月27日美国《科学》杂志发表了我国孙革等撰写的关于在辽西义县组发现辽宁古果的文章，引起了轰动。那么辽宁古果到底是什么样的植物呢？

辽宁古果（*Archaefructus liaoningensis*），生殖主枝长约8.5 cm，侧枝长约8.6 cm。主枝上螺旋状着生18枚蓇葖果，蓇葖果长7～9 mm，具短柄，由心皮对折闭合形成，内含2～5枚胚珠（种子），蓇葖果顶端具长1 mm的短尖头，柱头表面尚未明显分化；枝轴下部可见约11枚"栓突"状短基，为雄蕊脱落后残留的部分。侧枝上可见30枚蓇葖果和4枚"栓突"状短基。在由心皮尚未成熟的生殖枝轴上，在心皮下方可见每个短基上着生2（1～3）枚雄蕊，近螺旋状排列在轴上，每雄蕊具一短的花丝及1枚花药，花药顶端具1短尖头，花药似具2室，花粉小，（25～35）μm×（20～30）μm，表面具网状装饰。雄蕊基部未见任何苞片或其他花部器官。叶互生或亚对生，3回羽状深裂，每枚裂片中间有1细脉，侧脉不很清楚（图12-326）。

对于辽宁古果的生长环境问题，中美科学家一

图 12-324　喙柱始木兰

喙柱始木兰的柱状花托长1.2 cm，心皮螺旋状着生；下部收缩区极短，基部扩大呈浅杯状，留有2枚凹痕，推测是花被着生处（陶君容，1992）

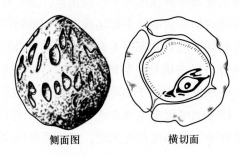

侧面图　　　　横切面

图 12-325　最早的较为可靠的被子植物果实化石——加州洞核

a. 辽宁古果的模式标本照片

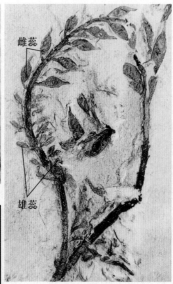

b. 有雌雄蕊的枝条

雌蕊

雄蕊

d. 叶

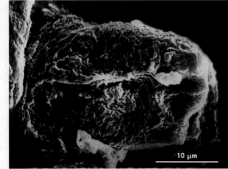

c. 单沟型花粉

图 12-326　辽宁古果化石

致认为是水生的，理由是它和许多鱼的化石叠覆在一起，而且它的茎纤弱并伸展较远，应该有水的支撑。

以上特征说明辽宁古果是水生草本，两性花，具伸长的花托，两蕊异熟（雄蕊先熟）；无花被；雄蕊和心皮螺旋状着生，花粉具拟单沟状的萌发沟；对折发育的心皮（蓇葖果）内含多数胚珠，柱头无明显分化等。

对于辽宁古果所处的地质年代尚有不同看法，孙革等（1998）认为在145百万年前，即侏罗纪的晚期，而中美两国科学家两次对古果所处的地层测定的结果都显示该地层为125百万年前的下白垩世中期，所以它不能算是世界上最古老的被子植物。

辽宁古果的发现给我们的启示是什么呢？首先，由它反映出的一系列特征说明了此前人们对被子植物的原始性状的论述是正确的（指花托伸长、雌雄蕊螺列其上、花粉单沟型、蓇葖果等），同时也提出了新的化石证据：至少在下白垩世中期，也就是125百万年前被子植物分化的早期就已经有了

水生、草本、叶片多回羽状分裂、无花被，且生长于中纬度亚洲的植物。这又与传统上了解的被子植物的祖先的生活环境、个体形态、起源地等有所不同，而化石的依据始终是第一位的，至于人们如何解读这一现象是第二位的。人们期待着古植物学家们对此作出进一步的评述。

（二）发源地

目前，多数学者支持被子植物起源于低纬度热带的观点。其依据首先是化石出现得早，例如美国加利福尼亚加州洞核出现于下白垩世，同一时期在纬度更高的加拿大地层中却还没有被子植物出现。加拿大直到下白垩世晚期才有极少数被子植物的化石，其数量仅占植物总数的2%～3%，而在美国下白垩世晚期发现的被子植物，已占植物总数的20%左右，同样的情况也出现在亚洲和欧洲。说明被子植物是在中、低纬度首先出现，然后逐渐向高纬度地区发展。其次，现代被子植物的多数较原始的科如木兰科、八角科、连香树科、昆栏树科、水

青树科等都集中分布于低纬度的热带。塔赫他间（Takhtajan）等提出西南太平洋和东南亚地区原始毛茛类型（广义的木兰目）分布占优势，认为这个地区是被子植物早期分化和可能的发源地。我国植物学家吴征镒教授提出"整个被子植物区系早在第三纪以前，即在古代'统一的'大陆上的热带地区发生"，并认为我国南部、西南部和中南半岛（印度支那半岛）最富有特有的古老科、属，这一地区即是近代东亚亚热带、温带乃至北美、欧洲等北温带植物区系的开端和发源地。

根据对辽宁古果的研究发现，被子植物的起源地可能也包括现今中纬度的中国东北地区或亚洲东部地区。总之，学术界对被子植物发源地的认识也在根据化石的材料不断地刷新。

在讨论被子植物早期演化时，必须考虑在地质时期大陆的相对位置。根据大陆漂移说和板块学说，地球的大陆在古生代石炭纪以前是一块庞大的陆地（称为联合大陆或泛大陆），在侏罗纪可以分为2个板块：①劳亚古陆，包括现在的欧洲、亚洲和北美洲；②冈瓦纳古陆，包括现在的非洲、南美洲、大洋洲和南极洲，并通过非洲和欧洲大陆连接（图12-327）。到了白垩纪，冈瓦纳古陆漂移并解体，大西洋和印度洋逐步扩展（图12-328）。

马来西亚在白垩纪、古近纪时是连接好几个大陆的桥梁，被子植物可能由此传到各洲。北美的木兰科植物北美鹅掌楸、拉丁美洲的达老玉兰在形态上都比亚洲的近缘种特化，它们很可能分别是从白令海峡附近的陆桥和太平洋岛屿迁移而去的。

总之，由于化石缺乏和对地质气候的历史变化尚不十分清楚，目前关于被子植物的起源地点还没有十分肯定的结论。

（三）可能的祖先

被子植物的祖先类群是一个、两个，还是多个？对此曾经有过不同的假说。现代多数植物学家主张被子植物起源于一个祖先类群（即单元发生论），主要依据是被子植物在形态学、胚胎学方面有如下7个高度特化的共同特征：①茎内都有筛管和伴胞；②雌雄蕊在花中排列的位置固定不变，雄蕊在雌蕊的下部或周围，没有相反的情况出现；③雄蕊都有4个孢子囊和特有的药室内层（绒毡层）；④大孢子叶（心皮）特化为雌蕊，其顶端为柱头；⑤都有双受精现象和3倍体的胚乳；⑥花粉管通过退化的助细胞进入胚囊的微妙的超微过程：花粉管到达成熟的胚囊时先进入处于解体状态（退化）的助细胞，然后一个精子游向卵，另一个

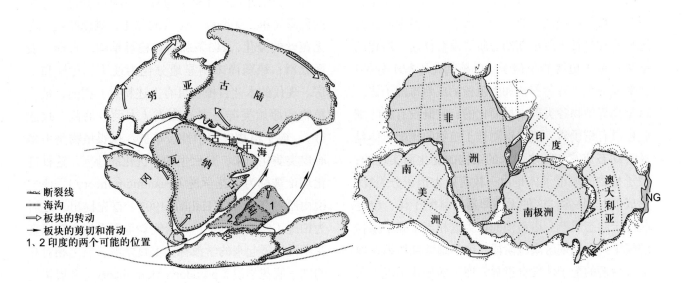

图 12-327　侏罗纪（180 万年前）劳亚古陆和冈瓦纳古陆复原图（据 Beck，1976）

图 12-328　早白垩纪（110 万年前）冈瓦纳古陆地区的方位（据 Beck，1976）

NG：新几内亚

断裂线
海沟
板块的转动
板块的剪切和滑动
1、2 印度的两个可能的位置

游向极核，完成双受精作用；⑦花粉外均有花粉鞘（pollenkitt），据扫描电镜的观察，被子植物花粉均有花粉鞘包于其外，裸子植物则无；进化类型的被子植物和风媒植物这一层很快干涸。

从统计学上也证实，所有这些特征在现存被子植物中共同发生的概率不可能多于一次。因此，被子植物不可能是不同时期由不同的祖先类群分别繁衍下来的。哈钦森（J. Hutchinson）、塔赫他间、克朗奎斯特等人是单元发生论的主要代表，他们认为现代被子植物来自一个原被子植物（proangiosperm），而多心皮类（polycarpicae），特别是其中的木兰目比较接近原被子植物，有可能就是它们的直接后裔。塔赫他间认为被子植物不可能直接起源于本内苏铁，被子植物和本内苏铁有一个共同的祖先。而这个祖先有可能是从一群最原始的种子蕨通过幼态成熟（neoteny）的途径演化来的。幼态成熟是一个进化学的术语，指在系统发育过程中，植物处于早期发育阶段就进入成熟期，成年阶段在生活周期中消失，其结果就是后代的成年结构相似于祖先的幼年。例如，被子植物的花可以解释为种子蕨生有孢子叶的幼年期枝条生长受到强烈抑制和极度缩短，变为孢子叶球，再经突变而成为花，因而花是处于永幼状态的一个枝；萼片是幼年的苞片状的叶；木兰目的单叶全缘、羽状脉序被公认为是被子植物的原始叶型的代表，塔赫他间认为这种叶片是种子蕨早期幼态阶段发育休止、简化的结果；被子植物的小孢子（单核的花粉粒）分裂1次形成一个具有营养核和生殖核的成熟雄配子体，这是高等植物各类群中最简化的，它既没有原叶细胞也没有精子囊，所以推测被子植物的雄配子体是通过幼态成熟和随之而来的结构的变化而实现的；被子植物的雌配子体是由一枚有效大孢子分裂3次形成的8核胚囊。这种无颈卵器的雌配子体，也是起源于幼态成熟。塔赫他间认为这相当于裸子植物的配子体在初期游离核阶段，突然地终期压缩，取消了后期的配子体发育过程，卵子的分化不晚于大孢子核的第3次分裂。

谷安根（1992）认为被子植物可能是由种子蕨种子内幼胚时期的幼态成熟发生的，因此被子植物的演化形态学，只能在被子植物内部来研究，试图与任何化石植物相比较，恐怕都是十分困难的。

幼态成熟的形成发生在多种自然环境的压力之下。在植物生长的极端环境条件（干旱、寒冷、强风、贫瘠等）下，幼态成熟的种群能得以成熟，并比其祖先更快地产生后代，因此也可以说"被子植物起源于环境压力"。幼态成熟学说是对起源环境和起源途径的一种假说，代表人物是塔赫他间（1943），但最早提到这种思想的是斯特拉斯伯格（E. Strasburger, 1900）。

二、被子植物的系统演化及其分类系统

达尔文《物种起源》（1859）的发表，破除了神创论和形而上学的观点，既然物种是进化的，相互之间有亲缘关系，那么人们认识生物就必然要考虑以进化的观点重建被子植物的分类系统，以期体现出何者原始、何者进化。但由于化石资料的缺乏，各家的说法不一。当前多数学者认为：被子植物的一朵完全花是由一个两性孢子叶球演化而来，被子植物的原始性状是：常绿、木本；木质部仅有管胞无导管；花的各部分离生、螺旋状排列，多面对称；花轴伸长；花被无萼片、花瓣的分化；花瓣的色彩简单，无蜜腺、距等的分化；雄蕊叶状，尚无花丝的分化，具3条脉，花粉具单沟，舟形，表面光滑；雌蕊尚未明显地分化为柱头、花柱和子房。现代的木兰目植物具有上述特点，因而，被子植物的原始类群是多心皮类（木兰、毛茛、睡莲等），被子植物中的单性、单被、风媒植物是由多心皮类演化而来，是后生的、进化的特征。这种进化理论被称为真花学说（euanthium theory），该学说由哈笠尔（J. G. Hallier, 1903）首先提出，之后为柏施（C. E. Bessey）、哈钦森等所发展。按照真花学说发展起来的学派称为毛茛学派，与之相对立的则是假花学说（pseudoanthium theory）和恩格勒学派，他们认为被子植物的一朵完全花是由单性孢子叶球的鳞片腋内特化产生的一朵最原始的单性的

无被花，整个孢子叶球便成为一个柔荑花序，由此经过简化，成为一朵两性的、双被的虫媒花。因而被子植物的原始类群是柔荑花序类（壳斗、胡桃、杨柳、杜仲等）。近年来越来越多的学者认为柔荑花序类植物的特征是进化的而不是原始的，如花被简化是适应风媒传粉的次生现象；单层珠被是由双层珠被退化而来的；导管是由管胞进化来的；三沟型花粉是从单沟型花粉演化来的；等等。恩格勒学派的理论已经没有多少人坚持了，但是恩格勒以假花学说的观点建立起来的恩格勒系统，是世界上第一个比较完整的自然分类系统，被世界各国学者采用至今。

（一）恩格勒的分类系统

这一系统是德国植物学家恩格勒和柏兰特（K. Prantl）于1897年在《植物自然分科志》（Die naturlich pflenzenfamilien）（1887—1909）一书中发表的。该系统共45目280科，将柔荑花序类植物看做被子植物中最原始的类型，把双子叶植物分为古生花被亚纲（离瓣类）和后生花被亚纲（合瓣类）。此后几经修订，成为62目344科，基本的框架未变，《中国植物志》和我国各大标本馆科目的编排多采用1936年11版的恩格勒系统。

（二）哈钦森被子植物分类系统

这个系统是英国植物学家哈钦森在《有花植物科志》（The Families of Flowering Plants，1926）一书中提出的。1973年修订，由原来的332科扩展到411科，这一系统以真花学说和单元起源为理论基础，认为双子叶植物以木兰目和毛茛目为起点，分别演化出木本与草本平行的两大支。无被花和单被花是双被花退化的产物。哈钦森系统为毛茛学派奠定了基础。但由于坚持将木本和草本作为第一级区分，导致许多亲缘关系很近的科如草本的伞形科和木本的五加科、山茱萸科被分开在系统位置很远的二处，因而难以为人接受。我国华南、西南各大标本馆中标本的安排，以及相关出版物的科目次序多采用这个系统。以哈钦森系统为基础又发展出了塔赫他间系统和克朗奎斯特系统。

（三）克朗奎斯特系统

这个系统是美国学者克朗奎斯特1957年在《Outline of a New System of Families and Orders of Dicotyledons》一书中发表的。1981年修订后有11个亚纲、83目、383科（图12-329）。他的系统亦采用真花学说及单元起源的观点，认为有花植物起源于一类已经灭绝的种子蕨，现代所有生活着的被子植物各亚纲都不可能是从现存的其他亚纲的植物进化来的；木兰亚纲是有花植物基础的复合群；木兰目是被子植物的原始类型；柔荑花序类各目起源于古代的金缕梅目；单子叶植物来源于类似现代睡莲目的祖先，并认为泽泻亚纲是百合亚纲进化线上近基部的一个侧枝。这个系统采用塔赫他间系统打破双子叶植物纲分成离瓣花亚纲和合瓣花亚纲这一传统概念的观点，简化了塔赫他间系统，取消了"超目"一级分类单元，因而使这个系统显得更为合理，科的数目及范围也比塔赫他间的410科少，比较适中。

（四）APG 系统

根据当前人们对植物分子系统发育的认识，现存的维管束植物（管胞植物，Tracheophytes）包括两个主要的祖传系：石松类植物（Lycophytes）和真叶植物（Euphyllophytes）。石松类植物包括石松科、水韭科和卷柏科，真叶植物包括蕨类植物（含松叶蕨科和木贼科在内共48科）和种子植物。在种子植物中，包含5个祖传系：苏铁类、银杏类、松柏类、买麻藤类和有花植物（被子植物），前四类常被称为裸子植物（共12科）。APG系统是由Mark W. Chase等植物学家组成的"被子植物系统发育研究小组"（The Angiosperm Phylogeny Group）于1998年提出的被子植物目和科的新分类系统，2003年、2009年和2016年陆续发表了修订版。这个系统主要是基于大量分子系统学资料而建立的。最新的APG IV系统将被子植物分为64目416科，处于最基部的是无油樟目、睡莲目和木兰藤目，金粟兰目、木兰

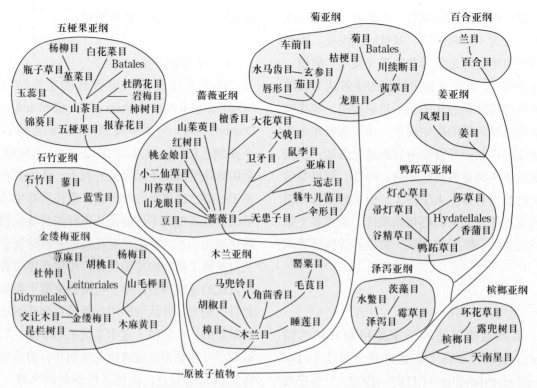

图 12-329　克朗奎斯特有花植物亚纲和目的系统关系图

类植物（含木兰目、樟目、白樟目和胡椒目）和金鱼藻目等系统位置尚不十分确定。除了上述几个类群外，其他被子植物均属于单子叶植物（Monocots）或真双子叶植物（Eudicots）两大类。从目和科的界定方面与克朗奎斯特的分类系统相比，许多目范围有变化，但二者大部分科范围仍然基本一致，变化比较大的科有百合科、石蒜科、苋科、锦葵科、大戟科、千屈菜科、夹竹桃科、紫草科、玄参科等。

三、高等植物各类群之间的演化关系及系统树

谷安根等（1992）以顶枝学说、中柱学说和子叶节区学说为指导，以古植物化石为依据，参照诸家学者对维管植物的形态演化和起源的理论，用系统树的方式表示了它们的起源和演化（图12-330）。现生高等植物主要类群间的系统发育关系已大致明确（图12-331）。

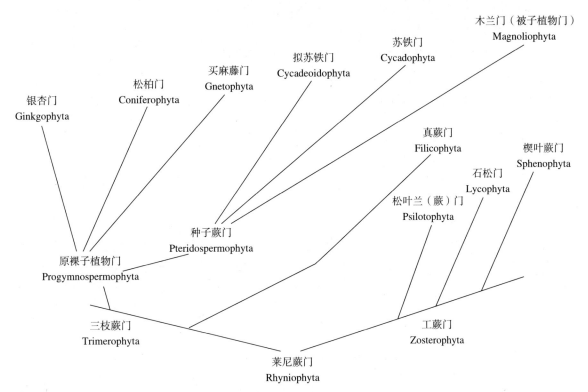

图 12-330　维管植物的系统发育（据谷安根等，1992）

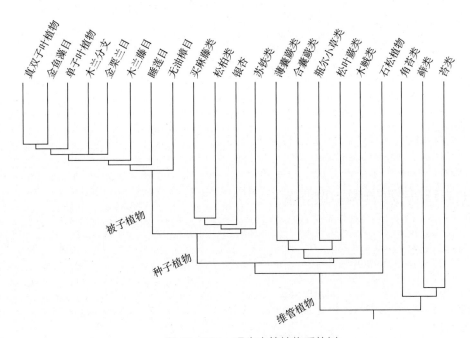

图 12-331　现生高等植物系统树

1. 如何认识植物界连续的、多种多样的形态结构和有限的名词术语之间的关系？

2. 被子植物的五大特征和前面的蕨类、裸子植物的特征有什么联系？

3. 教材所列56个科对于认识植物界是远远不够的，你考虑如何利用这些初步的认识，来扩大自己的认知范围？

4. 人们在探索被子植物的起源和演化方面做了许多努力。现在有哪些推论被证明是对的，还有哪些是正在继续探寻的？

数字课程学习资源

■ 学习要点　　　■ 难点分析　　　■ 教学课件　　　■ 习题　　　■ 习题参考答案

■ 拓展阅读

- 闭锁花——两型豆

- 高等植物及其多样性

　生态系统的多样性（森林、草原、荒漠、沼泽、红树林、高寒山地生态系统）

　生态习性的多样性（绞杀、寄生、腐生、食菌、食虫、共生、虫媒、风媒、水媒、鸟媒、自体授精、高寒植物）

　遗传的多样性（紫苏、稻、羊草等）

　物种的多样性（独特的营养器官、独特的繁殖器官、庭园树种、观叶植物、草坪植物、十大名花、各色花卉、花外"花"）

　食用植物

　药用植物

　饲料植物

　毒品植物

　树脂和橡胶植物

　香料植物

　纤维、燃料和木材

　其他植物

■ 拓展实验与实践

- 选择某一科植物进行分类学研究并编写分种检索表

- 野菜种类调查

- 带你认植物

■ 视频演示

- 采集工具介绍

- 种子植物的采集

- 种子植物标本制作

- 标本的浸制

第13章

植物对环境的适应

学习目标

1. 了解不同环境下植物的多种适应性。
2. 了解植物在适应环境过程中有改变环境的反作用。
3. 了解植物与周围生物（尤其是昆虫）的密切关系。
4. 了解不同生物相互作用的各种形式，特别是它的最高形式。

学习指导

关键词

生态适应　胎生现象　绞杀植物　入侵植物　半寄生　大苞现象
垫状现象　畸形树　根套　夏眠　食虫植物　共生

植物的分布和生长与环境条件有密切的关系，一方面，环境影响植物的生长发育，不同的植物种类生长在不同的环境里；另一方面，植物在一定程度上也会影响环境条件。在自然界中，环境条件并不是以单一的因素孤立地去影响植物的，通常是各种生态因素综合地对植物产生作用。下面就对不同环境中各种因素对植物的生态作用及植物的适应情况作一阐述。

第1节　植物对高寒山地环境的适应

在高寒山地气候严酷，寒冷且风大，热量不足，辐射强，昼夜温度变化剧烈，全年无夏，生长季只有2~6个月，年降雨量一般在250 mm以下，并多以雪的形式在夏季降落，植物在此环境下从形态上表现出多种适应性，如：植株矮小，芽及叶片常有油脂类物质保护，芽有鳞片，植物器官的表面有蜡粉，植物体常呈匍匐状、垫状或莲座状。而植物更主要的是生理上的适应：

气温降低至0℃以下时引起结冰，如果冰晶形成于细胞内，则必然导致植物体死亡，那么这些抗冻植物又是如何能免遭冻害的呢？一般认为，正是由于细胞内淀粉和蛋白质在酶的作用下，不断水解成为可溶性的氨基酸和糖类，增加了细胞液的浓度，提高了细胞的渗透压，使其冰点下降，细胞免受冻害。若气温继续下降通常在细胞间隙中或细胞的外表面形成了冰，此时细胞间隙的水势急剧下降，细胞内含物的水势高过细胞外边的，结果水将从细胞内穿过质膜扩散至细胞间隙中，细胞间隙的冰晶再增大，水从细胞中被吸出时细胞就收缩，与此同时细胞液浓度进一步增加，冰点继续降低最后达到平衡，对植物并不构成伤害。当气温转暖时，冰晶逐步融化，水分又会透过质膜回到细胞内，据测定一种鹿蹄草属植物（*Pirola* sp.）的叶细胞里积累了大量具保水能力的五碳糖、黏液等物质，大大地降低了冰点，只有当温度降低到−31℃时，它的叶片才结冰。下面举几个在高寒山地条件下植物在形态结构方面产生适应性变化的实例。

1. 卷叶性与茸毛性

此类高寒山地植物叶通常较小，叶缘常向内卷曲，叶片密被茸毛以减少蒸腾：如菊科植物绵毛风毛菊（毛头雪兔子）（*Saussurea eriocephala*）的叶片羽状分裂，长有许多白色的绵毛，整个植株看起来像一丛毛茸，它的花在发育过程中被众多的毛包裹，既可以防风保暖，又可以防止紫外线的灼伤，十分有利于幼嫩的花在阳光下积聚热量、正常发育，当花发育成熟时便伸出绵毛外接受传粉，产生种子（图13-1a）。全缘绿绒蒿（*Meconopsis integrifolia*）（图13-1b）、火绒草（*Leontopodium* sp.）（图13-1c）、小叶金露梅、头花蓼等都具有卷叶与茸毛的特征。

2. 大苞现象

蓼科植物塔黄（*Rheum nobile*）有莲座状的叶片，生长十几年后，便向上生出一个直径10~20 cm、高达70 cm的花序。这样的花序挺立在空旷的山坡上，难以积聚热量、抵抗夜间的低温，塔黄的适应对策是它有自建的温室，它的苞片很大呈淡黄色、半透明，并且每一片都向下翻卷，盖住了下方花序中的许多花，许多苞片连成一体就相当于一个温室（图13-2a）。据测定，在西藏亚东，夏日正午大气温度为13℃，而"温室"内花序的温度是27~30℃，正适合花朵的发育，到了晚上气温下降到0℃以下，而这时花序温度还有4~6℃，可免受

a. 绵毛风毛菊开花植株

b. 全缘绿绒蒿叶片多毛被

c. 火绒草属一种

图 13-1　卷叶性与茸毛性

冻害。雪莲（*Saussurea involucrata*）在生长过程中下部的叶片进行光合作用，上部的叶片变态为淡黄色、半透明的苞片，建成"温室"，以保护幼嫩的花序，直到开花（图13-2b）。

3. 垫状现象

在高寒山地常可见到许多不同科的植物表现出相同的形态，如：石竹科的蚤缀属（*Arenaria*）（图13-3）、囊种草属（*Thylacospermum*），报春花科的点地梅属（*Androsace*），蔷薇科的山莓草属（*Sibbaldia*）、委陵菜属（*Potentilla*），豆科的黄芪属（*Astragalus*）等。这些草本或小灌木的小枝生长极度受抑制，形成了半球形的垫状体，它们的茎叶非常密集，叶小而覆盖于球状体的表面，夏天落在其上的雪比落在其他不毛之地上的雪融化得快，水分渗入垫内，使垫状体获得充足的水分，垫状的形态还可减少风的冲力，当强风吹来时垫状植物所具有的贴地半球形，使它具有抗倒伏的功能，垫状体背风面不易降低温度，如此则寒气不易侵入，在气温突降的夜里可免受冰冻之害，所以这种形态能起到在植物体周围"微环境"中增温、保温、减少蒸发、多贮水分和抵御强风侵袭的功能。

4. 胎生现象

珠芽拳参（珠芽蓼）（*Polygonum viviparum*）的部分花芽特化成了小的球茎，并且在小球茎上长出了几个叶片，这种在母体上直接长出小植物体的现象称为"胎生现象"。当花序正在开放之时，小球茎就已经长出了不定根，成了一个新的植物体。即

塔黄花序

塔黄生境

a　　　　　　　　b

图 13-2　大苞现象

a.花序顶部剖面（示苞片反折包住下面众多的花朵）（李扎西　摄）；b.雪莲植株下部叶片行光合作用，上部的"温室"已经敞开

蚤缀剖面图

（可以看到垫状体内部不是空的，而是一个密密麻麻的分枝系统，强风带来的砂石也包含其中）

图 13-3　蚤缀的垫状体

背景是高山的不毛之地——流石滩

图13-4 珠芽拳参花序上的花与珠芽同时发育

使天气突变，不利于花朵的传粉结实，它无性繁殖的后代却可以在雪被的保护下安然越冬（图13-4）。当然，这种方式也是它不得已而为之，只要环境允许，它还是要走异花传粉的有性生殖之路，因为从长远来看，种内基因的交流是种群强盛的基本保证。

5. 畸形树（旗形树、风剪树）

由于高山地区多风、风力强劲，正在发育的茎枝遭受固定方向吹来的强风所压，风压使树木一开始便以偃卧状态接近地面平卧地生长，有的树木虽保持直立状态，但其枝条常顺风生长，只有在背风面才能得到发展，茎枝的形态和位置会发生永久性的改变，形成了畸形的风剪树（旗形树）（图13-5）。

6. 花朵具艳丽的色彩

高山上的花朵色彩特别艳丽，花的颜色随着海拔的升高而变深，因高山上紫外光强，寒冷，使得传粉昆虫相对减少，花色以蓝、紫、黄、粉红色居多。如：白色的高山杜鹃，红色的红景天，蓝紫色的龙胆科植物和马先蒿，黄色的委陵菜等（图13-6）。

7. 藓类植物繁荣的现象

从平地到海拔四五千米的高山，植物经历了由乔木—灌木—草本的一系列垂直变化，伴随着这种变化，种类也在不断地更迭，所以在高山上见到的植物难以在平地上出现。那么，从没有植被的、终年积雪的高山往下，最早出现的是哪些植物呢？也就是说哪些植物是最能忍耐极端的气候的呢？这里特别应该提到的是藓类植物杰出的繁荣现象：通常认为苔藓植物是生长在阴暗、潮湿的环境中，如墙角、林下、沟边，高山上没有高墙，没有树林，也很少有溪沟，在这样的山坡上伴随而生的只有少量平卧于地的草本植物，可就在这样的环境里竟然郁郁葱葱地生长着一片片的藓类植物，照片上是一片紫萼藓属植物（*Grimmia* sp.）（图13-7），这里的自然条件极其恶劣：天气晴朗时太阳把石头晒得发烫，紫萼藓被晒干，采下一小撮用两只手指轻轻一搓，便像干茶叶一样变成了粉末，可是一旦雾气来临（在地面上往上看就是云朵），它单层细胞的叶片可以从空气中直接吸收水分，因而即使只有短暂的雾气也可以使它获得足以复苏的水分，重新又恢复生机。

那么，是什么因素使得它具有超过一般植物的

a

图13-5 畸形树

图13-6 信手摘来之高山花卉（新疆哈纳斯）

a. 大理苍山上的旗形松；b. 旗形柏，此图8月份摄，远处山上都是白雪

图 13-7　紫萼藓

a. 流石滩的环境极其严酷，植被稀疏；b. 紫萼藓在大石块上照样进行有性生殖，说明它生长良好；c. 紫萼藓单株，下部叶片已经枯死

抗旱、抗寒、抗紫外线的能力呢？它们何以能存活于一年之中大部分时间是冰冻的地方呢？又是什么原因使得它体内的酶在如此低温的条件下保持活性？如果人类从基因的角度破解了这个谜，并把它生理上如此"杰出"的基因移植到其他植物上，植物界又将出现何等壮观的奇迹呢！

这类植物还有黑藓科（Andreaeaceae）、真藓科（Bryaceae）、灰藓科（Hypnaceae）、曲尾藓科（Dicranaceae）等。

高寒山地盛产许多名贵药材，如梭砂贝母、冬虫夏草、雪莲、胡黄连等。许多特有的种类在此生长，因而，它是一个特殊的自然基因库，在我们认识自然、开展科学研究、造福人类方面有着特殊的意义和地位。

第2节 植物对干旱荒漠地的适应

　　荒漠发育在降水稀少、冷热剧变、风大多沙、日照强烈、强度蒸发的环境下，年蒸发量超出降雨量的10倍到几十倍，这里植被稀疏，甚至寸草不生。

植物对干旱的适应有如下的表现：

1. 根系深、生长迅速

新疆骆驼刺（*Alhagi pseudoalhagi*）地上部分仅40～50 cm而地下部分却可深达15 m。尤其在苗期地下部分的生长比地上部分快得多，这是决定植株能否扎根并存活的主要因素（图13-8）。

2. 形成根套

很多沙生植物的根能分泌黏液，根套是根系由一层固结的沙粒形成的囊套。当沙土被风吹蚀，根系暴露时，根套能使根系免受灼热沙粒灼伤和免受流沙的机械伤害，同时，能使根系减少蒸腾和失水。如羽毛三芒草（*Aristida pennata*）的根系在沙层表面，向四周伸长达5～6 m，当晚上沙层表面结露时，它便能吸足水分（图13-9）。沙芦草（*Agropyron mongolica*）、沙芥（*Pugionium cornutum*）、沙竹等植物也都具有根套。

3. "风滚草"现象

角果藜（*Ceratocarpus arenarius*）（图13-10a），松叶猪毛菜（*Salsola laricifolia*）（图13-10b）、沙

米、冰藜、防风（*Saposhnikovia divaricata*）、叉分蓼（*Polygonum divaricatum*）、展枝唐松草（*Thalictrum squarrosum*）等植物到了秋季，在主干的近基部产生离层细胞，大风吹来很容易从这里折断，于是整个植株便成为一团疏松的圆球（图13-10c），在风力的推动下不断滚动，在滚动中散布它的果实

和种子。这是对地面平坦、常吹强风的草原和荒漠环境的适应。

4. 夏季休眠

一些沙生植物在干旱炎热的季节停止生长，进入休眠期。多年生的阿尔泰独尾草（*Eremurus altaicus*）的根和芽饱含水分，在沙层下面等待下一个

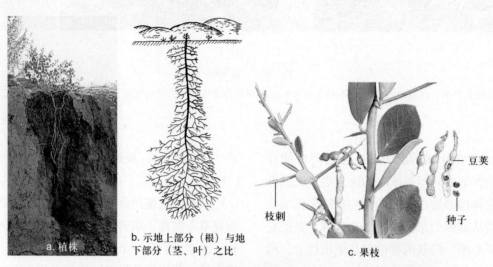

a. 植株　　b. 示地上部分（根）与地下部分（茎、叶）之比　　c. 果枝

图 13-8　新疆骆驼刺

a　　b

图 13-9　羽毛三芒草

a. 植株，右下可见有根套的细根伸出；b. 根及根套

a. 角果藜　　　　角果藜的形态适于在沙地上滚动，不致被掩埋　　b. 松叶猪毛菜　　c. 风滚草形成的圆球

图 13-10　"风滚草"现象

生长季的到来（图13-11）。

5. 叶片退化，靠茎枝进行光合作用

这类植物多为小乔木到灌木的类型，它们采取尽量缩小叶片的表面积，或叶片退化为膜质鳞片状的适应性变化，以减少蒸腾面积，节约利用有限的水分，幼茎则肉质多浆绿色，代行光合作用。如沙拐枣（*Calligonum* spp.）、麻黄（*Ephedra* spp.）、琐琐（*Haloxylon ammodendron*）、小石积（*Osteomeles* sp.）、无叶豆等（图13-12）。它们之所以能抗旱主要原因还在于其内在的生理特性。如细胞液浓度增加，细胞内含有亲水胶体物质和多种糖类和脂肪，大大加强了植物固水、保水的能力。另外，这类植物的细胞具有高达4 053～6 080 kPa的渗透压，有的可达10 132 kPa（中生植物一般不超过2 027 kPa，淡水水生植物只有202.7～304 kPa），因此能从含水量极少的土壤中汲取水分，使得它们具有更强的抗旱能力。

6. 干旱多浆植物

也称肉质茎叶植物，如猪毛菜（*Salsola pes-tifer*）、白茎盐生草（*Halogeton arachnoideus*）、盐地碱蓬（*Suaeda salsa*）、骆驼蓬（*Peganum halmala*）、景天属、霸王（*Zygophyllum* sp.）、沙芥等（图13-13）。多为草本或小灌木，茎多圆柱状，肉质，叶特别肥厚，叶表常被蜡质，气孔器有不同程度的下陷，栅栏组织和贮水组织发达，输导组织和机械组织都不发达（图13-14），植物体常含有丰富的鞣质和胶状物质。

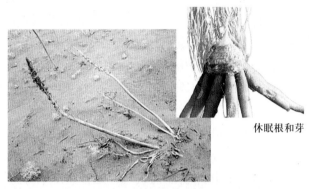

休眠根和芽

图 13-11　荒漠中休眠的阿尔泰独尾草及其休眠根和芽

a　　　　　　　b　　　　　　　c　　　　　　　d

图 13-12　靠叶片退化抗旱的荒漠植物

a.乔木沙拐枣枝条泛白，叶退化；b.头状沙拐枣叶退化，靠嫩枝行光合作用；c.荒漠上的麻黄叶退化；d.无叶豆叶全退化

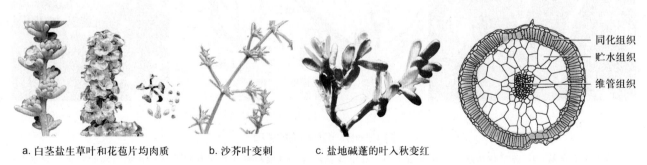

a. 白茎盐生草叶和花苞片均肉质　　　b. 沙芥叶变刺　　　c. 盐地碱蓬的叶入秋变红

同化组织
贮水组织
维管组织

图 13-13　干旱多浆植物　　　　　　　　　　　　　　　图 13-14　猪毛菜叶横切面

第3节 植物对水生环境的适应

1. 沉水植物的适应

沉水植物是指完全生长并沉没在淡水中、不与大气直接接触的一类植物，主要有眼子菜科的菹草（*Potamogeton crispus*）、狸藻科的狸藻（*Utricularia aurea*）、水鳖科的黑藻（*Hydrilla verticillata*）和苦草（*Vallisnaria natans*）、睡莲科的水盾草（*Cabomba caroliniana*）（图13-15）、金鱼藻科的金鱼藻（*Ceratophyllum demersum*）等。这些属于不同科、目、纲的植物长期适应水环境的结果，结构上趋向一致。

它们的根退化甚至消失，无根毛；茎的节间极为缩短，茎内有发达的通气组织，以适应水中缺氧，保证呼吸作用所需的氧气；维管系统十分退化，机械组织和导管不发达甚至完全缺乏；叶常变成条形、带状，很薄，无柄或柄短，叶表皮外均无角质膜和蜡质，没有气孔或气孔无功能，叶肉没有栅栏组织和海绵组织的分化，都是由相似的薄壁细胞构成。这些结构能增加受光面积，使水中的二氧化碳和无机盐容易通过叶表面进入细胞内，从而适应水下光照微弱的环境。

沉水植物的光合、呼吸和吸收作用都是由整个植物体表面来进行的。沉水植物的无性繁殖比有性生殖发达，有性生殖的授粉过程在水面进行（图13-16）。

图 13-15　沉水植物

a. 眼子菜科的菹草；b. 睡莲科的水盾草；c. 水族箱里的苦草

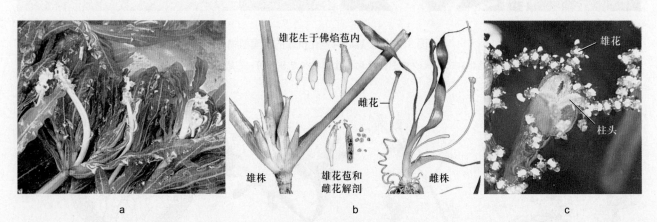

图 13-16　沉水植物的繁殖

a. 菹草在水面传粉；b. 苦草雄株基部有许多雄花序，每个雄花序被一薄膜所包，雌花柄螺旋状弯曲把顶端的雌花送到水面；c. 苦草雄花脱离母体浮到水面，展开花被，给雌花的柱头授粉

图 13-17　水马齿

a. 山里池塘中的水马齿是生根浮水植物；b. 浮水叶的叶腋里开出雄花和雌花

2. 水位急剧变化环境下水马齿的适应

水马齿属的植物（*Callitriche* spp.）是生长在浅水的池塘、水田和溪流中的一类生根浮水植物，它浮于水面的叶莲座状，叶丛中开出单性花（图13-17）。每朵花有2枚舟形的苞片，花无花被，雄花只有1枚雄蕊；雌花只有1枚雌蕊，花柱2枚。果实长圆形。开花时花药和柱头伸出水面，由水面活动的昆虫（如水黾）进行传粉。

当水塘受到连降的暴雨，水面即刻抬升，整个植株沉入水中，这时它能进行另一种奇特的传粉方式我们称它为"自体授精"，从图13-18中可以看到水马齿水下的叶腋内结出了一个个深色的果实。这时它的雄花的花药并不开裂，花粉成熟后不散出，而是萌发出的花粉管由花粉囊基部穿入花丝的细胞间隙，继续向下到达茎的组织，再由雌花的基部进入胚囊，完成双受精作用（图13-19），在这过程中花粉粒的外壳依然呆在花药内，由花粉管通过自体的营养器官——茎，送达雌花的胚囊。它不同于自花传粉，也不同于闭花传粉。所以我们给它一个新的名称称为"自体授精"。

当灼热的阳光暴晒而使水面下降得很厉害，甚至成为一片湿地时，水马齿便成为湿生植物，由于水生植物的机械组织通常是不发达的，所以水

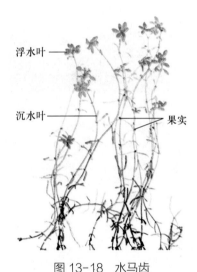

图 13-18　水马齿

沉水叶条形，在沉水叶的叶腋里果实已经成熟

马齿必然乱糟糟地架在地上，这时水面昆虫的传粉作用早已无法进行了，水马齿却依然可以借助自体授精的通道，结出果实、种子。费尔勃里克（C. T. Philbrick）在1984年还观察到正常情况下，尽管水面的雌花并不缺少授粉的机会，却仍然有38%～85%的雌花进行自体授精。

水马齿为什么在浮水、沉水、陆生的三种情况下都能结实？人们一直在思考这个问题，水马齿在水下的花药从不开裂，里面的花粉又很少，长期以

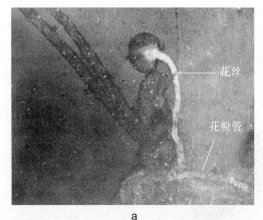

a

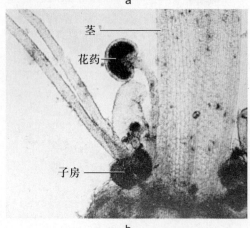

b

图 13-19 水马齿的"自体授精"（引自
Philbrick, 1984）

a. 花药成熟后不开裂, 花粉管从花丝的细胞间隙
进入到茎内; b. 雌花紧靠雄花, 花粉管经花丝到
茎再进入子房完成受精作用

来被认为水下的雄花是发育不良的、不起作用的; 可是同一节的雌花却结果了, 于是人们又解释为雌花是无融合生殖结的果。直到采用荧光染色技术才观察到了花粉管的行进路线, 才明确了不论哪一种环境下它都是花药成熟、正常结实的。所不同的是它的花粉管走了一条奇特的道路, 是人们没有想到过的, 这条道路也是最安全的, 可见植物适应环境的能力有多大。

3. 浮水植物的适应

浮萍（*Lemna minor*）为浮萍科的一年生浮水草本, 根1条。无明显的茎叶之分, 植物为叶状体, 长2~5 mm。叶状体边缘常产生芽体, 进行无性繁殖。花单性, 雌雄同株（图13-20）。在全国分布广泛。

4. 红树林的生态适应

红树林是生长于热带、亚热带地区的海湾、江河入海口潮间带的一类植物, 包括红树科、使君子科、梧桐科、大戟科、海桑科、楝科、紫金牛科、茜草科、爵床科和马鞭草科等。共有23科82种, 我国有30余种。以红树科植物为主的海滩树林称为红树林。如红树（*Rhizophora apiculata*）、秋茄（*Kandelia candel*）、木榄（*Bruguiera gymnorhiza*）、红海榄（*Rhizophora stylosa*）、角果木（*Ceriops tagal*）等（图13-21）。红树植物生长在海水里, 环境的特

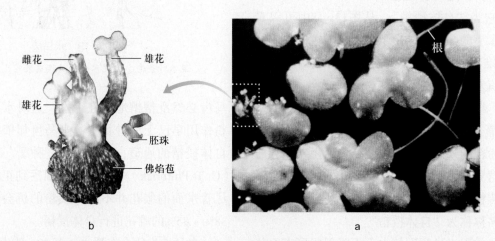

b   a

图 13-20 浮萍的适应

a. 浮萍开花, 开在叶状体边缘的裂口处, 花序有1佛焰苞, 雄花只有1个雄蕊, 雌花单生仅1个雌蕊;
b. 开花时花药开裂, 柱头分泌出水珠状的黏液, 在水面互相碰撞中完成异花传粉

图 13-21　涨潮时海滨的红树林

点是海水的盐浓度高，海浪的冲击力大，水底淤泥含氧量少等。红树林形成了一套特殊的适应结构：长有呼吸根适于在淤泥和海水中进行呼吸（图13-22a），有交织的支柱根和板根能抵御海浪的冲击（图13-22b、c）；叶常厚革质或带肉质，角质层厚，气孔下陷（图13-22d），有贮水组织，叶片脉梢的管胞特化为扩大的贮水管胞，叶表面常突出有盐腺，它包括收集细胞和分泌细胞两部分，盐分通过分泌细胞壁上的小孔将盐排出体外，体细胞的渗透压比陆生植物高出几倍至几十倍；具有胎生现象（图13-22e），种子在果实还没有离开母体时就开始萌发，借助本身重量下坠插入泥土，几小时内迅速扎根成为一新的植株。

图 13-22　红树植物

a. 木榄的膝状呼吸根（中间是一支笔）；b. 秋茄的板根和淤泥中的幼苗；c. 红海榄的支柱根；d.（左起）红树植物花枝；胎生现象及胚根解剖；呼吸根可见内部通气组织发达；支柱根内部结实而硬；e. 角果木的胎生现象

第4节 植物与环境生物的协同关系

1. 植物靠动物传粉

很多植物的传粉要靠动物来协助。植物在这过程中并不是无所作为、被动应付的，往往用它芬芳的香气、甜润的蜜汁来吸引昆虫，然后用精巧的结构使昆虫在采蜜的过程中完成传粉。下面仅举几个例子：

（1）鹤望兰靠小鸟传粉　鹤望兰（*Strelitzia reginae*）是旅人蕉科的鸟媒植物，原产南非。花6~8朵位于舟形的佛焰苞中，由下（后）向上（前）依次开放（图13-23a），萼片3，橙色，一片指向前方似鸟喙，两片翘向后方似鸡冠；花瓣3，深蓝色，两片靠合，呈一箭形器官，里面包藏着花药和花柱，第3片缩小变为泌蜜器官（图13-23b）；雄蕊5，花药细长为箭形的花瓣所包；柱头3裂，湿润黏性，靠合在一起突出于箭形器官之前，子房下位，3室，胚珠多数。当传粉小鸟飞来，停在柱头上（此时即完成了授粉），为了采食蜜汁，再向花心移动跳向蓝色的箭形器官。此时鸟的体重把箭形器官压开，大量花粉暴露，花粉被柱头湿润过的鸟趾所黏附，小鸟吸食完花蜜飞去时，便把粘在脚底的花粉带到了另一朵花的柱头上（图13-23c）。

（2）旱金莲精巧的设计　旱金莲（*Tropaeolum majus*）是旱金莲科的多汁蔓生草本。叶片圆盾形。花单生叶腋，橙色或黄色；萼片5，上部一片向后延伸成距，内藏蜜汁；花瓣5，基部收缩成爪；雄蕊8，离生；子房上位，3室，花柱1，柱头3。蒴果（图13-24a）。旱金莲原产南美洲，由蜂鸟传粉。距的开口处是蜂鸟采蜜的必经之路。充分成熟的雌雄蕊上升到这个位置，意味着蜂鸟采蜜时它颈部必然与雌（雄）蕊碰擦，颈部的羽毛成了传粉的载体。开花前雄蕊直直地向前，一旦花朵开放，便有一枚雄蕊的花丝挺直、花药上翘90°，使花药处在距的开口的前方（图13-24b~d），其他雄蕊则向下弯曲，接着不断有雄蕊抬上来，也不断有雄蕊降下去，这一过程约持续3~5 d，（图13-24e）显示已有7枚雄蕊散完了花粉还有1枚依然"躺"在下面，当8枚雄蕊的花粉全部散完之后，看到了另一样东西，就是原来并不显眼的花柱却高高地挺了起来，上部3叉，每一叉的顶端都有1小滴黏液，用以粘住传粉者带来的花粉，这时从正面看去所有的雄蕊都下降了，并靠向两侧，为柱头的上升与接受花粉腾出了空间（图13-24f、g），在这之后花朵才真正地萎谢，果实开始长大。在这里可以看到，旱金莲把处于传粉最佳时机的雄蕊和雌蕊——抬升

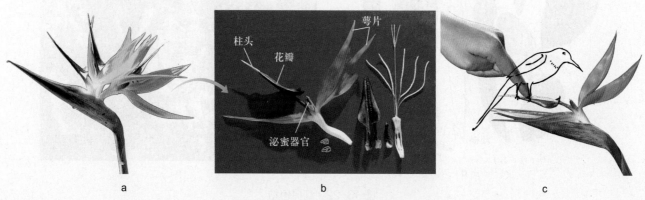

图 13-23　鹤望兰花部及其传粉

a. 鹤望兰第3朵花正开放；b. 花部解剖；c. 模拟小鸟来临时箭形器官被压开，露出花粉

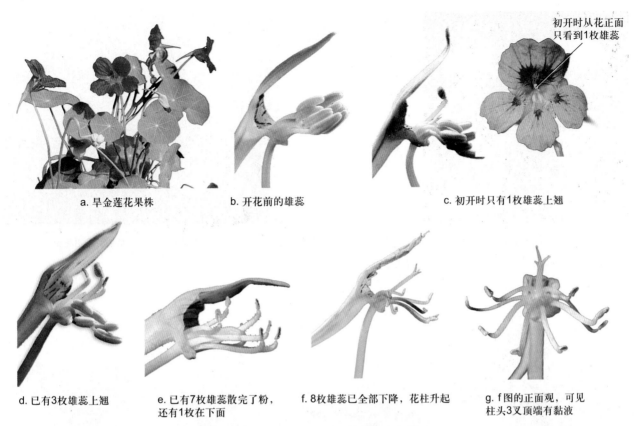

a. 旱金莲花果株   b. 开花前的雄蕊   初开时从花正面只看到1枚雄蕊   c. 初开时只有1枚雄蕊上翘

d. 已有3枚雄蕊上翘   e. 已有7枚雄蕊散完了粉，还有1枚在下面   f. 8枚雄蕊已全部下降，花柱升起   g. f图的正面观，可见柱头3叉顶端有黏液

图 13-24　旱金莲及其传粉的适应变化

到传粉最佳的位置，过了这个时间，就不能再占据这个位置，就得靠边、下降，把最佳的位置让给处于传粉最佳时期的下一枚雄蕊，8枚雄蕊依次成熟有效地延长了授粉期。两蕊异熟现象所造成的时间差，有效地阻止了自花传粉的发生，保证了异花传粉的实现，促进了个体间的基因交流，它们的后代由此获得了更强的生命力。这种配合是多么的密切和巧妙。这里附带说明一下：由于人们长期的栽培和传粉者的缺乏，旱金莲已经可以自花传粉结实。

（3）蜜蜂给众多花朵传粉　矢车菊（蓝芙蓉）（*Centaurea cyanus*）属菊科，一年生草本。头状花序顶生，有长梗；总苞片边缘篦齿状；边缘的花偏漏斗形，不孕（图13-25a）；中央的花管状，两性，结实。花冠有紫、蓝、黄、粉红、白等色，5裂至中部，管部细长；雄蕊5，花药结合成圆筒，成熟时花粉向圆筒内散放，便成了一筒花粉；花柱与柱头的交界处有一圈向上的短硬毛，称为扫粉毛

（图13-25b），花柱在花药筒的底部向上生长，由于扫粉毛的作用，就像一个活塞慢慢地把花粉向上推出。矢车菊的花丝具有感应性，花丝被触动后维管束周围长形细胞中的水分便流入细胞间隙，细胞变短花丝便立即"收缩"，将花药筒向下拉，筒内花粉在扫粉毛的作用下，在1～2秒内便把成千颗花粉粒推出花药筒外（图13-25c）。据计算一朵管状花可有花粉粒15 000颗，一次充分的花丝收缩可推出多达5 000余颗花粉粒。据统计有半数的菊科植物具有类似矢车菊的推出花粉的功能，只是强弱不同，有的明显，有的则不明显。

人们通常以为虫媒植物传粉之所以得以实现，完全是昆虫的功劳。殊不知植物在以色香味吸引昆虫前来采食的同时，又以巧妙的结构让昆虫带上花粉，实现了传粉。有些植物的花蜜是敞开的，如毛茛、胡萝卜、芸香（*Ruta graveolens*）（图13-26a）、无患子（*Sapindus mukorossi*）（图13-26b）

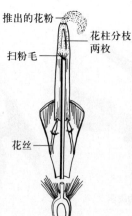

a. 矢车菊 b. 花丝收缩以推出花粉

推出的花粉
花柱分枝
两枚
扫粉毛
花丝

c. 蜜蜂来访，矢车菊适时推出花粉

图 13-25　矢车菊及其传粉的适应变化

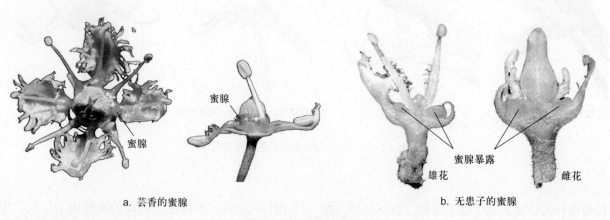

蜜腺

蜜腺

蜜腺暴露
雄花　　雌花

a. 芸香的蜜腺 b. 无患子的蜜腺

图 13-26　敞开的蜜腺

等，对传粉昆虫并无专性要求，蜂、蝇、蝶、甲虫皆能为其传粉；多数植物将蜜汁深藏于花中甚至在特殊的结构中（如距、穴、花丝筒等），要求专类的昆虫为其传粉；有的植物以其特殊的气味吸引专性昆虫，如六角莲、八角金盘、大花犀角、枸骨等吸引蝇类，而蜂、蝶则避而远之，桑科榕属植物则发展到只有膜翅目的一种榕小蜂才能为一种榕树传粉的极其专一性的程度。

在进化过程中凡是产生了有利于异花传粉的变异，其后代便更强盛，在生存竞争中处于有利地位，从而被自然选择保留下来，这是生物体在适应环境时普遍存在的生态对策；反过来说，如果没有这些巧妙的结构，昆虫扮演的角色只能是盗蜜者，不可能实现传粉。实际上昆虫的口器和植物的花器是协同进化的，它们互为选择因子，选择对方的有利变异，共同发展至今。

当我们对某一种虫媒花的结构迷惑不解时，只要将它和传粉昆虫的结构和行为联系起来观察、思考，就会获得更多新的、活的知识。

2. 植物吃动物

这里介绍的是一些专门靠捕食小型动物为生的植物,它们捕虫的策略各不相同。

（1）捕鼠夹式的捕蝇草　捕蝇草（*Dionaea mus-cipula*）属于茅膏菜科，产在美国东南部瘦瘠的松林下的苔藓沼泽地上。它的叶片分作两部分：下部为两侧扩大的叶柄，上部特化为一个蚌壳状的捕虫器官，里面能分泌特殊的臭气，当苍蝇逐臭来到蚌壳状的叶片上时，触动了表面的3根刚毛，捕虫器

图 13-27 捕蝇草及其刚毛

便突然合拢（图13-27），待苍蝇感到异样时，捕虫器边缘的刺状结构已经把它牢牢地阻挠在蚌壳里了，然后捕虫器分泌出蛋白酶把虫体里的蛋白质分解、吸收。以后重又张开，等待雨水把虫体冲掉后，叶片又可以进行下一次捕捉了。这种方式好比人们在捕鼠夹上放置一小块食物，引诱鼠类上钩。据哈佛大学学者马哈德万的研究，张力是捕蝇草捕捉苍蝇的奥秘所在，苍蝇未到达时，捕蝇草的捕虫器向内弯曲成凸圆形，苍蝇第一次触动内面的3根刚毛时，凸圆形进一步向内鼓起像是被翻过来的半个皮球，此时正是它逐渐积聚能量的过程，当苍蝇第二次触动刚毛时捕虫器便突然翻转，凸圆形突然变凹，将苍蝇包在里面，这个过程只要0.1 s。叶片的关闭过程主要是弹力性能量的蓄积和释放，这就是捕蝇草捕食速度飞快的关键。

（2）捕鼠笼式的狸藻 狸藻（*Utricularia aurea*）属于狸藻科，叶片细裂，其中一部分裂片特化为囊状的结构。水中浮游的水蚤游动时，是凭借触角的划动，一下一下地向前冲动的，当它们游到囊口时，见囊口的色泽比四周更浅，于是一头就闯进了囊内，囊口的瓣膜是一个活门，小虫便被关在囊内等死了。这好似一只捕鼠笼，只准进去不准出来（图13-28）。圆叶狸藻（圆叶耳挖草）（*U. striatula*）生于山间湿地，匍匐茎上生有捕虫囊（图13-29）。类似的例子还很多，只要留意，定能找到。

图 13-28 狸藻的囊状捕虫叶

图 13-29 圆叶狸藻

（3）陷阱式的猪笼草 猪笼草（*Nepenthes mirabilis*）属于猪笼草科，生长在我国南方的湿地，它的叶片分化为3部分：基部为叶片状行光合作用，中部纤细丝状具缠绕功能，顶部特化为一个有盖的囊状体（猪笼）（图13-30）。囊状体内有半囊水，水中含有蛋白酶，囊口扩展，上面分泌糖分，顶部有盖，用以挡住南方常有的倾盆大雨，否则里面的水溢出来，会让已被抓住的昆虫跑掉，盖子的下表面分泌大量的糖分，可引诱昆虫等前来采食（图13-31a）。所有跌进囊中的动物都有一个共同的特点：贪吃甜食。昆虫滑落到囊内的原因是它具有独特的结构：猪笼草囊口的扩展部分上面有许多隆起（图13-31b），每条隆起用扫描电镜可以看到是更多条更细的结构，它们不是一般的隆起，而是一端是一个浅袋状的构造，更主要的是它们有一致的方向，当蚂蚁吃完了囊盖上的蜜汁，沿着囊口寻觅时，它并不感到脚下打滑，因为它可以抓住浅袋状结构的袋底（图13-32中1的方向），这时它用触角突然发现囊口的下方，挂着巨大的蜜滴，于是便转身90°，朝着囊口，探下头去采食蜜汁（图13-32的2位置），这时它并不知道生命已经危在旦夕，只是一心想快点吃到巨大的蜜滴，它以为强大的后腿可以牢牢抓住囊口浅袋状的袋底，不使它的身体前倾下滑，可是它错了，由于刚才的90°转身，已经使它的后腿和囊口的袋底成同一方向，因此，当它感到身体重心下滑时，后腿根本起不了作用（图13-32中3的位置），便一头栽了下去（图13-33a）。任何动物遇到危险时都知道躲避，并且把这种险情告知同类，如所有的动物都怕火便是明证。可是你看到猪笼草的囊内，被抓住的蚂蚁有成千上百只（图13-33b），它们怎么不知道传递危险信号的呢？关键也就在这致命的90°转身，它们在没转身之时的感觉是脚踏实地、很安全的，可是就在一转身一低头之间，就没命了，它根本就没有机会再见到同类，也正因为如此，猪笼草才得以有源源不断的美食送上门来。

（4）粘蝇纸式的茅膏菜科植物　高山捕虫堇（*Pinguicula alpina*）、茅膏菜（*Drosera peltata*）和锦地罗（*D. burmannii*）都属于茅膏菜科的植物，是靠黏性的腺毛捕捉昆虫的。我们先看看高山捕虫堇的捕虫方式：它生长在我国西南部海拔较高的山林里的岩石滴水处，这里土壤瘠薄，缺乏氮素营

a. 爬上树的猪笼草　　　　b. 猪笼草的叶片分3部分

图 13-30　猪笼草及其叶片

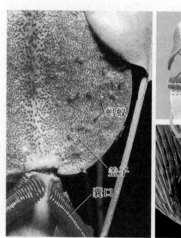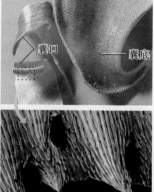

a. 盖子下表面全是蜜腺　　　b. 囊口内缘有大的蜜腺开口

图 13-31　猪笼草的囊状体构造

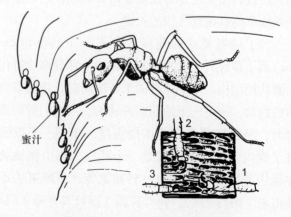

图 13-32　蚂蚁正处在危险之中

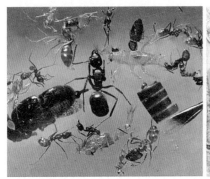

图 13-33 猪笼草捕捉到的昆虫

a. 捕捉到的虫子有膜翅目、直翅目、双翅目、鞘翅目等；
b. 捕捉的蚂蚁数量惊人（华跃进 摄）

图 13-34 高山捕虫堇生态及其捕虫方式

a. 高山捕虫堇；b. 叶面上被捕捉到的蜘蛛和蚜虫

图 13-35 茅膏菜及其捕虫方式

a. 茅膏菜张开腺毛等待猎物送上门；b. 捕到一只飞虫

养，它的叶片上面有许多腺毛，当蜘蛛、蚜虫等小动物掉落其上时，被其粘住，在挣扎的过程中或者雨水的溅落，不断地把它向叶片的边缘移动，而卷曲的边缘恰恰是消化性腺毛的所在地，这些小虫就成了高山捕虫堇的氮素营养源（图13-34）。

茅膏菜是直立的草本，它的叶片上长有大量的腺毛，当树荫下、草丛中飞舞的小虫触到腺毛时，便被粘住，小虫愈挣扎它的腺毛就愈快地卷曲过来，直到小虫停止挣扎，茅膏菜便开始它的消化过程（图13-35）。

下面着重剖析锦地罗的捕虫过程：

锦地罗是一种直径只有3~4 cm的小草，分布在我国浙江、福建、广东、广西、云南等南方山区，它生长在山坡上，上面不断地有水渗入土壤中，或从土表流下来，植物在这里生长可以得到充分的阳光和水分，可是土壤却非常瘠薄，尤其是缺乏氮素营养，所以植物长得稀稀拉拉（图13-36a），凑近看，可以看到地面上有很多能自行固氮的蓝藻，和一株株贴着地面生长的锦地罗（图13-36b）。

锦地罗通常只有一枚硬币般大小，叶片莲座状，叶面上长满了黏性的腺毛，每根腺毛的顶端都有一团黏性很强的黏液。当蚂蚁或小蜘蛛掉到叶片上时，就被这些腺毛粘住，四周更长的腺毛也纷纷向内弯曲，压在小虫身上，最终把小虫压得紧贴在叶片上动弹不得。然后，外围的腺毛分泌出蛋白酶

图 13-36 锦地罗的生态

a. 锦地罗的生长环境；b. 锦地罗与蓝藻为伴生于贫瘠的土壤上

把虫体内的蛋白质水解成液体，被叶面吸收。我们试着人为地制造了一场"战斗"，看看锦地罗捕食的全过程和蚂蚁逃跑的精彩场面，这就必须要两者都是活的。我们先从地里连土带根挖起几株锦地罗放在培养皿里，在解剖镜下观察，然后对准墙脚正在爬行的蚂蚁用镊子夹过去，有时正好夹到蚂蚁的头部，蚂蚁立即死亡，这就不能用于我们的实验了；有时正好夹到它的一条腿，一只活蚂蚁就被捉住了。这时蚂蚁会反过身来，拼命地咬镊子，企图脱身，正在这时，我们把它移到锦地罗叶片的上方，然后轻轻地松开镊子。蚂蚁从镊子尖上掉了下去，以为自由了，撒腿就想逃跑，谁知6条腿被叶片上的6团黏液牢牢地粘住了。蚂蚁欲伸出触角向前探路，触角又被前方的腺毛粘住，蚂蚁被架在腺毛的上方摇摇晃晃却使不出劲。当它拼命拉出一条前腿时身体的后部却更深地陷入黏液中；当它用口器将拉出的这条前腿刮干净，再迈步时却又陷入了另一团黏液中。图13-37a中的这只蚂蚁正在竭尽全身力气作挣扎。还可以看到叶片上腺毛有2种。大多数是顶端有圆球形黏液的腺毛，这些毛具有捕捉的功能，黏液的黏性是很大的，如果蚂蚁把黏液拉扯到比自己身体还长的距离，那么黏液就像橡皮筋裹在蚂蚁腿上，把它往回拉。此外，在叶片外圈，有十来根椭圆形的红色腺毛，这是能分泌蛋白酶的消化性腺毛。锦地罗"得知"蚂蚁已经掉到叶片上后，它四周的腺毛便向内卷曲，慢慢地向蚂蚁靠拢过来，一旦粘上蚂蚁，腺毛就迅速粘住不放，几十根腺毛从四面八方将蚂蚁团团围住，并把它往下压，直到它动弹不得。图13-37b中的中央叶片上一只蚂蚁还是活的，它已经不能再作上下的活动了，只是一条腿还在水平方向抽动。这时外圈红色的腺毛正在压过来，这些腺毛分泌出酶把虫体内的蛋白质水解成液体状态，然后由叶片表面把这富含氮素的营养液吸收入体内供生长、发育、开花、结果之用。当虫体被完全消化以后，腺毛又重新舒展开来，等待雨水的降临把蚂蚁几丁质的躯壳冲走。图13-37b中右侧是一只已经消化过的蚂蚁的几丁质的躯壳，于是这个叶片又开始了新一轮的捕虫。这里提两个问题供大家思考：①锦地罗不像动物那样有神经系统能传递刺激，作出反应的反射弧，但是它也能"知道"小虫降临，对刺激迅速作出反应，当图13-37b中中间的蚂蚁已被抓住时，尚未卷起的毛也就不再卷了，它似乎很懂得节约能量。这其中存有什么样的调控机制呢？②当你把一小团食物放到叶片上去时，它会不会卷毛？当你有机会得到一株茅膏菜科的植物时，不妨做个实验观察一下，努力寻找答案。

上述各种食虫植物都有叶绿素，都能进行光合作用自己制造养料，但是它们生长在一般植物无法生长的缺氮的环境，就是说这里的阳光、水分无法

a.蚂蚁正在挣扎

b.刚捉住的（中间）和已消化的（右侧）蚂蚁

图13-37　锦地罗的捕虫方式

被其他植物所利用，这也就给它保留了一个特殊的生态位，在这个生态位中食虫植物得以生生不息地繁衍下去。

3. 植物和动物协同进化

以薜荔为例，薜荔（*Ficus pumila*）（图13-38）为桑科榕属（无花果属）植物，雌雄异株，隐头花序。雄株的花序中除了雄花外，还存有特化的不能结实的雌花——瘿花（短柱花），瘿花仅供寄生虫（榕小蜂）生活（图13-39a、b）。雌株中的雌花（长柱花）（图13-39c）经榕小蜂传粉后才能结实。因此，薜荔的繁衍离不开榕小蜂，失去了榕小蜂的寄生，薜荔就将断种。同样地，榕小蜂要是

图 13-38　薜荔（木质藤本，攀缘在大树上）

失去了薜荔为它提供的栖身场所那么它也将断种。它们俩有着"合则皆旺，分则皆亡"的共生关系。

按照动物的本能，交配后满腹怀卵的雌虫总是急切地寻找它的产卵场所——"瘿花"。雌蜂把一颗颗卵通过短花柱送到子房内，这些卵孵化出的幼虫占据了瘿花的子房，植物像哺育自己的后代一样源源不断地向它提供营养物质。被这些幼虫寄生的薜荔植株只生雄花和瘿花，植株光合作用产物大部分花在培育榕小蜂上面了，在这里植物为榕小蜂作出了巨大的奉献。那么，薜荔自身繁殖所需的种子又从何来呢？薜荔雌株花序中有能结实的雌花，它们的花柱很长，当榕小蜂钻进这样的花序后，由于产卵器太短，无法产卵。它在寻找瘿花的过程中，把身上的花粉全搽到了长长的花柱上（图13-40），实际上进行了充分的传粉作用，使雌花序中5 000余朵雌花都得到了花粉。"误入"雌花序的薜荔榕小蜂出色地完成了传粉任务，也耗尽了体力，满腹怀卵地死在花序内。它们没有按照生物的本能，完成其生活史，而是充当了植物的信使，对于这些榕小蜂来说，它们是以生命为代价对植物的繁荣兴旺作出了巨大的奉献。最为奇妙的是每年春季榕小蜂大量成熟出飞寻找瘿花时，薜荔却只有大量的雌花序，长有瘿花的花序不足20%，也就是说植物以独特的时间差迫使绝大部分的榕小蜂为它服

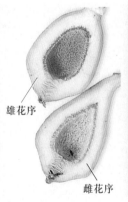

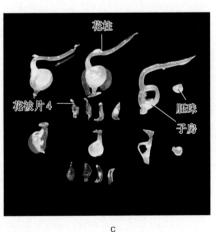

图 13-39　薜荔的隐头花序

a. 薜荔已成熟的雄隐头花序和正在发育的幼隐头花序；b. 幼隐头花序，一个雄花序中含有上千朵雄花和几千朵专供榕小蜂栖身的短柱花——瘿花；雌花序含有能结实的长柱花；c. 长柱花（上排）和短柱花（下排）

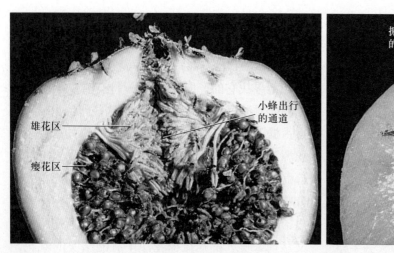
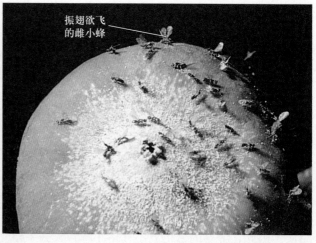

图 13-40　雌榕小蜂飞出去产卵或传粉

a. 几千只雌榕小蜂交尾后爬向花序口部，其间经过雄花区，于是身上沾满了花粉；b. 爬出的雌榕小蜂

务：只传粉不产卵。

现在我们再来回顾一下，为什么说这两种生物之间的关系是生物界中的最高形式（表13-1）？平时我们可能吃下虫卵，闹蛔虫病、吸虫病，两种生物之间的寄生和被寄生的关系就此建立，这同牛吃草或狼吃羊的捕食关系有相似之处，都是一方得利，另一方受害。当犀牛与它背上的鸟、根瘤菌与豆科植物、地衣的藻类和菌类生活在一起时，便形

成了另一种互相有利的生存模式——共栖和共生，要是把它们分开，那么各方仍然能活下去，或许活得不太好，至少不会丧命。薜荔与榕小蜂之间的关系是更高一层的种间关系，它们首先必须为对方的繁荣作出巨大的奉献，促使对方繁荣的同时自身也能从中得到好处，要是把两者分开，那么谁也无法生存，都将绝种。

薜荔雄株的营养物质除了少量用在培育雄花产

表 13-1　两种生物相互作用分析

	相互作用型	种群 1	种群 2	相关作用的一般特征
1	中性作用	0	0	两种间生物彼此不受影响
2	竞争，直接干扰形	−	−	每一种群直接抑制另一个
3	竞争，资源利用形	−	−	资源缺乏时的间接抑制
4	偏害作用	−	0	种群 1 受抑制，种群 2 无影响
5	寄生作用	+	−	种群 1 寄生者，通常较宿主 2 的个体小
6	捕食作用	+	−	种群 1 捕食者，通常较猎物 2 的个体大
7	偏利作用	+	0	种群 1 偏利者，而宿主 2 无影响
8	原始合作	+	+	相互作用对两种都有利，但不是必然的
9	互利共生	+	+	相互作用对两种都必然有利
10	互利共生的最高形式	±	±	相互作用，必须为对方作出牺牲，自身从中得利

注：0 表示不受影响，相互没有关系；− 表示受到抑制；+ 表示从中得利。

生花粉外，大量的却用在培育成千上万，乃至几十万只榕小蜂上了，也就是说薜荔向原来属于雌性的瘿花输送的营养，不是用在自身的繁育上，却被寄生的榕小蜂所汲取。看来是薜荔作出了无谓的牺牲、无偿的奉献，其实不然，当它抚育的大量榕小蜂为它传粉的时候，它就得到了充分的回报，因为没有其他的昆虫可以替代它进行传粉。

　　每年春季有 80% 以上本该产卵的榕小蜂争先恐后地去"自杀"——钻入雌花序，只传粉不产卵。对榕小蜂种群来说似乎也是一种无谓的牺牲、无偿的奉献，其实也不然，由于它的传粉，薜荔树上结出了大量的种子。当这些种子若干年后长成了

开花的大树，榕小蜂的后代何愁找不到更多的栖息与繁育场所呢？我们曾见到有32只榕小蜂争先恐后地向雌花序里钻，如此积极地去"自杀"，不是为了自身或当代群体的利益，而是若干年以后的后代才能从它们当前的行为中获利。榕小蜂好像是有远大抱负的一类昆虫，为了后代它们不顾一切竞相送死的场面真有些赴汤蹈火在所不辞的感觉。昆虫是没有意识的，这种群体的自杀是植物的雌花序以气味误导的结果（图13-41），但是年复一年的这种行为的效果确实和种群的繁衍有密切关系。

　　对于这样的一种现象，我们可以毫不夸张地说：榕—蜂双方以生命（小蜂的生命）和"鲜血"（榕树供应小蜂的营养物）为代价支持对方发展，对方兴旺了反过来又为本种族的持续发展提供了保证。蕴藏在自然界中、富有哲理的辩证逻辑关系在这里得到了充分的展示。

　　榕小蜂的化石发现在侏罗纪，榕属植物的隐头花序则在白垩纪早期被子植物最早的化石中已经出现，隐头花序使众多的幼嫩花朵由于花序轴的弯卷而得到保护，不致被当时已经很发达的甲虫咬噬（图13-42a、b），因而形成隐头花序是这条进化路线中的一个飞跃，同时带来一个问题就是必须有昆虫为它传粉，植物才能繁衍下去，可见榕—蜂之间的联系在1.3亿年前即已建立，在这进化的历程中它们不断地相互协调，由自然选择不断淘汰不利于

图 13-41　榕小蜂受特殊气味的吸引，来到被尼龙袋套住的幼花序（陈勇 摄）

图 13-42　榕 - 蜂的协同进化

a.榕小蜂找到一条螺旋形的通道，从花序口部使劲往里钻；b.许多榕小蜂正处在艰难的旅途中，薜荔设置这样一个障碍可以避免其他不相关的昆虫进入；c.榕小蜂的二态现象：雌蜂黑色，有翅，能飞；雄蜂黄色，无翅，步行足和复眼都已退化。图示它们刚从虫瘿壳中出来

图 13-43　薇甘菊植株及其入侵生态

a.薇甘菊；b.薇甘菊覆盖了整个山林；c.薇甘菊的小型菊果

种族繁衍的变异，发生了一系列重大的变化。例如：由对抗性的寄生—反寄生关系，转变为互利共生关系；由雌雄同株进化为雌雄异株（目前还有很多种榕树仍是雌雄同株的）；由雄花分散在四周到集中在花序口部；雌花由既能结实又能抚育幼虫的低级分化到分化出专供小蜂栖息的瘿花；榕小蜂方面（图13-42c），雄蜂由于一辈子都在密闭的、黑暗的花序内生活，它的翅、眼和步行足退化了；体色褪淡了；雌蜂则产生了可以削扁头部（触角的基节往前一放，使头部先端变得扁扁的）往花序里钻的结构；它们之间由非专一性的共生，进化为一对一的专一性共生，今天世界上有700多种榕树，也就有700多种榕小蜂。榕—蜂共生体系是研究协同进化的极其丰富的宝库。协同进化是生命科学中十大优先发展的领域之一，在我国对它们的研究只能说刚刚开始，还有大量的工作等待着人们去做。

🔎 **13.2　榕树与榕小蜂的关系**

4. 入侵植物

生物入侵是指某种生物从它的原产地迁移到新的生态环境，对"入侵领地"的生物多样性构成威胁，造成生物多样性的削弱或丧失，破坏生态平衡，给人类社会造成难以估量的损失。

我们知道，每一种生物在长期的演化历史中都是和它的相关种协同进化的，而一种生物被人们带到新的生态环境中，由于相伴的生物没有同时带去，它要么生长不良，要么就不受天敌的伤害而无节制地繁衍，最后造成生态灾难。例如：

（1）薇甘菊（*Mikania micrantha*）　薇甘菊20世纪80年代侵入我国，是一种攀缘性的草质藤本（图13-43a、b），能爬到树林的顶部蔓延开来使树木因受光不足而死；也能侵入农田使作物减产、使红树林死亡、影响自然景观，故被称为"植物杀手"。薇甘菊的果实特别小，约为一粒大豆的四千分之一（图13-43c），果实上有一圈冠毛，能带着它飘向几十公里的远方，因此它的扩散能力不容忽视。薇甘菊的茎略偏肉质，使用除莠剂、人工铲除、堆起来用火烧等方法对其进行铲除收效甚微，至今没有对付它的好办法。薇甘菊在12月开花，北方各省12月时天气已冷，故不能在北方结果，所以不用担心其入侵北方。

（2）紫茎泽兰（*Eupatorium coelestinum*）　紫茎泽兰原产中美洲，1935年由东南亚侵入我国，首先在云南南部发现。目前，它已侵吞农业植被、占领草场和采伐迹地，覆盖了西南地区的大片土地，凉山彝族自治州的15个县（2个高山上的县除外）被其侵占（图13-44）。它含有震颤醇素、四室泽兰醇，牛羊误食会出现肌肉紧张、阵发性痉挛以至死亡。它每年以30 km的速度向北挺进，凉山彝族自治州在"西部大开发"规划中确定的绿色肉羊基地的目标，遭遇了严重的挑战，为此州政府专门发文，动员全州干部群众齐上阵，挖草烧草。

（3）豚草（*Ambrosia artermisiifolia*）　豚草（图13-45）原产北美洲，1935年在杭州附近发现，它不仅侵入农田使粮食严重减产，还会引起过敏性的

图 13-44　紫茎泽兰窥视着农田

图 13-45　豚草

花粉病，使得病者咳嗽、打喷嚏不止或者产生皮炎。辽宁省铁岭市也曾发出文件，号召干部群众上山拔草。

（4）大米草（*Spartina anglica*）　大米草是20世纪60年代从英国和丹麦引入我国，它是米草和互花米草的天然杂交种，当时认为是可以利用荒芜的海滩栽种的"四料作物"即：燃料、造纸原料、饲料和建筑材料，为了鼓励农民种植，每种一株奖励5角。没有料到，它长成以后使海岸滩涂原来的蛏、蛤、蚶等特殊水产品濒临绝迹，候鸟也因无食料

而不来了，致使沿海滩涂的农民绝收（图13-46）。一些县政府发出了号召，要"铲除大米草，开发金银滩"。但由于它的根状茎深而尖，很难除去，至今收效甚微。

（5）凤眼莲（*Eichhornia crassipes*）　凤眼莲是于1901年从美洲作为花卉引入我国台湾省，后又作为饲料被广泛引种至各地。由于它生长迅速很快就能盖满水面，使得水下的生物得不到阳光和空气而死亡。近年来由于暖冬和农业结构的改变，凤眼莲的危害更加显现：水体富营养化、堵塞航道、水

——回侵的大米草

a. 刚清除的海涂又遭大米草回侵

b. 农民用大米草搭菇棚

图 13-46　大米草

图 13-47　凤眼莲

a. 葛爬上了绿篱

b. 发达的地下根

图 13-48　葛及其地下根

产减少、破坏景观，因此成了令人头痛的恶性杂草（图13-47）。

上面讲的都是外国的生物入侵我国，那么有没有我国的生物侵入外国造成生态灾难的呢？当然有。例如：我国的葛（又称野葛）（图13-48），在我国山林里年复一年默默无闻地生长着，至今它也没有成为危害严重的恶性杂草。相反，它的根部粗壮、含有淀粉，可以提取野葛粉，供食用；花供药用；茎皮纤维可做织布和造纸原料，是一种很好的资源植物。1930年，美国将葛引入到南方和沙荒地带，很快葛就覆盖了裸露的荒地，水土得到了保持，牛羊以它的茎叶为食，饲料也有了保证。可是50年代以后，葛像脱缰的野马到处疯长，将当地的植物挤死挤光，70年代葛占领了佐治亚州、密西西比州、阿拉巴马州的283万hm²的土地，最终演变成了一场公害，美国的一些州政府已立法禁止种植葛。

5.　附生植物

附生植物是生长在宿主植物体上的植物，它们能自营光合作用，因此并不需要从宿主植物吸取养料，而只是依靠宿主植物作为生长的地方。兰科植物的种子非常微小，每粒种子的质量还不超过0.002 mg，因此，能悬浮在空气中，随风飘到很高的树干上去。蕨类植物、真菌和地衣都产生细小的随风飘扬的孢子，因此这些植物就能得到广泛的分布。如，针叶肺衣（*Lobaria isidiophora*）（图13-49a）、

破裂梅衣（*Parmelia erumpens*）通常是附生在石头上的；松萝（*Usnea diffracta*）是附生在树干或枝丫上，它与宿主争夺阳光，严重时会造成树木死亡（图13-49b）；蕨类植物的鸟巢蕨（*Neottopteris antro-phyoides*）、崖姜蕨（*Pseudodrynaria coronans*）都是热带森林树干上的附生蕨类（图13-49c）；还有一类附生于植物叶片上的叶附生苔类，如鳞叶疣鳞苔（*Cololejeunea longifolia*）（图13-49d）。

6.　绞杀植物

绞杀植物是热带雨林的一个显著的特征，其生长可划分为3个阶段：①附生阶段：它的种子随飞鸟排便到达乔木上部，在那里发芽并向下生出不定根。②藤本状阶段：根的数量增多、直径增粗，到达地面，看起来像是从地面爬上去的藤本植物，但并未影响宿主的生长。③绞杀阶段：已交织、融合的根网限制了宿主的生长，宿主因木质部和韧皮部得不到更新的空间而被扼杀致死。绞杀植物便成为一株由根网交织成的、筒状的直立乔木（图13-50）。绞杀植物并非寄生植物，也没有主动"绞杀"的意图，不能对它进行拟人化、感情化的叙述。

7.　寄生植物

寄生植物自身不能独立生活，必须依附在寄主植物上，夺取其养分和水分，给寄主植物造成危害。其中自身有叶绿素能进行光合作用的称为半寄生，如桑寄生科、檀香科、樟科（少数种）、菟丝

图 13-49　5 种附生植物

图 13-50　绞杀植物

a.黄葛树绞杀黄连木的第二阶段，但宿主还活着；b.绞杀植物已独立，里面的宿主已被绞杀并被微生物分解，最终消失

子科等（图13-51）；完全依靠寄主营生的称为全寄生，如蛇菰科、大花草科、列当科（图13-52）等。至于种类繁多的真菌和细菌等低等寄生植物在此从略。

　　菟丝子科菟丝子属的多种植物（*Cuscuta* spp.），种子在土中发芽，遇寄主植物即盘缠而上，与寄主联合之后即和地面脱离，在寄主上过半寄生的生活。其茎上伸出的不定根穿刺寄主的茎，此特化的根称为吸器，借以夺取寄主的养分和水分；无叶，但茎有叶绿素。樟科的无根藤（*Cassytha filiformis*）也属于这一类，寄生于华南地区向阳的灌木丛上。桑寄生科的红花寄生（*Scurrula parasitica*）、柳叶钝果寄生（*Taxillus delavayi*）、高山松寄生（*Arceuthobium pini*）等大多数种类都属于附生性半寄生木本。

a. 高山松寄生（桑寄生科）　　　　　　　　　b. 柳叶钝果寄生（桑寄生科）

c. 檀香（檀香科）　　　　　　　　　d. 南方菟丝子（菟丝子科）

图 13-51　半寄生植物

a. 肉苁蓉（潘晓玲　摄）　　　b. 列当与其寄主　　　c. 中国野菰

图 13-52　全寄生植物（列当科）

寄生在寄主的枝丫上，在占有空间、光照、养分和水分方面与寄主进行较量，往往给寄主造成危害。它们用果实吸引鸟类，而果实含有黏性物质，鸟类在刮擦它的喙时便把种子传播到了另外的高处树枝上。檀香（*Santalum album*）因其木材芳香而享有盛名，也属于附生性半寄生木本，但其习性与桑寄生科植物完全不同，当它在幼苗时期，必须在长春花（*Catharanthus roseus*）、栀子（*Gardenia jasminoides*）等植株上过半寄生生活，稍长大以后便能自立成为独立生活的乔木。

列当科的列当（*Orobanche* spp.）、肉苁蓉（*Cistanche deserticola*）、草苁蓉（*Boschniakia rossica*）和中国野菰（*Aeginetia sinensis*），可以在多种寄主的根上生长，能结出大量的果实和种子。如一株列当蒴果内就有2万~3万颗种子，便于风力传播及深入土层中，果实和种子的寿命很长，它们的种子必须在寄主植物根的分泌物刺激下才能萌发，这类植物生长的前期，必须在地下积累富含养分的肉质茎，时间可长达3~5年，其后是伸出地面的无叶绿素的花序，出土1个月左右便结实，结束一生。

🔍 13.3　寄生植物

8. 腐生植物

腐生植物没有叶绿素，不能进行光合作用，需要吸收腐败的可溶性有机物作为养料。腐生植物多是细菌、真菌等非维管束植物，如粪鬼伞（*Coprinus sterquillinus*）（图13-53a）、木耳（*Auricularia* sp.）（图13-53b）、白鬼笔（*Phallus impudicus*）（见图6-26）、美发网菌（*Stemonitis splandens*）、猴头菌、紫芝、灵芝（见图6-25）等覃类植物，腐生真菌是促使森林的枯枝落叶和腐木分解的主要媒介之一。此外，高等植物中也有腐生种类。例如，水晶兰科的球果假水晶兰（*Cheilotheca humilis*）（图13-54），为多年生腐生草本，生于林下阴湿处，全株雪白，叶片成鳞片状，顶生一花，花瓣3~4，雄蕊8~10，花丝多毛；花药橙黄色，侧裂，裂瓣向内；花盘9裂尖锥状，侧膜胎座。地下部分有菌根。

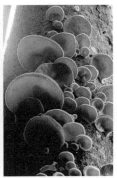

a. 粪鬼伞　　　　　　　　　b. 木耳

图 13-53　两种腐生植物

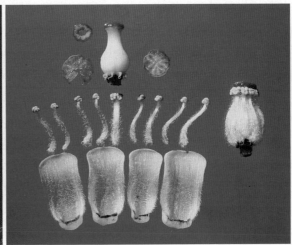

a. 球果假水晶兰植株　　　　　　b. 花部解剖　　　　　　c. 较脆的肉质菌根

图 13-54　球果假水晶兰

图 13-55 天麻

a.天麻鲜球茎：天麻无绿叶，地下茎肥厚，具节，节上轮生膜质鳞片，节间特短；b.天麻花序；c. 天麻果实和种子外形：蒴果倒卵形，宽不足2 cm，含种子1万～5万余颗；种子梭形，长达1 mm，种皮翅状，仅1层细胞，成熟种子的胚卵圆状，仅由60余个细胞组成，处于未分化的原胚阶段

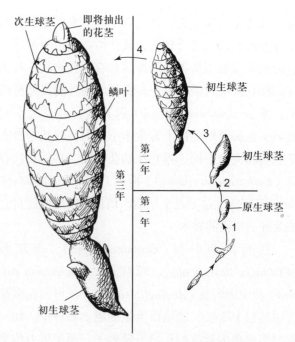

图 13-56　天麻球茎形成过程示意图

天麻种子发芽，体积增大，破出种皮后，形成原生球茎（1），蜜环菌菌丝即开始侵入其足部，构成了天麻早期的菌根，促使原生球茎继续生长，当年长大如米粒。第二年春，在其顶端长出初生球茎（2），蜜环菌侵入原生球茎皮层，并被消解为天麻的营养。初生球茎当年长大至橄榄般大（3）。第三年春，在初生球茎顶端又形成次生球茎，茎上轮生膜质鳞叶（4）。各级球茎在土下生长了3～4年之后才抽出花茎，伸出地面，由芦蜂（Ceratina sp.）等几种小野蜂传粉，结实，完成一代天麻的生活史

9. 食菌植物

分解真菌作为自身营养物的植物称为食菌植物，如兰科植物天麻（Gastrodia elata）。天麻的球茎是重要药材（图13-55a），历代本草将它列为上品。天麻一直被认为是腐寄生草本，不少学者又认为它与担子菌纲的蜜环菌（Armillariella mellea）之间的关系是共生关系。下面就两者的关系作一简要的阐述。

在天麻的生活史中第一年形成米粒般大小的球茎，第二年在此基础上长出一个中等大小的球茎，第三年（甚至时间更长）再继续这一过程，长成大的球茎向上生出花枝开花结实，结束生命。由此可见天麻的一生多在地下度过，只有当它开花、结实的短暂时间才长出地表（图13-55b、c）。天麻与蜜环菌的关系经历3个阶段：第一，拒菌阶段，各类球茎形成时，都可以抗拒蜜环菌的侵入；第二，阻滞阶段，每当次一级的球茎出现后，原来的球茎允许蜜环菌侵入皮层，并在那里将菌丝消解为天麻自身的营养，蜜环菌被阻滞在皮层组织中；第三，开放阶段，当次一级球茎长大、发育完备后，原来的球茎在天麻整体植株中的生长使命已经完成，此时蜜环菌即侵入到球茎的所有部位，将球茎分解（图13-56）。

蜜环菌首先是主动的侵染者，天麻被当做寄主。但是蜜环菌侵入后，并未表现出两者细胞间的物质交流，而是保持各自正常的生命活动，并共同生活一段时间。相反，入侵的菌丝在天麻一系列的细胞内消化过程中，被酶类分解成供天麻生长的营养的同时，被侵染的天麻细胞也因此而失活。这种过敏性坏死的抗病反应有时也被称为植物的免疫反应，它终断了共生的可能性。正是这种变化使天麻成功地将寄生物当做自己的寄主，由被侵染者（被寄生者）变成了反寄生者。这一情况是不同于众多兰科植物菌根中的共生关系的。

蜜环菌是森林中常见的先锋腐生菌，以分解枯枝落叶为生。天麻在长期的历史演化中由自养性的

绿色植物演化为异养性的真菌寄生植物，发生了一系列的形态、结构、生理、生化方面的遗传变异，它们之间的关系是寄生与反寄生的关系，称它为食菌植物是强调它以消化蜜环菌作为自身营养的主要来源这一特性。

其实真菌和天麻的关系是很复杂的，天麻种子自身不会萌发，在自然界还得在紫萁小菇（*Mycena osmundicola*）等分解有机物形成的营养基质上才能发芽；球茎生长过程中一旦遇上尖孢镰刀菌（*Fusarium axysporum*），天麻就毫无抵抗力，被其侵染，得病而死；再则，开花结果后的天麻最终还是被蜜环菌所分解。进一步的生理生化研究若能证实天麻在消解蜜环菌的同时也向它提供生长所需的某些物质，因而促使蜜环菌在天麻周围长得更好，那么共生之说将是更为恰当。

⊙ 13.4 天麻与蜜环菌的关系

复习思考题

1. 极端的环境下，其严酷的程度远非人类能够生存的，但是却都有不同的植物生长着，这给人类哪些教益和启示。
2. 举例说明植物能够利用自然环境的变化安排自身的开花与传粉行为、觅食行为、防御行为、争夺阳光的行为并由此改变了自身的构造。
3. 试论动植物相互关系中的最高形式。

数字课程学习资源

■ 学习要点　　■ 难点分析　　■ 教学课件　　■ 习题　　■ 习题参考答案

■ 拓展阅读　　■ 拓展实验与实践
－ 城市生态学　　－ 植物生存竞争策略的研究
－ 景观生态学　　－ 外来入侵植物的种类调查
　　　　　　　　　－ 植物样方调查的方法

读者意见反馈

为收集对教材的意见建议，进一步完善教材编写并做好服务工作，读者可将对本教材的意见建议通过如下渠道反馈至我社。

咨询电话　400-810-0598
反馈邮箱　gjdzfwb@pub.hep.cn
通信地址　北京市朝阳区惠新东街4号富盛大厦1座
　　　　　高等教育出版社总编辑办公室
邮政编码　100029

防伪查询说明

用户购书后刮开封底防伪涂层，使用手机微信等软件扫描二维码，会跳转至防伪查询网页，获得所购图书详细信息。

防伪客服电话
(010)58582300